PROPERTY OF MERTHYR TYDFIL
PUBLIC LIBRARY
Pen-y-bryn
Slate Quarry
Middle Quarry
Nantlle
Nantlle Terrace
Ty-mawr
Old Tunnel
Old Shaft
Smithy
Magazine
Sur. of Water
16th. November 1886
320·8
L L Y N - N A N T L L E - I S A F
Gwernor
D1345497

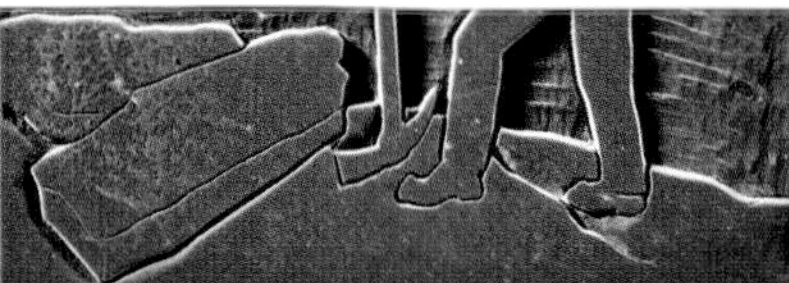

CYNNWYS

Rhagair: Yr Athro R. Merfyn Jones CBE 5

Rhagymadrodd yr Awdur 6

1 Cyflwyniad 8

2 Tirweddau'r Diwydiant Llechi 17

3 Archaeoleg Cynhyrchion Llech 28

4 Gwaith Cloddio a Thomennu 51

5 Prif Ysgogwyr a Systemau Pŵer 77

6 Draenio, Pwmpio ac Awyru 96

7 Prosesu 103

8 Systemau Trafnidiaeth Mewnol 129

9 Cynnal a Chadw 160

10 Swyddfeydd a Gwaith Gweinyddol 166

11 Iechyd a Lles 171

12 Anheddiad a Chymuned 178

13 O'r Mynydd I'r Môr 208

14 Trafnidiaeth Forol 243

15 Y Byd Ehangach 250

Llyfryddiaeth 257

Rhestr o Ffigurau 268

Rhestr o Brif Safleoedd 276

Mynegai 282

RHAGAIR

Mae diwydiant llechi Gogledd Cymru wedi denu sylw sawl hanesydd ac archaeolegydd diwydiannol dros y degawdau, ond yr astudiaeth hon yw'r llyfr cyntaf i gwmpasu pob agwedd ar y diwydiant: y diwyllianol yn ogystal â'r technegol; y cartref yn ogystal â'r gweithle; y systemau trafnidiaeth yn ogystal â'r patrymau anheddu. Mae ei gwmpas yn hynod o eang, mae'n fanwl tu hwnt yn ei ymchwil ond mae hefyd wedi'i ysgrifennu mewn iaith hygyrch a darllenadwy ac yn cynnwys ffotograffau rhagorol. Daw yn gydymaith amhrisiadwy a hanfodol i'r sawl sydd â diddordeb yn nhreftadaeth y diwydiant llechi ond hefyd, yn ehangach, i fyfyrwyr diwydiannu ledled y byd. Mae'n ganllaw cynhwysfawr nid yn unig i archaeoleg ac olion ffisegol y diwydiant ond hefyd i'w hanes cymdeithasol a'i bwysigrwydd parhaus yn stori Cymru.

Roedd y diwydiant llechi wedi'i sefydlu a'i wreiddio'n gadarn yng ngogledd-orllewin Cymru. Cerfiodd y dirwedd ffisegol mewn modd parhaus a dramatig. Bu'n gyfrifol am feithrin tirwedd ddynol a chymdeithasol hefyd, y terasau diwydiannol a'r capeli, yr emynau a'r straeon. Yn anad dim, efallai, bu'n gyfrifol am feithrin a diogelu'r Gymraeg. Yma y naddwyd diwylliant a hunaniaeth, yn ogystal â deunydd toi.

Roedd y diwydiant llechi wedi'i wreiddio'n gadarn yn rhanbarthol, ond roedd hefyd yn wynebu tuag allan i'r byd ehangach gan fod llechi o Gymru yn gynnyrch byd-eang a allforiwyd, nid yn unig i weddill Prydain ddiwydiannol, ond i gyfandiroedd pell hefyd. Cysylltwyd y porthladdoedd, a ddaeth i fodolaeth yn sgil y diwydiant er mwyn allforio llechi, â'r chwareli gan reilffyrdd arloesol ac â'u marchnadoedd tramor drwy gychod hwylio a morwyr mentrus.

Mae olion y diwydiant llechi, y chwareli a'r cloddfeydd eu hunain, y rhwydweithiau trafnidiaeth, y trefi a'r pentrefi, oll wedi goroesi'n syndod o dda. Er bod y diwydiant a phobl yr ardal wedi newid ac addasu, mae stamp parhaol y llechi i'w weld ym mhobman o hyd. Daw'r gyfrol hon â hanes y diwydiant hanfodol hwn yn fyw i drigolion ac ymwelwyr fel ei gilydd.

Yr Athro R. Merfyn Jones CBE

RHAGYMADRODD YR AWDUR

Astudiaeth o'r diwydiant llechi yng Nghymru a geir yn y llyfr hwn - nid dim ond y chwareli eu hunain ond hefyd y defnyddiau a wnaed o lechi a slabiau Cymreig a'r systemau trafnidiaeth a oedd yn eu cludoi bob cwr o'r byd, yn ogystal â'r gymdeithas ddynol hynod a esblygwyd gan y chwarelwyr a'u teuluoedd.

Mae'n dechrau ag archaeoleg y diwydiant, o ran yr hyn sydd wedi'i gladdu o dan y ddaear yn ogystal â'i adeiladau a strwythurau sy'n dal i sefyll, a'r dystiolaeth ffisegol o'r dirwedd a grëwyd ganddo. Mae archaeoleg fel rydym yn ei adnabod bellach yn dechrau yn yr ail ganrif ar bymtheg gyda gwaith cloddio mewn safleoedd hynafol fel Côr y Cewri, ond bu'n ffordd effeithiol o ddadansoddi cymdeithas ddynol fwy diweddar, lle ceir opsiwn o ymgorffori ffynonellau dogfennol a thystiolaeth lafar, ac integreiddio'r gwahanol fathau o dystiolaeth. Fel y gwêl y darllenydd, dyma'r dull a ddilynwyd yma, drwy gyfuno tystiolaeth o waith maes â'r hyn y gellir ei ddysgu o hanes cyhoeddedig, o gofnodion cyfreithiol, a chofnodion y llywodraeth a busnesau, papurau newydd lleol a chenedlaethol, cyfnodolion llafur, paentiadau a chasgliadau ffotograffig, a hanes plwyfi a chapeli, a hefyd dystiolaeth uniongyrchol y sawl a enillodd eu bywoliaeth yn y diwydiant.

Hoffwn ddiolch i'r grŵp olaf hwn o bobl yn gyntaf. Byddai rhestr gyflawn yn rhy hir, ond hoffwn gofio fy niweddar ffrindiau Bob Humphries o Ben yr Orsedd, John Alun Roberts ac Iorwerth Jones o Benrhyn, a Dafydd Price o Lechwedd a Bwlch y Slaters. O blith y sawl sy'n gweithio yn y diwydiant ar hyn o bryd, mae Andrew Roberts, Eryl Daniels a Michael Bewick yn Llechwedd a John Lloyd yn A[illegible]ni wedi bod o help mawr.

Rwyf hefyd yn ddiolchgar i grŵp hynod o bobl sy'n cynnwys sawl chwarelwr o ddoe a heddiw. Mae Fforwm Plas Tan y bwlch yn cwrdd yn rheolaidd yng nghanolfan astudiaethau amgylcheddol Parc Cenedlaethol Eryri i glywed rhai yn traddodi ar bapurau ar agweddau ar hanes diwydiannol ac mae wedi meithrin archaeolegwyr hunanddysgedig ysbrydoledig a medrus, yn bennaf William (Bill) Jones a'r diweddar Griff Jones. Mae canolfan astudiaethau amgylcheddol y Parc Cenedlaethol ym Mhlas Tan y Bwlch hefyd yn gartref i gwrs 'Archaeoleg Ddiwydiannol Ymarferol', sydd wedi'i gynnal yn ystod wythnos gyntaf mis Awst bob blwyddyn ers 1972 ac sydd wedi cynnal astudiaethau o'r rhan fwyaf o'r chwareli llechi yng Ngwynedd (ond nid pob un ohonynt wrth gwrs). Mae fy nyled yn fawr i aelodau'r cwrs ac i'm cyd-diwtor, Celia Hancock, er ein bod yn gytûn mai Dr Michael Lewis, a sefydlodd y cwrs, yw'r athrylith yn ein plith.

Hoffwn ddiolch hefyd i Alun Richards, sydd wedi ymweld â phob chwarel lechi yng Nghymru ac y mae ei *Gazetteer* yn ffynhonnell ddefnyddiol iawn, ac i Dr Gwynfor Pierce Jones, y mae ei wybodaeth ddigyffelyb am chwareli Nantlle yn benodol, ei ddealltwriaeth ddwys a'i barodrwydd hael i chwilio am ffynonellau, trafod materion a rhoi sylwadau ar ddrafftiau wedi golygu bod yr astudiaeth hon yn llawer cryfach nag y byddai wedi bod fel arall. Roedd ei farwolaeth annisgwyl Noswyl Nadolig 2013 yn ergyd ac yn golled i lawer o'i ffrindiau.

Ymatebodd staff Archif Gwynedd i'm ceisiadau diddiwedd am ddogfennau yn hwyliog bob amser; roedd gwybodaeth Steffan ab Owain am yr hyn oedd ar gael ynghyd â'i ddealltwriaeth o'r diwydiant o'r cyfnod a dreuliodd yn Llechwedd yn ddefnyddiol iawn. Rwyf yr un mor ddiolchgar i archifau Prifysgol Bangor, ac i Lyfrgell Genedlaethol Cymru, yr Archifau Cenedlaethol ac Ymddiriedolaeth Archaeolegol Gwynedd. Yn Amgueddfa Cymru, mae Dr Dafydd Roberts wedi rhoi cyngor amhrisiadwy i mi a, diolch i John Peredur Hughes a Dr Jana Horak, mae fy nghrebwyll o ddaeareg llechi wedi gwella. Bu'n bleser o'r mwyaf cael gweithio gyda chyn aelodau staff a staff presennol Comisiwn Brenhinol Henebion Cymru ar y prosiect hwn.

Afraid dweud mai fi sy'n gyfrifol am unrhyw wallau a chamgyfleadau.

Ysgogwyd fy niddordeb gan fy niweddar dad, yr Athro Rhys Gwyn a'm taid ar ochr fy nhad, Eric Jones o Faenan, o oedran cynnar ac yng nghwmni fy nhad yr ymwelais â chwareli'r Penrhyn a Dinorwig am y tro cyntaf, ac yng nghwmni fy nhaid y gwelais Nantlle, lle rwy'n byw bellach, am y tro cyntaf, a Rhiwbach. Mae fy mam a'm brawd wedi cefnogi fy ngwaith bob amser. Mae fy nyled yn fawr i Dr Marian Gwyn am ei hanogaeth gyson a'i gwaith prawfddarllen ac am y ddealltwriaeth, a gafwyd o'i hymchwil academaidd ei hun, mai dim ond os ydym yn deall y defnydd o lafur caeth yng ngwladfeydd a threfedigaethau Prydain y gallwn wneud synnwyr o'n hanes diwydiannol a llafur modern.

Un o'r heriau wrth lunio'r llyfr hwn oedd creu geirfa Gymraeg briodol ar gyfer y diwydiant mwyaf Cymreig ohonynt i gyd. Os yw hyn yn ymddangos fel datganiad rhyfedd, mae'n adlewyrchu'r ffaith bod gan y chwarelwyr eu geiriau eu hunain, a oedd yn ddieithr i unrhyw un y tu allan i'r diwydiant, ac weithiau hyd yn oed i'w cyd-chwarelwyr mewn ardaloedd eraill. Er enghraifft, defnyddiwyd y gair 'trwnc' yn Ffestiniog yn bennaf i ddynodi math o inclên cludo ac fel y cyfryw mae wedi'i fabwysiadu'n eang gan archaeolegwyr diwydiannol Saesneg eu hiaith, ond yn chwareli Arfon, trwnc oedd rhywbeth oedd gan eliffant yn y syrcas, a gelwid dyfais o'r fath yn 'tanc' – er, i gymhlethu pethau ymhellach, dyma'r enw a roddwyd i'r siafftiau fertigol a weithredwyd gan falans dŵr hefyd. Roedd chwarelwyr yn tueddu i gyfeirio at yr hyn y cyfeirir atynt fel 'cledrau' mewn Cymraeg gonfensiynol fel 'bariau', sy'n adlewyrchu'r defnydd o farrau marsiant o haearn gyr fel ffurf syml ond effeithiol o reilffordd o'r 1820au, ond 'cledrau' yw'r gair a ddefnyddir yma. Gallai geirfa'r chwarelwyr newid yn dibynnu ar b'un a oeddent yn siarad â chydweithiwr neu stiward; roedd y diweddar Iorwerth Jones yn cofio yn chwarel y Penrhyn, y gellid sôn am 'inclên' yn gyffredinol, ond wrth siarad â swyddog y gellid defnyddio'r gair hen ffasiwn 'gallt'. Roedd chwarelwyr yn defnyddio 'inclêns' fel y gair lluosog am 'inclên' ond yma rydym wedi defnyddio 'incleiniau'. Rwyf wedi ceisio cadw geirfa'r chwarel yn y testun cymaint â phosibl, ond gan sicrhau nad yw hynny'n golygu ei bod yn anos ei ddeall.

Nodwch y gall pob safle fod yn lle peryglus, ac maent i gyd yn eiddo preifat. Ni ddylid ymweld â hwy heb ganiatâd pendant y perchenogion. Dylai unrhyw waith archwilio tanddaearol gael ei wneud gan grwpiau profiadol â chyfarpar addas, a dylid cael caniatâd ymlaen llaw.

1 CYFLWYNIAD

Yn 1969 gwnaeth y cynhyrchydd teledu Gareth Wynn Jones ffilm o'r enw *Ffarwel Roc*, sy'n cofnodi gwaith y dynion yn chwarel lechi anferth Dinorwig sy'n cwmpasu dros 600 o erwau ar droed yr Wyddfa yn Nantperis. Mewn arddull *cinéma vérité*, mae'r camera'n dilyn William Williams sy'n 68 oed a'i ddau fab, Robin a Bertie, sy'n bartneriaid gydag ef ar wyneb y graig, wrth iddynt weithio (Ffigur 1). Grwpiau teuluol fel y rhain a agorodd y chwareli cyntaf yn Ninorwig tua 1700, a hwy oedd craidd y gweithwyr medrus yn oes Fictoria, pan mai chwareli Cymru oedd yn darparu'r toeau ar gyfer y ffyniant mawr yn y diwydiant adeiladu ledled y byd. Roeddent wedi prinhau erbyn canol yr ugeinfed ganrif, gan na allai bechgyn ddilyn eu tadau i ddiwydiant oedd yn dirywio ond a oedd yn dal i fod yn beryglus neu nad oeddent yn barod i wneud hynny.

Mae'r ffilm yn dangos enghreifftiau eraill o barhad a newidiadau eraill. Mae system reilffordd y chwarel, a osodwyd am y tro cyntaf yn 1811, yn dal i gael ei defnyddio i ryw raddau er bod rhaglen foderneiddio ddrud wedi cyflwyno peiriannau turio a loriau yn y gwaith. Wagenni fforch godi sydd bellach yn cario'r blociau crai i'r felin, lle cânt eu sgwario gan lifiau dimwnt newydd, er y bydd yn rhaid eu hollti â llaw wedyn, yn yr hen draddodiad, i'w gwneud yn llechi to. Nid dyma'r unig agwedd ar y gwaith sydd heb ei fecaneiddio o gwbl o hyd; mae Robin yn defnyddio trosol i wthio'r blociau oddi ar yr wyneb ac i lawr y chwarel ar ôl iddynt gael eu tanio gyda phowdwr gwn, lle mae'n eu 'pileru' gan ddefnyddio cŷn a morthwyl. Wrth iddo weithio yn y glaw trwm, mae'n canu yn Gymraeg, sef iaith gyffredin y chwareli:

> Dydi'r sgwar ddim digon mawr i hogia ni
> Y mae'r Saeson wedi methu
> Torri calon hogia Cymru

Mae'r ffilm yn egluro mai 'estroniaid', tirfeddianwyr ariannog o Loegr, a ddefnyddiodd ddynion lleol i weithio'r graig hon i ddechrau, sy'n atseinio gwrthwynebiad radical hirsefydledig yng Nghymru gyfan i orchmynion pobl gefnog a phwerus. Teulu Assheton Smith o'r Faenol oedd yn

Ffigur 1. Ffarwel Roc; William Williams a'i ddau fab wrth eu gwaith yn chwarel Dinorwig yn 1969, ychydig fisoedd cyn iddi gau.

berchen ar chwarel Dinorwig, teulu Douglas-Pennant (Arglwyddi Penrhyn) oedd yn berchen ar chwarel gyfagos y Penrhyn yn nyffryn Ogwen oedd yn llawer mwy o faint, a rhoddodd teulu Oakeley eu henw i'r gweithrediad tanddaearol mwyaf yn y diwydiant, yn Ffestiniog. Mewn mannau eraill, bancwyr, cyfreithwyr a dynion busnes oedd yn berchen ar yr ail lefel o chwareli, yn yr un modd ag yr oeddent yn berchen ar weithfeydd haearn, pyllau glo, gweithfeydd copr a ffatrïoedd tunplat mewn rhannau eraill o'r wlad. Ymddengys mai tynged llawer o wŷr Cymru oedd gwneud elw i eraill.

Beth bynnag fo'r gwir yn hyn o beth, roedd yn amlwg bod angen i chwarelwyr feddu ar gryfder corfforol sylweddol yn ogystal â set eithriadol o gymhleth o sgiliau. Er mwyn gosod ffrwydryn i wahanu plygiau gweithiadwy oddi wrth yr wyneb roedd angen dealltwriaeth o batrwm yr holltau a chrisfeini yn y graig. Roedd hyn hefyd yn wir am ddefnyddio'r 'rhys', y morthwyl pren trwm, ar y droed, a'r cŷn ar hyd y plaen pileru. Am bob dau ddyn ar yr wyneb, fel arfer byddai dau arall yn y felin neu mewn cwt syml ag ochr agored, yn hollti'r plygiau, a gyda'i gilydd, dros ran helaeth o hanes y diwydiant, byddent yn ffurfio grŵp gwaith neu 'fargen' a fyddai'n cael eu contractio am fis ar y tro mewn rhan benodol o'r chwarel. Prin yr oedd y rhain yn cyfrif am hanner y gweithlu. Ymysg y gweddill roedd 'difrigwyr' neu yn y gweithfeydd tanddaearol roedd y 'meinars', a oedd yn cael gwared ar greigiau anghynhyrchiol er mwyn gallu cyrraedd llechi gweithiadwy; y dynion sbwriel, a oedd yn clirio creigiau anweithiadwy ac yn creu tomennydd anferth sy'n un o nodweddion y diwydiant; a'r 'rybelwyr' a'r jermyn, bechgyn a oedd yn dysgu eu crefft fel arfer, er nad oedd llawer yn mynd ymlaen i ymuno â rhengoedd y chwarelwyr go iawn. Hefyd, roedd gofaint, seiri coed, seiri maen, ffitwyr, fforddolwyr, gyrwyr locomotifau, a allai gyfrif am tua un rhan o bump o'r gweithlu mewn chwarel fawr fel Dinorwig.

Caeodd Dinorwig fel yr oedd y ffilm yn cael ei gwneud, a chollodd 300 o ddynion eu swyddi, gan gyfnewid ymddieithrwch y gweithle â thrawma diweithdra.[1] Bu'r buddsoddiad yn y peiriannau turio a'r lorïau yn gostus, ac roedd y canlyniadau'n siomedig. Ymddengys bod cynhyrchu llechi yn ddiwydiant arall ym Mhrydain a fethodd ag addasu i'r gostyngiad hirfaith mewn galw ac nad oedd wedi moderneiddio neu a oedd wedi bod yn rhy hwyr yn gwneud hynny. Ei brif etifeddiaeth oedd tai ansafonol, cysylltiadau llafur gwael a salwch oedd yn gysylltiedig â gwaith, yn bennaf oll effeithiau llesteiriol silicosis, a adawodd ddynion yn fyr eu gwynt ac mewn poen oherwydd yr amlygiad i lwch llechi.

Erbyn 1969 roedd pethau'n wahanol iawn i hyder a dynamiaeth diwedd y bedwaredd ganrif ar bymtheg, pan oedd Cymru'n arwain y byd cynhyrchu gorchuddion to llechi a slabiau pensaernïol a llechi ysgrifennu. Roedd y diwydiant yn un hen eisoes ond wrth i'r galw gynyddu yn ystod y blynyddoedd ffyniannus, canfu dyffrynnoedd cul y gogledd-orllewin yn sydyn bod ganddynt gyrhaeddiad byd-eang, yn llawer pellach nag unrhyw ardal arall a oedd yn cynhyrchu cerrig adeiladu i'w hallforio, fel chwareli calchfaen Caen, Portland a Chaerfaddon a thywodfaen arfordir dwyrain UDA. Ceir llechi o Gymru ar doeon o Copenhagen i Melbourne, o Warsaw i Buenos Aires (pennod 3). Fe'u defnyddiwyd ar felinau, warysau, ffatrïoedd a thai gweithwyr – ond hefyd ar eglwysi cadeiriol a neuaddau tref, ac ar balasau, filâu ac anheddau maestrefol. Arweiniodd hyn at newid dramatig yn ymddangosiad llawer o drefi hirsefydledig gan alluogi'r twf aruthrol mewn canolfannau diwydiannol newydd a dinasoedd trefedigol newydd.

Cystadleuaeth agosaf Cymru oedd diwydiant llawn addewid yr Unol Daleithiau, lle'r oedd y Cymry yn amlwg iawn, a chwareli hirsefydledig Ffrainc, yn Anjou, Is-Lydaw a'r Ardennes, gan ymestyn i Wlad Belg. Roedd gweithfeydd llai hefyd mewn mannau eraill ym Mhrydain (yn yr Alban, Ardal y Llynnoedd yn Lloegr, yn Charnwood Forest yn Swydd Gaerlŷr ac yng Nghernyw), yn ogystal ag yn Iwerddon, yr Almaen, Lwcsembwrg, yr Eidal, Sbaen a Phortiwgal, y Swistir, Morafia, Norwy, Awstralia, Tsieina a De Affrica.[2] Mae eu hanes a'u masnach yn wrthbwynt i hanes diwydiant Cymru, ond erbyn prif gyfnod 'diwydiannol' diwedd y bedwaredd ganrif ar bymtheg, nid oedd cymhariaeth o ran eu hallbwn na'r nifer a gyflogwyd. Erbyn hynny, roedd y tair chwarel fwyaf yng Nghymru, sef Penrhyn, Dinorwig ac Oakeley, yn cyflogi tua 8,000 o ddynion rhyngddynt, sef hanner cyfanswm gweithlu chwareli'r wlad. Rhannwyd y gweddill rhwng tua 30 o safleoedd ar wahân, gyda'r rhan fwyaf ohonynt wedi'u lleoli yng nghwadrant gogledd-orllewinol y wlad, er y byddai cyfanswm y chwareli a'r treialon byrhoedlog yn codi'r nifer i gannoedd, ac mae'n rhaid ychwanegu'r melinau lle y proseswyd y plygiau crai atynt, yr oedd llawer ohonynt yn gweithredu'n annibynnol ar unrhyw chwarel benodol, a'r cysylltiadau trafnidiaeth a gludai'r cynnyrch gorffenedig i'r môr.

Yn ystod y blynyddoedd ffyniannus, rhwng 1851 a 1874, newidiodd ardaloedd chwareli llechi Cymru'n ddramatig. Yn sydyn, roedd busnesau bach lleol yn bennaf yn mabwysiadu nodweddion diwydiant byd-eang cyfalafol mawr.[3] Ehangodd chwareli i ateb y galw newydd, ac roedd yn rhaid iddynt gael melinau, olwynion dŵr, agerbeiriannau a phympiau. Byddent yn brysur yng nghanol y nos hyd yn oed, wrth i ddynion a bechgyn a oedd newydd droi eu cefnau ar ffermydd Ynys Môn, Llŷn a Sir Ddinbych geisio meistroli sgiliau anghyfarwydd yng ngolau lampau olew.[4] Bu'n rhaid i drafnidiaeth addasu, o ran maint a modd. Lle yr arferid cael troliau a oedd yn cario sawl tunnell o lechi ar y tro yn ymlwybro ar hyd y ffyrdd tyrpeg y tu ôl i dîm o geffylau, bellach roedd locomotifau stêm yn tynnu llinellau hir o wagenni ag ochrau rhwyllog, yn cario llwyth canwaith yn fwy. Byddent yn gwneud eu ffordd i lawr i gilfachau a phorthladdoedd cul a oedd yn orlawn o longau o bob cwr o'r byd.

Creodd y newydd-ddyfodiaid a ddaeth i fod yn rhan o'r diwydiant hwn, ynghyd â'u teuluoedd ifanc, gymunedau trefol newydd fel Bethesda, Blaenau Ffestiniog a Thal y Sarn. Cadwodd eraill eu cysylltiadau â'r pridd drwy greu tyddynnod ar ucheldir garw. Ond eto, mae'n syndod, hyd yn oed wrth i'r chwareli drawsnewid y dirwedd a'r ffordd o fyw yn y dyffrynnoedd llechi, roeddent hefyd yn gyfrifol am atgyfnerthu llawer o'u nodweddion gan eu paratoi ar gyfer oes newydd. Y Gymraeg oedd, ac yw iaith y cymunedau newydd hyn, oherwydd yn hanesyddol, daeth y mwyafrif helaeth o'r gweithwyr o ardaloedd gwledig y diwydiant oedd yn Gymraeg eu hiaith. Un o'r canlyniadau eraill oedd ymdeimlad cryf a pharhaus y chwarelwyr o genedl, 'that profound condition which makes the history of Welsh society so apparently similar and yet so tantalisingly different from the history of England.'[5] Ymysg y gwerthoedd eraill a oedd yn agos at eu calon roedd radicaliaeth wleidyddol a daioni cymdeithasol ehangach, dirwest neu lwyrymwrthodaeth a moesau gwaith cryf – ac yn anad dim, ymrwymiad i addysg ac i Anghydffurfiaeth Brotestannaidd, fel Bedyddwyr, Annibynwyr, Wesleaid neu (yn fwyaf cyffredin) fel Methodistiaid Calfinaidd.[6] Mae capeli cadarn yr enwadau croes hyn yn amlwg yn y trefi a'r pentrefi a grëwyd ganddynt. Byddent yn ymgynnull ynddynt ar ddydd Sul i wrando ar y bregeth, yn ogystal ag yn ystod yr wythnos i feithrin eu sgiliau cerddorol, siarad cyhoeddus a dadlau. Yno yr aethant i fynychu darlithoedd prifysgolion estynedig, a chyfarfodydd Cymdeithas Addysg y Gweithwyr. Adlewyrchir y foeseg hon o hunanwella hefyd yn y papurau newydd Cymraeg yr arferent eu darllen yn frwd, ac mewn sefydliad hynod y gwnaethant ei noddi, y caban, man cyfarfod syml amser cinio yn y chwarel lle y byddent, ar ôl bwyta, yn treulio amser yn trafod beth bynnag oedd yn mynd â'u bryd – gwleidyddiaeth, crefydd, llenyddiaeth – neu'n cymryd rhan mewn cystadlaethau canu neu farddoni. Yma, yn ogystal ag yn y capeli, arferent godi arian i gyfrannu at Goleg Prifysgol Gogledd Cymru, sef Prifysgol Bangor bellach, a sefydlwyd yn 1884. Ac roedd, ac y mae, yn destun balchder ymhlith pobl Cymru bod y chwarelwyr, yn ogystal â bod yn weithwyr medrus, hefyd yn genhedlaeth ddarllengar a myfyrgar, yn enghraifft fyw o'r hyn y gallai diwylliant israddol ei gyflawni ar ei liwt ei hun.

Cafwyd llawer o chwedloniaeth mewn perthynas â'r chwarelwyr diwylliedig. Nid oedd pob chwarelwr o bell ffordd yn dilyn rheolau blaenoriaid y capel neu lywydd y caban, a bydd unrhyw un sy'n cofio sgyrsiau cenhedlaeth Robin a Bertie yn cofio'r cellwair a'r tynnu coes cymaint â'r beirniadaethau llenyddol a'r trafodaethau crefyddol. Mae eu caban yn *Ffarwel Roc* wedi'i addurno â phinyps yn hytrach na hysbysiadau am ddarlithoedd neu gyfarfodydd undeb oedd ar droed. Heb os, yn sgil y diwydiant, datblygwyd diwylliant soffistigedig a hyddysg ymysg y dosbarth gweithiol, ac yn yr un modd, ni fyddai'r chwareli wedi gallu ffynnu heb y boblogaeth ar y pryd a oedd yn llythrennog ac eangfrydig, ac yn barod i feistroli sgiliau newydd.

Aeth hyn y tu hwnt i ddysgu sut i gloddio am flociau llechi a'u prosesu, ni waeth pa mor anodd oedd hynny. Roedd galw mawr am allu masnachol a gweithredol hefyd. Dechreuodd nifer fawr o reolwyr naill ai fel chwarelwyr a datblygu i fod yn arolygwyr llechi, neu drwy ddechrau fel clercod, weithiau ar ôl cyfnod yn yr Ysgolion Masnachol yn Lerpwl neu'r Rhyl. Gallai dynion abl ddisgwyl gwneud cynnydd, yn enwedig os oeddent yn ddwyieithog. Roedd William Williams Llandygái (1738–1817) yn siarad Cymraeg a Saesneg yn rhugl; ef oedd yn gweinyddu chwarel y Penrhyn ar ran Arglwydd Penrhyn rhwng tua 1761 a 1803, gan lywyddu dros ei esblygiad o fod yn gyfres ar chwâl o gloddfeydd ar brydles i fod yn weithrediad rhannol fecanyddol o dan reolaeth lem.[7] Daeth Griffith Ellis (1785-1860) o deulu gyda phrofiad o weithio gyda llechi a chloddio am gopr yn Nantperis; bu'n gyfrifol am Ddinorwig rhwng 1814 a 1860. Er ei fod yn Gymro, yn chwarelwr ac yn Fethodist, roedd ganddo gydberthynas waith dda gyda sgweiars y Faenol, Thomas Assheton Smith (1752–1828) a hyd yn oed gyda'i fab anwaraidd Tom Smith II (1776–1858).[8] Roedd William Rowlands, a fu'n gweithio i Samuel Holland yn chwarel Cedryn yn Nantconwy ac yna yn Ffestiniog, wedi dysgu Saesneg (a Ffrangeg) yn y fyddin.[9] Mewn rhai llefydd, roedd swydd rheolwr y chwarel bron yn etifeddol; rhedwyd chwarel Cwm Machno yn Nantconwy gan aelodau o'r un teulu rhwng y 1870au a'r 1950au, gan adlewyrchu gafael tyn y capel Calfinaidd lleol.[10] Yn chwarel Dorothea yn Nantlle, un o'r llefydd a barhaodd yn nwylo'r Cymry, penodwyd y rheolwr drwy bleidlais gan randdeiliaid, yng ngwir ddull y Methodistiaid.[11]

Fel gyda'r rheolwyr, roedd yr un peth hefyd yn wir am dechnoleg; o'r dechrau, roedd angen i'r chwareli gael gofaint a seiri coed, ac wrth iddynt dyfu o ran maint a chymhlethdod ac wrth i dechnoleg esblygu, dechreuant alw am amrywiaeth eang o sgiliau. Yn aml, roedd gofyn i beirianwyr fod yn rheolwyr eu hunain pan fyddai'n rhaid cyflwyno systemau newydd. Yn y 1820au, daeth John Hughes o Lanllyfni, John y gof, (1766/7–1845) a'i gymydog John Edwards (1782–1834) yn ffigyrau â statws oherwydd y gwyddent sut i osod pympiau, rheilffyrdd a rhaffyrdd, sef y dechnoleg newydd ar y pryd.[12] Yn yr un modd, gyda dyfodiad trydan 80 mlynedd yn ddiweddarach, daeth arbenigwyr lleol fel Moses Kellow a Charles Warren Roberts yn ffigyrau pwysig. Denodd y diwydiant beirianwyr eithriadol o fedrus o'r tu hwnt i Gymru hefyd. Roedd William Arthur Darbishire (m.1916) o chwarel Pen yr Orsedd yn Undodwr o Swydd Gaerhirfryn – cyflogwr di-flewyn-ar-dafod ond a edmygwyd fel peiriannydd gwybodus ac arloesol. Bu eraill yn rhan o'r diwydiant am gyfnodau byrrach, fel buddsoddwyr neu ymgynghorwyr, ond gadawsant eu marc o hyd – Syr Daniel Gooch (1816–89) o'r Great Western Railway, Syr William Cooke (1806–79), dyfeisiwr y telegraff trydanol, a Syr James Brunlees (1816–92) a John Brunton (1812–99), dau adeiladwr rheilffyrdd a fu'n gweithio ar sawl cyfandir.

Ni lwyddodd rhai dieithriaid i addasu fyth. Cyrhaeddodd William Henry Brinckman (1860–1920) i redeg chwarel Dinorwig o Fwrdd Dociau a Phorthladdoedd Mersi, ac nid oedd yn greadur hoffus; ni ddysgodd Gymraeg, a dim ond wrth eu rhifau y byddai'n adnabod y gweithwyr.[13] Emilius Alexander Young (1860–1910), y cyfrifydd o Lundain, oedd â'r enw gwaethaf. Arweiniodd ei greulondeb a'i ansensitifrwydd at streic chwerw yn chwarel y Penrhyn rhwng 1900 a 1903 – er yr anghofir yn aml mai diolch i'w graffter busnes ef yr achubwyd y chwarel rhag trychineb anochel yn y 1880au.[14]

Yn yr ugeinfed ganrif, gwelwyd dirywiad cyson, gyda rhai chwareli llai yn mynd i'r wal cyn 1914, ac eraill yn ystod Dirwasgiad Mawr y 1930au. Chwe mis ar ôl i chwarel Dinorwig gau ym mis Gorffennaf 1969, caeodd chwarel Dorothea yn nyffryn Nantlle. Gwelwyd chwarel yr Oakeley yn dirwyn i ben rhwng 1969 a 1970, gan adael dim ond naw chwarel – y Penrhyn, a fanteisiodd ar fuddsoddiad ei berchenogion newydd, Syr Alfred McAlpine a'i Fab; Moel Tryfan a Phen yr Orsedd yn Nantlle; Llechwedd, Maenofferen a Manod yn Ffestiniog; y Berwyn yn nyffryn Dyfrdwy; a Braich Goch ac Aberllefenni yn Nantdulas.

Wrth i'r diwydiant ddirywio, roedd perygl y byddai'n mynd â'r gymdeithas Gymraeg eithriadol o lythrennog a diwylliedig y bu'n ei chynnal gydag ef.[15] Ond er hynny, roedd diwedd y 1960au a dechrau'r 1970au yn fwy o gyfnod o adfywio a newid nag o ddirywiad llethol. Ceir tair esiampl o hyn. I ddechrau, y chwareli a oroesodd y broses o foderneiddio eu gwaith a'u cyfarpar, a'u dulliau gweithio. Heddiw, cannoedd o chwarelwyr a geir yn hytrach na miloedd, ond mae pob gweithiwr tua 10 gwaith yn fwy cynhyrchiol na'r hyn a fyddai wedi bod yn wir ar ddechrau'r ugeinfed ganrif. Mae Bethesda a Blaenau Ffestiniog yn gartrefi i chwarelwyr gweithredol hyd heddiw, a chaiff llechi Cymreig eu hallforio o hyd i bob cwr o'r byd.

Yn ail, agorodd twristiaeth ddiwydiannol sawl chwarel i ymwelwyr. Daeth chwarel fach Llanfair yng ngogledd Meirionnydd yn atyniad i ymwelwyr yn y 1960au, ac fe'i dilynwyd gan ddau safle mawr yn 1972. Un o'r rhain oedd y gweithdai peirianneg enfawr yn Ninorwig, a ail-agorwyd fel

Ffigur 2. Arweinydd yr undeb, W. J. Parry (chwith), yn wynebu'r Arglwydd Penrhyn (dde); rhyngddynt saif pwyllgor y chwarelwyr. Mae darlun Charles Mercier yn crynhoi'r newidiadau mewn cydberthnasau cymdeithasol yng Nghymru yn y bedwaredd ganrif ar bymtheg.

Amgueddfa Chwareli Llechi Gogledd Cymru dan reolaeth Amgueddfeydd Cenedlaethol Cymru, a'r llall oedd lefel gynnar yn chwarel Llechwedd sy'n dal yn weithredol o hyd, a ddatblygodd yn 'Quarry Tours', gan gynnig y cyfle i ymwelwyr weld y gweithfeydd tanddaearol â'u llygaid eu hunain ar drên rheilffordd gul, a gwylio'r broses o hollti'r llechi. Mae'r pwyslais ar ddehongli ychydig yn wahanol yn y ddau safle ac mae wedi amrywio rhywfaint dros y blynyddoedd, ond mae'r ddau yn dangos y cyfnod uwch Fictoraidd i ddechrau'r ugeinfed ganrif, drwy arteffactau ac adeiladau sydd wedi goroesi a thrwy'r myrdd o gofnodion ffotograffig a geir o'r diwydiant. Cyflwynodd Quarry Tours ei ddeinamig cymdeithasol drwy ail-greu pentref a gwnaeth Amgueddfa Chwareli Llechi Gogledd Cymru hynny drwy ail-greu rhes o dai teras i ddangos y ffordd o fyw yn 1866, 1901 a 1969 yn y drefn honno. Ar un llaw, roedd Quarry Tours yn pwysleisio rôl cyfalaf bancio a sgiliau rheoli, ac ar y llaw arall, roedd yr Amgueddfa'n pwysleisio'r trawma cymdeithasol a achoswyd gan y broses ddiwydiannu. Ymysg y datblygiadau cymharol debyg yn Lloegr roedd Amgueddfa Awyr Agored Beamish, a agorodd fel atyniad i ymwelwyr yn 1970, Amgueddfa Ceunant Ironbridge yn 1973, ac Amgueddfa'r Black Country yn 1978.[16]

Y trydydd datblygiad oedd bod y diwydiant llechi yng Nghymru wedi denu sylw haneswyr ac archaeolegwyr. Mor gynnar â 1931, roedd yr Athro A. H. Dodd (1891–1975) wedi rhoi ystyriaeth fanwl iddo yn *The Industrial Revolution in North Wales* – ef a'i galwodd yn 'the most Welsh of Welsh industries'.[17] Gwnaeth ei fyfyriwr MA Dylan Pritchard (1911-50) waith ymchwil gwerthfawr ar y diwydiant llechi cyn ei farwolaeth gynnar, a chyhoeddwyd llawer ohono yn y *Quarry Manager's Journal*.[18] Ymysg y ffynonellau eraill roedd y gyfres o erthyglau gan J. Roose Williams ar y 'quarryman's champion', yr arweinydd undeb William John Parry a ymddangosodd yn y *Transactions of the Caernarvonshire Historical Society* rhwng 1962 a 1969 (Ffigur 2). Yn 1974, cyhoeddodd Dr Jean Lindsay *A History of the North Wales Slate Industry*, a roddodd drosolwg ysgolheigaidd o'r diwydiant, o'i ddechreuad yng nghyfnod y Rhufeiniaid, ei ddatblygiad araf yn y canoloesoedd, i'r cyfnod euraid yn y bedwaredd ganrif ar bymtheg a'i ddirywiad yn yr ugeinfed ganrif.[19] Ar yr adeg yr oedd yn dechrau ar ei gwaith ymchwil, roedd gwaith hefyd yn dechrau ar astudiaeth bwysig a phellgyrhaeddol o'r gweithlu ei hun. Mae'r Athro Merfyn Jones yn frodor o un o ardaloedd chwareli llechi gogledd Cymru a fyddai'n mynd ymlaen i fod yn Is-Ganghellor Prifysgol Bangor. Fel myfyriwr ym Mhrifysgol Warwick, cafodd PhD yn 1975, a gyhoeddwyd wedi hynny fel *The North Wales Quarrymen 1874-1922*.[20]

Ffigur 3. Plas Tan y Bwlch, Maentwrog; Canolfan Astudiaethau Amgylcheddol Parc Cenedlaethol Eryri bellach.

Dechreuwyd ar astudiaeth archaeolegol yn 1971, pan gynhaliodd Dr Michael Lewis o Brifysgol Hull yr hyn a fyddai'n gyfres ddi-dor o gyrsiau wythnos o hyd mewn Archaeoleg Ddiwydiannol Ymarferol dan nawdd Prifysgol Hull, gan ddefnyddio chwarel Rhosydd yn nyffryn Croesor fel astudiaeth achos.[21] I ddechrau, lleolwyd y rhain yng ngholeg y gweithwyr yn Harlech, ac yna yng Nghanolfan Astudio Parc Cenedlaethol Eryri ym Mhlas Tan y Bwlch (Ffigur 3), lle y cafodd Dr Lewis lawer o anogaeth gan Merfyn Williams (1949–2007), darlithydd a'r Pennaeth yn ddiweddarach. Dros y 40 mlynedd a mwy ers iddo gael ei sefydlu, mae'r cwrs wedi cronni dealltwriaeth fanwl o sawl safle chwarel, yn bennaf yn ardaloedd Ffestiniog, Nantconwy, Croesor a Glaslyn, ond hefyd yn nyffrynnoedd Dyfrdwy, Nantlle, Dulas ac Ogwen, ac mae wedi cyhoeddi rhai o'i astudiaethau. Mae wedi mwynhau cysylltiadau agos, a rhywfaint o orgyffwrdd, gyda sefydliad cyfochrog Cymraeg ei iaith sydd hefyd wedi'i leoli yng nghanolfan astudio Parc Cenedlaethol Eryri ym Maentwrog, Fforwm Plas Tan y Bwlch, a sefydlwyd ar ddechrau'r 1980au gyda'r nod o annog deialog rhwng y rheini sy'n rhan o'r diwydiant fel gweithwyr a'r rheini sy'n rhan ohono fel archaeolegwyr. O dan gyfarwyddyd Dafydd Price (1921–2000) a Griff Jones (1928–2009), bu'r Fforwm yn gwneud gwaith cofnodi o safon eithriadol o uchel.[22] Mae hefyd wedi elwa'n fawr o waith unigolion amrywiol sydd wedi dilyn eu diddordebau eu hunain, yn enwedig Dr Gwynfor Pierce Jones (1953–2013), yr arweiniodd ei waith ymchwil a chofnodi yn ardal ei gynefin yn Nantlle a'i diwydiant llechi at PhD o Brifysgol Bangor yn 1997, ac Alun John Richards o Abertawe, a ddatblygodd restr cronfa ddata o safleoedd chwareli llechi a luniwyd ym Mhlas Tan y Bwlch yn rhestr o'r diwydiant cyfan.[23]

Mae diddordeb gwirfoddol yn archaeoleg y diwydiant llechi hefyd wedi dod i gael ei adlewyrchu mewn asiantaethau swyddogol. Mae pennod 2 yn egluro sut yr oedd asiantaethau Cymreig a rhyngwladol yn nodi ardaloedd y chwareli llechi mawr yn dirweddau o bwysigrwydd hanesyddol. Dechreuodd Cadw, asiantaeth treftadaeth Cymru, gofrestru a rhestru nodweddion diwydiannol yn 1988, gan ddechrau gyda'r injan pwmpio Gernywaidd yn chwarel Dorothea yn Nantlle ac un o geioedd afon Dwyryd lle yr arferwyd llwytho llechi o Ffestiniog. Penododd arbenigwr archaeolegol diwydiannol llawn amser yn 1990, a rhoddodd gymorth grant ar gyfer cyfres o adroddiadau gan Ymddiriedolaeth Archaeolegol Gwynedd ar chwareli'r gogledd-orllewin rhwng 1994 a 1997.[24] Arweiniodd y rhain at gofrestru nifer o leoliadau ychwanegol yn henebion. Un o'r asiantaethau eraill a gymerodd ddiddordeb cynnar yn y diwydiant oedd Comisiwn Brenhinol Henebion Cymru, a sefydlwyd drwy warant frenhinol Brenin Edward VII yn 1908 i greu 'inventory of the Ancient and Historical Monuments and Constructions illustative of the contemporary culture, civilisation and conditions of life of the people of Wales and Monmouthshire'. Roedd wedi dechrau cofnodi safleoedd diwydiannol yn y 1960au, ac ers hynny mae ei staff wedi cyhoeddi cyfres o weithiau pwysig ar gamlesi, rheilffyrdd cynnar a phyllau glo yn ne Cymru, yn ogystal ag arolwg mawr o dirweddau smeltio copr Abertawe.[25] Yn fwy diweddar, mae'r Comisiwn wedi datblygu technegau sganio laser, ffotograffiaeth ddigidol manylder uwch a phecynnau modelu cyfrifiadurol uwch er mwyn cofnodi ac ail-greu strwythurau a thirweddau hanesyddol (Ffigur 4).

Yn sgil y diddordeb y mae academyddion wedi'i ddangos mewn gwrthdaro cymdeithasol, parodrwydd amaturiaid hyddysg i wneud gwaith ymchwil, arolygu a chloddio, a gwaith asiantaethau treftadaeth sy'n canolbwyntio ar gofnodi a diogelu, bu'n bosibl llunio astudiaeth archaeolegol o'r diwydiant unigryw hwn. Mae'r gyfrol bresennol yn adlewyrchu cylch gwaith ac arbenigedd y Comisiwn Brenhinol yn cofnodi'r ffyrdd y mae pobl Cymru wedi byw eu bywydau ac ennill eu bywoliaeth dros sawl canrif, diddordeb oes yr awdur ei hun yn y diwydiant llechi, parodrwydd y rheini y bu'n gweithio â hwy, yn y Fforwm ac ar gyrsiau ym Mhlas Tan y Bwlch, i rannu gwybodaeth; a diddordeb y gymuned archaeolegol broffesiynol, yn arbennig Ymddiriedolaeth Archaeolegol Gwynedd. Yn anad dim, mae'n gobeithio taflu mwy o oleuni ar ddiwydiant, sydd bellach yn filoedd o flynyddoedd oed, a ddarparodd toeon i'r oes ddiwydiannol ond hefyd a luniodd bobl a thirweddau Cymru, ac, yn baradocsaidd efallai, a alluogodd ei ddiwylliant lleiafrifol traddodiadol i dyfu a ffynnu. Efallai

Ffigur 4. Llun llonydd o animeiddiad ail-greu'r Comisiwn Brenhinol o chwarel Maenofferen, Ffestiniog.

bod y graig wedi'i thrawsfeddiannu gan 'estroniaid' ond roedd ganddynt hwy a'r dynion a fu'n ei chwarela gydberthynas lawer mwy cymhleth a chynhyrchiol na'r hyn a wyddai *Ffarwel Roc* nac y gallai gyfaddef iddo. Bellach, llechi sydd ar do adeilad y llywodraeth yng Nghaerdydd er mwyn cydnabod rôl y diwydiant yn hanes Cymru, ac mae'r ddelwedd eiconig o'r chwarelwr bellach yn rhan o hunaniaeth Cymru ei hun. Pan adawodd William, Robin a Bertie Williams a'u cydweithwyr y chwarel am y tro olaf ym mis Gorffennaf 1969, daeth pennod i ben. Wnaeth y diwydiant ddim marw o'r herwydd – mae hynny'n bell o'r gwir – ond bellach byddai'n rhaid iddo ddilyn cyfres wahanol iawn o reolau i oroesi, yn union fel y bu'n rhaid i Gymru fynd ati unwaith eto i ail-greu ei hun, ac i ail-ystyried ei hanes.

Beth yw llechi?

Craig fetamorffig llin mân, gradd isel iawn i isel yw llechen, ag ymholltedd datblygedig sy'n cydredeg â phlanau hollti llechog – yn ei hanfod, craig y gellir ei hollti'n haenau mân pan fydd amodau daearyddol yn ffafriol. Mae'r gair Saesneg 'slate' yn deillio o'r ferf Ffrangeg *esclater*, a all olygu 'torri allan' neu 'ysgyrioni' ond a all hefyd olygu 'hollti', ac a arweiniodd hefyd at y gair Cymraeg canoloesol *ysglatus*, a'r ffurfiau tafodieithol sy'n dal i gael eu defnyddio heddiw *slatsen* a *sglaitch*. Wrth gwrs, mewn Cymraeg fodern, y ffurf unigol yw *llechen*, lluosog *llechi*, o *llech*, a arferai olygu talp o garreg holltadwy.[26]

Nodyn 1 – lleoliadau ac ardaloedd

Er hwylustod cyfeirio, lleolir chwareli a safleoedd eraill yn y testun yn yr ardaloedd lle maent wedi'u lleoli yng Nghymru. Caiff y rhain eu diffinio yn ôl grwpiau mawr ac yn ôl eu coridorau trafnidiaeth fel a ganlyn:

Mae hyn yn arwain at yr hyn a allai ymddangos yn fân anghysonderau – er enghraifft, lleolir chwarel Rhiwbach ym mhlwyf Penmachno, sy'n rhan hanesyddol o Nantconwy, ac ar un adeg arferai allforio i lawr afon Conwy. Fodd bynnag, mae'n gwneud mwy o synnwyr ystyried ei bod yn rhan o grŵp Ffestiniog oherwydd rhwng 1863 a 1956, pan gaeodd y chwarel, byddai'n anfon ei chynnyrch ar y rheilffordd i Flaenau Ffestiniog. Parhaodd y chwarel nesaf yn yr un plwyf – Cwm Machno, i allforio i lawr afon Conwy yn bennaf, ac felly ystyrir ei bod yn rhan o grŵp Nantconwy.

Cymaint â phosibl, caiff chwareli eu hadnabod yn ôl yr enwau sydd leiaf tebygol o ddrysu'r darllennydd. Yn Nantlle, safai'r chwarel a alwyd yn Gloddfa'r Coed ar dir oedd yn gysylltiedig â fferm Hafodlas, ac yn aml, cyfeiriwyd ati fel chwarel Hafodlas. Defnyddir yr enw 'Cloddfa'r Coed' yma, er mwyn osgoi dryswch â chwarel Hafodlas yn Nantconwy. Yn Ffestiniog, roedd tair chwarel fawr yn weithredol wrth ymyl ei gilydd ar fferm Rhiwbryfdir, a oedd yn eiddo i'r teulu Oakeley – chwarel Holland, chwarel Mathew a chwarel Palmerston. Gelwid chwarel Holland hefyd yn chwarel uchaf neu Gesail, gelwid chwarel Mathew hefyd yn chwarel ganol neu gloddfa ganol, a gelwid chwarel

Tabl 1

ARDAL	*SIR HANESYDDOL (CYN-1974)*	*SIR BRESENNOL*
Ynys Môn	Ynys Môn	Ynys Môn
Dyffryn Ogwen	Sir Gaernarfon	Gwynedd
Nantconwy	Sir Gaernarfon, Sir Ddinbych	Aberconwy
Nantperis	Sir Gaernarfon	Gwynedd
Nantlle	Sir Gaernarfon	Gwynedd
Moel Tryfan	Sir Gaernarfon	Gwynedd
Cwm Gwyrfai	Sir Gaernarfon	Gwynedd
Glaslyn	Sir Gaernarfon / Meirionnydd	Gwynedd
Croesor	Meirionnydd	Gwynedd
Ffestiniog	Meirionnydd	Gwynedd
De Gwynedd	Meirionnydd	Gwynedd
Nantdulas	Meirionnydd	Gwynedd
Dyffryn Dyfrdwy	Meirionnydd, Sir Ddinbych	Gwynedd, Sir Ddinbych
Glyn Ceiriog	Sir Ddinbych	Cyngor Bwrdeistref Sirol Wrecsam
Sir Ddinbych	Sir Ddinbych	Sir Ddinbych
Dyffryn Tanat	Sir Ddinbych, Sir Drefaldwyn	Powys
De-orllewin Cymru	Sir Aberteifi, Sir Benfro, Sir Gaerfyrddin	Sir Aberteifi, Sir Benfro, Sir Gaerfyrddin

Palmerston hefyd yn chwarel isel neu chwarel Welsh Slate Company, felly mae lle i ddrysu. Cyfeirir atynt gyda'i gilydd fel 'grŵp Oakeley', ond cyfeirir at y chwarel olynol, a gyfunodd y tair chwarel ar ddiwedd y bedwaredd ganrif ar bymtheg, yn 'Oakeley'. Yn aml, roedd gan chwareli enwau lleol yn ogystal ag enwau swyddogol – byddai pobl yr ardal bob amser yn cyfeirio at chwarel Alexandra ar Foel Tryfan fel 'Cors y Bryniau', neu 'chwarel y gors'. Atodir rhestr o'r prif chwareli a'r safleoedd cysylltiedig, yn cynnwys yr holl rai a nodir yn y testun.

Nodiadau

1 Mae'r teitl *Ffarwel Roc* yn cydnabod y ffaith bod Dinorwig wedi cau ond mae hefyd yn chwarae ar eiriau drwy gyfeirio at fath penodol o graig galed ac anweithiadwy yn y chwarel – Jones, E. 1963: 138.

2 *Papurau Seneddol* 1897, XCIX 83. Cynhyrchodd chwareli gogledd Cymru 410,000 o dunelli, a oedd, ynghyd â'r allbwn llawer llai ar gyfer de-orllewin Cymru, yn cynrychioli 78.42% o gyfanswm Prydain, o gymharu â 6.41% ar gyfer yr Alban, 4.46% ar gyfer Cernyw, 4.42% ar gyfer gogledd-orllewin Lloegr a 6.29% ar gyfer ardaloedd eraill. Mae'n anodd canfod ffigurau byd-eang cymharol, ond gweler y trosolwg yn Soulez Larivière 1979: 346-59. Ar gyfer hanes diwydiant llechi UDA pan oedd yn ei anterth, gweler Dale 1906. Ar gyfer yr Ardennes a Basse-Bretagne, gweler Voisin 1987 a Chaumeil 1938. Ar gyfer yr Alban, gweler Fairweather n.d. a Tucker 1976.

3 Mae'r rhestr o gwmnïau a gofrestrwyd gan y Bwrdd Masnachu o dan Ddeddf Cwmnïau 1856 pan oedd y cyfnod ffyniannus ar ei anterth yn nodi lefel y cyfalafiad; yn 1860 wyth cwmni allan o gyfanswm o 379 a gofrestrwyd oedd yn ymwneud â chloddio am lechi, yn bennaf yng Nghymru, ond hefyd yn yr Alban, Iwerddon, Lloegr ac Ewrop gyfandirol, sef cymhareb o 1/47; mae'r ffigurau cyfatebol ar gyfer blynyddoedd dilynol fel a ganlyn: 1861 saith allan o 444 (1/63); 1862 naw allan o 517 (1/54); 1863 16 allan o 723 (1/44); 1864 24 allan o 911 (1/38); 1865 18 allan o 939 (1/52); 1866 15 allan o 676 (1/45); 1867 naw allan o 434 (1/48) – TNA: ffeiliau'r Bwrdd Masnachu. Nid yw'r ffigurau hyn yn cynnwys cwmnïau a oedd yn ymwneud â gwerthu llechi.

4 Lewis (gol.) 1987; Williams, J.Ll. 1997.

5 Jones, R.M. 1981: 19, 56.

6 'Anghydffurfiaeth' o ran mai'r cymundeb Anglicanaidd oedd yr eglwys sefydliedig yng Nghymru hyd at 1920.

7 Hefyd, ysgrifennodd ffuglen arloesol yn y Gymraeg yn arddull Hannah More ac Oliver Goldsmith – Jones, D.G. 1999.

8 Prifysgol Bangor: llawysgrif Bangor 8277.

9 Williams, G.J. 1882: 91.

10 Gwybodaeth gan y diweddar Beryl Owain Jones o Gaernarfon; pasiodd yr asiantaeth o dad i ddau fab yn olynol, ac yna i nai.

11 Sylwedydd n.d.: 32.

12 Gwyn 1999.

13 Jones, E. 1980: 56-57.

14 Lindsay 1987: 25-60.

15 Ar gyfer y cyfnod hwn, gweler Morgan 1982: 340-75.

16 Ar gyfer y ddadl bod dirywiad diwydiannol Prydain yn ailddyfeisio ei hun fel 'treftadaeth', gweler Hewison 1987: 83-104. Cafwyd mentrau twristiaeth chwareli llechi mwy byrhoedlog yng Nghloddfa Ganol, a weithredodd rhwng 1974 a 1997 fel ail fusnes treftadaeth i chwarel Oakeley a adfywiwyd yn Ffestiniog, ynghyd â storfa amgueddfa o locomotifau rheilffordd gul ac arteffactau, a chwarel Wynne yng Nglyn Ceiriog, rhwng 1980 a 1989.

17 Dodd 1990: 203.

18 Lindsay 1974; Dodd 1990; CRO: D. papurau Dylan Pritchard; Pritchard 1935; Pritchard 1942a–1947.

19 Adolygiad yn *Transactions of the Caernarvonshire Historical Society* 1974: 241-44. Ymddangosodd adolygiadau eraill yn *Post-Medieval Archaeology* 9 (1975): 273 (gan Douglas Hague o CBHC); *Technology and Culture* 16 3 (Gorffennaf 1975): 486 (gan Kenneth Hudson); ac yn *The Economic History Review* cyfres newydd 28 2 (Mai 1975): 329-30 (gan J.G. Rule o Brifysgol Southampton).

20 Jones, R.M. 1981. Dyma'r dyddiadau y ffurfiwyd Undeb Chwarelwyr Gogledd Cymru a phan gafodd ei gorffori yn Undeb y Gweithwyr Cludiant a Chyffredinol.

21 Lewis a Denton 1974.

22 Jones 1998 a 2005.

23 Richards 1991.

24 Y rhain oedd *Gwynedd Slate Quarrying Landscapes* (1994: Adroddiad 129); *Gwynedd Slate Quarries* (1995: Adroddiad 154); *Gwynedd Slate Quarries: mills, power systems, haulage technology, barracks* (1997: Adroddiad 252).

25 Hughes 1990; n.d.; 2000.

26 Parry-Williams 1923: 86-87.

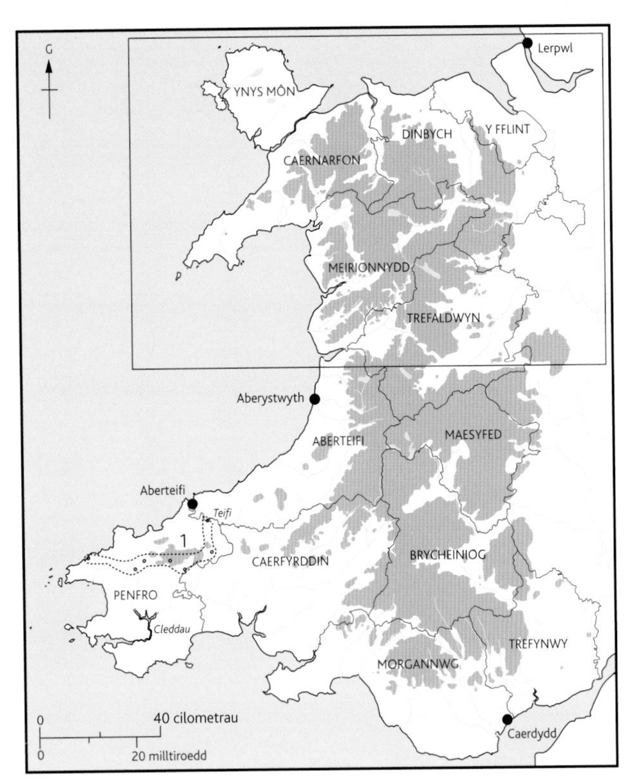

Ardal

1 - De-orllewin Cymru
2 - Ynys Môn
3 - Nantlle
4 - Moel Tryfan
5 - Cwm Gwyrfai
6 - Nantperis
7 - Dyffryn Ogwen
8 - Nantconwy
9 - Glaslyn
10 - Croesor
11 - Ffestiniog
12 - Sir Ddinbych
13 - Dyffryn Dyfrdwy
14 - Glyn Ceiriog
15 - Dyffryn Tanat
16 - De Gwynedd
17 - Nantdulas

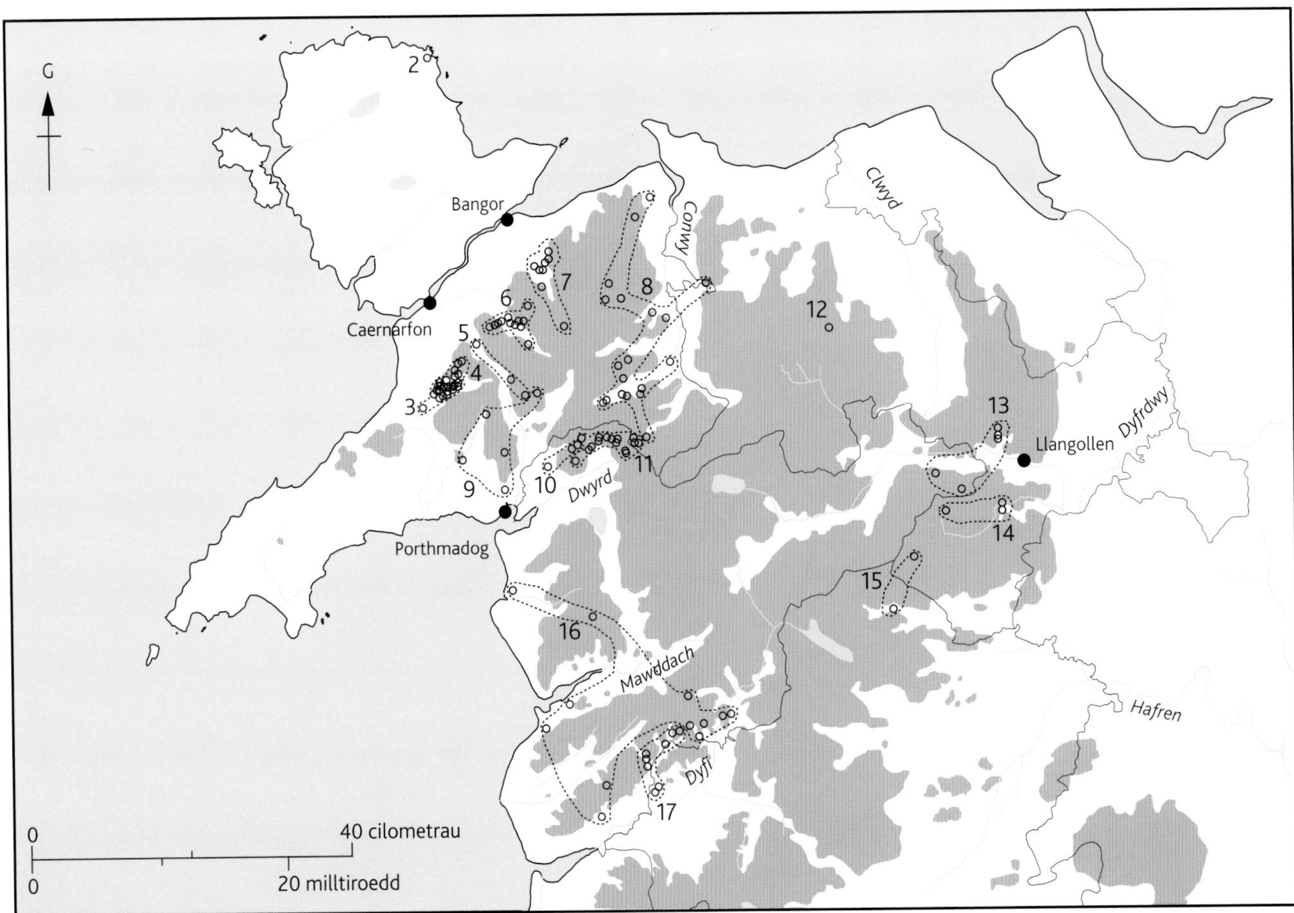

Ffigur 5. Map yn dangos chwareli unigol a'r ardaloedd lle y'u lleolir yng Nghymru, siroedd hanesyddol a thir dros 800 troedfedd (245 metr).

2 TIRWEDDAU'R DIWYDIANT LLECHI

Fel y nodir ym mhennod 1, os yw hanes Nantperis, dyffryn Ogwen a Ffestiniog yn amlygu sut y daeth cam diwydiannol clasurol y gweithfeydd llechi i ben yn y 1960au a'r 1970au wrth i chwareli gau, gael eu moderneiddio neu gael eu troi'n fentrau twristiaeth, mae'n rhaid i ni edrych mewn mannau eraill i weld tarddiad y diwydiant. Mae archaeoleg yn nodi nad dim ond yng Nghymru y dechreuodd chwarelyddiaeth llechi yn ystod y cyfnod Rhufeinig-Brydeinig, ond iddi wneud hynny hefyd mewn sawl lle arall. Roedd un o'r llefydd hyn, fel y gwelwn (pennod 3) ym mryniau'r Preseli yn ne-orllewin Cymru, ac un arall yn y gogledd-ddwyrain, nid nepell o gaer a thref *Deva Victrix*, sef Caer erbyn hyn, ond os gellir galw unrhyw le yn fro hanesyddol y diwydiant, dyffryn Nantlle yw'r lle hwnnw, ynghyd ag ucheldir Moel Tryfan yn union i'r gogledd, yng nghadernid Gwynedd, yr ardal a elwir yn hanesyddol yn Arfon. Disgrifiodd un awdur o oes aur y diwydiant yr ardal fel 'the home of slate quarrying. Slate quarrying has been carried on here since time immemorial. It is useless to speculate at what date slates were first discovered here ...'.[1] Oni ddaw tystiolaeth i'r amlwg sy'n

Ffigur 6. Llun o'r awyr o dirwedd Nantlle, yn edrych tua'r gorllewin. Ar y dde mae chwarel Cilgwyn; mae chwarel Dorothea yn dominyddu yng nghanol yr olygfa. I'r chwith o'r brif ffordd drwy'r dyffryn mae ystad gyngor Bro Silyn; y tu hwnt iddi mae pentrefi Tal y Sarn a Phen y Groes.

awgrymu bod pobl yn chwarela mewn cyfnod cynhanesyddol, mae'n debyg ei bod yn ddiogel dweud iddo ddechrau yn yr ail ganrif OC, gan fod y llechi a'r clytiau a ddefnyddiwyd yn Segontium a Thremadog gerllaw wedi dod o'r fan hon yn ôl pob tebyg (pennod 3). Erbyn y cyfnod canoloesol roedd y gweithfeydd yn canolbwyntio ar yr hyn a ddatblygodd i fod yn chwarel Cilgwyn, ar fin y dyffryn. Fel llawer o'r chwareli a ddaeth i gael eu gweithio yma, fe'i hagorwyd fel cyfres o dyllau. Mae'r rhain bellach wedi'u llenwi, ond erys tomennydd anferth o rwbel, ynghyd â brigiadau llechi garw, a allai fod wedi ysgogi'r ymdrechion cyntaf i weithio'r graig. O Gilgwyn, mae ffyrdd yn arwain i lawr at fôr Iwerddon ac i dref, porthladd a chastell Caernarfon; ar ddiwrnod clir, gellir gweld mor bell â Dulyn, y ddinas lle yr oedd un o'i phrif farchnadoedd. Y cipolwg gwirioneddol cyntaf a gawn o'i gweithrediadau yw llythyr o 1738, ymhell ar ôl iddi ddechrau gweithredu, lle mae beili llechi dyffryn Ogwen yn cwyno bod *Getters and Carryors* Cilgwyn – entrepreneuriaid Cymreig lleol - yn cynnig prisiau is na hwy ledled Cymru, Lloegr ac Iwerddon.[2] Erbyn diwedd y ddeunawfed ganrif roedd dwsin o dyllau bach Cilgwyn yn cyflogi tua 130 o 'feistri' (rhai ohonynt yn ferched), llafurwyr a bechgyn, ac roedd chwareli eraill yn cael eu hagor ar lechweddau is ac ar lawr y dyffryn tua'r de.[3]

Mae Cilgwyn yn llecyn ffafriol ar gyfer y dyffryn a'r ucheldir. Oddi tano tua'r de, mae'r tyllau bellach wedi'u llenwi â dŵr hyd at y lefel trwythiad, ond ceir sawl enghraifft sydd wedi goroesi o hyd o'r bastiynau ('pengialiau') llechi anferth ar gyfer yr incleiniau tsaen, a arferai godi wagenni o'u gwaelodion i'w brig, wrth i reolwyr chwilio'n daer am ffyrdd o domennu creigiau gwastraff mewn llefydd cyfyngedig. Mae'n dirwedd hynod, nid yn unig oherwydd y chwareli a phentrefi'r gweithwyr gyda'u capeli anferth ond hefyd oherwydd y tir sy'n ymestyn o'r môr i gopa'r Wyddfa, ac efallai yn bennaf oll oherwydd ei hanes gwych. Mae systemau caeau hynafol wedi goroesi ar y llethrau pellaf; mae bryngaer o'r Oes Haearn yn gwarchod y mynediad i'r dyffryn ac, ar yr ochr bellaf, saif ystâd cyngor dwt ar ochr Dolbebin, cartref y forwyn Goewin yn y chwedl Gymreig ganoloesol *Math vab Mathonwy*. Yn 1945, yn un o'i gerddi enwocaf, 'Y Ddôl a aeth o'r golwg', roedd y bardd Robert Williams Parry (1884–1956), a aned ac a fagwyd yn y dyffryn, ac a ddatblygodd i fod yn ddarlithydd yng Ngholeg Prifysgol Gogledd Cymru (Prifysgol Bangor bellach), yn galarnadu ynghylch y ffaith bod y byd diwydiannol creulon wedi difetha'r dirwedd chwedlonol hon (Ffigur 6).[4]

Ffigur 7. Tirwedd y chwarelwr-fythynnwr ar Foel Tryfan.

Gan edrych tua'r gogledd o Gilgwyn, mae ucheldir Moel Tryfan yn cynnig golygfa wahanol iawn, clytwaith o dyddynnod a phentrefi bach o amgylch pyllau a thomennydd chwarel ar yr hyn a oedd yn rhostir heb ei wladychu hyd at y bedwaredd ganrif ar bymtheg yr ystyriwyd ei fod yn rhy wael i'w drin. Tirwedd y bythynnwr a'r chwarelwr yw hon, lle y gallai ychydig erwau o dir ddarparu menyn, wyau, cig moch a llaeth enwyn (Ffigur 7).[5] Lle'r oedd y dyffryn yn meithrin beirdd, roedd yr ucheldir yn ysbrydoli awduron rhyddiaith – 'Dic Tryfan' (Richard Hughes Williams, 1878–1919), awdur *Straeon y Chwarel*, un o arloeswyr y stori fer Gymraeg, ac wrth gwrs Kate Roberts (1891–1985), merch chwarelwr a ddychwelodd dro ar ôl tro i fro ei mebyd am ysbrydoliaeth. Er gwaethaf bywydau digon dinod y bobl gyffredin, y dynion a'r merched a oedd yn byw o fewn 'milltir sgwâr' eu profiad a'u hatgofion, mae'n sôn am erchyllterau bywyd, colled, siomedigaeth a heneiddio. I Williams Parry, roedd diwydiant wedi creu rhwyg rhwng pobl Cymru a'u hysbryd hynafol; i Kate Roberts, roedd y chwareli wedi rhoi bywyd i gymuned dosbarth gweithiol benderfynol a diwylliedig ar ddiffeithwch y mynydd. Wrth i'r dynion weithio ar wyneb y graig, byddai'r merched yn trin y bythynnod ac yn mynd â beth bynnag oedd yn weddill i'r farchnad. Eto, fel y gwyddai, er bod y dirwedd hon yn cynnig bywoliaeth, a ffyniant ansicr a chyfyngedig, gallai hefyd lymhau a dinistrio. Yn ei nofel *Traed Mewn Cyffion*, mae Wiliam Gruffydd yn myfyrio bod chwarel y gors, lle y lladdwyd ei daid mewn damwain, yn edrych fel 'fel rhyw hen wrach yn gwneud hwyl am ei ben', gyda'r tomennydd yn codi o bob ochr i'r bryn fel cantel ei het. Mae ei fam Jane, prif gymeriad a llais traeth, yn myfyrio:

> ... yr oedd y chwarel a'i thomen yn ei phig i lawr y mynydd fel neidr. O bell, edrychai'r cerrig rwbel yn

Ffigur 8. Iard Gilfach Ddu, Dinorwig; Amgueddfa Lechi Cymru bellach.

ddu, a disgleirient yng ngoleuni'r haul. Dyma'r chwarel lle y lladdwyd tad Ifan. Pwy, tybed, a wagiodd y wagen rwbel gyntaf o dan y domen acw? Yr oedd yn ei fedd erbyn hyn, yn sicr. A phwy y fyddai'r olaf i daflu ei lwyth rwbel o'i thop? ... Ac i beth y breuddwydiai fel hyn? ... Yr oedd rhywbeth prudd yn yr holl olygfa, y chwarel, y pentref a'r mynydd oedd ynghlwm wrth ei gilydd.[6]

Mae peth amser wedi mynd heibio ers i'r wagen rwbel olaf gael ei gwthio i ben y domen, ond mae myfyrdodau Jane Gruffydd yn dangos gwirionedd sylfaenol ynghylch diwydiant llechi Cymru, sef bod ei dirweddau wedi'u creu drwy gyfranogiad ei bobl – drwy eu gwaith caled dros sawl cenhedlaeth, a thrwy'r sgiliau a ddatblygwyd ganddynt. Nantlle a Moel Tryfan yw'r mwyaf gwerinol o'r rhain. Er bod Glynllifon, cartref y teulu Wynn (Arglwyddi Newborough), perchnogion chwareli llechi yn Nantperis a Ffestiniog, wedi'i leoli gerllaw, ni lwyddodd yr un pendefig pwerus i gymryd rheolaeth o'r ardal hon.

Mewn mannau eraill, roedd grymoedd cymdeithasol gwahanol ar waith, lle ceir olion cydberthynas anniddig rhwng y gwerinwyr a'r pendefigion ar y dirwedd. Y ddwy ardal lechi fawr arall yn Arfon yw Nantperis a dyffryn Ogwen, a nodweddir yn bennaf gan chwareli Dinorwig a'r Penrhyn yn y drefn honno. Roedd perchenogion Dinorwig, y teulu Assheton Smith, yn byw'n urddasol yn y Faenol ar y Fenai, lle mae mur y parc yn parhau i fod yn nodwedd drawiadol ar y ffordd rhwng Bangor a Chaernarfon. Pryd bynnag y byddent yn ymweld â'r chwarel, daethai cerbyd salŵn preifat a redai ar ei reilffordd ei hun â hwy i'r gweithdai petryal â chyfleusterau helaeth, cyfuniad o gaer a llys 'but with something of the Stalag' yng ngeiriau cyfrol Pevsner *Gwynedd* (Ffigur 8).[7] Mae'r *mise-en-scène* yma yn cynnwys llechweddau coediog Fachwen, castell Llywelyn Fawr yn Nolbadarn, a'r Wyddfa ei hun. Mae'r gweithdai bellach yn rhan o Amgueddfa Lechi Cymru, gosodwyd rheilffordd ar gyfer twristiaid ar yr hen wely cledrau, a datblygodd y coetir i fod yn barc gwledig, a phob un ohonynt yn elfen mewn tirwedd hamdden newydd. Er bod yr amgueddfa'n dehongli bywyd caled a gwaith heriol y chwarelwyr, nid yw'r amgylchedd gwerinol yn weledol – mae hyd yn oed tai gweithwyr Gwaun Gynfi a Deiniolen o'r golwg. Dim ond o'r ffordd rhwng

Ffigur 9. Golygfa o chwarel Dinorwig o'r gorllewin, ar draws Llyn Peris. Ar yr ochr chwith, ychydig uwchlaw llawr y dyffryn, mae adran Vivian. Ar y llethrau uwchlaw Vivian oedd y gloddfeydd o'r deunawfed ganrif.

Caernarfon a Chapel Curig neu o'r llethrau tua'r gorllewin y gellir gweld effaith lawn 243 hectar y chwarel, lle mae dyfroedd Llyn Peris, sy'n las disglair ar ddiwrnod heulog, yn adlewyrchu'r grisiau gweithio sy'n codi am 500 metr o lan y llyn, a'r incleiniau anferth gyda phedwar trac (Ffigur 9). Mae diwydiant newydd wedi ymwthio yma; ar ôl i'r chwarel gau yn 1969, tynnwyd y melinau a'r iardiau pentyrru ar lan y llyn er mwyn adeiladu cynllun anferth i storio dŵr wedi'i bwmpio, sy'n symbol o sut mae'r defnydd a wneir o adnoddau naturiol yng Nghymru wedi datblygu i fod yn seiliedig ar adnewyddu yn hytrach na gwaith cloddio. Er hyn, mae'n cyd-fynd rywsut â'r dirwedd a grëwyd gan genedlaethau olynol o chwarelwyr, o ddechreuadau'r diwydiant llechi o amgylch 1700 hyd at y diwrnod anochel yn 1969 pan ddaeth i ben.

Lle mae diwydiannau newydd wedi'u himpio ar chwarel Dinorwig, mae chwarel y Penrhyn yn weithredol hyd heddiw (Ffigur 10). Mae Bethesda, y dref o'r bedwaredd ganrif ar bymtheg wrth ei throed, a enwyd ar ôl capel ac a adeiladwyd ar hyd ffordd bost Thomas Telford, dal yn gartref i lawr o chwarelwyr, ac mae'n wrthgyferbyniad trawiadol i'r gormodedd neo-Normanaidd aruthrol lle yr arferai perchenogion y chwarel fyw, sydd bellach dan ofal yr Ymddiriedolaeth Genedlaethol.[8] Saif Castell Penrhyn o fewn golwg i'r chwarel, ac yn agos iawn at y man llongau yn aber afon Cegin (Ffigur 11). Nid yw'n glir faint o'i elw, a gwaith y chwarelwyr, a dalodd amdano, gan fod y rhan fwyaf o refeniw'r teulu oedd yn berchen arno yn deillio o ystadau yn Lloegr ac o lafur caethweision (hyd at 1834–38) ar eu planhigfeydd yn Jamaica, ond mae'n dangos yn glir y gagendor cymdeithasol a greodd y diwydiant, a'r chwerwder a ysgogodd wrthdaro llafur 1900–1903. Yn arwyddocaol, mae Nantperis a dyffryn Ogwen yn fwy na dim ond amgylcheddau sy'n dyddio o sawl cyfnod fel Nantlle, maent hefyd yn amlwg yn dirweddau sy'n perthyn i welliannau pendefigion, gyda'u haneddiadau perffaith, eu systemau ffyrdd a thafarnau'r goetsh fawr, a'u ffermydd â phob cyfleuster.

Ffigur 10. Mae tref Bethesda wedi'i gosod ar hyd lôn bost Telford. Yn chwarel y Penrhyn, mae'r twll o'r bedwaredd ganrif ar bymtheg yn llawn dŵr ac mae canolbwynt y gweithfeydd bellach ar y rhan bellaf, ar y dde.

Y tu hwnt i Arfon, mae'r amgylcheddau chwarelyddol yn fwy gwahanol fyth. Mae chwareli Ffestiniog, sy'n gweithio creigiau Ordofigaidd, wedi'u lleoli ar flaenau'r plwyf. Roedd rhywfaint o waith chwarelyddol wedi bod yn mynd rhagddo yno ar gyfer anghenion lleol ers yr unfed ganrif ar bymtheg o leiaf, ond dechreuwyd cynhyrchu er mwyn allforio tua 1760, gyda dyfodiad Methusalem Jones (1731–1810) o chwarel Cilgwyn, ar ôl i'r Hollalluog roi gweledigaeth iddo fod brigiad da o graig yng ngheunant Diffwys – dyma oedd y chwedl leol beth bynnag, er bod esboniadau llai diddorol hefyd ar gael.[9] Er mai o dan ddaear y cafwyd y rhan fwyaf o lechi Ffestiniog, mae'r trychiad anferth ar safle chwarel Oakeley a grëwyd gan waith dadhaenu, sinc fawr, yr un mor drawiadol â'r gweithfeydd agored yn y Penrhyn a Dinorwig i'r teithiwr a ddaw i'r ardal ar y ffordd dros Fwlch y Gerddinen. Mae'r tomennydd o rwbel a grëwyd ganddynt yn nodweddu silff

Ffigur 11. Mae Castell y Penrhyn a'i barcdir yn dominyddu'r blaendir; gellir gweld Bethesda a'r chwarel yn y pellter canol.

Ffigur 12. Roedd chwareli Oakeley (chwith), Llechwedd (canol) a Maenofferen, Diffwys, Votty and Bowydd (dde) yn dominyddu tirwedd Ffestiniog.

naturiol lle'r oedd caeau ŷd a choetir hyd at y bedwaredd ganrif ar bymtheg, pan sefydlwyd tref (Ffigur 12). Yn wahanol i aneddiadau chwarelwyr Arfon, sydd naill ai bob ochr i ffordd neu wedi'u gwasgaru ymysg caeau bach, mae Blaenau Ffestiniog yn ddinas i'r chwarelwr, gyda'i sgwariau trefol cynlluniedig, ei chapeli mawreddog heb anghofio ei gorsafoedd rheilffordd cystadleuol. Roedd un yn eiddo i Euston, a'r llall i Paddington, ond roedd cymaint â thri yn eiddo i'w rheilffordd gul ei hun, a adeiladwyd yn 1836 er mwyn cysylltu'r chwareli â'r porthladd newydd a thref Porthmadog oedd ar ei thyfiant. Er nad yw llawer o gludwyr llechi bellach yn ddim mwy na ffurfiannau glaswelltog, mae Rheilffordd Ffestiniog yn gweithredu hyd heddiw, fel atyniad i dwristiaid. Mae ei fflyd o wagenni llechi a'i cherbydau tebyg i flychau i'r gweithwyr bellach yn eitemau treftadaeth, sydd ond yn cael eu harddangos ar achlysuron arbennig, ac mae'r incleiniau trawiadol sy'n dringo o'r rheilffordd i chwareli pellennig ar y clegyrau (Ffigur 13) wedi bod yn segur ers sawl blwyddyn, ond erys ei chymeriad fel rheilffordd o'r bedwaredd ganrif ar bymtheg yn ei chyfanrwydd. Felly hefyd Reilffordd Talyllyn, yn ne Gwynedd. Mae'n dal i redeg o'r brif reilffordd yn Nhywyn at droed yr inclên yn Nant Gwernol, a arweiniai i chwarel Bryneglwys, er mai ar droed bellach y gwneir y daith o ben draw'r lein i'r gweithfeydd llechi, gyda phaneli deongliadol yn tywys cerddwyr o amgylch yr olion. Talyllyn oedd y rheilffordd gul locomotif pwrpasol gyntaf i wasanaethu'r diwydiant llechi (ac un o'r cynharaf

Ffigur 13. Roedd yr incleiniau yn cysylltu chwareli Wrysgan a Chwmorthin â Rheilffordd Ffestiniog.

o'i bath yn y byd) ond hefyd, hi oedd y cyntaf i gael ei hachub rhag cau gan gymdeithas gadwraeth yn 1950–51.

Hyd yn oed o fewn y prif ardaloedd chwarelyddol, ni fyddai'n briodol ystyried i'r datblygiad moderneiddio a welwyd yng Nghymru yn y bedwaredd ganrif ar bymtheg ddeillio o'r diwydiant llechi yn unig. Roedd cynhyrchion eraill yn cael eu chwarelu a'u cloddio ar raddfa helaeth, ond llai. Roedd Nantlle a Nantperis yn cynhyrchu mwyn copr, rhywbeth a fyddai'n bwysig yn y 1760au pan ddaethpwyd â glowyr Cernyweg i mewn, a gyflwynodd sgiliau newydd a fyddai'n ddefnyddiol i'r chwarelwyr llechi. Dros gyfnod byr ond syfrdanol o 1768, mynydd Parys yn Ynys Môn oedd cloddfa gopr fwyaf cynhyrchiol y byd. Yn y pen draw, roedd cloddfeydd plwm Nantconwy yn fwy cynhyrchiol na rhai Sir Aberteifi hyd yn oed, ac roedd chwareli gwenithfaen Penmaenmawr ymysg y mwyaf ym Mhrydain. Roedd y gwaith cynhyrchu haearn a dur yn ddiweddarach yn ne-ddwyrain a gogledd-ddwyrain Cymru yn ddiwydiannau llawer mwy nag unrhyw un o'r rhain, ac yn y pen draw pyllau glo de Cymru oedd y rhai mwyaf cynhyrchiol ym Mhrydain, gan gynhyrchu mwy na phyllau Durham a Northumberland hyd yn oed. Yr hyn sy'n arwyddocaol yw bod pob tirwedd llechi wedi gweld y gyfres o drawsnewidiadau dramatig a ddigwyddodd ym mhob cwr o'r byd yng nghyfnod diwydiannol clasurol y bedwaredd ganrif ar bymtheg, a alluogodd yr hyn a fu cyn hynny yn fusnesau bach ar y cyfan o bwys rhanbarthol i fod yn rhan o'r economi byd-eang. Ym mhob achos, mae'r dirwedd yn rhoi cyd-destun ar gyfer deall, a modd o egluro.

Lleolir pob ardal lechi bwysig yn rhannol neu'n gyfan gwbl o fewn tirwedd hanesyddol gydnabyddedig fel y nodwyd gan asiantaethau treftadaeth genedlaethol Cymru a'r Cyngor Henebion a Safleoedd Rhyngwladol (ICOMOS-UK), ac fel y gwelir mewn cofrestr anstatudol sef y *Gofrestr o Dirweddau o Ddiddordeb Hanesyddol Eithriadol yng Nghymru* a gyhoeddwyd yn 1998. Nodwyd cloddio am lechi hefyd fel un o elfennau hanesyddol dyffryn Tanat yng ngogledd-ddwyrain Cymru (Ffigur 14), ac mae tirwedd Glaslyn hefyd yn cynnwys echel cludo llechi bwysig –

Ffigur 14. Pentref Llangynog yn nyffryn Tanat, chwith yn y canol, gyda'r chwarel llechi ar y llethr i'r dde ohono.

Rheilffordd Ffestiniog, ei his-reilffyrdd, a'r porthladd ym Mhorthmadog.[10] Roedd cofrestr diweddarach, sef *Cofrestr o Dirweddau o Ddiddordeb Hanesyddol Arbennig yng Nghymru*, a gyhoeddwyd yn 2001, yn cynnwys tri amgylchedd arall a luniwyd gan y diwydiant llechi. Un o'r rhain yw rhan isaf dyffryn Teifi yn ne-orllewin Cymru, lle agorwyd chwareli llechi yn y ceunant cul a nodweddir gan y castell canoloesol yng Nghilgerran, ar hyd afon lle y defnyddir cwryglau o hyd (Ffigur 15). Un arall yw rhan o gwrs Rheilffordd Talyllyn drwy ddyffryn Dysynni, a'r trydydd yw tirwedd Dyffryn Llangollen ac Eglwyseg yn y gogledd-ddwyrain, sydd, yn ogystal â rhai o'r chwareli ym Mwlch Oernant yn nyffryn Dyfrdwy, hefyd yn cynnwys camlas a dyfrbontydd Thomas Telford, yr arferid eu defnyddio i gludo llechi a slabiau i farchnadoedd Lloegr, ac sy'n Safle Treftadaeth y Byd ers 2009.[11] Felly mae ardaloedd y chwareli llechi yn elfen gref o rai o'r tirweddau hanesyddol gorau a mwyaf cyflawn yng Nghymru, sy'n asedau diwylliannol a threftadaeth eu hunain.

Gellid dweud hefyd bod y chwareli yn dirweddau yn eu rhinwedd eu hunain. Yn herfeiddiol ddigon, diystyrodd y

Ffigur 15. Mae'r chwareli llechi bach ar lannau afon Teifi yng Nghilgerran bellach wedi'u cuddio i raddau helaeth gan goed. Mae'r olygfa hon gan C.S. Allen o Ddinbych-y-pysgod yn dangos y chwarel yn y 1870au.

Ffigur 16. Cyrhaeddid chwarel anghysbell Hafod y Llan ar lethrau deheuol yr Wyddfa ar hyd ffordd drol hir a throellog, a ddisodlwyd yn ddiweddarach gan inclên a rheilffordd ar y lefel.

bardd a'r ysgolhaig T.H. Parry-Williams hwy fel twll a thomen a dim mwy na hynny, ond mewn gwirionedd, mae ystyr i safleoedd unigol, a'r strwythurau a'r arteffactau oddi mewn iddynt hefyd o fewn patrwm ehangach.[12] Y nodwedd hanfodol ym mhob achos yw'r wyneb gweithio neu fynedfa'r gloddfa, sy'n torri i mewn i lethrau'r bryn, ac yn ymestyn ohono, y tomennydd anferth o greigiau gwastraff. Mae elfennau eraill hefyd yn rhan o'r gymysgedd, fel adeiladau hir, isel y melinau. Yn ogystal, mae ffyrdd trol a rheilffyrdd trac unigol troellog yn ymdroelli i lawr dyffrynnoedd cul a llethrau serth i geiau neu iardiau ar y brif linell. Dywedir yn aml fod cloddio yn broses sy'n dinistrio tystiolaeth o'i hanes ei hun i raddau helaeth, ond nid yw hyn yn wir o bell ffordd – dewiswyd ardaloedd prosesu a thomennu mewn chwareli llechi gyda gofal mawr er mwyn sicrhau na fyddent yn rhwystro gwaith cloddio pellach, a dim ond fel tomennydd arwyneb ar y dirwedd y mae graddau'r gwaith tanddaearol yn amlwg. Yr hyn sy'n golygu bod chwareli llechi yn gymharol hawdd eu 'darllen' fel safleoedd archaeolegol yw'r ffordd y caiff ein sylw ei ddenu at eu prif lwybrau trafnidiaeth mewnol, a oedd bron bob amser yn rheilffordd gul hyd at y 1960au. P'un a ydynt yn nodweddion amlinellol neu ar ffurf incleiniau, yn aml wedi'u hadeiladu ar argloddiau anferth o rwbel llechi, maent yn dangos llif proses, o'r gweithfeydd i'r tomennydd neu i'r melinau a'r iardiau stacio, yna oddi wrth y chwarel i ddyfroedd mordwyol neu i brif linell. Yn aml, mae sianeli dŵr yn ein helpu i ddeall yn yr un ffordd, gan ddangos sut y gall cronfa ddŵr ar ochr y mynydd uwchlaw'r chwarel fwydo olwyn a adeiladwyd ar dalcen adeilad melin. Mae'r strwythurau hyn a rhai eraill – gefeiliau, gweithdai, cytiau locomotifau, swyddfeydd, ysbytai, barics – hyd yn oed os mai olion a geir, yn dangos eu ffurf a'u dyluniad, yn ogystal â'u defnydd a'u swyddogaeth. Yn wahanol, er enghraifft, i fframiau pen a golosgfa pwll glo mawr, anaml y byddant yn anferth neu'n uchelgeisiol yn bensaernïol neu'n beirianyddol. Nid oes ganddynt ymddangosiad eiconig tai injans trawst tirweddau cloddio Cernyw a Gorllewin Dyfnaint. Yr hyn maent yn ei ddangos yw cyfanrwydd a chydlyniad mewn cysylltiad tirweddol cryf â'i gilydd, a gyda phosibilrwydd daeareg a thopograffi, mewn gweithlu a esblygwyd yn ofalus a grëwyd gan ddynion a oedd yn ymfalchïo yn eu rhesymu a'u cyfrifiad. Allai'r awdur Tom Rolt ddim wedi bod ymhellach oddi wrth y gwirionedd pan ddefnyddiodd ffantasi Gothig i ddisgrifio chwarel Bryneglwys:

> ... a wild and lonely place, so remote was it from the world below in its high cleft in the mountains ... It was as though its busy occupants had been on a sudden spirited away into the mountains, while the solitude and stillness of the old quarry bred the disquieting fancy that they might suddenly, like troglodites, appear from dark, dripping tunnels, from vertiginous shafts or from the chasms of open workings and collapsed subterranean chambers.[13]

Mae llawer o'r chwareli llai fel Bryneglwys yn arbennig o huawdl o ran archaeoleg safle, gan eu bod yn dangos yr optimistiaeth fasnachol a olygodd y gellid manteisio ar gymaint o ffynonellau anaddawol ac ymylol o lechi – a hefyd gan fod eu hanes gweithredu byrhoedlog wedi'u cadw fel enghreifftiau perffaith o gyfnodau penodol. Mae chwareli fel Cedryn a Chwm Eigiau, ar flaenau dyffryn crog pellennig yn Nantconwy, a Hafod y Llan (Ffigur 16) ar lethrau Eryri yn ardal Glaslyn, a welodd gyfalafiad sylweddol yn y 1850au a'r 1860au, yn annog ymwelwyr i dybio pa siawns oedd gan eu deiliaid prydles o adennill yr arian a wariwyd ar felinau dŵr, ffyrdd trol a systemau rheilffordd costus, yn ogystal ag ar farics ar gyfer gweithwyr. Mewn sawl ffordd, yn chwarel Gorsedda y ceir y dirwedd fwyaf pwerus, er nad hwn yw'r un mwyaf pellennig o bell ffordd, a hefyd yn ardal Glaslyn, gyda'i phentref gweithwyr gerllaw, ei rheilffordd ac yn anad dim, ei melin ddŵr slabiau yn Ynys y Pandy, sy'n edrych fel adfeilion abaty ar y mynydd (Ffigur 17). Roedd Gorsedda yn fethiant masnachol cyflawn. Yng ngeiriau unigolyn o'r cyfnod, 'Cyflenwyd pop-peth a allai rwyddhau y gwaith, fel nad oedd dim yn eisiau ond y llech-wythïen' – er mai oherwydd hyn y mae'n dangos dulliau gweithio ac economi cynyddol diwedd y 1850au, y cyfnod pan oedd diwydiant llechi Cymru yn cael ei sefydlu fel prif gyflenwr deunyddiau toi ledled y byd.[14]

Mae adeiladau cyhoeddus newydd, a'r ardaloedd eang o dai gweithwyr a adeiladwyd ledled y byd yn ffurfio tirweddau eilaidd y diwydiant y tu hwnt i Gymru (pennod 3). Mae hyn hefyd yn wir am y chwareli a agorodd y Cymry lle bynnag y byddent yn mynd â'u sgiliau, i Iwerddon a'r Unol Daleithiau, i Maine, Vermont a Thalaith Efrog Newydd, yn ogystal â'r rheini a ddefnyddiodd dechnoleg Gymreig, yn Anjou, yr Almaen a Norwy.

Ledled y byd, a thrwy hanes y ddynolryw, mae cloddio a chwarela wedi newid yr amgylchedd naturiol mewn ffordd bwerus lle bynnag y maent wedi bodoli. Yn ogystal â'r ymyrraeth sylweddol y maent yn ei chynrychioli, mae hyn hefyd oherwydd bod yn rhaid iddynt brosesu'r hyn a enillwyd o'r tir, darparu llety i'r gweithlu, a sicrhau mynediad i rwydweithiau trafnidiaeth. Mae'r tirweddau hyn wedi esblygu i wasanaethu anghenion economaidd penodol; wrth i gymdeithas newid, mae'r diwydiannau a'u

Ffigur 17. Melin slabiau Ynys y Pandy gyda chwarel Gorsedda yn y cefndir. Gweler hefyd Ffigur 98.

lluniodd yn dirywio ac yn diflannu, neu'n goroesi ar ffurf wahanol. Yn nyffrynnoedd llechi Cymru, bu'r broses hon yn boenus a'i chanlyniadau yn aml yn greulon; eto, maent wedi goroesi fel tirweddau hanesyddol pwerus a thrawiadol, yn yr un modd ag y maent yn parhau i fod yn llefydd lle mae pobl yn byw ac yn gweithio.

Nodiadau

1 Lewis 1987: 62.
2 Prifysgol Bangor: llawysgrif y Penrhyn 1967.
3 Llyfrgell Genedlaethol Cymru: llawysgrifau Glynllifon 84, ff 56v-96v; Prifysgol Bangor: llawysgrifau Porth yr Aur 27204-27209.
4 Williams Parry 1952: 1.
5 Roberts 1960: 29.
6 Roberts 1936: 26. Daw'r teitl o Job 13:27 'Ac yr ydwyt ti yn gosod fy nhraed mewn cyffion'.
7 Haslam, Orbach a Voelker 2009: 359.
8 Yr Ymddiriedolaeth Genedlaethol 1991.
9 Williams, G.J. 1882: 81; Lewis a Williams 1987: 12 yn awgrymu i Jones ddysgu am y brigiad gan asiant a gyflogwyd gan ystâd Niwbwrch.
10 Cadw, ICOMOS UK a Chyngor Cefn Gwlad Cymru: *Cofrestr o Dirweddau o Ddiddordeb Hanesyddol Eithriadol yng Nghymru* (Caerdydd, 1998). Cadw yw corff Llywodraeth Cymru sy'n gyfrifol am ddiogelu, gwarchod a hyrwyddo treftadaeth adeiledig Cymru, mae ICOMOS (y Cyngor Rhyngwladol ar Henebion a Safleoedd) UK yn elusen annibynnol gyda chyfrifoldeb arbennig i UNESCO; Cyngor Cefn Gwlad Cymru yw cynghorydd statudol y Llywodraeth ar brydferthwch naturiol, bywyd gwyllt a'r cyfle i fwynhau yn yr awyr agored.
11 Cadw, ICOMOS UK a Chyngor Cefn Gwlad Cymru: *Cofrestr o Dirweddau o Ddiddordeb Hanesyddol Arbennig yng Nghymru* (Caerdydd, 2001), 12-15, 35-39.
12 Parry-Williams 1942: 26.
13 Rolt 1971: 46-47.
14 *Herald Cymraeg* 20 Mehefin 1873; Lewis ar ddod.

3 ARCHAEOLEG CYNHYRCHION LLECHI

Ceir tystiolaeth archaeolegol ar gyfer y diwydiant llechi yng Nghymru nid yn unig mewn chwareli a safleoedd prosesu, ond hefyd mewn llechi a holltwyd a slabiau a weithiwyd a geir mewn adeiladau sy'n dal i sefyll neu mewn dyddodion claddedig. Mewn perthynas â hyn, gellir gweld archaeoleg y diwydiant ym mhob cwr o'r byd, ac mae ganddi'r potensial o gyfrannu at esblygiad 'gramadeg' archaeolegol o adeiladau hanesyddol. Yn ddamcaniaethol, gall dealltwriaeth o gynhyrchion llechi lywio dadansoddiad ehangach o'r amgylchedd adeiledig, ac i'r gwrthwyneb, gellir gwella dealltwriaeth o'r diwydiant llechi hefyd drwy ddeall cyd-destun math penodol o elfen toi, slab neu gynnyrch arall.

Fodd bynnag, anaml iawn y bydd yn hawdd nodi'r ffynhonnell. Eisoes erbyn y canoloesoedd, o bosibl yng nghyfnod y Rhufeiniaid, roedd cynhyrchion llechi o Gymru yn cystadlu mewn marchnad a allai gael gafael ar lechi o fannau eraill; erbyn y bedwaredd ganrif ar bymtheg, roedd y farchnad hon yn un fyd-eang, ac ni ellir bod yn siŵr bod unrhyw lechen benodol a gaiff ei hadfer mewn cyd-destun archaeolegol i ffwrdd oddi wrth ranbarth chwarelyddol penodol wedi dod o Gymru. Hyd yn oed yng Nghymru, ceir

Ffigur 18. Mynnodd y pensaer Henry Thomas Hare y dylid defnyddio llechi garw o Gilfach yn ne-orllewin Cymru, yn hytrach na llechi o un o chwareli Arfon, ar gyfer adeilad newydd Coleg Prifysgol Gogledd Cymru (Prifysgol Bangor bellach), a gwblhawyd yn 1911.

anomaleddau hynod. Er enghraifft, dywedir bod rhai toeau yng Nghaerdydd wedi'u gorchuddio â llechi o safon wael o Wlad Belg, a ddaeth i mewn fel balast ar longau allforio glo. Mae mympwyon personol hefyd wedi arwain at ddeunydd ymwthiol – fel y tŷ ym Methesda sydd â tho wedi'i wneud o lechi gwyrdd o Ardal y Llynnoedd yn Lloegr.[1] Yr anomaledd enwocaf – neu ddrwg-enwog yn wir – oedd defnydd y pensaer Henry Thomas Hare o lechi o Gilfach yn ne-orllewin Cymru ar gyfer to Coleg Prifysgol Gogledd Cymru ym Mangor, a gwblhawyd yn 1911, ar y sail eu bod yn cyd-fynd yn well â thywodfaen Cefn yr oedd yn ei ddefnyddio ar gyfer y waliau na llechi brith y Penrhyn neu lechi gwyrdd Nantlle – er mai at lechi gwyrdd Nantlle y bu'n rhaid i'r coleg droi ar gyfer gwaith atgyweirio yn y 1990au, gan fod y chwarel yn Sir Benfro wedi cau. Roedd penderfyniad Hare yn amhoblogaidd iawn ymhlith cymunedau chwarelyddol gogledd Cymru, a oedd wedi cyfrannu arian yn rheolaidd i'r coleg ac a oedd wedi gobeithio gweld eu llechi eu hunain ar ei do (Ffigur 18).[2]

Nid yw lliw yn ffordd bendant o ganfod ffynhonnell, er bod gan rai llechi arlliw nodedig. Mae gwythiennau'r Cambrian a gloddiwyd yn chwareli mawr Arfon – y Penrhyn, Dinorwig a Nantlle – yn tueddu i fod yn borffor, ac mae'r rhai o Ffestiniog yn tueddu i fod yn llwyd tywyll, a'r rhai o dde Gwynedd yn llwyd goleuach os rhywbeth, er nad ydynt mor olau â rhai Delabole yng Nghernyw. Mae gan y rhan fwyaf o lechi Ardal y Llynnoedd arlliw gwyrdd, tra bod llechi Burlington yn llwydlas. Mae llechi o Swydd Gaerlŷr yn amrywio o wyrdd golau i lwyd tywyll. Mewn gwirionedd, ceir amrywiaeth sylweddol nid dim ond o chwarel i chwarel ond hefyd o fewn unrhyw arwyneb chwarel. Roedd gan chwarelwyr enwau ar gyfer pob un o'r rhain, a oedd yn aneglur i bawb y tu allan i'r dirgelwch. Mae rhai o'r rhain wedi goroesi hyd heddiw. Roedd chwareli Arfon yn gweithio sawl gwely gwahanol i bob pwrpas, a oedd yn cynnwys llechi gwyrdd a llwyd hefyd, a chyfansoddiad pob un ohonynt yn amrywio o le i le. Daeth y llechi porffor mwyaf llachar o'r 'fengoch', er enghraifft, yn chwarel Cilgwyn yn Nantlle, yr ymddengys ei bod wedi cynhyrchu ei slabiau mwyaf llachar yn y ddeunawfed ganrif, cyn i bwll penodol ddechrau cael ei weithio. Maent hefyd i'w gweld yn Ninorwig.

Arweiniodd y mudiad Celf a Chrefft ar ddiwedd y bedwaredd ganrif ar bymtheg a dechrau'r ugeinfed ganrif at farchnad ar gyfer llechi 'garw', a oedd yn tueddu i ffafrio llechi gwyrdd Ardal y Llynnoedd ond a oedd yn cynnig marchnad i rai chwareli bach yng Nghymru – chwarel fach Tal y Fan yn Nantconwy a Gallt y Llan yn Nantperis yn ogystal â Gilfach a chwareli eraill yn y de-orllewin. Yng Nghonwy a Deganwy mae nifer o dai a gynlluniwyd gan y pensaer Herbert Luck North wedi'u toi gyda'u llechi nodedig hwy (Ffigur 19).[3]

Ffigur 19. Roedd y pensaer Celfyddyd a Chrefft H. L. North yn un o blith sawl un a oedd yn ffafrio'r llechi garw trymach. Mae'r tai hyn ym Mharc Fardre yn Neganwy wedi'u toi â llechi gwyrdd-frown o chwarel Tal y Fan a llechi gleision a gwyrddion o Allt y Llan.

Llechi wedi'u hollti

Y cynnyrch mwyaf cyffredin o ddiwydiant llechi Cymru, a'r enwocaf, yw'r elfen doi wedi'i hollti'n denau, y ceir tystiolaeth ohoni o'r ail ganrif OC. Yn hanesyddol, bu'n rhaid iddi gystadlu â deunyddiau eraill yn cynnwys tyfiant (gwellt a glaswellt wedi'i dorri), teils clai, estyll derw a ffurfiau amrywiol ar lechfeini neu 'lechi carreg', yn ogystal â llechi o rannau eraill o'r byd. Mae toeau llechi yn gostus ac yn drwm ond maent hefyd yn wydn.

Dosbarthu

Mae tystiolaeth o arteffactau a chyd-destun archaeolegol yn ei gwneud yn amlwg bod chwarela llechi ar gyfer deunydd toi yng Nghymru fel diwydiant cydnabyddedig yn dyddio i gyfnod y Rhufeiniaid. Yn aml, caiff teils eu defnyddio ar adeiladau cynharach ond daw'r defnydd o lechi yn fwy cyffredin yn raddol. Defnyddiwyd llechi toi a chwarelwyd o wythïen las streipiog Arfon, o Nantlle mae'n debyg, ar faddondy a allai fod yn gysylltiedig â fila, caer neu *mansio* (gorffwysfan neu dafarn) yn Nhremadog yng Ngwynedd (SH 55735 40139).[4] Defnyddiwyd llechi Nantlle neu Nantperis ar y *mithraeum* ger y gaer Rufeinig yn *Segontium* (Caernarfon) a adeiladwyd *c.*200 OC.[5] Nodwyd llechi o dde-orllewin Cymru mewn adeiladau sy'n dyddio o gyfnod y Rhufeiniaid yn Sir Gaerfyrddin yng Nghwmbrwyn (SN 2537 1213) a chanfuwyd llechi Silwraidd garw yn 2010 ar safle fila fach o ddiwedd cyfnod y Rhufeiniaid yn Abermagwr ger Aberystwyth (SN 6688 7418).[6] Nodwyd llechi Ordofigaidd, o chwarel yng ngogledd-ddwyrain Cymru mae'n debyg, mewn barics Rhufeinig yng Nghaer.[7] Mae tystiolaeth hefyd yn awgrymu masnach allforio gyfyngedig i Lundain.[8] Y tu allan i Gymru, ceir tystiolaeth o chwarela yn Ardal y Llynnoedd yn Lloegr ac yn ardal Charnwood Forest yn Swydd Gaerlŷr.[9]

Ar ôl i awdurdod y Rhufeiniaid chwalu, ymddengys nad oedd bron ddim tystiolaeth o'r defnydd a wnaed o lechi, nac o ddiwydiant chwarela llechi, unrhyw le yn y Deyrnas Unedig hyd at yr ail fileniwm OC. Yng Nghymru, defnyddiwyd llechi i doi anheddau o statws uchel cyn y goresgyniad Anglo-Normanaidd ar ddiwedd y drydedd ganrif ar ddeg, fel llys tywysogion Gwynedd a gloddiwyd ger Niwbwrch ar Ynys Môn.[10] Gwnaeth rhaglen adeiladu castell anferth yng Nghymru a gychwynnodd gan Frenin Edward 1 o 1277 ymlaen ddefnydd helaeth o lechi; o'r trefi caerog a sefydlwyd pan oedd ei ymgyrchoedd wedi dod i ben, trawyd ymwelydd o Ffrainc yn 1399 pa mor hynod oedd y defnydd a wnaed o lechi toi yng Nghonwy.[11]

Er hyn, yn y canoloesoedd nid ymddengys bod llechi o Gymru wedi mynd yn bellach i'r dwyrain na'r siroedd cyfagos yn Lloegr – Swydd Gaer, Swydd Amwythig, a chyffiniau porthladd Bryste, mor bell â ffiniau Berkshire a Wiltshire. Ceir awgrym o fasnach fwy datblygedig ag arfordir dwyreiniol Iwerddon, drwy Ddulyn a Carrickfergus, Carlingford Lough, Ardglass a Strangford Lough. Mae'r awgrymiadau cyntaf a ddogfennwyd o chwarela llechi yn Delabole yng Nghernyw yn dyddio o 1284, a chyn hir roedd llechi o Gernyw yn cael eu defnyddio yng Nghaer-wynt ac yn y New Forest.[12] Roedd chwareli yma ac yn Nyfnaint yn cyflenwi arfordir deheuol Lloegr, de Cymru a hyd yn oed yn allforio i Normani, er bod chwareli hefyd yn bodoli yng Ngwlad Belg a Llydaw. Defnyddiwyd llechi carreg o Drebedr yn helaeth yn nwyrain Lloegr, er y ceir sawl enghraifft o lechi calchfaen Collyweston (Swydd Northampton). Fel arall, prin yw'r achosion o gyfrifon adeiladu sy'n nodi ffynhonnell, gan eu disgrifio fel *sclatston* yn unig er enghraifft, neu 'tiles called sklates of blue colour'.[13] Gall yr eirfa fod yn ddryslyd; yn aml mae 'toi' yn cyfeirio at unrhyw fath o waith toi, ac yn aml ystyr 'teils' mewn dogfennau canoloeosol yw llechi carreg, neu lechi Cymreig wedi'u hollti'n denau. Ar ddiwedd y bedwaredd ganrif ar ddeg, mae'r bardd Iolo Goch yn cyfeirio at 'To teils ar bob tŷ talwg', yn ei ddisgrifiad o lys newydd Owain Glyndŵr yn Sycharth yng ngogledd-ddwyrain Cymru, ond dim ond llechi a nodwyd gan archwiliadau archaeolegol.[14]

Yng nghefn gwlad Cymru, hyd yn oed o fewn yr hyn a ddaeth yn ardaloedd cynhyrchu llechi mawr yn ddiweddarach, dim ond o'r unfed ganrif ar bymtheg y defnyddiwyd llechi o dan lefel gymdeithasol uchelwr. Ymddengys bod llawer o ffermdai is-ganoloesol nodedig Eryri o'r cyfnod hwn wedi defnyddio llechi o'r dechrau, er bod tŷ gyda llechi arno yn beth prin hyd yn oed ym mhlwyf Ffestiniog yn y 1570au.[15]

Arweiniodd trefniant gwleidyddol 1690 a'r blynyddoedd o heddwch at dwf trefol sylweddol ar hyd a lled tiriogaethau Prydain. Erbyn 1738 roedd chwarelwyr Cilgwyn yn Nantlle wedi datblygu dulliau marchnata effeithiol iawn drwy ffactorau yr ymddiriedir ynddynt yn Nulyn ('ar gyfer y Llechi Bach') ac yn Llundain, heb gynnwys llechi dyffryn Ogwen.[16] Mae'r enw cloddfa Limerick a roddwyd ar un o byllau Cilgwyn *c.*1790 yn awgrymu ei fod wedi hen arfer cyflenwi ardal Shannon a gorllewin Iwerddon erbyn hyn.[17] Mae'n debygol bod y cynnydd graddol yn y defnydd o doeon llechi yn Iwerddon i lawr y raddfa gymdeithasol i dai y ffermwyr a'r llafurwyr tlotach o amgylch yr amser hwn wedi bod o fudd i'r diwydiant yng Nghymru, o leiaf nes y cyfalafwyd y chwareli Gwyddelig yn y 1820au.[18]

Ni chynorthwyodd y rhyfel gyda Ffrainc yn 1793 at werthiannau llechi Cymreig yn Lloegr. Erbyn hynny roedd Cymru'n cyfrannu tua 26,000 o dunelli bob blwyddyn i gyfanswm Prydeinig o 45,000, ond arweiniodd cynnydd mewn costau yswiriant llongau at ddirywiad difrifol ym masnach Llundain, ac yn sgil treth ar lechi a gludwyd gyda'r glannau a gyflwynwyd yn 1784, na chafodd ei diddymu tan 1831, roedd gan chwareli Swydd Gaerlŷr, gyda'u mynediad i'r rhyngrwyd o gamlesi, fantais amlwg dros chwareli Cymru, Ardal y Llynnoedd, de-orllewin Lloegr a'r Alban.[19]

Mae swm anferth y llechi a allforiwyd o Gymru yn y bedwaredd ganrif ar bymtheg yn golygu ei bod yn anodd iawn cyffredinoli ynghylch patrymau dosbarthu. Ar ôl tân mawr Hambwrg yn 1842, enillodd chwareli Ffestiniog eu plwyf yn Ewrop gyfandirol, er mai dim ond o'r 1860au ymlaen y tyfodd y fasnach yn sylweddol, ar ôl cwblhau'r rhwydwaith rheilffyrdd, diwedd rhyfeloedd Bismarck a gostwng a diddymu tariffau. Cymerodd Awstralia lawer o lechi o Gymru ar ôl darganfod aur yn 1851. Cafodd llechi eu hallforio hefyd i Ffrainc, Norwy, Sweden, Denmarc, ac yn bennaf oll i'r Almaen, er gwaethaf y dreth fewnforio a sefydlwyd yn 1876.[20] Cyrhaeddwyd penllanw allforion o Gymru yn 1889, a ddosbarthwyd dros y byd fel a ganlyn:[21]

Tabl 2

Cyrchfan	*Nifer (tunelli)*	*Gwerth £*
Yr Almaen	41,547	195,590
Awstralia	5,444	34,242
Denmarc	3,516	34,336
Ynysoedd y Sianel	593	4,387
Tiriogaethau Awstria	516	1,176
Gwlad Belg	431	362
Ariannin	404	3,229
De Affrica Brydeinig	290	1,889
Ffrainc	161	406
Ynysoedd Gorllewin India Brydeinig a Giana	114	817
Yr Unol Daleithiau	69	184
India'r Dwyrain Brydeinig	58	100
Holand	47	603
Wrwgwái	32	196
Arfordir Gorllewinol Affrica	12	82
Sbaen a'r Ynysoedd Dedwydd	10	118
Gogledd America Brydeinig	9	45
Ynysoedd Bermwda	76	47
Gibraltar	6	60
Tsieina	6	51
Twrci	2	20

Ailgyflwynwyd tariffau yn y 1890au yn Ffrainc, UDA, Awstralia, Canada a'r Swistir; dirywiodd y farchnad allforio yn sgil hyn, ynghyd ag anghydfodau llafur yn chwarel y Penrhyn. Roedd Cymru'n colli marchnad canol Ewrop hyd yn oed cyn 1914, gan fod llechi teils sment enamlog a gynhyrchwyd gan wneuthurwyr o'r Almaen yn ddigonol.[22] Un o nodweddion y dirywiad dramatig mewn allforion yw'r ffaith mai Gwladwriaeth Rydd Iwerddon, gyda'i thariffau anferth, oedd prif farchnad Prydain erbyn 1935, gyda chyn lleied â 1,551 o dunelli.[23]

Daeth gwledydd a fu'n mewnforio llechi yn allforwyr. Roedd Gogledd America wedi bod yn mewnforio llechi o ddechrau'r ddeunawfed ganrif o leiaf, er enghraifft ar Balas y Llywodraethwr yn Williamsburg yn Virginia yn 1709, er bod hyn wedi'i gyfyngu'n bennaf i ddinasoedd dwyreiniol hyd at y Chwyldro, a bu'n rhaid cystadlu â gweithfeydd chwarela llechi brodorol o'r 1730au. Yn 1830 tybiwyd bod gan hanner Efrog Newydd doeon llechi.[24] Pan oedd pris llechi'n uchel, yn y 1870au, enillodd chwareli Americanaidd eu plwyf yn y marchnadoedd Prydeinig a Gwyddelig; erbyn 1898, roedd gwerth £242,675 o lechi yn dod i mewn i'r Deyrnas Unedig, ac roedd symiau llai ond sylweddol o hyd yn cael eu hallforio i'r Almaen, Awstralia, Denmarc a Chanada.[25] Ni pharodd y treiddiad Americanaidd yn y farchnad; chwareli Ffrainc a oedd yn rheoli mewnforion i Brydain yn y 1920au a'r 1930au, yn bennaf drwy Plymouth a Portsmouth, er nad oedd hyn heb gystadleuaeth gan Norwy, a oedd yn mewnforio drwy Leith, Grangemouth, North Shields, Newcastle, Dundee a Berwick.[26]

Ar ôl yr Ail Ryfel Byd roedd mwy o fewnforion nag o allforion am nifer o flynyddoedd. Sicrhaodd marchnata cadarnach o'r 1960au ymlaen y gallai llechi o Gymru gystadlu mewn marchnad fyd-eang a reolwyd gan chwareli yn Sbaen, ac yn gynyddol hefyd ym Mrasil, Tsieina ac India.

Maint, siâp ac ansawdd

Er mai prin yw'r llechi to a nodwyd o'r cyfnod Rhufeinig yng Nghymru, patrwm hecsagon sydd i'r rhai a ganfuwyd yn Nhremadog, Caerfyrddin, Cwmbrwyn ac Abermagwr, tua 30cm o hyd ac o led, wedi'u gosod gan ddefnyddio hoelen drwy dwll offset ger y brig, a fyddai wedi creu effaith losen ar y to.[27] Maent yn debyg iawn o ran maint a siâp i'r

Ffigur 20. Llechi toi Rhufeinig o Fila Abermagwr ger Aberystwyth.

enghreifftiau a ganfuwyd yn yr Almaen Rufeinig.[28] Ymddengys bod hwn yn ddull Rhufeinig safonol o baratoi unrhyw fath o garreg holltadwy i'w defnyddio fel deunydd toi a'i fod wedi'i addasu ar gyfer llechi.[29] Gwneir tyllau heb fod yn y canol o'r wyneb allanol neu'r blaen mewn ffordd sy'n golygu na all dŵr basio drwy'r bylchau ac ar yr hoelen a'r twll (Ffigur 20). Mae'r llechi to o'r mithraeum yng Nghaernarfon, sy'n dyddio o ddechrau'r drydedd ganrif mae'n debyg, yn mesur tua 40.6cm wrth 35.6cm wrth 13 milimetr, a chawsant eu gosod ar eu hyd gan ddefnyddio dwy hoelen haearn, yn debyg iawn i lechi to modern.[30]

O'r cyfnod canoloesol ac i raddau llai i'r bedwaredd ganrif ar bymtheg, yn aml câi llechi eu gwerthu mewn meintiau cymysg fesul tunnell, ac fe'u gelwid yn 'llechi cymysg' neu 'lechi tunnell'. Roedd pwysau llechi a ganfuwyd o ran a oedd yn dyddio o'r bymthegfed ganrif o Dai Penamnen, anheddiad yn Nolwyddelan yn Nantconwy, yn amrywio o 11lb (5 cilogram) i 14lb (6.3 cilogram) (Ffigur 21).[31]

Roedd meintiau safonol, 'crewynnau cyfrif' fel y'u gelwid, neu *tally slates*, i'w gweld unwaith eto o'r ail ganrif ar bymtheg efallai. Roedd rhai o'r llechi a ganfuwyd o'r adfail sy'n dyddio rhwng 1570 a 1690 ym Mhwll Fanog ar lan y Fenai yn doriad sgwâr, yn mesur 254 milimetr wrth 127 milimetr (10 modfedd wrth 5 modfedd), roedd eraill yn tapro, mewn ffordd sy'n awgrymu y gallent fod wedi'u bwriadu ar gyfer adeilad gyda thŵr pigfain.[32] Ceir cyfrifon o lechi 'dwbl' a 'sengl', er enghraifft yn Nantconwy yn y 1680au, lle'r oedd dyblau'n costio 7s 8d y mille (milfed o 1,200 neu 1,260) a senglau'n costio 5s 4d.[33] Ceir cyfrif o 1688 sy'n nodi y prynwyd 8,400 o lechi am 4s y mille, sydd yn union cyn taliad am doi 64 o lathenni (58.52 metr) ar felin gerllaw; ar mille o 1,200, byddai sengl fach 228.6 milimetr wrth 101.6 milimetr (9 modfedd wrth 4 modfedd) yn ffitio'n berffaith.[34]

Ffigur 21. Llechi cymysg o'r bymthegfed ganrif o Dai Penamnen, Dolwyddelan. Yma mae'r llechi wedi'u hailosod ar fwsogl.

Gall ymddangosiad y meintiau safonol hyn fod wedi bod yn bosibl drwy gloddio'n ddyfnach a mynediad at graig well, ond mae'r ddau yn adlewyrchu ac yn hyrwyddo'r newidiadau yn y dulliau toi a drafodir isod. Cyflwynwyd yr enwau aristocrataidd ar gyfer llechi tali, a'r meintiau mwy amrywiol, yn ystod gweithrediad John Paynter ar ystâd y Penrhyn yn y 1730au, pan ddechreuwyd cynhyrchu llechi mwy, yn cynnwys 'dyblau dwbl', er y cymerodd beth amser i'r enwau gael eu derbyn a'u deall hyd yn oed o fewn yr ardal, fel y gwelir mewn llythyr dyddiedig 1750 sy'n cyfeirio at '2,000 Ladies or Double doubles',[35] ac mae'n debyg ei bod yn hwyrach eto cyn i'r enwau ledaenu i chwareli eraill. Yn bendant erbyn y 1780au, roedd partneriaid Dinorwig yn cynnig llechi Countess, Ladis, dyblau a thunelli, a oedd yn fawr iawn, yn gymysg o ran eu hyd a'u lled ac yn cael eu gwerthu yn ôl eu pwysau.[36] Erbyn diwedd y cyfnod Fictoraidd, roedd y dosbarthiadau wedi'u pennu fel a ganlyn:

Tabl 3

Empresses	660.4mm X 406.4mm (26" X 16")
Empresses Bychain	660.4mm X 381mm (26" X 15")
Cwins	609.6mm, 660.4mm, 711.2mm, 762mm, 812.8mm, 863.6mm (24", 26", 28", 30", 32" a 34") o hyd a lled amrywiol
Princesses	609.6mm X 355.6mm (24" X 14")
Dytsis	609.6mm X 304.8mm (24" X 12")
Dytsis Bychain	558.8mm X 304.8mm (22" X 12")
Marchionesses	558.8mm X 279.4mm (22" X 11")
Countesses	508mm X 254mm (20" X 10")
Countesses Llydain	457.2mm X 254mm (18" X 10")
Viscountesses	457.2mm X 228.6mm (18" X 9")
Ladis Llydain	406.4mm X 254mm (16" X 10")
Ladis Lletach	482.6mm X 228.6mm (19" X 9")
Ladis Hirion	419.1mm X 215.9mm (16½" X 8½")
Ladis	406.4mm X 203.2mm (16" X 8")
Pennau Llydain	355.6mm X 304.8mm (14" X 12")
Pennau Bychain	330.2mm X 254mm (13" X 10")
Ladis Bychain	355.6mm X 203.2mm (14" X 8")
Ladis Culion	355.6mm X 177.8mm (14" X 7")
Dyblau	330.2mm X 177.8mm (13" X 7")
Dyblau Llydain	304.8mm X 203.2mm (12" X 8")
Dyblau Bychain	304.8mm X 152.4mm (12" X 6")
Senglau	254mm X 203.2mm (10" X 8")

Mae dewisiadau rhanbarthol cryf yn amlwg ar doeau yn y bedwaredd ganrif ar bymtheg ym Mhrydain; roedd masnachwyr llechi yn Llundain yn ffafrio Princesses i Countesses, roedd masnachwyr i'r gorllewin o'r Penwynion yn ffafrio Viscountesses i Ladis, a masnachwyr yng ngogledd-ddwyrain Lloegr yn ffafrio llechi llai. Allforiwyd llechi garw bach i'r Alban. Roedd llechi tunnell yn boblogaidd ar felinau tecstilau a warysau dociau.[37] Nid oedd y dosbarthiadau Cymreig yn gyffredin yn niwydiant llechi Prydain o bell ffordd. Drwy gydol y bedwaredd ganrif ar bymtheg a'r ugeinfed ganrif, rhannodd chwareli Ardal y Llynnoedd eu llechi yn 'Patterns', 'Sized', 'No. 4', 'No. 4a', 'Seconds', 'Tom' a 'Peggies'. Ar ôl 1890, er enghraifft, roedd chwarel Burlington yn Ardal y Llynnoedd yn cynnig:[38]

Tabl 4

Best Patterns	Hyd penodol a lled sefydlog, er enghraifft 609.6mm X 304.8mm neu 508mm X 254mm (24" X 12" neu 20" X 10"), gyda'r lled bron bob amser yn hanner yr hyd
Best Sized	Hyd penodol, er enghraifft 609.6mm, 558.8mm neu 508mm (24", 22" neu 20"), a lled cymysg
Second Sized	Fel uchod ond ychydig yn fwy trwchus
Best No. 4	Hyd cymysg rhwng 355.6mm a 635mm (14" a 25") a lled cymysg
Best No. 4a	Hyd cymysg 625mm i 914.4mm (25" i 36") o hyd
Seconds	Cymysg 355.6mm i 625mm (14" i 25") o hyd
Thirds neu 'Tom'	Hyd cymysg 304.8mm i 914.4mm (12" i 36") o hyd
Best Peggies	Hyd cymysg 254mm i 355.6mm (10" i 14") (ymddengys mai dim ond yn yr Alban y'u defnyddiwyd)
Second Peggies	Hyd cymysg 152.4mm i 254mm (6" i 10") (eto, dim ond yn yr Alban y'u defnyddiwyd)

Ffigur 22. Mae'r llechi cymysg yng nghyntedd Eglwys yr Holl Saint, Llangar yn dangos sut y câi llechi eu hoelio ychydig o'r canol er mwyn cywasgu'r to.

Erbyn dechrau'r ugeinfed ganrif, roedd rhai o chwareli de-orllewin Cymru wedi mabwysiadu'r system hon o Ardal y Llynnoedd fel cam marchnata, gan gynnig llechi garw fel arbenigedd. Aeth Gilfach yn ne-orllewin Cymru, a oedd wedi cyflenwi llechi i Goleg Prifysgol Gogledd Cymru, ymhellach, gan werthu fesul tunnell mewn lled cymysg yn ôl hyd mwyaf a lleiaf.[39]

Gwerthwyd llechi hefyd fel 'bests', 'seconds' a 'thirds', neu fel 'bests', 'mediums' a 'strongs', gyda'r 'bests' yn cael eu hollti deneuaf. Gall hyd yn oed tŷ teras bach wedi'i doi gyda llechi o un chwarel ddefnyddio ansawdd llechi gwahanol ar gyfer dau oleddf y to.[40]

Dulliau toi

Mae dulliau o osod llechi to wedi amrywio'n sylweddol dros y canrifoedd, gan adlewyrchu nodweddion y graig, y cyfalaf sydd ar gael i adeiladwyr, argaeledd elfennau toi eraill, a mawredd yr adeilad.

Roedd llawer o doeon llechi o'r cyfnod canoloesol hyd at y bedwaredd ganrif ar bymtheg yn defnyddio pegiau, rhai pren fel arfer ond weithiau rhai asgwrn, a byddai llechi yn hongian oddi wrth ddellt derw, neu, yng ngogledd-orllewin Cymru, hyd yn oed wrth gwdenni â gwead bras.[41] Ceir tystiolaeth o wneud pegiau neu *sclatpynnes*, a'r dasg o dyllu'r llechi eu hunain, mewn dogfennau o'r drydedd ganrif ar ddeg.[42] Fel arfer, rhoddid trefn ar lechi wedi'u pegio ar y safle fel eu bod yn lleihau o ran uchder a thrwch o'r bondo i'r crib, ar ddellt a osodir yn agosach ac yn agosach at ei gilydd, mewn ffordd sy'n golygu eu bod yn cywasgu tuag at ganol yr adeilad. Caiff hyn ei gyflawni drwy wneud y tyllau bach (bob amser o'r cefn, gan greu pefel ar y blaen fel na fyddai'r peg yn dod allan) rhai yn y canol ar y brig, rhai i'r chwith ar y brig, a rhai i'r dde ar y brig, gan dapro brig y llechi o amgylch y twll, a'u gosod yn briodol, gan ddechrau yng nghanol y rhes isaf a gweithio tuag at y bondo (Ffigur 22). Câi llechi eu siapio gyda chyllell fach, a châi'r tyllau eu gwneud gyda phigyn ar ei phen. Câi'r rhain eu gosod mewn ffordd a fyddai'n cadw 'cynffon' unffurf (ochr isaf), gyda'u lleoliad yn cael ei bennu gan bric mesur, wedi'i ricio gyda hoelen er mwyn nodi'r llechen, lle mae marciau sgorio'r hoelen yn aml yn amlwg i'w gweld (Ffigur 23).

Ffigur 23. Teclynnau chwarel: mae cofeb Pennant yn Eglwys Sant Tygai, Llandygái, yn dangos chwarelwr yn dal cyllell fach a throsol. Mewnosodiad: William Jones yn dal pric mesur.

Onid oedd angen awyru, er enghraifft ar sgubor neu ranar, byddai to llechi yn aml yn gwrthsefyll dŵr a gwynt yn well drwy un o ddau ddull. Roedd un yn cynnwys sadio'r llechi ar figwyn (gweler Ffigur 21) wrth iddynt gael eu gosod, a'i adnewyddu'n rheolaidd gan ddefnyddio teclyn arbennig, sef haearn mwsogl. Parodd y dull hwn i mewn i'r bedwaredd ganrif ar bymtheg ond roedd y llechi mewn perygl o gael eu chwythu i ffwrdd o hyd, a daeth yn haws i'w sadio mewn morter.[43] Roedd haenau sbot yn eu hatal rhag siglo ond un ffordd effeithiol o gadw drafftiau allan oedd 'torching', sef plastro oddi tan y llechi â morter, gan ddefnyddio cymysgedd o blaster calch mân a blew gwartheg. Gwnaed hyn yn aml mewn tai aml-lawr lle y defnyddiwyd y grogloft ar gyfer byw neu weithio, yn ogystal ag ar adeiladau a godwyd gan bobl gyfoethog.[44] Yn fwy diweddar, byddai'r dyddiad weithiau'n cael ei grafu ar y morter. Yn aml, defnyddiwyd to brat ar gytiau amaethyddol er mwyn eu hawyru.

Wrth i lechi ddod yn ddeunydd to dewisol ym Mhrydain o'r ail ganrif ar bymtheg ymlaen, parhaodd toeon hynafol yr olwg fel y rhain i gael eu hadeiladu yn yr ardaloedd chwarelyddol eu hunain – roedd yn werth allforio'r deunydd gorau i Lundain, Dulyn neu Lerpwl ond nid oedd modd gwneud arian o gludo'r llechi llai a mwy trwchus, o leiaf hyd nes dyfodiad y ffasiwn am bethau gwledig ar ddechrau'r ugeinfed ganrif. Oherwydd hyn, ceir sawl enghraifft yng Nghymru o doeon garw yr olwg, a all adlewyrchu dulliau adeiladu cynharach, ac mae llechi wedi'u pegio yn amlwg ar fythynnod ac adeiladau fferm ymhell i mewn i'r cyfnod Fictoraidd.[45]

Fel y soniwyd uchod, mae'r defnydd o hoelion haearn i osod llechi yn dyddio yn ôl i gyfnod y Rhufeiniaid; nodwyd pennau wedi rhydu yng Nghwmbrwyn.[46] Mae'n bosibl bod hyn hefyd yn wir am y defnydd o'r pric mesur, gan fod marciau sgorio'n amlwg ar lechi Abermagwr.[47] Nid yw'n ymddangos bod hoelion yn gyffredin yn y cyfnod canoloesol, er iddynt gael eu defnyddio ar y cestyll a godwyd gan Edward I ar arfordir Cymru; daeth 125,000 i Gonwy o Newcastle under Lyme ar 26 Mai 1286.[48] Yn raddol, daeth hwn yn ddull cyffredin o osod. Yn Iwerddon, ymddengys iddynt ddisodli'r defnydd o begiau o'r unfed ganrif ar bymtheg, ac ychydig yn ddiweddarach yn Lloegr efallai. Yn 1688 roedd Randle Holme yn honni y defnyddiwyd *pins*, ond yn 1703 mae *The city and country purchaser* yn sôn bod llechi'n cael eu '*hang'd on Tacks*'.[49] Yn ogystal â'r ffaith bod to mwy unffurf yn cyd-fynd yn well â'r drefn glasurol, roedd llechi mwy yn llai tebygol o allu gwrthsefyll gwynt ac felly roedd angen dull o'u diogelu'n well. Mae hoelion a wnaed gan ofaint i'w gweld o hyd ar doeon a wnaed ar ddechrau'r bedwaredd ganrif ar bymtheg; mae *The New and Improved Practical Builder* yn 1823 yn argymell y dylid defnyddio hoelion copr neu sinc ond mae'n nodi oherwydd eu pris, bod hoelion haearn wedi'u platio â thun wedi'u cyflwyno'n ddiweddar ac, fel dewis amgen, bod hoelion haearn wedi'u trochi mewn llestr o blwm gwyn wedi'i lenwi ag olew neu olew had llin yn gwneud y tro.[50]

Mae'r defnydd cynyddol o lechi tali a'r arfer o osod llechi gan ddefnyddio hoelion o'r unfed ganrif ar bymtheg a dechrau'r ail ganrif ar bymtheg ymlaen yn adlewyrchu newidiadau ehangach mewn arddull bensaernïol a hefyd argaeledd dellt pren meddal tenau, y gellid eu llifio'n syth ac a allai gymryd hoelion, wrth i'r fasnach bren esblygu. Yn nodweddiadol, byddai to o'r fath yn cynnwys llechi o'r un maint, y byddai dau dwll hoelion wedi'u gwneud ym mhob un ohonynt yn y safle adeiladu (neu un yn achos llechi bach, a thri ar gyfer toeon mewn llefydd agored) naill ai tua 25.4mm (1 fodfedd) o dan y 'brig', yr ymyl uchaf, neu'n agos at y canol. Roedd anfantais i'r dull cyntaf oherwydd y gallai gwynt cryf godi'r holl lechen, ac fe'i defnyddiwyd yn llai aml ar gyfer llechi mawr erbyn dechrau'r ugeinfed ganrif. Gelwir y dull o orgyffwrdd y gynffon â thwll hoelen y rhes nesaf ond un oddi tani, yn 'lap'; gelwir hyd y llechen a amlygir o dan gynffon yr un uwchben yn llêd.[51] Fel arfer, ceir llechi teneuach yn y rhesi uchaf (Ffigur 24).[52] Tuag at ddiwedd y bedwaredd ganrif ar bymtheg tybiwyd mai'r goleddf lleiaf

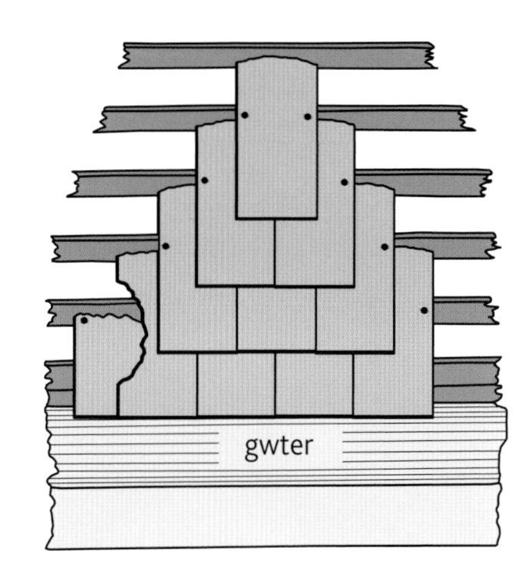

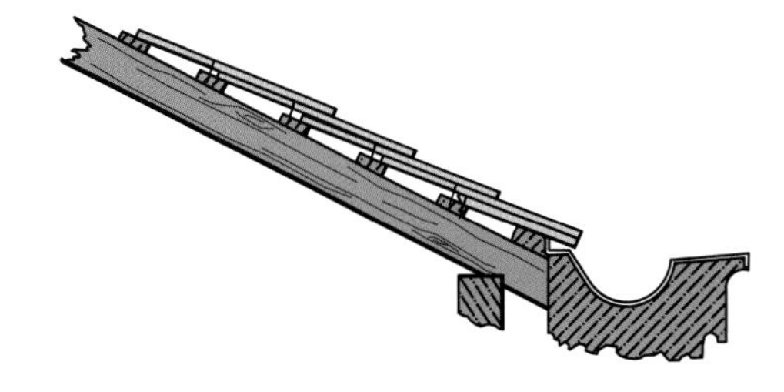

Ffigur 24. To llechi nodweddiadol o'r bedwaredd ganrif ar bymtheg.

ar gyfer to llechi oedd 22° ar gyfer llechi mawr, 26½° ar gyfer llechi arferol a 33° ar gyfer llechi bach.[53]

Cladin llechi

Weithiau, defnyddiwyd llechi wedi'u hollti i orchuddio waliau, yn enwedig mewn ardaloedd lle ceir llawer o law. Mae'r arfer yn amlwg iawn yn Ne-orllewin Lloegr ond fe'i cofnodir yng Nghymru o ddiwedd y ddeunawfed ganrif.[54] Ceir enghraifft hynod o hyn yn Bridge Cottage ym Mhorthmadog (SH 5710 3849), a adeiladwyd yn wreiddiol *c.*1833 fel tolldy'r Cob ond cafodd ei orchuddio tua 1900 gyda rhesi o lechi rheolaidd am yn ail â phatrymau hecsagonol. Hefyd, mae'r teils crib a slip pleth a ddyfeisiwyd gan Moses Kellow, rheolwr chwareli Parc a Chroesor gerllaw, wedi goroesi (Ffigur 25).[55] Ar ddechrau'r bedwaredd ganrif ar bymtheg, roedd chwarel y Penrhyn yn cynnig '[slate] cases for the outside of buildings, as a defence against the weather; which, being painted and sanded, have the appearance of freestone.'[56] Nid ymddengys bod y rhain yn boblogaidd iawn. Yn 1919-20, roedd yn fwriad gan y National Welsh Slate Company, a leolwyd yn Aberangell yn ne Meirionnydd, adeiladu tai parod gan ddefnyddio blociau llechi ar ffrâm derw neu ddur. Yn 1925 cynlluniodd y pensaer Clough Williams-Ellis adeilad â ffrâm wedi'i wneud yn llwyr o bren gyda llechi wedi'u hongian yn fertigol ar waliau allanol.[57]

Llechi patrymog a llechi lliw

Mae traddodiadau Ewrop gyfandirol o osod llechi yn arbennig o afieithus. Mae llechi yn addasu i nodweddion fel

Ffigur 25. Ar ôl i'r tollty ym Mhorthmadog gael ei addasu'n swyddfa ar gyfer chwareli Parc a Chroesor, cafodd ei orchuddio â llechi a'i doi â chrib lechi Kellow (mewnosodiad).

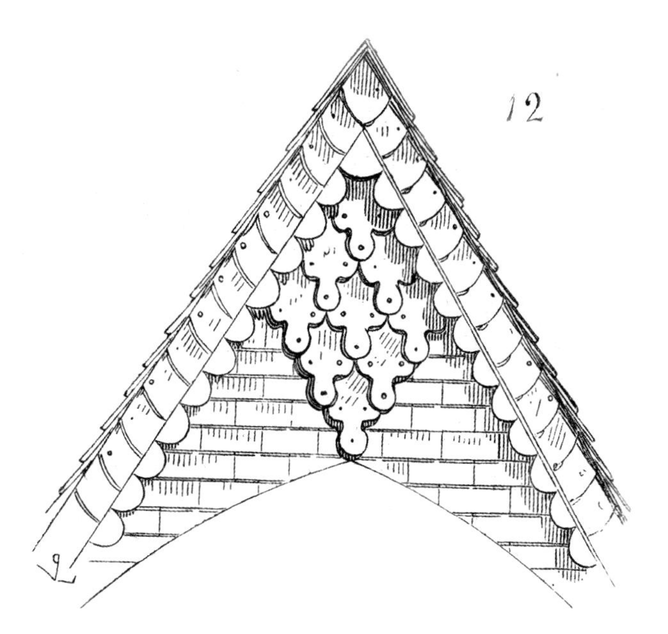

Ffigur 26. Mae traddodiadau cyfandirol o osod llechi yn fwy afieithus na'r rhai ym Mhrydain. Mae Dictionnaire raisonné de l'architecture française du XIe au XVIe siècle *gan Eugène Viollet-le-Duc yn dangos yr hangins llechi a oedd yn nodweddiadol o dai yn Rouen, Normandi ar un adeg.*

dormerau pigfain neu ddormerau siâp aeliau ac, o gael eu graddoli'n ofalus, gellir eu gosod mewn cafnau to. Nid yn unig y mae patrymau addurnol, sydd weithiau'n cynnwys lliwiau gwahanol, i'w gweld ar waliau a thyrau gothig serth cestyll, eglwysi, chlochdai sifig a thai masnachwyr, ond, yn arbennig yn yr Almaen, maent hefyd i'w gweld ar strwythurau cymharol ddiymhongar (Ffigur 26).[58] Roedd patrymau lliw hefyd i'w gweld yn eang yn UDA, lle y datblygodd yr arfer i fod yn gyffredin o'r 1850au, yn arbennig ar yr arfordir dwyreiniol ac yng Nghaliffornia.[59] Roedd towyr ym Mhrydain ac Iwerddon, oedd yn brysur yn toi terasau diwydiannol anferth newydd (Ffigur 27), yn ddigyffro o gymharu, er y gwelwyd ffasiwn fyrhoedlog ar ddiwedd y bedwaredd ganrif ar bymtheg am doeon llechi patrymog, gyda theils unigol yn cael eu hongian ar letraws neu wedi'u siapio, gyda'r defnydd o lechi o liwiau gwahanol yn creu patrymau neu'n sillafu geiriau (Ffigur 28). Un arfer a fabwysiadwyd gan rai chwareli Cymreig yn y 1930au oedd y defnydd o lechi 'coloidaidd', lle mae toddiannau cemegol yn rhan o arwyneb y deilsen ac yn rhoi lliw nodedig iddi – glaswyrdd, porffor a brown yn benodol. Ond roeddent yn rhy gostus a lladdwyd y fasnach gan y rhyfel i bob pwrpas, er y

Ffigur 27. Mae'r ffotograff hwn o Rupert Street a'r cyffiniau ym Mryste, a dynnwyd yn 1921, yn dangos y defnydd a wnaed o lechi Cymreig yn un o ddinasoedd mawrion Lloegr.

Ffigur 28. Mae'r defnydd o lechi amryliw i greu patrymau neu sillafu llythrennau yn llai cyffredin ym Mhrydain nag yn yr Unol Daleithiau; ysgol Gatholig yn Nhreffynnon yng ngogledd-ddwyrain Cymru yw'r enghraifft hon lle mae'r to yn sillafu W(inifrede) V(irgin) M(artyr).

cynhyrchwyd rhai llechi coloidaidd hyd at 1947. Credwyd eu bod yn gwella arddull 'Celf a Chrefft' anheddau maestrefol newydd ac yn cyd-fynd â chwaeth uchelgeisiol prynwyr dosbarth canol newydd a oedd yn annhebygol o fod am gael to a oedd yn eu hatgoffa o'r tai teras yr oeddent wedi'u gadael ar ôl.[60] Prin iawn yw'r enghreifftiau sydd wedi goroesi.

Cyrsiau lleithder

Pan gyflwynwyd cyrsiau lleithder o'r 1890au ymlaen, agorwyd marchnad am lechi cymharol drwchus naill ai 0.23 metr (9 modfedd) neu 0.11 metr (4½ modfedd) o led (i gyd-fynd â waliau brics dwbl ac arwyneb uchaf brics safonol sengl, yn y drefn honno), ond o hyd cymysg, a gafwyd yn aml drwy ail-weithio tomennydd. Daethant yn ffynhonnell ddefnyddiol o incwm yn ystod blynyddoedd anodd y 1930au.[61]

Slabiau

Yn ogystal â chynhyrchion sy'n defnyddio ei nodweddion ymholltol gwych, gellir defnyddio llechi ar ffurf slabiau, y cyfeirir atynt yn aml fel 'fflags', term sy'n cynnwys pob darn mwy o lechi a chwarelwyd, ac sydd ag amrywiaeth eang o ddefnyddiau. Roedd rhai chwareli bach yn arbenigo ynddynt, fel y rhai a oedd yn gweithio'r graig heb lin cystal yn Nantconwy, gogledd-ddwyrain Cymru, Nantdulas, ac ardal Glaslyn, ac roedd hyd yn oed y chwareli mawr yn cynhyrchu ar gyfer y farchnad hon. Lle y gwnaiff rhywbeth garw iawn y tro, gellir siapio slabiau gan ddefnyddio morthwyl yn fedrus ar hyd gwnïad naturiol yr holltau, ond gellir hefyd eu paratoi drwy ddefnyddio amrywiaeth o declynnau llaw a pheiriannau pweredig pryd bynnag y mae angen cynnyrch mwy safonol. Nodir y broses o ddatblygu'r dulliau hyn ym mhennod 7, ond mae'n werth archwilio sut mae'r slabiau eu hunain yn rhoi tystiolaeth o sut y'i cynhyrchwyd.

Mae toriad llyfn iawn heb lawer o rychau, os o gwbl, a chrib ar y slab lle mae'r torion wedi torri i ffwrdd, yn dangos y defnyddiwyd llif tywod, y dull hynaf o lifio slabiau llechi (a ffurfiau eraill o garreg). Roedd y Rhufeiniaid yn gyfarwydd â'r dull hwn. Yn ei ffurf symlaf, mae hyn yn cynnwys llafn haearn gyr a gaiff ei weithio â llaw, heb ddannedd, wedi'i dynhau mewn ffrâm, y caiff past o dywod a dŵr ei fwydo iddo, gyda'r gronynnau o dywod yn ffurfio'r cyfrwng torri.

Ffigur 29. Mae'r garreg fedd hon o Eglwys Sant Rhedyw yn Llanllyfni yn dangos y toriad a'r crib amlwg a wnaed gan lif ffrâm tywod.

Ffigur 30. Carreg fedd Suwsanna Pierce, dyddiedig 1805, ym mynwent eglwys Sant Mihangel yn Ffestiniog yw'r plyg cynharaf a lifiwyd â llif gron a nodwyd hyd yma.

Yn sicr, cafodd slab o lechen wedi'i lifio yn y mithraeum yn Segontium ei dorri gan ddefnyddio'r dull hwn *c.*200 OC.[62] Mae'n amlwg bod slabiau a allai fod wedi ffurfio tanc trin crwyn yng nghaer Rufeinig Brithdir wedi'u llifio, ond nid yw'n amlwg sut.[63] Dim ond yn y ddeunawfed ganrif y maent yn ailymddangos yng nghyd-destun y diwydiant llechi yng Nghymru, ac roeddent yn dal i gael eu defnyddio mor hwyr â chanol yr ugeinfed ganrif yn y chwareli yn Nantglyn yn Sir Ddinbych.[64] Nid oes ffordd o wahaniaethu rhwng fersiynau a weithiwyd â llaw a'u holynwyr a bwerwyd yn fecanyddol, sy'n dechrau dod i'r amlwg erbyn dechrau'r bedwaredd ganrif ar bymtheg (Ffigur 29).

Mae rhychau crwm yn dystiolaeth o lifiau crynion, a gellir eu dyddio o'r adeg y maent yn dechrau ymddangos ar gerrig beddi, ar ddechrau'r bedwaredd ganrif ar bymtheg.[65] Ym mynwent Ffestiniog, daethant yn gyffredin ar ôl 1816, ond nodwyd pedair enghraifft gynharach, y cynharaf o 1805 (Ffigur 30). Gall y rhain fod yn adlewyrchu'r llifiau crynion y gwyddid iddynt gael eu hanfon i chwarel Diffwys yn 1814 a 1815, os nad yn gynharach, ac efallai model arbrofol a weithiwyd â llaw a oedd yn gynharach fyth.[66] Mae tystiolaeth archaeolegol ar gyfer llifiau crynion yn Arfon yn dechrau gydag un garreg fedd yn eglwys Llandygái dyddiedig 1818, er na welwyd rhai eraill tan 1831. Ceir llifiau crynion yn Llanddeiniolen o 1838 ac yn Llanllyfni o 1828. Yn aml, mae gan y slabiau hyn o ddechrau'r bedwaredd ganrif ar bymtheg rychau afreolaidd, sy'n awgrymu bod y plygiau wedi'u symud ar y llifiau gan ddefnyddio pwlïau â phwysau, yn wahanol i'r system ddiweddarach lle câi'r bwrdd ei hun ei symud ar y llif gan ddefnyddio troellyriant. Mae rhychau dyfnach yn awgrymu bod llafn yn gweithio'n llac, er mai gan y llif Hunter y gwnaed y rhychau dyfnaf oll, a ddyfeisiwyd yn 1855 ac a gyflwynwyd yn chwareli Cymru o 1863 (Ffigur 31).[67] Dyfeisiau byrhoedlog oedd y rhain, ond

Ffigur 31. Mae rhychiadau dwfn yn y plyg hwn yn nodi bod llif patent Hunter wedi'i defnyddio.

Ffigur 32. Siopau wedi'u hadeiladu o flociau llechi ar y Stryd Fawr ym Methesda.

ymddengys bod y rhan fwyaf o'r plygiau llechi a oedd yn brif ddeunydd adeiladu pentref Betws y Coed yn Nantconwy wedi'u llifio gan ddefnyddio peiriannau Hunter yn Hafodlas gerllaw.[68] Mae'r llif dimwnt, a gyflwynwyd am y tro cyntaf yn 1925, yn gadael gorffeniad llyfn lle nad oes unrhyw rychau'n amlwg.

Mae hwn yn slab gyda gorffeniad llyfn a gwastad iawn, neu'n un sydd â rhychau taclus, ac mae'n annhebyg ei fod yn dyddio o gyfnod cyn c.1840 pan gyflwynwyd y peiriannau cynllunio cyntaf (gweler isod).

Codi waliau ac adeiladu

O fewn yr ardaloedd cynhyrchu llechi, defnyddiwyd slabiau garw o graig wedi'i hollti'n wael fel deunydd codi waliau ac adeiladu.[69] Tueddwyd i ddefnyddio'r garreg o safon waethaf ar waliau caeau a ffiniau ffyrdd a rheilffyrdd. Mae'r waliau cynhaliol anferth na ddefnyddiwyd morter ar eu cyfer a welir ar domennydd ac incleiniau o fewn y chwareli eu hunain yn fwy uchelgeisiol. Fel arfer, codwyd adeiladau chwareli gan ddefnyddio pa bynnag blygiau llechi oedd wrth law ond nid oedd yn werth eu hollti; roedd Dinorwig yn arbennig yn cynhyrchu math penodol o blyg, a oedd yn cynnig ei hun fel deunydd adeiladu sgwâr, a ganfuwyd mewn anheddau wrth y chwarel. Mae siop ar Stryd Fawr Bethesda wedi'i hadeiladu o blygiau llechi, ac mae ganddi ffenestr Paladaidd ddeniadol (Ffigur 32). Ceir defnydd helaeth o blygiau gyda rhychau nodedig Hunter arnynt ym mhentref Betws y Coed yn Nantconwy (gweler isod). Fodd bynnag, ar y cyfan, roedd hyd yn oed trefi a phentrefi chwarel yn tueddu i ddefnyddio creigiau igneaidd ar gyfer adeiladu.

Cafodd cynlluniau eu sefydlu ar adegau amrywiol i saernïo tai o slabiau. Byddai tai wedi'u gwneud o slabiau o lechi, y tybir eu bod wedi'u llifio, yn cael eu hallforio i Awstralia yn 1853, adeg y rhuthr am aur.[70]

Deunydd ffensio

Un o'r defnyddiau nodedig o slabiau garw oedd crawiau, deunydd ffensio, oedd eisioes yn nodwedd o ddyffryn Ogwen cyn diwedd y ddeunawfed ganrif, ac a welir ledled Gwynedd (Ffigur 33).[71] Prin yw'r enghreifftiau a welir y tu hwnt i brif ardaloedd cynhyrchu llechi Cymru, er bod enghraifft anferth o'u hymddangosiad cynnar ger pont yr A5 dros afon Dyfrdwy yng Nghorwen (SJ 0692 4344). Yn

Ffigur 33. Crawiau (ffensys wedi'u gwneud o slabiau llechi) ger Abergynolwyn.

bellach i ffwrdd ymddengys (yn annhebygol) eu bod yn gyfyngedig i Berkshire, yn Temple House, lle'r oedd gan y perchenogion gysylltiadau â gogledd Cymru drwy gloddfa gopr Parys, a gerllaw ar ffordd yr A404 (SU 840 843, 843 837). Fe'u gwelwyd hefyd yn y 1980au ar reilffordd amgueddfa gul oedd yn eiddo preifat yn Hampshire, lle mai'r bwriad oedd creu rhywbeth tebyg i awyrgylch Nantdulas.[72]

Arysgrifau a chofebion

Mae'n addas defnyddio slabiau fel cofebion oherwydd y gellir eu harysgrifio'n hawdd – yn ffodus o safbwynt archaeolegol, oherwydd y gellir eu nodi'n aml yn ôl eu dyddiad, ac weithiau ceir marciau prosesu nodedig arnynt. O'r cyfnod Rhufeinig y daw'r rhai cynharaf, ond mae eu defnydd yn gyfyngedig i gaerau ger ffynonellau cyflenwi, yn Segontium, Caerhun yn Nantconwy a Thomen y Mur yn ardal Ffestiniog, ac i Gaer, y mae'r enghreifftiau cynharaf yn dyddio o deyrnasiad Trajan (98–117 OC).[73] Mae gan ddarn o slab llechen a ganfuwyd yn y gaer Rufeinig yng Nghaerhun ymyl wedi'i mowldio, a gall fod wedi dod o'r arysgrif dros y porth gorllewinol.[74] Gwelir un enghraifft o'r cyfnod ôl-Rufeinig yng nghofeb *Saturnbiu* ar Ynys Dewi oddi ar arfordir Sir Benfro, wedi'i cherfio ar lechen laid lwydwyrdd wedi'i hollti'n wael, a all fod yn coffáu esgob Tyddewi o'r nawfed ganrif.[75]

Pan ddaeth cerrig beddi yn gyffredin mewn mynwentydd yng Nghymru, yn y ddeunawfed ganrif, o fewn plwyfi chwarelyddol fe'u gwnaed o slabiau llechi yn aml, ond dim ond yn raddol iawn y lledaenodd eu defnydd a hynny i raddau cyfyngedig. Fel gyda llechi to, mae deunyddiau ymwthiol yn amlwg. Mae mynwentydd Llandecwyn a Llanfihangel y Traethau ill dwy yn cynnwys un garreg fedd wedi'i gwneud o lechen Arfon, er bod chwareli Ffestiniog o fewn pellter cludo cymharol rhwydd mewn trol a chwch.[76]

Efallai yn yr achosion hyn y byddai teuluoedd oedd ar wasgar yn gwneud pwynt o dalu am gofeb ac y byddai'n haws goruchwylio'r gwaith o gartref yn hytrach na chomisiynu saer maen nad oeddent yn ei adnabod. Mae carreg fedd 'Wonderful Walker', y Parch. Robert Walker (1709–1802) a'i wraig yn enghraifft eithriadol o hyn, yn ardal chwarelyddol Seathwaite yn Ardal y Llynnoedd yn Lloegr, y mae William Wordsworth yn cadarnhau ei fod yn:

> ... is a production of a quarry in North Wales. It was sent as a mark of respect by one of their descendants from the Vale of Festiniog, a region almost as beautiful as that in which it now lies!'[77]

Slabiau garw yw'r cerrig beddi llechi cynharaf, wedi'u torri ar y gwniadau naturiol; mae enghreifftiau diweddarach wedi'u torri a'u siapio mewn amrywiaeth o ffyrdd, gan i gofebion addurnol ddod yn gyffredin yn y bedwaredd ganrif ar bymtheg. Daeth seiri maen lleol yn hen law ar gerfio motiffau Fictoraidd confensiynol fel dwylo plethedig, palmwydden merthyr, coed helyg, neu golofn wedi torri; gellid codi slab cofeb i fod yn orchudd ar fedd blwch ar gyfer claddedigaethau diweddarach, weithiau gyda cholofnau troellog cerfiedig o lechi yn addurno'r corneli.[78] Mae'r gofeb i deulu Wyatt ym mynwent Llandygái yn byramid wedi'i wneud o slabiau llechi, gan adlewyrchu eu cysylltiadau agos â chwarel y Penrhyn.[79]

Un ffordd arall y mae cerrig beddi eu hunain yn ardaloedd chwarelyddol Cymru yn ffynhonnell arbennig o wybodaeth yw gan eu bod yn rhoi gwybodaeth am bobl sydd wedi gweithio yn y diwydiant; mae dyddiad marwolaeth yn ddechreubwynt ar gyfer gwaith ymchwil mewn papurau newydd neu ffynonellau dogfennol eraill. Mae'r arfer o gofnodi cyfeiriadau ar henebion angladdol yng Nghymru hefyd yn ddefnyddiol, ynghyd â chyfeiriad at rôl unigolyn yn y diwydiant, pan gaiff 'rheolwr' neu 'beiriannydd' ei nodi.

Sliperi rheilffordd

Yn aml, mae systemau rheilffyrdd chwareli wedi'u gwneud o sliperi slab, ond yr unig enghraifft hysbys a geir y tu allan i ardal cynhyrchu llechi oedd arbrawf byrhoedlog ar Reilffordd Llundain a Birmingham.[80]

Slabiau pensaernïol a strwythurol

Yn aml, gwerthwyd slabiau fel deunydd lloriau, silffoedd a chapanau drysau yn y bedwaredd ganrif ar bymtheg. Mae astudiaeth o adeiladau fferm yng ngogledd-ddwyrain Cymru yn egluro y gwnaed defnydd helaeth ohonynt mewn ardaloedd lle'r oedd ffynhonnell cyflenwad leol ond prin yw'r dystiolaeth iddynt gael eu defnyddio ymhellach i ffwrdd.[81]

Byrddau biliards

Cynhyrchodd John Thurston, gwneuthurwr cabinetau a drodd yn wneuthurwr byrddau biliards, y gwely llechen cyntaf yn 1826, wedi'i blaenio â llaw yn ôl pob tebyg, ac fe'i cyflenwyd i Glwb White's yn 1832, ond dim ond yn 1840 y daeth gwelyau slabiau llechen, yn hytrach na gwelyau derw, yn gyffredin, efallai gan adlewyrchu'r achos cyntaf o osod bwrdd plaen, mewn iard lechi ym Mangor, y flwyddyn flaenorol.[82]

Tanciau dŵr, cafnau, troethfeydd

Fel gyda byrddau biliards, dim ond pan ddaeth peiriannau plaenio yn ymarferol y gellid cynhyrchu tanciau dŵr, cafnau a throethfeydd, i lyfnhau'r arwyneb ond hefyd i greu rhychau. Roedd hyn yn golygu y gellid ffitio'r slabiau gyda'i gilydd. Defnyddiwyd slabiau Nantconwy i wneud tanciau dŵr o 1842.[83]

Cerrig hogi

Nid yw'n llechen fel y cyfryw, ond roedd rhai chwareli a oedd yn honni eu bod yn cynnig llechi fel Penrhiw a Melynllyn yn Nantconwy a Llyn Idwal yn nyffryn Ogwen, yn fwy enwog am tuffite, y gellid ei ddefnyddio fel carreg hogi

Ffigur 34. Roedd ffaniau llechi addurnol yn nodwedd yng nghartrefi llawer o chwarelwyr.

Ffigur 35. Anfonodd y chwarelwr-seryddwr Arfonwyson ddiagramau manwl o orbitau'r planedau a'u lleuadau, yr eclips haul yn 1836, a llwybr Comed Halley at Richard a Grace Jones o Fryn Twrw, Tregarth, ac aeth brodyr Grace ati i drosi'r wybodaeth hon yn gerfiad anhygoel o lechi o amgylch y lle tân.

ar gyfer teclynnau.[84] Cynigiwyd y rhain gan chwarel y Penrhyn hefyd.[85]

Gwaith cerfiedig ac addurnol

Mae cynhyrchion llechi wedi'u defnyddio ar gyfer mathau amrywiol o ddibenion addurnol. Mewn ardaloedd chwarelyddol, cafwyd plygiau a slabiau eu cerfio i roi effaith addurnol weithiau, fel y bwâu a gynhyrchwyd o blyg bach wedi'i siapio a holltwyd yn haenau tenau iawn, a'u gosod ar draws bollt (Ffigur 34). Yn Nyffryn Ogwen o'r 1820au, ffynnodd celf y werin hynod am rai blynyddoedd ar ffurf llefydd tân o slabiau wedi'u cerfio, gan ddangos golygfeydd lleol, blodau a nwyddau traul, mewn modd arddulliedig iawn. Mae un yn dangos comed Halley ac eclips 1836; mae'n adlewyrchu gwaith John William Thomas 'Arfonwyson' (1805–40), chwarelwr ac athro ysgol a aned yn lleol, a ddaeth yn Oruchwyliwr yn Arsyllfa Greenwich, ac fe'i cerfiwyd gan Thomas a William Jones (1808–40, 1815–55 – Ffigur 35).[86] Gellid troi rhai llechi Ordofigaidd yn benodol mewn turn, er mwyn cynhyrchu coesau byrddau.

Dodrefn, llefydd tân a phaneli waliau brith

Efallai bod poblogrwydd y llechi cerfiedig wedi dirywio gydag ymddangosiad llechi 'brith' a gynhyrchwyd yn fasnachol, a ddefnyddiwyd i wneud llefydd tân yn ogystal â

Ffigur 36. Llechi wedi'u llifio a'u siapio i'w defnyddio o amgylch llefydd tân, yn ogystal ag eitemau addurnol eraill, sydd i'w gweld yn Amgueddfa Lechi Cymru.

dodrefn a phaneli waliau, lle crëwyd patrwm drwy drin plyg ag enamel, ei gynhesu mewn popty, yna ei baentio â dŵr a mordant, ei sgleinio a'i ailgynhesu. Yn aml, roedd llefydd tân fel y rhain yn cynnwys teils llosgliw addurnol, ac mae llawer ohonynt wedi goroesi yn Lloegr yn ogystal ag o fewn yr ardal (Ffigur 36.)[87] Mae'n ymddangos bod llechi Corris yn addas ar gyfer y broses hon.

Sefydlwyd y broses enamlo yn 1840 gan George Eugene Magnus (1801–73), Almaenwr a ddechreuodd ei fywyd gwaith fel clerc ieithoedd tramor i Josiah Wedgwood yn ei ffatri serameg yn Etruria. Roedd ganddo fuddiant mewn chwareli amrywiol yng Nghymru o 1836, yn ogystal ag yn chwarel Valentia yn Swydd Ceri, chwarel Waldeck yn yr Almaen, gweithfeydd llechi yn Pimlico yn Llundain, ac mewn melin, injan Magnus, yn Nantdulas.[88] Golygai'r effaith fritho ei fod yn ddewis poblogaidd fel elfen o ddodrefn, a welir yn effeithiol yng nghastell Penrhyn (pennod 2), ac mewn paneli addurnol.[89]

'Geryg toi' ac 'Imperials'

Yn achlysurol iawn, câi llechi to eu llifio. Nid yw'n ymddangos bod llechi a phatentau melinau wedi bod yn gyffredin erioed. Oherwydd y caiff llechi melinau eu llifio, mae ganddynt ochrau sgwâr yn hytrach na siamffrog, a gallant fod mewn siapiau dimwnt neu hanner crwn. Nododd Hugh Derfel Hughes i'r rhain ('geryg toi') gael eu cynhyrchu ym Melin Fawr y Penrhyn; mae'n ymddangos ei fod yn cyfeirio yma at y felin gyntaf a oedd yn weithredol rhwng 1803 a 1846.[90]

Roedd imperials yn mesur 0.6 metr x 0.762 metr (2 droedfedd x 2 droedfedd 6 modfedd), a châi'r ochr isaf ei llifio; gan eu bod yn ysgafnach, gwnaethant ddisodli'r llechi breision (0.6 metr x 0.91 metr [2 droedfedd x 3 troedfedd]) mewn gwaith llechi patent, lle cawsant eu gosod yn uniongyrchol ar drawstiau heb estyll na bordiau gan ddefnyddio dwy neu dair sgriw gref modfedd a hanner o hyd, gyda lap o tua 2 fodfedd. Gan fod y llechi'n croesi'r trawstiau, roedd yr uniadau fertigol i gyd mewn rhes ac wedi'u gorchuddio gan linell gul o lechi wedi'u sgriwio i lawr a'u growtio gyda phwti. Gan eu bod yn ysgafn ac nad oedd ganddynt lawr o lap, roeddent yn gwneud toeau a oedd yn addas ar gyfer y goleddfau isel iawn a ffafriwyd yng nghyfnod y Rhaglywiaeth. Cyflwynwyd y system, ond nid yw'n ymddangos iddi gael ei phatentu, gan y pensaer James Wyatt (1746–1813), brawd Benjamin (1745–1818), asiant tir Arglwydd Penrhyn.[91] Dim ond yn archifau rhai chwareli ac o fewn cyfnod amser byr y sonnir am batentau – yn y Penrhyn yn 1788 a 1793, yn Lord yn 1803 ac yn Niffwys yn 1807,[92] sy'n awgrymu ei bod yn bosibl bod Samuel Worthington, yr asiant ar gyfer gwerthu llechi'r Penrhyn, wedi rheoli'r fasnach i ddechrau gyda chwareli Ffestiniog yn ceisio torri drwodd. Tua 1817, soniwyd y byddai masnachwyr yn Llundain yn talu £7 y dunnell am imperials a phedwar gini am batentau garw, a chaiff llechi patent eu canmol yn *New and Improved Practical Builder* gan Nicholson yn 1837.[93] Mor hwyr â 1904, mae *Rivington's Building Construction* yn cyfeirio at y defnydd o slabiau wedi'u gosod yn uniongyrchol ar y trawstiau.[94]

Cribau

Roedd gwaith gwneud cribau llechi yn bodoli ar sawl ffurf, er mai'r un mwyaf cyffredin oedd pan ffurfiwyd y crib ei hun ac un adain o un darn, gyda llechen ar wahân ar gyfer yr adain arall. Ymhlith yr amrywiadau roedd math lle'r oedd y rhôl a'r adenydd mewn darnau ar wahân, wedi'u diogelu â sgriwiau copr, a theils trumio patent Kellow (gweler Ffigur 25).[95]

Switsfyrddau

Roedd chwareli Braich Goch ac Aberllefenni yn Nantdulas yn cynnig switsfyrddau trydan â chot ddu hyd at ddiwedd y 1960au.[96] Cynigiwyd y rhain hefyd gan chwareli Anjou, a gan fenter lai yn Budišovice (Budischowitz) yn Morafia a oedd yn arbenigo ynddynt.[97]

Llechi ysgrifennu a seiffro

Paratowyd llechi ysgrifennu a seiffro hefyd o blygiau wedi'u llifio, o leiaf o ddechrau'r bedwaredd ganrif ar bymtheg; fodd bynnag, maent yn tarddu o gyfnod cynharach o lawer.

Canfuwyd darn o fwrdd gêm o lechen arw Nantconwy gyda'i harwyneb wedi'i grafu'n sgwariau yn y gaer Rufeinig yng Nghaerhun, a gaiff ei ddiogelu yn Amgueddfa Llandudno bellach.[98] Cloddiwyd llechen ysgrifennu yn dyddio o c.1475 o gabidyldy'r abaty Sistersaidd yn Ystrad Fflur yn Sir Aberteifi yn 1946; mae'n cofnodi'r rhenti a chymwynasau ar gyfer un o'r plastai, er bod y beili hefyd wedi dewis i ddarlunio brenin yn tynnu tafod ar y cefn.[99] Gwelwyd y cyfeiriad cyntaf a ddogfennwyd bron i gan mlynedd yn gynharach, yn *Treatise on the Astrolabe* gan Chaucer, lle y nodir y dylai'r bachgen y'i cyfeiriwyd ato 'consider thy rote first ... and enter hit into thy slate', a cheir cyfeiriadau achlysurol yn yr unfed ganrif ar bymtheg a'r ail ganrif ar bymtheg at y defnydd o lechi ysgrifennu, yn Lloegr a'r gwladfeydd Americanaidd, mewn ffordd sy'n awgrymu bod yr arfer yn gyffredin ond y defnyddiwyd pen ac inc yn fwy cyffredin, hyd yn oed er mwyn addysgu plant i ddarllen ac ysgrifennu.[100] Unwaith y dechreuwyd gweld llythrennedd torfol fel rhywbeth dymunol, yn y ddeunawfed ganrif, gwelwyd cynnydd mawr yn y defnydd a wnaed ohonynt. Nododd y Parch. John Evans ar ymweliad â Phort Penrhyn yn 1798 'a large manufactory of ciphering-slates, ink stands and other fancy articles', ac fe'i hysbyswyd bod y plygiau a holltwyd â llaw wedi'u llyfnu â dur tenau, eu caboli â charreg wastad, eu sgleinio â dŵr a phowdwr llechi, eu staenio a'u gosod mewn ffrâm. Roeddent ar gael mewn dau faint ac roeddent yn well na llechi ysgrifennu a fewnforiwyd o Holand gan eu bod wedi'u sgleinio ar y ddwy ochr.[101] Yn yr un flwyddyn sicrhaodd Joseph Lancaster a'r Gymdeithas Ysgol Brydeinig a Thramor bod y llechen ysgrifennu wrth wraidd addysg plant; yn y system Lancasteraidd, neilltuwyd llechen ar gyfer pob plentyn, wedi'i nodi â'i rif yn y dosbarth, a'i hongian o hoelen ar ei ddesg.[102] Yn ogystal â'r rheini a baratowyd yn arbennig, awgrymodd Lancaster y gellid rhoi llechi to segur i ysgol.

> Slates are an article so great in request, on this plan, that it is proper to procure the best sort: those of a reddish cast allow the pencil to play with more freedom; those of the black kind, though neater in appearance, are generally hard and brittle; and the pencil is more apt to scratch than write thereon: yet, there are some of the black kind which are an exception to this observation.[103]

Erbyn dechrau'r bedwaredd ganrif ar bymtheg, roedd y Penrhyn yn unig yn cynhyrchu tua 100,000 y flwyddyn, wedi'u hollti o blygiau wedi'u llifio. Yn ogystal â'r llechi sengl a wnaed ar gyfer plant ysgol, roedd gwerthwyr deunydd ysgrifennu hefyd yn cynnig llyfrau nodiadau llechi gyda sawl dalen. Gwnaed y pensiliau o ddarnau addas o lechi neu siâl neu sebonfaen, neu ddeunydd cyfansawdd.

Ffigur 37. Defnyddiwyd llechi gan lawer o blant i ddysgu darllen ac ysgrifennu. Cynigiai llawer o gwmnïau ledled y byd amrywiaeth o bensiliau y gellid eu defnyddio i ysgrifennu arnynt.

Byddai naddion heb eu prosesu o lechi neu siâl yn cael eu prosesu mewn peiriant a oedd yn gwneud dau fwlch hanner crwn, ar un ochr i ddechrau ac yna ar yr ochr arall, ar slabiau tenau o faint addas y gellid eu torri oddi wrth ei gilydd i ffurfio'r craidd. O 1849 o leiaf, gallai'r craidd fod wedi'i orchuddio â phren, gan wneud iddo edrych fel pensil confensiynol (Ffigur 37). Gellir gweithio sebonfaen – craig sy'n cynnwys talc yn bennaf ynghyd ag amrywiaeth o fwynau eraill, fel magnetit, dolomit a chlorit – yn hawdd, ac nid yw'n gwneud dim sŵn bron pan gaiff ei ddefnyddio ar lechen. Gwneir pensiliau llechi cyfansawdd, a batentwyd yn 1849, o gymysgedd o alwmina, sialc Ffrengig, sebonfaen, a dŵr, weithiau wedi'i ychwanegu â llechi wedi'u malu, wedi'u tylino'n bast, a'u gwthio allan gan ddefnyddio pwysedd dŵr yn neidr barhaus, yna ei dorri a'i sychu.[104] Gwnaed pensiliau llechi yng ngweithfeydd Fletcher a Dixon ym Mangor, yn ystod yr Ail Ryfel Byd (Ffigur 38).[105]

Er hyn, tuag at ddiwedd y bedwaredd ganrif ar bymtheg, dechreuodd patentau ymddangos ar gyfer rhwbwyr llechi. Y ffordd arferol o lanhau llechi oedd gyda cherpyn neu sbwng, neu boer a llawes cot, a arweiniodd yn raddol at eu gwrthod ar y sail eu bod yn beryglus i iechyd. Teimlwyd hefyd eu bod yn annog ystum gwael, a gwnaethant golli eu mantais o ran cost pan gyflwynwyd pensiliau a gynhyrchwyd ar raddfa eang ac a oedd hyd yn oed yn rhatach, nibiau dur ar gyfer pennau inc, a llyfrau ysgrifennu papur a wnaed o fwydion coed, a oedd yn cynnig cofnod mwy parhaus o gyflawniad plentyn. Erbyn dechrau'r ugeinfed ganrif, roedd y llechi ysgrifennu yn diflannu mewn ysgolion, er gwaethaf brwydr i'w cadw gan y diwydiant, er y gall yr awdur presennol gofio eu defnyddio mewn ysgol gynradd yn nyffryn Ogwen ar ddechrau'r 1960au.

Ffigur 38. Gwneud pensiliau llechi yng ngweithfeydd Fletcher and Dixon ym Mangor yn y 1940au.

Eitemau llai

Mae llechi wedi bod yn ddeunydd cyfleus ar gyfer saernïo amrywiaeth o eitemau ers cyfnod y Rhufeiniaid o leiaf. Nodwyd troellau â gwerthydau llechi (disgiau tyllog a ddefnyddiwyd i gynyddu moment inertia'r werthyd a ddefnyddiwyd wrth nyddu â llaw) mewn cyd-destunau Rhufeinig a chanoloesol.[106] Nodwyd palet Rhufeinig ar gyfer malu meddyginiaethau neu gosmetigau yng Nghaerllion.[107]

Mae'n anodd canfod un math o gynnyrch llechi yn y cofnod archaeolegol, am resymau amlwg. Defnyddiwyd llechi mathredig yn eang yn yr ugeinfed ganrif fel llenwad neu haen uchaf ar ffyrdd, ac fel elfen o fylcanit, nwyddau rwber wedi'u mowldio, asffalt, paent a chynhyrchion bitwminaidd. Gwnaed ymdrechion i gynhyrchu blociau adeiladu concrid o wastraff llechi o'r 1940au. Parhaodd chwarel Llechwedd yn Ffestiniog i arbrofi i mewn i'r 1960au, a goroesodd y gwaith yn ddigon hir i gael ei gofnodi mewn ffotograffau.[108]

Marchnata a gwerthiannau

Prynwyd a gwerthwyd llechi a slabiau gan fasnachwyr arbenigol oedd â chysylltiadau agos yn aml â'r chwareli a'r cwmnïau chwarel, ac yn aml roeddent wedi'u lleoli yng Nghymru. Mae'n debygol bod capteiniaid llongau yn gweithredu fel marsiandwyr yn nyddiau cynnar y diwydiant, ond o'r ddeunawfed ganrif o leiaf, roedd y gwerthiannau'n cael eu trin, neu'n dechrau cael eu trin, gan fasnachwyr arbenigol – mae dogfen o 1738 yn cyfeirio at '*topping tradesman*' a oedd yn gofalu am gyfrif Cilgwyn yn Llundain.[109] Erbyn yr adeg yr oedd y diwydiant wedi datblygu, yn y bedwaredd ganrif ar bymtheg, roedd gan rai ohonynt gyfranddaliadau mewn llongau, ac yn y chwareli eu hunain, ac roedd rhai yn arbenigo mewn masnach dramor – roedd cysylltiadau cryf rhwng Porthmadog a Hambwrg am sawl blwyddyn, a chysylltiad rhwng teuluoedd Almaenig a Chymreig. Fel erioed, roedd eithriadau; un asiant ddefnyddiodd chwarel y Penrhyn rhwng 1805 a 1819, a byddai rhai busnesau chwarel yn gwerthu llechi a gynhyrchwyd mewn mannau eraill os oedd galw am hynny yn y farchnad. Prynodd rhai masnachwyr adeiladu chwareli bach ar ôl 1945 er mwyn cael llechi o'u tarddle. Ar y cyfan, roedd y diwydiant yn wael am sefydlu systemau marchnata cyffredin ac am hysbysebu.[110]

Cwmpas byd-eang

Er mai oes fer sydd i lechi ysgolion, mae llechi to a slabiau o Gymru yn para am gyfnod hir. Oherwydd hyn, mae cwmpas y diwydiant yn amlwg iawn o hyd, yn fyd-eang yn ogystal â ledled y Deyrnas Unedig, yn enwedig yn ystod cyfnod diwydiannol mawr y bedwaredd ganrif ar bymtheg. Nid oedd pawb wedi hoffi ei gynhyrchion o bell ffordd; i William Morris, roedd to o lechi Cymreig yn 'exhibition of the very depth of poverty' oherwydd ei unffurfiaeth ddiwydiannol.[111] Fodd bynnag, mewn cymdeithas a oedd yn gynyddol ymrwymedig i'r peiriant ac i fasnach, datblygodd llechi o Gymru i fod yn safon yn y diwydiant am yr union reswm hwn, yn elfen bensaernïol wedi'i haddasu'n ddelfrydol i anghenion economi fyd-eang – a symbol pellach o nerth ymerodrol a gallu masnachol Prydain.

Fel y gwelwyd, cafodd nifer fawr o lechi Cymreig eu hallforio. Cludwyd nifer ohonynt ar afon Elbe a'r Môr Baltig i'r Almaen, Sgandinafia ac mor bell i'r dwyrain â Gwlad Pwyl.[112] Bu eraill yn cystadlu â chwareli yn Ffrainc a'r Unol Daleithiau am y farchnad Americanaidd.[113] Eto mewn llawer o ffyrdd, y marchnadoedd mwyaf diddorol yw'r rhai hynny ym Mhrydain ei hun ac o fewn cwmpas dylanwad Prydain. Mae'r ardaloedd anferth o dai teras ledled Prydain ac Iwerddon, sydd wedi'u toi â llechi o Gymru yn adrodd eu stori eu hunain – dyma sut y cafodd y chwyldro diwydiannol mawr cyntaf ei doi. Allforiwyd llechi o Gymru hefyd i wladfeydd pellennig. Defnyddiodd deiliaid Prydeinig, a oedd newydd gyrraedd fel ymsefydlwyr yn yr hyn a oedd yn ben draw'r byd iddynt hwy, y technolegau adeiladu yr oeddent yn gyfarwydd â hwy, ac yn aml gwnaethant barhau i wneud hynny hyd yn oed ar ôl iddynt ganfod bod deunyddiau gwahanol gerllaw – yn debyg i'r Rhufeiniaid pan ddaethant i Gymru. Roedd yr hyn a reolodd eu dewis o gerrig a llechi, yn enwedig ar gyfer strwythurau mawreddog wrth i'w hanheddau aeddfedu, yn fwy nag economeg syml, ond yn hytrach yn ymwneud â gwneud datganiad a hunaniaeth. Adlewyrchir teyrngarwch rhanedig Canada yn ei phensaernïaeth a'i dewis o ddeunyddiau adeiladu. Chwareli yn Vermont a gyflenwodd y deunyddiau i doi'r senedd ffederal yn Ottowa, a galwodd manyleb 1892 ar gyfer y ddeddfwrfa neo-faróc yng Ngholymbia Brydeinig am lechi o Fewndwll Jervis, 95km i'r gogledd-orllewin o Vancouver.[114] I'r gwrthwyneb, mewnforiodd llawer o'r prif adeiladau cyhoeddus yn Awstralia, oedd hefyd yn weithiau mewn eclectigiaeth uwch Fictoraidd, ddeunyddiau adeiladu arbenigol o Brydain, yn cynnwys llechi o'r Penrhyn, Dinorwig, Ffestiniog a de-orllewin Cymru, ac o Ardal y Llynnoedd yn Lloegr. Ceir llechi a fewnforiwyd ar doeau tai, ysgolion, colegau, eglwysi ac adeiladau masnachol ar draws y cyfandir; hyd heddiw, mae gan chwarel y Penrhyn farchnad barod am lechi newydd i ddisodli rhai gwreiddiol a fewnforiwyd yng nghanol y bedwaredd ganrif ar bymtheg. Yn ninas Fictoraidd glasurol Melbourne y gellir gweld hyn

Ffigur 39. Mae cromen y Royal Exhibition Building yn Melbourne wedi'i gorchuddio â llechi Cymreig.

orau. Caiff y senedd-dŷ, a ddechreuwyd yn 1855 ar hen fan cyfarfod llwythi Kulin, ei adnabod yn ôl ei eirfa bensaernïol glasurol, a tho o ddyffryn Ogwen yn rhan ohono.

Ond y strwythur sy'n lleoli llechi o Gymru orau yn nhwf masnachol cyflym y bedwaredd ganrif ar bymtheg yw'r Adeilad Arddangos Brenhinol gerllaw yng Ngerddi Carlton ar ymyl gogledd-ddwyreiniol ardal fusnes ganolog Melbourne. Fe'i codwyd yn 1879–80 fel cartref i Arddangosfa Ryngwladol Melbourne; wyth mlynedd yn ddiweddarach roedd yn lleoliad i arddangos can mlynedd o bresenoldeb Prydeinig ar y cyfandir yn Arddangosfa'r Canmlwyddiant, un o'r cyfresi gwych o ffeiri'r byd a welodd wledydd datblygedig a newydd, rhwng 1851 a 1915, yn siartro deunydd a chynnydd moesol drwy arddangosfeydd o dechnoleg ddiwydiannol a chyrhaeddiad diwylliannol.

Yn Melbourne, trodd ymerodraeth laswellt moel mewn cyfandir pell yn ddinas wladychol wych o fewn cyn lleied â 50 o flynyddoedd; yna creodd farchnadfa drawiadol ar gyfer yr hyn yr oedd wedi'i gyflawni. Roedd yn ymddangos yn addas y dylai cromen wedi'i gorchuddio â llechi o Gymru doi paentiadau gan Arglwydd Leighton, peirianwaith cloddio o Ballarat a locomotifau o Leeds.[115]

Nodiadau

1 Dyma 'Ystrad Dawel' (SH 6172 6722) a adeiladwyd ar gyfer Ewart Price, pennaeth newydd yr Ysgol Sirol yn 1935 (Hughes 1995: 43). Ni wyddys beth a anogodd Price, oedd yn hanu o dde Cymru, i ddewis llechi nad oeddent yn rhai lleol, ond arweiniodd y to gwyrdd hwn at o leiaf un stori gyfoes ym Methesda, a oedd yn honni bod un o chwarelwyr y Penrhyn a oedd wedi ennill ar y bondiau premiwm, yn amharod i dreulio ei ymddeoliad yn cael ei atgoffa gan do ei gartref newydd a ddyluniwyd gan bensaer o'r ffordd boenus y bu'n rhaid iddo ennill ei fywoliaeth cyn i'w lwc newid yn annisgwyl.

2 Williams, J.G. 1985: 274.

3 Mae llechi Tal y Fan yn wyrdd-frown, mae rhai Gallt y Llan yn las tywyll. Gweler Voelcker 2011: 59, 116.

4 Gwybodaeth gan W.T. (Bill) Jones a Dr Gwynfor Pierce Jones.

5 Boon 1960: 136-72, yn enwedig 141-42.

6 Canfuwyd llechi yng Nghwmbrwyn (SN 2537 1213) ac yng Nghaerfyrddin ei hun – Ward 1907: 211; James 2003: 350; CHCC: Archif Cloddio Fila Rufeinig Abermagwr.

7 Gohebiaeth bersonol, Dr Gwynfor Pierce Jones.

8 Canfuwyd darnau o lechi sydd bron yn bendant yn dyddio o ddiwedd cyfnod y Rhufeiniaid, o bosibl o adeg pan roddwyd y gorau i fewnforio teils toi seramig i Lundain c.350 OC, o gyd-destunau ôl-Rufeinig yn Llundain. Ymysg yr enghreifftiau mae: 120 Cheapside, a ddisgrifir yn 'bluish-grey', a Plantation Place (y ddau yn gofnodion archif nas cyhoeddwyd gan Amgueddfa Llundain); gwaith potelu Bragdy Courage yng nghefn 38-40 Southwark Street (Cowan 2003: 106); ac yn New Fresh Wharf (Miller, Schofield a Rhodes 1986: 245) sy'n cyfeirio at bedwar darn o lechi, o ddau amrywiad, 'probably from North Wales, but possibly imported'. Rwy'n ddiolchgar i Ian Betts a Dr John Schofield am y cyfeiriadau hyn.

9 David 1987: 215-35; Ramsey 2007: 3-79.

10 brofiad yr awdur o gloddio'r safle gydag Ymddiriedolaeth Archaeolegol Gwynedd yn 1994.

11 Taylor 1986. Llyfrgell Palas Lambeth: llawysgrif 598, ffolio 79r/17r (Jean Créton: 'Deposicio Regis Richardi Secundi').

12 Lorigan 2007: 5-6.

13 Jope a Dunning 1954: 209-17; Knight 1976-78: 51-52; Salzman 1952: 232-35.

14 Johnston 1988: 47, 235-36; Hague a Warhurst 1966: 120, 125-26. Mae gan Amgueddfa Genedlaethol Cymru lechi to canoloesol o Ynys y Barri (rhif derbyn 36.202/2D) a Merthyr Mawr (rhif derbyn 40.219/7), o gapel Castell Penfro (Capel) (rhif derbyn 40.376/1-4), Llanilltud Fawr (rhif derbyn 37.41D) a Llandaf, o Lys yr Esgob (rhif derbyn 1986.65H/4).

15 TNA: SC12/30/24, f. 167. Rwy'n ddiolchgar i Dr Michael Lewis am y cyfeiriad.

16 Prifysgol Bangor: llawysgrif y Penrhyn 1967.

17 Llyfrgell Genedlaethol Cymru: llawysgrifau Glynllifon 84, ff 56v-96v.

18 Aalen, Whelan a Stout 1997: 156-63.

19 Y cyfansymiau eraill oedd: Ardal y Llynnoedd – 6,000 tunnell; Cernyw a Dyfnaint – 9,000; ardaloedd eraill yn Lloegr – 9,000; yr Alban – 7,000. Gweler Pritchard 1946a: 339-43, yn enwedig 340. Gweler hefyd Pritchard 1944c ar gyfer Gorchymyn Trysorlys 1828, a roddodd fantais dros dro i chwareli yng ngogledd-orllewin Lloegr pan gyhoeddwyd bod Preston, yn ogystal ag Ulverston, o fewn porthladd Caerhirfryn, a olygai y gellid cludo llechi mewn llongau heb dalu tollau i system gamlesi a oedd yn cysylltu â Chanolbarth Lloegr. Cedwir copïau o'r erthyglau hyn ac erthyglau eraill Pritchard fel CRO: XM/4874/99.

20 Gweler pennod 9 am allforio peiriannau llechi Cymreig i'r Almaen yn y 1860au; mor gynnar â mis Rhagfyr 1857 gadawodd Owen Williams chwarel y Penrhyn i fod yn rheolwr chwarel llechi ym Mhrwsia – *Yr Herald Cymraeg* 12 Rhagfyr 1857; 2, col. e; *North Wales Chronicle* 12 Rhagfyr 1857; 8, col. e.

21 Pritchard 1943k: 116-19.

22 Pritchard 1943i.

23 Davies 1977: n. 31, yn dyfynnu Saorstat Eireann: *Trade and shipping statistics* ar gyfer 1930 a 1939 (Dulyn 1931 a 1939) a'r Adran Diwydiant a Masnach: *Irish Trade Journal and Statistical Bulletin* (Rhagfyr 1937), 236.

24 Pierpont 1967: 13-14. Mor gynnar â 1682 cofnodwyd bod gan 'döwr llechi' yn Quebec ddwy gyllell llechi (*coulteaux à ardoise*) – Anhysbys: 1970. Efallai mai mewnforion o Ffrainc oedd y llechi eu hunain.

25 Davies 1977.

26 Pritchard 1943k: 253-57; 1944b: 368-72.

27 Mae'r enghreifftiau o Gwmbrwyn yn fwy garw ar y brig (y byddai'r gorgyffwrdd yn ei guddio) nag ar y gwaelod, ac roedd gan rai enghreifftiau o'r fan hon ac o Abermagwr bennau sgwâr, heb os i'w defnyddio ar y bondo ac ar y crib – Ward 1907: 188-89, CHCC: Archif Cloddio Fila Rufeinig Abermagwr. Ymddengys bod y pellter rhwng y twll a'r gwaelod ar lechi Tremadog yn pes Rhufeinig (296mm) – W.T. Jones, gohebiaeth bersonol.
28 Blümlein 1918: 48 ac Abb. 128. Mae Dr Michael Lewis yn awgrymu (mewn gohebiaeth at yr awdur), y gellid bod wedi chwarela'r rhain yn ardal Mayen yn yr Eiffel i'r gorllewin o Koblenz. Dangosir bod y siâp losen yn ddull cyffredin o greu llechi yn yr Almaen yn y cyfnod hwn mewn cerflun o *c.* 270 OC yn dangos to llechi, arch carreg Albana yng nghrypt Abaty St Matthias yn Trier. Gweler Snyder 2003: 83 plât 19.
29 Adam 1994: 214-15, yn enwedig ffigur 502.
30 Boon 1960: 141-42.
31 W.T. Jones, gohebiaeth bersonol.
32 Jones, D.C. 1977: 13-15; Wessex Archaeology 2007. Cedwir enghreifftiau o lechi o'r adfail yn Adran Archaeoleg a Nwmismateg, Amgueddfa Genedlaethol Cymru, rhif derbyn 83.76H.
33 Prifysgol Bangor: llawysgrif Baron Hill 5090, cofnod ar gyfer mis Rhagfyr 1685.
34 Prifysgol Bangor: llawysgrif Baron Hill 4724.
35 Lindsay 1974: 36-37, 40-41.
36 Prifysgol Bangor: llawysgrifau Porth yr Aur 29098 a 29094; Pritchard 1944h.
37 Gohebiaeth bersonol, Terry Hughes.
38 Geddes 1975: 121-22.
39 Richards 1998: 17, 114-15.
40 Ymddengys bod hwn yn wahaniaeth a gyflwynwyd ar ddechrau'r bedwaredd ganrif ar bymtheg. Prifysgol Bangor: mae llawysgrif Bangor 8277: 9 yn dangos bod Turner yn gwahaniaethu rhwng ansawdd llechi a werthwyd yn Ninorwig pan oedd yn gweithio yn y chwarel yn y cyfnod 1809-28.
41 Gweler Wiliam 2010: 193-4 am drafodaeth; ailgodwyd enghraifft sydd wedi goroesi o Gaeadda, Waunfawr (Gwynedd) yn Amgueddfa Werin Cymru yn Sain Ffagan. Dangosodd y broses o ddymchwel yr adeilad hwn ei bod yn ffordd syndod o ddiogel o adeiladu to – gohebiaeth bersonol, Terry Hughes.
42 Salzman 1967: 234-35.
43 Cossons 1972: cofnod ar gyfer 'Slate', cyf. 5, 5.
44 Ceir tystiolaeth o 'torching' morter, er enghraifft, ar lechi o lys yr Esgob yn y Gogarth ac o Abaty Maenan, yr adeiladwyd ill dau yn y drydedd ganrif ar ddeg, ac ym Mhenamnen, sy'n dyddio o'r bymthegfed ganrif – gohebiaeth bersonol, Dr Jane Kenney a W.T. Jones.
45 Wiliam 2010: 193.
46 Ward 1907.
47 W.T. Jones, gohebiaeth bersonol.
48 Taylor 1985: 57.
49 Gohebiaeth bersonol, Yr Athro Raymond Gillespie a Dr Colin Rynne; Holme 1688: 96-7, 209, 245; Neve 1703: 243.
50 Nicholson 1823: 208.
51 Smith 2004: 216-23.
52 Nicholson 1823: 208.
53 Smith 2004: 216.
54 Haslam, Orbach a Voelcker 2009: 676.
55 Haslam, Orbach a Voelcker 2009: 501.
56 Davies 1810: 414.
57 *The Quarry*, Mai 1920: 126; Sefydliad Brenhinol Penseiri Prydain: PA438/5(1-5) (Cynllun ar gyfer bwthyn ar wahân a wnaed yn gyfan gwbl o lechi Math D, Math E, a gyhoeddwyd gan Gymdeithas Perchenogion Chwareli Llechi Ardal Ffestiniog); arddangoswyd y cynllun hwn yn Arddangosfa'r Ymerodraeth Brydeinig yn 1925.
58 Viollet-le-Duc 1868: Tome 1 'Ardoise'; Punstein 2005.
59 Ar gyfer enghreifftiau Americanaidd, gweler Marshall 1979.
60 CRO: XM/4874/67; DRO: Z/DAF/2225-2235; Lindsay 1974: 292.
61 CRO: llawysgrifau G.P. Jones/Nantlle (heb eu catalogio), traethawd gan Owen Humphreys: *Tipyn o Hanes Blynyddoedd y Dirwasgiad Rhwng y Ddau Ryfel Byd* (Hydref 1975).
62 Boon 1960: 171.
63 Mae White 1978: 50 yn nodi eu bod wedi'u marcio gan ddefnyddio rhannwr, tyllwr a rhiciau at ddiben arall, a bod y slabiau carreg laid garw hyn wedi'u torri a'u ffeilio i fanylder hynod. Maent wedi'u cadw yn Amgueddfa ac Oriel Gelf Bangor.
64 Gohebiaeth bersonol, Richard Williams, Llanrwst.
65 Dim ond i ychydig o flynyddoedd y mae'r dull hwn yn gywir. Ni chaiff cerrig beddi byth eu codi yn union ar ôl claddedigaeth ond yn hytrach fe'u codir ar ôl cyfnod o rai misoedd; yn aml gall fod oedi hirach os byddai teulu sydd wedi cael profedigaeth yn cael trafferth i dalu costau'r angladd cyn y gallent fforddio carreg (neu efallai oherwydd y disgwyliwyd rhagor o farwolaethau). Gall saer maen hefyd gael slabiau, wedi'u llifio'n barod, ond heb eu harysgrifio, yn ei iard, a all fod wedi bod yno ers peth amser – Dr Michael Lewis, gohebiaeth bersonol.
66 Prifysgol Bangor: llawysgrifau Porth yr Aur 30365, 30555.
67 Gweler pennod 7 am ddyddiadau ar gyfer llifiau Hunter.
68 Fe'u defnyddiwyd i mewn i'r ugeinfed ganrif yn Hafodlas a Thy'n y Bryn, y ddau yn Nantconwy, yn ôl tystiolaeth DRO: ZS 46 16 a Jones 1998.
69 Gweler Wiliam 1982 am y defnydd o slabiau mewn adeiladau fferm.
70 'Houses for Australia', *Argus* (Melbourne), 14 Rhagfyr 1853: 5.
71 Evans 1800: 236.
72 Roberts 2003; Roberts 2004; John Crosskey, gohebiaeth bersonol.
73 Collingwood a Wright 1965: RIB 430-432, 437, 444, 458, 462, 464, 465, 510, 573.
74 Reynolds 1936: 212.
75 Amgueddfa Genedlaethol Cymru, rhif derbyn 77.11H.
76 Nodiadau heb eu cyhoeddi gan Dr Michael Lewis.
77 Hutchinson a de Selincourt (gol): 1969: 715. Eu disgynnydd yn Ffestiniog oedd eu hwyres Esther, a briodwyd â Thomas Casson o chwarel Diffwys yn Seathwaite gan ei thaid.
78 Rwy'n ddiolchgar i Dr Michael Lewis am y wybodaeth hon.
79 Lindsay 1974: passim. Roedd Benjamin Wyatt (1744-1818) yn asiant i Arglwydd Penrhyn, ac yn aelod o linach enwog Wyatt o benseiri – gweler Robinson 1978.
80 Anhysbys 1834.
81 Ar gyfer y defnydd o slabiau llechi mewn ffermydd yng ngogledd-ddwyrain Cymru gweler Wiliam 1982: 133, 217, 247. Dim ond mewn perthynas ag adeiladau fferm yn Lloegr y mae Barnwell a Giles 1997 yn crybwyll llechi to.
82 Everton 1986: 8–11; gohebiaeth bersonol, Peter Crail, Cyfarwyddwr, Thurston, Lerpwl. Ar gyfer y bwrdd plaen, gweler *Carnarvon & Denbigh Herald*, 23 Tachwedd 1839.
83 Prifysgol Bangor: mae llawysgrif Bangor 7057 (llyfr cei Trefriw) yn cofnodi i 25 tunnell o slabiau a thanciau dŵr gael eu cludo ar

longau o Drefriw i Ddofr yn y *Lady Willoughby* ar 2 Hydref 1842, o un o chwareli Nantconwy mae'n debyg, nad yw'n hysbys bod gan yr un ohonynt felin mor gynnar.

84 Davies 1976. Nodwyd carreg hogi llechen Rufeinig yng Nghaerhun – Reynolds 1936; 216. Nodwyd enghreifftiau canoloesol yn Llyn Brenig ar ffin Conwy a Sir Ddinbych – Amgueddfa Genedlaethol Cymru rhif derbyn 91.80H/1250-1253.

85 CRO: PQ89/1.

86 Caffell 1983. Mae'n debygol bod enghreifftiau a nodwyd y tu allan i Ddyffryn Ogwen ychydig yn ddiweddarach.

87 Manyleb patent 8383 o 1840.

88 Rhif patent 8383. Ar gyfer ei fuddiant mewn chwareli, gweler *Parliamentary Papers* 1847-48 XXIV rhan 1, 234; Jones, W. 1879: 69; Isherwood 1995: 1-4; NA: BT31/63/239, BT31/733/195C; BT31/1864/7353; CRO: Breese Jones Casson heb eu catalogio; Gwyn 1995; Llyfrgell Guildhall: casgliad Stock Exchange Loan and Company Prospectus collection, cyf. T-Z ar gyfer y cyfnod 1824 i 1880; *The Builder* 2 (1844), 491; *Mining Journal* 25 August 1849, col. 1, 403.

89 Mae castell y Penrhyn yn cynnwys gwely llechen a wnaed ar gyfer ymweliad y Frenhines Fictoria yn 1859, a phot inc ar y ddesg yn y llyfrgell, wynebau clociau, bwrdd biliards gyda'r pocedi, yr ochrau a'r coesau wedi'u gwneud o lechen, a bwrdd menyn llechen.

90 Hughes 1979: 127.

91 Nicholson 1837: 214-15; gwybodaeth gan Eric Foulkes a Dr Michael Lewis. Ar gyfer James Wyatt, gweler *Dictionary of National Biography*. Ar gyfer Benjamin Wyatt, gweler Skempton 2002: 804.

92 Pritchard 1944j, 174; Lindsay 1974: 49; CRO: Glynllifon 4374 a 4376 (hen)

93 Swyddfa Archifau Swydd Lincoln: 24/7/163; Nicholson 1837: 215.

94 Smith 2004: cyf. 1, 223.

95 Patent 4497 o 1893; PTyB: CS109/3.

96 Gwybodaeth ychwanegol, David Coleman, Cymdeithas Reilffordd Corris, ar sail papurau mewn dwylo preifat. Roedd slabiau ar gyfer paneli switshys yn cael eu cludo'n rheolaidd i English Electric ac yn fwy penodol, i'r Associated Electrical Industries (AEI), yn bennaf o Aberllefenni. Defnyddiwyd rhai ar *RMS Queen Mary*.

97 Soulez Larivière 1979: 325, 355-56.

98 Reynolds 1936: 217-18.

99 Jones, E.D. 1950: 1-6.

100 Hall 2003; Robinson (gol.) 1957: para. 44.

101 Evans 1800: 233-34. Roedd y llechi a fewnforiwyd drwy Holand yn rhai o'r Swistir, o chwarel yn Engi, a oedd yn cyflenwi llechi ysgrifennu a byrddau du llechen i Brydain, yr Almaen, Holand, Sweden a Denmarc erbyn yr ail ganrif ar bymtheg – Wagner 1680: 304.

102 Lancaster 1808: 72.

103 Lancaster 1805: 54. Gwelwyd enghraifft arall o lechi to segur yn cael eu hailddefnyddio ym Mermwda, lle cawsant eu gosod mewn slabiau calchfaen i wneud cerrig beddi. Elliott 2011: 200-02.

104 Yr Athro Nigel Hall, gohebiaeth bersonol.

105 CRO: XS/1411/37.

106 Ar gyfer enghreifftiau, gweler Comisiwn Brenhinol Henebion Cymru 1960: lvii, 263; Mason 1998: 41-43, 148; Reynolds 1936: 222.

107 Zienkiewicz 1993: 124 'of North Wales or Devonian origin (with) vertical striations probably from a saw.'

108 CHCC: C528879-81.

109 Prifysgol Bangor: llawysgrif y Penrhyn 1967.

110 Pritchard 1944h; Lindsay 1974: 100-01, 186-187; Jones, G.P. 1996.

111 *Slate Trade Gazette* 4 22 (Ebrill 1898): 137, gan ddyfynnu William Morris: 'The Influence of Building Materials on Architecture', *Century Guild Hobby Horse* 7 (Ionawr 1892).

112 Mae Anhysbys 1910: 87, yn cofnodi'r defnydd o lechi Ffestiniog ar 'Warsaw cathedral', sef eglwys gadeiriol Uniongred Alecsander Nefski mae'n debyg, a gwblhawyd yn 1912 ac a ddymchwelwyd yn 1924–26.

113 Er enghraifft, mae Jones, I.W. 1997: 52 yn cofnodi'r defnydd o lechi Ffestiniog ar y Banco Nacional yn Buenos Aires, dinas a oedd fel arall yn mewnforio llechi o Ffrainc yn bennaf – Lombardero, García-Guinea a Cárdenes, 2000: 59.

114 Lawrence 2001: 17; Hora a Hancock 2008: 89.

115 Environment Australia 2002: *Nomination by the Government of Australia for Inscription on the World Heritage List. Royal Exhibition Building and Carlton Gardens, Melbourne*. Dynodwyd yr adeilad a'r gerddi yn safle Treftadaeth y Byd yn 2004, i gynrychioli'r mudiad arddangos rhyngwladol.

4 GWAITH CLODDIO A THOMENNU

Craig fetamorffig yw llechen sydd wedi'i newid o'i ffurf a'i chyfansoddiad gwreiddiol gan wres a phwysedd.

O fwd y daw llechen yn wreiddiol – caiff ei chyfansoddi'n bennaf o ronynnau clai haenaidd mân ychydig ficronau ar draws. Caiff y rhain eu ffurfio wrth i greigiau ar arwyneb y ddaear gael eu hindreulio, ac fe'u cludir o'r man y cânt eu ffurfio a'u dyddodi mewn llynnoedd a chefnforoedd. Deuir o hyd i'r dyddodion mwd mwyaf trwchus mewn basnau morol. Wrth i'r basn ymsuddo, caiff y mwd meddal ei gladdu gan ragor o waddodion a'i drawsnewid yn garreg laid galetach. Mae hyn yn digwydd wrth i'r hylif a ddelir rhwng y gronynnau clai gael ei allyrru ac wrth i ddŵr gael ei ryddhau o'r strwythur crisial wrth i fwynau clai ddechrau ailgrisialu'n fwynau mica gwyn a chlorit yn sgil tymheredd uwch a phwysedd cynyddol. Caiff cam olaf y trawsnewidiad i lechen ei ysgogi gan weithgarwch tectonig sy'n peri i'r graig gael ei chywasgu a'i phlygu'n rymus, fel arfer ar dymheredd o tua 250–300°C a dyfnder o tua 10 cilometr. Mae hyn yn cynhyrchu planau o grisialau mica gwyn a chlorit cyfeiriedig wedi'u diffinio'n glir a gaiff eu ffurfio wrth i grisialau sy'n gadael gylchdroi a chrisialau newydd dyfu, ar onglau sgwâr i gyfeiriad y cywasgu mwyaf.

Credir y gellir priodoli llechen o ansawdd da i gynnwys mwynol y llechen a threfniant y cyfansoddion mwynol. Fel arfer, mae llechi yn cynnwys rhwng 40 a 60 y cant o fica gwyn a drefnir mewn haenau o hyd at 19 o ficronau o led â bylchau o hyd at 40 o ficronau rhyngddynt. Mae'r deunydd gwagleol rhwng yr haenau o fica, crisialau cwarts a ffelsbar fel arfer, hefyd yn bwysig gan ei fod yn rhoi cryfder i'r graig.

Yn aml, disgrifir llechen fel deunydd y deuir o hyd iddo mewn 'gwythïen', terfynlin o graig o ansawdd addas. Mae llechi Cymru yn deillio o waddodion a ddyddodwyd yn ystod tri phrif gyfnod o hanes daearegol. Mae llechi amryliw Arfon yn perthyn i Ffurfiant Llechi Llanberis sy'n deillio o'r cyfnod Cambriaidd, a ddyddodwyd yn wreiddiol fel mwd tua 530 miliwn o flynyddoedd yn ôl. Mae'r llechi llwyd tywyll yn bennaf o ardal Ffestiniog, de Gwynedd a de-orllewin Cymru yn rhai Ordofigaidd ac mae llechi llwyd gogledd-ddwyrain Cymru yn dyddio o'r cyfnod Silwraidd. Mae cyfeiriad y wythïen yn pennu'r dull y gellir ei ddefnyddio i gloddio'r llechen – pan fo'r wythïen ar oleddf serth gellir defnyddio dulliau chwarela agored, ond pan fo'n goleddu ar ongl is (fel yn Ffestiniog, lle ceir goleddf o tua 30°), rhaid i'r llechi gael eu cloddio dan ddaear ar ôl i weithfeydd gael eu datblygu.

Yn ddelfrydol, mae gan lechen mewn brigiad dri phlân hollti, sy'n golygu y gall y graig gael ei chloddio fel plygiau hydrin. Yr 'hollt' yw'r pwysicaf o'r rhain gan eu bod caniatâu i'r graig gael ei hollti'n haenau tenau, ac felly'n rhoi gwerth economaidd iddi.

Mae'r gwniadau naturiol eraill a ffurfir gan brosesau daearegol hefyd yn chwarae rhan bwysig yn y gwaith o gloddio llechi. Lle maent yn wynebu'r cyfeiriad cywir gellir eu defnyddio i gloddio'r graig. Un o'r rhain yw'r 'pileriad', plân fertigol fwy neu lai. Un arall yw'r 'bôn' sy'n rhedeg ar draws y plân hollti. Lle nad yw hon yn bodoli neu nad yw wedi'i datblygu'n ddigonol, mae 'sianelu' (drilio cyfres o dyllau) yn peri i'r graig dorri ar y pwynt hwn pan gaiff ei saethu ar hyd y pileriad. Mae gwniadau eraill, fel beflau, yn ffawtiau sy'n rhedeg yn groeslinol ar draws y plân hollti ac yn lleihau gwerth y graig.

Gall nodweddion daearegol eraill hefyd bennu pa graig sy'n werth ei chwarela. Bydd ardaloedd â sawl ffawt sy'n agos at ei gilydd yn dyrannu'r graig ac yn ei gwneud hi'n amhosibl chwarela plygiau o faint sylweddol. Yn yr un modd, lle caiff llechen ei thorri gan graig igneaidd – y deiciau o garreg rud a dolerit caled y mae chwarelwyr yn eu galw'n 'byst' a oedd yn gostus i'w cloddio cyn dyddiau ffrwydron ffyrnig – mae ei natur yn newid ar hyd ffin y ddau fath o graig. Ni ellir hollti'r graig 'fastard' hon yn hawdd. Gall terfynlinau â chryn dipyn o sylffid haearn, sef y pyrit mwynol (FeS_2), achosi problemau hefyd, yn enwedig pan fo'n bresennol ar ffurf crisialau gwasgaredig mân. Wrth i'r pyrid gael ei ocsideiddio, rhyddheir haearn a all staenio'r llechen (gan gynhyrchu 'llechen arw') ac asid sylffwrig a all ymosod ar gyfansoddion eraill yn y llechen a gwanhau'r gwead.

Am y rhesymau hyn, neu am fod y llechen yn cael ei malurio wrth gael ei saethu neu ei wastraffu yn sgil llifio a naddu, nid oedd modd gwerthu o leiaf 90 y cant o'r hyn a gloddiwyd mewn chwarel yng Nghymru, gan arwain at y tomennydd anferth sy'n un o nodweddion y diwydiant. Roedd chwareli llechi mewn rhannau eraill o'r byd bron yr un mor wastraffus.[1] Mân amrywiadau yng nghanran y graig dda a gynhyrchwyd oedd y gwahaniaeth rhwng llwyddiant a thrychineb masnachol. Newidyn pwysig arall oedd pa mor dda y gellid hollti'r plygiau. Roedd chwarel lle'r oedd y graig ond yn cynhyrchu nifer lai o lechi to tewach o dan anfantais o gymharu ag un lle gallai'r graig gael ei hollti'n deneuach er mwyn cynhyrchu mwy o lechi ysgafnach. Byddai angen llai o drawstiau to i gynnal y llechi hyn hefyd maes o law. Weithiau, roedd modd marchnata plygiau a lifiwyd fel slabiau at ddibenion eraill.

Roedd chwilio am lechi yn waith mympwyol, ac erys felly i ryw raddau. Roedd cyfeiriad y gwythiennau llechi yn ansicr, a golygai confylsiynau yn y strata nad oedd sicrwydd, unwaith y câi'r graig ei darganfod, y byddai'n ddigon da i gyfiawnhau chwarela. Gweithiai'r chwarelwyr cynnar ar fannau lle gwyddid bod llechen a gwnaethpwyd y defnydd gorau o bocedi o graig dda. Mewn rhai mannau, fel ger Cilgwyn yn Nantlle er enghraifft, mae'n bosibl gweld y brigiadau a ysgogodd y cynigion cyntaf i chwarela yno. Roedd greddf chwarelwyr ynghylch lleoliad gwythiennau da o lechi a'u dulliau empirig o leiaf cystal â damcaniaethau peirianwyr cloddio tan ymhell i mewn i'r ugeinfed ganrif, ac o bosibl hyd at heddiw.

Trefniadaeth

Tirfeddiannaeth

Roedd perchnogaeth tir yn ffactor pwysig o ran datblygiad chwareli. O dan gyfraith y Deyrnas Unedig, ers diwedd yr ail ganrif ar bymtheg, mae gan yr unigolyn sy'n berchen ar dir yr hawl i'r holl fwynau oddi tano, ar wahân i aur ac arian, sy'n eiddo i'r Goron, ac eithrio mewn rhai amgylchiadau lle gall yr hawliau dros fwynau gael eu gwahanu oddi wrth ffurfiau eraill ar berchnogaeth. Yn y rhan fwyaf o'r chwareli llechi yng Nghymru, fel gyda'r rhan fwyaf o weithfeydd mwynau, nid oedd y perchennog yn gweithio'r graig yn uniongyrchol. Yn hytrach, roedd yn ildio'r hawl i unigolyn, partneriaeth neu gwmni cyfyngedig am nifer penodol o flynyddoedd am isafswm rhent a breindal ar y llechi a gynhyrchwyd. Fodd bynnag, dechreuodd y ddwy chwarel fwyaf, y Penrhyn a Dinorwig, gael eu gweithio'n uniongyrchol gan yr ystadau a oedd yn berchen arnynt, o 1782 a 1820 yn y drefn honno, a chymerodd ystad Oakeley reolaeth o'i thair chwarel yn Ffestiniog i ffurfio Chwarel Oakeley, rhwng 1882 a 1886. I'r gwrthwyneb, prynodd rhai cwmnïau chwareli rydd-ddaliad yn eu tir yn yr ugeinfed ganrif, wrth i ystadau gael eu gwerthu.

Bargeinion, contractau a labrwyr

O ddiwedd y ddeunawfed ganrif, cafodd y gwaith o gloddio a phrosesu llechi a gwaredu rwbel mewn chwarel lechi, ynghyd â sawl tasg arall, eu cyflawni mewn amrywiol ffyrdd drwy gyfrwng gwahanol fathau o daliadau safonol a gwaith ar dasg, a thrwy gyfuniad o'r rhain a amrywiai dros amser, ac o fan i fan.

Ychydig a wyddys am drefniadau cynharach; partneriaethau bach a rannai elw neu 'gwmnïau' a gyflogai lafur ychwanegol fel y bo angen oeddent fwy na thebyg; system a atgyfodwyd gan weithwyr tomennydd (gweler isod) ac a welwyd mewn rhai chwareli bach iawn hyd at ddiwedd yr ugeinfed ganrif.[2] Gallai hyn fod wedi arwain at y trefniant mwyaf cyffredin a welwyd am gyfnod hir, sef 'bargen' – amrywiad ar system gontractio y gwelir systemau tebyg iddi mewn diwydiannau cloddio ledled y byd.[3] Roedd y 'fargen' yn disgrifio tri pheth. Y cytundeb ei hun, rhwng perchennog y graig, neu ei gynrychiolydd, a'r gweithwyr; y grŵp o ddynion a gontractiwyd, rhwng pedwar ac wyth ohonynt – teulu neu grŵp o ffrindiau yn aml iawn, yr oedd rhai ohonynt yn 'greigwyr' a weithiai ar yr wyneb a rhai ohonynt yn prosesu'r llechi mewn gwal neu felin (pennod 7); a'r rhan o'r chwarel lle'r oeddent yn gweithio. Mewn chwarel agored, cyfeiriai at ardal benodol o'r wyneb, tua 6 metr ar draws fel arfer. Agor ydoedd mewn gwaith tanddaearol.

Gwelir tystiolaeth o'r system fargeinio o ddiwedd y ddeunawfed ganrif. Ar ôl 1765, lluniodd ystad y Penrhyn reolau a oedd yn ei gwneud yn ofynnol i'r dynion ffurfio partneriaethau o bum dyn neu fwy a fyddai'n gyfrifol am y gwaith cludo yn ogystal â'r gwaith chwarela. Caent eu talu'n chwarterol, ond ni nodir unrhyw gyfyngiad amser o ran y trefniant.[4] Defnyddir y term 'gosod bargeinion' yn un o ddogfennau Dinorwig dyddiedig 1788–89.[5] Mae'n bosibl iddo gael ei ffurfioli ymhellach yn y 1830au er mwyn i bob bargen gael ei hailosod bob mis, a ffurfio contract ar wahân. Gan fod ansawdd y graig yn amrywio'n sylweddol o fan i fan, cyflwynwyd y system 'buntdal' o amgylch yr amser hwn gyda'r nod o sicrhau bod y tâl yn gyson â'r ymdrech yr oedd ei angen i weithio craig wael. Fodd bynnag, pe pennid y puntdal hwn yn anghywir gan y sawl a osodai'r fargen ar ddechrau'r mis, byddai naill ai'n arwain at gydnabyddiaeth annheg i'r criw neu enillion annigonol i'r chwarel. Yn aml, amlygwyd amrywiadau yn ansawdd y graig yn ystod y mis, er da neu er drwg; gallai partneriaid orfod talu mwy na'r disgwyl am declynnau neu ffrwydron, neu gallent golli diwrnodau drwy salwch neu dywydd gwael – roedd glaw trwm neu eira yn golygu nad oedd modd gweithio chwarel agored. Gallai dynion gael cynnig taliad ychwanegol am glirio rwbel, neu am gadw'r llawr yn wastad. Talwyd blaendaliadau bob wythnos, a châi cyfrifon eu setlo drwy'r tâl mawr misol. Fodd bynnag, pe caed amodau gwael, gallai'r dynion fod mewn dyled i'r rheolwyr. Ar ei gorau, a phan roedd y galw am lechi ar ei anterth, roedd y system fargeinio yn gwobrwyo dynion abl am eu gwaith caled, ac yn eu hannog i ddatblygu sgiliau crefft, ond nid oedd yn addas ar gyfer cyfnodau gwael a gellid ei chamddefnyddio. Dywedwyd yn aml bod bargeinion a phuntdaliadau yn cael eu penderfynu ar sail crefydd; bod eglwyswyr yn cael eu ffafrio dros anghydffurfwyr, neu aelodau o un capel yn cael eu ffafrio dros aelodau capel arall. I'r gwrthwyneb, yn ystod y blynyddoedd ffyniannus, byddai creigwyr yn gofyn am daliadau arian parod fel cymhelliad i gymryd bargeinion, neu gontract ar gyfer bargeinion mewn chwareli gwahanol ac yna'n gweithio yn yr un a oedd yn fwyaf addas iddynt, gan adael rheolwyr heb griw ar gyfer rhan benodol o'r wyneb.[6] Roedd creigwyr a oedd yn byw ar ffermydd neu mewn bythynnod mewn gwell sefyllfa i gynnig rhoddion i'r sawl a osodai fargeinion o gymharu â phreswylwyr trefol.

Fel gweithwyr medrus dan gontract, roedd y dynion a weithiai mewn bargeinion ar ddechrau'r bedwaredd ganrif ar bymtheg yn dueddol o symud o ardal i ardal – yn ei hunangofiant sonia Robert Williams Cae'r Engan am ei waith yn Nantlle, Ffestiniog, ger y Bala yn ne Gwynedd, yn Nyfnaint, ac yn Nantdulas, gan ymgymryd yn aml â thasgau eraill yn y chwarel hyd nes y byddai bargain yn cael ei chynnig.[7] Yn yr un modd, gallai un grŵp o ddynion weithio am 25 o flynyddoedd mewn un agor neu ar un darn o graig.

Câi'r system hon ei gwarchod yn ofalus gan y chwarelwyr a oedd yn ddigon ffodus i fod yn rhan o fargen, ond arweiniai at ddicter ymhlith y sawl a gâi eu heithrio – y labrwyr, a'r rybelwyr a dalwyd am unrhyw lechi a wnaethpwyd ganddynt yn ystod y mis o unrhyw blygiau bach a roddwyd iddynt gan y chwarelwyr. Gallent hefyd gael rhodd fach ychwanegol gan y prif bartneriaid os oeddent yn gysylltiedig ag unrhyw fargen. Yn aml, meibion neu neiaint oeddent a edrychai ymlaen at fod yn rhan o'r tîm ar ôl dysgu'r grefft. Fodd bynnag, nid pawb oedd â'r un gobeithion, a rhaid oedd iddynt erfyn am blygiau llechi gan y gweithlu yn gyfnewid am ymgymryd â thasgau amrywiol. Daeth y system fargeinio i ben ar wahanol adegau mewn gwahanol chwareli ond, erbyn diwedd y 1960au, ni châi ei defnyddio mwyach yn y diwydiant.

Nid pob chwarel a weithredai system fargeinio. Mewn sawl chwarel, câi'r system ei gweithredu ochr yn ochr â chyflogau cyfradd sefydlog hyd yn oed am waith ar wyneb y graig a chyfraddau am waith ar dasg yn seiliedig ar y dunnell, a adlewyrchir o bosibl gan y glorianau a ddarparwyd (pennod 10). Fel arfer, câi dynion medrus a gyflogwyd i ymgymryd â gwaith datblygu (difrigwyr mewn chwareli agored a'r 'meinars' yn y gweithfeydd tanddaearol) a labrwyr yn y tyllau eu talu yn ôl y dunnell fel cymhelliad, a châi rhai labrwyr a dynion lled-fedrus eu cyflogi'n uniongyrchol hefyd gan dimau cynhyrchu fesul diwrnod. Fel arall, talwyd labrwyr fesul diwrnod yn ôl gradd y swydd. Cyflwynwyd isafswm cyflog yn y diwydiant llechi yn 1918.[8]

Gwnaethpwyd un ymgais aflwyddiannus i weithredu tair chwarel yn gydweithredol yn nyffryn Ogwen o 1903 o dan nawdd W.J. Parry, yr arweinydd undeb gynt, (pennod 1), gyda gwahanol lefelau o gefnogaeth gan ddysgodron mor amrywiol â Daisy Greville (Iarlles sosialaidd Warwick), Richard Bell AS, J.C. Gray o'r Undeb Cydweithredol, a David Lloyd George AS. Pantdreiniog, Moel Faban a Than y Bwlch oedd y chwareli dan sylw. Pantdreiniog oedd y fwyaf o bell ffordd. Cyflogwyd 230 o ddynion yno i ddechrau. Mae taflen sy'n mawrygu rhinweddau'r trefniant newydd hwn yn cynnwys llun o Parry yn tywys swyddogion undebau llafur o amgylch y chwarel newydd ond ymddengys mai cwmni cydweithredol mewn enw yn unig ydoedd. Buan y cafodd y cwmni ei ddirwyn i ben yn sgil gwrthgyhuddiadau a chydberthnasau gwael rhwng y rheolwyr a'r dynion.[9]

Cyflogwyd contractwyr allanol ar gyfer prosiectau datblygu. Gallai'r rhain fod yn ymrwymiadau mawr. Cafodd dyn o'r enw Smith, a ddaeth i'r ardal fel rhan o'r tîm a oedd wrthi'n adeiladu ffordd bost Telford, ei gontractio gan chwarel y Penrhyn i ddi-frigo ponciau Ffridd, Rowler a Dwbwl rhwng 1820 a 1825, a chafodd ponc newydd ei henwi ar ei ôl.[10] Er mwyn agor ei chwarel yn Ffestiniog i ffurfio'r agorfa a elwid yn sinc fawr, comisiynodd yr Arglwydd Palmerston yr athrylith fathemategol George Parker Bidder i gyfrifo cyfaint y graig. Aeth Bidder ati wedyn i gyflogi contractwr rheilffyrdd a chamlesi, James Leishman, a thîm o labrwyr, i ymgymryd â'r gwaith.[11] Siaradai'r dynion hyn gymysgedd o Gymraeg, Saesneg a Gwyddeleg ac, o'r herwydd, rhoddwyd yr enw Tŵr Babel ar y domen a grëwyd ganddynt.[12] Cyflogwyd arbenigwyr o'r pyllau glo yn Hanley, Swydd Stafford i suddo siafftiau yn chwarel y Penrhyn yn y 1840au – teuluoedd Salt, Burgess a Twigg, y mae eu disgynyddion yn byw yn nyffryn Ogwen o hyd.[13] Yn 1931–32, yn anarferol, contractiwyd cwmni o Ffrainc i yrru lefel yng Nghwmorthin yn Ffestiniog.[14] Holman's of Camborne suddodd y siafft ar gyfer y peiriant Cernywaidd a osodwyd yn Norothea yn Nantlle yn 1904–06.[15]

Cloddio
Cafwyd sawl math sylfaenol o weithfeydd – chwareli a weithiwyd fel wynebau unigol neu bonciau lluosog, y rhai a weithiwyd fel tyllau, a'r rhai a weithiwyd dan ddaear. Roedd y modd yr enillwyd y graig yn dibynnu ar dopograffi, goleddf y gwely, a chryfder a natur ei llinellau bregusrwydd.

Chwareli ag un wyneb
Roedd modd gweithio rhai lefelau prawf a chwareli bach fel un wyneb agored. Mae rhai chwareli mwy o faint wedi diraddio hefyd ers iddynt gau, ac nid yw bob amser yn bosibl dweud sut y cafodd y graig ei chloddio na ph'un a oedd yr wyneb yn risiog ai peidio. Mae'r chwareli yng ngheunant Cilgerran yn ne-orllewin Cymru yn rhai ag un wyneb yn bennaf, a defnyddiwyd craeniau braich yn rhai ohonynt i symud y graig (Ffigur 40).

Chwareli ponciog
Pan fo'r wythïen yn caniatáu, ni waeth beth fo maint y chwarel, caiff y llechen ei hennill mewn ponciau grisiog. Ceir enghreifftiau ledled Cymru – er enghraifft yn Rosebush yn y de-orllewin ac yn Arthog ym Meirionnydd – ond yn y ddwy chwarel fawr yn Arfon, y Penrhyn a Dinorwig, y gwelir y defnydd gorau o'r system (Ffigur 41). Mae uchder y ponciau yn amrywio o saith metr yn Rosebush i 20 metr yn chwareli Arfon, gyda'r lled yn amrywio o tua 2 metr i 14 metr. Weithiau, fel yng Nghwm Eigiau yn Nantconwy, gwelir olion hanner ponciau sydd, fwy na thebyg, yn cynrychioli gwaith datblygu a wnaed i agor rhan o'r chwarel lle na welwyd llawer o gynhyrchu maes o law.

James Greenfield, brawd yng nghyfraith rheolwr ystad y Penrhyn, Benjamin Wyatt, oedd yn gyfrifol am y dull hwn o weithio. Daeth Greenfield yn gyfrifol am y chwarel yn 1799 ond ni wyddys llawer mwy amdano. Dengys cynlluniau o chwarel y Penrhyn dyddiedig 1788 a 1793 ardaloedd gwaith wedi'u trefnu'n rheolaidd mewn rhes hir ond nid ydynt yn egluro eu cydberthynas â'r topograffi na'r wythïen lechi. Mae'n edrych fel pe baent yn cynrychioli'r gweithfeydd ar yr hyn a adwaenwyd yn ddiweddarach fel yr 'ochor dde', y ponciau gogleddol. Cyfres o wynebau ar hyd y brigiad lle cerfiwyd y system ponciau gan Greenfield yn ddiweddarach oeddent fwy na thebyg. Yr hyn a ddangosant yw bod yr arfer o weithio 'ochor rydd' wedi'i sefydlu eisoes; sef toriad yn wyneb y graig ar hyd y llinell bileru a oedd yn caniatáu i blygiau gael eu gweithio o'r blaen ac o'r ochr (Ffigur 42).[16] Mae ysgythriadau cynnar o'r chwareli yn Anjou yn dangos tyllau wedi'u trefnu mewn grisiau gweithio olynol bas iawn (dau fetr neu lai) lle câi plygiau eu tynnu oddi ar wynebau fertigol bron â lletemau o haearn a darwyd â morthwylion

Ffigur 40. Craen stêm yn gostwng plyg mewn chwarel fach yng ngheunant Cilgerran ar lannau afon Teifi.

(Ffigur 43).[17] Nid yw'r drefn ddelfrydol a ddarlunnir yn debygol o fod wedi'i gweld mewn chwarel o'r cyfnod hwn yng Nghymru.

Roedd gweithfeydd ponciog yn annog y broses o drefnu chwareli yn ofodau gwaith unedig y gellid eu rheoli'n effeithiol, yn osgoi'r demtasiwn i domennu rwbel ar ddyddodion y gellid eu gweithio ac yn galw am y defnydd o reilffyrdd, ond roeddent hefyd yn golygu bod yn rhaid i'r gwaith fynd rhagddo'n gyson er mwyn diogelu'r grisiau. Galwai hyn ar i'r gweithwyr llechi gwael, a waredai'r llechi cymysg na allai gael eu rhannu'n broffidiol a chraig anweithiadwy arall, sicrhau bod gan y creigwyr fynediad i'r llechi masnachol gwerthfawr, a bod gwastraff yn cael ei lwytho a'i symud yn brydlon.

Un o'r nodweddion yn chwarel y Penrhyn a chwarel Dinorwig oedd yr enwau pynciol neu ffansïol a roddwyd ar y ponciau. Mae rhai'n cofio eitemau o beirianwaith, fel y 'Ffeiar Injan' yn Ninorwig ac roedd 'Rowler', sef safle rholer neu ty drym, yn y ddwy chwarel. Enwir ponciau eraill ar ôl y dynion a'u datblygodd – nid yn unig Smith (gweler uchod)

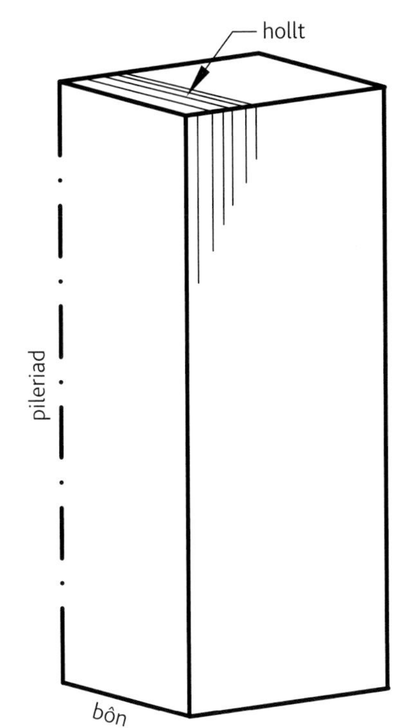

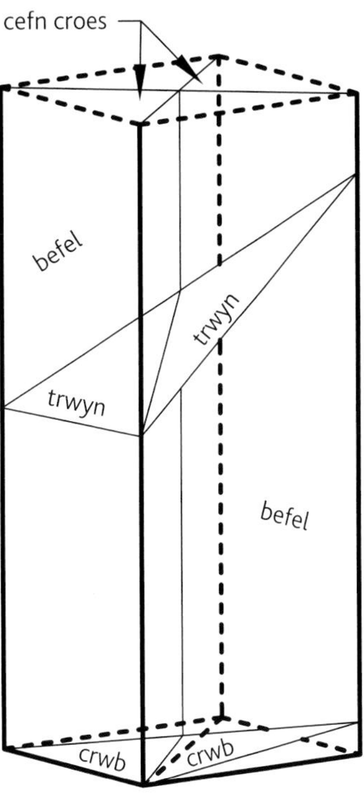

Ffigur 41. Y ponciau rheolaidd yn adran Vivian, chwarel Dinorwig.

Cynllun isometrig o blyg llechi o Ddinorwig. Mewn rhai ffyrdd, y wythïen lechi yn Ninorwig, ac yn y chwareli eraill yn Arfon, yw'r hawsaf i'w deall. Yn gyffredinol, mae'r hollt, y pileriad a'r wythïen ei hun yn fertigol bron. Caiff lloriau gweithio eu creu ar lefel y bôn, y mae pob un ohonynt yn llorweddol bron; mae'r rhannau fertigol rhwng bonion yn amrywio'n sylweddol ond maent tua 1.5 metr ar gyfartaledd, felly, mewn ponc 20 metr o uchder, byddai sawl un yn weladwy.

Unwaith y caiff plyg ei chwarela, caiff ei drawlifio a'i bileru, gan amlygu holltau eraill sy'n tynnu oddi wrth ei werth masnachol gan eu bod yn lleihau nifer a maint y llechi y gellir eu cynhyrchu ohono. Mae'r 'befel' a'r cefn croes yn rhedeg o fôn i fôn; mae'r trwyn a'r crwb yn rhedeg yn groeslinol ar draws y plyg.

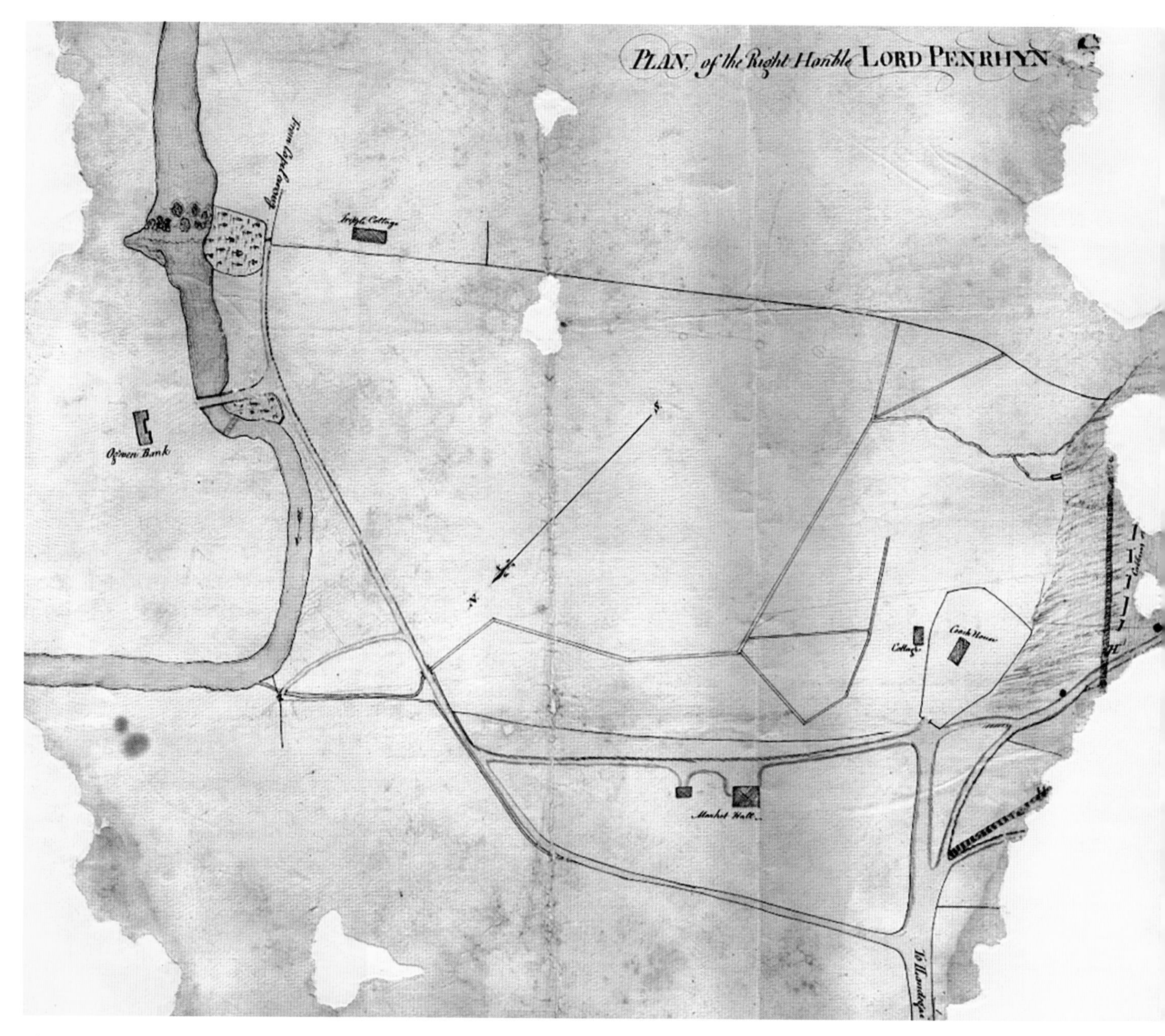

Ffigur 42. Dengys map o chwarel y Penrhyn yn 1793 ddatblygiad y chwarel cyn i'r system ponciau gael ei chyflwyno. Yr unig nodwedd ar y map y gellir ei gweld o hyd yw Ogwen Bank, ar y chwith (SH 6258 6552).

ond hefyd William Owen a William Parry yn y Penrhyn. Caiff ffigyrau hanesyddol eu cofio yn Agor Boni yn y Penrhyn a 'Wellington' yn Ninorwig. Enwyd y 'Red Lion' yn chwarel y Penrhyn ar ôl tŷ tafarn ym Mangor yr oedd chwarelwr arweiniol cwmni yn denant yno (gweler Ffigur 93). Am yr un rheswm, cafodd ponc 'Jolly' ei henwi ar ôl tafarn y 'Jolly Herring' ym Mhenmaenmawr, a rhoddwyd yr un enw ar lefel yn y chwarel wenithfaen hefyd. Yn amlwg, ar un adeg, gallai bargen fod yn sefydliad annibynnol iawn a arweiniodd at sefydlu sawl menter fasnachol wahanol iawn yn y rhanbarth.[18]

Mewn rhai mannau, roedd y graig weithiadwy yn llawer culach nag a dybiwyd ac, yn amlwg, bu'n rhaid aberthu'r system ponciau yn ystod blynyddoedd olaf y chwarel er mwyn cloddio cymaint â phosibl o un neu ddwy fargen dda yng nghanol yr wyneb gweithio. Ymhlith yr enghreifftiau mae Gorsedda yn ardal Glaslyn a Chwm Eigiau yn Nantconwy.

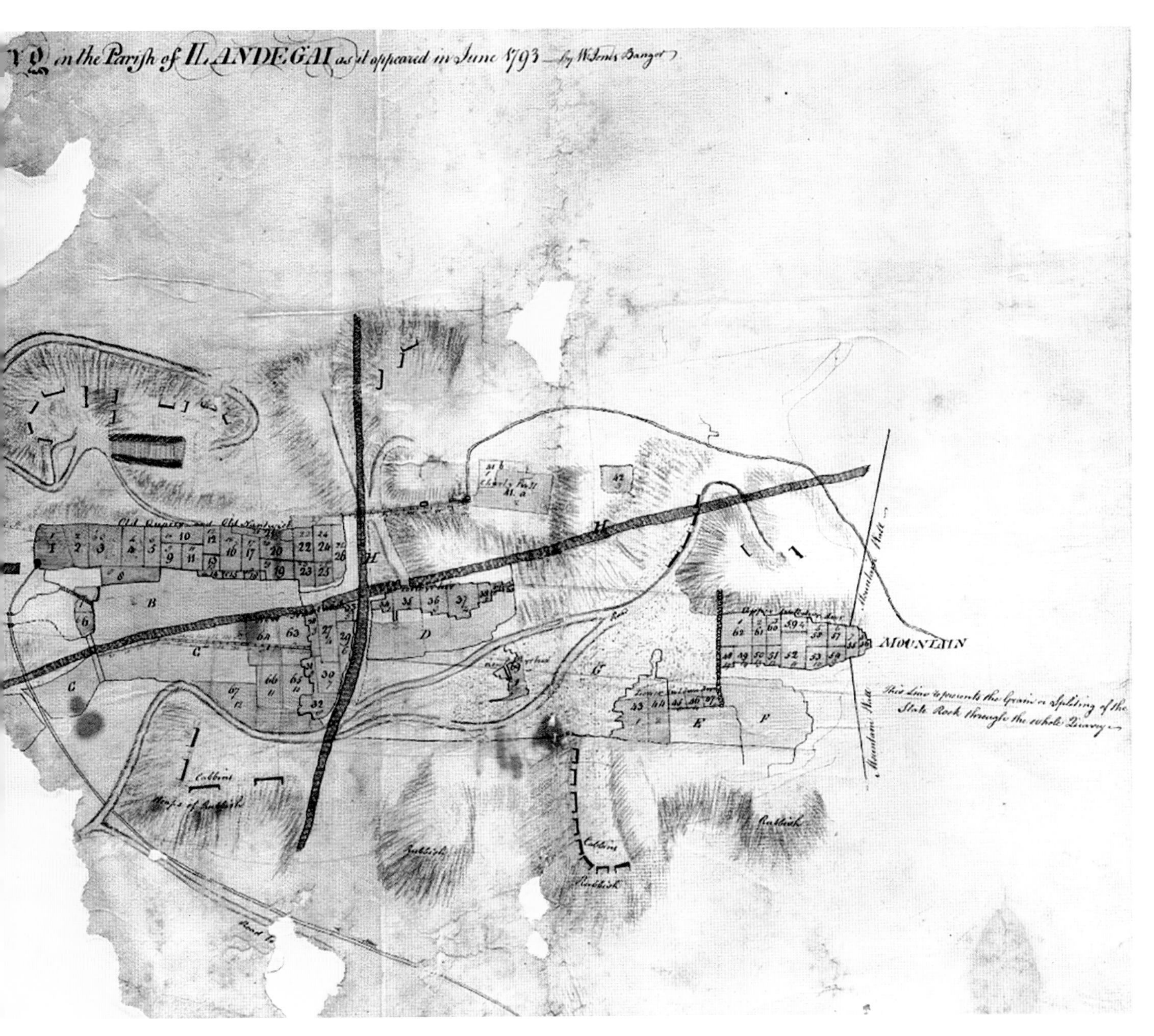

Ffigur 43. Chwarel llechi o'r ddeunawfed ganrif yn Anjou, Ffrainc, yn gweithio heb ffrwydron.

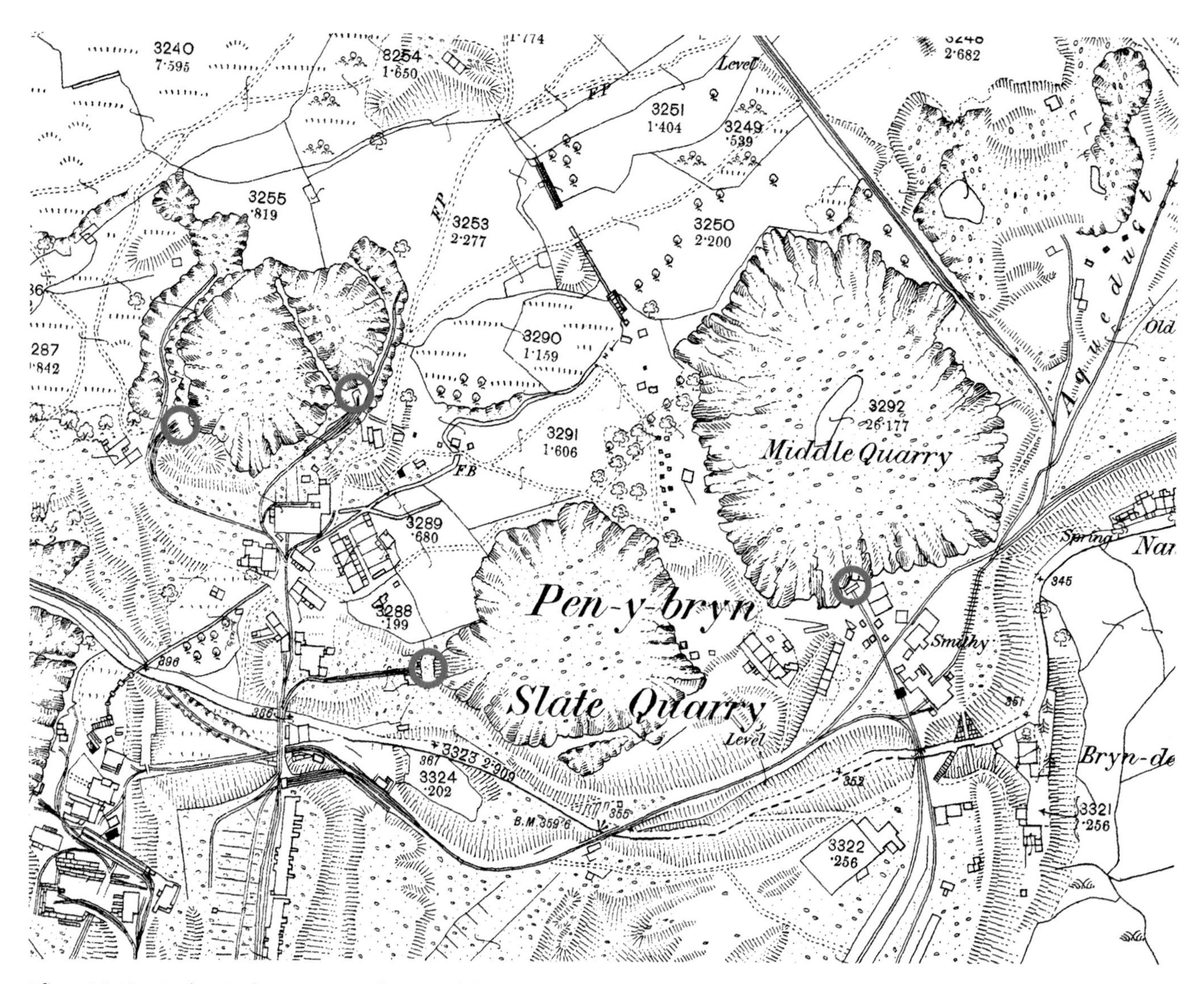

Ffigur 44. Mae Arolwg Ordnans 1889 yn dangos y dull o weithio a ddatblygodd yn ardal Nantlle. Câi plygiau llechi a rwbel o'r tyllau yn chwareli Pen y Bryn a Chloddfa'r Lôn (y 'Middle Quarry') eu codi â rhaffyrdd i'r pengialiau (wedi'u cylchu mewn coch) ac, oddi yno, byddai rheilffyrdd yn rhedeg i'r felin a'r gwaliau.

Tyllau

Roedd gweithio yn y tyllau yn arbennig o gyffredin yn ardal Nantlle-Moel Tryfan, ac mewn rhannau o chwarel Dinorwig. Mae'n debyg nad oedd y gweithfeydd cynnar yn Nantlle, hyd at y ddeunawfed ganrif, yn ddim mwy na grisiau ar lethrau bas, ond unwaith y deuai'r wyneb yn ansefydlog neu'n rhy uchel i'w weithio'n ddiogel ac yn gyfleus, y cam nesaf oedd agor llawr arall ar lefel is. Defnyddiwyd twnnel i gael mynediad i chwareli ar ochrau dyffrynnoedd. Er mwyn agor chwarel islaw llawr y dyffryn, byddai siafft neu 'sinc' yn cael ei chloddio'n agos at ganol llawr gweithio cyntaf y chwarel a byddai honno wedyn yn cael ei hagor yn rheiddiol i ffurfio twll unwaith y cyrhaeddai ddyfnder o tua 20 metr. Gallai siafft arall gael ei chloddio wedyn, a byddai'r broses yn parhau er mwyn ffurfio chwarel agored. Erbyn diwedd y ddeunawfed ganrif, roedd Cloddfa'r Coed wedi datblygu'n agen gul ddofn ar lawr y dyffryn a, 50 mlynedd yn ddiweddarach, roedd y gweithfeydd dyfnaf yn Nantlle dros 100 metr o ddyfnder. Erbyn i chwarel Dorothea gau yn 1970, roedd ei llawr isaf tua 183 metr islaw'r bonc gweithio. Roedd ochrau serth y tyllau yn Nantlle yn golygu y byddai plygiau a gâi eu tynnu'n agos at frig y twll yn torri wrth ddisgyn i'r llawr, ac roedd diffyg lefelau gweithio yng nghanol y twll yn golygu y byddai'n rhaid i'r holl ddeunydd gael ei godi yr holl ffordd i fyny'r twll o'r gwaelod (Ffigur 44). O ganlyniad, o ddiwedd y bedwaredd ganrif ar bymtheg, ceisiodd rheolwyr greu ponciau ar ochr y tyllau. Roedd y ffaith bod y rhaffyrdd blondin newydd (pennod 8) yn gweithio'n effeithiol yn fantais hefyd, er ei bod yn llawer haws eu gosod mewn gweithfeydd newydd o gymharu â hen rai.

Gweithfeydd tanddaearol

Ceir gweithfeydd tanddaearol mewn sawl lleoliad, ond yn bennaf yn Ffestiniog, Croesor a Nantdulas. Fe'u gelwir yn 'chwareli' neu weithiau'n 'gloddfeydd' o hyd yn Gymraeg, er y cyfeirir atynt weithiau yn Saesneg fel *mines*. O ran eu harchaeoleg ddiwydiannol, maent yn wahanol iawn i'r gweithfeydd agored oherwydd y nifer fawr o arteffactau sydd wedi goroesi – nid yn unig craeniau, pontydd ac eitemau eraill, a oedd yn rhy fawr i'w symud neu eu taflu, ond hefyd rai llawer mwy darfodedig fel bonion canhwyllau, papurau newydd a phacedi sigaréts. Caiff yr archaeolegydd gipolwg llawer agosach ar fyd y chwarelwr yn y mannau hyn.

Nid yw'n glir pryd, nac ymhle, y dechreuodd gweithfeydd tanddaearol yng Nghymru, ond tybir mai ar ddiwedd y ddeunawfed ganrif neu ddechrau'r bedwaredd ganrif ar bymtheg y'u gwelwyd gyntaf. Gwelwyd llechi'n cael eu gweithio dan ddaear yn yr Ardennes cyn y ddeunawfed ganrif ac yn Ardal y Llynnoedd yn Lloegr ers o leiaf 1754–55, ac mae'n bosibl mai William Turner, y bu ei dad yn rhedeg chwarel Walna Scar yn nyffryn Duddon, a gyflwynodd y system yng Nghymru. Prynodd Turner chwarel Diffwys yn ardal Ffestiniog yn 1800 ond mae'n bosibl iddo weithio am gyfnod byr hefyd yng Nghlogwyn y Fuwch yn Nantconwy o 1798, lle ceir gwythïen gul sy'n goleddu'n groeslinol i lawr y llechwedd. Byddai'n rhaid bod wedi gweithio dan ddaear yn gynnar iawn yma.[19] Gerllaw mae chwarel Pen y Ffridd, a agorwyd gyntaf tuag at ddiwedd y ddeunawfed ganrif, lle mae'r llechen yn brigo ar lethrau bryn o dan sil o ddolemit; yma eto, yn gynnar iawn, ni fyddai modd ennill mwy o lechen o'r gweithfeydd agored a byddai'n rhaid gwneud cyfres o fynedfeydd, gyda phob un yn arwain at agor neu ddau.[20] Yn y ddau safle, gwelir y system gynnar lle câi'r to ei gynnal gan bileri o lechi heb eu chwarela; nodwyd rhai enghreifftiau diweddarach ym Maenofferen yn Ffestiniog (Ffigur 45). Rhoddwyd y gorau i'r dull hwn pan gyflwynwyd

Ffigur 45. Enghraifft sydd wedi goroesi o biler ym Maenofferen, Ffestiniog.

Ffigur 46. Y dull o weithio dan ddaear ar ddechrau'r bedwaredd ganrif ar bymtheg; pileri yn chwarel Holland, Ffestiniog.

agorydd ar wahân, a oedd yn fwy diogel ond yn defnyddio llai o'r graig. Mae'r gair 'pilar' wedi goroesi i olygu'r wal o lechi rhwng pob agor. Nododd Samuel Holland iddo gyflwyno'r newid yn Ffestiniog ar ôl ymweld â chwareli calchfaen yr Arglwydd Dudley yng Ngorllewin Canolbarth Lloegr yn 1838 (Ffigur 46).[21]

Yn Ffestiniog, mae'n bosibl i weithfeydd tanddaearol gael eu cyflwyno yn Chwarel Lord yn 1824–25 gan ei rheolwr, John Hughes o Lanllyfni, neu yn Niffwys rai blynyddoedd yn gynharach.[22] Mae'r bum gwythïen yn yr ardal hon (Llygad Mochyn, Llygad Cefn, Llygad Bach, Hen Lygad a Llygad Newydd) yn goleddu o'r de i'r gogledd ar ongl o rhwng 20º a 35º (mae'r plân hollti yn goleddu tua 45º), gan olygu bod unrhyw waith cloddio mawr yn galw am waredu'r faen galed ryngol (siertiau) a di-frigo ar raddfa sylweddol.

Yn nodweddiadol, byddai chwarel yn Ffestiniog wedi esblygu o amgylch rheilffordd inclên, gan ddisgyn o lefel brosesu a thomennu i sinc agored cyn diflannu o'r golwg drwy agorfa geudyllog yn wyneb y graig yn union o dan y graig galed. Unwaith y byddai'r chwarelwyr wedi gyrru'r siafft ar gyfer yr inclên, byddent yn gyrru twnneli ochrol a elwid yn 'lefelau' bob tua 12 metr (40 metr) ar hyd y darganfyddiad er mwyn rhoi mynediad i graig weithiadwy; rhoddodd rhagor o incleiniau tanddaearol fynediad i lefelau dyfnach fyth yn ôl yr angen (Ffigur 47). Gwelwyd amrywiadau; roedd modd cael mynediad i rai o'r gweithfeydd tanddaearol hyn drwy lefel agored ac, mewn dau leoliad, gellid eu cyrraedd drwy siafft fertigol (Ffigur 48).[23]

Mae'r lefelau eu hunain yn aml, ond nid bob amser, yn drionglog bron o ran eu toriad, gan adlewyrchu goleddf y graig galed. Cânt eu gyrru gan amlaf drwy graig galed, ond cafodd ategion, lle'r oedd eu hangen, eu hadeiladu o rwbel llechi neu bren. Yn achlysurol iawn, defnyddiwyd gwaith maen, fel y gwelwyd mewn un lleoliad yn Oakeley.[24] Roedd yn rhaid sicrhau bod digon o le mewn lefelau ar gyfer rheilffordd ac, yn aml, bibellau aer cywasgedig, ac roeddent hefyd yn cludo unrhyw ddŵr i ffwrdd.

Y chwarelwyr hefyd a oedd yn paratoi agorydd. Roedd y cam cyntaf yn cynnwys gyrru siafft ar oleddf ('rŵff') i fyny o'r lefel o dan y graig galed, gan roi man cychwyn ar gyfer creu agor. Yna, câi'r rŵff ei agor i'r ddwy ochr, a châi ffos ei thorri ar un pen er mwyn rhoi ochr rydd ar hyd y llinell bileru. O'r rhain, gallai'r creigwyr chwarela'r llechi, gan greu agorfa siâp lletem a dyfai'n fwy wrth i'r talcen blaen (wyneb gweithio) ymbellhau oddi wrth y lefel. Caiff pob agor ei weithio tuag i fyny; yn aml, câi'r siafft ar oleddf ei thorri i mewn i'r llawr uwchlaw at ddibenion awyru ac, yn aml, byddai'r agor cyfan yn uno'r agor cyfatebol ar y llawr uwchlaw, gan greu ceudyllau hir ar osgo, neu byddai'n torri drwodd i'r chwarel agored wreiddiol neu'r sinc. Yn chwarel Palmerston yn Ffestiniog, erbyn dechrau'r 1860au, cafodd y peiriannydd o Ffrainc, Aimé Blavier, ei synnu i weld yr agorydd a ddangosir yn ffigur 48, a oedd wedi'u huno i greu ardaloedd gweithio mawr agored ar oleddf a olygai ei bod yn bosibl i olau'r haul gyrraedd y rhannau isaf.[25] Roedd rhai o'r rhain wedi'u hagor eisoes gan Leishman a'i labrwyr gan ddilyn cynlluniau a luniwyd gan yr athrylith fathemategol George Parker Bidder, ar gais Palmerston.[26] Roedd y broses agor, neu ddi-frigo, yn galluogi chwareli i gyrraedd craig weithiadwy yn y pileri yn yr agorydd uchaf ac i leihau bargodi, a greiai'r holltau enfawr ar y llechwedd sy'n nodwedd o dirwedd Ffestiniog, y bu'n rhaid ei gwrthbwyso yn erbyn y gost a oedd yn gysylltiedig â gwaredu craig ddielw.

Gallai'r agorydd fod tua 15 metr o led a'r pileri fod tua 9 metr o led er, yn Wrysgan, roedd rhai agorydd yn 40 metr o led a'r pileri yn ddim ond 15 metr. Gallai ildio i'r demtasiwn i 'eillio' pileri er mwyn cael gafael ar lechi da arwain at ganlyniadau trychinebus. Gallai cwymp olygu y gallai cyfres lawn o agorydd ar lefelau uwch ddymchwel yn hawdd iawn. Gan fod prydlesau chwareli yn Ffestiniog yn bethau cymhleth – pennwyd cynlluniau ar gyfer arwynebau penodol a lefelau tanddaearol gwahanol, un ar ben y llall, i gwmnïau gwahanol – byddai damwain yn sicrhau y byddai cyfreithwyr, os nad unrhyw un arall, ar eu hennill am flynyddoedd i ddod. Gwnaeth cyfres o gwympiadau yn chwarel Palmerston yn 1882–83 fygwth dadsefydlogi chwarel Holland a'r Gloddfa Ganol.

Mae chwareli tanddaearol yn cynnwys sawl enghraifft o rwffiau na chawsant eu datblygu'n agorydd, ac agorydd na

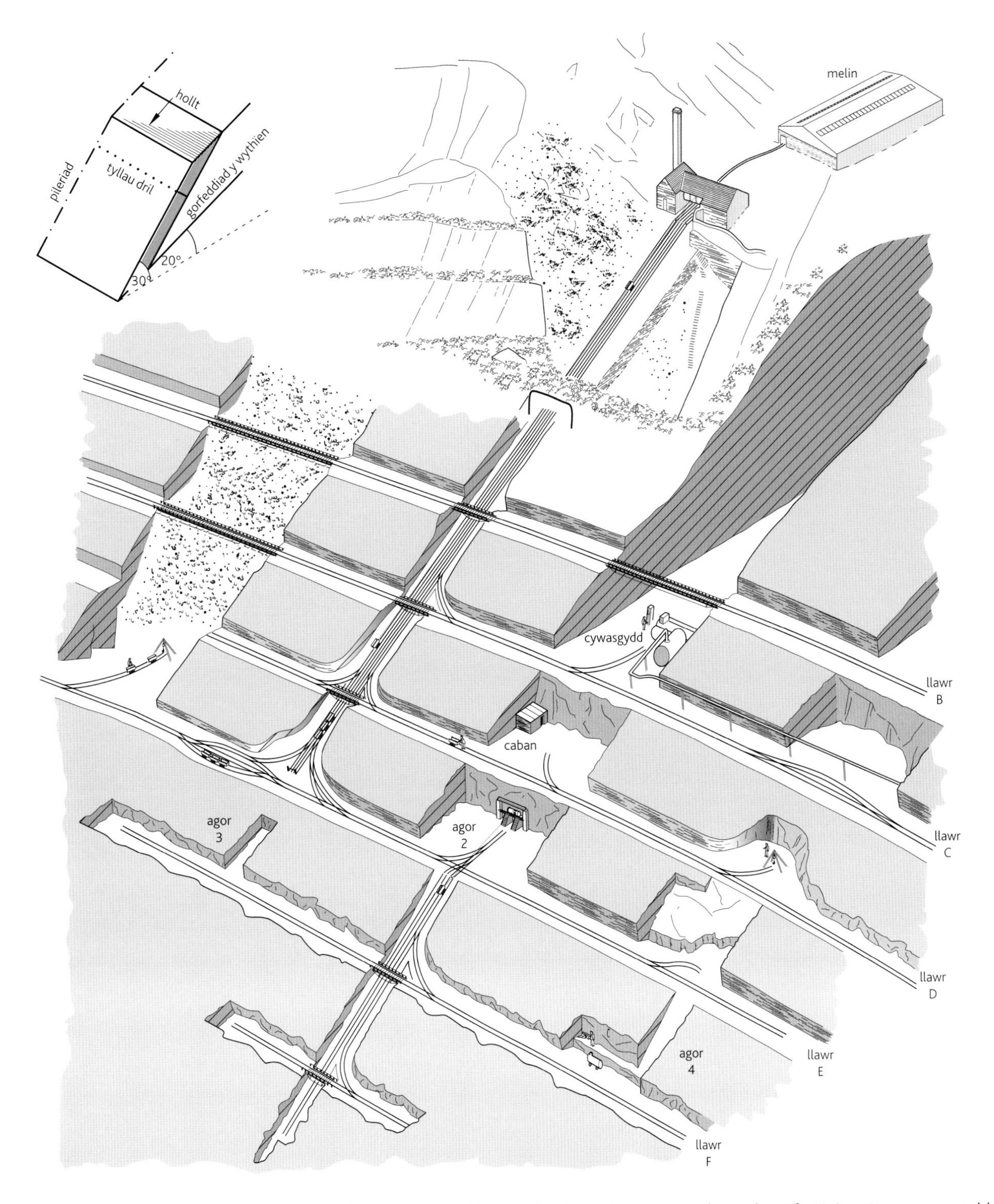

Ffigur 47. Mae'r cynllun isometrig hwn yn nodi'r dull nodweddiadol o weithio dan ddaear mewn chwarel yn Ffestiniog. Dengys agorydd yn ystod camau datblygu amrywiol. Nid yw agor 3 ar lawr F yn ddim mwy na rŵff ar hyn o bryd, a gaiff ei agor allan i'r ochr. Mae agor 4 yn fwy datblygedig, ac mae'r rŵff yn ymestyn i mewn i'r agor ar y lefel uwchlaw. Nid yw 2 ar lawr DE yn gweithio mwyach, ac mae injan godi ar gyfer yr inclên is wedi'i gosod ynddo. Mae agorydd eraill wedi torri drwodd i'r rhai uwchlaw neu i'r awyr agored.

Uchod chwith: Isometrig o blyg llechi Ffestiniog. Yma, mae'r hollt yn fwy serth na'r wythïen ei hun - yn yr enghraifft hon, ar 30° and 20° yn y drefn honno. Prin y gellir gweld bonion yn llechi Ordofigaidd Ffestiniog, felly caiff bôn artiffisial ei greu drwy sianelu cyfres o dyllau driliau ar draws y graig.

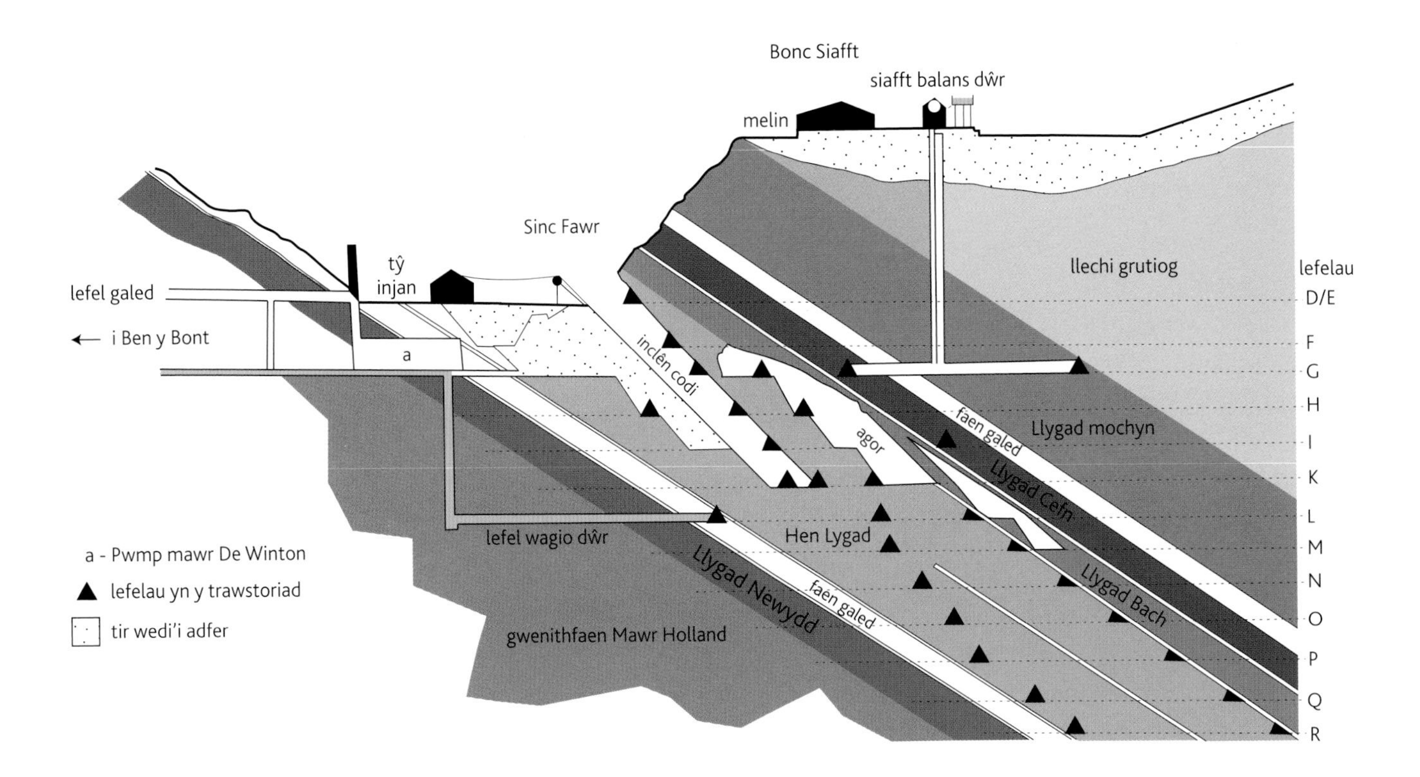

Ffigur 48. Croestoriad o adran isaf chwarel Oakeley (chwarel Palmerston gynt), sy'n dangos cymhlethdod gweithrediad mawr yn Ffestiniog mewn sawl wythïen wahanol. Mae'r rhan uchaf wedi'i difrigo i gynhyrchu sinc fawr, yr agoriad mawr. Gellir cyrraedd rhai o'r agorydd drwy incleiniau – y dangosir yr uchaf ohonynt, sef y K trwnc - a gellir cyrraedd y lleill drwy siafft fertigol. Lefel galed yw'r ffordd a ddefnyddir i symud plygiau i'r felin ym Mhen y Bont, a chaiff dŵr ei bwmpio o'r gloddfa ar hyd lloriau L a G.

fanteisiwyd arnynt yn llawn, naill ai am fod y cwmni wedi'i ddirwyn i ben neu oherwydd canlyniadau siomedig a berodd i'r creigwyr adael. Gall agor llwyddiannus gael ei weithio am genhedlaeth cyn cael ei adael, neu gellir ei ddefnyddio i letya cywasgyddion neu bympiau, neu fel *caban* (pennod 11). Gallai twnneli a roddodd fynediad i agorydd a weithiwyd yn llawn neu a adawyd gael eu defnyddio fel 'lefel gachu', lle y gallai cyfleusterau glanweithiol elfennol gael eu darparu.

Profodd y math hwn o chwarela tanddaearol yn ffordd effeithiol o gloddio llechi tan ddyfodiad peiriannau symud pridd mawr yng nghanol yr ugeinfed ganrif, pan ddaeth y broses ddi-frigo yn haws.

Gwelwyd systemau tebyg mewn chwareli tanddaearol yng ngogledd-ddwyrain Cymru ac yn Nantdulas, ond gwelwyd amrywiadau arnynt. Yn chwarel Wynne yng Nglyn Ceiriog, dim ond 15º yw goleddf y wythïen, a châi plygiau eu cloddio o'r ochr rydd a'r pen isaf, gan weithio tewiau olynol gwahanol yn nhalcen blaen grisiog pob agor. Gerllaw, yn chwarel Cambrian, cafwyd y llechi cyntaf o dyllau agored ond, o tua 1869, gyrrwyd twnnel 517 metr o hyd i'r twll pellaf er mwyn hwyluso gwaith draenio a chludo, ac o'r twnnel hwnnw y cafodd agorydd tanddaearol eu hagor yn ddiweddarach.[27]

Yn Aberllefenni yn Nantdulas, o ddechrau'r bedwaredd ganrif ar bymtheg, cafwyd mynediad i dew 20 metr o drwch yn goleddu ar ongl o 70º i'r de-ddwyrain drwy lefelau agored ar hyd y wythïen (Ffigur 49). Yma, crëwyd agorydd mewn modd tebyg i dyllau Nantlle, drwy dorri siafft yn llawr y lefel i'r llawr nesaf oddi tani, a gâi ei hagor yn ochrol i led y tew drwy dorri sleisys llorweddol o lawr yr agor. Canlyniad hyn oedd bod llawer o agorydd, er nad pob un ohonynt, yn cael eu huno ag agorydd ar loriau uwch ac is i gynhyrchu agorfeydd siâp potel a allai fod cymaint â 57 metr ar hyd y darganfyddiad ac a oedd, mewn rhai achosion, yn agor allan i'r llechwedd 170 metr uwchlaw. Mae'r pileri tua 7–9 metr o drwch. Er mwyn gwneud eich ffordd ar hyd lefel y llawr yma, roedd angen symud drwy'r tywyllwch i mewn i awra werdd ryfedd ac aneglur ar brydiau, a hidlwyd o'r ffenestr do uwchlaw. Oni bai bod y lefel yn rhedeg yn y graig galed waelodol, byddai ei system reilffordd yn cael ei hail-alinio yn ôl yr angen ar sil o

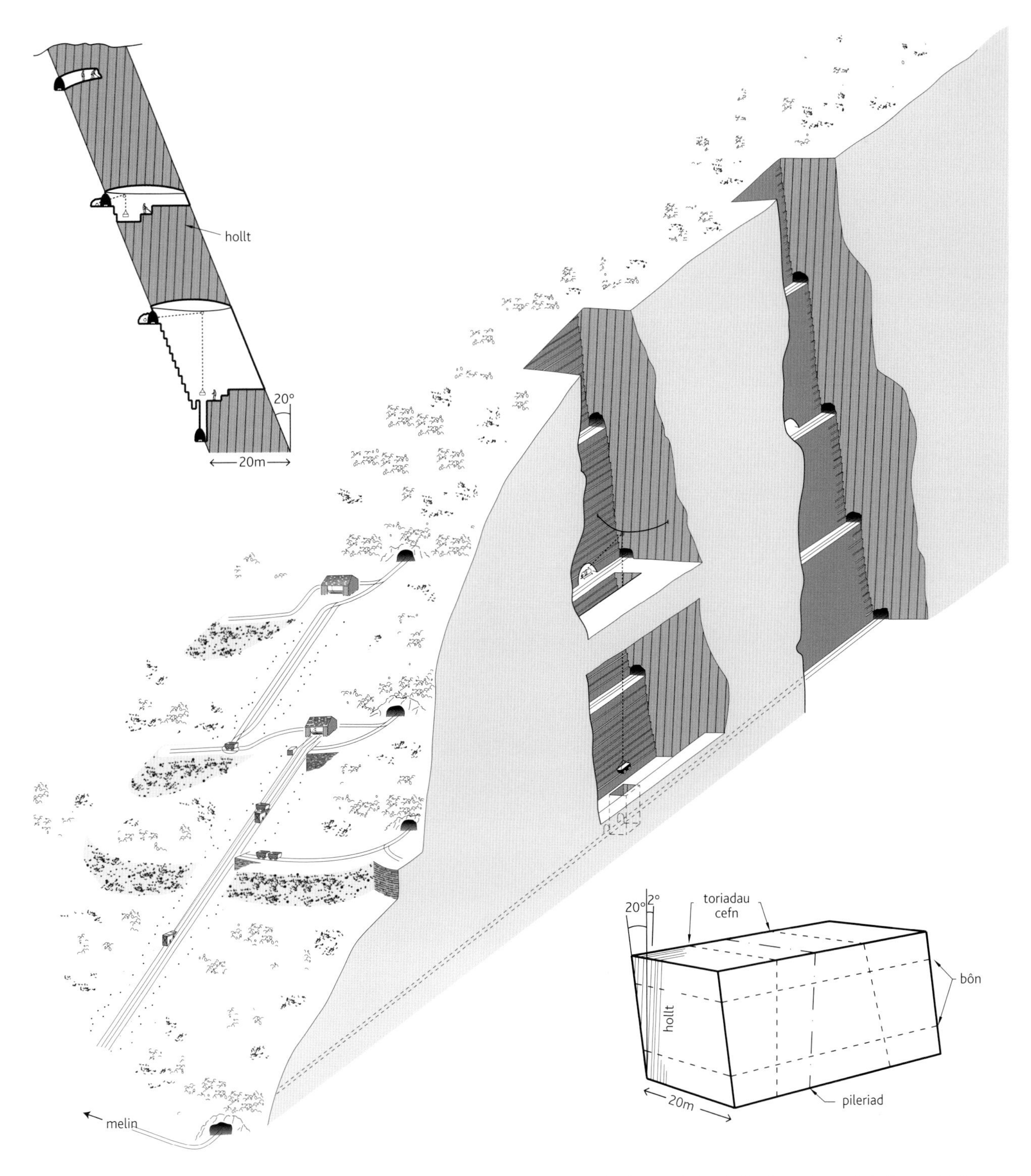

Ffigur 49. Cynllun o'r dulliau gweithio yn Nantdulas. Ar y chwith, mae'r agor uchaf yn cael ei weithio drwy chwarela'n llorweddol yn llawr yr agor; mae winsh llaw yn gostwng y wagen i lawr i'r rheilffordd ar y bonc islaw fel y gellir mynd â hi i'r felin. Mae'r agorydd ar y dde wedi'u gweithio gyda'i gilydd i ffurfio un agoriad mawr a weithiwyd hyd nes y gwelwyd golau dydd ac a oedd yn ymestyn i lawr bedwar llawr. Mae'r croestoriad (uchod chwith) yn dangos camau cynharach yr agorydd.

Isod de: Isometrig o blyg llechi Nantdulas. Mae'r diagram isometrig hwn yn dangos y wythïen yn chwarel Aberllefenni. Mae'r wythïen tua 20 metr o drwch ac yn goleddu ar ongl o 20° o'r fertigol, tra bod yr hollt yn goleddu ar ongl o 2° i'r cyfeiriad arall. Mae rhwng 0.6 metr a 3 metr rhwng y bonion ac, er eu bod yn ymddangos yn llorweddol yma, maent yn goleddu rhywfaint mewn gwirionedd. Mae'r pileriad yn rhedeg, mewn rhai achosion, yn gyfochrog â math arall o hollt, y toriadau cefn, ac mewn mannau eraill ar ongl iddynt.

amgylch ochr yr agor; câi plygiau eu gostwng o furiau'r agor i'r lefel nesaf drwy ddefnyddio craeniau llaw cyn iddynt gael eu llwytho ar slediau a fyddai wedyn yn cael eu gwthio i agorfa'r lefel ac yna i'r felin. I'r gwrthwyneb, rhaid oedd codi'r plygiau ar y lefelau isaf. Ar sawl adeg yn fwy diweddar, gosodwyd craeniau mecanyddol ger pennau agored yr agorydd a châi'r plygiau eu codi a'u llwytho ar gerbydau. Cyrhaeddwyd y lefel isaf drwy inclên tanddaearol o lawr y dyffryn, a defnyddiwyd rhaffbont i godi'r plygiau o'r agorydd diwethaf a weithiwyd cyn i'r broses gloddio ddod i ben yn 2003. Gwelwyd agorydd tebyg mewn chwareli eraill gerllaw, gan gynnwys Cymerau a Ratgoed.[28]

Roedd Croesor a Rhosydd yn gweithio'r un gwythiennau â Ffestiniog ac, ar y cyfan, yn dilyn arfer tebyg heblaw am y ffaith mai ar lefelau cledrog o'r felin y cyrhaeddwyd y prif weithfeydd. Mae Croesor, yn arbennig, yn anarferol gan mai ychydig iawn o dystiolaeth o waith cloddio a welir ar yr arwyneb. Ym Mharc yn yr un ardal o tua 1880, cyflwynodd William Kellow system i ymdopi â gwely llechen a oedd yn goleddu tua 42°, lle nad oedd unrhyw graig galed i atgyfnerthu'r to, a lle'r oedd y llechen yn goleddu i gyfeiriad anffafriol. Ei ateb ef oedd gweithio'r chwarel o'r gwaelod i fyny, yn debyg i stobio tros law mewn mwynglawdd metel. Câi'r inclên ei yrru drwy'r wythïen i'r pwynt isaf y gellid ei weithio, a châi twnnel ochrol ei yrru o'r gwaelod, lle y câi agorydd eu hagor drwy weithio'r graig o frig yr agor drwy ddrilio ar hyd y llinell bileru. Gallai chwarelwyr sefyll ar y graig anweithiadwy a dynnwyd ganddynt (Ffigur 50). Mantais hyn oedd nad oedd angen i'r gwastraff gael ei godi i'r wyneb a'i domennu. Roedd yn ymdebygu i'r system danddaearol a gyflwynodd y peiriannydd Ffrengig Aimé Blavier yn chwareli Anjou o'r 1850au.[29]

Tan ymhell i mewn i'r ugeinfed ganrif, ar wahân i drydan yng Nghroesor a Llechwedd, a nwy yn chwarel Holland yn Ffestiniog, yr unig ffynhonnell olau dan ddaear oedd canhwyllau gwêr a osodwyd mewn lwmp o glai ar ddarn addas o graig neu ar ymyl het gron. Nid oedd y rheolwyr yn hapus â'r amser a gymerai i'r chwarelwyr docio'r canhwyllau. Fodd bynnag, roedd yn well gan rai chwarelwyr ddefnyddio canhwyllau na lampau trydan, er gwaethaf eu harogl drewllyd, gan nodi, unwaith y byddai eu llygaid yn

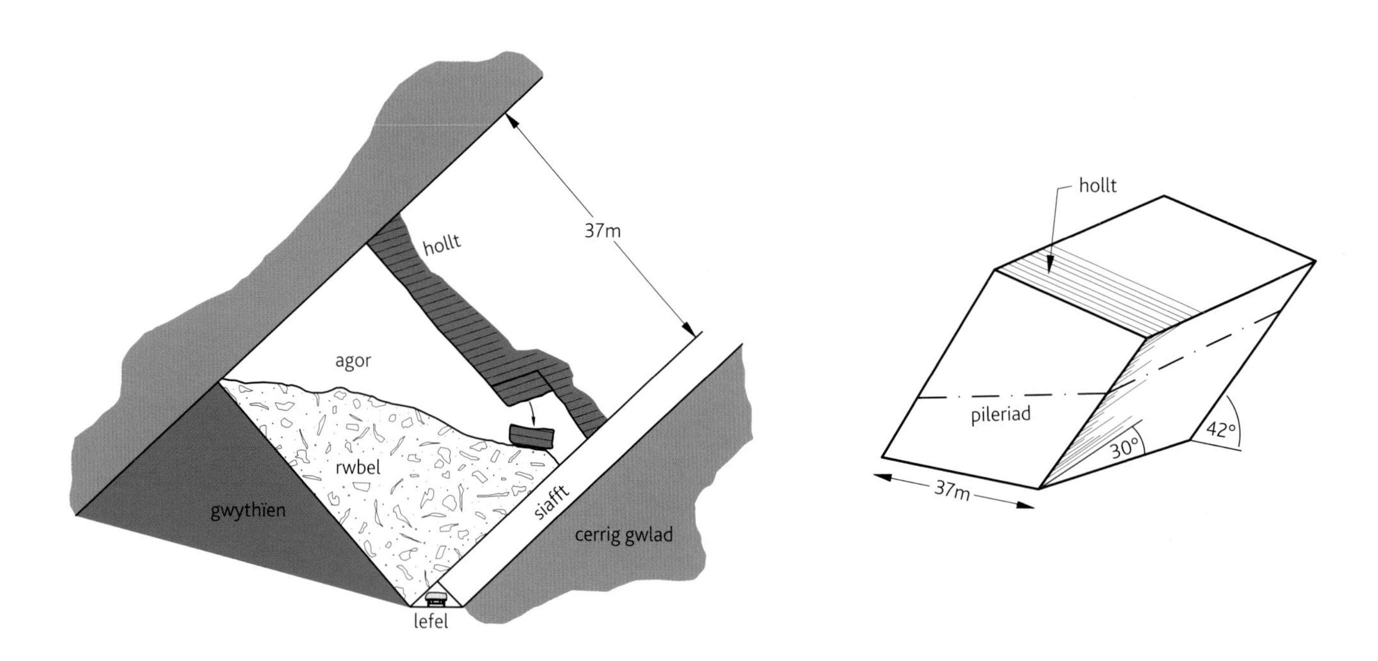

Ffigur 50. Croestoriad o agor yn chwarel Parc, Croesor, yn dangos y dull o weithio. Caiff lefel ei gyrru i fyny'r wythïen a chaiff siafftiau eu gyrru i fyny ei gefn. O ben uchaf pob siafft, caiff agor ei greu drwy weithio llechi o bwynt isaf y to i fyny, a galluogi'r plygiau i ddisgyn ar greigiau gwastraff, a adewir i gronni ar waelod yr agor.

Isometrig o blyg llechi Parc. Mae'r diagram isometrig hwn yn dangos cymhlethdod y wythïen yn chwarel Parc, sydd tua 37 metr o drwch. Mae'r wythïen yn goleddu ar ongl o 42° a'r hollt ar ongl o 30° ar aliniadau ychydig yn wahanol, ond mae'r pileriad ar ongl lem i'r wythïen ac i'r hollt. Mae pileriad a chyfres o wniadau fertigol (na chânt eu dangos) yn golygu ei bod yn ymarferol datgysylltu'r plyg o do'r agor.

Ffigur 51. Paentiad Henry Hawkins o greigwyr wrth eu gwaith yn chwarel y Penrhyn, 1832.

dod yn gyfarwydd â hwy, y byddent yn dangos natur y graig yn gliriach nag unrhyw system arall.[30] Roeddent hefyd yn teimlo nad oedd y golau trydanol yn treiddio drwy fwg tew y ffrwydron.[31]

Dulliau o weithio

Mae'n hanfodol, wrth chwarela llechi, bod y plygiau a brosesir yn cael eu tynnu o'r wyneb gweithio gan sicrhau eu bod yn torri cyn lleied â phosibl, drwy ddefnyddio'r llinellau bregusrwydd yn fedrus. Roedd hyn yn golygu y byddai'n rhaid i'r creigiwr feddu ar gryfder corfforol aruthrol a goresgyn unrhyw deimladau o fertigo, gan y gallai wyneb fertigol mewn chwarel agored gyrraedd 20 metr o uchder. Yn y Penrhyn, ac mewn mannau eraill hefyd o bosibl, defnyddiwyd ysgolion ar ddechrau'r bedwaredd ganrif ar bymtheg ond, yn gyffredinol, byddai creigiwr yn hongian ar raff a angorwyd wrth bwynt penodol ac a rwymwyd mewn cwlwm hanner tro o amgylch ei glun (Ffigur 51).[32] Byddai'n gweithio am oriau yn y modd hwn, yn defnyddio teclynnau llaw neu ddriliau mecanyddol, neu'n paratoi cocau mewn amodau oer neu boeth iawn. Unwaith eto, mewn agor tanddaearol, lle safai'r wyneb gweithio ar ongl, byddai'r chwarelwr yn defnyddio ysgol weithiau, ond fel arfer byddai'n rhwymo cadwyn o amgylch ei wasg neu glun ac yn ceisio cael rhywfaint o droedle ar y graig, yng ngolau'r canhwyllau drewllyd, yn aml mewn mannau oer a gwlyb (Ffigur 52).

Y gwaith hwn oedd y mwyaf heriol yn y diwydiant, yn gorfforol ac yn ddeallusol, gan fod yn rhaid i'r chwarelwr feithrin dealltwriaeth o natur yr wyneb a weithiai.[33] Hwn oedd y gwaith mwyaf peryglus o bell ffordd hefyd. Er enghraifft, noda rhestr o'r damweiniau a welwyd yn chwarel Dinorwig rhwng 1822 a 1878 mai 1830 a 1862 oedd yr unig flynyddoedd pan na chafwyd unrhyw farwolaethau; mewn blynyddoedd eraill, cafwyd rhwng un a deuddeg o farwolaethau bob blwyddyn, y digwyddodd y mwyafrif helaeth ohonynt ar yr wyneb.[34] Yn 1880, nododd Clement Le Neve Foster, Arolygydd Mwyngloddiau Gogledd Cymru, fod chwareli llechi tanddaearol ddwywaith mor beryglus â mwyngloddiau eraill.[35]

Ffigur 52. Dynion wrth eu gwaith mewn agor yn un o chwareli Ffestiniog. Mae plyg yn cael ei ostwng ar sled ac mae creigiwr, yn y cefndir, yn defnyddio ei drosol i ryddhau'r graig.

Teclynnau llaw

O gyfnod y Rhufeiniaid hyd at y ddeunawfed ganrif o bosibl, mae'n debyg i'r plygiau gael eu cloddio o fannau rhewfriw drwy ddefnyddio ebillion bach ac yna drosolion i greu tyllau.[36] Yn ei lawysgrif, *Description of Pembrokeshire*, a ysgrifennwyd ar ddechrau'r ail ganrif ar bymtheg, noda George Owen fod llechen yn cael ei 'digged in the quarrey' a 'cloven by Iron bars to the thickenes of a foot or halffe a foot, and in length and breadth iij or iiij foote'.[37] Awgryma Richards y gallai'r graig yn y chwareli ar arfordir y de-orllewin gael ei hagor drwy osod lletemau pren a gadael i rym y llanw eu hehangu.[38] Yn fwy diweddar, pan na allai powdwr gael ei ddefnyddio, am ba reswm bynnag, byddai'r graig yn cael ei gweithio â chŷn craig mawr a chryf.[39] Anaml iawn y deuir o hyd i chwarel heb unrhyw dystiolaeth o ffrwydron yn cael eu defnyddio ar wyneb y graig, er bod chwarel Llechan yn Nantconwy yn un enghraifft.

Yn amlwg, ar ddiwedd y ddeunawfed ganrif a dechrau'r bedwaredd ganrif ar bymtheg, gwelwyd newidiadau yn ffurf teclynnau llaw a'r defnydd a wnaed ohonynt, ond ychydig iawn o ddyddiadau a manylion a nodir yng nghofnodion awduron eisteddfod a ysgrifennai hanes eu plwyfi a'u chwareli o 1860au ymlaen. Roedd yn rhaid iddynt ddibynnu ar atgofion dynion oedrannus iawn ac, yn aml, roedd eu dirmyg tuag at ddiwylliant cyn-Fethodistaidd yr 'hen bobl' yn amlwg i'w weld. Disgrifiant y technegau a'r teclynnau a fabwysiadwyd o ardaloedd chwarela eraill. Dyweder bod y 'rhys', er enghraifft, morthwyl trwm o dderw Affricanaidd a ddefnyddiwyd i drawslifio plygiau crai, wedi'i fabwysiadu yn Nantlle tua 1835, efallai i drin y graig a leolwyd yn ddyfnach yn y mynydd nad oedd modd ei thrawslifio â'r morthwylion pren syml a fodolai eisoes.[40] Gellid dilysu rhai cyfrifon; caiff yr honiad bod y defnydd o gynion a phlwg ac adenydd i frashollti ar y llinell bileru wedi'i gyflwyno i Ffestiniog gan ddau frawd, William a Lewis Jones, a gyrhaeddodd o'r Penrhyn yn 1821, ei gadarnhau gan ffynonellau'r plwyf.[41] Yn amlwg, gwelwyd cryn dipyn o symud o un ardal i'r llall yn ystod y cyfnod hwn ac, wrth i'r dynion fudo, cyflwynwyd syniadau newydd. Fel arall, câi teclynnau eu haddasu yn ôl defnydd a phrofiad. Un o'r rhain oedd y trosol deuben. Roedd pwynt ar un pen ar gyfer cloddio a llafn ar y llall ar gyfer agor craciau yn y graig. Un arall oedd y cŷn tarawol mwy o faint, y 'trosol mawr', a ddefnyddiwyd i hollti llechi â bregiant amlwg, gan gynnwys un â phen uchaf sgwarog a rhan hydredol hirsgwar. Gellid defnyddio hwn fel morthwyl deulaw i daro cŷn confensiynol gwaith trwm.[42] Ymddengys i'r arfer o ddefnyddio cŷn main i 'cowjio' neu 'gywjio' er mwyn agor pileriad gael ei gyflwyno'n ddiweddarach.[43]

Pan gyflwynwyd saethu yn y ddeunawfed ganrif, gorfodwyd chwarelwyr i fabwysiadu jempars, barrau o haearn â blaenau o ddur, wedi'u ffurfio'n ochr siâp cŷn, i ddrilio tyllau. Roedd y rhain yn gyffredin mewn mwyngloddiau a chwareli ond cafwyd amrywiadau arnynt; mae'r math a ddefnyddir mewn chwareli llechi yn un deuben ag ymchwydd tua thraean o'r ffordd i fyny. Defnyddir yr ochr fyrrach i ddechrau twll a'r ochr hirach i'w gwblhau (Ffigur 53).[44] Câi tyllau saethu eu drilio drwy ddefnyddio jympar i daro wyneb y graig sawl gwaith ar ongl sgwâr i'r plân hollti ar hyd y llinell bileru; gallai gymryd diwrnod cyfan i ddyn ddrilio un twll 2 fetr. 'Dyn o Lanberis' a'u cyflwynodd yn Nantlle, lle y cawsant eu defnyddio yn lle cynion byr. Mae'n bosibl mai mwynwr copr neu chwarelwr llechi ydoedd.[45]

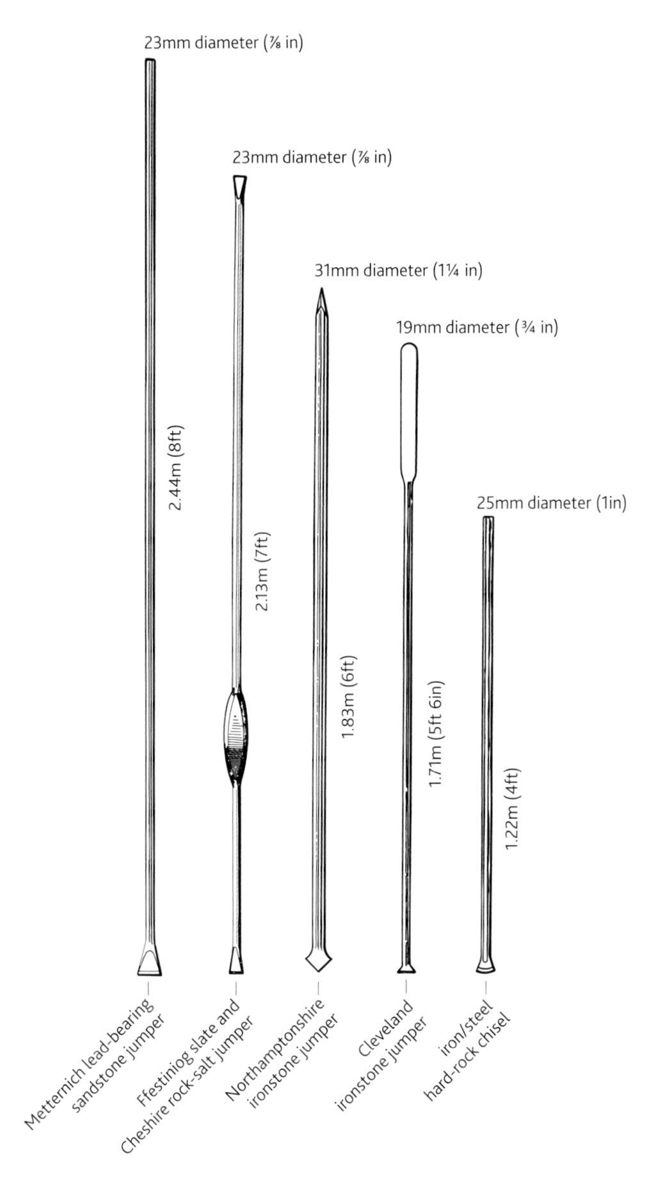

Ffigur 53. Yr amrywiaeth o jympars a ddefnyddiwyd mewn cloddfeydd a chwareli, allan o lyfr Foster a Cox 1910.

Mecaneiddio

Aeth chwareli ati i chwilio am ddewisiadau mecanyddol amgen i baratoi tyllau saethu yn gynnar yn sgil arafwch y broses drilio â llaw, er ei bod yn aml yn anodd gwahaniaethu rhwng y ddau fath o dwll o safbwynt archaeolegol. Defnyddiwyd driliau cylchdro a tharawol, gan adlewyrchu'r datblygiadau a welwyd ledled Ewrop ac UDA ers dechrau'r bedwaredd ganrif ar bymtheg, nid dim ond o ran technegau chwarela a chloddio ond hefyd o ran arferion peirianneg, yn enwedig gyrru twnneli rheilffordd. Gwelwyd effaith y datblygiadau hyn yng Ngogledd Cymru, ac yn ardaloedd y chwareli yn benodol, hefyd. Yn eu plith roedd y defnydd o gocau trydanol i ryddhau craig wrth godi'r morglawdd yng Nghaergybi a'r defnydd o ddriliau aer cywasgedig yn nhwnnel Ffestiniog ar linell y London and North Western Railway.[46]

Gwnaed sawl ymgais dewr i ddyfeisio driliau cylchdro, ond ni fuont erioed yn llwyddiannus iawn. Fe'u defnyddiwyd am y tro cyntaf yn 1849 pan gyflwynodd Edwyn Dixon, rheolwr Bryn Hafod y Wern yn nyffryn Ogwen, ddyfais a oedd, pan adawodd yn 1854, yn cael ei gweithio gan agerbeiriant cludadwy.[47] Cyflwynodd Dixon beiriant tebyg a weithredwyd â llaw pan gafodd ei benodi i redeg Gorsedda y flwyddyn honno. Roedd y peiriant hwnnw'n gallu gwneud twll 11.5 centimetr ar draws, ar gyfradd gyfartalog o 0.9 metr yr awr, rhwng 4.6 a 7.6 metr o ddyfnder 'at the lever of a large ratchet brace'.[48] Dim ond mewn un chwarel arall, sef Braich ar Foel Tryfan, y rhoddwyd y syniad ar waith lle'r oedd angen tri dyn i'w weithio, dau i droi'r dril ac un i bwmpio dŵr i mewn iddo. Byddai'r dŵr yn dod allan ger yr ebill er mwyn clirio'r llwch.[49] Yng Ngorsedda, gwelir olion y tyllau saethu a grëwyd gan ddril Dixon ond nid oes unrhyw gydrannau na diagramau wedi goroesi.[50] Cyflwynodd chwarel Dorothea yn Nantlle ddril cylchdro a adeiladwyd gan De Winton of Caernarfon yn 1875.[51]

Cyflwynwyd dull mecanyddol arall o ddrilio craig yn 1868 pan ddefnyddiodd y Capten Frederick Edward Blackett Beaumont (1833–99), swyddog gyda'r Peirianwyr Brenhinol, rig drilio a bwerwyd â stem, yn cynnwys ebillion dimwnt, yn ystod gwaith contractio i gloddio siafft yn chwarel Croesor. Roedd Beaumont wedi nodi potensial y broses ddrilio ag ebillion dimwnt wrth helpu i drefnu'r *Exposition Universelle* ym Mharis yn 1867. Dyfeisiodd ddril cwbl fecanyddol, yn cynnwys ebill cylchdro dimwnt, a oedd yn troi'n araf o dan lwyth echelinol uchel, gan ddefnyddio sgriwiau porthiant a yrrwyd drwy gydiant ffrithiant i ddechrau. Croesor oedd y contract mawr cyntaf a enillodd Beaumont a'i bartner Appleby yn y cwmni a sefydlwyd ganddynt i ddefnyddio'r dril, ond wynebodd y prosiect sawl problem - roedd y cywasgydd yn annigonol, ac ni allai'r pympiau yn y siafft ymdopi â'r dŵr. Mae'r pentwr gwastraff o'r siafft yn dal yn weladwy o dan domen y chwarel.[52] Gellir gweld dril Beaumont yn amgueddfa gloddio Bochum yn ardal Ruhr yn yr Almaen.

Atgyfodwyd y syniad yn y 1890au gan Moses Kellow, rheolwr Croesor, a oedd yn ffafrio dull drilio pwysedd cyson a alwai am fodur pwerus a dull cadarn o angori'r dril yn erbyn adwaith y blaenlwyth. Roedd ei ddril cyntaf, a gynhyrchwyd yn 1896 neu tua'r adeg honno, yn defnyddio olwyn pelton fach a redai ar gyflymder uchel gyda chyflenwad dŵr wedi'i wasgeddu i tua 500 pwys fesul modfedd sgwâr, wedi'i gosod ar siafft wag wedi'i gerio i lawr i siafft wag arall, a oedd yn rhedeg y tu mewn i siafft y tyrbin, drwy flwch gêr episeiclig dau gam wedi'i folltio i flaen casyn y tyrbin. Roedd y tu mewn i'r siafft hon yn hecsagonol a thrwyddi roedd gwerthyd dril hecsagonol hir yn rhedeg. Ar ben blaen y werthyd hon roedd soced taprog i ddal ebill y dril. Roedd y pen arall yn ymestyn i mewn i silindr hir a folltiwyd i gefn modur y dril a chariai biston; câi dŵr dan bwysedd uchel ei adael i mewn i'r cefn i yrru ebill y dril i mewn i wyneb y graig. Cafodd y werthyd ei drilio'n hydredol er mwyn cyflenwi dŵr i gefn ebill y dril, a oedd yn cynnwys rhannau oeri ac iro er mwyn bwydo'r dŵr hwn i'r ochrau torri. Câi dŵr ei adael i mewn i'r twll drwy'r werthyd gan blât cyfyngu yn y piston, a golygai'r gollyngiad bwriadol hwn o'r silindr gyrru bod modd rheoli'r pwysedd yn y silindr drwy gyfyngu ar y cyflenwad o'r prif gyflenwad pwysedd uchel. Ar y cam hwn, roedd ebill y dril yn ddril troelli mawr â rhannau oeri ym mhob ffliwt. Roedd yn rhy soffistigedig o ran ei ddyluniad fwy na thebyg i'r deunyddiau a oedd ar gael ar y pryd, ac roedd yn defnyddio llawer iawn o ddŵr. Ni allai Kellow, peiriannydd dyfeisgar yn hytrach na dyn busnes ymarferol, ei farchnata'n effeithiol er gwaethaf y gefnogaeth lugoer a gafodd gan Ingersoll Rand a oedd eisoes wedi buddsoddi'n helaeth mewn peiriannau tarawol, gan Gilkes of Kendal, y gwneuthurwyr tyrbinau, a Holman's of Camborne, y gwneuthurwyr cyfarpar cloddio o Gernyw. Dim ond nifer fach o enghreifftiau a gynhyrchwyd i'w gwerthu gan weithdai bach 'Keldril' ym melin Croesor, er i un ohonynt gael ei ddefnyddio yn

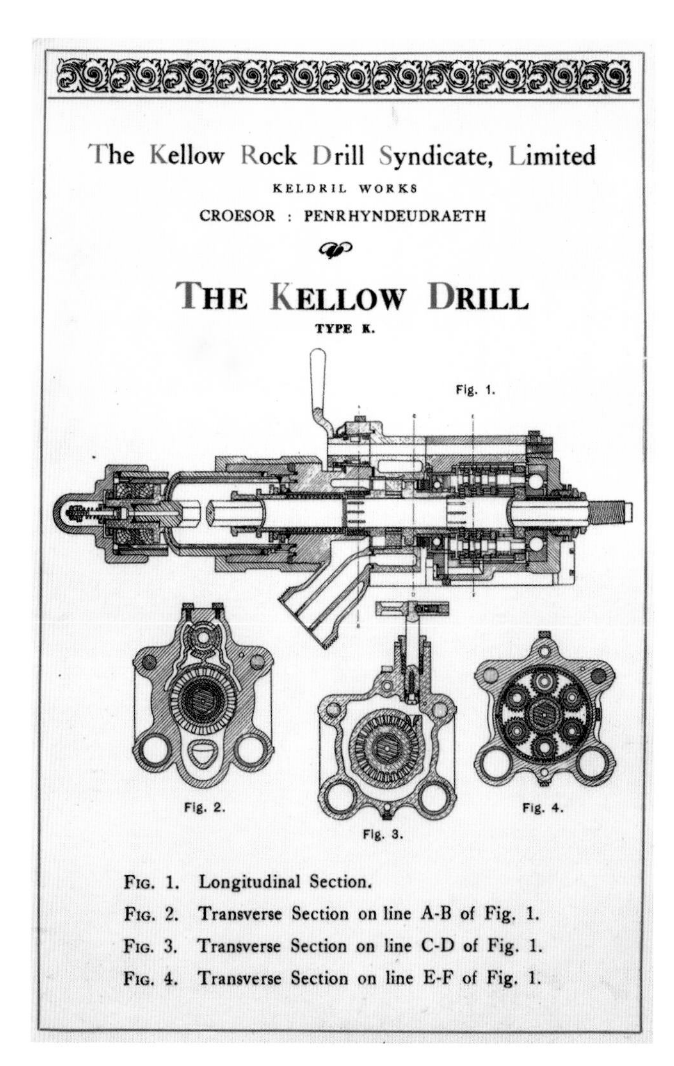

Ffigur 54. Diagram a gynhyrchwyd gan Kellow Rock Drill Syndicate. Isod: Dril Kellow yn Amgueddfa Lechi Cymru.

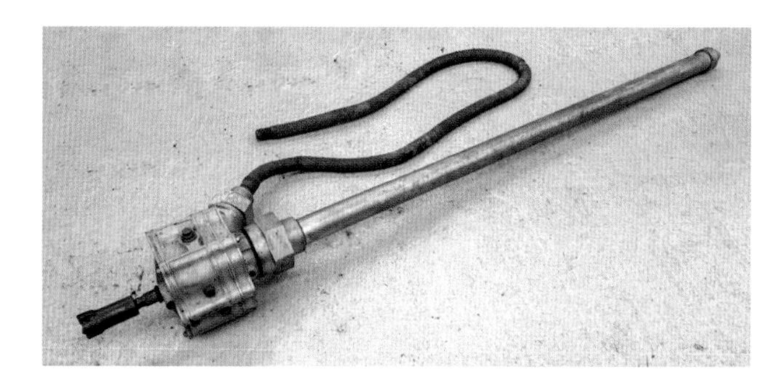

Llechwedd hyd at 1939 a gellir ei weld yn Amgueddfa Lechi Cymru yn Llanberis (Ffigur 54).[53]

Gweithreda driliau tarawol yn yr un modd â'r jympar wrth i ebill cŷn o ddur droi'n araf a chael ei yrru yn erbyn y graig. Câi ebill y dril ei symud drwy weithrediad piston a gysylltwyd yn uniongyrchol mewn silindr, wedi'i ysgogi gan stêm neu aer cywasgedig. Roedd y rhai a bwerwyd ag aer cywasgedig yn gyflymach, ond roeddent hefyd yn swnllyd, yn anghyfforddus i'w defnyddio am gyfnodau hir ac yn creu cymylau o lwch niweidiol a achosai silicosis yn yr un modd â byrddau llifio (pennod 7). Cafodd y dril a gynlluniwyd gan Charles Burleight o Fitchburg, Massachusetts, a brofodd ei werth o 1866 yn nhwnnel Hoosac (prosiect a nododd y newid i waith twnelu modern mewn sawl ffordd), ei gyflwyno yn Chwarel Cambrian yn Nantperis yn 1872–73, lle torrodd drwy lechen ar gyfradd o tua 0.6 metr y funud.[54] Er hynny, fel cynifer o'r mwyngloddiau craig galed yn UDA a aeth ati'n frwdfrydig i ddefnyddio driliau Burleigh oddeutu'r un adeg, canfu'r chwarel nad oeddent yn addas; nid oedd y driliau a weithiai'n ddigon da yn nhwnnel llydan Hoosac yn addas ar gyfer lleoedd cyfyngedig, ac roeddent yn aml yn torri.[55] Roedd y driliau a gafodd eu marchnata gan Rand Drill Company o Efrog Newydd, ac Ingersoll Sergeant a'i olynydd Ingersoll Rand, yn fwy effeithiol. Fe'u mabwysiadwyd yn y 1890au ac roeddent yn cael eu defnyddio'n eang erbyn 1914 (pennod 5). Defnyddiwyd dril trydanol arbrofol yng Nghilgwyn yn 1900–01 ac, yn 1904, defnyddiwyd dril trydanol Marvin-Sandycroft yn Llechwedd.[56]

Trafodir cywasgyddion mewn mannau eraill (pennod 5) ond, er mwyn gweithredu driliau stêm, roedd angen sicrhau bod boeler wrth law. Defnyddiwyd boeleri locomotif wedi'u mowntio ar olwynion cledrau bach yn Ninorwig, ac roedd gan chwarel Palmerston yn Ffestiniog *Mole*, sef peiriant bach rhyfedd a adeiladwyd gan J.H. Wilson o Sandhills, Lerpwl, sef peiriant ffliw ôl-dynnu hunanyrrol a gynlluniwyd i dynnu wagenni yn ogystal â chyflenwi stêm (Ffigur 55).[57]

Ffigur 55. Dangosir Mole *ar y cei ym Mhorthmadog, gyda rheolwr y chwarel yn cymryd perchnogaeth ohono, tua 1872.*

Mae un neu ddwy system arall a ddefnyddiwyd i dynnu craig yn fecanyddol yn haeddu sylw. Mae enghreifftiau o dwnneli cylchol wedi'u torri gan beiriannau tyllu Hunter wedi goroesi yng Nghwm Machno yn Nantconwy, ym Maenofferen yn Ffestiniog ac yn Abercwmeiddaw yn Nantdulas. Mae rhai o'r rhain yn dwnneli dwbl sy'n ymdebygu i bâr o finocwlars. Torrwyd y rhain gan beiriant a batentwyd yn 1864 gan George Hunter, aelod o deulu a fu'n gysylltiedig â chwarela carreg rywiog yn yr Alban, lle'r oedd tyrbin wedi'i fowntio ar gledrau yn troi naddwyr ar un neu ddwy echel yrru drwy gêr lleihaol. Cafodd bolltau o ddur â blaenau conigol wedi'u ffurfio, eu miniogi ar bob ochr ac yna'u caledu, eu mowntio ar ymyl y naddwyr (Ffigur 56). Gweithiodd Hunter i ddatblygu'r peiriant hwn gyda Syr William Cooke, arloeswr telegraffiaeth drydanol a oedd wedi buddsoddi mewn sawl chwarel lechi. Aethant hefyd ati i ddatblygu llifiau llechi a drafodir ym mhennod 7.[58]

Caiff llifiau gwifren eu defnyddio bellach yn chwarel y Penrhyn, ond cynigiwyd y syniad am y tro cyntaf ar ddiwedd y bedwaredd ganrif ar bymtheg yn Rhiwbach yn ardal Ffestiniog. Cafodd y cyfryw systemau, lle y caiff

Ffigur 56. Twnnel 'binocwlar' Hunter yn Abercwmeiddaw yn Nantdulas.

rhychau eu torri gan gortyn diddiwedd wedi'i wneud o dair gwifren ddirdro a'u cyflenwi â thywod a dŵr, eu gweithredu yn chwareli marmor Carrara yn yr Eidal o 1898 ac mewn chwarel lechi yn Labassère ym mynyddoedd y Pyrenees. Roedd rheolwr Rhiwbach, Henry Humphris, yn frwdfrydig ynghylch y systemau.[59] Paratôdd Griffith John Williams, Arolygydd Cynorthwyol Mwyngloddiau Ffestiniog (a hanesydd lleol nodedig), adroddiad ar y cynnig yn 1900 ac aeth Humphris ati i geisio help yr arolygydd mwyngloddiau Clement Le Neve Foster yn Llandudno ('Our place is being opened out on the French system').[60] Ni chawsant lwyddiant, a hynny, fwy na thebyg, am nad oedd y deunyddiau a ddefnyddiwyd ar y pryd yn ddigon cryf, er i chwarel Oakeley gynnal arbrofion pellach yn 1901–02.[61] Fe'u cyflwynwyd yn Llechwedd yn Ffestiniog yn y 1960au, er mai dim ond defnydd cyfyngedig a wnaed ohonynt ac, yn ddiweddarach, yn y Penrhyn, Maenofferen ac Aberllefenni. Yma, cawsant eu defnyddio ar y cyd â llifiau cadwyn Korfmann â blaenau dimwnt, y mae un ohonynt bellach yn yr Amgueddfa Lechi Genedlaethol (Ffigur 57).[62]

Ffrwydron

Roedd 'powdwr du', ffrwydryn cemegol a wnaed o botasiwm nitrad, sylffwr, golosg a dŵr, yn ddelfrydol ar gyfer cloddio llechi gan y byddai swm bach ohono'n rhyddhau plyg mawr heb iddo falu. Fe'i defnyddiwyd at ddibenion milwrol o'r ddeuddegfed ganrif ond araf bach y cafodd ei fabwysiadu at ddibenion chwarela a chloddio ar ôl defnydd arbrofol ar ddiwedd yr unfed ganrif ar bymtheg a dechrau'r ail ganrif ar bymtheg. Mae traddodiadau ardaloedd chwarela Arfon yn cytuno, am unwaith, mai yng Nghilgwyn yn Nantlle y cafodd y powdwr ei ddefnyddio gyntaf, er i'r hanesydd John Griffith 'Sylwedydd' awgrymu mai prin y cafodd ei ddefnyddio, hyd yn oed yma, cyn tua 1800.[63] Ymddengys nad oes unrhyw reswm dros ddiystyru'r traddodiad fod Cilgwyn wedi dysgu'r grefft oddi wrth gloddwyr copr a ddaeth i'r ardal yn y 1760au.[64] Byddai dynion Cilgwyn, yn ôl pob tebyg, wedi rhannu'r wybodaeth am bowdwr yn Ffestiniog wrth ddatblygu chwarel Diffwys; am flynyddoedd bu llawer o fynd a dod rhwng y ddau le. Ychydig bach o bowdwr a ddefnyddiai dynion Diffwys i ddechrau gan y byddai'n rhaid iddynt ei brynu yn y Bala, mewn bagiau 2.7 cilogram (chwe phwys), ond, yn 1796, sefydlodd y groser David Lloyd siop ym mhentref Llan Ffestiniog a oedd yn gwerthu'r powdwr o gwpwrdd bach ger drws y siop.[65] Am rai blynyddoedd, dim ond un dyn yn y Penrhyn a wyddai sut i saethu, sef 'Twm y taniwr'.[66]

Unwaith y câi twll ei ddrilio, câi plwg o glai neu bapur ei osod ynddo a byddai powdwr gwn yn cael ei dywallt i mewn iddo o gorn powdwr. Ar un adeg, câi ffiwsiau eu gwneud o wellt a oedd yn cynnwys powdwr gwn, a châi powdwr ei dywallt mewn tiwb a wnaed o bapur newydd. Yn ddiweddarach, defnyddiwyd ffiws tâp, a chylchgrawn sgleiniog yn lle papur newydd, am ei fod yn fwy anystwyth. Byddai'r cyfan yn cael ei selio mewn deunydd pecynnu o glai, papur neu rag, wedi'i bacio'n dynn â rhoden pren neu bres. Disgrifia Emyr Jones sut y byddai'r broses saethu yn digwydd bump neu chwe gwaith y diwrnod yn Ninorwig, a hynny ar adegau penodol. Câi chwiban ei chwythu i

Ffigur 57. Llif tsaen ddimwnt Korfmann yn Amgueddfa Lechi Cymru.

Ffigur 58. Roedd llochesi tanio ('cytiau mochel ffeiar') yn strwythurau cadarn, elfennol. Dyma'r rhai yn chwarel y Penrhyn.

rybuddio'r dynion a fyddai wedyn yn gwneud eu ffordd i'r 'cwt mochel ffeiar', y lloches saethu (Ffigur 58); câi'r chwiban ei chwythu eto dri munud yn ddiweddarach fel arwydd i'r tanwyr gynnau'r ffiwsiau (matsien neu sigarét a ddefnyddiwyd bob amser) cyn sgrialu i fyny'r wyneb a rhedeg am y lloches eu hunain. Clywid sŵn creigiau'n disgyn a byddai mwg glas fel cwmwl dros y chwarel. Byddai'r chwiban yn cael ei chwythu am y trydydd tro wyth munud ar ôl y taniad cyntaf i nodi y gallai'r dynion ddychwelyd.[67] Weithiau, byddai plygiau'n disgyn ar fatres o bren a thywarch a baratowyd. Clywyd y sŵn o gryn bellter; nododd Kate Roberts 'ac yn y pellter eithaf clywid saethu Llanberis fel terfysg o bell' o dir comin Moel Tryfan, 10 cilometr i ffwrdd.[68]

Byddai'r plygiau a dynnwyd o wyneb y graig mewn chwarel agored yn cael eu trawslifio a'u pileru'n glytiau llai o faint yn y man lle y gwnaethant ddisgyn (Ffigur 59) fel arfer. Mewn chwarel danddaearol, caent eu hollti'n ddarnau o tua dwy dunnell ar hyd y plân hollti, eu tynnu o dalcen blaen yr agor gan graen trithroed a'u gollwng ar sled (Ffigur 60). Fel arfer, byddai'r rwbel yn cael ei lwytho â llaw neu'n cael ei rofio i mewn i wagenni, er i lwythwyr mecanyddol wedi'u mowntio ar gledrau gael eu defnyddio mewn rhai chwareli yn Ffestiniog o'r 1950au. Defnyddiwyd nifer o

Ffigur 59. Pileru plyg yn chwarel y Penrhyn, tua 1911. Mae'r llythrennau PM ar y wagen yn nodi mai ponc Princess May yw hon.

gloddwyr stêm 'American Devil' yn y Penrhyn ac ym Mhen yr Orsedd o'r 1920au (Ffigur 61).[69] Parhawyd i ddefnyddio dau gloddiwr yn y Penrhyn hyd at ddechrau'r 1960au pan gawsant eu gadael wrth ymyl y ffordd i'r chwarel o Fynydd Llandygái. Erbyn hynny, roedd mwy o gloddwyr a thryciau dadlwytho â motorau tanio mewnol ar gael.

Ffigur 60. Chwarel Llechwedd, Ffestiniog; mae slab wedi'i lwytho ar sled o un o'r craeniau trithroed, y gellir gweld pedwar ohonynt i gyd. Nesaf ato mae sled heb ei ddadlwytho a wagen rwbel.

Ffigur 61. American Devil: mae'r cloddiwr stêm hwn yn chwarel y Penrhyn yn anarferol gan ei fod wedi'i addasu i redeg ar reilffordd lydan ac ymddengys ei fod yn torri ei ffordd drwy domen llechi.

Gallai gwaith datblygu – craig anweithiadwy a fyddai'n cael ei symud gan weithwyr llechi gwael – ddefnyddio nitroglycerin hynod ffrwydrol o 1860 a arweiniodd at rai o'r ffrwydradau mawr trawiadol yn chwareli Arfon rhwng 1896 a 1901. Defnyddiwyd ffrwydron llai pwerus yn y 1960au i ddymchwel miloedd o dunelli o graig, y cafodd plygiau eu cloddio ohoni.

Roedd gan y rhan fwyaf o chwareli, ni waeth beth fo'u maint, stordy lle câi ffrwydron eu storio, strwythur cadarn â wal ddistewi fel arfer (Ffigur 62).[70] Mae nifer o stordai annibynnol wedi goroesi, fel y rhai yn nyffryn Ogwen a oedd yn eiddo i W.J. Parry, a oedd yn rhedeg asiantaeth Nobel (SH 6283 6725 a 6362 6773), ac ar gei Tyddyn Isa i gyflenwi Ffestiniog.[71]

Un safle pwysig, nad oes fawr ddim ohono i'w weld bellach, oedd Gwaith Ffrwydron Cooke ym Mhenrhyndeudraeth (SH 6190 3885) a agorodd yn 1865 i wneud ffrwydron o gotwm tanio, startsh a rwber. Roedd y safle'n cwmpasu 28 hectar (70 erw). Cafodd ei werthu i Imperial Chemical Industries yn 1958 ac, erbyn y 1970au, roedd y ffatri yn cyflenwi 90 y cant o'r ffrwydron a ddefnyddiwyd gan y diwydiant glo ym Mhrydain ar ffurf cynhyrchion ffrwydrol nitroglycerin. Daeth gwaith yn y ffatri i ben yn ystod 1995 ac, erbyn 1999, roedd y safle wedi'i glirio a'i dirlunio. Yn nodweddiadol o weithfeydd ffrwydron, roedd llawer o'r strwythurau wedi'u gwneud o bren ysgafn a'u hamgylchynu â muriau o goncrid.[72] Cwmni

Ffigur 62. Y cwt powdwr yn chwarel Hafodlas, Nantconwy, yn dangos y waliau baffl a'r to a wnaed o slabiau trwm.

pwysig arall a gyflenwai ffrwydron i'r diwydiant llechi oedd Curtis and Harvey o Cliffe yng Nghaint a anfonai ei gynnyrch dros y môr i iard Glan y Môr Rheilffordd Ffestiniog (SH 584 377). Mae'r stordai yma wedi'u dymchwel i raddau helaeth ond mae'r wagenni a ddefnyddiwyd ar y rheilffordd wedi goroesi (Ffigur 63).

Ffigur 63. Mae sawl enghraifft o'r wagenni powdwr du a ddefnyddiwyd ar Reilffordd Ffestiniog wedi goroesi. Mae'r enghraifft hon wedi'i chadw, gydag enw gwneuthurwr y ffrwydron wedi'i ailbaentio.

Tomennu

Mae'r tomennydd enfawr o rwbel llechi sy'n nodweddu pob chwarel lechi nid yn unig yn nodweddion pwerus o'r dirwedd ond hefyd yn nodweddion archaeolegol huawdl sy'n rhoi cliwiau pwysig i'r ffordd y câi'r chwarel ei gweithio drwy gyfansoddiad y deunyddiau ynddynt a'r ffordd y cawsant eu tomennu. Yn aml, mae hysbysebion ar gyfer chwareli yn nodi manteision man da ar gyfer taflu rwbel, ac roedd chwarel heb le digonol i domennu yn debygol o wynebu trafferthion. Yn aml, câi rwbel ei domennu mewn chwareli neu agorydd gadawedig ac, mewn o leiaf un achos (Cilgwyn yn Nantlle rhwng 1805 a 1810), mewn twll a oedd yn cael ei weithio gan bartneriaeth gyffredin er mwyn eu dychryn i ffwrdd.[73]

O ddechrau'r bedwaredd ganrif ar bymtheg tan ddiwedd yr ugeinfed ganrif, crëwyd tomen drwy wacáu wagen rheilffordd syml yn erbyn stopbloc fel bod ei chynnwys yn cael ei daflu o'r pen domen, gyda'r rheilffordd a'r cob slabiau y rhedai arnynt yn cael eu hymestyn fel y bo angen. Gan amlaf, byddai'r rheilffordd bron yn wastad, neu weithiau wedi'i hadeiladu rywfaint ar i lawr er mwyn ffafrio'r llwyth. Pan nad oedd llawer o draffig, byddai'r wagenni'n cael eu gwthio'n unigol â llaw ond, yn y chwareli mwy o faint, caent eu trefnu un ar ôl y llall a'u gyrru gan locomotif, gyda man pasio a bwa o seidins ar ddiwedd y domen lle byddai'r labrwyr yn eu gwahanu a'u gwacáu (Ffigurau 64 a 65). Roedd symud rwbel yn effeithlon yn hanfodol er mwyn osgoi tagfeydd, a dyma'r drafnidiaeth yr oedd ei hangen fwyaf mewn chwarel. Roedd y defnydd o reilffyrdd yn golygu y gallai tomennydd gael eu cynllunio'n ofalus. Yn nodweddiadol, roeddent yn cynnwys haenau o wastraff o wahanol rannau o'r gweithfeydd, ac o gamau gwahanol o'r broses.

Cafwyd rhai amrywiadau. Golygai prinder lle yn chwareli Nantlle bod angen defnyddio ail lefel. Câi'r gwastraff o'r tyllau ei domennu uwchlaw'r brif bonc gweithio; roedd hyn yn golygu bod angen creu bastiynau ('pengialiau') annibynnol anferth ar gyfer incleiniau tsaen, y câi'r rwbel ei domennu i'r pen pellaf ohonynt. Gwelir enghraifft dda o hyn yn chwarel Dorothea. Ceir amrywiad ar hyn yn Aberllefenni yn Nantdulas, lle'r oedd yr incleiniau'n codi'r gwastraff o lefelau ar lawr y dyffryn.[74] Yn Ffestiniog, defnyddiwyd y draphont ysblennydd o bren a adeiladwyd

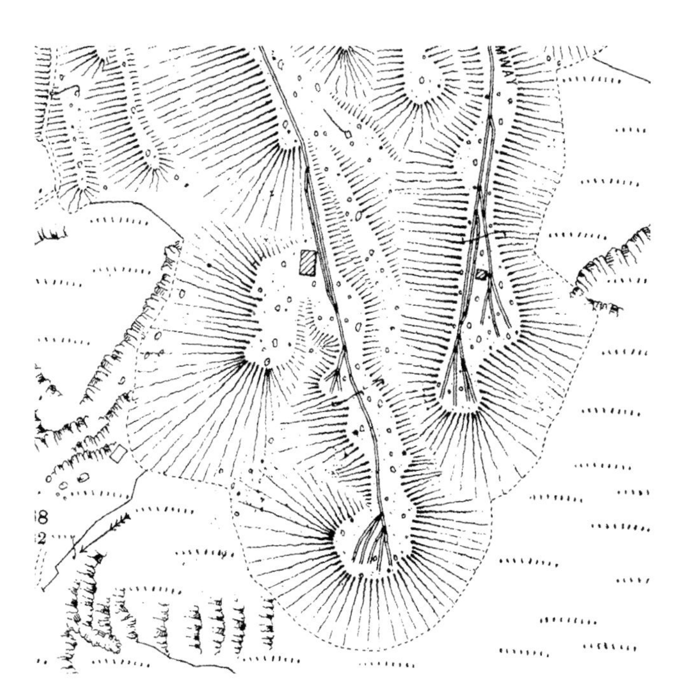

Ffigur 64. Mae Arolwg Ordnans 1901 o chwarel Llechwedd yn dangos y trefniant tomennu cyffredin mewn chwarel a weithiwyd yn ddwys, gyda mannau pasio ar gyfer locomotifau, y câi wagenni eu symud â llaw y tu hwnt iddynt i fwa o gilffyrdd ar ben domen.

Ffigur 65. Mae'r braslun hwn dyddiedig Gorffennaf 1949 gan yr arlunydd Mary Elizabeth Thompson (1896–1981) yn dangos y llafur corfforol yr oedd ei angen i gael gwared ar wastraff llechi.

yn 1852 ac a bontiai Afon Barlwyd ar un adeg (pennod 8) fel pont tomennu i ddechrau.[75] Yn y Penrhyn, defnyddiwyd incleiniau 'Maclane' awtomatig, lle rhedai'r rheilffordd i fyny at ben uchaf y domen, ar bonc Red Lion (pennod 8).

Chwarela ar domennydd

Defnyddiwyd y tomennydd eu hunain fel chwareli, yn enwedig yn ystod blynyddoedd caled y 1930au. Hyd yn oed yn ystod dirwasgiad, roedd galw am lechi, ond roedd y galw cynyddol am gyrsiau lleithder a gostyngiad ym mhris pren, a oedd yn ei gwneud yn bosibl defnyddio llechi llai o faint, yn golygu ei bod yn werth ailarchwilio llawer o'r creigiau gwastraff. Gallai ergyd sydyn, fel y llifogydd a welwyd yn chwarel Dorothea yn 1884, hefyd gymell rheolwyr i anfon y gweithlu i chwilota tomennydd dros dro hyd nes y gallai'r chwarela ailddechrau, ond yn fwy aml, câi'r gwaith ei wneud gan bartneriaethau gwaith cyffredin, ac weithiau, ond nid bob tro, ffurfiai ran o'r economi ddu.[76] Disgrifiwyd yr enghraifft hysbys gyntaf, yng Nghilgwyn yn Nantlle yn 1822, fel 'scandalous threat and robbery' ac, yn ystod y dirwasgiad, câi llawer o'r 'hogiau domen' dâl diweithdra tra roeddent yn gweithio.[77] Fe'u canfuwyd fwyaf cyffredin yn Nantlle-Moel Tryfan, lle gwelwyd llawer o unedau gweithio bach, ond nodwyd enghreifftiau hyd yn oed yn chwarel y Penrhyn (SH 6228 6587).

Fel arfer, gellir nodi'r safleoedd o'r afreoleidd-dra ym mhroffil y domen, yn ogystal â'r llochesi bach yr adeiladodd yr holltwyr iddynt hwy eu hunain a'r dystiolaeth o wastraff naddu (pennod 7). Unwaith y câi deunydd addawol ei nodi, byddai toriad hyd at chwe metr o ddyfnder, y câi ei ochrau eu cynnal gan waliau cynhaliol, yn cael ei yrru, naill ai ar onglau sgwâr i brif aliniad y domen neu yn y dyffrynoedd rhwng y rŷns gwahanol, i gyrraedd y llechen laith a oedd yn haws i'w hollti. Câi berfâu, neu reilffyrdd weithiau, eu defnyddio i symud plygiau a gwastraff a wrthodwyd i ail domen ger ceg yr ardal dorri lle y lleolwyd llochesi'r holltwyr. Byddai llechi gorffenedig yn cael eu cludo ar hyd rhwydwaith o lwybrau garw i iard ganolog. Roedd yn well gan rai contractwyr gloddio'r arwyneb uchaf lle y gosodwyd rheilffyrdd y tomennydd, er mwyn cael gafael ar y plygiau da a leolwyd yn yr argloddiau ar ben uchaf y domen (Ffigur 66). Yn Amgueddfa Lechi Cymru gellir gweld cloddiwr Thomas Smith and Sons dyddiedig 1937. Cloddiwr ag injan betrol ydoedd yn wreiddiol ond bellach injan disel Blackstone tri silindr sydd ganddo. Fe'i prynwyd yn ail-law er mwyn ailweithio tomennydd yn Graig Ddu yn Ffestiniog – er ei bod yn anarferol gweld peiriannau o unrhyw ddisgrifiad yn cael eu defnyddio yn y gweithfeydd hyn.

Weithiau, defnyddiwyd adeiladau chwareli hefyd fel ffynhonnell plygiau ar gyfer gwneud llechi to a chyrsiau lleithder, fel yn Rhosydd yn nyffryn Croesor a Glanrafon yng Nghwm Gwyrfai.[78]

Twll a thomen

Mae'n debyg na fwriadwyd i ddisgrifiad gwawdus Syr Thomas Herbert Parry-Williams' o'r diwydiant llechi yng Nghymru fel twll a thomen a dim mwy nag hynny (pennod 2), gael ei gymryd ormod o ddifrif . Wedi'i eni yn yr ysgoldy yn Rhyd Ddu yn ardal Cwm Gwyrfai yn 1887, roedd ei atgofion bore oes yn cynnwys gweithfeydd a thomennydd gwastraff chwarel Glanrafon a barhaodd i dyfu ar ben pellaf y dyffryn. Fel y gwyddai, roedd y diwydiant yn golygu llawer mwy na hyn – y diwydiant oedd y rheswm y gwelai drenau'r North Wales Narrow Gauge Railway yn yr orsaf gyfagos, a'r hyn a gadwai ei dad yn brysur, yn addysgu meibion a merched y chwarelwyr. Er hynny, gweithio'r graig yw sgil pwysicaf chwarela ac fe'i dysgwyd yn gyflym gan y Cymry wrth i'r diwydiant ehangu yn ystod y bedwaredd ganrif ar bymtheg. Mae'r chwareli eu hunain, boed hwy'n rhai agored neu'n rhai tanddaearol, a'r tomennydd mawr o rwbel, yn brawf o'u gallu i wneud hynny, ac o raddfa aruthrol y gwaith a oedd yn gysylltiedig â hynny.

Ffigur 66. Gweithfeydd contractwyr tomennydd ('hogiau domen') yn Nantlle, yn dangos y llochesi bach a'r ardaloedd o waith eilaidd.

Nodiadau

1. Yn ôl Dale 1906: 42 yn y diwydiant llechi yn ardal Ardennes yng Ngwlad Belg, roedd 70-75% o'r deunyddiau a chwarelwyd ac a broseswyd, o ran eu pwysau, yn wastraff; daeth 20-25% o'r gwastraff o'r chwarel a 50% o'r broses hollti; roedd 88% o'r deunydd yn chwarel lechi Peach Bottom yn UDA yn wastraff.
2. Llyfrgell Genedlaethol Cymru: llawysgrif Glynllifon 84 ff 56v-69v; CRO: XM/1311/5; trafodaeth yn Jones, G.P. 1996: pennod 3.
3. Samuel 1977: 3-97.
4. Prifysgol Bangor: Papurau Castell Penrhyn 1970.
5. Prifysgol Bangor: llawysgrif Porth yr Aur 29094.
6. Morgrugyn Machno ?1870au: 106-08; Owen 1868: 377.
7. Williams, R. 1899; Robert Williams 1900a-1900f.
8. Lindsay 1974: 284.
9. CRO: XM/1233/6; Lindsay 1974: 281; Roose Williams 1978:

174-87; Jones 1981: 283; Lindsay 1987: 128, 166, 218, 223-25, 236; Williams a Jenkins 1996: 70-74. Prin yw'r dogfennau sy'n dangos ym mha ffordd yr oedd y rhain yn fentrau 'cydweithredol'.

10 CRO: XPQ/977 (llythyr rhydd dyddiedig 24 Gorffennaf 1922).
11 Coflith, *Minutes of the Proceedings of the Institution of Civil Engineers*, cyfrol 57, rhifyn 1879, Ionawr 1879, 299; Skempton 2002: 403; Steffan ab Owain, gohebiaeth bersonol.
12 Gwybodaeth ychwanegol gan Graham Isherwood.
13 CRO: XPQ/977.
14 Isherwood 1995: 85.
15 Bayles 1992.
16 Prifysgol Bangor: Mapiau'r Penrhyn 201; CRO: XM/Maps/375.
17 Soulez Larivière 1979: 34.
18 Owen 1885: 335-6.
19 Voisin 1986: 61; Williams, G.J. 1882: 82.
20 Swyddfa Archifau Swydd Lincoln: 4Anc/4/5 (mae cynlluniau Ystad [Gwydir] 1784-6 – ff.11-12 yn nodi 'Slate Rock' yn lleoliad y chwarel). Rwy'n ddiolchgar i Dr Michael Lewis am y cyfeiriad.
21 Holland 1952: 23.
22 CRO: Glynlllifon 29004; fodd bynnag, noda Dr Michael Lewis (mewn gohebiaeth â'r awdur) fod presenoldeb 'cloddwyr' yng nghofrestrau plwyfi o 1820 naill ai'n awgrymu bod gweithwyr arbenigol a yrrai lefelau wedi cyrraedd (y gallent ond fod wedi'u cyflogi yn Niffwys ar y dyddiad hwnnw), neu bod y gwahaniaeth rhwng 'creigiwr', 'cloddiwr' a 'chwarelwr' yn dechrau dod i'r amlwg.
23 Y siafft balans dŵr i Lygad Mochyn a Llygad Cefn ar Lawr G yn chwarel Palmerston, a'r siafft stêm yn Rhiwbach.
24 Adeiladwyd bwâu o frics, a waredwyd yn ddiweddarach, yn un o'r lefelau yn 1895 – Isherwood 1988: 25.
25 Blavier 1864: 432-3.
26 Coflith, *Minutes of the Proceedings of the Institution of Civil Engineers*, cyfrol 57, rhifyn 1879, Ionawr 1879, 299.
27 Milner 2008: 18-57; Swyddfa Cofnodion Sir Ddinbych: CB/5/7; a gwybodaeth gan Graham Isherwood.
28 PTyB: CY016; Foster 1882.
29 Larivière 1884: 505-64; Greenwell ac Elsden 1913; Kérouanton 1997.
30 Lariviere 1884: 542; gohebiaeth bersonol, Dafydd Price.
31 DRO: Z/DAF/1927.
32 Hughes 1979: 123.
33 Mae Williams 1942, a ddyfynnir yn Jones 1981, yn disgrifio sut y gwnaeth rheolwr, ar ôl gweld creigiwr yn ymlacio ac yn ysmygu, ofyn i'r asiant a oedd gydag ef a oedd yn caniatáu'r fath ddiogi. Eglurodd yr asiant wrtho bod y dyn dan sylw yn ysmygu ac yn astudio'r graig – Williams, J. 1942: 129-35; Jones 1981: 78.
34 Mewn blwyddyn nodweddiadol fel 1872, er enghraifft, cafwyd pum marwolaeth o blith gweithlu o 2,800 – Anhysbys 1879.
35 Jones, R.M. 1981: 37-8.
36 Sylwedydd n.d.: 66
37 Owen (gol.) 1892: 82.
38 Richards 1995: 15.
39 Jones, E. 1963: 161.
40 Sylwedydd n.d.: 67.
41 Davies 1875: 43; Owen 1868: 378; darparwyd y nodiadau gan Dr Michael Lewis.
42 Sylwedydd n.d: 3; Williams, R. 1900g: 88.
43 Jones 1963: 133; Sylwedydd n.d.: 13.
44 Foster a Cox 1910: 170-71.
45 Lewis (gol.) 1987: 64.
46 Hayter 1875–76: 98-105; Smith 1882–83: 150-77.
47 *North Wales Chronicle* 12 Meh 1849; CRO: XM/495/17
48 Neumann et al. 1864: 319.
49 Lewis 1987: 70.
50 Lewis, M.J.T., ar ddod.
51 CRO: X/Dorothea 612; Lewis 1987: 70; Lindsay 1974: 162.
52 Morrison 1972; TNA: BT31/1537/4884.
53 Patent 19292 o 1898, 20317 o 1906, 19597 o 1910, 13067 o 1914, 24625 o 1914, 11564 o 1915, 323328 o 1929 (ffrâm sianelu); PTyB: CS077/5-CS078/3, CS152-56.
54 Lewis (gol.) 1987: 88-89.
55 Lankton 2010: 65.
56 Jones, G.P. 1996: pennod 4; Hall 1905: 34-35.
57 Fisher, Fisher a Jones 2011: 143; Lewis 1966.
58 Patent 1244 o 1864 i George Hunter o Faentwrog; ymddengys na chafodd patent diweddarach (433 o 1866) i Hunter a William Fothergill Cooke o Faentwrog ac Aberia, ei ddatblygu. Gweler Jones 1997: 76.
59 Jones, G.R. 2005: 52-9, 131-32.
60 Williams, G.J. 1901. Ar gyfer Williams (1854–1933) chwarelwr, daearegwr, ysgolfeistr, bardd, cerddor a hanesydd, gweler *Y Bywgraffiadur Cymreig*. Ar gyfer Foster, gweler *Dictionary of National Biography*.
61 DRO: Z/DAF/1999.
62 Defnyddiwyd tair llif Korfmann yn Aberllefenni; mae'r un a gadwyd yn un o'r ddwy wreiddiol.
63 Jones, E. 1963: 137; Prifysgol Bangor llawysgrif 8277: 4; Sylwedydd, n.d.: 66.
64 Pritchard 1945b: 358; Williams, W. 1892: 110; Dewi Peris 1896: 267.
65 Owen 1868: 369; Williams, G.J. 1882: 72, 135-36.
66 Glaslyn 1902: 201.
67 Jones, E. 1963: 16; Jones, R.C. 2006: 58.
68 Roberts 1936: 18.
69 CRO: XCHS/1245/21; XPQ/997: 'General survey of Penrhyn Quarry': 2; gohebiaeth bersonol, Geraint Williams, cyn yrrwr peiriant cloddio yn y Penrhyn.
70 Jones, G.R. 1991: 43; Holmes 1999: 87; Jones, G.R. 1998: 183
71 Williams, J.Ll. 1997: Lewis 1989: 47-48.
72 NPRN: 85184.
73 Prifysgol Bangor: Porth yr Aur 27523 a 27375.
74 Ceir enghraifft gymaradwy yn chwarel lechi St Anne yn ardal yr Ardennes yn Ffrainc, lle mae cwt weindio sylweddol wedi goroesi – Remacle 2007: 188; Voisin 1986: 90-91, 98.
75 *Y Cymro*, 24 Medi 1852 a chynlluniau mewn dwylo preifat.
76 CRO: X/Dorothea llawysgrifau 614, 1234; XM/4874/47, f 19.
77 Prifysgol Bangor: llawysgrif Porth yr Aur 27645; CRO: llawysgrifau G.P. Jones/Nantlle (heb eu catalogio), traethawd gan Owen Humphreys: *Tipyn o Hanes Blynyddoedd y Dirwasgiad Rhwng y Ddau Ryfel Byd* (Hydref 1975); gohebiaeth bersonol, cyn chwarelwyr yn Nantlle.
78 Lewis a Denton 1974: 15; PTyB: GA040.

5 PRIF YSGOGWYR A SYSTEMAU PŴER

Ffigur 67. Mae sawl olwyn ddŵr wedi goroesi yn y diwydiant; maent naill ai wedi'u cadw neu'n aros i gael eu hadfer. Arferai'r enghraifft hon bweru chwythwr ffowndri Felin Fawr yn chwarel y Penrhyn.

Roedd gan ddiwydiant llechi Cymru anghenion ynni niferus ac amrywiol, a chawsant eu diwallu gan fathau gwahanol o brif ysgogwyr a systemau ar gyfer dosbarthu'r pŵer a gynhyrchwyd ganddynt. Roedd olwynion dŵr ac agerbeiriannau yn golygu costau cyfalaf sylweddol, felly roedd pob rheswm i wneud iddynt gyflawni mwy nag un dasg – er enghraifft, gallai peiriant a oedd yn troi melin weithredu pwmp hefyd. Oherwydd hyn, dechreuodd chwareli ddibynnu ar systemau trosglwyddo neu ddosbarthu, boed yn fecanyddol, yn drydanol neu'n niwmatig (aer cywasgedig), yn ogystal â ffurfiau eraill o ynni, y gellid ei rwydweithio ar draws y safle. Er y caiff archaeoleg y tasgau amrywiol y cyfeiriwyd ynni mecanyddol atynt yn y diwydiant llechi yng Nghymru ei disgrifio ar wahân yn y penodau canlynol, mae hefyd yn werth ystyried prif ysgogwyr a systemau pŵer fel categori yn eu rhinwedd eu hunain.

Mae'r hanes yn un darniog a chymhleth. O ran technoleg fel dyfais, mae'r diwydiant llechi yn rhannu'n daclus yn ddau gyfnod, un sy'n ymestyn o ddiwedd y ddeunawfed ganrif i ddiwedd y bedwaredd ganrif ar bymtheg, a'r llall o ddiwedd y bedwaredd ganrif ar bymtheg ymlaen. Yn y ddau gyfnod, mae dŵr yn hollbwysig, gyda'r gwahaniaeth y câi pŵer ei gynhyrchu yn y cyfnod cyntaf yn bennaf naill ai drwy bwysau'r dŵr ei hun neu drwy olwynion dŵr fertigol a'i drosglwyddo'n fecanyddol, ac yn yr ail gyfnod, roedd ffurfiau amrywiol o dyrbinau hefyd yn opsiwn gan ddefnyddio trydan i'w drosglwyddo. Roedd dŵr yn system rwydweithiol ynddo'i hun o ran ei fod yn hanfodol i weithredu locomotifau ac agerbeiriannau, yn ogystal ag i ddarparu dŵr yfed ac i dynnu dŵr mewn perthynas â gwastraff dynol. O'r 1890au rhwydweithiwyd dŵr ymhellach fyth o ran y gellid ei ddefnyddio i gynhyrchu aer cywasgedig (ac i weithredu fel oerwr mewn cywasgwyr) a thrydan, a hyd yn oed i weithredu driliau. O ran technoleg fel defnydd, mae'r stori yn llai amlwg. Gwelwyd cynnydd sylweddol yn y defnydd o agerbeiriannau mor hwyr â 1904–06, ac roedd rhai agerbeiriannau yn weithredol yn y 1950au. Gosodwyd y peiriant olaf a yrrwyd gan olwyn ddŵr yn 1935, inclên tsaen

Ffigur 68. Duke o fferm Taldrwst, o dan ofal Elwyn Roberts, yn mynd â dau blyg i'r felin yn Norothea, Nantlle yn 1963.

yn chwarel Rhos yn Nantconwy, a fu'n gweithio yn y busnes bregus a thlawd hwn am ddwy flynedd ar bymtheg.[1] Roedd yr olwynion dŵr gweithredol olaf yn y Penrhyn yn 1965 (ffigur 67), ac yn ddiweddarach roeddent yn pweru dynamo yn y felin slabiau, ac ym Melin Sam, gweithfeydd llechi Glandinorwig, yng Nghlwt y Bont yn Nantperis, a fu'n troi llifiau a byrddau plaen tan 1967 (pennod 7). Un o'r ffactorau cyson eraill oedd y ffaith bod angen i'r chwareli llechi gael defnydd rheolaidd o bŵer dynol ac anifeiliaid.

Y cyfnod cyntaf – hyd at 1890

Caiff hanes cynnar y diwydiant llechi a thua chanrif gyntaf mecaneiddio (1783–1890) eu nodi gan y broses flaengar o fabwysiadu'r technolegau pweru oedd yn nodweddiadol o ddiwydiannau cloddio'r cyfnod – y defnydd o bŵer cyhyrau, dŵr, aer a stêm.

Pŵer dynol ac anifeiliaid

Roedd gweithio yn y diwydiant llechi yn aml yn galw am gryfder corfforol yn ogystal â sgiliau crefft, yn enwedig yn y dyddiau cynnar. Yn aml, roedd yn rhaid i ddynion wthio wagenni llechi, a gweithredu winsis llaw a chraeniau. Gallai methiant mecanyddol olygu gwaith byrdymor ond llafurus, fel troi bwrdd llifio â llaw pan oedd olwyn ddŵr neu injan stêm wedi torri, neu winsio wagenni i fyny inclên os byddent yn mynd yn sownd cyn cyrraedd y copa. Mae'n ymddangos bod o leiaf un inclên wedi'i adeiladu ar gyfer winsio â llaw, rhwng chwareli Minllyn a Chae Abaty yn ardal Dyfi.[2] Byddai llifiau ffrâm aml-lafn (pennod 7) yn cael eu gweithio â llaw weithiau, gydag un chwarelwr yn cofio'n ofidus na ddeallodd yr adnod o'r Beibl 'Trwy chwys dy wyneb y bwytei fara' nes iddo gael ei orfodi i weithredu peiriant o'r fath.[3] Defnyddiwyd ceffylau a mulod yn gyffredin hefyd, a dim ond yn 1963 yr ymddeolodd y ceffyl olaf yn y diwydiant (Ffigur 68). Roeddent yn gweithio fel anifeiliaid pwn ac yn tynnu wagenni, slediau a chertiau (pennod 8). Ar ddiwedd y ddeunawfed ganrif a dechrau'r bedwaredd ganrif ar bymtheg roeddent hefyd yn aml yn gorfod gweithredu chwimsïau (y drymiau codi a'u fframwaith a oedd yn gweithredu systemau codi â rhaff).

Pŵer dŵr

Pŵer dŵr oedd y ffynhonnell ynni bwysicaf yn y diwydiant llechi yng Nghymru yn y cyfnod hwn, ac mae wedi arwain at archaeoleg doreithiog. Gweithredwyd rhai peiriannau gan bwysau dŵr – siafft balans ac inclên balans (pennod 8) – ond roedd olwynion o fathau amrywiol yn fwy cyffredin. Gallai'r rhain yrru peiriannau llifio, chwythwyr ffowndri, systemau trafnidiaeth neu bympiau, neu gyfuniad o unrhyw rai o'r rhain. Roedd chwareli a allai ddefnyddio pŵer dŵr yn gwneud hynny.[4] Yn chwarel y Penrhyn y gwelir yr enghraifft gynharaf, er mwyn gyrru pwmp, sy'n dyddio o 1783 o bosibl.[5]

Roedd gan ddŵr rai anfanteision. Roedd yn dymhorol, gyda mwy o argaeledd yn y gaeaf fel glaw nag yn y gwanwyn fel eira'n meiriol, er y gallai rewi, ac yn yr haf gallai sychu'n gyfan gwbl. Pan nad oedd chwarel benodol yn rheoli ei thir cywain ei hun, roedd bob amser yn wynebu risg gan gystadleuydd masnachol neu dirfeddiannwr digydymdeimlad. Roedd hon yn broblem arbennig yn nyffryn Ogwen, lle nad oedd gan ystâd y Penrhyn unrhyw awydd i weld y chwareli bach ar y rhydd-daliadau'n ffynnu, yn ogystal ag yng ngweithrediadau cyfyngedig a dwys Nantlle, lle'r oedd y rhan fwyaf o safleoedd yn dibynnu ar yr un ffynhonnell o gyflenwad o Lyn Ffynhonnau.[6]

Am y rhesymau hyn, roedd angen argaeau yn aml iawn, naill ai ar lynnoedd naturiol neu ar nentydd mynydd. Ni waeth faint o law a geir yn ucheldir Cymru, caiff llawer ohono ei amsugno i laswellt meddal ac roedd yn hollol angenrheidiol cronni dŵr i gynnal gweithrediadau yn ystod cyfnod sych. Roedd gan chwarel y Penrhyn bedair cronfa ddŵr, a adeiladwyd ar adegau amrywiol rhwng 1846 a 1879.[7] Roedd gan hyd yn oed chwarel fach fel Rhosydd yng Nghroesor 12 o argaeau ar unrhyw adeg, gan gwmpasu 15 hectar, ar 182 hectar o dir cywain.[8] Fel arfer, adeiladwyd argaeau o ddwy wal o garreg sych gyda llenwad mawn, wedi'u crymu weithiau yn erbyn grym y dŵr. Weithiau, defnyddiwyd carreg wedi'i phlastro â morter, er y gellid cael enghreifftiau prin o argae bach wedi'i wneud o bren neu slabiau llechi, fel Llyn Coed yn Rhosydd a Llyn Fflags yn Ffestiniog, sydd ag enwau addas iawn. Roedd yn rhaid i ddynion a gyflogwyd gan y chwareli i ofalu am y systemau cyflenwad dŵr fod ar alw drwy'r adeg a bod yn barod i wneud eu ffordd i'r mynyddoedd yn y tywydd mwyaf garw.

Weithiau, gallai cronfeydd dŵr fod yn union gerllaw prif weithfeydd chwarel neu'r felin yr oeddent yn ei phweru, fel

Ffigur 69. Mae'r ffotograff hwn o chwarel Votty and Bowydd, Ffestiniog, yn dangos sut y gwnaed y defnydd mwyaf posibl o bŵer dŵr. Yn ogystal â'r tair olwyn ddŵr a bwerai'r melinau, câi'r inclên a gysylltai'r lefel isaf a'r lefel ganol ei weithredu fel inclên balans dŵr.

Ffigur 70. Mae'r paentiad dienw hwn o chwarel Dorothea yn Nantlle yn dyddio o'r 1850au, ac efallai mai'r bwriad oedd ei roi fel anrheg ymddeol i'r rheolwr, y Parch. John Jones Talysarn. Mae'n dangos y defnydd effeithiol o un dyfrgwrs i bweru pedair olwyn ddŵr.

yng Nghwmorthin yn Ffestiniog neu Aberllefenni yn Nantdulas. Yn yr un modd, gallai'r system gyflenwi fod yn hir iawn – chwe chilomedr hyd yn oed ar gyfer chwareli bach fel Bwlch Cynnud yn Nantconwy a Bryn Hafod y Wern yn nyffryn Ogwen.[9] Un o nodweddion trawiadol Bryn Hafon y Wern, fel sawl chwarel arall, yw rhes o bileri slab, gyda llawer ohonynt bellach yn gwyro'n feddw, a arferai gario cafnau pren. Fel arall gallai ffosydd dŵr fod yn welyau nentydd naturiol neu'n ffrydiau cyfuchliniau wedi'u cloddio. Mewn dau le, bu'n rhaid gwneud i nentydd fforchio er mwyn gwasanaethu safleoedd gwahanol gan ddefnyddio carreg wedi'i siapio fel bonyn haearn smwddio. 'Y cyfiawnder' oedd yr enw a roddwyd i un o'r rhain, yn Ffestiniog, sydd wedi'i thynnu bellach, am ei bod yn rhannu'r dŵr yn deg.[10] Nid oes enw mor ddiddorol ar yr enghraifft sydd wedi goroesi, sef 'carreg hetar', a anfonai'r dŵr naill ai i'r melinau llechi annibynnol yn Nantperis neu i Felin Fawr y Penrhyn lle mae gwely naturiol y nant wedi'i amgáu'n llwyr a'i orchuddio â slabiau llechi, wedi'u cynnal ar golofnau haearn bwrw.[11] Defnyddiwyd pibellau caeedig seramig neu haearn bwrw lle'r oedd angen cyflenwi dŵr ar bwysedd i yrru tyrbin neu injan hydrolig.

O fewn y chwareli eu hunain, trefnwyd systemau cyflenwi dŵr i sicrhau y gellid gwneud y defnydd gorau ohonynt; trefnwyd melinau a phympiau ar bonciau olynol fel y gallai ffrwd un olwyn fwydo blaen-danc yr olwyn nesaf, system a welir yn gweithredu'n effeithiol mewn ffotograff o chwarel Votty and Bowydd yn Ffestiniog (Ffigur 69). Ymysg y lleoliadau eraill lle'r oedd chwareli'n cael eu trefnu fel hyn roedd Llechwedd a Maenofferen, hefyd yn Ffestiniog, ac yn nyffryn Nantlle. Mae paentiad dienw o chwarel Dorothea yn 1854-55 yn dangos un trefniant o'r fath; mae olwyn ar y llechwedd ar y chwith yn gweithredu pwmp drwy rodenni, cyn i'r dŵr lifo i weithredu melin, yna rannu, gydag un gangen yn rhedeg i drydedd olwyn yn y bastiwn o flaen y felin, a all fod wedi gweithredu set arall o bympiau, a'r llall i olwyn sy'n pweru rhodenni pwmp ac inclên (Ffigur 70).[12]

Disgrifir yr hyn a wyddys am yr olwynion dŵr eu hunain yn y penodau sy'n dilyn. Prin yw'r rhai sydd wedi goroesi, ond mae'r pyllau lle y'u lleolwyd yn aml yn bodoli o hyd, fel arfer wedi'u hadeiladu o rwbel cerrig, weithiau gyda chonglfeini o graig gysefin, yn aml gydag olion traul, weithiau gyda marciau crafu yn y gwaith maen o'r olwyn ei hun neu o'r gainc. Nid yw'n syndod bod mapiau a chynlluniau chwareli cynnar yn dangos llawer mwy mewn lleoliadau sydd o dan domennydd erbyn hyn neu sydd wedi'u chwarela i ffwrdd. Mae'r rhan fwyaf yn rhan hanfodol o felin lifio, neu system drafnidiaeth fel rhaffordd neu inclên. Mae eraill yn sefyll ar eu pennau eu hunain, sy'n awgrymu y gallent fod wedi gweithredu set ar wahân o bympiau drwy ddefnyddio system drosglwyddo fecanyddol (gweler isod). Roedd rhai o fath crog, gyda rhodenni haearn tyniannol yn lle'r breichiau arferol.

Roedd prif ysgogwyr eraill a yrrwyd gan ddŵr yn injans hydrolig (pwysedd dŵr), a ddefnyddiwyd ar gyfer pwmpio yn unig mewn ambell i chwarel (pennod 6), a thyrbinau (trafodir isod), y gwelwyd yr enghraifft gynharaf yn y 1860au, er na ddaethant yn gyffredin tan yr ugeinfed ganrif.

Un o'r defnyddiau eithriadol eraill o bŵer hydrolig oedd dril cylchdro Kellow (pennod 4) a'r byrddau llifio porthiant dŵr ym Mhen yr Orsedd (pennod 7).

Pŵer gwynt

Nodir yr ychydig a wyddys am bŵer gwynt ym mhenodau 6 a 7. Prin yw'r melinau gwynt a geir mewn diwydiannau cloddio ond gwnaed rhywfaint o ddefnydd ohonynt yn ardal Nantlle ar gyfer pwmpio – gan adlewyrchu problemau perchenogol o ran dŵr (Ffigur 71), a dywedir bod chwarel Rosebush wedi bwriadu gweithredu naddwyr llechi gyda gwynt ond cafodd y cyfarpar ei ddifrodi mewn storm.[13]

Pŵer stêm

Er gwaethaf holl fanteision cost pŵer dŵr, roedd llawer o amgylchiadau lle nad oedd yn opsiwn, naill ai oherwydd diffyg tir cywain, cyfyngiadau perchenogol o ran y defnydd o ddŵr, neu lefelau cynhyrchu a oedd yn galw am agerbeiriant ategol o leiaf. Am y rhesymau hyn, gwelwyd agerbeiriannau yn y diwydiant llechi yng Nghymru rhwng 1812 a 1959, a alwyd yn dechnoleg anghyffredin hyd at y 1860au, ac yn dechnoleg gyffredin ar ôl hynny. Yn 1904–06 y gwelwyd y prif ddatblygiad olaf.

Er hyn, ni wnaeth y diwydiant llechi yng Nghymru lawer o ddefnydd o stêm; ni ddaeth yn agos at y crynhoad dwys o injans a simneiau tal a nodweddai chwareli Anjou. Ac nid hon oedd yr enghraifft gyntaf o fabwysiadu'r dechnoleg, bri sy'n perthyn i injan atmosfferaidd Newcomen a osodwyd mewn chwarel yn Ardennes erbyn 1771.[14]

Yng Nghymru, mae stêm yn dechrau ac yn gorffen yn nyffryn Nantlle, ac nid yw'n syndod mai yma ac yn Ffestiniog – dwy ardal lle'r oedd codi a phwmpio yn hollbwysig – y cawsant eu defnyddio fwyaf. Gwnaed rhywfaint o ddefnydd o agerbeiriannau yng Nglynrhonwy

Ffigur 71. Yr unig ddarluniad hysbys o felin wynt yn y diwydiant llechi yng Nghymru, a bwerai bwmp yng Nghloddfa'r Coed yn Nantlle. Mewnosodiad: manylion y felin wynt.

ac yn Ninorwig yn Nantperis, ac yn nyffryn Ogwen, yn bennaf yn y chwareli llai ar ochr ddwyreiniol y dyffryn, er mai prin iawn yw'r defnydd a wnaed ohonynt yn y Penrhyn. Prin iawn yw'r dystiolaeth a geir y tu hwnt i'r prif ardaloedd hyn, boed yn dystiolaeth berthnasol neu fel arall, o'r defnydd o stêm – dim o gwbl yng ngogledd-ddwyrain Cymru, ychydig bach yn Nantdulas a Nantconwy, rhywfaint yn ne-orllewin Cymru.[15] Roedd technoleg stêm yn niwydiant llechi Cymru yn addas at y diben, a olygai ei fod ar raddfa fach fel arfer a bob amser yn anghymhleth; nid oedd silindrau un cyfeiriad a falfiau Corliss yn hysbys, a dim ond pedair chwarel a osododd silindrau cyfansawdd.[16]

Hyd y gwyddys, adeiladwyd yr injan stêm gyntaf yn y diwydiant llechi yng Nghymru gan Fawcett a Littledale o Benbedw ar gyfer Cloddfa'r Coed yn 1812 (mewn ymgais i sicrhau nad oedd y chwarel yn dibynnu ar gyflenwad dŵr ar drugaredd cystadleuwr masnachol). Mae'r cynllun a'r gwneuthurwr a ddewiswyd yn adlewyrchiad da o grebwyll peiriannydd y chwarel, John Hughes, gan ei fod yn opsiwn 'low-tech' hyd yn oed yn ei ddydd, yn debyg i'r rheini a gyflenwyd ganddynt i blanhigfeydd siwgr India'r Gorllewin, oedd yn addas i gael eu gweithredu gan ddynion nad oeddent erioed wedi gweld y fath beth o'r blaen. Roedd ei benderfyniad i'w chodi'n rhannol ar ymyl y twll dwfn ond cul a ffurfiai Cloddfa'r Coed, yn rhannol ar lwyfan dros y gwacter, yn llai ysbrydoledig. Yma, roedd yn gyrru pwmp, ac yn ddiweddarach roedd hefyd yn codi, hyd nes iddo ddisgyn i mewn i'r twll ar ôl glaw trwm un bore yn 1817 (Ffigur 72).[17] Ar ôl hynny, gosodwyd o leiaf 12 o injans stêm ychwanegol mewn nifer o chwareli yn ystod hanner cyntaf y bedwaredd ganrif ar bymtheg, ond ni wyddys llawer amdanynt heblaw am y ffaith eu bod yn bodoli (gweler nodyn 1 ar dudalen 93).

Ardal Nantlle oedd yn defnyddio stêm fwyaf, er mwyn codi ar incleiniau a rhaffyrdd a hefyd i droi melinau ac ar gyfer pwmpio.[18] Rhaid rhoi sylw haeddiannol i injan gyfeirio o Gernyw o 1904–06 yn chwarel Dorothea, a adeiladwyd gan Holman's o Gamborne, gyda boeleri gan Radcliffe and Sons of Bolton. Wedi'i lleoli'n ddramatig ar ymyl craig 'bastard', sy'n gwahanu prif dwll Dorothea oddi wrth ei gymydog, dyma'r injan Gernywaidd olaf a osodwyd o newydd unrhyw le yn y byd, diwedd traddodiad gwych o beiriannu stêm a feithrinwyd yn ne-orllewin Lloegr (Ffigur 73). Dyna oedd y datblygiad stêm olaf yn y diwydiant;

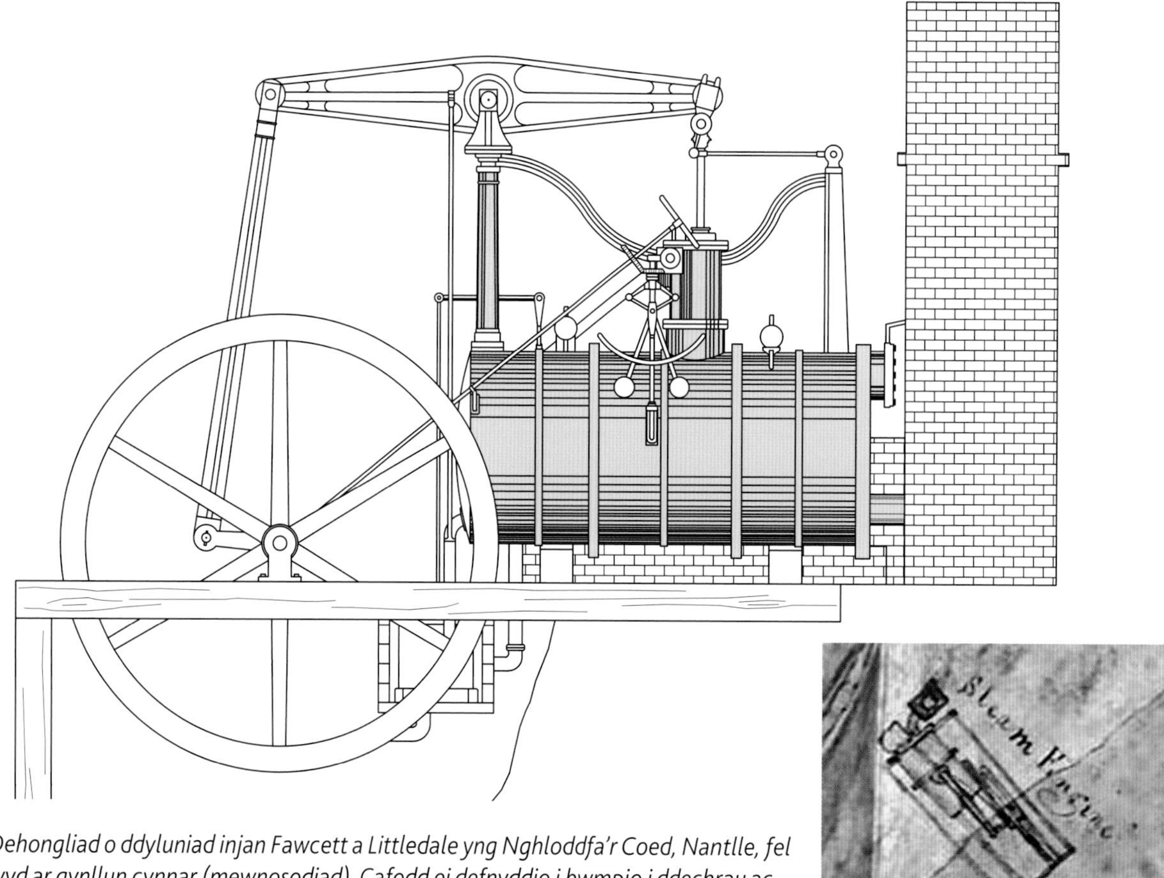

Ffigur 72. Dehongliad o ddyluniad injan Fawcett a Littledale yng Nghloddfa'r Coed, Nantlle, fel y'i dangoswyd ar gynllun cynnar (mewnosodiad). Cafodd ei defnyddio i bwmpio i ddechrau ac yna i godi hefyd.

Ffigur 73. Yr injan drawst Gernywaidd yn chwarel Dorothea, Nantlle, a adeiladwyd rhwng 1904 a 1906.

heblaw am rai injans a symudwyd o gwmpas o un lleoliad i'r llall, ni osodwyd unrhyw agerbeiriannau newydd mewn unrhyw chwarel yng Nghymru ar ôl 1906, er bod locomotifau stêm yn parhau i gael eu prynu am 40 mlynedd arall (pennod 8). Fe'i gosodwyd ar ôl i gynllun uchelgeisiol ar gyfer gwaith trydan dŵr gael ei ystyried a'i wrthod.[19] (Gweler isod a phennod 6).

Y brif ardal arall oedd Ffestiniog, lle mae staciau â chynllun sgwariau yn dal i fod yn nodwedd o'r dirwedd chwarelyddol er bod trydan wedi disodli stêm yn bennaf yn ystod blynyddoedd cyntaf yr ugeinfed ganrif. Roedd y gyntaf yn chwarel Palmerston yn 1844, i weithredu melin o bosibl.[20] Yn anghyfleus ddigon, roedd Diffwys wedi'i lleoli ar gernen heb lawer o gyflenwad dŵr (ond o leiaf roedd yn draenio ei hun), a gosododd lorweddau un silindr er mwyn pweru ei melinau amrywiol rhwng 1858 a 1866, yr oedd un ohonynt hefyd yn codi ar inclên.[21] Dechreuodd yr inclên tri thrac i lawr 5 yn Llechwedd, sydd bellach wedi'i chwarela i ffwrdd, ei fywyd c.1867 wedi'i bweru gan olwyn ddŵr ond yn ddiweddarach cafwyd injan stêm Robey, a oedd hefyd yn gweithio rhodenni pwmp (Ffigur 74).[22] Fel arall, roedd y chwarel yn dibynnu ar olwynion dŵr a thrydan dŵr yn ddiweddarach ar gyfer ei hanghenion ynni. Yn yr un modd, ychydig o injans stêm oedd ym Maenofferen, pob un ohonynt i godi ar incleiniau, gan fod y chwarel yn cael dŵr o nant Bowydd. I lawr yr afon, un injan stêm a geid yn Votty and Bowydd. Dim ond grŵp Oakeley a wnâi ddefnydd helaeth o stêm i weithredu melinau, i bwmpio ac i godi ar incleiniau amldrac mawr. Gweithredwyd y prif inclên cludo yn yr hyn a oedd yn y Gloddfa Ganol yn wreiddiol, nodwedd

Ffigur 74. Dangosir inclên bôn yn Llechwedd, Ffestiniog yma yn ystod dyddiau stêm. Fe'i pwerwyd yn wreiddiol gan olwyn ddŵr, wedi'i lleoli mewn gwely y mae un wal ohono wedi goroesi, i'r dde o'r cledrau, islaw'r tŷ drwm. Cludai'r pileri ar y chwith system rhodenni pwmpio.

nodedig o ddiwedd y bedwaredd ganrif ar bymtheg, o dŷ injan ar ei gopa, a oedd yn rhan hanfodol o'r brif felin. Roedd yr injan yma, sef injan De Winton 100hp dau silindr mae'n debyg, yn gweithredu'r inclên a'r felin hyd nes iddi gael ei disodli gan fotor trydanol yn 1906.[23]

Dim ond tair injan sydd wedi goroesi'n gyflawn gan fwyaf, a phob un ohonynt, yn briodol efallai, o Nantlle. Gwelid injan wal un silindr Mather a oedd yn pweru melin a godwyd yn 1884 ac inclên tsaen, ond a allai fod wedi'i hadeiladu ar gyfer melin decstilau yng ngogledd Lloegr tua 1850, ym Mhen y Bryn. Cyflenwyd stêm gan foeler De Winton.[24] Roedd echel yrru a chwylolwyn yr injan wedi'u gosod ar ddarn haearn bwrw mewn siâp ffris clasurol ar ddwy golofn Ïonig. Ar ôl bod yn segur ers 1892, aed â'r injan i Amgueddfa Lechi Cymru (Ffigur 75).

Ym Mlaen y Cae saif injan wins rhaffyrdd blondin dau silindr sydd wedi goroesi o *c.*1910 a adeiladwyd gan Henderson's of Aberdeen uwchlaw twll y chwarel, ynghyd ag olion y mastiau blondin cysylltiedig. Mae'r boeler wedi hen fynd ond erys y bibell fwydo o hyd (Ffigur 76). Mae'n nodweddiadol o'r injan codi a gyflwynwyd yn ardal Nantlle o 1898 ymlaen – roedd 12 o'r 24 o godwyr stêm blondin o'r un patrwm, roedd y gweddill yn bennaf yn llorweddau silindr dwbl gan Robey of Lincoln, er bod dau lorwedd un silindr hefyd, un a wnaed yn y chwarel ac un gan De Winton of Caernarfon.[25] Mae'r injan drawst o Gernyw yn chwarel Dorothea yn Heneb Gofrestredig, yr unig un yng Nghymru y mae ei boeleri, ei hinjan a'i hinjan capstan wedi goroesi, ac un o dri thŷ injan drawst y gwyddys iddynt fod wedi goroesi yn y diwydiant llechi ledled y byd.[26] Dyma'r heneb fwyaf trawiadol i'r defnydd o bŵer stêm yn y diwydiant llechi.

Mae un injan stêm arall wedi goroesi ger ardal Nantlle, er nad yw'n gysylltiedig â chwarel, sef peiriant De Winton un silindr, a bwerai fwrdd llifio carreg yng ngweithdai ystâd Glynllifon, a osodwyd yn 1855 ac a adferwyd i'w gyflwr gweithiol gan y simneiwr a'r seren deledu Fred Dibnah (1938–2004). Defnyddiwyd peiriannau tebyg gan De Winton yn Nantlle, ac o ran y cynllun a'r maint, ceir darlun mwy cywir o'r defnydd a wnaed gan y diwydiant llechi o agerbeiriannau o gymharu â'r rhai sydd wedi goroesi o'r chwareli (Ffigur 77).[27]

Hefyd, roedd rhannau yn bodoli hyd at yn ddiweddar mewn dwy chwarel allgraig yng ngrŵp Ffestiniog, a ddefnyddiwyd i godi ar inclên; rhannau o godwr silindr

Ffigur 75. Cludai'r injan wal hon o chwarel Pen y Bryn, Nantlle, felin ac incleiniau tsaen. Mae wedi'i chadw bellach yn Amgueddfa Lechi Cymru.

llorweddol yn Wrysgan, a rhannau o injan dracsiwn o'r 1860au a dynnwyd oddi ar ei holwynion yng Nghwt y Bugail (pennod 8).

Systemau trosglwyddo

Yn aml, roedd angen trosglwyddo deunydd dros bellter ar gyfer technoleg pŵer y cyfnod hwn. Yn nodweddiadol, gwnaed hyn drwy ddefnyddio rhodenni pren neu haearn sy'n symud yn ôl a blaen neu yn achlysurol drwy ddefnyddio tsaen. Mae'r dull hwn yn dyddio'n ôl i'r 1540au, pan ddechreuwyd defnyddio'r enghreifftiau cyntaf yn ardaloedd cloddio canolbarth Ewrop, a gall fod wedi lledaenu i ogledd-orllewin Lloegr erbyn tua 1569.[28] Gall yr enghreifftiau cyntaf fod wedi bod yn chwarel y Penrhyn,

Ffigur 76. Injan codi ym Mlaen y Cae, Nantlle a adeiladwyd gan Henderson's o Aberdeen.

gyda'r 'bib-bob' posibl o 1783 a nodir uchod, ac yng Nghloddfa'r Coed yn Nantlle efallai rhwng 1795 a 1798.[29] Mae rhai enghreifftiau diweddarach wedi gadael olion, fel arfer, rhediad byr o fonion breichiau siglo i 'bib-bob' o olwyn ddŵr a leolir mewn adeilad melin.[30] Mewn nifer o leoliadau, defnyddiwyd gyriant rhaff wifrau cylchdro, er bod rhai awdurdodau yn dadlau yn erbyn hyn, oherwydd y gallai barrug ar ôl glaw olygu bod y rhaff yn llithrig iawn.[31] Mae tystiolaeth ar gyfer system o'r fath wedi goroesi ym Mhen yr Orsedd yn Nantlle, ar ffurf tŵr a oedd yn cynnal chwerfanau er mwyn trosglwyddo pŵer o olwyn ddŵr ac agerbeiriant ar un lefel, i felin ar lefel islaw.[32]

Mae angen tynnu sylw pellach at ddwy system drosglwyddo fecanyddol. Ym Mhen y Bryn yn Nantlle y gwelwyd yr unig un o unrhyw hyd, sydd yn amlwg wedi newid ei ffurf sawl gwaith ond a oedd, yn ei hanfod, yn cynnwys dwy system oedd yn symud yn ôl a blaen gyda'r ddwy yn rhedeg i gyfres o bympiau sawl cam y gellir eu gweld bellach fel dwy brif bibell haearn dur yn codi o'r dyfroedd yn Nhwll Balast. Mae dau wely olwyn wedi goroesi; gall fod trydydd gwely wedi'i chwarela i ffwrdd

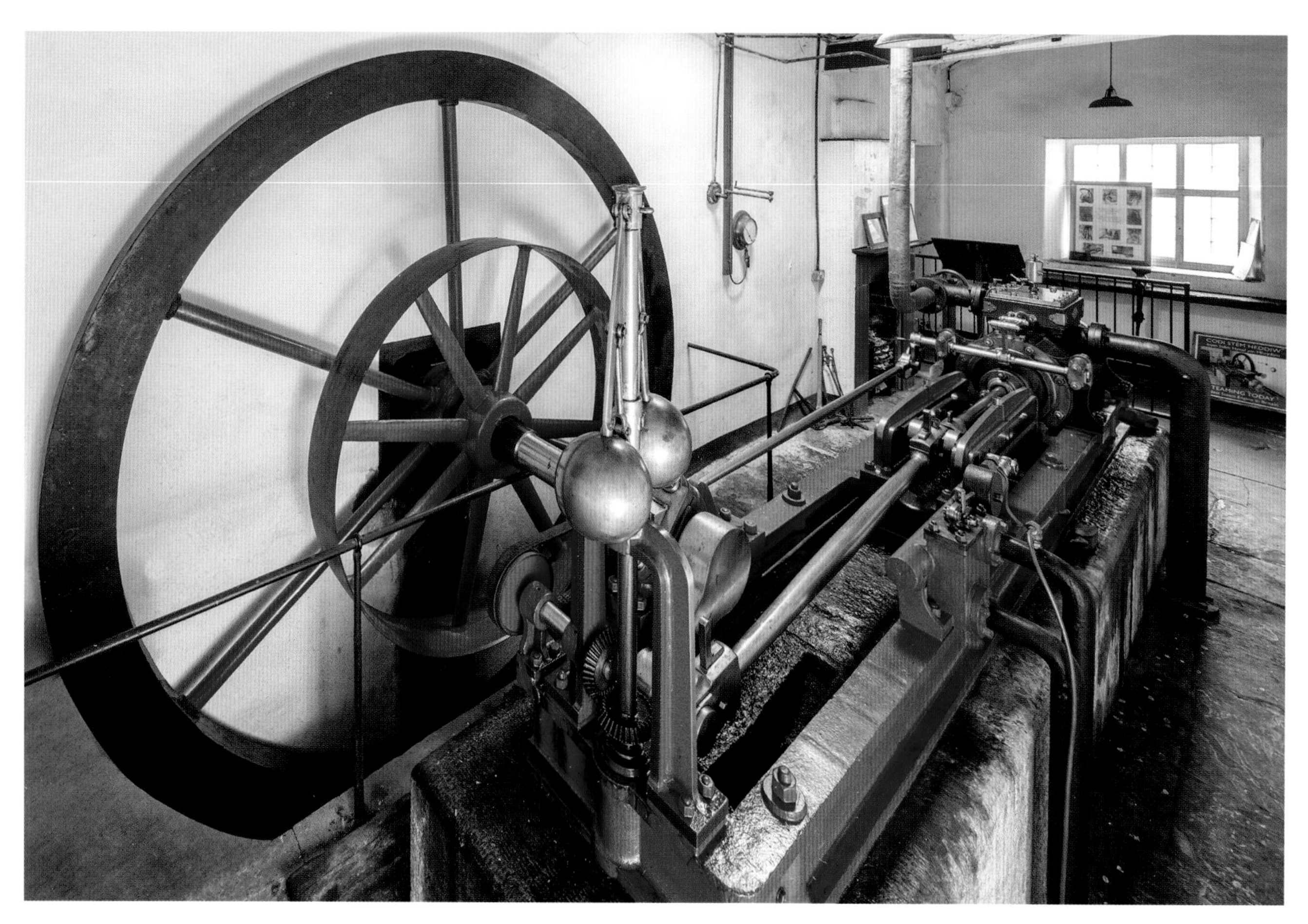

Ffigur 77. Pwerai'r injan stêm un silindr hon gan ffowndri De Winton yng Nghaernarfon weithdy'r ystad yng Nglynllifon ond gweithredwyd peiriannau tebyg yn chwarel llechi Nantlle gerllaw.

(Ffigur 78). Mae cwrs y rhodenni'n amlwg fel cyfres o dyrrau tal a adeiladwyd o rwbel i gefnogi'r 'bib-bobs', a olygai y gellid newid cyfeiriad o ran y cynllun a'r bonion ar gyfer y breichiau siglo, ac mae'n amlwg bod un system yn fforchio i'r gorllewin i bwmpio twll cyfagos. Mae sawl hyd o'r rhodenni wedi goroesi fel deunydd ffensio gerllaw, bariau haearn toriad crwn 30 milimetr gyda dolenni un pen neu ddau ben o far sgwâr wedi'i forthwylio arno. Yn wreiddiol,

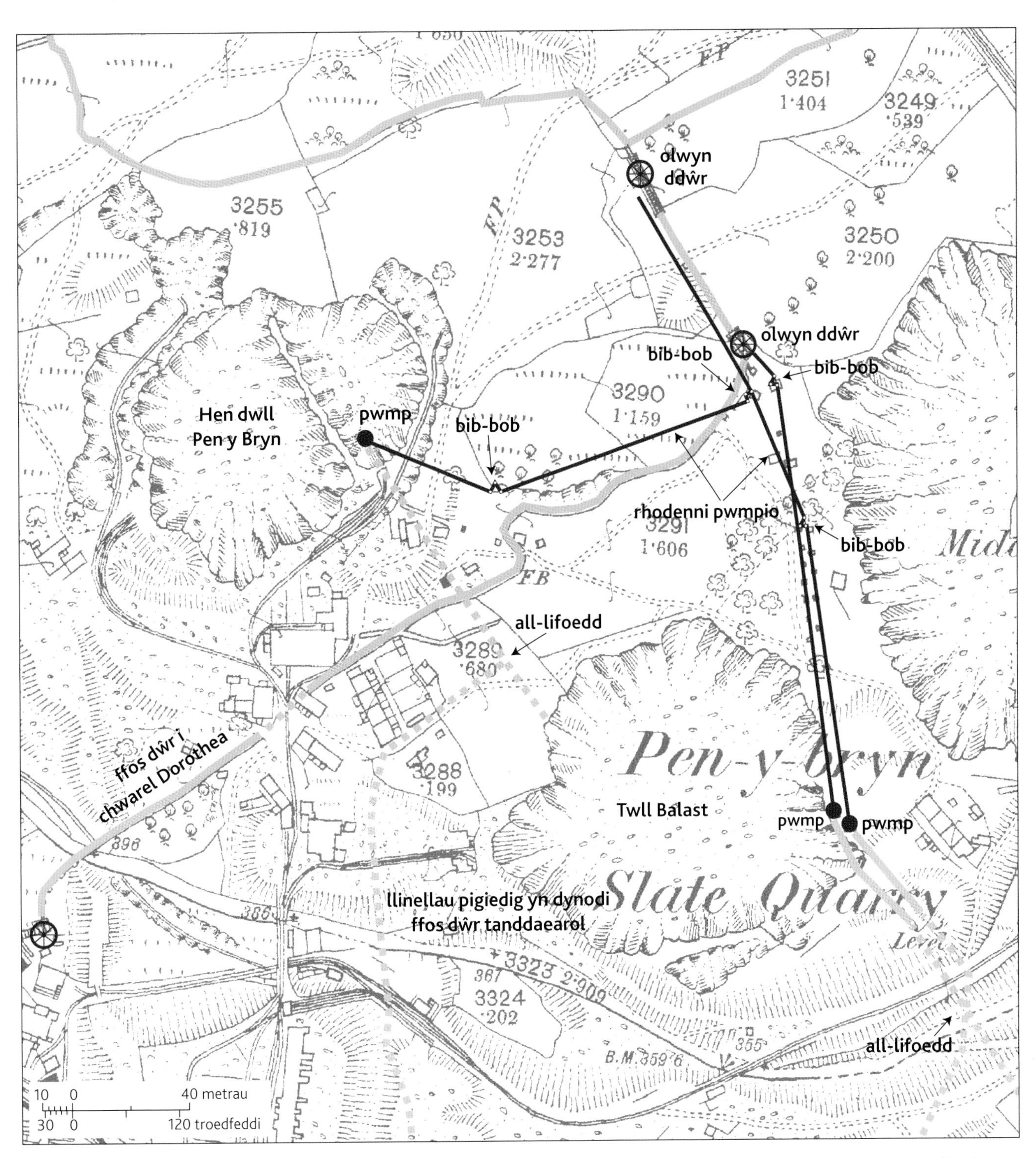

Ffigur 78. Ym Mhen y Bryn yn Nantlle, pwerai olwynion dŵr ar y llechwedd systemau rhodenni a weithredai'r pympiau yn Nhwll Balast ('Pen-y-Bryn Slate Quarry') a'r twll yn y gogledd-orllewin. Codai'r pympiau'r dŵr i'r all-lifoedd, a âi â'r dŵr drwy dwneli i'r man lle y câi ei ollwng i'r afon ar lawr y dyffryn i'r de.

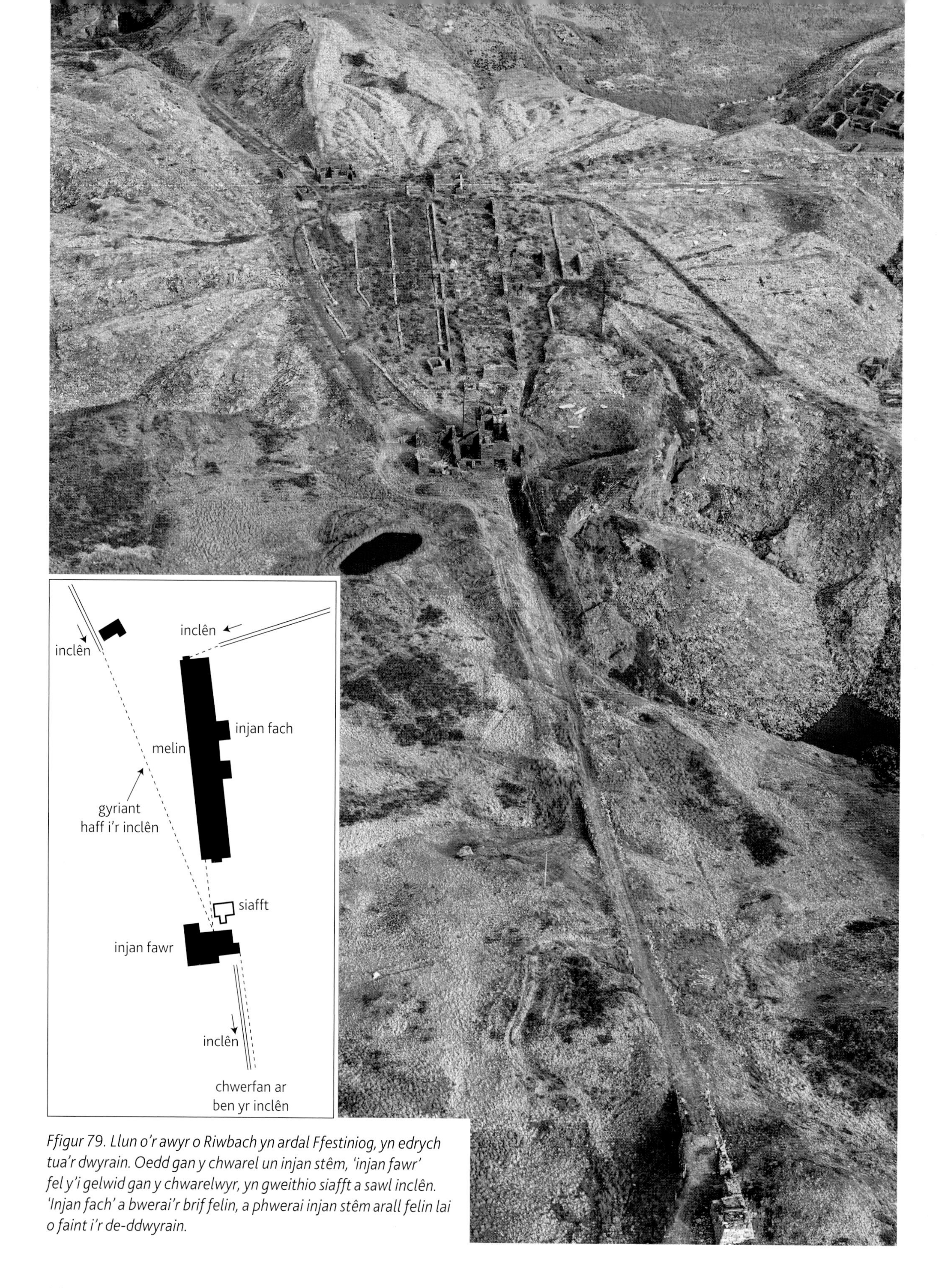

Ffigur 79. Llun o'r awyr o Riwbach yn ardal Ffestiniog, yn edrych tua'r dwyrain. Oedd gan y chwarel un injan stêm, 'injan fawr' fel y'i gelwid gan y chwarelwyr, yn gweithio siafft a sawl inclên. 'Injan fach' a bwerai'r brif felin, a phwerai injan stêm arall felin lai o faint i'r de-ddwyrain.

fe'i gosodwyd rhyw ben rhwng 1836 a 1844 gan gwmni dan arweiniad Syr John Kennaway o Ottery St Mary yn Nyfnaint. Mae defnyddio system rhodenni gwastad hir fel hon yn nodweddiadol o gloddfeydd de-orllewin Lloegr, enghraifft o dechnoleg a fewnforiwyd i gymharu â'r injan pwmp cyfeirio yn chwarel Dorothea gerllaw, a adeiladwyd yn Camborne.[33]

Mae'r llall yn chwarel Rhiwbach yn ardal Ffestiniog, lle y cynlluniwyd yr agerbeiriant canolog mawr o 1862–63, llorwedd un silindr gyda *link motion* a gêr bacio, a bwerwyd gan ddau foeler Cernywaidd gan Haigh Foundry o Wigan, fel peiriant amlbwrpas, yn cludo o siafft ac yn codi ar sawl inclên, yn cynnwys prif inclên allan y chwarel a oedd, yn anarferol, yn rhedeg i fyny'r allt o ardal y felin i gyrraedd adran gogylchu'r rheilffordd allan (Ffigur 79).[34] Mae'n amlwg mai'r tŷ injan a adeiladwyd gan y contractwr o Benmachno, Owain Gethin Jones, yw ffocws y safle o hyd, gyda'i stac cynllun sgwâr tal. Fodd bynnag, ni threfnwyd unrhyw chwarel lechi arall yng Nghymru o amgylch ffynhonnell bŵer ganolog yn y ffordd hon, a dim ond yn Delabole yng Nghernyw y gellir gweld unrhyw beth tebyg.[35] Pan ddechreuodd y gwaith ar weithfeydd tanddaearol i'r dwyrain o'r felin yn Rhiwbach yn 1899, roedd yr inclên a adeiladwyd i'w gwasanaethu hefyd wedi'i gysylltu i'r injan ganolog.[36]

Defnyddiwyd stêm mewn un lleoliad er mwyn trosglwyddo pŵer dros ardal eang; yn chwarel y Cambrian yn Nantperis, nodwyd bod dril Burleigh (pennod 4) yn 1873 yn deillio 'its mobility from a steam engine which is situated on a crag in the quarry, to excavate rocks from a lower gallery' gan bibell haearn 32 milimetr o drwch gydag estyniad rwber. Er bod yr adroddiad yn nodi na chollodd lawer o bŵer wrth drosglwyddo dros yr hyn a ymddengys yn gryn bellter, mae'n anodd credu nad oedd anwedd yn cronni mewn pibellau heb eu lapio. Hwn oedd yr unig un.[37] Yn fwy cyffredin, roedd y defnydd o foeleri symudol neu hunanyrrol, y gellid eu cysylltu â chyfres o ddriliau gan ddefnyddio pibellau byr.[38]

Yr ail gyfnod – 1890–1970

Er y gwelwyd buddsoddiad sylweddol mewn technolegau pŵer newydd ar ddiwedd y bedwaredd ganrif ar bymtheg, mewn sawl ffordd mae'r parhad o fewn y diwydiant yn fwy hynod na'r newidiadau; pŵer dŵr oedd y ffordd bwysicaf o ddiwallu anghenion ynni o hyd, ac er y'i cynhyrchwyd gan systemau tyrbin fwyfwy ar ôl tua 1890, mewn sawl chwarel roedd hen olwynion dŵr yn dal i droi. Daeth peiriannau tanio mewnol yn fwy cyffredin, a gwelwyd dirywiad cyson mewn dulliau tanio allanol – pŵer stêm. Yn sgil y newidiadau hyn, bu'n rhaid i reolwyr chwarel a pheirianwyr unwaith eto edrych y tu hwnt i'r ardal er mwyn cyrchu technoleg newydd. Dros sawl blwyddyn, roeddent wedi dod i arfer trafod eu hanghenion yn amgylchedd cyfeillgar swyddfa ddylunio Union Ironworks De Winton yng Nghaernarfon, neu gydag un o'r ffowndris lleol llai, na lwyddodd yr un ohonynt i newid o dechnolegau clasurol canol oes Fictoria i dyrbinau, peiriannau tanio mewnol, trydan ac aer cywasgedig. Nawr, roedd rhaid iddynt ymwneud ag ymgynghorwyr cloddio arbenigol, cysylltu â busnesau oedd mor debygol o fod wedi'u lleoli ym Mhrâg neu Bwdapest ag yr oeddent yn Sandycroft, Kendal, Aberdeen neu Fanceinion, a meistroli technolegau hollol newydd.

Tyrbinau dŵr

Roedd tyrbinau yn cynnig ffurf fwy cryno ac effeithlon o gynhyrchu ynni o ddŵr, o leiaf lle'r oedd wynebyn digonol ar gael. Roedd sawl tyrbin wedi'u gosod mewn melinau o'r 1860au, ond yn yr ugeinfed ganrif y daethant yn gyffredin (pennod 7).[39] Roedd rhai enghreifftiau wedi'u cysylltu'n uniongyrchol â pheiriannau gan ddefnyddio gyriant belt neu tsaen, fel pelton Gunther a osodwyd yn 1925 yn iard Gilfach Ddu yn chwarel Dinorwig, yr Amgueddfa Lechi Genedlaethol bellach (Ffigur 80). Gall ymwelwyr ei gymharu â'r olwyn ddŵr grog a adeiladwyd yn 1870, a gadwyd fel dull wrth gefn wedi hynny. Yn fwy cyffredin, roeddent yn cynhyrchu pŵer ar gyfer systemau dosbarthu, fel y tyrbin math Francis sydd wedi goroesi o 1929 gan Gilbert Gilkes o Kendal yn y Penrhyn, wedi'i gysylltu â chywasgydd aer silindr fertigol o 1918; neu'r ddau belton, eto gan Gilkes, a'r ddau wedi'u cysylltu â generadur cerrynt uniongyrchol Thomson a Phillips, a phob un yn dyddio o 1904–06 yn nhŷ pŵer chwarel Llechwedd ym Mhant yr

Ffigur 80. Disodlwyd yr olwyn ddŵr gan y pelton yng ngweithdy Gilfach Ddu yn Ninorwig, Amgueddfa Lechi Cymru bellach.

Afon, ger ei chilffyrdd cyfnewid gyda'r London and North Western Railway a'i chysylltiad â Rheilffordd Ffestiniog. Roedd J.W. Greaves and Co. hefyd yn cynnal gorsaf bŵer yn dyddio o 1911 yn eu chwarel ym Maenofferen, sydd bellach yn cynnwys pelton Gilkes o 1927, wedi'i gysylltu â generadur cerrynt uniongyrchol British Thompson Houston.

Injans tanio mewnol

Dechreuwyd defnyddio injans tanio mewnol – injans nwy, injans petrol ac injans olew (neu ddiesel), neu 'motos' – mewn llawer o fusnesau bach a chanolig yn yr ugeinfed ganrif, yn enwedig yn Nantlle ac mewn rhai chwareli anghysbell – Blaen y Cwm a Chwt y Bugail ar ymyl ardal Ffestiniog, Rhos yn Nantconwy, Aberllefenni a Llwyngwern yn Nantdulas, Penarth yng ngogledd-ddwyrain Cymru.[40] Yn aml, roedd yr injans hyn yn gyrru cywasgyddion, neu efallai eu bod wedi'u lleoli mewn melinau ond eu bod yn gyrru peiriannau eraill hefyd. Er nad oedd oes llawer o agerbeiriannau'r melinau yr oeddent mewn cystadleuaeth â hwy wedi dod i ben, roedd llawer o fanteision i injans tanio mewnol – roeddent yn rhatach i'w rhedeg, yn fwy economaidd o ran tanwydd ac yn llai costus i'w hyswirio. Eu hanfanteision oedd bod y torc defnyddiol yn cael ei gynhyrchu dros ystod lai o gyflymder cylchdroi, ni ellid eu tanio pan fyddent wedi'u llwytho, yn aml ni ellid eu tanio pan fyddent yn oer, ac roedd ffitwyr a gyrwyr yn anghyfarwydd â'r dechnoleg i ddechrau, ac yn amharod i alw arbenigwyr hyd nes bod eu peiriant yn llwyr anoperadwy.

Nid oedd unrhyw chwarel llechi yng Nghymru wedi'i chysylltu â chyflenwad nwy mewn tref, felly roedd angen i bob injan nwy gael peiriant annibynnol, ar ffurf retort i losgi glo mewn llif aer llai er mwyn cynhyrchu nwy aer. Ymddangosodd injans nwy sugno ag un silindr, un neu ddwy chwylolwyn a phlygiau sbarc pŵer magneto am y tro cyntaf yn 1900 yn Llwydcoed yn Nantlle. Dilynodd chwareli eraill cyfagos yn yr un modd – Alexandra (*c.*1906), Coedmadog (*c.*1907, symudodd i Flaen y Cae yn 1909), De Dorothea (erbyn 1909) a Thynyweirglodd (cyn 1910 mae'n debyg). Cafwyd datblygiadau diweddarach yng Ngallt y Fedw yn Nantlle yn y 1920au (heb ei ddefnyddio), yn Llwyngwern yn Nantdulas *c.*1920 ac ym Mhenarth yng ngogledd-ddwyrain Cymru. Er y defnyddiwyd injans petrol yn eang mewn busnesau llai i bweru pympiau a rhaffyrdd, prin yw'r enghreifftiau a weithredai felinau. Fodd bynnag, yn aml, byddai injans olew yn disodli ffurfiau eraill ar brif ysgogwyr mewn busnesau o faint canolig a llai o'r 1930au ymlaen. Gwelwyd y datblygiad mawr cyntaf yn Ne Dorothea yn Nantlle yn 1933, pan ddisodlwyd yr injan nwy gan injan olew National llorwedd dau silindr, marchnerth 120. Gwelwyd eraill ar ôl hyn, fel y Crossley a osodwyd yng Nghilgwyn yn 1941, a ddisodlodd yr injan stêm melin gyfansawdd ochr-yn-ochr. Gosododd chwarel Ratgoed yn Nantdulas injan olew yn ei hunig felin oedd yn weddill yn 1935, ar ôl i'r system cyflenwi dŵr fethu.[41]

Wrth i'r dechnoleg ddechrau cael ei derbyn a'i deall, canfuwyd peiriannau tanio mewnol yn ddiweddarach mewn nifer fawr o chwareli. Rhai dros dro oedd rhai o'r rhain ond roeddent yn effeithiol, fel yr Austin 7 wedi'i godi oddi ar ei olwynion cefn, a oedd am gyfnod yn gweithredu system rhaffyrdd awyr mewn chwarel yn Nantlle (pennod 8). Weithiau byddai injans cerbydau dympio yn pweru byrddau llifio, yn enwedig mewn busnesau bach a thlawd.

Aer cywasgedig

Defnyddiwyd aer cywasgedig yn eang i ddosbarthu pŵer mewn chwareli unigol. Yr enghraifft gyntaf oedd system niwmatig pwysedd isel a osodwyd yn Rhos yn Nantconwy yn y 1880au efallai, ond trawsnewidiwyd y dechnoleg drwy gyflwyno cywasgyddion pwysedd uchel o UDA yn Oakeley yn Ffestiniog tua 1895 a Phen yr Orsedd yn Nantlle yn 1897.[42] Erbyn 1914, roedd y rhan fwyaf o chwareli mawr a chanolig yn y diwydiant wedi prynu cywasgyddion a driliau niwmatig.[43] Y gwneuthurwyr mwyaf cyffredin oedd Ingersoll Sergeant a'i olynydd Ingersoll Rand, a gynigiodd gynllun cadarn yn ymgorffori silindrau aer unigol neu luosog, a weithredwyd gan stêm mewn cyfluniadau silindr cyferbyniol neu dandem, neu gan yriant belt o amrywiaeth o ffynonellau pŵer. Cyflenwodd Ingersoll Rand lawer o'r unedau symudol gyda gyriant tanio mewnol llai a oedd ar gael o'r 1920au, a allai weithredu naill ai fel prif beiriant mewn chwarel fach neu fel uned ategol y tu hwnt i gyrraedd prif gyflenwad aer sefydlog yn y safleoedd mwy.[44] Cedwir cywasgydd Ingersoll Rand symudol o 1924 o chwarel Garreg Fawr yng Nghwm Gwyrfai yn yr Amgueddfa Lechi Genedlaethol. Ymysg y chwareli a brynodd o lefydd eraill roedd Dorothea yn Nantlle, a osododd bâr canolog o gywasgyddion Holman yn 1935 i ddisodli'r agerbeiriannau bach yn y pyllau amrywiol yr oedd wedi cymryd rheolaeth ohonynt ym Mlaen y Cae, Gallt y Fedw a Phen y Bryn. Roedd Dinorwig yn un arall, a osododd gywasgydd dau silindr gan Tilghman ynghyd â chywasgydd Ingersoll Rand un silindr. Mae'r peiriant hwn, un o bum cywasgydd aer a arferai fod yn weithredol yn Ninorwig, wedi goroesi ynghyd â thanc dŵr cynllun crwn a gâi ei fwydo o nant Terfyn, ac is-orsaf fawr a thŷ cywasgydd.[45] Heblaw am y cywasgydd Ingersoll Sergeant o 1897 ym Mhen yr Orsedd (Ffigur 81), yr unig enghraifft arall amlwg yw'r tŷ cywasgydd ym mhonc Sling yn y Penrhyn, lle mae cywasgydd fertigol dau silindr Fullerton Hodgart and Barclay gyda chapasiti o 42.5 metr ciwbig o 1919 wedi'i gysylltu â'r tyrbin Gilkes a nodir uchod.

Ffigur 81. Mae'r cywasgydd ym Mhen yr Orsedd, Nantlle, yn enghraifft brin sydd wedi goroesi o ddiwedd y bedwaredd ganrif ar bymtheg.

Trydan

Mae'r broses o osod y systemau trydanol ymarferol cyntaf yn niwydiant llechi Cymru yn adlewyrchu ffyniant ffug y 1890au, yr un cyfnod o ffyniant cymharol a ysgogodd y Penrhyn a Dinorwig i fuddsoddi mewn fflydoedd o longau stêm ac Assheton Smith i ailadeiladu'r Felinheli i'w cymryd. Ymhen amser, nododd un o'r newidiadau mwyaf arwyddocaol yn y ffordd y gweithredwyd y diwydiant. O gymharu ag agerbeiriannau budr oedd yn llyncu glo ac olwynion dŵr araf, roedd yn ymddangos bod trydan yn flaengar ac yn gosteffeithiol, yn enwedig pan gâi ei gynhyrchu gan dyrbinau – er bod rhai o'r setiau cynhyrchu cynnar yn cael eu rhedeg oddi ar yr un agerbeiriannau ac olwynion dŵr ag yr oedd y dechnoleg yn bygwth eu disodli.

Roedd trydan wedi'i ddefnyddio'n rheolaidd mewn chwareli a chloddfeydd ledled y byd ers y 1880au ond y diwydiant glo a'i mabwysiadodd fwyaf brwd ac i'r graddau mwyaf, ar ffurf neuaddau peiriannau cyffredin anferth y Ruhr, a'r rhai a adeiladwyd i'w hefelychu, fel yn ne Cymru.[46] Roedd diwydiant llechi Anjou wedi defnyddio trydan i oleuo o 1879, i bweru melinau o 1882, i danio ffrwydradau o 1885 ac i bwmpio o 1896. Erbyn 1903 roedd tyrbinau stêm yn gyrru eiliaduron modern gan gyflenwi 50,000 wat ar gerrynt tri cham, ar amlder o 50 hertz (ond dim ond 120 folt) i weithredu winshis, gan ddefnyddio'r dechnoleg Ffrengig orau.[47] Os oedd peirianwyr chwareli llechi Cymru yn llai mentrus, er hyn gwnaethant ddangos sgil sylweddol yn nodi potensial y system arloesol hon a'i chymhwyso i'w hamgylchedd eu hunain. Ni ddaeth hyn yn rhwydd bob amser. Methodd y systemau arbrofol cynnar yn Nantlle am nad oedd neb yn deall sut i wneud iddynt weithio'n effeithiol, ac eithrio chwarel fach Llwyncoed, lle'r oedd gan y cyfarwyddwyr fuddiannau mewn tramffyrdd stryd trydanol mewn sawl dinas yn Lloegr.[48] Roedd Ffestiniog yn fwy llwyddiannus. Roedd Llechwedd yn rhedeg driliau o ddynamo a bwerwyd gan dyrbin o 1891, ac yna gan bympiau trydanol o fewn ychydig flynyddoedd, a osodwyd gan ei pheiriannydd Charles Warren Roberts.[49] Dilynodd yr orsaf cerrynt uniongyrchol a ddisgrifiwyd eisoes yn 1904–06.[50] Trawsnewidiwyd inclên llawr 5, a oedd eisoes wedi'i yrru gan olwyn ddŵr ac yna gan agerbeiriant, i drydan yn y 1920au.[51] Roedd yr Yale Electric Power Company yn system cerrynt uniongyrchol fwy, a gyflenwai Votty and Bowydd o 1902 o'i orsaf ddŵr yn Nolwen, a ryng-gysylltwyd â Phant yr Afon yn ddiweddarach, y system cyflenwad cyhoeddus gyntaf i wasanaethu'r diwydiant.[52] Yn yr un flwyddyn, gosododd Hafodlas yn Nantconwy beiriant dŵr.[53] Erbyn 1904 roedd chwarel Maenofferen yn defnyddio trydan i bweru'r melinau, i weithredu'r incleiniau cludo, i bwmpio, ac i oleuo ardaloedd tanddaearol. Symudwyd agerbeiriannau i orsaf ddŵr fel system ategol i dyrbin, lle câi pŵer ei drosglwyddo ar hyd llinell uwchben i dŷ cronnwr, ac yna i'r moduron amrywiol.[54] Ceir cyfeiriadau pellach at y broses o drydaneiddio inclên y brif wythïen gefn yn 1910, o dan reolwr newydd, Edward Andrews, yr unigolyn graddedig cyntaf i gymryd rheolaeth ymarferol o chwarel lechi.[55]

Er y gellid rheoli eu cyflymder yn haws i ddechrau, dim ond dros ardaloedd cyfyngedig y gallai systemau cerrynt uniongyrchol fel y rhain weithredu, a gellid rhwydweithio systemau cerrynt eiledol dros ranbarth cyfan nid dim ond dros amgylchedd uniongyrchol chwarel.[56] Mae dosbarthiad tri cham ymarferol yn dyddio i'r 1890au, pan osodwyd systemau yn yr Unol Daleithiau ac yng Nghroatia (gweler nodyn 2 ar dudalen 94).[57] Gwelwyd enghraifft drychinebus yng Nghymru pan fethodd gwaith plwm yn Frongoch yn Sir Aberteifi, a orlwythwyd â pheiriannau cerrynt eiledol gan y Société Anonyme Minière o Wlad Belg yn 1898.[58] Er hyn, gosodwyd system o'r fath yng Nghroesor yn ardal Glaslyn yn 1904 gan y gŵr hynod Moses Kellow (pennod 4), gyda chapasiti o 250 cilowat wedi'i bweru gan dyrbinau o amgylch eiliadur 250 cilofolt-amper, 2,750 folt 40 hertz a yrrwyd yn uniongyrchol gan dyrbin ag ysgogiad marchnerth 375. Cyflenwyd y rhain gan weithfeydd Emil Kolben yn Vysočany ger Prâg, a oedd eisoes wedi'i hen sefydlu yn wneuthurwr tyrbinau a gosodiadau trydan dŵr. Trosglwyddwyd pŵer 975 metr drwy linell uwchben a chebl tanddaearol i drawsnewidyddion tri cham wedi'u trochi mewn olew, a leihaodd y foltedd i 220.[59] Honnodd Kellow i'w waith ar y system tri cham ddylanwadu ar y broses o sefydlu'r North Wales Power and Traction Company yn 1904. Efallai bod hynny'n wir, ond yn sicr, roedd tarddiad y cwmni hwn hefyd yn adlewyrchu'r broses o ddatblygu gwe gymhleth o gydberthnasau masnachol a oedd eto'n ymestyn i'r ymerodraeth Awstro-Hwngaraidd, i gwmni Ganz o Bwdapest, yn ogystal ag i Gaeredin a chwmni Bruce Peebles. Eu cynllun oedd y byddai trydan a gynhyrchwyd o ddŵr o orsaf bŵer yng Nghwm Dyli, ar lethrau deheuol Eryri (SH 6532 5397), yn gwasanaethu'r diwydiant llechi ond hefyd y diwydiant toddi alwmina ac yn pweru rheilffyrdd, gan ddefnyddio'r system tyniant tri cham a ddyfeisiwyd gan beiriannwr Ganz Kálmán Kandó.[60] Er mai ofer oedd y cynllun rheilffordd, sefydlodd y cwmni ei hun yn gyflym fel prif system cyflenwi ddiwydiannol. Cyflenwyd y Penrhyn yn nyffryn Ogwen, Dinorwig yn Nantperis, Pen yr Orsedd yn Nantlle ac Oakeley yn Ffestiniog o'r dechrau, yn 1906; Alexandra ar Foel Tryfan o 1912, a chwareli unedig Moel Tryfan o 1935.[61]

Parhaodd cyflenwadau mewnol llai i gael eu hadeiladu. Sefydlodd y Penrhyn ei set ddŵr ei hun yn 1927-28, a gosododd Dorothea eneraduron a yrrwyd gan diesel yn 1938.[62] Gosodwyd gorsaf a yrrwyd gan ddiesel yn Aberllefenni yn 1944.[63]

Yn archaeolegol, mae'r cyfraddau goroesi yn amrywio. Mae rhai o adeiladau'r gorsafoedd pŵer Edwardaidd cenhedlaeth gyntaf wedi goroesi, yn cynnwys yr adeilad arddull Celf a Chrefft sy'n debyg i fasilica yng Nghwm Dyli, gyda'i ffenestri bwaog yn y talcenni, gan adlewyrchu'r manylion pensaernïol a ddefnyddiwyd ar adeiladau'r diwydiant newydd hwn ledled y byd.[64] Mae Croesor yn rhagweledigiad llai a mwy tila o'r cynllun hwn, a Phant yr Afon a Dolwen yn Ffestiniog yn llawer mwy iwtilitaraidd.[65] Mae Dolwen wedi bod yn dŷ preifat ers y 1960au, ond mae'r lleill yn weithredol o hyd, er y caewyd Croesor yn 1961 a'i ailgyfarparu yn 1998. Yn gyffredinol, rhaid rhoi'r prif sylw i Bant yr Afon yn Llechwedd, lle mae'r system ddeuol wreiddiol o dyrbinau a generaduron wedi goroesi, wedi'u diogelu gan ffens bren o gynllun Edwardaidd nodedig, ynghyd â thyrbin Gilkes a adeiladwyd yn ddiweddar (Ffigur 82). Mae'r enghraifft wych hon hefyd yn cynnwys offer swîts gan General Electric gyda mesuryddion gan Lionel Robinson and Co. o Thames Ditton, ac injan olew

Ffigur 82. Prin fu'r newid yn yr orsaf cynhyrchu trydan dŵr a gynhaliwyd gan chwarel Llechwedd ym Mhant yr Afon, Ffestiniog ers 1906.

Petter o gynllun o'r 1920au, wedi'i gosod yn llawr y cyntedd. Am nifer o flynyddoedd, yr eitem fwyaf modern a gafwyd yno oedd bwced gyda'r nod 'Utility' o adeg y rhyfel.

Mae tai trawsnewidyddion ac is-orsafoedd wedi goroesi mewn sawl chwarel. Yn y Penrhyn, mae tŷ trawsnewidydd (Ffigur 83) ac is-orsaf gyda phatrwm pagoda nodedig wedi goroesi o 1920–21, gyda chromen uwchlaw to slip, a adeiladwyd o flociau concrid ac a gafodd ei rendro.[66] Yn aml, caiff llechi eu hongian ar dai trawsnewidyddion er mwyn atal dŵr, fel ym Maenofferen.

Mae'n amlwg mai pŵer dŵr yw'r ffactor cyson a ddiwallodd anghenion ynni'r diwydiant llechi yng Nghymru, fel mewn sawl diwydiant arall; rôl eilradd oedd gan stêm, y dechnoleg a gysylltir mor aml â'r chwyldro diwydiannol. Mae'r olwyn ddŵr fawr yng ngweithdai Gilfach Ddu yn chwarel Dinorwig a'r tai pŵer dŵr ym Mhant yr Afon a Maenofferen yn weithredol o hyd, i ddangos y defnydd dyfeisgar a newidiol a wnaed o bŵer dŵr yn y diwydiant.

Nodyn 1 – Agerbeiriannau hyd at 1850

Ar ôl yr agerbeiriant cyntaf yn 1812, yn Nantlle y lleolwyd y tri agerbeiriant nesaf hefyd, sef: (i) Fawcett o 1819, hefyd yng Nghloddfa'r Coed (adran archifau Museums and Galleries on Merseyside: B/FP/5/1/1); (ii) injan 4hp gylchdro o'r 1820au yng Nghoedmadog, a oedd yn pwmpio mae'n debyg ond a allai hefyd fod wedi codi ar inclên (CRO: Jarvis Add. 89); (iii) injan o 1835 yng Nghilgwyn (Sylwedydd: 71). Ar ôl hyn fe'u canfuwyd mewn mannau eraill; (iv) mewn iard lechi ym Mangor erbyn 1842 (*Carnarvon and Denbigh Herald* 8 Hydref 1842: 3, col. c); (v) ym Mhen y Bryn yn Nantlle yn 1842 ac (vi) yn Norothea yn Nantlle yn 1843, gyda'r ddau yn gweithredu incleiniau tsaen (Sylwedydd: 52 a 41); (vii) yn chwarel Palmerston yn Ffestiniog yn 1844, o bosibl i weithredu melin (Jones 1875: 552; (viii) yn Chwarel Slabiau Portreuddyn yn ardal Glaslyn i weithredu melin yn 1845 (Mining Journal 1845, 550); (ix) yn chwarel Minllyn yn ne Meirionnydd yn 1845 i weithredu melin, gan 'Blackburn of the Minories' (*Carnarvon and Denbigh Herald* 23 Awst 1845 2, col. c.); (x) yn Ninorwig yn Nantperis yn 1848 i weithredu melinau, gan Davy of Sheffield (Eardley-Wilmot 1902: 74), (xi) ym Mryn Hafon y Wern yn nyffryn Ogwen yn 1849, 20hp gan Tyrrell's i godi ar inclên (CRO: XM/495/1) (xii) injan yn gweithredu lifft fertigol yn Abereiddi yn ne-orllewin Cymru yn 1849 (Richards 1998: 38).

Ffigur 83. Lleolir tŷ'r trawsnewidydd yn chwarel y Penrhyn ar bonc 'Agor Boni'.

Nodyn 2 – Cerrynt uniongyrchol a cherrynt eiledol
Cafwyd llawer o ddadlau ynghylch p'un ai cerrynt uniongyrchol (DC), neu gerrynt eiledol (AC) oedd y ffordd orau o ddosbarthu a defnyddio trydan ar ddechrau cyfnod y diwydiant trydan.

Cerrynt uniongyrchol yw'r llif unffordd o wefr drydanol, o ffynhonnell fel batri neu ddynamo lle mae electronau yn llifo'n barhaus fel cerrynt trydanol. Y pwysedd sy'n achosi iddynt wneud hynny yw'r grym electromotif, a fesurir mewn foltiau ac a elwir yn foltedd fel arfer. Caiff y llif o electronau, y cerrynt, ei fesur mewn ampau ac weithiau fe'i gelwir yn amperedd. Un fantais o'r system DC yw y gall modur ddatblygu torc pŵer llawn o'r dechrau drwy reoli llif y cerrynt drwyddo gyda gwrthiant allanol; golygai hyn ei fod yn ddelfrydol ar gyfer rhai cymwysiadau diwydiannol, rheilffyrdd a thramffyrdd trefol yn benodol. Fodd bynnag, un o'r prif broblemau yw bod colledion yn cynyddu'n gyflym wrth i systemau ehangu i wasanaethu ardaloedd ehangach, gan mai'r golled mewn cebl yw cynnyrch sgwâr y cerrynt a gwrthiant y cebl, sy'n cynyddu gyda hyd. Mae'r dosbarthiad effeithiol mwyaf tua 1.5km.

Cerrynt eiledol yw pan fydd y foltedd yn codi ac yn gostwng yn dibynnu ar safle'r gwifrau sy'n cylchdroi mewn generadur (y cyfeirir ato fel arfer fel 'eiliadur') mewn perthynas â magned sefydlog. Wrth i'r wifren sy'n cylchdroi agosáu at bolyn magnetig, bydd y grym electromotif yn codi i'w anterth, yna'n gostwng i sero rhwng y polion cyn codi yn y cyfeiriad cyferbyniol o dan y polyn cyferbyniol. Mae amlder eiliadu yn dibynnu ar gyflymder y cylchdro a nifer y polion yn y peiriant. Mae'r trawsnewidydd yn nodwedd arall, sy'n trosglwyddo ynni drwy greu ffrwd fagnetig amrywiol mewn peiriant codi sylfaenol ac felly ffrwd fagnetig amrywiol mewn peiriant codi eilaidd. Drwy gynyddu'r foltedd, felly lleihau'r cerrynt, caiff colledion eu lleihau dros bellteroedd hirach, gan ganiatáu arbedion mewn gorsafoedd cynhyrchu trydan a'r dewis gorau o safle ar gyfer ffynonellau pŵer.

Nodiadau

1 CRO: GPJ/001; PTyB: RH027-RH028, RH044-2.
2 PTyB: ML030; 034-039.
3 Genesis 3:19; CRO: XM/8262/1, anhysbys: *Chwarelau Machno* (traethawd llawysgrif).
4 Yn Nantlle, lle y nodwyd 35 o safleoedd olwynion dŵr, un tyrbin ac o leiaf pum tŵr cydbwyso dŵr gan waith maes a thystiolaeth ddogfennol o ddiwedd y ddeunawfed ganrif ymlaen – Jones, E. 1985: 18. Roedd gan Ffestiniog o leiaf 30 o olwynion, chwe thyrbin a thŵr cydbwyso dŵr. Mae'n debyg nad oedd mwy na thua dwsin o olwynion dŵr a thyrbinau yng ngweithfeydd bach a gwasgaredig Sir Benfro – Richards 1998: 27.
5 Gweler pennod 6; Mae CRO: XM/1311/5 yn cadarnhau bod cyrsiau dŵr ac olwynion dŵr yn y chwarel yn 1793; Prifysgol Bangor: mae llawysgrif y Penrhyn o 1971 yn awgrymu y prynwyd 'bib-bob' ar gyfer system rodenni yn 1783.
6 Ar gyfer dyffryn Ogwen, gweler Williams, J.Ll. a Jenkins 1993 a 1995. Ar gyfer Nantlle, gweler Gwyn 1999 a 2002b: 28-29.
7 CRO: XPQ/997: 21.
8 Lewis a Denton 1974: 61.
9 Williams, M.C. a Lewis 1989: 16; Williams, J.Ll. a Jenkins 1993: 45.
10 SH 7101 4805; Jones a Dafis 2003: 11-15.
11 SH 6041 6300; Dr Michael Lewis, gohebiaeth bersonol.
12 I weld cyfrif llawn o'r paentiad, gweler Jones, G.P. a Lord 1998: 23-32.
13 Prifysgol Bangor: llawysgrifau Porth yr Aur 27037, 27059, 27087, 27514, 27937, 29479 a Llyfrgell Genedlaethol Cymru: TAOI PB01261; Richards 1998: 80, 100.
14 Voisin 1987: 95; Soulez Larivière 1979: 136, 142, 145, 167-71, 195. Cafodd chwareli llechi'r Easdale (Èisdeal) yn yr Alban injan Newcomen hefyd ar ryw adeg – Tucker 1976: 121.
15 Roedd gan y Fraich Goch, Abercwmeiddaw a Llwyngwern yn ardal Corris; ac Abereiddi, Porthgain, Sealyham, Cilgerran a Llwynpïod yn ne-orllewin Cymru agerbeiriannau, a nodai fod maes glo gerllaw – Richards 1994 a 1998. Yn Nantconwy, roedd gan Fwlch Cynnud agerbeiriant (Williams, M.C. a Lewis 1989: 16), ac mae gwaith maes yn awgrymu bod Cae Madog yn defnyddio peiriant symudol.
16 Sef Cilgwyn, Coedmadog a Phen yr Orsedd yn Nantlle, ac Oakeley yn Ffestiniog – Jones, G.P. 1985: 36-37; Fisher, Fisher a Jones 2011: 84-87; DRO: Z/DAF/53: 29.
17 Prifysgol Bangor: llawysgrifau Porth yr Aur 29484, 29486 a 29525.
18 Gweler Jones, G.P. 1985: 47-73 ar gyfer dadansoddiad hyddysg o rôl pŵer stêm yn un o'r prif ardaloedd chwarelyddol.
19 Gwelwyd enghraifft gyfoes o ddychwelyd i dechnoleg stêm pan adeiladwyd locomotif *Russell* yn 1906 ar gyfer y Portmadoc, Beddgelert and South Snowdon Railway ar ôl rhoi'r gorau i'r cynlluniau trydaneiddio – gweler pennod 12.
20 Jones, O. 1875: 442.
21 PTyB: DF019/2-DF040/2; gan Monte of Chester (Llawr O), un o wneuthuriad anhysbys ar Lawr 2 melin 'Alabama'; gan Barrett, Exall ac Andrews yn 1858 ar Lawr 4 a gan Fawcett, Preston and Co. of Liverpool yn 1861 (rhif gwaith 2084) ar Lawr 6.
22 CRO: XM/759/1; mae DRO: Z/DBE/3002, rhestr peirianwaith o 1898, yn cofnodi dau foeler gan Tinker a Shenton yn pweru pâr o injans codi 100hp gan Pollock a Mcnab.
23 Fisher, Fisher a Jones 2011: 86.
24 CRO: XD Dorothea 612 a 614; Jones, G.P. 1985: 37.
25 CRO: GPJ/126.
26 Mae tŷ injan o 1872 ar gyfer injan pwmpio a chodi Harvey yn chwarel y Prince of Wales, Trebarwith yng Nghernyw wedi'i

adnewyddu gan English Heritage a rhoddwyd gradd II iddo (cyf: 1143433). Fe'i cwblhawyd yn 1872, a'i ddefnyddio ar gyfer pwmpio a chodi. Nodwyd tŷ injan heb ei adnewyddu ar gyfer injan cylchdroi a oedd yn gweithredu inclên tsaen yn chwarel Killaloe, Swydd Tipperary.

27 Fisher, Fisher a Jones 2011: 78-81. Dim ond pan sylweddolwyd bod bôn injan De Winton hysbys yng Ngallt y Fedw wedi'i gwneud gan ddilyn union yr un dimensiynau y cadarnhawyd tarddiad yr injan yng Nglynllifon – PTyB: GF007-1.

28 Hollister-Short 1994: 83-90.

29 Llyfrgell Genedlaethol Cymru: Gweithredoedd a Dogfennau H. Rumsey Williams 1647.

30 Gellir gweld enghraifft leol a gadwyd ac a ailadeiladwyd yn rhannol o system rodenni i drosglwyddo pŵer o olwyn ddŵr i bwmp yng ngwaith copr Cwm Ciprwth (SH 52566 47783).

31 Davies 1878: 128.

32 Nid oedd y dilyniant mwy cyffredin o olwynion dŵr ar lefelau olynol yn opsiwn yma, gan fod gofyniad cyfreithiol ar Ben yr Orsedd i drosglwyddo'i ddŵr i chwarel gyfagos mewn cyfuchlin benodol.

33 Sylwedydd nd.: 47-48, 52; PTyB: PB016; PB020-22. Ar gyfer Syr John Kennaway 1758-1836, gweler *Dictionary of National Biography*.

34 Jones, G.R. 2005: 43; PTyB: RB005-1 i RB005-6c; RB024-4; gohebiaeth bersonol, y diweddar Evan Owen Roberts.

35 Yma roedd injan gyfeirio gylchdro ganolog a osodwyd yn 1865 yn gyrru dau ddrwm codi a dwy gyfres o rodenni pwmp; gweler Kent: 1968: 317-23.

36 Gwyn 1999: 83-100; Jones, G.R. 2005: 43.

37 Lewis (gol.) 1987: 88-89.

38 Fisher, Fisher a Jones 2011: 143; Lewis 1966.

39 Ymddengys bod y cyntaf ym Moelwyn yn Ffestiniog ac yn Ratgoed yn Nantdulas yn 1864 – *Mining Journal* 20 Awst 1864; Llyfrgell Genedlaethol Cymru: Casgliad Ratgoed B7, Mehefin-Awst 1864.

40 Lewis 2003: 30-31, 70; PTyB: RH036/5; Richards 1994: 130; PTyB: dyffryn Dyfrdwy heb eu catalogio; dogfennau mewn dwylo preifat.

41 Jones, G.P. 1996: pennod 4; Richards 1994: 128-31.

42 CRO: XM 4874/6, yn dyfynnu *Quarry Managers' Journal* 5, 1 (Awst 1922). Yn 1894, ymwelodd cynrychiolydd o'r Ingersoll Sergeant Rock Drill Company â chwareli gogledd Cymru.

43 Lindsay 1974: 161.

44 Yn Norothea yn 1927 y gwelwyd y defnydd cyntaf o gywasgydd symudol yn Nantlle, uned ar reilffordd a drosglwyddwyd ar raffbont (CRO: X/Dorothea 4, Cofnod o 2 Ebrill 1927).

45 CRO: XM/1072/330; X/Dorothea 1542; anhysbys: 'Increased Efficiency in Slate Quarrying', *The Oil Engine* 5 (canol mis Awst 1937): 126-27.

46 Hughes 2004: 102-104.

47 Soulez Larivière 1979: 278; anhysbys 1903: 8-10.

48 Roedd peiriant Llwydcoed yn cynnwys dynamo DC Crompton Parkinson 80 amp, 500 folt a yrrwyd gan felt o injan melin nwy aer, a oedd yn pweru codwr blondin, rheilffordd cebl, gwyntyll gefail, pwmp, a system oleuo 110 folt, gan ddefnyddio rheolyddion ac offer swits Westinghouse. Roedd y cynlluniau eraill yng Nghilgwyn, lle y gosodwyd dynamo yn 1900-01, wedi'i yrru gan felt o agerbeiriant y felin, i bweru cylchedd goleuo DC 110 folt, pympiau chwarel a dril craig trydan arbrofol, gan ychwanegu codwr trydan yn 1906, ac yn Nhalysarn, a dreialodd fodur codi DC, wedi'i bweru gan ddynamo wedi'i yrru gan felt o agerbeiriant. Fel rhan o'r ymgais aflwyddiannus i ailagor Chwarel Braich yn 1913, gosodwyd pwmp trydan wedi'i bweru gan eneradur a yrrwyd gan agerbeiriant y felin – Jones, G.P. 1996.

49 Llyfr llythyrau ac adroddiadau Charles Warren Roberts i fwrdd J.W. Greaves, a gadwyd yn chwarel Llechwedd a DRO: Z/DBE/3002.

50 Roberts (1852–97) oedd mab Hugh Beaver Roberts, cyfreithiwr, a oedd yn berchen ar ychydig o dir ac ar chwareli llechi. Fe'i haddysgwyd yn Eton, a bu'n brentis i Charles Easton Spooner o Reilffordd Ffestiniog, lle bu'n syrfëwr ac yn gynllunydd i Reilffordd Gul Gogledd Cymru. Yn ei goflith fe'i disgrifir yn 'subsequently employed in constructing railways at various quarries in Wales and Cumberland'. Yn 1880 aeth i Frasil, lle cafodd ei gyflogi am beth amser gan y Dona Teresa Christina Railway a oedd yn cludo glo, a oedd wrthi'n cael ei hadeiladu ar y pryd. Fe'i penodwyd yn rheolwr chwarel Llechwedd yn 1887. *Proceedings of the Institution of Civil Engineers* 1897: 396; *Slate Trade Gazette* 1896-7: 159. Gweler hefyd Tyler 1994: 40 a phennod 8.

51 DRO: Z/DBE/3625.

52 Woodward 1997-98: 208.

53 Jones, G.R. 1998: 134-35.

54 Henry Hall, Arolygydd Cloddfeydd, Report for the Liverpool and North Wales District (No 7) for the Year 1904 (Llundain: H.M.S.O. 1905).

55 Dyfyniad o daflenni cyflog chwarel mewn dwylo preifat. Penodwyd Andrews yn 'Engineer and Busines Manager' yn 1908. Fe'i ganed yn Lloegr a'i fagu yng Nghanada. Roedd ganddo BSc mewn peirianneg cloddio o Brifysgol McGill, a thair blynedd o brofiad ymarferol yng Ngholumbia Brydeinig – *Slate Trade Gazette* 14 130 (17 Tachwedd 1908): 469.

56 Ar gyfer cefndir y broses o ddatblygu cyflenwad cyhoeddus yng ngogledd Cymru, gweler Jones, E. a Gwyn 1989; Woodward 1997-98; Johnson 2009: 31-52.

57 Varaschin a Bouvier 2009.

58 Bick 1996: 36-37, 50-52.

59 Kellow 1907 a 1944-45; ar gyfer gwreiddiau'r teulu Kellow yng Nghernyw, a'u cysylltiad â chwarel lechi Delabole, Lorigan 2007: 124-26.

60 Roedd Kandó, 'father of the electric train', newydd gwblhau'r broses o drydaneiddio Rheilffordd Valtellina yn yr Eidal, y brif linell gyntaf i gael ei thrydaneiddio. Machefert-Tassin, Nouvion a Woimant 1980: 131-40.

61 Manchester Museum of Science and Industry: casgliad ESI/37/1-3 (llyfrau cofnodion cyfarfodydd cyffredinol y North Wales Power and Traction Company 1903-23; ESI/1/1-3 (cofnodion bwrdd y North Wales Power Company, 1923-44); CRO: XDQ/1122.

62 CRO: XPQ/997, t.s., 'General survey of the Position at Penrhyn Quarry (dyddiedig 10 Rhagfyr 1943); Jones, G.P. 1996: pennod 4.

63 DRO: Z/DBT/37.

64 Varaschin a Bouvier 2009.

65 Ar gyfer gorsaf bŵer Croesor, gweler PTyB: CS041-1 i CS043.

66 CRO: XPQ/997: 35.

6 DRAENIO, PWMPIO AC AWYRU

Roedd angen peiriannau i bwmpio chwareli agored a gweithfeydd tanddaearol unwaith y dechreuwyd cyfalafu'r diwydiant ar ddiwedd y ddeunawfed ganrif. Roedd gan weithfeydd hunan-ddraenio ar lechwedd fantais sylweddol dros y rhai yr oedd angen pympiau arnynt, fel agorydd Ffestiniog a thyllau Nantlle a Moel Tryfan. Mae'r angen am systemau pwmpio effeithlon yn broblem gyffredin ym mhob gwaith mwynol ni waeth beth fo'i ddyfnder ac mae'r angen hwn wedi ysgogi datblygiad technoleg nodedig y diwydiannau cloddio a chwarela, gan gynnwys y pwmp grym a'r agerbeiriant. Er hynny, yn y rhan fwyaf o leoedd yn y diwydiant llechi yng Nghymru, roedd pŵer dŵr yn ddigon i weithredu systemau rheoli dŵr. Prin iawn oedd yr agerbeiriannau pwmpio mawr a nodweddai sawl diwydiant cloddio arall, er bod yr injan drawst Gernywaidd yn chwarel Dorothea yn Nantlle, yn haeddiannol, wedi dod yn un o safleoedd eiconig y diwydiant.

Yn ôl natur pethau, yn aml mae'r pympiau eu hunain wedi goroesi ond ni ellir mynd atynt, naill ai am eu bod o dan ddŵr neu wedi'u claddu, tra bod y nodweddion ar yr arwyneb wedi'u symud. Fodd bynnag, mae ffynonellau dogfennol cynhwysfawr yn golygu ei bod yn bosibl creu darlun o'r ffordd yr aeth y diwydiant ati i ddefnyddio'r dechnoleg a oedd ar gael.

Lefelau dŵr

Ceir lefelau dŵr – lefelau llorweddol fwy neu lai sy'n agor i'r arwyneb gan alluogi'r dŵr i lifo o'r gweithfeydd – mewn sawl chwarel, gan adlewyrchu'r angen i gadw pyllau agored a chloddfeydd tanddaearol yn rhydd o ddŵr cymaint â phosibl. Yn chwarel y Penrhyn, er enghraifft, roedd yr ardal gloddio yn cwmpasu 52.6 hectar (130 o erwau) erbyn dechrau'r ugeinfed ganrif a golygai un noson o law y byddai bron 3,000,000 o alwyni yn disgyn arni.[1] Gwelwyd lefelau dŵr tanddaearol yno ers diwedd y ddeunawfed ganrif ac, o 1849, defnyddiwyd y twnnel draenio sengl hiraf yn y diwydiant, a redai am tua 2 gilometr o'r pwll i afon Ogwen.[2] Weithiau roedd lefelau mynediad (pennod 4) hefyd yn gwaredu dŵr, gyda sianel ddŵr wedi'i leinio â slabiau yn rhedeg rhwng y cledrau ond, yn fwy aml, sianel neu bant ar un ochr o'r lefel.

Paratowyd cynlluniau ar gyfer lefelau dŵr i wasanaethu ardaloedd Ffestiniog a Nantlle yn eu cyfanrwydd, ond methodd y cynlluniau hynny pan fethodd y chwareli â chytuno ar brosiectau a fyddai wedi golygu cost cyfalaf fawr. Gosododd chwarel Pen yr Orsedd yn Nantlle system ddraenio ddofn uchelgeisiol yn y 1860au a'r 1870au, gan sicrhau ei goroesiad fel chwarel weithiol am dros gan mlynedd.[3]

Systemau wedi'u gyrru gan ddŵr

Mae'r dystiolaeth ddogfennol gynharaf o bympiau mecanyddol yn dyddio o ddiwedd y ddeunawfed ganrif. Mae map o chwarel y Penrhyn dyddiedig 1793 yn dangos ffosydd dŵr ac olwynion dŵr, yn amlwg wedi'u cynllunio ar gyfer pwmpio dŵr o safle a oedd yn esblygu'n gyflym o gloddfeydd gwasgaredig a grisiau syml ar y llechwedd i byllau dwfn.[4] Mae'n bosibl eu bod yn dyddio o 1783 pan, fel y nodwyd ym mhennod 5, mae cyfrifon y chwarel yn cyfeirio at brynu 'triongl', bib-bob fwy na thebyg ar gyfer newid cyfeiriad system rhodenni rhwng y prif ysgogydd a'r pwmp (Ffigur 84).[5] Bu'r math hwn o dechnoleg yn gyffredin mewn cloddfeydd metel ers yr unfed ganrif ar bymtheg, ond ymddengys mai dyma'r tro cyntaf i beiriannau gael eu cyflwyno yn y diwydiant llechi yng Nghymru.[6]

Buan y lledaenodd y dechnoleg i ardal Nantlle, lle dechreuodd dau beiriannydd rhyfeddol, John Edwards a John Hughes, gynhyrchu olwynion dŵr yn ogystal â mathau eraill o beiriannau, yn eu gweithdy ym Mhen y Groes. Rheolwr chwareli lleol oedd eu cleientiaid cyntaf; adeiladodd Edwards olwyn ddŵr pwmp yng Nghilgwyn yn 1816 a blwyddyn yn ddiweddarach adeiladodd beiriant hynod ddiddorol ar gyfer Cloddfa'r Coed, sef 'dyfais John Edwards'. Roedd y mecanwaith hwn yn cynnwys tair olwyn ddŵr gyfansawdd, 4.57 metr ar draws a 0.61 metr hyd at y frest, wedi'u trefnu un ar ben y llall. Roedd gan bob un ohonynt cocos ymylon allanol, yn cydio yn ei gilydd, ac yn

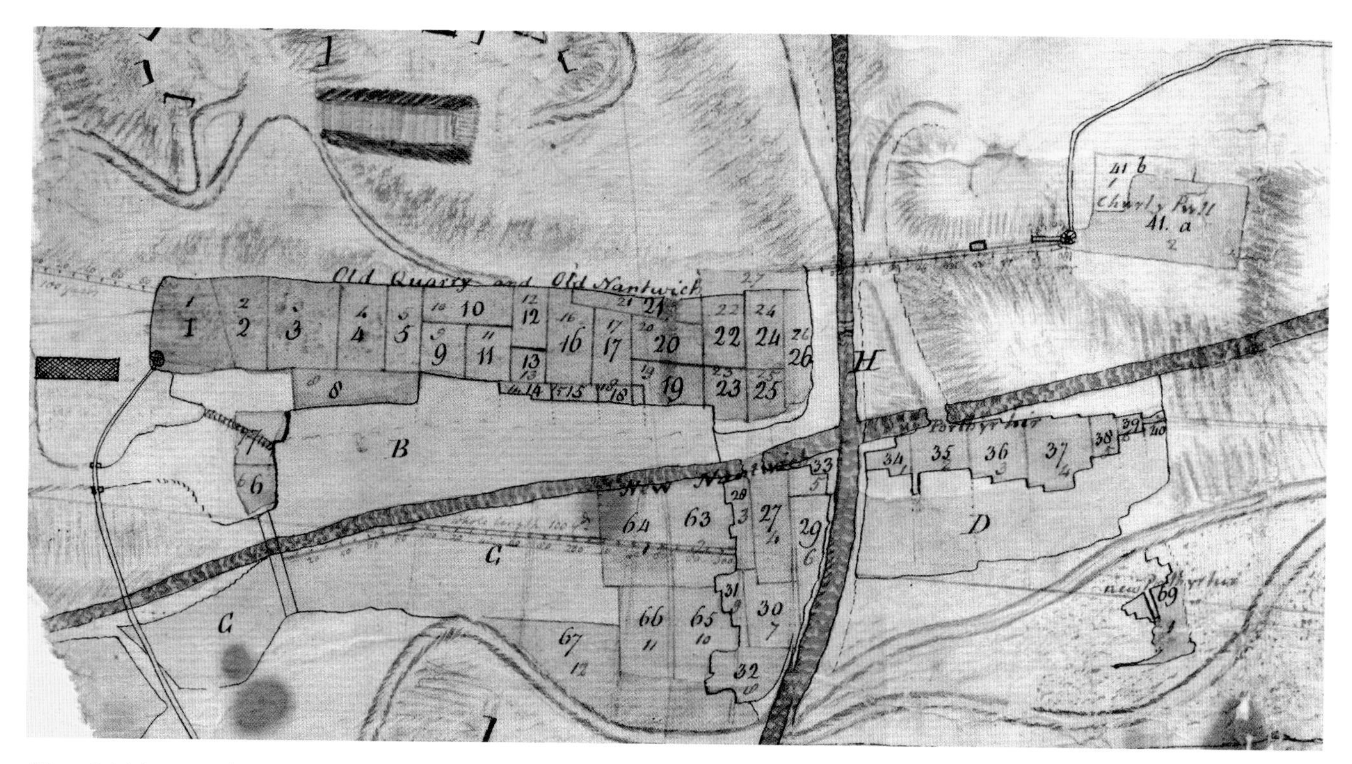

Ffigur 84. Mae manylion ar fap o chwarel y Penrhyn yn 1793 yn dangos dyfrgyrsiau a dwy olwyn ddŵr, un (dde) ar ben isaf Chwarel y Pwll a'r llall (chwith) yn No 1 yr Old Quarry. Mae ffôs ddŵr arall yn draenio gweithfeydd Porth yr Hir a New Nantwich.

cymryd dŵr yn olynol, yn gweithredu dau bwmp haearn bwrw oddi ar yr echel ganolog. Yn 1824, bu Edwards mewn trafodaethau i godi peiriannau wedi'u gyrru gan ddŵr yn chwarel Samuel Holland yn Ffestiniog. Gosododd Hughes olwynion dŵr at ddiben pwmpio yng Nglynrhonwy yn Nantperis yn y 1820au.[7]

Erbyn canol y bedwaredd ganrif ar bymtheg, gwelwyd pympiau wedi'u gyrru gan olwynion dŵr, wedi'u cysylltu â chranc ar yr echel, system rhodenni a chamdroeon cloch, mewn llawer iawn o chwareli, ac, yn aml, gwnaethant oroesi ymhell i mewn i'r ugeinfed ganrif. Yn hyn o beth, prin oedd y gwahaniaeth rhwng chwareli llechi yng Nghymru a diwydiannau cloddio ledled y byd; roedd symudiad rheolaidd a pharhaus olwyn ddŵr yn ddelfrydol ar gyfer gyrru pympiau bwced.[8] Gyda chyflwyniad trydan yn y 1890au, defnyddiwyd tyrbinau dŵr hefyd i bweru pympiau.

Roedd peiriannau wedi'u gyrru gan bwysedd dŵr yn nodwedd gyffredin mewn gweithfeydd metelifferaidd o ganol y ddeunawfed ganrif, pan gawsant eu dyfeisio ar yr un pryd yn Lloegr, Ffrainc a Hwngari. Prin y'u gwelwyd yn y diwydiant llechi, er i ddwy injan fawr tri silindr gael eu gosod gan Easton ac Amos yn chwarel y Penrhyn yn 1869 a 1872. Roeddent yn cylchdroi 17 o weithiau'r funud ac yn gyrru cyfres o dri phwmp codi mawr mewn siafft, 36.58 metr o ddyfnder.[9] Fe'u gosodwyd dan ddaear yn yr un agor er mwyn pwmpio i fyny i lefel wagio dŵr (Ffigur 85). Codwyd un ohonynt i'r wyneb yn rhannol yn y 1990au er mwyn ymgymryd â gwaith adfer ond mae'r cydrannau wedi'u camgadw ers hynny, ac nid oes modd cyrraedd y llall mwyach. Gwyddys am ddwy enghraifft arall, un bach yn Nhynyweirglodd yn Nantlle, a osodwyd yn 1905, ac enghraifft lawer mwy uchelgeisiol yn Votty and Bowydd, sy'n dyddio o ddiwedd y 1930au.[10]

Injans gwynt

Roedd y ddau beiriannydd o Nantlle, John Edwards a John Hughes, hefyd yn gyfrifol am y tair melin wynt a godwyd yn y diwydiant i bwmpio, pob un ohonynt yn ardal Nantlle; nid oes unrhyw dystiolaeth berthnasol o'r un ohonynt. Cyflogwyd John Hughes i adeiladu melin wynt pwmpio yng Nghilgwyn am £120 yn 1806 a'i chynnal am bum mlynedd am rent cadw o £2 y flwyddyn. Mae'r fanyleb yn cadarnhau mai strwythur bach o bren ydoedd.[11] Adeiladwyd un gan John Edwards ym Mraich Rhydd, y gallai Hughes fod wedi cael rhan ynddi,[12] ac adeiladwyd un arall yng Nghloddfa'r Coed. Gwaith Hughes oedd honno fwy na thebyg.[13] Ymddengys bod yr olaf o'r rhain wedi cynnwys tŵr o garreg, gan adlewyrchu ei safle ar lawr y dyffryn (gweler ffigur 71).[14]

Ffigur 85. Roedd yr injan pwysedd dŵr hon gan Easton ac Amos yn un o ddwy yn chwarel y Penrhyn, a gweithredai bympiau bwced.

Agerbeiriannau

Yn Nantlle hefyd y gwelwyd pŵer stêm yn cael ei ddefnyddio am y tro cyntaf a'r tro olaf at ddibenion pwmpio, ac yma y gwelwyd y nifer fwyaf o agerbeiriannau pwmpio ar un adeg, gan ddechrau gydag injan Fawcett a Littledale a osodwyd yng Nghloddfa'r Coed yn 1812, a ddefnyddiwyd at ddibenion codi hefyd ar ôl rhai blynyddoedd (gweler ffigur 72). Gosodwyd injan droi pedwar marchnerth i bwmpio yng Nghoedmadog yn y 1820au, a allai fod wedi'i ddefnyddio i weindio inclên hefyd.[15] Gosodwyd injan Gernywaidd o bosibl yn Nhalysarn yn Nantlle cyn 1868, gan oroesi'n ddigon hir i lun gael ei dynnu ohono o bellter yn tua 1896.[16] Mae'r safle ei hun wedi'i chwarela i ffwrdd.[17] Cafodd injan bwmpio lorweddol ddrud, cyfansoddyn tandem, ei gosod c.1880 ger Coedmadog i oresgyn mewnlifiadau trwm iawn o ddŵr i mewn i'r gweithfeydd dyfnaf. Rhoddwyd y gorau i'w defnyddio yn 1917.[18]

Y gosodiad stêm diwethaf oedd yr injan drawst Gernywaidd a'i thŷ sydd wedi goroesi yn Norothea ac sy'n dyddio o rhwng 1904 a 1906. Hon yw un o'r injans Cernywaidd olaf erioed i'w gosod yn newydd (gweler ffigur 73). Dechreuodd gwaith ar y siafft bwmpio yn 1899 a chyrhaeddwyd dyfnder llawn o 155 o lathenni ym mis Hydref 1903. Dechreuodd y gwaith o adeiladu'r injan ym mis Ebrill 1905 ac fe'i cwblhawyd ym mis Mehefin y flwyddyn ganlynol. Erbyn mis Mehefin 1906, roedd yr injan yn gweithio'n foddhaol. Mae'r adeiladwaith tri llawr a'r simnai bell yn anarferol o ran injans Cernywaidd.[19] Gweithredodd yn rheolaidd tan 1952 ac fe'i cadwyd fel injan wrth gefn, a'i hageru'n achlysurol, tan 1956.[20] Gwnaethpwyd rhywfaint o waith cadwraeth yn y 1970au. Mae injan gapstan fach hefyd wedi goroesi. Byddai honno'n codi rhodenni'r pwmp allan o'r siafft i'w hatgyweirio.

Defnyddiwyd stêm hefyd i weithredu pympiau yn Ninorwig a Ffestiniog. Ar ddiwedd y 1890au gosododd Robey and Company, cwmni o Lincoln, 'injan fawr', a oedd yn pwmpio ac yn weindio yn adran Allt Ddu yn chwarel Dinorwig, safle a dirluniwyd yn 1972 (Ffigur 86).[21] Yn 1890, gosododd gwaith Oakeley injan forol De Winton mewn agor wedi'i chwarela ar lawr G wedi'i gysylltu â phwmp tri thafliad fel opsiwn wrth gefn i dyrbin Gilkes i godi dŵr o gronfa ddŵr danddaearol tua 73 metr islaw. Câi boeleri Lancashire eu gwacáu drwy ffliw a stac byr ar yr arwyneb.[22] Rhoddwyd y gorau i ddefnyddio'r injan yn 1918 a chafodd ei thaflu tua 1928 ond roedd y pibwaith a'r hytrawstiau i'w gweld tan o leiaf y 1990au, pan adferwyd y tyrbin wrth gefn o'r 1920au. Roedd gan Gwmorthin ddau bwmp Tangye a Dean, y caent eu bwydo gan foeler a oedd hefyd yn bwydo injan codi ar inclên danddaearol.[23] Yn ôl pob tebyg, defnyddiai Rhosydd yn nyffryn Croesor sawl agerbeiriant bach i bwmpio.[24] Yn 1886, gosodwyd pwmp stêm bach yn sinc bach yn y Penrhyn i godi dŵr o sỳmp wrth droed siafft balans.[25] Defnyddiwyd pympiau stêm a addaswyd i redeg ar aer cywasgedig ar raddfa fach yn Aberllefenni yn Nantdulas.[26] Aeth chwarel Tŷ'n Ddôl yn Nantconwy ati i newid olwyn ddŵr a weithredai inclên a phwmp, ag agerbeiriant yn 1899, ac mae'n bosibl bod ei chymydog, Hendre, wedi defnyddio stêm i bwmpio hefyd.[27]

Systemau trosglwyddo

Roedd angen systemau trosglwyddo mecanyddol hir i bwmpio yn y dyddiau cyn dyfodiad trydan, fel y nodwyd ym mhennod 5. Yn aml, rhodenni ffawydden goch cilyddol nodweddiadol oeddent, wedi'u huno â phlatiau o haearn gyr neu ddur meddal a ganfuwyd mewn cloddfeydd a chwareli ledled y byd, er, ym Mhen y Bryn yn Nantlle, bariau haearn crwn 30 milimetr oeddent â dolenni o fariau sgwâr wedi'u gofannu i'r bar crwm ar y naill ben neu'r ddau, y mae llawer ohonynt wedi goroesi fel deunydd ffensio. Roedd system Pen y Bryn yn pasio drwy annedd a fodolai eisoes a fyddai, fel arall, wedi bod yn rhwystr iddo.[28] Mae rhodenni ffawydden goch i'w gweld o hyd yn y siafft bwmpio yn chwarel Dorothea ac, yn chwarel Tal y Sarn

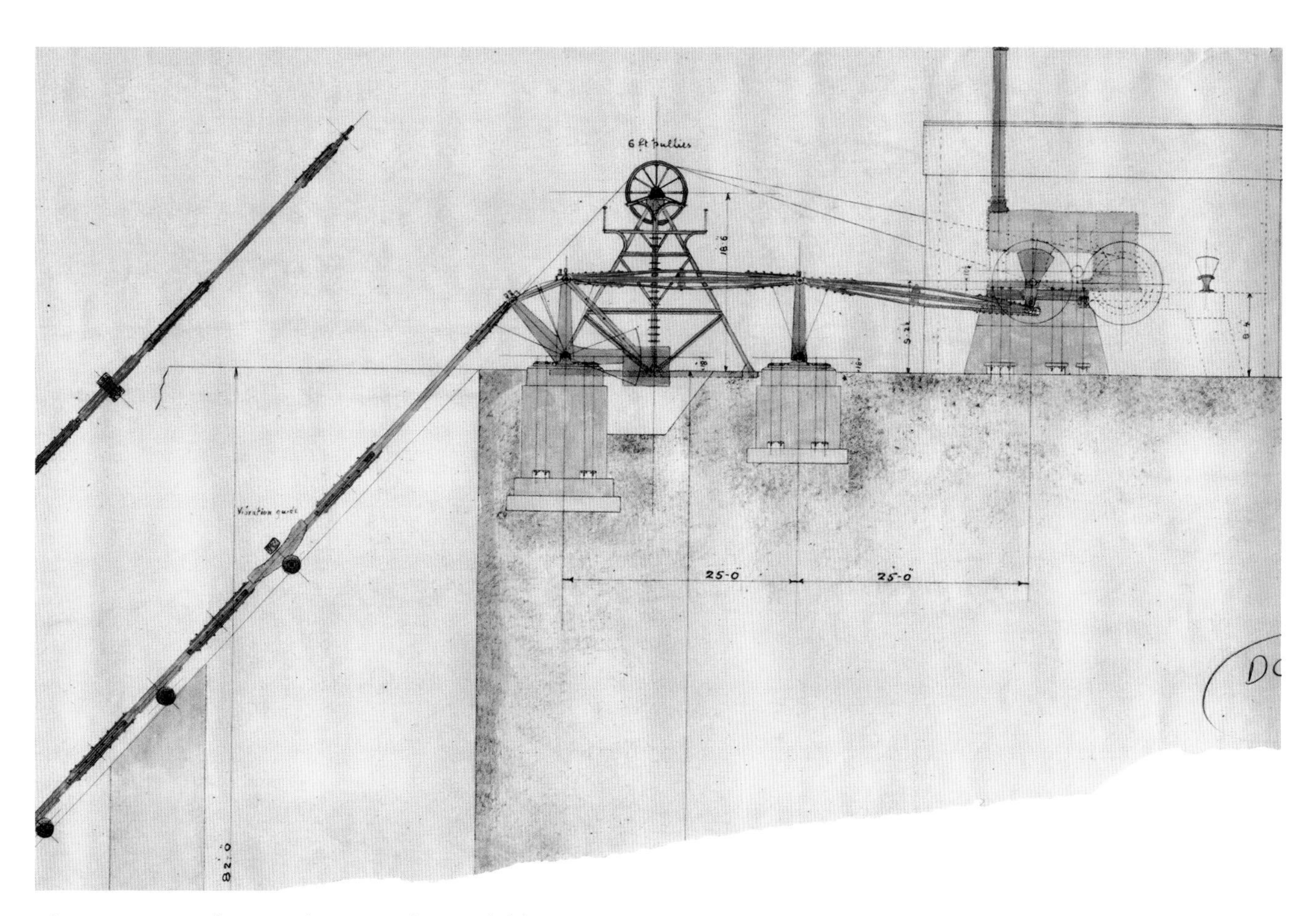

Ffigur 86. Mae cynlluniau Robey o injan fawr yn dyddio o 1898.

gerllaw, canfuwyd olion gwaith haearn y pwmp codi dau gam ar ymyl y pwll gorlifedig.[29] Efallai bod enghreifftiau eraill yn bodoli o hyd mewn lleoliadau anhygyrch. Mae sylfeini a chymhorthion systemau rhodenni a bib-bobs wedi goroesi mewn nifer o chwareli.[30]

Pympiau

Mae'r pympiau eu hunain yn amrywio. Mae'r rhai yn y Penrhyn yn bympiau codi (neu 'fwced').[31] Yn Norothea, roedd dau bwmp grym (neu 'biston') mewn tandem yn codi cyfanswm o dunnell o ddŵr 155 o lathenni ar bob strôc o'r injan 68 modfedd. Roedd yr injan yn gweithio ar gyfradd o 10 strôc y funud (Ffigur 87).[32]

Defnyddiwyd pympiau pylsomedr hefyd ar gyfer gwaith datblygu mewn nifer o leoliadau, er enghraifft sychu Coedmadog yn Nantlle yn 1896 ac agor allan 'Cwm end', gweithfeydd isaf Rhiwbach. Roedd ganddynt sawl mantais

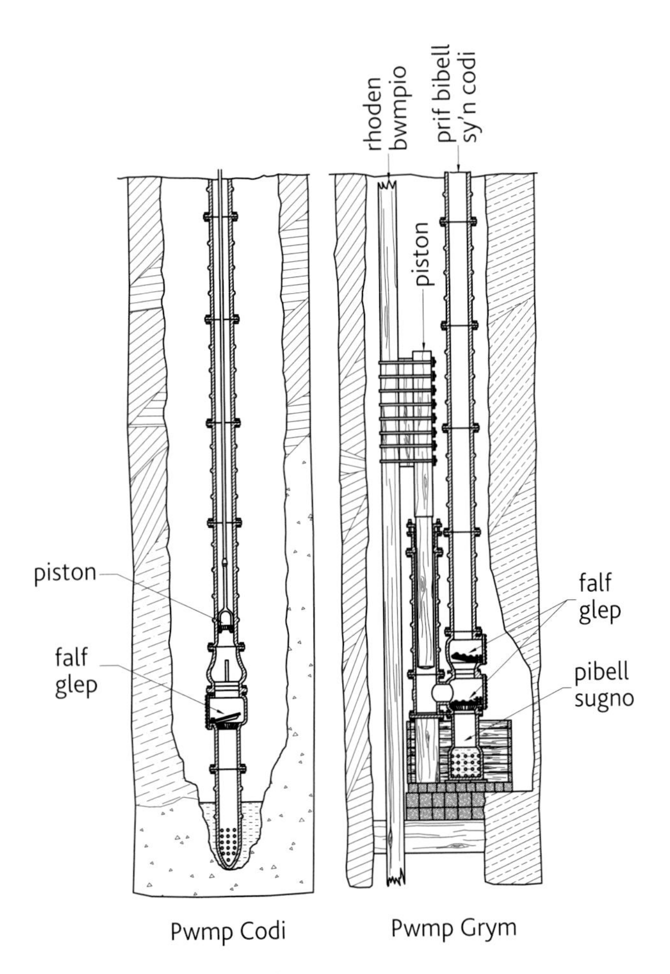

Ffigur 87. Pwmp codi a phwmp grym.

– gallent bwmpio dŵr mwdlyd a grutiog, gallent gael eu hongian ar gadwyn mewn siafft neu dros dwll, ac roeddent yn defnyddio eu stêm eu hunain.[33] Yn anochel, prin yw'r olion archaeolegol a adewir ganddynt.

Yn sgil dyfodiad pŵer trydanol ar droad y bedwaredd ganrif ar bymtheg a'r ugeinfed ganrif, cafodd pympiau wedi'u pweru â stêm eu disodli gan bympiau allgyrchol neu dri thafliad, gyda sympiau canolradd mewn agorydd a weithiwyd yn llawn.[34] Cafodd y rheini yn Norothea, er enghraifft, eu disodli gan ddau bwmp trydan allgyrchol suddadwy 203 milimetr.[35]

Dim ond yn y Parc a Rhosydd yn nyffryn Croesor ac yn Votty and Bowydd yn Ffestiniog y gwelwyd alldaflwyr dŵr – honnwyd mai hwn oedd y mwyaf o'i fath yn unrhyw le, ac fe'i gosodwyd yn 1931 gan Glenfield and Kennedy, cwmni o Kilmarnock. Câi dŵr dan bwysedd uchel ei orfodi drwy ffroenell wrthdro yn siambr sugno'r pwmp; roedd yr effaith venturi a ddeilliodd o hynny yn ddigon i godi'r dŵr a fwydwyd a'r dŵr a bwmpiwyd i fyny cryn bellter. Fe'i gosodwyd ar lawr D a chafodd ei fwydo gan biben pwysedd 0.3 metr ar gyfradd o 500 o alwyni'r funud. Ymddengys iddo gael ei ddisodli ar ôl rhai blynyddoedd gan yr injan pwysedd dŵr y sonnir amdano uchod.[36]

Gwyntyllau ac awyru

Yn olaf, canfuwyd systemau ar gyfer gwaredu a gwanedu llwch a nwyon gwenwynig mewn rhai safleoedd. Nid yw gweithfeydd llechi tanddaearol yn cynhyrchu nwyon fflamadwy, ond gallai'r angen i ddefnyddio peiriannau dan ddaear greu awyrgylch a allai fod yn angheuol yn ogystal ag amhleserus. Yn chwarel Croesor gwelir olion darniog un o nodweddion unigryw'r diwydiant llechi yng Nghymru, sef amgaead gwyntyll Guibal – tebyg i'r rhai a ddefnyddiwyd o 1863 mewn pyllau glo – i wyntyllu mygdarthau'r agerbeiriant tanddaearol a oedd yn weindio'r inclên.[37] Erbyn 1899 câi ei gyrru gan dyrbin stêm De Laval.[38] Mae gwyntyll alwminiwm o ganol yr ugeinfed ganrif, wedi'i gyrru gan drydan, wedi goroesi ym Maenofferen yn Ffestiniog (Ffigur 88).

Y cofnod archaeolegol

Yn aml, mae pympiau'n anodd eu nodi a'u cofnodi'n archaeolegol mewn mwyngloddiau a chwareli, am y rheswm syml, unwaith y daw'r gwaith i ben, caniateir i ddŵr godi i'r pwynt lle y gall y safle ddraenio ei hun, ac nid oes modd cyrraedd y dystiolaeth. I'r gwrthwyneb, mae eu prif ysgogwyr yn aml yn nodweddion trawiadol ac eiconig. Yn eu plith mae'r injan Gernywaidd yn Norothea, ac mae'r pyllau gorlifedig o'i hamgylch yn brawf o'r angen i'w cadw'n rhydd o ddŵr os oeddent am gynhyrchu llechi.

Ffigur 88. Gwyntyll drydanol ym Maenofferen, Ffestiniog.

Nodiadau

1 CRO: XPQ/997: 122.
2 Noda CRO: XPQ/997: 20 iddo gymryd pedair blynedd i dorri'r lefel. Gweler hefyd CRO: XM/Maps/375.
3 Gwyn 1999b.
4 CRO: XM/1311/5.
5 Prifysgol Bangor: llawysgrif y Penrhyn 1971.
6 Hollister-Short 1994.
7 Gwyn 1999a: 55, 59
8 Ar gyfer goroesiad hwyr yr olwyn ddŵr i bympiau pŵer, gweler Foster a Cox 1910: 471.
9 Mae'r ffynonellau wedi gwneud camgymeriad wrth ddisgrifio'r naill neu'r ddau fel rhai a wnaed gan De Winton – gweler Fisher, Fisher a Jones 2011: 115-17. Ar gyfer tarddiad a datblygiad injans hydrolig neu bwysedd dŵr, gweler Cardwell 1965: 188-207. Maent yn cynnwys un neu fwy o silindrau gweithio lle y mae pwysedd dŵr yn actifadu piston yn yr un ffordd ag agerbeiriant. Mae enghreifftiau o'r bedwaredd ganrif ar bymtheg fel y rhai yn y Penrhyn yn rhai dwyffordd.
10 CRO: XD 35/447; *Caban* Mehefin 1951: 9-10.
11 Prifysgol Bangor: llawysgrif Porth yr Aur 27514.
12 Prifysgol Bangor: llawysgrif Porth yr Aur 27937.
13 Ar gyfer Braich Rhydd gweler Prifysgol Bangor: llawysgrifau Porth yr Aur 27037, 27059 a 27087. Rhoddwyd pris o 10 gini ar y felin wynt. Ar gyfer Cloddfa'r Coed gweler Prifysgol Bangor: llawysgrif Porth yr Aur 29479.
14 Llyfrgell Genedlaethol Cymru: TAOI PB01261.
15 CRO: Jarvis Add. 89.
16 Llyfrgell Guildhall: prosbectws y British Slate Company, 1868. Y llun yw CRO: XCHS/528/195/15, sy'n dangos adeilad mawr, tal. Gallai hwn fod wedi dyddio o ddiwedd y 1820au pan gafodd y safle ei brydlesu a'i reoli gan beiriannydd pwll glo o'r Ardal Ddu – Sylwedydd n.d.: 20-21.
17 Cafodd yr injan ei disodli fwy na thebyg gan injan lorweddol c.1870 a gofnodwyd yma yn 1886; CRO: llawysgrifau G.P. Jones/ Nantlle (heb eu catalogio), Adroddiadau Blynyddol Carnarvon and Bangor Slate Co. Ltd; XM 623/351.
18 Gohebiaeth bersonol, Dr Gwynfor Pierce Jones, yn seiliedig ar atgofion chwarelwyr Nantlle.
19 Injan drawst fawr â dilyniant cymhleth o weithrediadau falfiau ar gyfer pwmpio yw injan Gernywaidd. Caiff y pympiau eu gweithredu gan bwysau'r rhodenni pwmp wrth iddynt ddisgyn. Yna, fe'u codir gan gyfuniad o bwysedd stêm uwchlaw, a

gwactod islaw, y piston. Yn ystod y strôc pwmpio, wrth i'r pwysau ddisgyn, mae'r piston yn dychwelyd i frig y silindr gan fod falf cydbwysedd yn agor i alluogi stêm sydd uwchlaw'r piston i basio oddi tano. Ei nodwedd wahaniaethol (y 'cylch Cernywaidd') yw'r toriad yn y stêm a chwistrellir cyn i'r strôc gael ei chwblhau, er mwyn caniatáu i'r stêm ymledu. Yr injan yn Norothea yw'r peiriant diweddaraf o'i fath sydd wedi goroesi a'r un olaf ond un i gael ei adeiladu – gosodwyd yr olaf yng nghwaith Phoenix United yng Nghernyw yn 1909, a chredir i'r injan drawst gylchdro ddiwethaf gael ei hadeiladu mor ddiweddar â 1919. Yr injan yn Norothea yw'r unig enghraifft sydd wedi goroesi a adeiladwyd gan Nicholas Trestrail, y diwethaf o blith peirianwyr pwmpio enwog Cernyw – gweler Crowley 1982: 31, 131. Gweler hefyd Bayles 1992; Rees 1970: 2, 174-76.

20 Bayles 1992: 46.
21 CRO: DQ/3225; 3359; 3360.
22 DRO: Z/DAF/2360; Bayles 1991: 23-33.
23 Isherwood 1995: 62.
24 Lewis a Denton 1974: 36.
25 CRO: XPQ/997: 125
26 Gohebiaeth bersonol, staff chwarel Aberllefenni. Nodwyd Evans Simplex a Duplex gan Watson's of Newcastle.
27 Williams a Lewis 1989: 22.
28 PTyB: PB030/1-PB030/5; PB020/1-2; PB016/4; PB017/1-3; PB018/1-2; PB019/1-4.
29 PTyB: TS022.
30 Yn ogystal â Chloddfa'r Lôn yn Nantlle, maent hefyd i'w gweld yn Rhosydd yn nyffryn Croesor, Glanrafon yng Nghwm Gwyrfai a Rhiwbach yn Ffestiniog; Lewis a Denton 1974:sp46; PTyB: GA005/1-2; RB004/1-2.
31 Mae pwmp codi yn cynnwys siambr fertigol â falf glep gilfach ar y gwaelod, pibell allfa ar y brig a phiston (neu 'fwced') a oedd yn cynnwys falf glep arall. Wrth i'r piston godi, mae'n codi dŵr a godwyd yn flaenorol allan o'r siambr drwy falf sy'n rhwystro'r dŵr hwnnw rhag dychwelyd tra y caiff swm cyfatebol o ddŵr ei dynnu i mewn i'r siambr drwy'r glep ar y gwaelod. Wrth iddo ddisgyn, caiff dŵr ei drosglwyddo drwy glep y piston i bwynt uwchlaw.
32 Mae pwmp grym yn cynnwys piston cadarn sy'n gweithio drwy flwch padin mewn silindr wedi'i fowntio ar ddarn bwrw siâp H, uwchlaw, ac yn barhaus gydag un o ochrau fertigol yr 'H'. Mae'r darn bwrw hwn yn cynnwys dau silindr cyfochrog wedi'u cysylltu â phibell lorweddol. Caiff ochr fertigol arall yr 'H' ei mowntio ar y bibell sugno ac mae'n parhau i'r brif bibell sy'n codi. Wrth i'r piston symud i fyny, caiff dŵr ei dynnu i mewn drwy'r bibell sugno i'r darn siâp H; wrth i'r dŵr ddisgyn, mae'r glep ar waelod y darn siâp H yn cau, mae'r glep uchaf yn agor a chaiff dŵr ei orfodi i fyny'r golofn.
33 Foster a Cox 1910: 500-01. Mae pwmp pylsometr yn gweithio wrth i stêm weithredu'n uniongyrchol ar ddŵr yn ei ddwy siambr. Wrth i'r stêm gyddwyso mewn un siambr, mae'n gweithredu fel pwmp sugno, tra yn y siambr arall, caiff stêm ei gyflwyno dan bwysedd fel ei fod yn gweithredu fel pwmp grym. Ar ddiwedd pob strôc, mae pêl yn y falf yn achosi i'r ddwy siambr newid swyddogaethau.
34 Jones, G.P. a Dafis 2003: 13. Dyfais llif rheiddiol yw pwmp allgyrchol. Wrth i'r pwlsadur ynddo gylchdroi, mae'n tynnu hylif drwy ei lygad sugno i'w berifferi ac yna'n ei ollwng drwy gasin.
35 Bayles 1992: 46.
36 Lewis a Denton 1974: 37-38; Jones a Dafis 2003: 13; DRO: Z/DAG/519.
37 Hill 2000; PTyB: CS125-26.
38 Foster 1899: 23. Nodir bod y tyrbin 'lately erected'.

7 PROSESU

Drwyddi draw yn y diwydiant llechi yng Nghymru gwelir olion yr adeiladau a ddefnyddiwyd i brosesu plygiau a chwarelwyd yn gynhyrchion gwerthadwy – cytiau teirochrog sy'n adfeilio ('gwaliau') neu weddillion llwm melin, gyda gwely olwyn ddŵr neu olion yr adeilad lle y cedwid agerbeiriant. Fel gyda chymaint o ddiwydiannau, gwelwyd systemau mecanyddol mwy cyfalafddwys yn raddol ddisodli'r prosesau a oedd, cyn hynny, wedi dibynnu bron yn gyfan gwbl ar beiriannau a theclynnau a weithredwyd ac a dywyswyd â llaw – gydag un eithriad pwysig, sef y defnydd o gŷn a morthwyl i hollti'r plyg yn llechi tenau i'w defnyddio ar doeon neu mewn ysgolion. Er gwaethaf sawl ymgais i ddyfeisio peiriannau a allai gyflawni'r dasg hon, mae'n sgil crefft o hyd – un sy'n edrych yn dwyllodrus o hawdd.[1]

Fodd bynnag, nid pob chwarel a gynhyrchai lechi to neu lechi ysgrifennu yn unig; fel y gwelsom (pennod 3) cynigiai lawer ohonynt slabiau llechi wedi'u llifio a'i siapio, a allai o bosibl fod wedi'u defnyddio at sawl diben – fel lloriau, cerrig beddi, cafnau bragdai, tanciau dŵr, troethfeydd, byrddau biliards, silffoedd ar gyfer cynnyrch llaeth a switsfyrddau trydan. Cynigiai rhai ohonynt waith addurniadol enamlog hefyd, fel fframiau ar gyfer llefydd tân, a sefydlodd sawl un ohonynt weithfeydd malurio. Roedd gan bob un o'r rhain eu systemau nodedig eu hunain, sydd wedi goroesi mewn cofnodion archaeolegol i raddau mwy neu lai. Roedd dulliau prosesu yn amrywio hefyd o ardal i ardal, gan adlewyrchu ansawdd gwahanol y graig, a'r ymateb lleol iddo, yn ogystal â'r buddsoddiad a oedd ar gael. Lle y goroesodd dulliau mwy cyntefig yr olwg, gallai fod sawl rheswm dros hynny – gallai chwarel benodol fod yn rhy dlawd neu'n rhy fach i gyfiawnhau proses fecaneiddio gyflawn neu rannol; neu gallai fod gan y graig rinweddau unigol a olygai nad oedd modd defnyddio mathau penodol o beiriant.

Mae'r broses gychwynnol o dorri'r plygiau crai o wyneb y chwarel (brashollti) yn cynnwys dwy broses sylfaenol. Mae a wnelo'r cyntaf â lleihau lled y blociau drwy eu pileru. Cyn y broses fecaneiddio, roedd hyn yn golygu gosod lletemau, cynion trwm neu blwg ac adenydd ar y pileriad, ar ongl sgwâr i'r hollt. Yn Arfon, roedd hyn yn fwy tebygol o ddigwydd ger wyneb y graig yn hytrach nag mewn man brosesu ond, yn y gweithfeydd tanddaearol yn Ffestiniog (lle tueddai'r plygiau crai fod yn hirach beth bynnag), câi'r broses ei chyflawni bron yn ddieithriad yng ngolau dydd. Yr ail yw trawslifio a olygai torri plyg hir yn rai llai. Ar un adeg, roedd hyn yn galw am sgil a grym corfforol i daro'r morthwyl o dderw Affricanaidd â dolen onnen a alwyd yn rhys (ar ôl y dyn a'i dyfeisiodd yn ôl pob sôn) ar bwynt ar y slab lle credai'r chwarelwr y byddai'n gwahanu. O'r holl dasgau a oedd yn ymwneud â phrosesu llechi, hon oedd yr un a ddibynnai fwyaf ar lwc a phrofiad, ac a arweiniodd at y nifer fwyaf o golledion nad oedd modd eu rheoli. O'r herwydd, dyma'r broses gyntaf a fecaneiddiwyd yn eang. Yn y de-orllewin, defnyddiwyd llif danheddog mawr â dwy ddolen. Câi'r blociau eu gosod yn unionsyth a châi'r llif ei dal gan un dyn yn sefyll a'r llall yn penlinio.[2]

Yna, fel arfer, câi plyg wedi'i bileru a'i drawslifio ei hollti'n haenau tenau ar hyd yr hollt gyda chŷn llaw (manhollti) i gynhyrchu llechi to. Dyma'r unig broses na chafodd erioed ei mecaneiddio'n llwyddiannus ac fe'i harferir yn yr un ffordd fwy neu lai ag y byddai mewn chwareli llechi Rhufeinig neu ganoloesol. Yna, byddai'r sawl a gynhyrchai'r llechi yn naddu'r ochrau tolciog, naill ai gyda chyllell llaw neu beiriant.

Fodd bynnag, byddai plygiau crai y bwriedid eu prosesu'n slabiau marchnadwy yn destun nifer o brosesau gwahanol. Gallent gael eu pileru a'u trawslifio yn ôl maint y slab yr oedd ei angen – byddai angen i slab ar gyfer bwrdd biliards fod yn llawer hirach ac yn llawer lletach nag un a fwriadwyd fel ffrâm ar gyfer lle tân. Byddai llifiau yn torri'r slabiau'n fras i'r siâp yr oedd ei hangen a gallai eu harwynebau gael eu llyfnhau â pheiriant plaenio mecanyddol. Câi'r broses o osod enamel ei chyflawni mewn odynau pwrpasol. Câi blociau y bwriedid eu malurio eu malu'n fân mewn adeilad dynodedig.

Gan amlaf, câi'r prosesau hyn eu cyflawni yn y chwarel ei hun, ond cafwyd eithriadau i hyn. Roedd gan rai chwareli mannau prosesu dynodedig a allai fod wedi'u lleoli cryn bellter i ffwrdd – lle'r oedd, er enghraifft, dŵr i droi'r peiriannau – a gweithredai nifer o felinau ar wahân i unrhyw chwarel benodol.

Gwaliau a phrosesu â llaw

Goroesodd prosesu â llaw am gryn amser yn y diwydiant llechi ac nid yw wedi diflannu'n gyfan gwbl, hyd yn oed heddiw. O ddiwedd y ddeunawfed ganrif o leiaf, byddai rhan o'r broses yn digwydd mewn lloches syml o'r enw 'gwal' a rhan ohoni'n digwydd gerllaw. Gwelwyd strwythurau yr un mor sylfaenol mewn chwareli llechi yn Ardal y Llynnoedd yn Lloegr, yn ogystal ag UDA a Ffrainc.[3] Ymddengys mai ar fap o chwarel y Penrhyn, dyddiedig 1793, y gwelir y cyfeiriad dogfennol cyntaf. Ar y map, dangosir *cabbins* teirochrog annibynnol ar y tomennydd llechi. Roedd y rhain, fwy na thebyg, yn ymdebygu i'r gwaliau, y parhawyd i'w defnyddio mewn rhai chwareli tan yr ugeinfed ganrif (gweler Ffigur 42).[4] Mae enghreifftiau niferus wedi goroesi, weithiau'n unigol, weithiau mewn rhesi â iard bentyrru y tu allan. Roedd cannoedd ohonynt i'w gweld yn chwarel y Penrhyn erbyn diwedd y bedwaredd ganrif ar bymtheg (y mae bron pob un ohonynt wedi'u dymchwel erbyn hyn). Nododd gwaith maes a gynhaliwyd yn y 1980au fod tua 74 ohonynt yn Niffwys yn Ffestiniog, ac roedd un enghraifft yn chwarel fach Tal y Fan yn Nantconwy.[5] Fe'u hadeiladwyd o rwbel llechi yn bennaf gyda tho un gogwydd a all gael ei wneud o slabiau ond hefyd o haearn gwrymiog, wedi'i ategu gan bren heb ei lifio neu hydoedd o hen reiliau. Serch hynny, ceir amrywiadau – yn chwarel y Foel yn Nantconwy, yn uchel ar lethrau Moel Siabod, mae gan ddau ohonynt doeon o slabiau cantilifrog (Ffigur 89). Wrth i'r broses o gynhyrchu llechi gael ei mecaneiddio, cafodd gwaliau mewnol eu cynnwys yn aml yng nghynllun melinau wedi'u pweru (gweler isod).

Mae rhai gwaliau ychydig yn fwy soffistigedig. Mae gan rai enghreifftiau (yn fwyaf arbennig yn Ninorwig) gysgodlen o bren. Roedd eraill, ar y llaw arall, yn fach ac yn syml iawn. Dyma'r llochesi bach a nodwyd ym mhennod 4 ac a ganfuwyd yn aml ar y tomennydd llechi eu hunain. Fe'u codwyd gan chwarelwyr a oedd, i bob pwrpas, yn chwilio am ddeunydd a domennwyd ac maent yn dyddio fel arfer o'r 1930au ymlaen. Mae gan sawl un ohonynt doeon un slab, ac roedd y strwythurau yn eu cyfanrwydd yn amlwg wedi'u cynllunio i fod mor anymwthiol â phosibl oherwydd, mewn nifer o achosion, roedd y dynion yn cael budd-dal diweithdra hefyd. Gwelir enghreifftiau o'r cyfryw waliau yn

Ffigur 89. Gwal, chwarel y Foel, Nantconwy.

Ffigur 90. Teclynnau chwarelwyr. Defnyddir y morthwyl pren mawr, y rhys, a'r morthwyl a'r cynion haearn i ddechrau'r broses o leihau maint y plygiau. Defnyddir y morthwyl pren bach a'r cynion llydan ar y naill ochr a'r llall iddo ar gyfer hollti. Defnyddir y pric mesur i farcio hyd safonol cyn iddo gael ei naddu â'r gyllell (i'r chwith). Defnyddir y teclynnau eraill ar fyrddau llifio.

Ffigur 91 (gyferbyn). 'Wel, fachgen, ti wnei dy ffortun 'rwan!' dywedodd John Williams Rhyd y Gro wrth y ffotograffydd Cymraeg o Lerpwl John Thomas ar ôl iddo gymryd llun ohono yn y 1870au. Eistedda Williams, patriarch y chwarelwyr yng Nghwm Machno, mewn gwal yn hollti llechi. I'r dde ohono mae pric mesur a gaiff ei ddefnyddio ganddo i farcio'r llechi yn barod ar gyfer eu naddu.

Ffigur 92. Darlun o'r ugeinfed ganrif; naddwr yn trin ei gyllell naddu ar lechen wedi'i gosod ar y trafel. Ar y naill ochr a'r llall ohono mae llechi gorffenedig sy'n barod i'w symud i'r iard bentyrru ('y clwt peilio'). Mae gwast naddu yn cronni wrth ei draed.

ardal Nantlle yn arbennig er, yn rhyfeddol, mae rhai ohonynt, sydd bellach wedi'u symud, hyd yn oed wedi'u cofnodi yn chwarel y Penrhyn lle'r oedd y rheolwyr, yn ôl pob tebyg, yn barod i anwybyddu'r arfer.

Ar y cyfan, digwyddai'r broses dorri gychwynnol gyda chynion a phlygiau ac adenydd a chyda rhys gerllaw'r wal yn hytrach nag y tu mewn iddi, neu ar wyneb y chwarel (Ffigur 90). Caiff y broses o hollti'r llechen ar hyd yr hollt ei gwneud bron yn gyfan gwbl â llaw hyd heddiw, gan weithiwr sy'n eistedd ar stôl fach gyda'i bigyrnau wedi'u croesi, yn gorffwys y clwt yn erbyn ei glun ac yn defnyddio gordd bren wedi'i rhwymo â haearn i dapio cŷn llydan hyd nes bod y llechen wedi'i hollti'n haenau o tua 1.5 milimetr o drwch (Ffigur 91).

Defnyddiwyd teclynnau, gan gynnwys dau nad ydynt wedi newid fawr ddim ers cannoedd o flynyddoedd, i naddu llechi to â llaw, sef y gyllell fach a'r pric mesur (gweler Ffigur 23).[6] Mae cofeb Richard Westmacott i Richard

Ffigur 93. Rhesi o waliau ar bonc Red Lion yn chwarel y Penrhyn tuag at ddiwedd y bedwaredd ganrif ar bymtheg, pob un ohonynt ag injan naddu Francis.

Pennant, Arglwydd cyntaf y Penrhyn, dyddiedig 1820, yn eglwys Llandygái (SH 6006 7099) yn dangos chwarelwr sydd, er ei fod yn gwisgo tiwnig glasurol, yn cydio mewn trosol digon argyhoeddiadol ac yn dal cyllell fach, er bod y gyllell honno'n llai na'r rhai a oedd yn gyffredin yn ddiweddarach yn y ganrif (gweler Ffigur 23).[7] Mae'r hanesydd Hugh Derfel Hughes yn disgrifio sut y byddai naddwyr yn eistedd ar dorch o wellt ar garreg, yn gorffwys llechen to ar garreg drionglog, y maen nadd, tra roeddent yn dal y gyllell. Eglura fod y gyllell a ddefnyddiwyd yn ystod y dyddiau cynnar yn fyrrach oherwydd y llechi tewach a brasach a welwyd ar yr adeg honno.[8] Fodd bynnag, ceir tystiolaeth o drafel, ymyl haearn a osodwyd mewn darn o bren, mor gynnar â 1761; defnyddiwyd y teclyn hwn i naddu'r llechen i'r maint cywir drwy ei gorffwys ar yr ymyl a'i thorri, proses sy'n gadael patrwm amlwg o wastraff mân (Ffigur 92).[9] Parhaodd y broses naddu â llaw hiraf yn chwareli Arfon, lle mae'r llechi Cambriaidd yn fwy bregus – fe'i gwelwyd yn y Penrhyn hyd at y 1920au, yn Ninorwig hyd at y 1960au ac, am y cyfnod hiraf oll, yn chwarel fach Twll Llwyd yn Nantlle hyd at y 1990au.[10] Roedd Penrhyn a Dinorwig hefyd yn ffafrio naddwr llechi Francis, a batentwyd yn 1861, sef llafn crog a weithredwyd â throedlath. (Ffigurau 93 a 104).[11] Defnyddiwyd dyfeisiau a weithredwyd â llaw hefyd i dyllu llechi to.[12]

Mae'r defnydd o lifiau i gynhyrchu slabiau wedi'u siapio yn perthyn i hanes prosesu mecanyddol ond, cyn hynny, defnyddiwyd llifiau tywod ôl a blaen syml a weithiwyd â

Ffigur 94. Scieur de Pierre, *yn darlunio saer maen yn defnyddio llif i dorri plyg. Ysgythriad gan Carle Vernet.*

llaw – llafn o haearn gyr lle câi gronynnau o dywod eu hymgorffori ar ffurf past a dŵr, gan weithredu fel y cyfrwng torri (Ffigur 94). Yn yr un modd â'r fersiwn mecanyddol (gweler isod), mae hyn yn gadael ymyl llifiedig llyfn amlwg â chrib lle mae'r slab wedi'i dorri. Fel y nodwyd ym mhennod 3, canfuwyd enghraifft o slab a lifiwyd yn y fath fodd, o Nantlle neu Nantperis fwy na thebyg, mewn draen a fewnosodwyd yn y Mithraeum ger y gaer Rufeinig yn Segontium (Caernarfon) yn fuan ar ôl iddi gael ei hadeiladu yn tua 200 OC.[13] Ni welir unrhyw dystiolaeth bellach o'r dechneg hon yn y diwydiant llechi yng Nghymru wedyn tan 1720, pan ymddangosodd cerrig bedd wedi'u llifio â llif tywod yn y fynwent yn Llanllyfni (Nantlle). Roeddent yn cael eu defnyddio mewn rhannau eraill o Wynedd o fewn rhai cenedlaethau.[14] Defnyddiwyd y cyfryw lifiau yn un o'r chwareli bach yn Nantglyn yn Sir Ddinbych hyd at ganol yr ugeinfed ganrif. Ymhlith y teclynnau eraill a ddefnyddiwyd i siapio â llaw roedd ffeiliau, a oedd yn debyg iawn i ffeiliau peirianneg, a ddefnyddiwyd i lyfnhau ochrau'r slabiau.

Adeiladau melinau a phrosesu mecanyddol

Y felin lechi

Gelwid yr adeilad pwrpasol mewn chwarel lechi neu'n agos ati, sy'n cynnwys peiriannau i brosesu llechi, a ffynhonnell bŵer i'w weithredu, yn felin. Er, yn enwedig yn ardal Ffestiniog, hyd yn oed nawr, mae'n arferol i glywed chwarelwyr yn cyfeirio ato fel yr 'injan', sy'n deillio o *engine house* a ddefnyddiwyd yn y cyfnod Fictoraidd. Mae'r cyfryw adeiladau, a'r peiriannau a gadwyd ynddynt, yn ymddangos gyntaf ar droad y ddeunawfed ganrif a'r bedwaredd ganrif ar bymtheg ond, i gychwyn, dim ond ar gyfer cynhyrchu slabiau llifiedig a llechi ysgrifennu y'u defnyddiwyd. Gwelwyd yr hyn a elwir gan archaeolegwyr yn 'felinau integredig', sy'n cynhyrchu llechi to hefyd, o ganol y bedwaredd ganrif ar bymtheg. Ymddangosodd y melinau hyn gyntaf yn chwareli bach Nantlle a Ffestiniog, ac aeth blynyddoedd lawer heibio nes iddynt gael eu gweld yn chwareli'r Penrhyn a Dinorwig. Nid oedd y llechi Cambriaidd mwy brau yno yn gweddu cystal i lifio mecanyddol.[15] Roedd y wal yn amgylchedd bach a chyfarwydd; roedd y felin, gyda'i horiau rheolaidd, ei rhesi o beiriannau, ei sŵn a'i chlecian, a'r goruchwyliwr â'i fowler yn cadw golwg ar bethau, yn ffatri (Ffigur 95). Er gwaethaf y prysurdeb, gallent fod yn fannau oer iawn yn y gaeaf. Mae rhai ohonynt wedi'u lleoli fwy na 500 metr uwchlaw lefel y môr, ac roedd y bylchau o dan y drysau llithro dros y rheilffordd yn ddigon i adael gwynt rhewllyd i mewn. Perygl arall i iechyd oedd y llwch dwys a niweidiol a gynhyrchwyd gan y byrddau llifio, a oedd yn aml yn ei gwneud yn amhosibl gweld o un pen o'r adeilad i'r llall.

Roedd nifer y melinau mewn chwarel benodol, neu'n uniongyrchol gysylltiedig â hi, yn amrywio'n sylweddol. Adeiladodd chwarel fach Cwm Machno yn Nantconwy bedair melin ar wahanol adegau rhwng 1852 a'r 1920au, tra y disodlwyd y ddwy felin fach ym Maenofferen yn Ffestiniog, chwarel canolig ei maint, gan un felin fawr, a adeiladwyd mewn pedwar cam yn y 1890au. Ar wahân i'w melinau slabiau, ni ddefnyddiwyd prosesau mecanyddol o gwbl yn chwarel y Penrhyn tan 1901, pan adeiladwyd melin lechi arbrofol, cyn iddi gychwyn, rai blynyddoedd yn ddiweddarach, ar yr hyn a ddaeth yn gyfadeilad o 11 o felinau ar brif bonc y Red Lion a thair arall ar bonc y Ffridd.[16] Dechreuwyd adeiladu melinau o ddechrau'r bedwaredd ganrif ar bymtheg ond yn amlwg bu cynnydd enfawr o ran y gallu i brosesu'n fecanyddol ar ddiwedd y 1860au a dechrau'r 1870au. Lle nad oes olion melin i'w gweld, roedd y chwarel naill ai'n rhy fach i'w chyfiawnhau neu roedd y felin wedi'i lleoli cryn bellter i ffwrdd o'r ardal weithio, fel arfer gan nad oedd unrhyw ddŵr yn agos i droi'r peiriannau. Ymhlith yr enghreifftiau o felinau anghysbell mae'r Hen Felin yn ardal Nantlle (4 cilomedr o chwarel Dorothea); Ynys y Pandy yn ardal Glaslyn (3.5 cilomedr o chwarel Gorsedda); Rhyd y Sarn a Phant yr Ynn yn Ffestiniog (4.5 a 1.5 cilomedr o chwarel Diffwys Casson); Cyfyng yn Nantconwy (2.4 cilomedr o chwarel y Foel); a Phentrefelin

Ffigur 95. Ffotograff wedi'i drefnu o felin Llawr 5 yn chwarel Llechwedd, Ffestiniog ar ddiwedd y bedwaredd ganrif ar bymtheg, yn dangos y gwaith llaw a ddisodlwyd i raddau helaeth gan beiriannau. Ar y dde, mae un dyn yn hollti plyg gyda morthwyl a chŷn. Mae dyn arall yn gobeithio trawsdorri plyg gyda rhys, tra bod ei gyfaill yn gafael yn gadarn ynddo. I'r chwith, mae bachgen yn iro mecanwaith bwrdd llifio Greaves y mae plygiau wedi'u gosod arno gyda phegiau. Mae goruchwyliwr y felin yn gwylio'r holl fynd a dod.

yn nyffryn Dyfrdwy (6 chilomedr o chwareli Bwlch Oernant). Yn ogystal, cafwyd rhai melinau bach a oedd, o bosibl, yn annibynnol ar unrhyw chwarel benodol, fel llawer o'r rheini yn UDA. Weithiau, byddai'r rhain yn canolbwyntio ar wasanaeth arbenigol, fel gosod enamel neu gynhyrchu llechi ysgrifennu. Roedd clwstwr o'r rhain yn Nantperis ac yn Nhrefriw yn Nantconwy, ond roeddent hefyd i'w gweld mewn mannau eraill. Mae un wedi goroesi fel allfa werthu ac atyniad treftadaeth yng Ngroeslon yn ardal Nantlle, sef Gwaith Llechi Inigo Jones, neu injan Grafog ar lafar gwlad.

Mae'n bosibl nodi niferoedd, dyddiadau a lleoliad melinau am ddau reswm. Yn gyntaf, mae melinau yn dueddol o oroesi'n ddigon da, o leiaf i weithio'r cynlluniau llawr sylfaenol allan. Ychydig iawn o felinau â thoeon a welir o hyd ond, eto i gyd, ychydig iawn sydd wedi'u dymchwel yn gyfan gwbl. Cafodd nifer ohonynt eu hailweithio ar gyfer llechi defnyddiadwy ar ôl i weithfeydd cyfalafedig ddod i ben, ond hyn yn oed yn yr achosion hyn, gellir pennu eu dimensiynau cyffredinol o'r ffosydd sy'n nodi eu sylfeini.[17]

Yn ail, câi melinau eu dogfennu'n dda. Roeddent yn cynrychioli buddsoddiad cyfalaf sylweddol yn ogystal ag ymrwymiad i weithio chwarel mewn ffordd benodol ac, am y rheswm hwn, byddai rheolwyr a wyddai gwerth cyhoeddusrwydd yn aml yn cyhoeddi eu bod wedi'u cwblhau yn y *Mining Journal*. Melinau oedd y mannau a ddewiswyd gan beirianwyr i ddadorchuddio eu technoleg ddiweddaraf hefyd, fel pan ddangosodd Alan Searell ei lif newydd yng Nghwmorthin yn 1852 a Moses Kellow ei fwrdd plaen yn y Parc. Llamodd y peiriant hwnnw oddi ar ei osodiadau, gan ddinistrio wal y felin a disgyn i'r nant islaw.[18] Ar y llaw arall, gallent gael eu gadael heb eu cwblhau yn fwriadol, gyda siafftiau llinell a pheiriannau yn yr awyr agored, er mwyn osgoi talu trethi.[19] Caent hefyd eu hymestyn a'u hailgynllunio'n aml iawn. Fodd bynnag, ar y cyfan, mae'n bosibl dyddio'r rhan fwyaf o'r melinau a adeiladwyd yn y diwydiant llechi yng Nghymru i oddeutu blwyddyn o'u hallbwn cyntaf neu waith ailadeiladu mawr, ac olrhain y ffyrdd y cawsant eu hymestyn a'u newid.

Fodd bynnag, prin yw'r dystiolaeth o'r broses a ddefnyddiwyd i adeiladu melin. Yn 1878, cynghorodd D.C. Davies gyfalafwyr posibl y gallai melin wedi'i phweru gan ddŵr, gyda chwe bwrdd llifio, dau fwrdd plaen ac un ar bymtheg o beiriannau naddu gostio £1,978, a dangosodd gynllun o'r modd y gallai gael ei gosod.[20] Mewn rhai achosion, mae cynlluniau gwaith wedi goroesi mewn archif chwarel neu ffowndri.[21] Prin iawn yw'r enghreifftiau o gontract i adeiladu melin ac ni cheir unrhyw gofnod o drafodaethau rhwng rheolwyr a pheirianwyr ynghylch trefniadau posibl. Mae'n anodd dweud felly i ba raddau y byddai cwmnïau peirianneg lleol wedi gweithio yn ôl synnwyr y bawd neu egwyddorion gwyddonol, penderfyniadau *ad-hoc* neu gyfrifiadau. Yn sicr, deallwyd egwyddor y gweithle ffatri rhesymol ymhell cyn i'r diwydiant llechi gael ei fecaneiddio, ond mae'r unig ymgais i gyfrifo llif proses ar unrhyw sail ofalus y ceir tystiolaeth archifol ohono yn dyddio o 1962, pan roedd chwarel Dinorwig yn ystyried y rhaglen foderneiddio a welodd reilffyrdd yn cael eu disodli gan dryciau dadlwytho, a rhagwelwyd y câi beltiau cludo a chludwyr rholer disgyrchiant eu defnyddio yn yr adeilad.[22] Gallai'r chwarelwr ei hun fod wedi dylanwadu i raddau helaeth ar gynllun y melinau. Yn sicr, mae corfforiad gwaliau mewnol ar gyfer hollti ac (yn aml) naddu â llaw mewn nifer o felinau yn adlewyrchu'r angen i sicrhau na châi'r llechi a wnaed gan unigolyn eu cymysgu â llechi unigolyn arall ond gall hefyd fod yn gydnabyddiaeth ddistaw, ni waeth pa mor amharod, o hunanddelwedd draddodiadol y gwneuthurwr llechi fel aelod o fargen dan gontract ac nid cynorthwy-ydd ffatri yn unig. Roedd ei deyrngarwch i'w fêts, y byddai rhai ohonynt yn gweithio'n bell i ffwrdd, yn hytrach nag i awdurdod goruchwyliwr y felin.

Adeiladau melinau

Ni wyddys llawer am ffurf y melinau cynharaf o'r cyfnod 1800–40 a adeiladwyd yn unswydd i gynhyrchu slabiau, neu lechi ysgrifennu yn achlysurol. Mae'r rhai a ganfuwyd yn y chwareli mwy o faint wedi'u dinistrio gan ddatblygiadau diweddarach – yn y Penrhyn, lle cafodd y Felin Fawr ei hadeiladu rhwng 1799 a 1803 lle'r oedd y rheilffordd yn croesi digon o ddŵr i droi peiriannau, ac yn Ninorwig lle adeiladwyd melin yn 1826.[23] Mae'r mapiau yn dangos strwythurau hirsgwar syml.[24] Mae braslun o Bort Penrhyn dyddiedig 1813 sy'n dangos y felin llechi ysgrifennu (heb ei phweru fwy na thebyg) yn awgrymu mai adeilad syml â tho ar oleddf a mynedfa reilffordd drwy'r talcen ydoedd.[25] Mae rhai waliau wedi goroesi o'r hyn a all fod yn felin fach a bwerwyd gan ddŵr o 1837 yn Aberllefenni yn Nantdulas yn SH 7682 1024, ac o felin fwy uchelgeisiol yn chwarel Portreuddyn yn ardal Glaslyn a welwyd erbyn 1840.[26] Gydag eithriad posibl y Felin Fawr yn y Penrhyn, ni allai'r un ohonynt gystadlu â'r felin fawr fyrhoedlog a weithredwyd â stêm yn y chwarel lechi ar ynys Valentia yn Swydd Kerry, a adeiladwyd yn 1839.[27]

Daw'r cofnod archaeolegol yn gliriach yng nghanol y bedwaredd ganrif ar bymtheg (Ffigur 96). Mae digon o'r felin ym Minllyn, yn ne Gwynedd, a ddisgrifiwyd fel un newydd yn 1845, wedi goroesi i'w hail-lunio.[28] Dros yr ychydig flynyddoedd nesaf, adeiladwyd tair melin slabiau â chynllun mwy uchelgeisiol. Lleolwyd Pant yr Ynn, a adeiladwyd i wasanaethu Diffwys ym Mlaenau Ffestiniog, yn 1846 lle cyfarfai'r ffordd drol o'r chwarel â dŵr. Cafodd ei newid i wasanaethu fel ysgol, fel melin wlân ac, yn fwy diweddar, fel annedd, ond mae'n bosibl bod rhai o'r waliau a'r trawstiau to yn rhai gwreiddiol.[29] Ym Mhentrefelin, bu'n rhaid i felin fawr ar gamlas Llangollen a wasanaethwyd gan droliau o chwareli Bwlch Oernant gael ei hailgyfarparu yn 1848 ar ôl i'r peiriannau gwreiddiol brofi'n ddiwerth – gan awgrymu y gallai fod wedi'i chomisiynu'n wreiddiol flwyddyn neu ddwy yn gynharach.[30] Mae'n bosibl bod rhywfaint o'r adeiledd wedi'i gadw yn yr adeilad presennol, sef amgueddfa moduron. Y drydedd oedd y felin stêm yn Ninorwig, Ffeiar Injan, a oedd yn weithredol o 1848 ac sydd bellach wedi'i dymchwel.[31] Yn ddiau, roedd hon yn eitem ar restr Gymreig Meistri Montrieux a Larivière o chwareli Angevin ym mis Awst 1851 a, chyn hir, roedd melin slabiau uchelgeisiol wedi'i phweru gan stêm yn gwasanaethu eu gweithrediadau.[32] Adeiladwyd melin slabiau wedi'i phweru gan ddŵr yn chwarel Burlington yn Ardal y Llynnoedd yn Lloegr yn 1849.[33]

Erbyn y 1850au, roedd mwy o felinau'n cael eu hadeiladu i ateb y galw am slabiau ond, yn sgil gwelliannau mewn technoleg llifio llechi, gwelwyd 'melinau integredig' ar gyfer cynhyrchu llechi to (fel y trafodir isod). Ffactor arall oedd argaeledd coed pinwydd o'r Byd Newydd a oedd, fel arfer, yn 12.8 metr (42 troedfedd) o hyd neu lai, ar gyfer gwneud cyplau cynhalbost neu freninbost. Roedd y melinau lletach yn strwythurau deulawr fel arfer. Roedd y felin fawr yn Norothea yn Nantlle, a ddechreuwyd yn 1883, yn 18.29

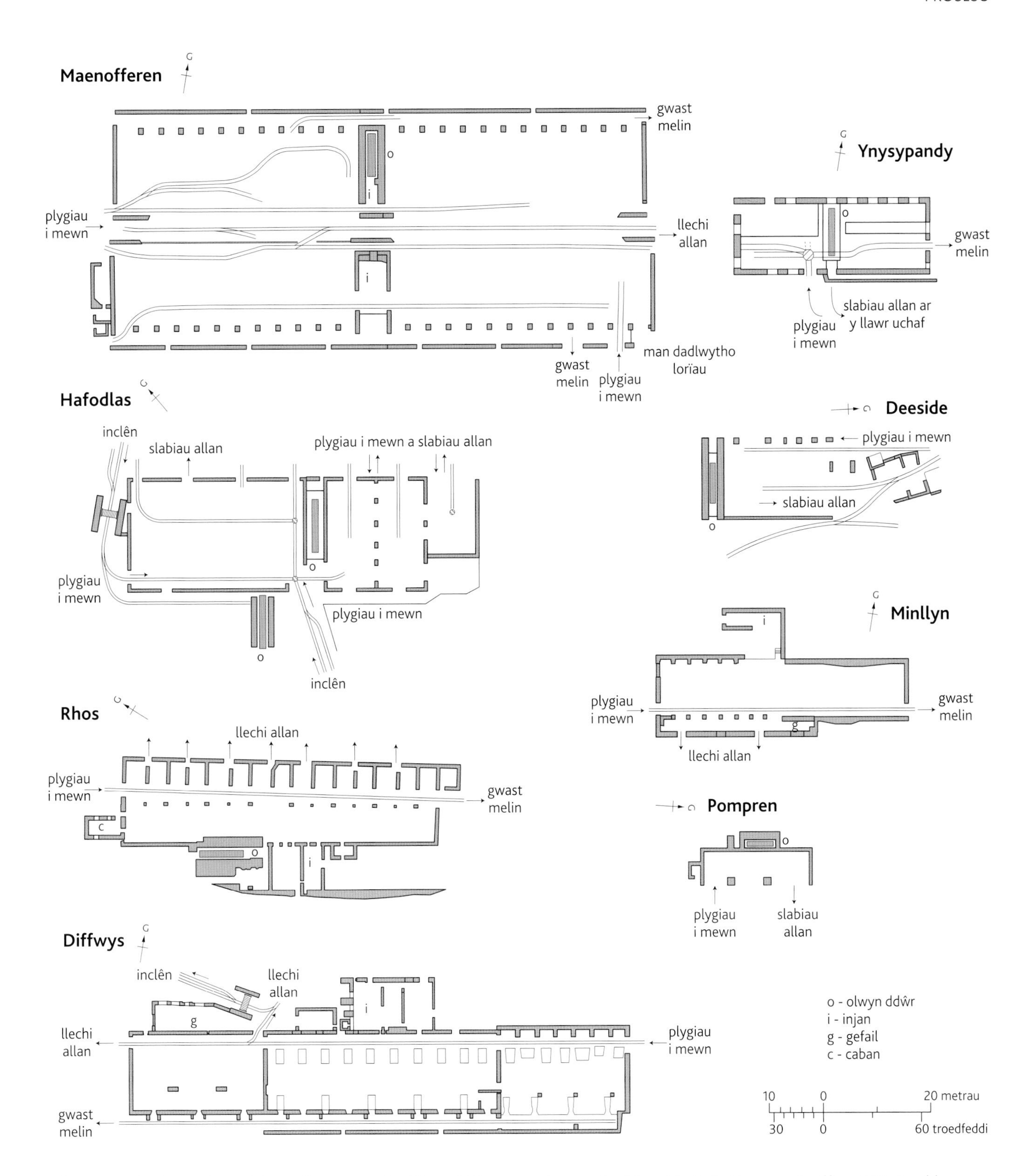

Ffigur 96. Teipoleg melinau. Maenofferen – gweler ffigur 97. Ynysypandy – gweler ffigur 98. Hafodlas – gweler ffigur 107. Roedd chwarel Deeside yn cynnwys byrddau plaen a llifiau ffrâm. Ar un adeg, roedd melin Rhos yn cynnwys 22 o lifiau Greaves, un fwrdd plaen a naddwyr mecanyddol yn y gwaliau. Roedd gan chwarel Minllyn dri bwrdd plaen (dau 'ar yr egwyddor cylchdro') a thri llif gron, wedi'u pweru gan stêm yn 1845, a chafodd ei ehangu'n ddiweddarach. Mae rhes o blinthiau llechi wedi goroesi ym melin llawr 6 chwarel Diffwys er mwyn gadael i'r blociau gael eu dadlwytho oddi ar y slediau. Gosodwyd llifiau crwn yn yr adeilad, ac roedd gan yr agorfeydd dros y rheilffordd isaf naddwyr 'guillotine'. Roedd un llif ffrâm ym melin Pompren.

metr (60 troedfedd) o led, er nad oedd y cyplau pren sydd wedi goroesi o felin llawr C yn chwarel Votty yn Ffestiniog sydd wedi'i dymchwel yn llai na 22.86 metr (75 troedfedd) o hyd.[34] Mae melin o'r lled eithriadol hwn fwy na thebyg yn adlewyrchu dyfodiad y rheilffordd lled safonol ym Mlaenau, a rhwyddineb cymharol y broses o symud trawstiau bras hir. Er hynny, rhaid bod y broses o'u cludo i fyny'r incleiniau wedi profi dyfeisgarwch peirianwyr y chwarel.

Mae melinau a adeiladwyd o ganol y bedwaredd ganrif ar bymtheg ymlaen yn strwythurau hirsgwar isel ar y cyfan, gyda phileri neu waliau tebyg i sgubor â drysau ar gyfer llinellau rheilffordd, yn cynnal toeon llechi. Golygai maint llawer o'r melinau mwy o faint, a'u lleoliadau agored, fod yn rhaid i'r cynllun ystyried gwrthiant y gwynt yn aml. Gallai'r waliau ar bob pen fod yn rhai talcen llawn neu gopa gwastad a oedd yn ategu to slip, hanner slip neu gambren (Ffigur 97).

Yn y melinau sydd wedi goroesi, mae'r deunydd a ddefnyddiwyd i adeiladu'r waliau bron bob amser yn ddeunydd a oedd wrth law, weithiau'n graig gysefin, weithiau'n flociau crai o lechi gwastraff, weithiau'n bennau llifiedig, neu'n aml yn gymysgedd ohonynt, gan awgrymu bod peiriannau'n cael eu gosod weithiau wrth i'r adeilad gael ei godi. Câi brics eu defnyddio'n achlysurol iawn, er enghraifft yn Rhiw Gwreiddyn yn Nantdulas. Yn aml, mae'r waliau wedi'u rhicio â graffiti, enw a dyddiad fel arfer, sydd weithiau'n rhoi'r arwydd gorau o'r dyddiad y codwyd yr adeilad os nad oes dogfennaeth ar gael.[35] Yn aml, mae gwely olwyn ddŵr yn amlwg, naill ai yng nghanol y rhes neu yn y talcen. Weithiau, mae gwely agerbeiriant wedi goroesi, gyda sylfaen simnai cynllun sgwâr, hefyd wedi'i adeiladu o rwbel llechi. Adeiladau diaddurn a swyddogaethol ydynt bron bob amser.

Fodd bynnag, weithiau, ceir pensaernïaeth rodresgar. Mae melinau slabiau Felin Fawr yn chwarel y Penrhyn sy'n dyddio o 1866, er yn nodweddiadol o'r cyfnod o ran eu trefniant a'u cynllun, wedi'u hadeiladu'n gadarn o garreg gneis, gyda drysau deniadol â bwâu pantiog. Mae'n siŵr bod y melinau, a adeiladwyd yn yr un flwyddyn ag y gwnaed eu perchennog yn arglwydd, wedi'u cynllunio i fod yn rhan o'r daith dywys o'r chwareli a gynigiodd yr Arglwydd i'w westeion. Mae'r un arddull, ond ar raddfa lai ac yn llai coeth, yn amlwg yn chwarel Bwlch y Ddwy Elor ('Prince of Wales') yn ardal Glaslyn (SH 5453 4926), a adeiladwyd yn 1864, yr oedd Thomas Francis, rheolwr y Penrhyn, yn gysylltiedig â hi, ac yn chwarel Arthog yn ardal Mawddach, a adeiladwyd yn 1868, a oedd eto o bosibl yn un o gynlluniau Francis.[36] Mae gan y felin yn chwarel Rosebush yn ne-orllewin Cymru batrwm o baneli cilfachog yn y waliau a bwâu cylchrannol.

Fodd bynnag, o ran gwir uchelgais bensaernïol, nid yw'r un o'r tair yn dod yn agos at y felin slabiau aml-lawr eithriadol yn Ynys y Pandy yn ardal Glaslyn a adeiladwyd i wasanaethu chwarel Gorsedda yn 1856–57 (gweler Ffigur

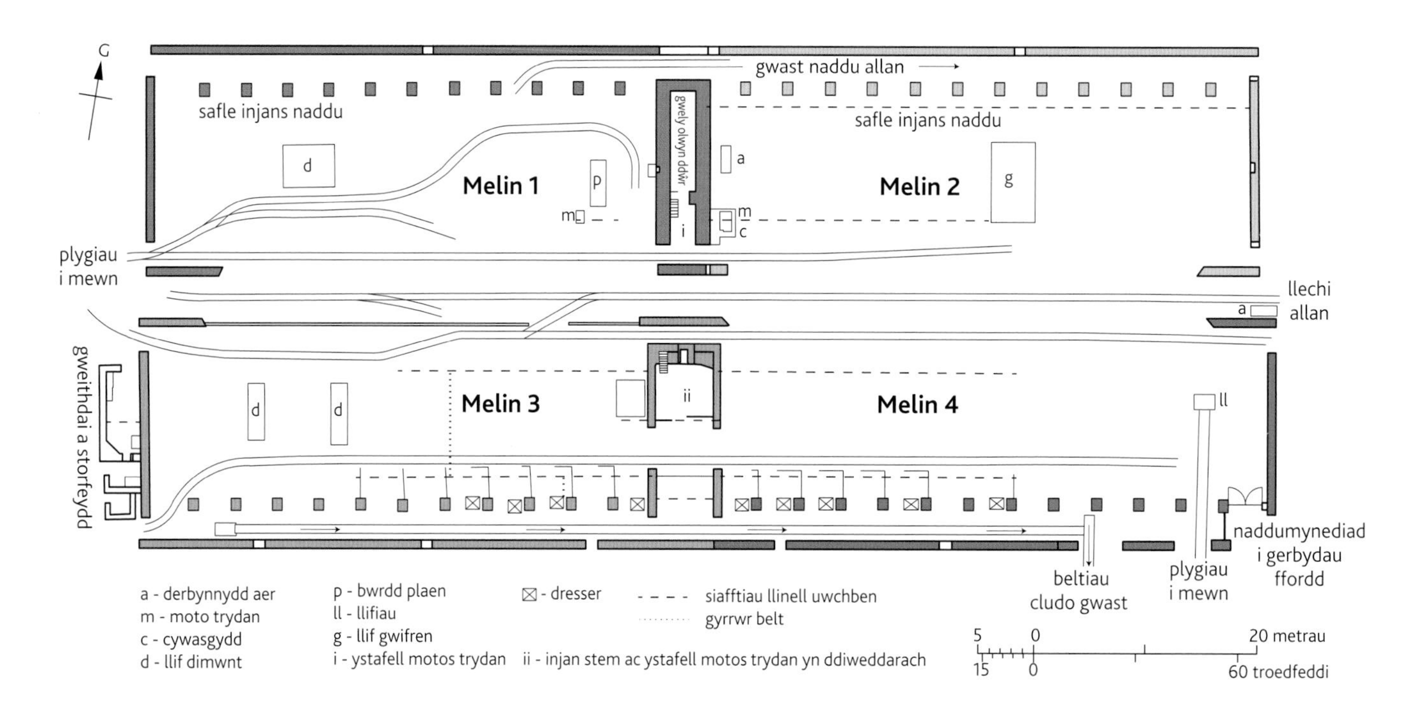

Ffigur 97. Cyfadeilad y felin ym Maenofferen, Ffestiniog, yw'r enghraifft orau a mwyaf cyflawn sydd wedi goroesi o safle prosesu llechi ar ddiwedd y bedwaredd ganrif ar bymtheg.

17). Mae'r felin, a gymharir mewn sawl ffordd ag eglwys gadeiriol neu abaty mewn lleoliad anghydweddol yn y mynyddoedd, yn ymdebygu mewn gwirionedd i'r gweithdy peirianneg a adeiladwyd ar gyfer y Manchester and Leeds Railway yn Miles Platting yn Swydd Gaerhirfryn yn 1845, y byddai cynllunydd Ynys y Pandy, James Brunlees (1816–92) wedi bod yn gyfarwydd ag ef. Aeth ati i addasu'r cynllun heb fawr ddim ystyriaeth o ddiben y felin yng Nghymru a gadawyd i'r saer maen, Evan Jones o Garn Dolbenmaen, a pheirianwyr lleol weithio allan sut i'w threfnu a'i chyfarparu (Ffigur 98).[37] Mae manylion pensaernïol ei thalcen dwyreiniol – ffenestri â borderi cywrain a chylchig – heb eu hail, er bod y ffenestri mawr pengrwn ym mhob un o'r pedair wal yn nodweddiadol o bensaernïaeth ffowndri, a gellir eu gweld mewn un felin arall, ar lawr 9 yn Rhosydd yn Ffestiniog, a adeiladwyd rhwng 1859 a 1862.[38] Fodd bynnag, gwyddys am rai melinau aml-lawr a gynhyrchai lechi ysgrifennu. Maent yn cynnwys y felin ŷd a addaswyd ym Mlaenau Ffestiniog, a oedd yn bedwar llawr o uchder ar ochr yr olwyn ddŵr ac sydd wedi'i hen ddymchwel, a Glanmorfa ger Caernarfon, sef ffowndri a addaswyd.[39] Yr unig enghraifft â tho sydd wedi goroesi yw Glandinorwig ym mhentref Clwt y Bont yn Nantperis.

Golygai argaeledd deunyddiau newydd a rhatach o ddiwedd y bedwaredd ganrif ar bymtheg na ddefnyddiwyd rhai arferion adeiladu melinau sefydledig mwyach. Roedd haearn gwrymiog wedi'i ddefnyddio ers y 1860au yn y brif felin yn chwarel Rhiwbach yn Ffestiniog i lenwi'r bylchau rhwng y colofnau rwbel llechi a oedd yn cynnal y to.[40] Ymddengys mai yn Hafodlas (Nantconwy) yn 1901 y gwelwyd y felin gyntaf a wnaed yn gyfan gwbl o haearn gwrymiog a fesurai 64 metr wrth 15.5 metr (210 troedfedd wrth 51 troedfedd).[41] Adeiladwyd melin â tho un gogwydd o haearn gwrymiog ar bren ym Moel Fferna yn nyffryn Dyfrdwy yn y 1920au.[42] Adeiladwyd melinau mawr o haearn gwrymiog yn chwarel Dinorwig yn y 1920au, ac maent wedi

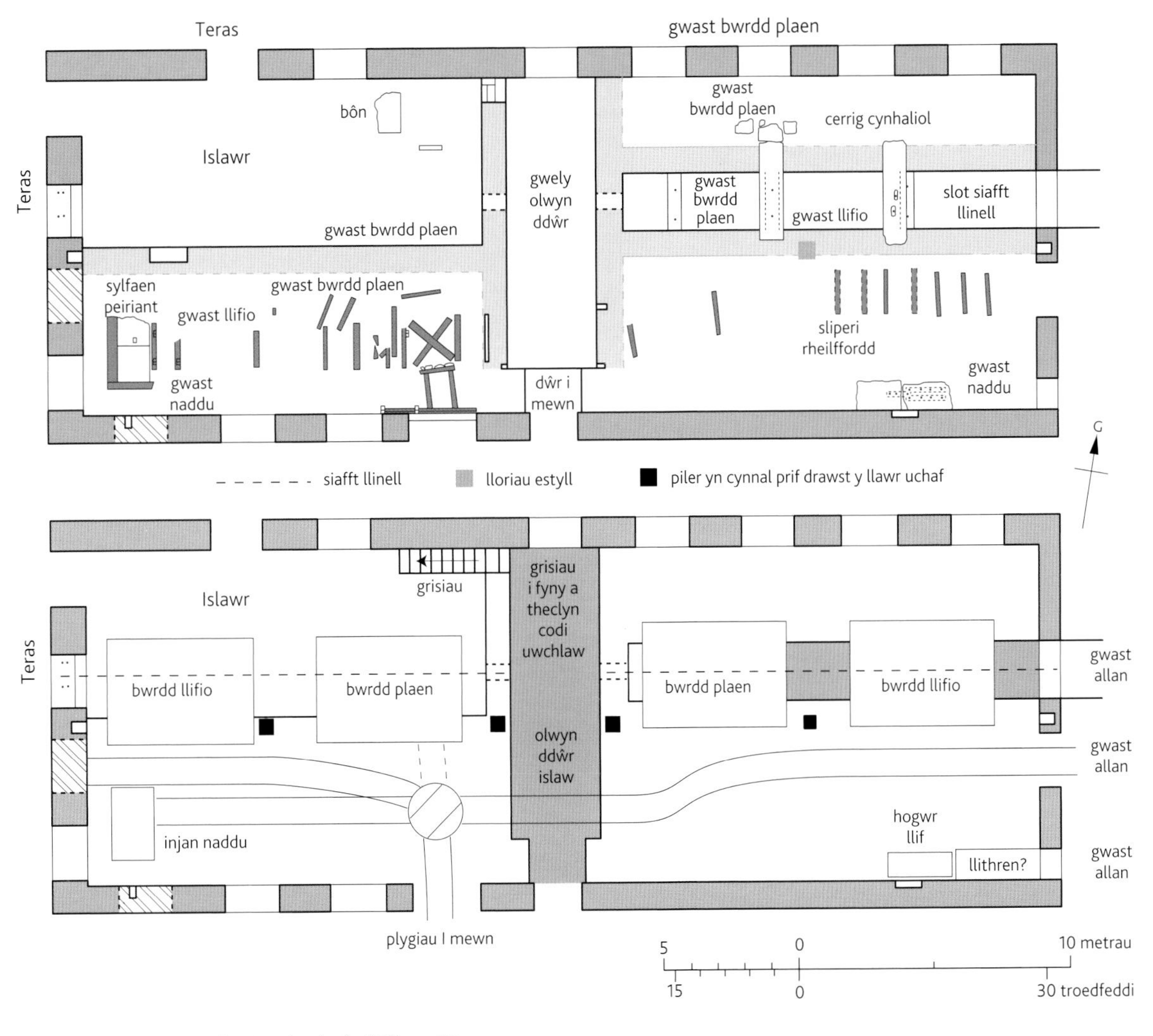

Ffigur 98. Tŷ Mawr Ynys y Pandy. Gweler hefyd Ffigur 17.

diflannu'n gyfan gwbl. Roedd melinau eraill a adeiladwyd yn ystod yr un cyfnod yn Ninorwig yn defnyddio rwbel llechi yn y waliau ond roedd ganddynt doeon â ffrâm dur. Fodd bynnag, mor hwyr â 1944, ychydig iawn o wahaniaeth oedd rhwng melin llifiau dimwnt arfaethedig â'i rhagflaenwyr a welwyd bron gan mlynedd yn gynharach, nid yn unig o ran y defnydd o wastraff chwareli i godi'r waliau ond hefyd y defnydd o gynhalbyst pren i gynnal y to – rheidrwydd adeg y rhyfel efallai.[43] Yn olaf, cafodd y felin 'tin can' yn Llechwedd yn Ffestiniog, a ddefnyddir o hyd, ei hadeiladu yn 1935 o haearn gwrymiog ar ffrâm dur, ond gyda tho llechi, i gadw 50 o fyrddau. Cafodd y felin, dyfais peiriannydd y chwarel, y Capten Martyn Williams-Ellis, ei hystyried yn strwythur chwithig iawn gan y chwarelwyr a dwysawyd eu hamheuon gan y cosbau llym a roddwyd am biso yn erbyn ei waliau.[44]

Peiriannau prosesu

Dechreuodd prosesu mecanyddol gyda dyfeisiau a allai drawslifio a phileru plygiau crai er mwyn cynhyrchu slabiau wedi'u siapio. Roedd yr enghreifftiau cynharaf yn fersiynau wedi'u pweru o lifiau tywod, a fu'n nodwedd o chwareli cerrig ac iardiau seiri maen ers cannoedd o flynyddoedd.[45] Fe'u gelwir yn aml yn 'llifiau ffrâm' neu'n 'hyrddod' gan iddynt densiynu nid un ond cyfres o lafnau stribyn haearn gyr mewn ffrâm grog, a weithredir gan brif ysgogydd, gan ganiatáu sawl toriad. Erbyn 1803, caent eu defnyddio ym melin slabiau Felin Fawr gyntaf chwarel y Penrhyn ac, oddeutu'r un pryd, fe'u gosodwyd mewn melin slabiau yng nghornel ffatri wlân yn Rhyd y Sarn yn ardal Ffestiniog.[46] Roedd llifiau ffrâm yn araf iawn ond ychydig iawn o oruchwyliaeth yr oedd ei hangen ac roeddent yn ymdopi'n well â llechi pyritig. Am y rheswm hwn, gwnaethant bara'n llawer hwy yn chwareli slabiau Nantconwy, lle ceir tystiolaeth ohonynt yn cael eu defnyddio yn chwareli Tŷ'n y Bryn, Melynllyn, Penrhiw, Cwm Eigiau, Pompren a Hafodlas a melinau Cedryn a Chyfyng oddi ar y safle (Ffigur 99). Roedd yr olaf ohonynt yn nyffryn Dyfrdwy, sef melin Penarth 'B' a adeiladwyd yn 1899 i gadw llifiau ail-law o felin Pentrefelin gerllaw.[47] O ran eu harchaeoleg, gellir nodi llifiau ffrâm yn aml wrth waelodion y ffrâm neu'r dull gyriant, wrth eu torion amlwg ac weithiau wrth y tywod a ddyddodir. Byddai llafnau llifiau haearn gyr yn treulio'n gyflym ac yn cael eu taflu; ceir enghreifftiau sydd wedi goroesi hefyd. Dyfeisiwyd fersiynau mwy soffistigedig o'r peiriannau hyn ar ddiwedd y bedwaredd ganrif ar bymtheg. Cafodd yr hyn a oedd, fwy na thebyg, yn lif *shot*, sy'n gweithio yn ôl yr un egwyddor, ond sy'n defnyddio pelen fach o ddur fel cyfrwng torri, ei osod yn Rhiwgoch yn

Ffigur 99. 'Hwrdd' neu lif ffrâm tywod a symudai yn ôl ac ymlaen yn Nhy'n y Bryn ger Dolwyddelan. David Evans (Dafydd Kate Evans) yn tywallt tywod i mewn i doriad mewn plyg a wnaed gan un o'r llafnau. Bydd dŵr yn diferu i mewn iddo yn troi'n bast a fydd yn ffurfio'r cyfrwng torri. Cymharwch â Ffigur 94.

Nantconwy yn 1904, a'r flwyddyn ganlynol gosodwyd llif ffrâm Rushton ym Mhenarth. Roedd honno'n llif â ffrâm dur a oedd yn torri blociau a osodwyd ar droliau rheilffordd gul 2.1336 metr (7 troedfedd).[48] Yr olaf oedd llif ffrâm Anderson Grice a osodwyd yn chwarel Aberllefenni yn ardal Dulas yn 1962 ac a symudwyd oddi yno yn 2009.[49]

Er nad oedd unrhyw beth arbennig ynghylch y llif ffrâm erbyn i chwareli llechi Gwynedd ddechrau ei ddefnyddio, mae'n debyg mai yn y diwydiant llechi yng Nghymru y cafodd y llif gron, sydd bellach wedi disodli'r llif ffrâm i raddau helaeth mewn gweithfeydd carreg, ei ddefnyddio i lifio carreg am y tro cyntaf. Mae gan garreg fedd Suwsanna Pierce, a fu farw yn 1805, ym mynwent eglwys Llan Ffestiniog, rychau crwm ac awgrymwyd mai hwn o bosibl oedd y plyg cyntaf o garreg unrhyw le yn y byd i gael ei brosesu yn y modd hwn (gweler Ffigur 30).[50] Fe'i dilynir gan sawl un arall dros yr ychydig flynyddoedd nesaf.[51] Ymwelodd William Turner o Ddiffwys ag iard longau'r llynges yn Portsmouth rywbryd rhwng 1801 a 1807 lle cafodd llifiau crwn eu gosod i lifio lignum vitae yn 1803 gan y peiriannydd Marc Brunel, y gwneuthurwr peiriannau Henry Maudsley, a'r gweinyddwr llyngesol Samuel Bentham.[52] Mae'n bosibl bod hyn wedi ysbrydoli Turner i gomisiynu fersiwn fach a weithiwyd â llaw yn Ffestiniog, ond ni cheir tystiolaeth ddogfennol bod llifiau crwn wedi'u prynu gan chwarel Diffwys tan 1815.[53] Yn ddiau, mae carreg fedd o 1808 yn eglwys Llandygái (lle na cheir unrhyw gerrig bedd eraill a lifiwyd â llif gron tan 1831) yn adlewyrchu '[the] pretty toy of a rotary saw' a dystiwyd yn Felin Fawr yn chwarel y Penrhyn ar yr adeg hon, nad oedd yn amlwg yn addas ar gyfer gwaith trwm.[54]

Yn ôl y dystiolaeth mewn mynwentydd lleol, daeth llifiau crwn yn gyffredin yn y 1820au, ar adeg pan roeddent hefyd yn cael eu defnyddio mewn gweithfeydd carreg mewn mannau eraill ym Mhrydain. Mae darluniau cyfoes o waith London Marble and Stone Working Company James Tulloch yn Millbank, er enghraifft, yn dangos echel sefydlog a bwrdd symudol agennog lle câi'r slab ei fwydo ar y llif gan bwysau ar ddiwedd rhaff a phwli.[55] Y llif gron hynaf sydd wedi goroesi mewn ardal chwarela yng Nghymru fwy na thebyg yw'r un yng ngweithdy ystâd yr Arglwydd Newborough yng Nglynllifon, ger ardal Nantlle, a adeiladwyd yn y 1850au ac sy'n debyg o ran y ffaith bod y bwrdd yn cael ei symud gan gadwyn a weithredir dros echel drwm (Ffigur 100). Dull gwahanol ond byrhoedlog oedd llif Searell o 1851 yng Nghwmorthin lle'r oedd llifiau crwn yn ymestyn o'r naill ochr a'r llall i fwrdd a oedd yn symud ar hyd cerbyd symudol i dorri slabiau a osodwyd ar droliau wedi'u mowntio ar gledrau.[56] Ni adawyd unrhyw olion ohoni. Ym melin Ynys y Pandy yn ardal Glaslyn, mae'r gwastraff llechi yn awgrymu

Ffigur 100. Bwrdd llifio cynnar â llif gron yng ngweithdy Glynllifon.

bod slabiau wedi'u llifio gan ddefnyddio peiriant a ddyfeisiwyd gan y rheolwr Dixon a chan Dodson o chwarel Coetmor yn nyffryn Ogwen. Mae modd addasu'r bwrdd o ran uchder ac mae'r siafft yn cynnwys dau lafn crwn y gellir eu haddasu ar gyfer gwneud toriadau cyfochrog. Mae'r patent yn disgrifio llafnau 'cut or notched on their edges like a chisel or tool, and present an edge somewhat like a file', a gaent eu minio'n barhaus gan gŷn a weithredwyd â cham, ond mae'r gwastraff yn dangos yn glir bod y rhain wedi'u disodli ar ôl tipyn gan lafnau danheddog.[57]

Erbyn canol y bedwaredd ganrif ar bymtheg, fel y cynyddai'r galw, roedd y broses o gynhyrchu llechi to â llaw yn mynd yn llafurus ac yn wastraffus, yn enwedig o ran y llechi Ordofigaidd cymharol feddal yn ardal Ffestiniog, a rhoddwyd y gorau i ddefnyddio byrddau llifio i gynhyrchu slabiau'n unig. Oddeutu 1852, cynlluniodd J.W. Greaves o chwarel Llechwedd beiriant lled-awtomatig rhad a allai gael ei ddefnyddio nid yn unig ar gyfer trawslifio ond hefyd (fel y daethpwyd yn amlwg yn ddigon buan) ar gyfer llifio ar hyd y graen lle nad oedd y pileriad wedi'i ddatblygu. Câi llafn llif gron cylchdro danheddog (wedi'i wneud o ddur crwsibl i ddechrau ac wedyn dur Bessemer o'r 1860au) ei folltio i'r siafft mewnlif, wedi'i bweru gan felt gwastad o siafft llinell drwy bwlïau cyflym neu rydd neu bwli gyriant byw â chlytsh; ffrâm adrannol, o bren yn wreiddiol ac yna haearn bwrw yn ddiweddarach; bwrdd llwytho wedi'i bweru a rannwyd yn anghymesur yn rhedeg ar hyd arwyneb uchaf y ffrâm (ar gyfeiryddion v, rholeri, neu'r ddau), wedi'i symud gan gêr troellolwyn ar echel gyriant y llif yn gyrru clicied. Yn 1860, patentwyd dull bwydo gyriant tsaen dau gyflymder a chyfleuster gwrthdroi cyflym (Ffigur 101).[58]

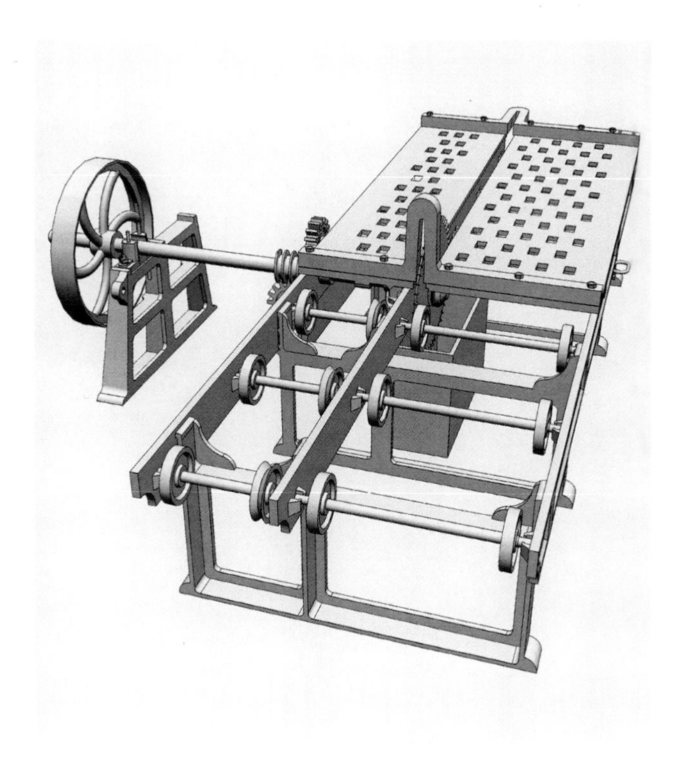

Ffigur 101. Bwrdd llifio Greaves.

Defnyddiwyd byrddau Greaves yn y diwydiant cyfan fwy neu lai nes iddynt gael eu disodli gan lifiau dimwnt yng nghanol yr ugeinfed ganrif (gweler isod). Cafodd cannoedd ohonynt eu cynhyrchu a chaent eu gweld mewn unrhyw chwarel lechi ar wahân i'r rhai lleiaf. Mae'r datblygiad hwn, yn fwy nag unrhyw un arall, yn corffori'r broses o 'ddiwydiannu' chwarela llechi, gyda mwy a mwy o ddynion yn cael eu gorfodi i weithio mewn adeiladau tebyg i ffatrïoedd a'u hamlygu i effeithiau niweidiol llwch llechi o'r rhesi o lifiau. Y nifer fwyaf o fyrddau llifio a welwyd ym melin Nantlle oedd 43, tra gallai fod hyd at 60 ohonynt yn y melinau a adeiladwyd yn Ninorwig yn y 1920au a'r 1930au (Ffigur 102).[59] Mae tri o fyrddau Greaves wedi'u cadw yn Amgueddfa Lechi Cymru. Cafodd un o'r rhain, gan Humphrey Owen a'i Fab o Gaernarfon, ei ddefnyddio'n ddiweddarach yn chwarel fach Twll Coed yn Nantlle, a chafodd y ddau arall ei ddefnyddio yn Ninorwig lle gallent fod wedi'u cynhyrchu yng ngweithdai'r chwarel. Mae gan yr amgueddfa hefyd y patrymau pren ar gyfer bwrdd llifio a achubwyd o asedau Turners of Newtown, cwmni o ganolbarth Cymru a arbenigai mewn cyfarpar amaethyddol a thecstilau ond a oedd hefyd yn cyflenwi cloddfeydd a

Ffigur 102. Sied Awstralia, a godwyd yn 1924 yn Ninorwig, gyda'i rhes o fyrddau llifio.

chwareli. Mae Quarry Tours yn chwarel Llechwedd yn Ffestiniog wedi cadw un bwrdd gan Owen o Borthmadog a dau gan De Winton o Gaernarfon. Mae byrddau sydd wedi goroesi mewn dwylo preifat ac, mewn rhai achosion, yn y fan a'r lle.

Gyda choed pinwydd wedi'u mewnforio o dramor ar gyfer trawstiau to yn dod yn llawer haws i'w cael ar yr un pryd, gwelodd Greaves y gallai byrddau gael eu gosod mewn melinau pwrpasol, un ar gyfer pob grŵp o weithwyr llechi, a'u gweithio oddi ar system trosglwyddo pŵer gyffredin, gyda'r fantais bellach y gallai dynion llai medrus gael eu rhyddhau o waith torri cychwynnol i wneud llechi. Ymddangosodd melinau a gynhyrchai lechi to yn Llechwedd yn ardal Ffestiniog ar ddechrau'r 1850au.[60] Gan nad oedd llechi Cambrian mwy brau Arfon mor addas ar gyfer llifio mecanyddol, roedd rheolwyr yn amharod i brynu'r peiriannau ac adeiladu melin, ac ysgwyddo'r costau rhedeg.[61] Yn Nantlle, cawsant eu cyflwyno am y tro cyntaf gan gwmnïau canolig, gyda'u costau gweithredu uwch na'r cyffredin, yn 1873–74. Er mai byrddau llifio Greaves oedd y rhai mwyaf cyffredin yma, gosodwyd 50 o beiriannau porthiant dŵr amrywiol gyflymder gan y cwmni o Gaernarfon, De Winton, yn y felin ganol ym Mhen yr Orsedd rhwng 1876 a 1881, y mae un ohonynt wedi'i gadw yn Amgueddfa Lechi Cymru.[62] O blith chwareli eraill Arfon, gwelwyd melinau llechi to am y tro cyntaf yn y Penrhyn yn 1901 ac yn Ninorwig yn 1922.[63]

Un o ddatblygiadau'r 1860au yr oedd gobeithion uchel yn ei gylch oedd llif a ddyfeisiwyd gan James Hunter a'i fab George, a weithiai yng ngweithfeydd carreg rywiog yr Alban. Defnyddiwyd llif llechi cyntaf James yn chwarel Valentia yn Iwerddon yn 1838.[64] Nodwedd amlwg o'r cynllun oedd y defnydd o flaenau adnewyddadwy – pinnau o ddur wedi'u tapro â phen chwyddedig a ddaliwyd mewn socedi ar ymyl y llafn crwn. Roedd llifiau Hunter a ddefnyddiwyd mewn chwareli llechi yng Nghymru yn fathau dros y bwrdd lle y gallai un siafft gario hyd at bedwar llafn 1.22 metr ar draws gyda 28 o ddannedd a oedd yn cylchdroi tua 0.06 metr uwchlaw'r bwrdd, lle y cariwyd blociau ar sliperi pren a'u dal yn gadarn gan ddannedd haearn (Ffigur 103).[65] Nid oedd y llif mor effeithiol ag yr oedd ei phatentedigion yn ei honni – roedd yn rhy arw ar gyfer slabiau bach a thenau – ond parhawyd i'w defnyddio mewn nifer o chwareli llechi yng Ngwynedd i mewn i'r ugeinfed ganrif, yn enwedig yn Nantconwy.[66] Fe'i defnyddiwyd hefyd yn chwarel Delabole yng Nghernyw.[67]

Ffigur 103. Prin iawn yw'r ffotograffau o lifiau Hunter. Cafodd y rhain eu gosod yng Nghraig Ddu yn Ffestiniog.

Gellir nodi'r safleoedd lle y gweithredai llifiau Hunter drwy'r olion patrwm H amlwg a adawyd gan waelod y peiriant ar lawr y felin, gan dorion slabiau â marciau torri dwfn lle gellir gweld cyfradd bwydo'r llafn ac, yn achlysurol, gan flaenau wedi'u taflu, sy'n edrych fel tïau golff. Gellir gweld archaeoleg y peiriannau hyn orau yn chwarel Hafodlas yn Nantconwy. Adeiladwyd yr enghreifftiau hyn gan y Vulcan Foundry yn Newton-le-Willows lle'r oedd Syr Daniel Gooch o'r Great Western Railway yn gyfarwyddwr, yn ogystal ag yn gyfarwyddwr y chwarel.[68]

Datblygiad arall pwysicach fyth oedd cyflwyniad llifiau crwn cyflymder uchel a ddefnyddiai lafnau wedi'u gorchuddio â dimwntau diwydiannol neu garborwndwm. Y chwarel lechi gyntaf yng Nghymru i gyflwyno'r llifiau hyn oedd Moel Fferna yn nyffryn Dyfrdwy – lle'r oedd y graig yn gymharol rydd o fandiau croes grutiog, caled – yn 1925.[69] Araf iawn y cawsant eu mabwysiadu oherwydd costau uchel; y cyflenwad trydan yr oedd ei angen i'w gweithredu a'r angen i ad-drefnu'r system gynhyrchu – roedd angen craeniau lefel cyplau i godi slabiau mwy o faint.[70] Roedd y treialon a gynhaliwyd yn Norothea yn Nantlle yn 1938–39 yn siomedig; roedd y gwres a gynhyrchwyd gan y ffrithiant a grëwyd drwy lifio craig Cambrian galed yn crasu wyneb y plyg ac yn achosi i'r llafn gamdroi.[71] Votty oedd y chwarel gyntaf yn Ffestiniog i osod llifiau dimwnt, yn y 1930au, ond ni ddaethant yn gyffredin tan y 1950au a'r 1960au. Roedd gan Aberllefenni yn Nantdulas un llif dimwnt wedi'i bweru gan drydan erbyn 1956 ochr yn ochr ag 20 o fyrddau Greaves a bwerwyd gan olwyn ddŵr.[72] Dilynodd eraill, ac roeddent yn cael eu defnyddio gan fwy neu lai pob chwarel a oedd wedi goroesi erbyn 1970. Goroesodd llifiau Greaves mewn rhai chwareli bach gan fod eu costau gweithredu yn llawer is ac, o'r herwydd, roeddent yn gweddu'n well i lefelau cynhyrchu isel.[73]

Cynhaliwyd arbrofion yn Llechwedd yn y 1970au gyda'r *virginie*, llif gron y cychwynnwyd ei defnyddio yn y diwydiant llechi yn Ffrainc i dorri plygiau yn llechi to. Yn 2006, sefydlodd chwarel y Penrhyn felin i dorri plygiau yn haenau tenau ac yna'u trin â gwres i wneud iddynt ymddangos fel llechi to a holltwyd â llaw. Dim ond rhywfaint o lwyddiant a gafwyd hyd yn hyn.

Gwelwyd sawl math o beiriant wedi'i bweru i naddu ochrau llechi to (yn wahanol i fath Francis a nodwyd uchod a weithredwyd â throedlath) cyn i beiriannau naddu cylchdro Greaves ddod yn gyffredin – wedi'u hysbrydoli gan y felin us amaethyddol, roedd y rhain wedi'u siapio fwy neu lai yn yr un ffordd â'r llafn ar beiriant torri lawnt (Ffigur 104).[74] Ymgais gynharach i fecaneiddio'r broses naddu oedd y naddwr gilotîn a ddyfeisiwyd gan Nathaniel Mathew, y daeth enghraifft ohono i'r fei yn chwarel Votty and Bowydd yn Ffestiniog ym mis Awst 1984. Mae'r peiriant hwnnw'n cynnwys cludydd haearn mawr y caiff llafn ei rybedu iddo, sy'n gweithredu o fewn mynegbyst fertigol ac sydd fwy na thebyg yn cael ei bweru gan drefniant *T-bob* yn nho'r felin a yrrir gan grancsiafft o'r brif siafft llinell. Caiff ei gadw yn Quarry Tours yn Ffestiniog. Mae rhagoriaeth dyluniad Greaves yn amlwg – roedd yn gyflymach ac yn ysgafnach na fersiwn Matthews ac nid

Ffigur 104. Injan naddu Mathew ac injan naddu Greaves, wedi'u cadw yn Quarry Tours yn Ffestiniog.

Ffigur 105. Bwrdd plaen De Winton yn chwarel Pen yr Orsedd, Nantlle.

oedd yn rhan hanfodol o'r adeilad, gan olygu y gallai gael ei ail-leoli'n hawdd.[75]

Cofnodir byrddau plaen ar gyfer llyfnu plygiau i gynhyrchu slabiau erbyn 1839, ond mae'r enghraifft hynaf sydd wedi goroesi, yn chwarel Pen yr Orsedd, yn dyddio o 1868. Cynhyrchwyd y bwrdd hwnnw gan ffowndri De Winton yng Nghaernarfon.[76] Mae byrddau plaenio llechi yn debyg i'r rheini a osodwyd mewn gweithdai peirianneg ar gyfer plaenio haearn; gellir nodi eu safleoedd yn ôl powdwr mân llwch llechi. Mae gan y bwrdd plaen ym Mhen yr Orsedd fwrdd agennog symudol wedi'i wneud o haearn bwrw, 2.74 metr wrth 1.52 metr, yr oedd y slab yn gorffwys arno (ac y gellid ei ddal i lawr gyda bachau os oedd angen) o dan lafn o ddur yr oedd modd ei addasu gyda rheolyddion i fyny/i lawr ac o ochr i ochr a'r cyfan wedi'i osod ar ffrâm o haearn bwrw (Ffigur 105).

Roedd llathryddion ar gyfer slabiau yn cynnwys olwyn lorweddol o haearn bwrw wedi'i chynnal gan goes gymalog y gellid ei chodi a'i gostwng ar yr wyneb, gan ddefnyddio tywod neu ddŵr fel sgrafellwr. Câi'r rhain eu hadnabod yn y diwydiant chwarela fel 'Jenny Linds' ar ôl y gantores o Sweden (1820–87) yr oedd ei llais yn dwyn i gof y sŵn mwmian a wnaed ganddynt.

Trefniadaeth fewnol

Prin yw'r dystiolaeth o drefniadaeth y melinau cynharaf. Mae hanes Faraday o'i ymweliad â melin gyntaf y Penrhyn yn Felin Fawr yn 1819 yn awgrymu y cafodd ei threfnu'n syml fel rheng o lifiau tywod mewn rhes hir:

> A number of large frames are connected each with a crank and united by one common axle. This is put in motion by a water wheel and the revolutions of the cranks force the frames backwards and forwards.[77]

Mae'n bosibl mai dyma oedd y trefniant safonol ar gyfer melinau a ddefnyddiai lifiau tywod, gan fod y cynllun sylfaenol yn amlwg mewn sawl melin a adeiladwyd rhwng 1856 a 1866 yn chwareli Cwm Eigiau a Chedryn yn Nantconwy. Adeiladwyd y cyntaf o'r rhain gan Thomas B. Jordan a fu'n gweithio yn chwareli Bwlch yr Oernant, ac mae'n bosibl mai'r felin a adeiladwyd ym Mhentrefelin ar gamlas Llangollen a'i ysbrydolodd.[78] Roedd rhai melinau bach yn Nantconwy yn ddim mwy na sied ag un llif tywod ynddynt.[79]

Daw tystiolaeth archaeolegol yn gliriach ar gyfer melinau a adeiladwyd o'r 1850au ymlaen. Fel arfer, câi echel hiraf llif ei gosod ar ongl sgwâr i wal hydredol y felin, felly mae'n bosibl y byddai unrhyw un a ai i mewn i'r adeilad yn wynebu rhes o beiriannau cyflin. Roedd digon o eithriadau; trefnwyd byrddau llif crwn ar hyd y wal hydredol ym melin wreiddiol Holland yn Ffestiniog, patrwm a gopïwyd yn ôl y sôn ym melin wreiddiol Rhos yn Nantconwy, ac yn Ynys y Pandy.[80] Cynllun rheiddiol oedd y cynllun cyffredin ar gyfer melin slabiau o'r 1850au ymlaen. Arweiniai un llinell reilffordd i mewn i'r adeilad at drofwrdd canolog lle'r oedd llinellau yn ymestyn i beiriannau a leolwyd ym mhob cornel o'r adeilad – dau lif a dau fwrdd plaen fel arfer. Ymhlith yr enghreifftiau mae melin Swch isaf yng Nghwm Machno yn Nantconwy a llawr gwaelod Ynys y Pandy yn ardal Glaslyn.

O ran y broses o gynhyrchu llechi to, lle'r oedd angen holltwyr a gofod naddu, mae dau batrwm yn rhagori. Y cyntaf yw melin hir â phatrwm trawslin o linellau rheilffordd. Adeiladwyd yr enghraifft gynharaf ar lawr 3 yn Rhosydd yn Ffestiniog yn 1856. Yma, mae'r llif proses yn croesi prif echel y felin o'r bwrdd llifio i ardal hollti a naddu, yna allan drwy ddrws yn y wal bellaf i iard bentyrru.[81] Un amrywiad ar y math hwn, heb yr ardal hollti a naddu, yw melinau Francis a welwyd, fel y nodwyd, yn chwarel Bwlch y Ddwy Elor yn ardal Glaslyn yn 1864, yna yn y Penrhyn ei hun yn 1866 ac yn Arthog yn 1868.[82] Roedd enghreifftiau yn cael eu hadeiladu o hyd yn y 1920au yn y Penrhyn ac yng Nghwm Machno, a dyma'r math mwyaf cyffredin o felin yn y diwydiant fwy na thebyg. Roedd y math arall a ddefnyddiwyd yn helaeth yn cynnwys mynedfa reilffordd drwy'r talcen a oedd yn caniatáu i blygiau crai gael eu tynnu oddi ar y wagenni i unrhyw un o res o fyrddau llifio ar hyd un ochr y felin (Ffigur 106).

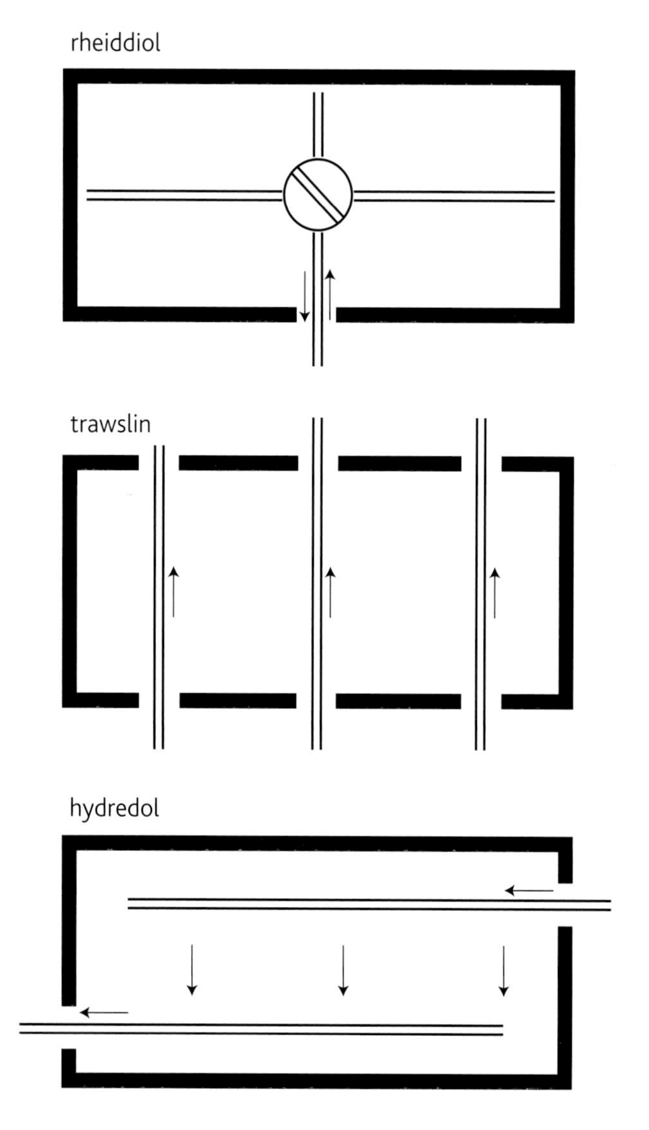

Ffigur 106. Llawr-gynlluniau cyffredin: melin reiddiol, melin hydredol a melin drawslin.

Yn y ddau fath o felin, roedd y gwaith hollti a naddu yn digwydd fel arfer mewn ardal ar wahân gyferbyn â'r bwrdd a'i gwasanaethai – gwal fewnol yn ei hanfod. Mae'r cyfryw drefniadau yn amlwg ar ddiwedd y bedwaredd ganrif ar bymtheg ym melin Maenofferen yn Ffestiniog (Ffigur 97) ac yn y 1920au ym melin Awstralia yn Ninorwig, lle câi'r llechi gorffenedig eu symud drwy ddrysau yn y wal hir i'r iard bentyrru.

Weithiau, roedd y gwaliau hyn yn gabanau ar wahân ar un ochr neu ddwy ochr y brif ystafell lifio, wedi'u gorchuddio ag estyniad o'r prif do. Roedd hyn yn inswleiddio cymaint o ddynion â phosibl rhag y tywydd a'r sŵn a'r llwch llifio ac, fel y nodir uchod, gall fod wedi cydnabod eu hannibyniaeth fel aelodau o fargen. Ymddengys mai melin Rhosydd 3 yn nyffryn Croesor sy'n dyddio o 1856 yw'r enghraifft hynaf y gwyddys amdani. Dilynwyd y cynllun mewn melinau yng ngwaith Oakeley yn Ffestiniog, y mae pob un ohonynt wedi'u dymchwel bellach, ac yn Nantlle, gan ddechrau gyda'r felin fawr yn Norothea ac, yn fwyaf diddorol, yn y felin yn chwarel Rhos yn Nantconwy.[83] Yma, mae'n bosibl bod y gwaliau a ddarparwyd yn adlewyrchu'r her a wynebodd y system fargeinio oddi wrth reolwyr y chwarel yn 1877, a'r streic hir a ddilynodd – galwyd y cyntaf gan Undeb Chwarelwyr Gogledd Cymru.[84]

Er hynny, nid yw'n hawdd categoreiddio llawer o felinau, naill ai am iddynt gael eu hymestyn a'u newid yn ystod eu bywyd gweithiol, neu am eu bod yn cynnwys peiriannau arloesol, fel y felin llawn teclynnau yn chwarel Hafodlas, gyda'i llifiau Hunter, llifiau tywod a byrddau Greaves (Ffigur 107).[85]

Systemau pweru melinau; prif ysgogwyr

Ar wahanol adegau, câi melinau slabiau a melinau llechi to eu pweru gan beiriannau a yrrwyd gan ddŵr, gan stêm, gan

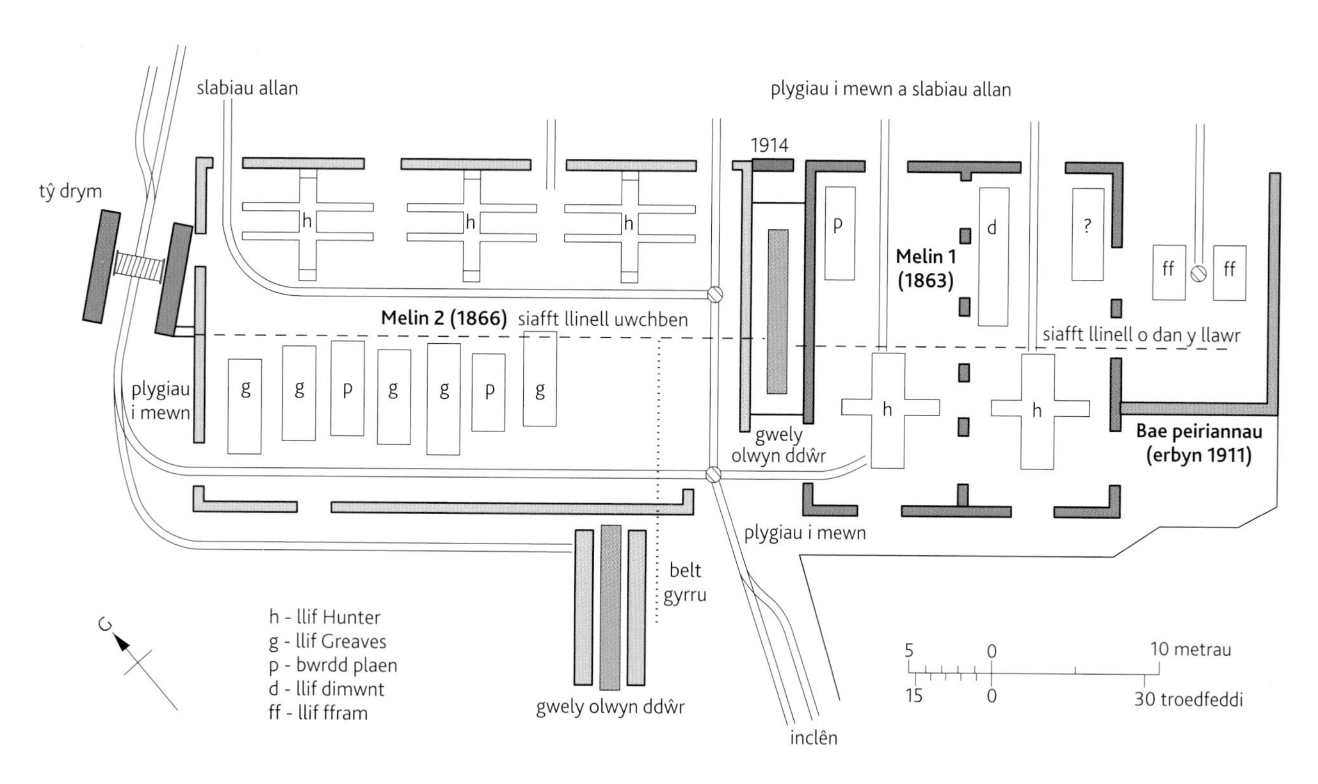

Ffigur 107. Cynllun o felinau Hafodlas, Nantconwy, yn dangos safleoedd llifiau ffrâm, Hunter a Greaves.

beiriannau gwres eraill a motorau trydan, a chan gyfuniad o'r rhain.

Roedd gan felinau a bwerwyd gan ddŵr hanes hir yn y diwydiant llechi yng Nghymru, o flynyddoedd cynnar y bedwaredd ganrif ar bymtheg i 1967 (pennod 5). Fel arfer, câi'r olwyn ei lleoli ar hyd wal dalcen, fel yn y paentiad o chwarel Dorothea sy'n dangos y felin (gweler Ffigur 70), ond, yn aml, pan roedd angen ymestyn cyfleusterau prosesu, câi adeilad newydd ei roi ar ochr bellaf pwll yr olwyn er mwyn lleihau'r torc cymaint â phosibl.

Mae chwech neu saith olwyn ddŵr melin wedi goroesi, yn gyfan gwbl neu'n rhannol. Câi'r brif felin yn Aberllefenni yn Nantdulas, a adeiladwyd yn wreiddiol yn y 1860au ac a ymestynnwyd dros y blynyddoedd, ei phweru gan ddwy olwyn ddŵr gyfansawdd. Dim ond y rhannau uchaf a welwyd uwchlaw lefel y llawr nes yr haf sych a gafwyd yn 1957. Gan fod pob un yn cymryd chwarter awr i lenwi cyn dechrau troi, a olygai fod y peiriannau'n segur yn y cyfamser, aeth y chwarel ati i chwilio am ffynonellau ynni eraill.[86] Pan osodwyd llawr concrid newydd, torrwyd y breichiau uchaf a thynnwyd y gorchudd uchaf ond erys y rhan fwyaf o'r ddwy a oedd yn ddigon hygyrch i'w cofnodi. Pwerwyd y siafftiau llinell dan ddaear gan geriau cylch â dannedd mewnol.[87] Gerllaw, cafodd rhan o'r olwyn a drodd felin annibynnol, 'injan Magnus', ei thaflu i'r afon lle y'i gwelir o hyd. Mae rhai eraill wedi goroesi yn ardal Arfon, gan gynnwys yr olwyn ddŵr grog o'r 1850au neu'r 1860au a bwerodd Felin Fawr y Penrhyn am tua chan mlynedd. Yn y neuadd gymunedol yng Nghlwt y Bont yn Nantperis, hen safle melin, mae'r echel a'r foth wedi'u gosod ar blinth; 830 metr i lawr yr afon, mae olwyn ddŵr grog 10.7 metr (35 troedfedd) o 1879 wedi goroesi ym melin Glandinorwig a gynhyrchai lechi ysgrifennu. Nid yr olwyn bresennol ym Mhant yr Ynn yn Ffestiniog a osodwyd yno'n wreiddiol yn 1844.[88] Mae'n bosibl mai ffowndri De Winton yng Nghaernarfon a gynhyrchodd olwynion y Penrhyn a Glandinorwig er nad oes cadarnhad o hynny.[89]

Yr hyn sydd wedi goroesi'n fwy mynych na'r olwynion dŵr eu hunain yw'r gwelyau lle y cawsant eu gosod, sy'n fwy sylweddol yn aml na'r melinau eu hunain. Fe'u gwnaed o blygiau mawr o lechi a chonglfeini o graig gysefin. Weithiau, gellir gweld blociau cynhaliol, yn ogystal ag olion systemau dŵr ac weithiau marciau crafu ar y cerrig, sy'n dangos lleoliad geriau tyllau. O'r cofnod perthnasol, a ffotograffau ac archifau, mae'n amlwg bod y rhan fwyaf o'r olwynion yn rhai confensiynol, gyda gorchuddion o haearn a breichiau o bren. Yn amlach na pheidio, roeddent tua 8.23–9.14 metr (27–30 troedfedd) ar eu traws a 0.91–1.22 metr (3–4 troedfedd) o ochr i ochr, er y nodir enghreifftiau mwy a llai – olwyn 3.5 metr (10 troedfedd) a oedd yn pweru un llif tywod a pheiriant llathru yn chwarel cerrig hogi

Melynllyn yn Nantconwy; olwyn 11.89 metr (39 troedfedd) a welwyd yng Nghroesor.[90]

Mae hefyd yn amlwg nad oedd olwynion tanlawr, fel y rhai a welwyd yn Felin Fawr y Penrhyn, Aberllefenni a Glandinorwig, yn gyffredin. Roedd yn llawer mwy cyffredin i osod yr olwyn yn y cyfryw fodd fel y câi ei gweld uwchlaw lefel y to. Mewn nifer o felinau, adeiladwyd yr olwyn yn wastad â wal hydredol. Mewn ambell achos, roedd gofynion pŵer y felin yn golygu bod angen dwy olwyn yn olynol, fel yn Hafodlas yn Nantconwy ac yng Nghroesor.[91] Mewn achosion eithriadol, gallai melin gael ei phweru o bell gan olwyn ddŵr, fel y gwelwyd ym Mhen yr Orsedd yn Nantlle, lle'r oedd y system rhaffau a ddisgrifiwyd ym mhennod 5 yn trosglwyddo pŵer o'r olwyn a leolwyd ar un llawr i gyfadeilad melin a leolwyd yn is i lawr y llechwedd, islaw'r lefel y byddai'n rhaid i ddŵr gael ei ryddhau i ystad gyfagos. Ym Mhenrhyngwyn yn ne Gwynedd, mae'r olwyn wedi'i lleoli'n bell o'r felin ac fe'i cynhaliwyd ar ffrâm A o haearn gan weithredu'r siafftiau llinell drwy gyfrwng tsaen.[92]

Cofnodir y tyrbinau cyntaf yn y felin yn chwarel Moelwyn yn ardal Ffestiniog ac yn Ratgoed yn Nantdulas, y ddau yn 1864, ac yn Hafod y Llan, ar lethrau deheuol yr Wyddfa, yn 1869, fel y nodwyd ym mhennod 5, ond dim ond yn yr ugeinfed ganrif y daethant yn gyffredin.[93] Er mai dim ond o'r 1890au ymlaen y daethant yn gyffredin gyda datblygiad pŵer trydanol, lleolwyd rhai enghreifftiau cynnar mewn adeiladau melinau ac fe'u cysylltwyd yn uniongyrchol â pheiriannau.

Ceir yr arwydd clir cyntaf bod stêm yn cael ei ddefnyddio i weithredu peiriannau prosesu llechi yng Nghymru mewn adroddiad papur newydd o 1842 sy'n cyfeirio at fachgen yn cael ei ladd gan yr injan mewn iard lechi ym Mangor.[94] Rhwng 1841 a 1845, defnyddiai melin chwarel Portreuddyn yn ardal Glaslyn, a bwerwyd gan ddŵr i ddechrau, beiriant 'to assist in dry weather'.[95] Defnyddiai chwarel Minllyn yn ne Gwynedd agerbeiriant erbyn 1845, a chafodd llawr i foeler Cernywaidd ei gloddio yma yn 2011.[96] Yn aml, câi ager-beiriannau melinau eu gosod i ategu pŵer dŵr, neu lle'r oedd llai o dir casglu, fel ym Moel Tryfan ac ardal Nantlle, rhannau o Ffestiniog ac i raddau cyfyngedig yn Nantperis. Fe'u cynhyrchwyd gan nifer o wahanol gwmnïau – Davy's o Sheffield, De Winton o Gaernarfon, Clayton and Shuttleworth o Lincoln, Marshalls o Gainsborough, Tangye o Birmingham, Robey o Lincoln a sawl un arall – ac roedd iddynt wahanol ffurfiau. Rhai silindr llorweddol syml oedd y rhan fwyaf ohonynt, er mai rhai cyfansawdd a welwyd ym Mhen yr Orsedd a Chilgwyn yn Nantlle ac yn Oakeley yn Ffestiniog. Defnyddiwyd agerbeiriannau cludadwy mewn rhai chwareli llai o faint, fel Cefn Madog yn Nantconwy a Blaen y Cwm yn Ffestiniog. Prynwyd rhai yn newydd a rhai yn ail-law. Lle'r oedd dŵr ar gael yn hawdd, fel yn Nantdulas, Sir Benfro, Nantconwy a gogledd-ddwyrain Cymru, anaml iawn y defnyddiwyd agerbeiriannau melinau, ac ni chawsant eu defnyddio o gwbl yn nyffryn Ogwen.

Dim ond un agerbeiriant melin sydd wedi goroesi, a hwnnw'n anghyflawn ac wedi'i ddatgysylltu. Hyd yn oed ymhlith yr amrywiaeth eang o agerbeiriannau a welwyd yn y diwydiant llechi yng Nghymru, ni cheir enghraifft debyg iddo. Injan wal o'r math a oedd yn fwy cyffredin yn y diwydiant tecstilau yn Swydd Gaerhirfryn ydoedd; math un silindr yn gweithredu beryn ar bediment clasurol. Fe'i prynwyd yn ail-law ar gyfer chwarel Pen y Bryn yn Nantlle, yn wreiddiol i weithredu incleiniau tsaen ac yn ddiweddarach i bweru'r felin. Fe'i symudwyd oddi yno gan Amgueddfa Lechi Cymru i'w arddangos (gweler Ffigur 75).

Fel y nodwyd ym mhennod 5, cafodd injans tanio mewnol eu defnyddio mewn llawer o'r chwareli bach a chanolig yn yr ugeinfed ganrif ac fe'u defnyddiwyd weithiau i bweru melinau yn ogystal â chyflawni tasgau eraill. Roeddent yn fwy cyffredin mewn ardaloedd â chwareli bach gan fwyaf, fel Corris ac (yn fwyaf arbennig) Nantlle, lle mae sylfeini peiriannau concrid a'r bolltau a oedd yn eu dal i lawr yn nodi eu lleoliad. Ar ôl 1945, defnyddiwyd injans silindr fertigol bach yn aml mewn chwareli ag un bwrdd llifio, yn aml wedi'u cymryd o gerbydau dympio blaen wedi'u sgrapio. Gellir nodi'r cyfryw safleoedd pan fo pennau wedi'u llifio wedi goroesi ar domennydd ond nad oes olion melin.[97]

Gwelwyd motorau trydanol ar gyfer pweru peiriannau prosesu llechi ar ddechrau'r ugeinfed ganrif, gan adlewyrchu rôl flaenllaw Gogledd Cymru (o leiaf ym Mhrydain) o ran datblygu systemau tri cham. Defnyddiwyd motorau trydanol Sandycroft ym melinau chwareli Llechwedd a Votty and Bowydd yn Ffestiniog ar ddechrau'r bedwaredd ganrif ar bymtheg a'r ugeinfed ganrif, unwaith y cawsant eu cysylltu â gorsaf bŵer Dolwen a sefydlwyd gan Yale Electric Power Company. Dilynodd chwarel Croesor gerllaw, o dan reolaeth Moses Kellow yn 1904, gyda rhannau'n cael eu cyflenwi gan gwmni Kolben o Brag; a hefyd chwareli Pen yr Orsedd ac Oakeley yn 1905-07, a ddefnyddiodd fotorau 500 follt 40 marchnerth neu 20 marchnerth Bruce Peebles a weithiai ar gyfradd o 500 o gylchdroeon y funud.[98] Fel arfer, câi'r rhain eu gosod ar gyplau er, ym melin Awstralia yn Ninorwig yn 1924, a adeiladwyd yn arbennig ar gyfer gweithrediad trydanol, gosodwyd dau fotor uchder gwasg mewn strwythurau ar oleddf a estynnai allan o un o'r waliau hydredol.

Fel y nodwyd ym mhennod 5, y bwriad yn chwarel Rosebush yn ne-orllewin Cymru, yn ôl y sôn, oedd gweithredu naddwr llechi gyda gwynt ond cafodd y cyfarpar ei ddifrodi mewn storm.[99]

Systemau pweru melinau; trosglwyddo

Fel arfer, câi pŵer ei drosglwyddo o'r prif ysgogwyr i'r peiriannau drwy siafftiau llinell, ar y cyd â'r gyriannau tsaen a rhaff o ffynonellau pell y sonnir amdanynt uchod. Cafwyd sawl math o siafft llinell a gellid eu cysylltu â'r peiriannau mewn un o sawl ffordd. Yn Ynys y Pandy (1856–7), Felin Fawr y Penrhyn (1866), Aberllefenni (erbyn 1866) a Chambergi yn Nantdulas (1870au), mae'r siafft yn rhedeg islaw lefel y llawr. Yn Felin Fawr, trosglwyddwyd pŵer i'r peiriannau drwy geriau befel i werthydau fertigol a redai i fyny waliau'r felin i siafftiau ar lefel y cyplau. Fel arall, gyriant belt a ddefnyddiwyd fwy na thebyg.[100] Lle y defnyddiwyd llifiau tywod, roedd y siafftiau llinell yn fwy tebygol o fod islaw lefel y llawr neu ar lefel y wasg. Yn y felin o 1866 a wasanaethai chwarel Cedryn yn Nantconwy a'r felin o 1865 gerllaw yng Nghwm Eigiau, gwelir cyfres o slabiau llechi yn rhedeg ar hyd y wal hydredol gydag olion plygiau cynhaliol arnynt sydd fwy na thebyg yn dynodi siafft llinell allanol a yrrai'r llifiau tywod o ecsentrigion a weithredai rodenni cysylltiol a basiai drwy holltau yn y wal.

Fodd bynnag, y dyluniad mwyaf cyffredin o bell ffordd oedd siafftiau lefel cyplau, a ddynodwyd yn aml gan blygiau cynhaliol yn nhrawstiau'r to neu ar waliau talcen, yn aml gydag ysgeintiad olew, sy'n dangos i ba gyfeiriad yr oedd yn troi.

Llechi coloidaidd

Hyd y gwyddys, dim ond un gwaith llechi coloidaidd a sefydlwyd, yn Neganwy i ddechrau. Yna, cafodd ei symud yn 1937 o dan nawdd cwmni Oakeley i iard y London Midland and Scottish Railway ym Mlaenau Ffestiniog, lle'r oedd mynedfa uniongyrchol i reilffordd gul o'r chwarel.[101] Nid oes unrhyw olion wedi goroesi uwchlaw'r ddaear ond mae tystiolaeth ddogfennol yn cadarnhau system cludydd lle câi llechi eu pasio, un ar ôl y llall, o dan chwistrell ddŵr, sychwr twnnel, dyfais cymhwyso sefydlyn a dwy ffwrn.[102]

Gwaith malu, growtio a gwneud brics

Yn y gobaith o ganfod defnydd masnachol ar gyfer creigiau gwastraff, aeth nifer o chwareli ati i arbrofi gyda thechnoleg chwilfriwio er mwyn marchnata sgil-gynhyrchion llechi – llanwad bitwmen ar gyfer adeiladu ffyrdd, haen uchaf ar gyfer ffyrdd, llwch cerrig ar gyfer pyllau glo a chydran yn y broses o weithgynhyrchu rwber, linoliwm a phaent. Dim ond chwarel y Penrhyn a lwyddodd yn hyn o beth a, hyd yn oed yno, bu'n rhaid rhoi'r gorau i ymdrechion cynnar; caeodd Gwaith Teils Ogwen, a sefydlwyd yn 1886 ger Coed y Parc i weithgynhyrchu brics a deunydd toi, ar ôl saith mlynedd.[103] Yn 1919 gwerthodd y Bradley Pulverizer Company, y prif gwmni arbenigol, felin Griffin 762 milimedr (30 modfedd) i chwarel Pant Dreiniog yn nyffryn Ogwen, y cyn gwmni cydweithredol, a oedd wedi cynnig gwaith yn ystod streic y Penrhyn yn 1900–03 o dan nawdd yr arweinydd undeb llafur W.J. Parry, ac a oedd bellach yn rhan o gwmni byrhoedlog North Wales Development Company a oedd yn berchen i Parry. Roedd y cwmni hefyd yn datblygu cynlluniau ar gyfer tai parod ar fframiau dur a ddefnyddiai slabiau llechi mewn waliau. Nid hwn oedd yr unig gwmni bach â theitl rhodresgar a oedd yn ceisio arallgyfeirio; prynodd National Welsh Slate yn Aberangell yn ne Gwynedd, a weithredai chwareli Hendre Ddu a Nant Hir gerllaw, ddwy felin oddi wrth Bradley oddeutu'r un adeg.[104] Sefydlwyd trydydd gwaith bach, yr unig un sydd wedi'i gofnodi'n archaeolegol, yn Hafodlas yn Nantconwy

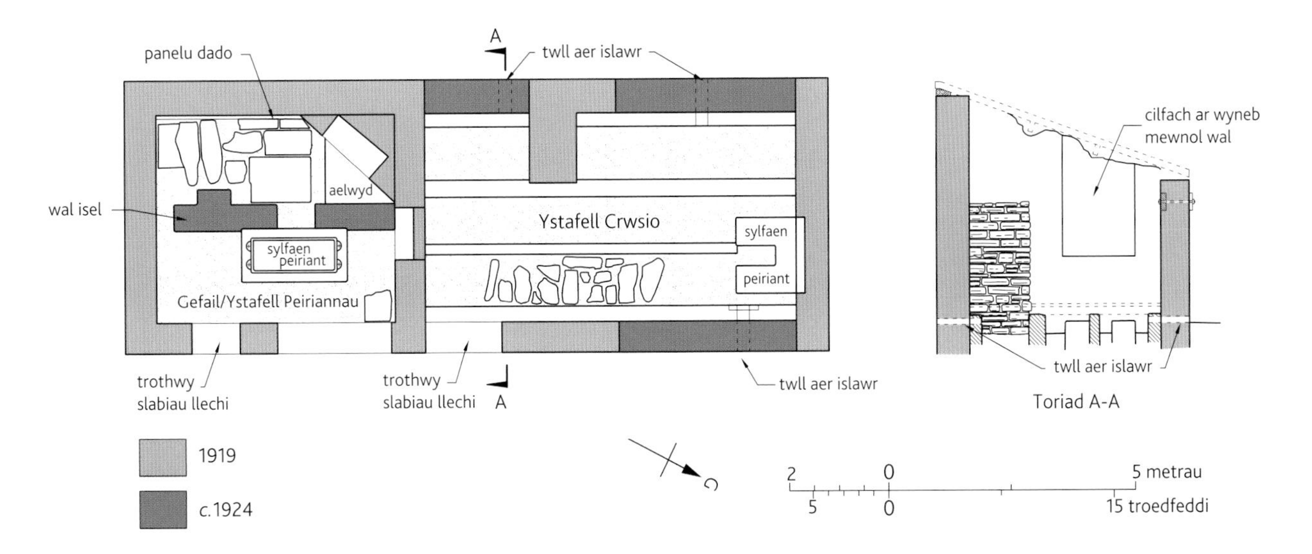

Ffigur 108. Peiriant crwsio yn chwarel Hafodlas, Nantconwy.

yn y 1920au; strwythur bach o rwbel llechi lle darganfuwyd talpiau o gwarts, efallai i lanhau platiau 'jaw-breaker' (Ffigur 108).[105] Mae papur yn y *Slate Trade Gazette* yn 1920 yn argymell dilyniant yn seiliedig ar fathrwr cerrig 'of the usual design', cyfres o roliau danheddog a chyfres o roliau llyfn.[106]

Yn fwy sylweddol o lawer roedd mathrwr y Penrhyn, a alwyd yn swyddogol yn 'Fullersite Plant' ac, yn Gymraeg, 'gwaith llwch', a gafodd enw gwael am achosi silicosis ymhlith y sawl a weithiai arno. Dechreuodd gynhyrchu yn 1922 ac fe'i hymestynnwyd yn 1929–30, gan ddatblygu'n gyfres o adeiladau o haearn gwrymiog mewn iard amgaeedig gyda'i is-orsaf trydan ei hun.[107] Adeiladwyd gwaith growtio yn 1924 ym Mort Penrhyn.[108] Roedd 90 o wagenni rheilffordd gul yn cludo'r *fullersite*, y llechi mathredig, y cafodd 10,378 o dunelli ohonynt eu cynhyrchu yn 1937.[109]

Gosodwyd offer ar gyfer gwneud brics o lechi mathredig yn chwarel Dinorwig yn 1953–55, lle cafodd mathrwyr a chymysgwyr eu cadw mewn strwythur tal â ffrâm dur, ac yn Llechwedd yn y 1970au (Ffigur 109).[110]

Gwaith enamlo

Mae tystiolaeth o waith enamlo wedi goroesi mewn tri lleoliad, yn Rhiw Gwreiddyn, un o sawl chwarel yn Nantdulas a arbenigai mewn enamlo fel eilbeth i gynhyrchu slabiau, yn Hafodlas yn Nantconwy, ac (yn gyflawn) yng Ngwaith Llechi Inigo Jones yng Ngroeslon yn ardal Nantlle. Yn y cyntaf o'r tri, mae odyn wedi goroesi yng nghyfadeilad y felin, y ceid mynediad iddo drwy ddrysau dwbl o slabiau llechi ar golfachau sylweddol o haearn gyr. Fe'i hadeiladir o frics a'i doi â bloc concrid sylweddol, ac mae rhesel wedi'i gwneud o ddau hyd fertigol o gledrau â gwaelodion gwastad wedi goroesi, y cafodd ategion eu gosod arnynt. Mae ffliw ar lefel y llawr yn rhannu'n ddau i gyrraedd gwaelod dwy adran fertigol, ac yn ymddangos drwy ategion brics cynllun sgwâr yn y to i ffurfio disbyddwyr.[111] Cafodd odynau Hafodlas eu cloddio a'u cofnodi gan Griff Jones ac aelodau o Fforwm Plas Tan y Bwlch (Ffigur 110).[112]

Dirywiad a diffyg defnydd

O dipyn i beth, arweiniodd cyfangiad y diwydiant llechi yn yr ugeinfed ganrif at ddiwedd dulliau traddodiadol o brosesu er, fel y nodwyd, gwelwyd opsiynau cyfalaf isel fel prosesu â llaw unwaith eto i ryw raddau mewn gwaliau o'r 1930au ymlaen, ynghyd ag un bwrdd Greaves mewn un busnes bregus yn Nantlle, na allai fforddio'r bil tanwydd uchel am ei lif dimwnt.[113] Gadawyd llawer o'r melinau mwy

Ffigur 109. Olion gwaith gwneud brics Llechwedd cyn iddo gael ei ddymchwel.

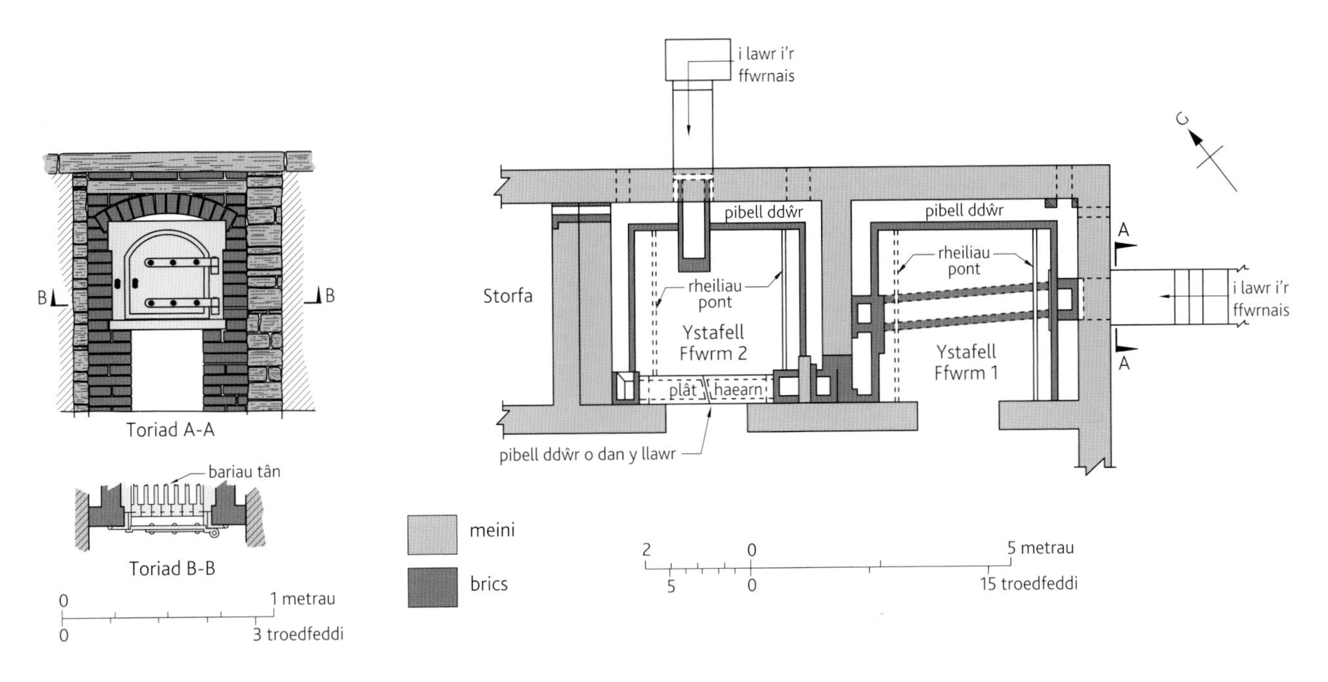

Ffigur 110. Cynllun o odynau enamlo yn chwarel Hafodlas, Nantconwy.

o faint yn segur wrth i'r chwareli yr oeddent yn rhan ohonynt gau lawr. O blith y rhai a oroesodd, roedd newidiadau'n cael eu gweld erbyn y 1960au. Mân newidiadau oedd rhai ohonynt, ond byddent wedi synnu neu bryderu chwarelwyr difrifddwys oes Fictoria o hyd. Defnyddiwyd pinyps yn lle deunydd defosiynol i addurno'r waliau, a chyda gwyliau rhad yn cael eu cynnig i'r cyfandir, dechreuodd y gweithle gael ei addurno â chardiau post o Sbaen. Roedd newidiadau eraill yn rhai sylfaenol; roedd angen trefnu'r gofod llawr yn wahanol ar gyfer byrddau

Ffigur 111. Melin Aberllefenni yn Nantdulas. Mae'r rhan gynharaf yn dyddio o'r 1860au ac fe'i defnyddir o hyd; mae'n gartref i beiriannau modern a phlygiau a ddygir o fannau eraill.

llifio newydd a golygai'r defnydd o wagenni fforch godi yn lle rheilffyrdd cul fod angen gwneud drysau'n fwy neu eu gostwng. Erbyn 1996, dim ond pedair melin o'r bedwaredd ganrif ar bymtheg oedd yn cael eu defnyddio, pob un ohonynt yn defnyddio llifiau dimwnt erbyn hynny, sef Pen yr Orsedd yn Nantlle, Maenofferen ac Oakeley yn Ffestiniog ac Aberllefenni yn Nantdulas, yr oedd un ohonynt (Maenofferen) yn cael ei gwasanaethu gan reilffordd o hyd. O fewn ychydig flynyddoedd, roedd melin bonc brig Pen yr Orsedd wedi'i chau a'r peiriannau wedi'u symud oddi yno, roedd melin bonc siafft Oakeley wedi'i dymchwel a rhoddwyd y gorau i weithio melin Maenofferen. Gwneir rhywfaint o ddefnydd o'r felin yn Aberllefenni o hyd i lifio llechi o fannau eraill (Ffigur 111).

Nodiadau

1 Awgrymodd Andrew Roberts, Rheolwr Gyfarwyddwr J.W. Greaves Welsh Slate yn chwarel Llechwedd yn Ffestiniog, i'r awdur presennol fod angen tair blynedd o ymarfer i fod yn holltwr llechi da.

2 Richards 1998: 25-26

3 Defnyddiwyd *riving sheds* yn chwarel Burlington yn Ardal y Llynnoedd ac, yn UDA, byddai holltwyr yn adeiladu siantis o lechi neu bren iddynt hwy eu hunain. Cysgodai *fendeur* Angevin o dan atalfa wynt syml ymhell i mewn i'r ugeinfed ganrif, pan godwyd siediau o lechi.

4 CRO: XM/Maps/375.

5 Arolwg Ordnans 25 modfedd: PTyB: DS056: gwaith maes.

6 Mae Holme 1688: 245 yn disgrifio ac yn dangos amrywiaeth o declynnau ar gyfer gosod llechi ar do a'u naddu – 'a Pinning Iron; this is a long four square pointed iron set in an handle over cross it; This is for the opening of an hole in the Slate to put the pin into it .... the Slaters hatchet: it is both an hammer with a File-like Face, and an hatchet and serveth to beat in Nails; and also to cut off the ends of extravagant Laths in the lathing of the tops of Houses to Slate Upon ... a Stone measure or a Lathing measure; by this measure Slates are all fitted to their sizes, and so laid together, for their readiness to work ... a hewing knife, it is made after the form of a Meat Knife in the blade, but at the Hast it turns up after the manner of a Trowel; with this he squares, and cuts his Slates to what breadth and form he pleaseth, according to the measure aforesaid ... the Slaters pick; it is crooked long and sharp pointed at both ends, and set in a handle as an hammer; with this is only the hole made in the Slate for the pin, it serves for no other use in the Trade.' Mae'n bosibl bod ei arsylwadau yn adlewyrchu arferion modern yn Nantlle, gan iddo ohebu â Twistleton o ystâd Lleuar gerllaw – gweler Book III, 170.

7 Ymddiriedolaeth Genedlaethol 1991: 14, 18. Ar y naill ochr a'r llall i'r sarcoffagws ceir chwarelwr a merch fferm gyda'i chogail, gyda ffrîs lle mae llechen chwarel *putti* ac yn dysgu'r wyddor i'w gilydd. Fel y nododd Eric Hobsbawm, efallai mai rhain yw'r proletariaid cerfluniedig cynharaf – Hobsbawm 1999: 135; ab Owain 1998, 4-7.

8 Hughes 1979: 120. Gweler hefyd ab Owain 1998, 4-7.

9 NA: LRRO/5/32, per Dr Michael Lewis. Defnyddiwyd ymyl tebyg yn y chwareli llechi yn Anjou; un siâp-T gyda'r rhan fertigol wedi suddo i mewn i fainc o bren.

10 CRO: XPQ/997; Jones 1963: pl. 'NADDU YN Y WAL'; Alan Humphries, gohebiaeth bersonol.

11 Patent 1884 i Amos a Francis. Ceir un yn Amgueddfa Lechi Cymru yn Llanberis.

12 Patent 13019 i Nathaniel Matthew, dyddiedig 1850.

13 Boon 1960: 171.

14 *E.e.* 1729 yn Llanfrothen (cyflenwyd o Laslyn, dyffryn Croesor a Ffestiniog); 1746 yn Llanfihangel y Traethau; 1775 yn Llan Ffestiniog; 1770au yn Nhrawsfynydd; 1777 ym Maentwrog (pob un o Ffestiniog); 1783 yn Llandygái (dyffryn Ogwen) a Machynlleth (o chwarel yn Nantdulas yn ôl pob tebyg); 1780au yn Llanddeiniolen (Nantperis) – pob un o waith maes Dr Michael Lewis, Dr Gwynfor Pierce Jones a Jon Knowles.

15 Jones a Longley 2009: 134-50.

16 CRO: PQ/295: 72 – llyfr nodiadau H. P. Meares.

17 Er enghraifft, Glanrafon yng Nghwm Gwyrfai – PTyB: GA040.

18 Roedd gwesteion Searell yn cynnwys Francis o'r Penrhyn, Mathews o'r Gloddfa Ganol yn Ffestiniog, Casson o Ddiffwys, Samuel Holland, Greaves o Lechwedd, Dixon o Fryn Hafod y Wern, a Spooner o Reilffordd Ffestiniog – gweler *Mining Journal* 1852, 198. Ar gyfer anffawd Kellow, gweler Isherwood 1988, 11 a PTyB: CS094-1.

19 Gwelwyd enghraifft eithafol o hyn yn Norothea yn Nantlle lle'r oedd y felin fawr yn 'anghyflawn' yn swyddogol am 18 mlynedd, a'r felin fach am o leiaf 28 mlynedd – gohebiaeth bersonol, Dr Gwynfor Pierce Jones.

20 Davies 1878: 112-14.

21 Ym Mhen yr Orsedd yn Nantlle, melin Bonc yr Offis 1875-78 (gan ffowndri De Winton yng Nghaernarfon - CRO: Pen yr Orsedd/381); yn Ninorwig yn Nantperis, melinau Australia a Swallow (1922), melin â 108 o fyrddau llifio (1926), melinau Harriet (1934) a melinau Muriau (annyddiedig), (pob un ohonynt gan ffowndri Glaslyn, Porthmadog – CRO: XD41/109, 113, 118, 262), ar gyfer melin â 60 o fyrddau llifio a 60 o beiriannau naddu dyddiedig 1925 (CRO: XDQ/3293) a melin llif dimwnt dyddiedig 1944 (CRO: XDQ/3313), ac yn Llechwedd yn Ffestiniog ar gyfer melin 1935 (gan ffowndri Britannia, Porthmadog) – DRO: Z/DAF/1/58.

22 CRO: XDQ/2249, adroddiad gan yr Uned Gweithrediadau Diwydiannol, State House: *Plant Layout and Materials Handling in a Slate Quarry* (Gorffennaf 1962).

23 Ar gyfer Felin Fawr, gweler Llyfrgell Genedlaethol Cymru: 1755B1 a Phrifysgol Bangor: llawysgrif Penrhyn 2034 a Phapurau Castell Penrhyn 1839; ar gyfer Dinorwig, gweler llawysgrifau Bangor 8702: 112.

24 Prifysgol Bangor: Map y Penrhyn, 1829: CRO: Faenol/4190.

25 CRO: XS/1891/2.

26 Ar gyfer Aberllefenni, gweler Ellis 1885: 95, a DRO: Z/CD/129, sy'n dangos adeilad ar y cyfeirnod grid a nodir yn 1851. Ar gyfer

Portreuddyn, gweler CRO: map degwm Ynyscynhaearn a *Carnarvon and Denbigh Herald* 21 Mawrth 1840.

27 Gwyn 1995: 45-48.

28 *Carnarvon and Denbigh Herald*, 23 Awst 1845, PTyB ymgyrch 2011, heb ei gatalogio.

29 DRO: DCH/3/77, 84: Llyfrgell Genedlaethol Cymru: John Thomas CC66.

30 *North Wales Chronicle*, 30 Mai 1848.

31 Prifysgol Bangor: llawysgrif Bangor 8277: 7.

32 Soulez Larivière 1979: 157, 303, 324-25.

33 Geddes 1975: 208.

34 Gohebiaeth bersonol, Dr Gwynfor Pierce Jones a Graham Isherwood.

35 Un enghraifft yw melin newydd yng Nghwm Machno, y mae'r graffiti arni'n dyddio o 1927; gweler PTyB: CM005; CM043.

36 Ar gyfer Bwlch y Ddwy Elor, gweler *Mining Journal* 31 Rhagfyr 1864 a CRO: XPQ/921. Ni wyddys llawer am felin chwarel Arthog er bod y garreg dyddiad (yr unig un sydd wedi'i chofnodi mewn melin lechi yng Nghymru) yn cadarnhau mai yn 1868 y'i hadeiladwyd.

37 Trafodaeth yn Lewis 1998: 34-49. Gweler hefyd Haslam, Orbach a Voelcker 2009: 362.

38 Lewis a Denton 1974: 52-58.

39 ab Owain 2005, 26-27; CRO: Faenol 3815, fol. 25v; 3890, fol. 38r., 2723, 193; map degwm Llanbeblig.

40 Jones, G.R. 2005: 39

41 Jones, G.R. 1998: 109.

42 PTyB: heb ei gatalogio.

43 CRO: DQ/3313.

44 DRO: Z/DAF/1/58; gohebiaeth bersonol, y diweddar Dafydd Price.

45 Mae llifiau ffrâm wedi'u pweru gan ddŵr wedi'u nodi mewn cyd-destun Rhufeinig o'r drydedd ganrif OC ymlaen – Grewe 2009. Ar gyfer enghreifftiau diweddarach, gweler Ramelli 1994: plât 134. Erbyn 1748, câi'r cyfryw beiriannau, a bwerwyd gan olwynion dŵr, eu defnyddio ar gyfer llifio marmor du yn Derby – Nixon 1969: 85-7.

46 Awgrymir hyn yn Lewis a Williams 1987: 24 ar ôl darllen dogfennau plwyf ac archifau eraill yn ofalus; gweler hefyd CRO: XD2A/394.

47 Lewis 2011: 17.

48 Ar gyfer Rhiwgoch, gweler Williams, M.C. a Lewis 1989: 14. Ar gyfer Penarth, gweler llyfr cofnodion y Rheolwr, cofnodion ar gyfer 28 Mai 1905, 23 Awst 1905, 12 Hydref 1905, 18 Hydref 1906 (mewn dwylo preifat). O'r darnau sydd wedi goroesi, mae'n bosibl bod y llif yn ymdebygu i batentau Rushworth o 1894 (22879) a 1896 (5353).

49 Nodir y dyddiad y cafodd ei adeiladu ar blât y gwneuthurwr ac ar yr adeilad y'i cafwyd ynddo. PTyB: AL010-1-AL011-4.

50 Gohebiaeth bersonol Dr Michael Lewis. Mae gan garreg fedd Suwsanna Pierce arysgrif ddiweddarach o 1835.

51 Mae Ellis a Catherine Emanuel ag arysgrif sylfaenol o 1810; Robert Jones (a fu farw yn 1811); a dau blentyn John Tyson, chwarelwr yn Ardal y Llynnoedd, a fu farw yn 1809 a 1812, er nad ymddengys i'r garreg fedd, yn ôl y dystiolaeth o enw cartref y teulu, gael ei thorri'n gynharach na 1814.

52 Turner 1903: 17, 77; Cooper 1981–82.

53 Prifysgol Bangor: llawysgrifau Porth yr Aur 30348. 30365.

54 Llyfrgell Genedlaethol Cymru: llawysgrif 839c. Ni all y ddogfen hon fod yn gynharach na 1801 (pan roedd y felin yn cael ei hadeiladu – Prifysgol Bangor: papurau Castell Penrhyn: 2034) nac yn hwyrach na 1810 (pan roedd yr awdur, Edmund Hyde Hall, yn angheuol wael).

55 Dodd 1843: 241-45.

56 Patent 13,790 o 1851.

57 Patent 14,165 o 1852; Lewis 1998: 44-45.

58 Patent 2271 i Griffith Owen, bwriwr haearn o Borthmadog.

59 Jones 1985: 37; CRO: DQ/3292, cynllun o sied rhif 3, y mae'r waliau yn dal i sefyll yn SH 5921 6062. Mae'r adeilad hwn yn mesur 93m wrth 27.13m o fewn y waliau.

60 Jones, G.P. a Longley 2009: 146.

61 CRO: XM 4874/47, ff 16-17 a 28.

62 Patent 3455 o fis Medi 1872; CRO: X/DQ/122.

63 CRO: PQ/295: 72; XD/41/109.

64 Anhysbys 1838; ymddengys na wnaeth bara: gweler Gwyn 1995: 40-57.

65 Patentau 6794 o 1835, 913 o 1855, 942 o 1862 a 2192 o 1866.

66 Gweler Jones, G.R. 1998: 14; nodiadau heb eu cyhoeddi gan Rodney Weaver ym meddiant yr awdur a Williams, M.C. a Lewis 1989. Yn ogystal â'r defnydd a wnaed ohoni yn Hafodlas o 1863, roedd hefyd i'w gweld yn Nhŷ'n y Bryn, Cedryn a Chwm Eigiau yn Nantconwy, ym Maenofferen (erbyn 1867), Wrysgan, Braich Ddu (1863), Cae'n y Coed a Chraig Ddu yn ardal Ffestiniog, yn y Penrhyn yn Nyffryn Ogwen, Penmorfa yn ardal Glaslyn ac yng Nghloddfa'r Lôn yn Nantlle – gweler archifau safle PTyB, DRO: Z/DAG/9; Z/DAF/350; Z/DAF/1/53; *Carnarvon and Denbigh Herald* 25 Gorffennaf 1863, a chyfeiriadau amrywiol yn y *Mining Journal* rhwng 1863 a 1878.

67 Stanier 1995: 116.

68 Un o gyfarwyddwyr eraill cwmni'r chwarel oedd Syr William Fothergill Cooke a ddyfeisiodd y telegraff trydanol – Jones, I.W. 1997: 76.

69 'Diamond Sawing in Slate Quarries', *Quarry Managers' Journal*, Ionawr 1927, 235. Roedd driliau a llifiau crwn ar ffrâm siglo wedi'u trwytho â dimwntau yn cael eu defnyddio yn y diwydiant llechi yn America erbyn 1906 – Dale 1906: 45, 60, 81.

70 CRO: X/Dorothea 637; CRO: G.P. Jones/llawysgrifau Nantlle (heb eu catalogio), ffeiliau Penyrorsedd Slate Quarry Co. Ltd. parthed llifio trydanol, 1920au.

71 Dr Gwynfor Pierce Jones, gohebiaeth bersonol, gwybodaeth gan M.J.B. Wynne-Williams, a'r diweddar Owen Humphreys, cynorthwyydd llif yn ystod y treialon; CRO: X/Dorothea 1383, para. 35.

72 Anhysbys: *The Story of Wincilate Ltd* (hanes anghyhoeddedig y cwmni mewn dwylo preifat), 21.

73 Jones, G.P. a Longley 2009: 134-50.

74 Patent 2,347 o 1860.

75 Williams, M.C. 1985: 53-54. Patent Matthews yw 13019 o 1850.

76 *Carnarvon and Denbigh Herald*, 23 Tachwedd 1839.

77 Tomos 1972: 92.

78 *Mining Journal*, 11 Hydref 1856, 695, 9 Medi 1866, 573; CRO: X/AMP/Maps/5; Llyfrgell Guildhall: adroddiad o Gyfarfod Cyffredinol Blynyddol y British Slate Company, 1 Medi 1864; arolygon anghyhoeddedig gan David Gwyn, Sarah Cochrane a Geoffrey Gornall, 1989 a 1990. Yn 1853, patentodd Jordan, o New Cross, Caint, fwrdd plaenio llechi (patent 472).

79 Williams, M.C. a Lewis 1989: 8, 9, 20; hefyd chwarel Melynllyn (archwiliad personol gan yr awdur).

80 PTyB: RH024/1; Lewis, 1998.

81 Lewis a Denton 1974: 7-16.

82 CRO: XPQ/921; *Mining Journal* 31 Rhagfyr 1864, 4 Awst 1866, CRO: XPQ/997: 20; tystiolaeth o garreg dyddiad Arthog.
83 Lewis a Denton 1974: 49-51; Graham Isherwood, gohebiaeth bersonol; Jones, G.P. 1987: 56-60; Jones, G.P. 1996; PTyB: RH024.
84 Llyfrgell Genedlaethol Cymru: llawysgrifau W.J. Parry (4) 8736C, 180 (29 Rhagfyr 1877), a chyfeiriadau achlysurol at ryddhad streic hyd at 1 May 1880 (336); Jones, R.M. 1981: 84-85, 112, 133.
85 Jones, G.R. 1998: 96-105.
86 Anhysbys: *The Story of Wincilate Ltd* (hanes anghyhoeddedig, dim dyddiad), 23.
87 PTyB: AL007-1-AL007-8.
88 DRO: Z/DCH/3/77. Yn ôl perchennog y felin, Falcon Hildred, mae'n bosibl iddi gael ei phrynu'n ail-law yn y 1920au.
89 Fisher, Fisher a Jones 2011: 76-78.
90 PTyB: CS005/2.
91 Jones, G.R. 1998: 113-19, darluniau 36-37; PtyB: CS005/2.
92 PTyB: heb ei gatalogio.
93 *Mining Journal* 20 Awst 1864; Llyfrgell Genedlaethol Cymru: Casgliad Ratgoed B7, Mehefin-Awst 1864; CRO: BJC/X391.
94 *Carnarvon and Denbigh Herald*, 8 Hydref 1842.
95 *Mining Journal* 1845 (550); dim ond yr olwyn ddŵr y mae hysbyseb o 1841 (yn y *Carnarvon and Denbigh Herald* ar 3 Gorffennaf) yn cyfeirio ati.
96 Noda'r *Carnarvon and Denbigh Herald* 23 Awst 1845, 2 col. 2 agerbeiriant chwe marchnerth gan Blackburn of the Minories. Ymgyrch PTyB 2011.
97 Un enghraifft yw Friog, yn ne Gwynedd.
98 Gwyn 1999: 83-100; Woodward 1997–98: 205-35.
99 Richards 1998: 80, 100.
100 PTyB: AL007-5; CP003/1; CP004; CA004/2; Lewis 1998.
101 DRO: Z/DAF/2225.
102 DRO: Z/DAF/2225, darluniau 51137 a 4337.
103 Arbrofodd sawl chwarel yn ne-orllewin Cymru â gwneud brics – yn Glogue yn 1882 ac ym Mhorthgain, ar y cyd â'r chwarel gwenithfaen syenit cyfagos, yn 1889 – Tucker 1979: 207, 217; Richards 1998: 144-45. Ar gyfer gweithfeydd Ogwen, gweler CRO: PQ99/3, llythyr dyddiedig 31 Mawrth 1893 a PQ100/52, 7 Awst 1902.
104 Llythyr gan Bradley Pulverizer Company dyddiedig 1 Tachwedd 1989 at Jon Knowles, yr hoffai'r awdur ddiolch iddo am y cyfeiriad. Roedd Bradley wedi cyflenwi melin Griffin 0.762m i chwarel lechi Delabole yng Nghernyw yn 1908 – gweler Anhysbys 1977; gweler hefyd Lindsay 1974: 295-6.
105 Jones, G.R. 1998: 131-32, 199.
106 Jones, G.R. 1998: 131.
107 CRO: XPQ/977, teipysgrif 'General Survey of the Position at the Penrhyn Quarry Regarding Employment and Exploitation after the War', dyddiedig 10 Rhagfyr 1943; tystiolaeth o luniau o'r awyr (casgliad Prifysgol Caergrawnt: CUCAP BQ-2, 20-07-1948); map archif o'r chwarel dyddiedig 1954 ym meddiant yr awdur.
108 Boyd 1985: 67.
109 Boyd 1985: 151-53; CRO: XPQ/977, fol. 83.
110 CRO: XDQ/3211-3221, 3323, Lindsay 1974, 208.
111 Archwiliad personol, 2002, drwy garedigrwydd Tipis Unlimited.
112 Jones, G.R. 1998: 105-9, 153-54, 186, 191-92
113 Jones, G.P. a Longley 2009: 134-50.

8 SYSTEMAU TRAFNIDIAETH MEWNOL

Mae symud mewn chwarel lechi yn cynnwys tair prif dasg – symud creigiau anweithiadwy o'r wyneb gweithio i'r tomennydd; symud blociau llechi i'r mannau prosesu; a symud gwastraff prosesu i domennydd. Y pedwerydd cam oedd cludo'r cynnyrch terfynol, pwnc a ddisgrifir ym mhenodau 13 a 14. Hefyd, gall fod angen symud peiriannau, glo, coed a thywod, a'i gwneud yn bosibl i weithwyr symud o gwmpas y chwarel. Roedd system drafnidiaeth fewnol effeithlon a chosteffeithiol yn hanfodol i weithrediad unrhyw chwarel lechi. Roedd y pellteroedd ar y lefel yn aml yn sylweddol, gan fod rŷns rhai tomennydd ymhell dros 1.5 cilometr o hyd, roedd gwahaniaethau o ran uchder, fel y nodwyd ym mhennod 2, yr un mor heriol.

Ffyrdd a llwybrau

Roedd angen y drafnidiaeth fwyaf sylfaenol i alluogi chwarelwyr i gyrraedd eu gweithle. Yn aml, roedd llwybrau'n cysylltu lefelau gwahanol, weithiau wedi'u llunio mewn tomennydd. Y llwybr mwyaf trawiadol yw'r gyfres igam-ogam o risiau slabiau i fyny i domen chwarel anferth Oakeley yn Ffestiniog (Ffigur 112) ond mae enghreifftiau eraill wedi goroesi. Gwnaed llwybrau grisiog eraill o slabiau

Ffigur 112. Mae'r llwybr cam a gymerwyd gan y chwarelwyr ar eu ffordd i'r gwaith yn Oakeley yn Ffestiniog cyn amlyced â'r inclên wrth ei ymyl.

Ffigur 113. Mae paentiad John Warwick Smith, The Slate Quarries at Bron Llwyd, yn dangos chwarel y Penrhyn tua 1792 cyn i'r system reilffordd gael ei gosod, gydag estyll yn cael eu defnyddio i symud berfâu.

bargodol wedi'u hadeiladu mewn waliau cynhaliol a bastiynau (pengialiau), neu ysgolion pren i mewn i dyllau a chloddfeydd.

Defnyddiwyd berfâu a throliau ar gyfer symudiadau mewnol ar ddiwedd y ddeunawfed ganrif a dechrau'r bedwaredd ganrif ar bymtheg (Ffigur 113). Roedd 'Sylwedydd', a ysgrifennodd yn y 1880au, yn amlwg wedi cyfweld chwarelwr oedrannus o Nantlle a gofiai ferfâu yn cael eu defnyddio yng Nghloddfa'r Lôn i gario rwbel ar hyd llwybrau a phlanciau i fannau lle y gellid eu gwagio i mewn i droliau.[1] Gerllaw, yng Nghilgwyn yn 1801, cofnodir i grŵp o chwarelwyr annibynnol ddinistrio trol a ddefnyddiwyd i domennu rwbel a oedd yn perthyn i John Evans fel tenant y goron; erbyn 1810 aethant ati i ddinistrio ei system reilffordd hefyd.[2] Mae'n bosibl mai troliau gyda chorff sy'n codi ('drwmbal') oedd y troliau a bod y wagenni tipio rheilffordd o gyfnod rhywfaint yn ddiweddarach yn Nantlle wedi deillio ohonynt (gweler isod). Mae bywgraffiad Owen Thomas o'r pregethwr, John Jones Tal y Sarn, yn ei ddisgrifio'n symud slabiau o wyneb y chwarel ym Mhen y Ffridd yn Nantconwy gan ddefnyddio berfa tua 1821.[3] Mae'n bosibl bod rhai lleoliadau wedi defnyddio *quarry wagons* fel y rhai a welwyd yn Ardal y Llynnoedd yn Lloegr, yn debyg i ferfa gyffredin ond oedd â dwy olwyn haearn ysgafn ar y blaen a gellid ei llywio ar hyd llwybrau parod gan ddynion neu geffylau; ceir awgrymiadau o rywbeth tebyg ym Manod yn 1814.[4] Roedd berfâu pren arferol yn parhau i gael eu defnyddio i symud llechi gorffenedig o'r felin i'r iard bentyrru; mae enghreifftiau wedi goroesi, yn Amgueddfa Lechi Cymru ac ar safleoedd mewn rhai achosion.

Y map o 1793 o'r Penrhyn (gweler Ffigur 42) yw'r unig fap manwl a geir o chwarel cyn oes y rheilffordd; mae'n dangos ffyrdd cludo yn rhedeg o wyneb y chwarel i'r gwaliau a ffordd y chwarel i Abercegin.[5] Parhawyd i gludo llechi o chwareli ar ffyrdd lle nad oedd rheilffordd ar gael, ond fel arall, ar ddechrau'r ugeinfed ganrif y dechreuodd chwareli roi'r gorau i ddefnyddio'r ffordd haearn, pan ymddangosodd cloddwyr mecanyddol ac yn ddiweddarach ffurfiau o beiriannau symud pridd ar draciau treigl (pennod 4). Gellid defnyddio teirw dur i wneud ffyrdd yn ogystal ag i glirio gorlwythi a rwbel. Dechreuodd y broses yn y chwareli agored. Chwarel Dorothea yn Nantlle oedd y gyntaf i ddychwelyd i ddefnyddio ffyrdd i gludo deunydd o wyneb y chwarel, yn 1942, gan ddefnyddio cerbydau â'u blaen yn codi i symud rwbel. Erbyn 1965 roedd ffordd wedi'i chwblhau i lawr y twll, gan alluogi lori corff gwastad gyriant pedair olwyn 'Commer' yr arferid ei defnyddio yn y fyddin i redeg ar nwy propan, er mwyn cyrraedd yr wynebau gweithio ac i ddisodli'r rhaffyrdd a'r wagenni rheilffordd.[6] Yn 1966 disodlodd loriau dympio Matador, gyda'u perfformiad da oddi ar y ffordd, y system rhaffordd a rheilffordd ym Moel Tryfan.[7] Sefydlwyd y cynllun mwyaf, a'r un a elwodd o gronfeydd ariannol a phrofiad contractio McAlpine, ym mis Mehefin 1964 pan ddechreuwyd adeiladu ffordd yn chwarel y Penrhyn o Red Lion i Bonc William Parry; bu'r system reilffordd yn segur o fis Mawrth 1965 heblaw am rai rhannau o amgylch y melinau.[8] Yn ystod y misoedd hyn gwelwyd gwrthdaro rhwng adeiladwyr ffordd McAlpine a gyrwyr loriau ar un llaw a'r fforddolwyr ar y llall. Roedd Dinorwig wedi dychwelyd i ddefnyddio trafnidiaeth ffordd gan fwyaf erbyn ei chau yn 1969, er y gwelwyd defnyddiau cymysg anarferol yn ystod y cyfnod pontio, fel wagenni fforch godi yn codi ac yn symud wagenni rheilffordd gul yn gyfan gwbl. Arweiniodd y broses o ddifrigo at adeiladu ffordd fel rhan o chwarel Llechwedd yn Ffestiniog yn y 1960au, gyda'r systemau ffyrdd a rheilffyrdd yn bodoli ochr yn ochr hyd at y 1980au. Pan ailagorodd chwarel Oakeley fel Gloddfa Ganol yn 1971 dim ond trafnidiaeth ffordd a ddefnyddiai; yn yr un modd â Phen yr Orsedd yn Nantlle o dan berchenogaeth a rheolaeth newydd yn 1979. Golygai hyn y gallai cerbydau dympio chwe olwyn Aveling Barford a Foden gyda chyrff cario deunydd, gan gario prif lwythi o tua 38 o dunelli, gario blociau a rwbel. Yn 1990, prynwyd sawl lori gyriant chwe olwyn a arferai gael eu defnyddio yn y fyddin, gyda chyrff gwastad hytrawst a wnaed ar y safle, i gario plygiau i'r felin, lle cawsant eu dadlwytho gan wagenni fforch godi.[9] Yn 1982, dechreuodd Aberllefenni yn Nantdulas yrru wagen fforch godi o fynedfa'r gloddfa i'r felin yn lle defnyddio rheilffordd 0.4 cilometr o hyd.[10] Cadwyd y system reilffordd danddaearol hyd nes i'r chwarel gau.

Rheilffyrdd

Roedd y defnydd helaeth a wnaed o reilffyrdd mewnol yn un o brif nodweddion gwahaniaethol y diwydiant llechi yng Nghymru o ddechrau'r bedwaredd ganrif ar bymtheg hyd at ddechrau'r unfed ganrif ar hugain, sef y prif reswm dros y lefel uchel iawn o ddiddordeb archaeolegol yn y diwydiant. Cyflwynwyd y rheilffordd gyntaf yn chwarel y Penrhyn yn 1800–01, yr un pryd â'r rheilffordd o'r iard bentyrru i'r môr. Pan gaeodd Aberllefenni ym mis Rhagfyr 2003, gwelwyd diwedd ar dros 200 o flynyddoedd o weithrediad rheilffordd yn y diwydiant llechi yng Nghymru.

Er mai rheilffyrdd oedd y dulliau mwyaf cyffredin o symud yn fewnol mewn ymgymeriadau diwydiannol yn y bedwaredd ganrif ar bymtheg, o'u dechreuadau fel systemau trafnidiaeth mewn mwyngloddfeydd gannoedd o flynyddoedd yn flaenorol, defnyddiodd y diwydiant llechi yng Nghymru hwy i raddau hynod – llawer mwy nag yn y chwareli bach gwasgaredig Americanaidd er enghraifft, a hyd yn oed y rhai llawer mwy yn Ffrainc.[11] Roedd gan hyd yn oed y chwareli lleiaf system reilffordd, a oedd weithiau dim ond ychydig lathenni o hyd. Roeddent yn cyrraedd pobman – nid dim ond wynebau'r graig, melinau, tomennydd ac iardiau pentyrru ond hefyd weithdai, gefeiliau gofaint, pwerdai, hyd yn oed lety barics, a oedd yn nodwedd mewn chwareli o faint a chymhlethdod cymharol yng Nghymru, lle nad oedd trafnidiaeth ffordd fewnol yn gosteffeithiol mwyach erbyn dechrau'r bedwaredd ganrif ar bymtheg. Addasiadau dyfeisgar crefftwyr chwareli o arfer sefydledig oedd y systemau rheilffordd cynnar yn bennaf, wedi deillio o orllewin canolbarth Lloegr drwy dde Cymru, ond roeddent yn gweithio'n arbennig o dda – i'r fath raddau fel pan ddechreuodd y diwydiant ddenu peirianwyr talentog o'r tu allan i'r ardal yn y blynyddoedd ffyniannus rhwng 1856 a 1877, yn hytrach na'u disodli gyda rhywbeth mwy diweddar, gwelwyd y potensial i'w haddasu'n briodol fel systemau arbenigol ar gyfer mathau eraill o ymgymeriadau diwydiannol. Mae'r datblygiad hwn hefyd yn ffurfio rhan o stori'r systemau rheilffordd chwareli dros y tir a drafodir ym mhennod 13, ond mae hefyd yn adlewyrchu'r ffaith bod llawer o'r peirianwyr hyn wedi gweithio ar reilffyrdd prif linell, neu wedi datblygu sgiliau arolygu rheilffordd penodol. Roedd dau o'r rhain yn ddynion rheilffordd proffesiynol – Ernest Neele yn Ninorwig, Rheolwr is-adran Caer i Gaergybi o'r London and North Western Railway, a gymerodd yr awenau gan Vivian yn Ninorwig, a Charles Easton Spooner, Rheolwr Rheilffordd Ffestiniog, a roddodd gyngor fel ymgynghorydd i'r diwydiant llechi.[12] Roedd eraill ar ffurf John Bruton, a gyflwynodd adroddiad ar rai o brif chwareli Ffestiniog ar ddiwedd y bedwaredd ganrif ar bymtheg, yn dilyn gyrfa glodwiw yn adeiladu rheilffyrdd yn India (gweler nodyn 1 ar dudalen 156).[13]

Peirianneg sifil

Yn sgil cyflwyno systemau rheilffordd, bu'n bosibl trefnu chwareli yn weithleoedd unedig a reolwyd yn rhesymegol, ac roedd yn adlewyrchu hyn, ond yn aml roedd angen gwaith peirianneg sifil sylweddol arnynt. Gallai'r rhain gynnwys waliau cynhaliol, a oedd bron bob amser wedi'u gwneud o rwbel llechi, argloddiau a phontydd. Erbyn 1844, roedd gan y Penrhyn '[a multi-arch] Viaduct to carry refuse from the quarry', sef y strwythur corbelog ar sinc bach o bosibl, y gellid gweld rhan ohono o hyd yn yr ugeinfed ganrif.[14] Lle roedd rheseidiau'n croesi, gallai bwâu carreg corbelog neu grwn neu dwneli gyda linteri o slabiau dreiddio drwy argloddiau (Ffigur 114). Ymddengys yr adeiladwyd y

strwythur bargodol yn y ffordd ddynesu orllewinol i chwarel Gorsedda, a elwid gan archaeolegwyr diwydiannol yn 'wailing wall', oedd yn 4.27 metr o uchder a 50 metr o hyd, o slabiau corbelog anferth, er mwyn diogelu'r rheilffordd allan rhag tomen lechi a oedd yn tyfu, a byddai wedi ffurfio hanner twnnel pe byddai wedi'i orffen. Y nodwedd adeiladwaith fwyaf trawiadol yn y diwydiant mewn perthynas â'i hygyrchedd yw'r bwa yng Ngilfach Ddu a oedd yn galluogi i ffordd haearn y chwarel groesi Rheilffordd Chwarel Dinorwig, ynghyd â phlac gyda'r dyddiad 1900.

Hyd yn oed yn fwy trawiadol oedd y bont goch, sef y draphont wyntyllog â thri philer o 1851–52 yn yr Oakeley, a arferai fod yn nodwedd amlwg ar y ffyrdd dynesu gogleddol i Flaenau Ffestiniog ac a groesai afon Barlwyd, Rheilffordd Ffestiniog a llinell gangen Cyffordd Llandudno yn y pen draw (Ffigur 115). Yn wreiddiol, dim ond pont tomennu ydoedd ar gyfer chwarel Palmerston (pennod 4) hyd nes i bentwr o wastraff yn ei phen pellaf gyrraedd y llawr, a

Ffigur 114 (chwith). Agorfa corbel, adran Vivian yn chwarel Dinorwig.

Ffigur 115 (isod). Thomas Williams, saer y chwarel, fu'n goruchwylio'r gwaith o adeiladu bont goch yn chwarel Palmerston. Mae'r olygfa hon yn dangos y bont yn haf 1879, gyda llinell gangen y London and North Western wrthi'n cael ei hadeiladu, ochr yn ochr â Rheilffordd Ffestiniog.

gallwyd ei lefelu er mwyn codi cyfadeilad melin arno. Aeth y draphont hon drwy sawl newid – daeth colofnau brics yn lle'r gwyntyllau, a daeth trawstiau yn lle'r distiau pren. Pan gafodd ei dymchwel yn 1970 dim ond piler ac ategwaith oedd ar ôl.[15]

Y rhain oedd y nodweddion eiconig, ond roedd llawer o bontydd eraill mewn chwareli, rhai wedi'u hadeiladu o rwbel, rhai o gerrig gwlad, neu bren, haearn neu ddur. Roedd llawer o bontydd tanddaearol hefyd, y mae sawl enghraifft wedi goroesi, lle mae agorydd wedi cael eu gweithio ar i fyny ac wedi torri i ffwrdd drwy lefelau yr oedd eu hangen ar gyfer trafnidiaeth ochrol o hyd. Fel arfer, maent yn cynnwys dau drawst trwm wedi'u hategrwymo â bariau haearn, yn aml wedi'u crogiannu gan fariau eraill o do'r agor (Ffigur 116).[16]

Trac

Mae'r trac a ddefnyddir ar systemau mewnol yn y diwydiant llechi yn adlewyrchu arfer lleol a dyhead ehangach, ac mae'n cynnwys bron bob math o gledrau a ddefnyddir yn gyffredin ym Mhrydain, o gyfnod y rheilffordd arbrofol neu'r 'rheilffordd hybrid' o ddiwedd y ddeunawfed ganrif i ddechrau'r bedwaredd ganrif ar bymtheg, ac ymddangosiad elfennau safonol a gynlluniwyd yn benodol i'w defnyddio ar gyfer rheilffyrdd diwydiannol. Fodd bynnag, roedd lled y rheilffyrdd fel arfer tua 0.6 metr, sy'n deillio yn y bôn o'r arfer o gloddio am lo yn Swydd Amwythig.[17] Yn ddiweddarach, ehangodd ei ddefnydd ymhell y tu hwnt i chwareli llechi Cymru, gan ddatblygu i fod yn fesur diwydiannol 'safonol' ledled y byd (gweler nodyn 2 ar dudalen 156 a phenodau 12 a 15). Gellid gweld rheilffyrdd lled cymysg mewn chwareli a wasanaethid gan Tram Glyn Ceiriog, a gan Reilffordd Nantlle, lle roedd y ffaith bod y chwareli'n dibynnu ar lo wedi'i fewnforio ar gyfer injans codi yn golygu bod y traciau 1.0668 metr (3 troedfedd 6 modfedd) yn aml yn mynd y tu hwnt i'r iardiau pentyrru. Defnyddiwyd traciau lletach hefyd ar incleiniau cludo, fel inclên Vivian a adferwyd yn Ninorwig sy'n rhedeg ar drac dwbl 1.6764 metr (5 troedfedd 6 modfedd), neu'r trac mochyn yn Rhosydd, lle y defnyddiwyd trac o 0.6 metr, 0.8128 metr, 1.4315 metr ac 1.9558 metr (2 droedfedd, 2 droedfedd 8 modfedd, 4 troedfedd 8½ modfedd a 6 throedfedd 5 modfedd) mewn gofod tanddaearol cyfyngedig (gweler isod). Yn y Penrhyn, defnyddiwyd

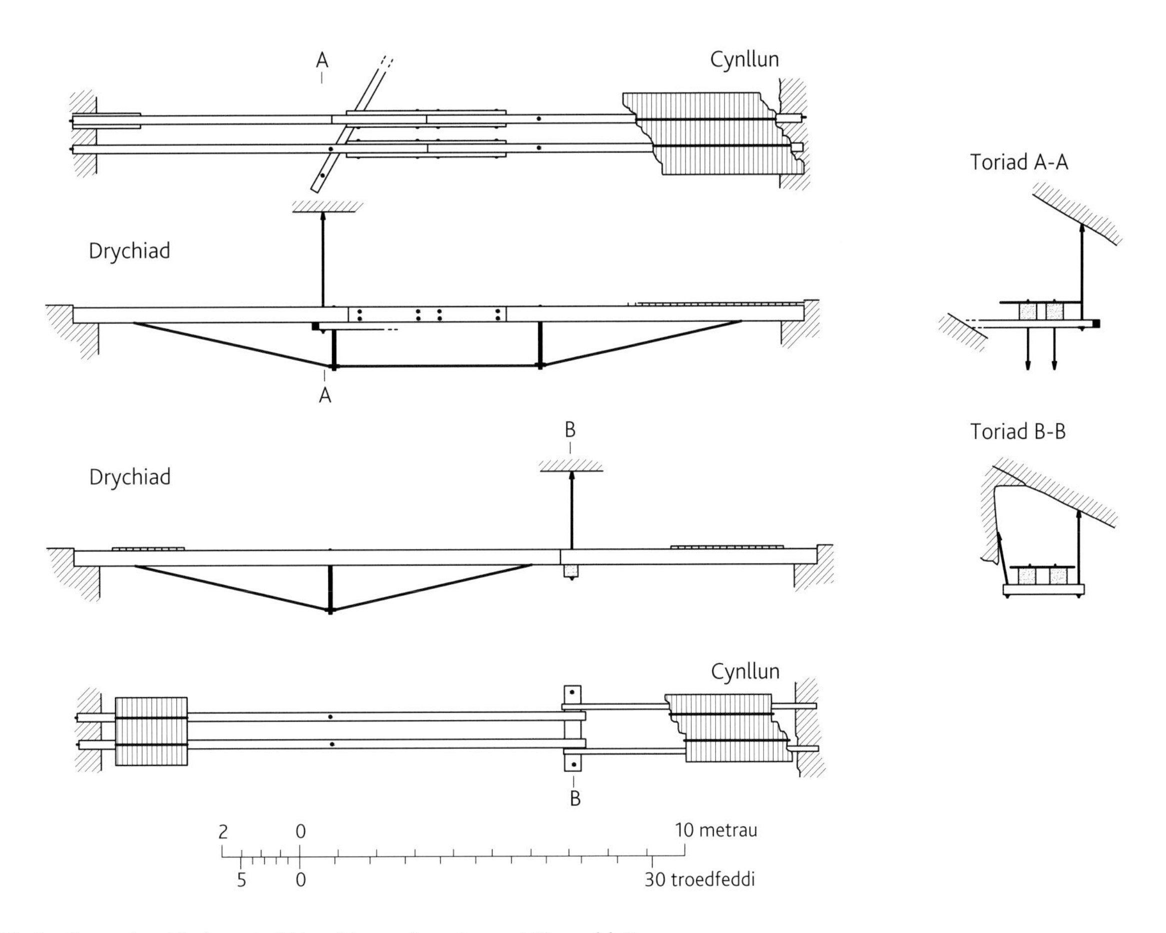

Ffigur 116. Cynllun a drychiad pontydd tanddaearol yn chwarel Rhosydd, Croesor.

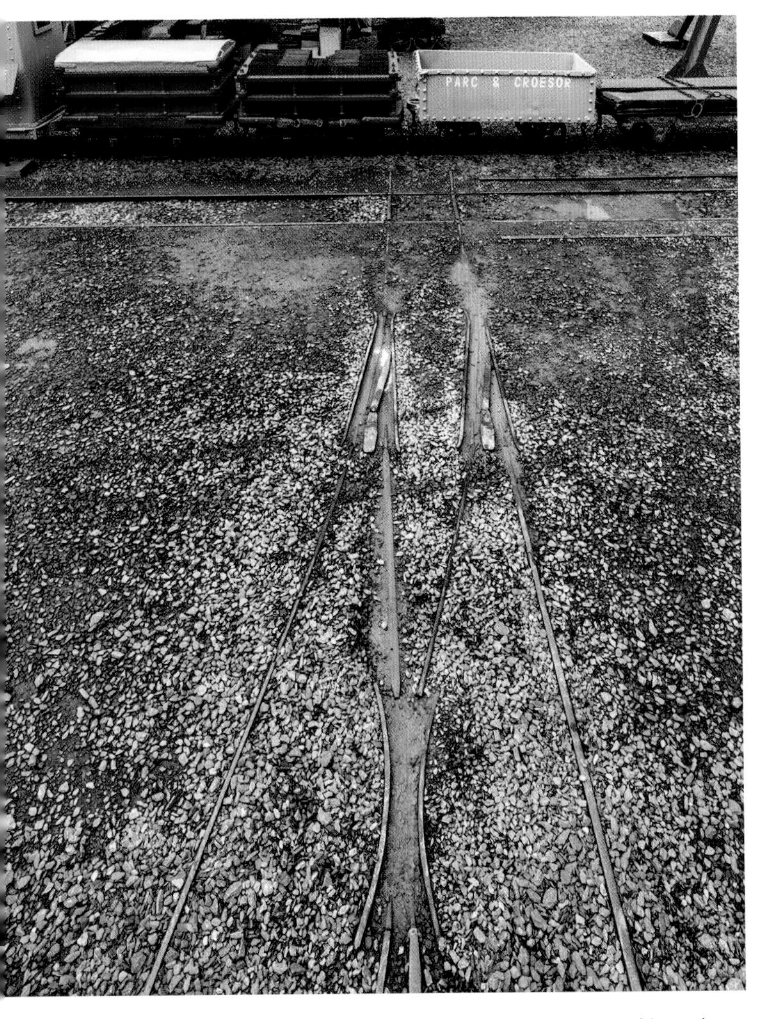

Ffigur 117. Mae enghreifftiau o gydrannau traciau wedi'u cadw yn Amgueddfa Lechi Cymru.

incleiniau 'Maclane' awtomatig 1.865 metr (6 troedfedd 2½ modfedd) o led ar rai tomennydd.[18]

Roedd safon y gwaith o gynnal a chadw'r traciau yn amrywio'n fawr. Ar un llaw roedd cledrau pen tarw cryf y *tramway* yn chwarel Dinorwig rhwng iard Gilfach Ddu a melinau Hafon Owen; ar y llaw arall roedd arfer un busnes mewn trafferthion lle y credwyd, yn y gaeaf, y byddai taflu bwcedi o ddŵr dros gledrau a oedd wedi dod yn rhydd oddi wrth y sliperi yn cadw'r trac yn ei le am sawl diwrnod unwaith y byddai'r dŵr wedi rhewi.[19] Mae gwaith maes a wnaed wedi nodi sawl enghraifft o elfennau traciau; mae rhai wedi cael eu gwarchod ac mae rhai wedi cael eu gadael lle y maent (Ffigur 117).

Roedd rheilffyrdd yn ddull cludiant mewnol rhagorol, gan eu bod yn ddigon bach i sicrhau mynediad i lefelau cul a melinau cyfyng, yn ddigon ysgafn i labrwr symud wagenni â llaw ond yn ddigon mawr i weithredu locomotifau pan fo angen.

Hyd y gwyddys, nid oedd unrhyw chwarel yng Nghymru yn defnyddio cledrau pren syml, er bod engrafiad sy'n annhebygol o fod yn gywir o chwarel y Penrhyn yn dangos system o'r fath yn cael ei defnyddio (Ffigur 118).[20] Cyflwynwyd cledrau pren wedi'u dal yn eu lle gan haearn gyr yn Chwarel Ddu yn Nantconwy (1810), yn chwarel Manod yn Ffestiniog (1814), ac, yn ôl pob tebyg, yn chwarel Cilgwyn yn Nantlle (tua 1805).[21] Mor ddiweddar â thua 1871, gosodwyd cledrau o'r fath i wasanaethu chwarel slabiau Deeside uwchlaw Glyndyfrdwy (gweler Ffigur 227); mae enghreifftiau wedi goroesi ar y brif linell a ger mynedfa gynnar i'r chwarel (pennod 13).[22] Defnyddiodd estyniadau diweddarach gledrau dur confensiynol.

Cyflwynwyd cledrau ag ymyl haearn bwrw yn debyg i'r rheini a ddatblygwyd yn y de ar ddiwedd y ddeunawfed ganrif yn chwarel y Penrhyn yn 1801, ond gyda chroestoriad hirgrwn anarferol yn hytrach na bariau gwastad neu sgwâr.[23] Gosodwyd cledrau tebyg yn Niffwys yn Ffestiniog ac yn Ninorwig yn 1811 yn ogystal ag ar y rheilffordd a ddefnyddiwyd i adeiladu cob Traeth Mawr (gweler pennod 12), a rheilffordd pwll glo yn Congleton, Swydd Gaer.[24]

Nid oedd platffyrdd – systemau i olwynion heb esgyll redeg ar gledrau toriad L – yn gyffredin erioed, er y nodwyd enghreifftiau ohonynt yn chwarel yr Oernant yn nyffryn Dyfrdwy (1810), chwarel Diffwys yn Ffestiniog (tua 1814), o bosibl yng Nghlogwyn y Fuwch yn Nantconwy (tua 1818-20), o bosibl ym Mhen yr Orsedd yn Nantlle, yn bendant yng Nghloddfa'r Lôn ac yn Nhŷ Mawr West yn Nantlle.[25]

Mae cledrau haearn gyr yn ymddangos yn gynnar iawn yn hanes y rheilffordd mewn cyd-destun chwareli yng Nghymru – mor gynnar â 1812 o bosibl, yng Nghloddfa'r Coed yn Nantlle – pan gâi 'bariau haearn' eu mewnforio, ac o 1816 gwelir taliadau a wnaed i'r chwarelwyr am ddefnyddio'r *real road* (y rheilffordd).[26] Cofiai Robert Williams, a ddechreuodd weithio yn 1821, fod chwareli llechi dyfnach Nantlle erbyn hynny yn defnyddio cledrau bar 76.2 wrth 19.05 milimetr (3 modfedd wrth ¾ modfedd), 4.572 metr (15 troedfedd) o hyd, wedi'u gosod mewn sliperi pren.[27] Erbyn y 1820au, roedd hyn wedi ehangu i chwareli yn Ffestiniog, Llanberis a mannau eraill; gellid gweld enghreifftiau yn cael eu defnyddio yn chwarel Dinorwig hyd at pan gafodd ei chau yn 1969, naill ai mewn cadeiriau haearn bwrw neu wedi'u gosod yn uniongyrchol mewn sliperi pren.

Prin oedd yr enghreifftiau o gledrau toriad T bariau boliog haearn gyr fel y defnyddiwyd ar Reilffordd Nantlle (1828) a Ffestiniog (1836) a welwyd mewn systemau mewnol, er y nodwyd enghreifftiau ger Glynrhonwy yn Nantperis a Gaewern yn Nantdulas. Cyn hir, daeth peirianwyr i'r casgliad bod siâp y bol yn ddiangen; gwelwyd cledrau toriad T syth mewn cadeiriau haearn bwrw ar ddiwedd y 1830au. O'u

Ffigur 118. Mae'n anhebygol bod ysgythriad John Nixon o chwarel y Penrhyn yn 1808 yn rhoi darlun cywir o'r system reilffordd na'r ponciau.

disgynyddion uniongyrchol, dim ond ar un rheilffordd fewnol chwarel llechi y gwelwyd cledrau pen dwbl a phen tarw, sef yn Ninorwig, lle dechreuodd cledrau â gwaelodion gwastad, a ddefnyddiwyd am y tro cyntaf yng Nghymru ar reilffordd chwarel y Penrhyn i'r môr yn 1849 (pennod 13), gael eu defnyddio ar gyfer systemau mewnol o'r 1860au, a thros amser, hwy oedd y cledrau mwyaf cyffredin o bell ffordd. Roedd cledrau pont yn gyffredin mewn sawl chwarel (er na chawsant eu defnyddio yn chwareli'r Penrhyn na Dinorwig) er pan gawsant eu cyflwyno am y tro cyntaf yn y 1840au; yn anarferol yng ngrŵp chwareli dwyrain Ffestiniog, weithiau defnyddiwyd cyfrwyon haearn bwrw ysgafn i'w cadw ar y sliperi.

Un math o drac yr ymddengys ei fod yn unigryw i chwareli llechi Gwynedd yw 'bariau Thomas Hughes' fel y'i gelwir, sef darn o far haearn crwn, 38-45 milimetr o'i amgylch a hyd at 5.5 metr o hyd, gyda throad byr fel peg ym mhob pen, y gellid ei ollwng i mewn i dyllau mewn sliperi pren neu slabiau llechi, neu weithiau silffoedd haearn bwrw.[28] Roedd trac mor syml â hwn yn osgoi'r angen am dafod pwyntio. Mae setiau arbennig o dda o sliperi slabiau ar gyfer bariau Thomas Hughes wedi goroesi yn chwarel Gorsedda yn ardal Glaslyn.

Fel arall, gwelwyd gwaith pwyntio ar sawl ffurf. Roedd tafodau dolen a throblat yn brin iawn, o ystyried bod y rhan fwyaf o chwareli'n defnyddio wagenni ag ewinedd dwbl (gweler isod). Roedd tafodau derbyn yn gyffredin, a gallent gael eu gweithredu gan drosol ar ochr y trac, yn enwedig lle roedd locomotifau'n rhedeg, ond yn amlach byddent yn cael eu newid gyda llaw neu droed. Yn Nantdulas, lle y

Ffigur 119. Sled o ardal Ffestiniog, wagen rwbel, ac enghraifft o'r wagenni fflat ychydig yn fwy a ddefnyddiwyd yn Nantdulas.

defnyddiwyd wagenni ewinedd sengl, yn aml defnyddiwyd tafodau llafnau sengl. Yn gyffredinol, gallai tafodau symlach ddisodli platiau haearn bwrw ar gyfer y rhannau symudol, gyda chyfeiriad yn cael ei roi i'r wagen gyda gwthiad amserol. Gellid cael mynediad i linellau eilaidd gan ddefnyddio'r hyn a alwyd yn dafodau llwy, lle câi dwy gledr golynnog eu gosod yn gyfan gwbl dros y 'brif linell' a'u cysylltu â hi gan ddefnyddio atodiadau siâp llwy ar y pen. Roedd byrddau tro, gyda chledrau neu hebddynt, yn gyffredin.

Wagenni

Roedd wagenni chwareli yn syml iawn, ac yn eu hanfod, ni wnaethant newid rhwng y 1820au a dechrau'r unfed ganrif ar hugain. Er hyn, roedd gwahaniaethau rhwng un ardal chwarelyddol a'r llall, a cheir rhywfaint o dystiolaeth o newid wrth i dechnoleg ddatblygu (Ffigur 119). Cynlluniwyd wagenni i'w defnyddio ar gyfer tasgau garw ar drac gwael. Roeddent yn ddigon bach i gael eu symud yn rhwydd gyda llaw, ac yn ddigon cryf i gael eu taro o gwmpas gan locomotifau. Bron bob amser, roedd wagenni yn rhedeg ar olwynion ewinedd dwbl yn rhydd ar yr echelydd gyda rhywfaint o chwarae ochrol, er mwyn caniatáu ar gyfer gwaith trac gwael. Roedd eithriadau yn Nantdulas (fel y nodir uchod) ac yn Rhosydd, yn ardal Croesor.

Y math mwyaf sylfaenol o wagen oedd y sled, fflat i symud blociau. Byddai'n anodd dychmygu ffurf fwy elfennol o gerbyd ar gledrau na'r fersiwn a ddefnyddiwyd yng nghloddfeydd Ffestiniog. Y brif uned adeiladu oedd dwy ffrâm bren gyfochrog y câi cynalyddion yr echelydd eu hatodi iddynt. Roedd yr echelydd eu hunain yn rhedeg yn rhydd ar y cynalyddion. Byddai tri, neu weithiau bedwar darn arall yn rhedeg ar draws y fframiau, pob un ohonynt fel arfer â stribyn o haearn er mwyn lleihau traul. Golygai bar tynnu o haearn y gellid eu rhedeg mewn trenau a'u hatodi i raffau inclên neu eu rhedeg gyda 'sa draw' – bar cyplydd a oedd yn ei gwneud yn bosibl iddynt gario slabiau hir.[29] Gweithredai cerbydau tebyg yng nghloddfeydd Corris, er mai rhai mwy o faint â fframiau a chynalyddion allanol a welwyd yno fel arfer.

Yn y Penrhyn, roedd fflatiau ychydig yn fwy soffistigedig. Rhedai olwynion ar setiau echel sefydlog wedi'u gosod ar gynalyddion allanol a gosodwyd y blociau eu hunain ar lawr pren di-dor. Roedd llygaid wedi'u gosod yng nghorneli rhai ohonynt er mwyn eu cysylltu â systemau rhaffordd. Gweithredai fersiynau â mwy o bellter rhwng echelydd yng nghyffiniau'r felin slabiau er mwyn cludo slabiau a lifiwyd i'r iard bentyrru.[30] Defnyddiwyd wagenni tebyg i'r rhain yn Ninorwig, heblaw bod ganddynt fframiau dwbl ac echelydd hollt. Fodd bynnag, roedd hefyd yn gartref i fath gwahanol a alwyd yn 'gar cyrn', sef ffrâm o ddur gydag un pen wedi'i ffensio i symud plygiau wedi'u trawslifio a chlytiau, gyda tsaen wedi'i chlymu o'u hamgylch.

Anaml iawn y defnyddiwyd wagenni gwastad yn ardal Nantlle, lle y gwnaed defnydd helaeth o raffyrdd uwchddaearol. Yma, câi deunydd crai ei symud i'r mannau prosesu bron bob amser yn yr un fath o wagen ag a ddefnyddiwyd i symud rwbel, ac a ddefnyddiwyd, gydag amser, gan bawb fwy neu lai yn y diwydiant llechi yng Nghymru at y diben hwn, sef ffrâm â chorff teirochrog o haearn. Gallai fod gan rai ohonynt reilen o haearn ar y cefn er mwyn eu gwthio â llaw, neu lygaid ym mhob cornel o'r corff i'w cysylltu â rhaffordd. Defnyddiwyd cyrff o bren yn y dyddiau cynnar ond prin iawn y'u defnyddiwyd erbyn i ffotograffiaeth ddod yn gyffredin – cyflwynwyd cyrff o haearn yn y Penrhyn tua 1860.[31] Roedd chwarel Dinorwig yn dal i ddefnyddio wagenni sbwriel â chyrff pren yn 1891, a dengys ffotograff o chwarel Cefn yn ne-orllewin Cymru wagen sylweddol ag ochrau o bren yn 1907.[32]

Anaml iawn y defnyddiai'r chwareli y sgipiau siâp V a wnaed gan gwmnïau fel Hudsons o Leeds neu Decauville.[33] Defnyddiwyd rhai i symud gwast naddu a llwythi ysgafn

Ffigur 120. Car gwyllt yn cael ei arddangos gan George Ellis. Tynnwyd y ffotografff ar inclên no 2 Rhiwbach, Ffestiniog, sy'n llawer mwy serth nag incleiniau bas Craig Ddu gerllaw lle y defnyddiwyd y dyfeisiau hyn.

eraill mewn nifer o leoliadau. Ar ddechrau'r bedwaredd ganrif ar bymtheg, defnyddiodd rhai chwareli yn Nantlle, a Dinorwig hefyd o bosibl, drwmbal, wagen â'i phen yn codi gyda chorff colfachog ar gyfer tomennu rwbel.[34] Erbyn yr ugeinfed ganrif, defnyddiai'r Penrhyn a Dinorwig wagenni â'u pen yn codi ar fframiau dur gyda'u cloddwyr stêm; mae enghraifft o Ddinorwig wedi'i chadw yn Amgueddfa Lechi Cymru.

Defnyddiai'r chwareli mwy o faint wagenni arbenigol hefyd, a ddefnyddiwyd gan fforddolwyr a dynion cynnal a chadw. Cludai rhai ohonynt danciau, ar gyfer cludo olew neu greosot, a chludai rhai eraill lo ar gyfer locomotifau a gefeiliau. Roedd gan y Penrhyn graeniau wedi'u gosod ar gledrau, yn ogystal â wagenni ffrâm bren â llai o bellter rhwng echelydd wedi'u cyplu â locomotifau stêm, a wasanaethai fel gweithle cludadwy. Roeddent yn cludo cadwynau bachu, offer ac, yn aml, offer i wneud te. Defnyddiwyd ceir y gallai'r dynion reidio ynddynt gyda seddi ar oleddf ar yr incleiniau yn rhai o chwareli Ffestiniog ac yn y Penrhyn. Cadwai Dinorwig dri cherbyd agored wedi'u paentio'n felyn er mwyn dangos gwesteion pwysig o amgylch y chwarel.

Un ddyfais a oedd yn unigryw i chwarel Graig Ddu yn Ffestiniog oedd y car gwyllt a ddyfeisiwyd gan Edward Ellis, gof y chwarel, yn y 1870au, a oedd yn cynnwys bwrdd cul wedi'i gynnal ar y blaen gan olwyn fach ag ewinedd dwbl a brêc ac yn y cefn gan gastin, a osodwyd ar y rheilen ac a oedd yn darparu'r brêc. Terfynai bar haearn â thro dwbl a

Ffigur 121. Mae'r gyfres C o incleiniau a thai drwm yn chwarel Dinorwig wedi goroesi'n rhannol er nad ydynt wedi'u defnyddio ers y 1960au.

fargodai o'r bwrdd hwn mewn rholer, a rhedai'r ddyfais gyfan ar ddau drac mewnol incleiniau 1 mewn 6 cymharol fas. Roedd gan bob chwarelwr ei un ei hun a byddai'n mynd ag ef gydag ef pan fyddai'n reidio i fyny ar y wagenni llechi gwag yn y bore, gan eistedd ar y car i ddychwelyd adref (Ffigur 120).[35]

Codi â rhaff ac incleiniau

Roedd y defnydd o incleiniau yn gyffredin ar sawl math o system reilffordd ddiwydiannol ledled y byd ond, yn sicr, roedd yn nodwedd nodedig o ddiwydiant llechi Cymru. Yn aml iawn, mae'r gwrthgloddiau sy'n gysylltiedig â hwy ymhlith rhai o nodweddion mwyaf trawiadol y dirwedd chwarelyddol, fel y ffurfiannau enfawr pedwar trac â waliau o rwbel yn Ninorwig, y gellir eu gweld ar y ffordd o Gaernarfon i Gapel Curig.

Incleiniau wedi'u gwrthbwyso – lle mae wagenni llawn disgynnol yn tynnu wagenni gwag i fyny ar drac cyfochrog – oedd y rhai mwyaf cyffredin lle'r oedd y llethr yn ffafrio'r llwyth. Ymddengys mai yn chwarel y Penrhyn yn 1800-01 y cyflwynwyd yr enghreifftiau cynharaf, ac ychydig iawn o newid a welwyd yn y math sylfaenol am dros 150 o flynyddoedd. Fel arfer, câi'r rhaff (rhaff a wnaed o wifren yn ddiweddarach, ond cywarch yn y cyfnod cynharach) ei rhwymo o amgylch drwm llorweddol wedi'i osod ar silffoedd pren hydredol mewn dwy wal lechi, a ymestynnai uwchlaw lefel y cynalyddion er mwyn cynnal to. Mewn rhai achosion, byddai traciau lefel yn pasio drwy'r tŷ drwm, neu byddent yn troi i ffwrdd i un ochr. Mae'r rhan fwyaf o'r drymiau sydd wedi goroesi wedi'u hadeiladu ar ffrâm haearn bwrw a phren, er bod pob un o'r drymiau pren wedi goroesi mewn o leiaf ddau leoliad.[36] Câi'r brêcs eu gweithredu â llaw, fel arfer gan fraich yn ymestyn i bwynt lle gallai'r braciwr weld y llif traffig i fyny ac i lawr yr inclên, gan weithredu caliperau drwy gyfrwng camau. Fel arfer, câi'r caliperau eu leinio â blociau brêc o bren, er mewn un lleoliad lle daethpwyd o hyd i set sbâr wedi'i gadael, defnyddiwyd gwallt ceffyl wedi'i blethu (Ffigur 121).[37]

Roedd amrywiad ar y dull hwn yn cynnwys defnyddio tsaen barhaus yn pasio dros chwerfannau llorweddol ar y

Ffigur 122 (uchod). Chwerfan ar gyfer inclên balans ar lawr 5 yn chwarel Hafodlas, Nantconwy, gyda liferi i weithio'r brêc.

Ffigur 123 (dde). Lifft yn chwarel Dinorwig.

Ffigur 124. Adeiladwyd yr inclên hwn yn adran Vivian, chwarel Dinorwig rhwng 1869 a 1873 ac fe'i hadferwyd i'w gyflwr gweithio yn 1998.

copa a'r gwaelod, a oedd yn caniatáu mwy o hyblygrwydd wrth symud llwythi. Mae enghreifftiau wedi'u nodi yn Ngoleuwern yn ne Gwynedd, ym Mhenarth a Moel Fferna yn nyffryn Dyfrdwy, yn y Penrhyn (inclên 'Felin Fawr', sydd bellach o dan domennydd), mewn sawl lleoliad yn Ninorwig, ac yn Hafodlas yn Nantconwy. Yn yr olaf o'r rhain, mae chwerfan â diamedr o 2 fetr wedi goroesi mewn twll o slabiau llechi wedi'u hollti, a allai fod wedi'i diogelu ar un adeg gan loches o bren neu haearn gwrymiog, ynghyd â systemau brecio â llaw a weithredwyd gan ddau lifer a ddarparodd y 'prif' frêc a'r brêc 'llusg', yn dibynnu ar ba ffordd a gâi ei defnyddio i gludo'r llwyth i lawr (Ffigur 122).[38] Ymddengys fod Dinorwig wedi adeiladu sawl inclên chwerfan yn y 1920au.[39]

Er, yn y rhan fwyaf o achosion, roedd y wagenni yn rhedeg ar eu holwynion eu hunain ar raddiant nad oedd yn fwy serth nag 1 mewn 4 fel arfer, defnyddiwyd incleiniau 'tanc' hefyd, lle byddai'r wagenni yn rhedeg ar gludwyr lletach wedi'u hadeiladu fel eu bod yn cadw'r llwyth yn wastad. Roedd hyn yn golygu bod graddiannau llawer mwy serth yn bosibl, gan gynnwys 'lifftiau' fertigol fwy neu lai yn Ninorwig (Ffigur 123).[40] Gellir nodi eu safleoedd yn aml gan y twll ar gyfer y cludwyr ar y gwaelod. Cafodd enghraifft yn Amgueddfa Lechi Cymru ei hadfer i'w chyflwr gweithiol (gyda modur electrig ar gyfer ail-godi) yn y 1990au (Ffigur 124). Ymhlith y rhai mwyaf nodedig oedd yr incleiniau tanddaearol aml-led yn Rhosydd yng Nghwm Croesor lle câi cludydd anferth ei wrthbwyso gan gerbyd o'r enw'r mochyn, sef pedwar castin trwm wedi'u bolltio at ei gilydd ac yn rhedeg ar olwynion, a redai oddi tano, gyda'r rhaff yn pasio dros y chwerfannau ar ben yr inclên. Mewn un achos, rhaid oedd darparu pont ag olwynion i gludo wagenni ar draws y twll ar waelod yr inclên yn absenoldeb y cludydd. Cynnyrch meddwl Griffith Griffiths, ffitiwr a saer coed y chwarel, oedd y rhain (Ffigur 125).[41]

Fel gydag incleiniau gwrthbwyso, gwelwyd sawl math o incleiniau wedi'u pweru. Er y gwnaed defnydd helaeth o chwimsis ceffyl i bweru rhaffyrdd yn ardal Nantlle, dim ond yn chwarel Dorothea y ceir tystiolaeth ddogfennol sydd wedi goroesi o inclên rheilffordd a weithredwyd â chwimsi; fel arall, roedd yr olwyn ddŵr a weithredai ei incleiniau rheilffordd cynnar yn cael ei disodli â stêm yn 1854.[42] Dim

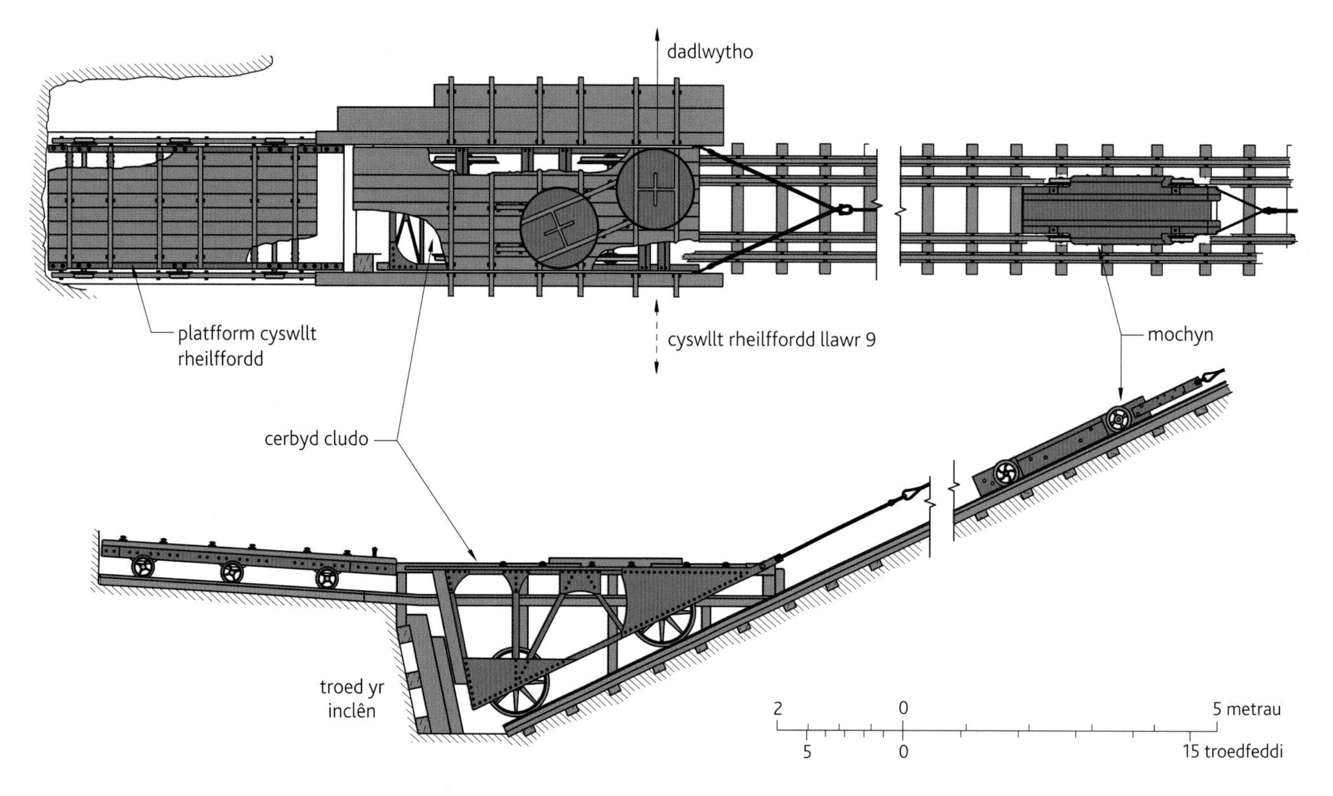

Ffigur 125. Roedd yr inclên hwn yn Rhosydd yn ardal Croesor yn gollwng plygiau llechi dan ddaear o lawr 9 i lawr 5. Câi wagenni eu cludo ar gerbyd cludo a wrthbwyswyd gan gerbyd ag olwynion a alwyd yn fochyn, a oedd yn cynnwys castinau haearn wedi'u bolltio gyda'i gilydd, a basiai o dan y cerbyd ar gledrau culach. Gallai pwysau'r mochyn dynnu'r cerbyd cludo a'r wagenni gwag i fyny, ond câi'r cerbyd ei hun ei dynnu i fyny gan y cerbyd cludo a'r wagenni llwythog. Er mwyn cynnal y cysylltiad rheilffordd yn y gofod cyfyngedig ar lawr 9 pan roedd y cerbyd cludo ar waith, gallai llwyfan gael ei ddefnyddio.

ond ar un safle y cafwyd tystiolaeth archaeolegol o chwimsi ceffyl, mewn chwarel allgraig, sef Hendre yn Nantconwy (SH 698 512), ar ffurf cylch â diamedr o 12.8 metr gyda maen colyn yn y fan a'r lle.[43] Yn anarferol, roedd inclên a osodwyd yn ysgafn a gysylltai chwareli Minllyn a Chae Abaty yn ne Gwynedd yn rhedeg i fyny ac i lawr dros fwlch ac, o farnu yn ôl y diffyg tystiolaeth o brif ysgogwr ar y copa, gallai fod wedi'i bweru â winsh llaw – gwaith llafurus i'r sawl a oedd yn gyfrifol am ei gweithredu.[44]

Mewn nifer o leoliadau, gweithredwyd incleiniau gan ddefnyddio olwynion dŵr. Yr enghraifft gynharaf a gofnodwyd oedd yn y Penrhyn tua 1810.[45] Mae cyfrifon chwarel Cilgwyn yn cyfeirio at 'injan ddŵr' a'i hinclên yn 1823, a osodwyd ar frys er mwyn gwaredu deunydd ar ôl i'r wyneb gwympo;[46] yr enghraifft nesaf a gofnodwyd oedd ar Reilffordd Ffestiniog, a oedd yn weithredol o 1836, lle rhoddwyd y gorau i'r cynllun gwreiddiol i yrru twnnel drwy fwlch Moelwyn Bach dros dro ac, yn lle hynny, gweithredu system â dau inclên, yr isaf yn inclên gwrthbwyso a'r uchaf wedi'i weithredu gan olwyn ddŵr ar ei droed. Dyluniwyd y system gan Robert Stephenson, er iddo gael cymorth o bosibl gan gynorthwy-ydd Spooner, Thomas Prichard.[47] Gosodwyd olwynion dŵr i weithredu incleiniau rheilffordd ym Mryn Hafod y Wern yn nyffryn Ogwen yn 1848 pan brofodd injan stêm yn siomedig, er i ddibyniaeth y chwarel ar ddŵr arwain at anghydfod â'r Arglwydd Penrhyn, tirfeddiannwr lleol pwysig, ynghylch yr hawl i ddefnyddio nentydd cyfagos.[48]

Adeiladwyd sawl enghraifft arall yn y 1860au. Y mwyaf o'r rhain, ar gyfer tri thrac, oedd inclên Rhif 5 yn chwarel Llechwedd yn Ffestiniog (Ffigur 74 – pennod 5), y mae'r cynlluniau ar ei gyfer yn dyddio o fis Mehefin 1867; mae'r rhain yn dangos tri thrac annibynnol, pob un ohonynt â'i ddrwm ei hun ar un werthyd, y gellid ei gysylltu â'i ddatgysylltu â chydwyr,[49] dyluniad a ddaeth yn gyffredin ar incleiniau stêm yn Ffestiniog. Yn yr un chwarel, roedd olwyn ddŵr arall ar yr wyneb yn gweithio inclên tanddaearol.[50] Dilynwyd yr enghraifft honno yng Nghwm Machno ychydig flynyddoedd yn ddiweddarach, cyn iddi gael ei throi'n system balans dŵr (Ffigur 126), ac yn Hafodlas, lle y gellid defnyddio inclên cydbwyso hefyd i godi deunydd drwy gyfrwng gyriant o olwyn ddŵr y felin.[51] Ym Mryneglwys yn ne Gwynedd,

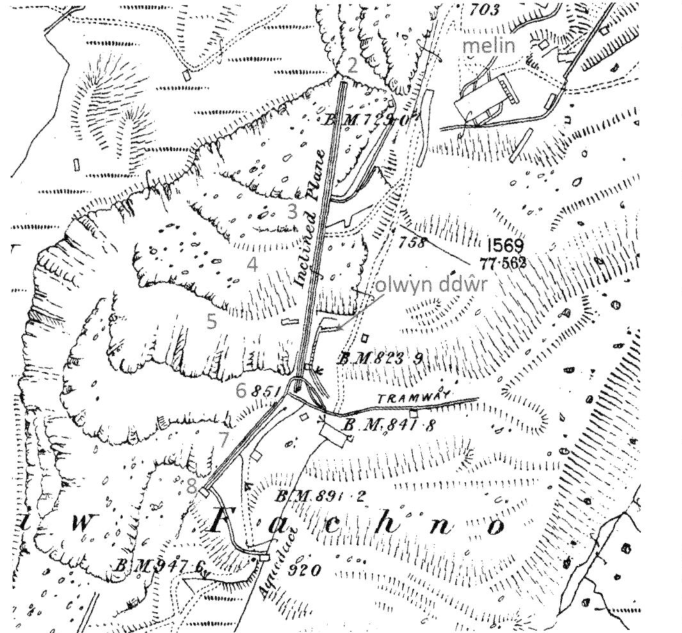

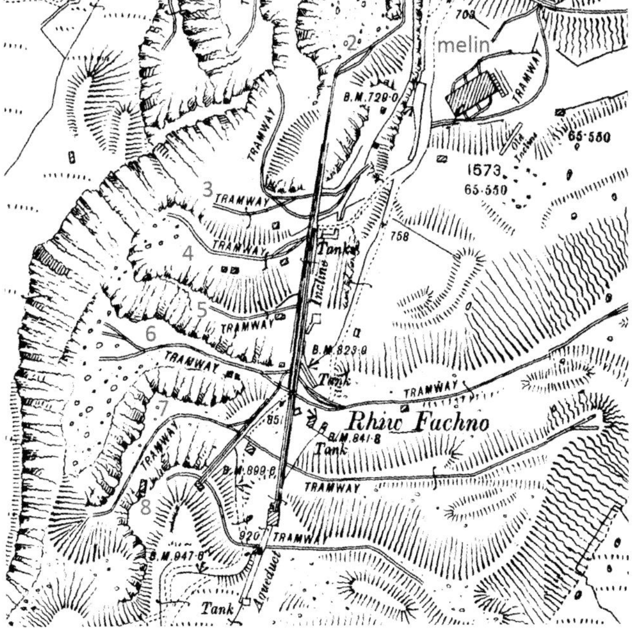

Ffigur 126. Mae'r prif inclên yng Nghwm Machno yn dangos y ffordd y bu'n rhaid i systemau trafnidiaeth mewnol gael eu haddasu er mwyn ateb dibenion gwahanol. Mae Arolwg Ordnans 1887 (chwith) yn ei ddangos yn gweithio fel inclên cludo dau drac wedi'i bweru gan olwyn ddŵr. Câi llechi gorffenedig a phlygiau crai y bwriadwyd eu defnyddio i gynhyrchu slabiau o lawr 6 a'r lloriau uwch eu gostwng i lawr 3 er mwyn eu cludo i'r iard bentyrru a melinau slabiau. Câi plygiau crai eu codi o lawr 2 i lawr 3 i'w hanfon i'r felin lifio, a châi rwbel o lawr 2 ei godi i lawr 6 i'w dipio. Erbyn 1899 (dde), roedd yn gweithio fel inclên balans dŵr ond, yn anarferol, nid yw'r cledrau ar gyfer y cerbyd dŵr (sy'n gwrthbwyso'r wagenni llwythog pan fo'n llawn) yn rhedeg i'r un cyfeiriad â'r brif ffordd gludo, gan fod angen i'r dŵr gael ei ryddhau ar lawr 3. Maent yn rhedeg yn gyfnodol, felly mae'r cerbyd dŵr yn dechrau ei siwrnai i lawr yr allt nawr o frig arglawdd llechi enfawr, ac yn mynd i lawr i lefel 3, lle mae'n rhyddhau'r dŵr. Drwy ddefnyddio drwm wrth ei fan cychwyn, gall godi plygiau o lawr 2 i'r melinau ar lawr 3 a rwbel o loriau 2, 4 a 5 i lawr 6 i'w dipio. Caiff plygiau o lawr 4 a'r lloriau uwch eu gostwng i lawr i'r inclên drwy ddisgyrchiant i lawr 3.

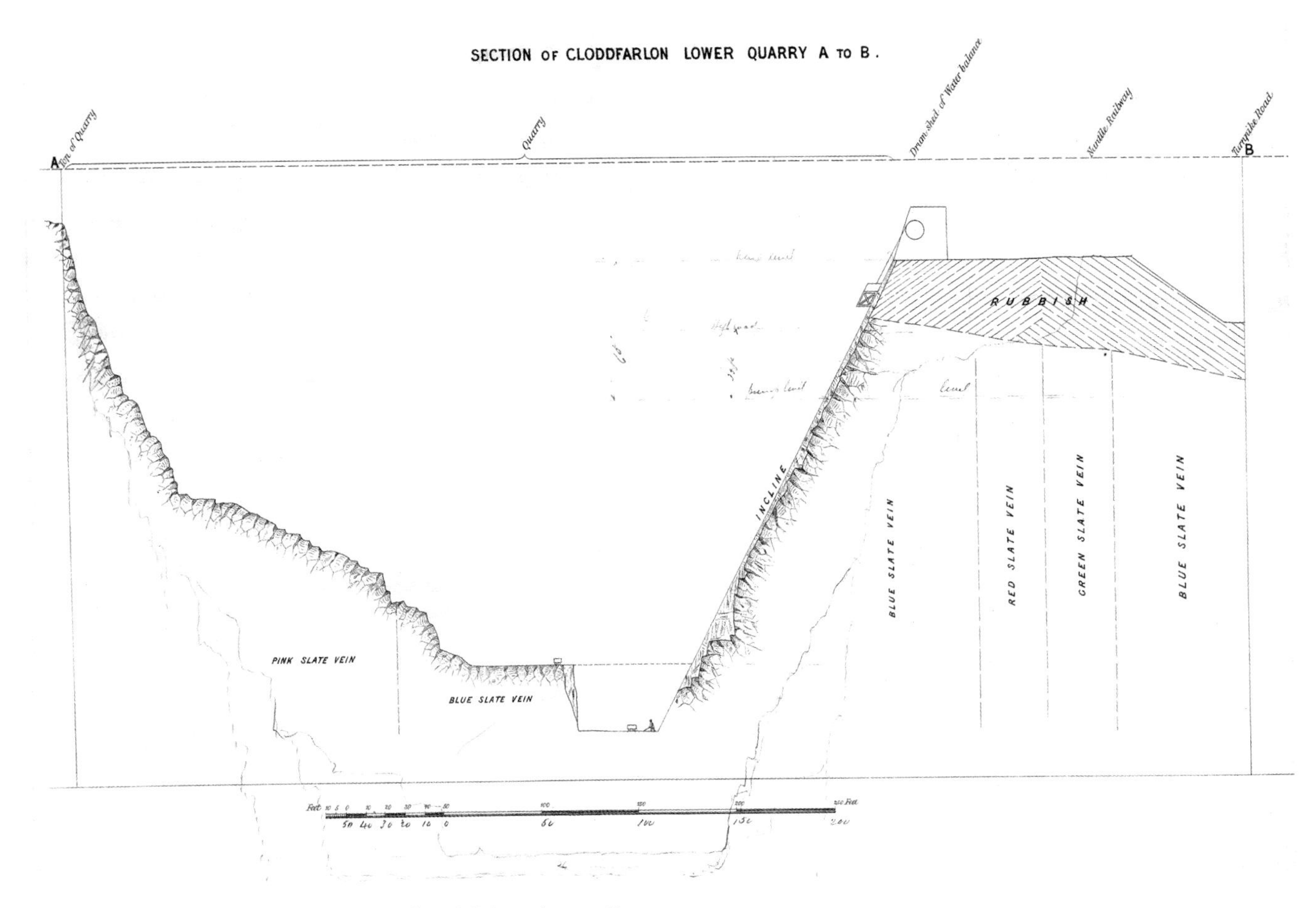

Ffigur 127. Inclên balans dŵr, Pen y Bryn (Cloddfa'r Lôn), Nantlle.

Ffigur 128. Inclên balans dŵr yn Aberllefenni yn Nantdulas. Mae'r tanc dŵr i'w weld o hyd ar ben uchaf yr inclên.

gosodwyd ail olwyn ddŵr ochr yn ochr â'r olwyn a bwerai'r inclên tsaen er mwyn gweithredu inclên rheilffordd anghysbell yn y twll ei hun.[52] Mewn rhai achosion, câi incleiniau eu pweru â pheltonau, fel yn Rhosydd o 1899 ac yn chwarel y Parc, y ddwy yn ardal Croesor.

Roedd y system balans dŵr yn ffordd lawer mwy cyffredin o weithredu incleiniau. Cynhyrchodd y mecanwaith siafft a gyflwynwyd yn Nhal y Sarn yn ardal Nantlle yn 1829 (gweler isod) enghraifft ddeilliedig leol ar ffurf inclên rheilffordd balans dŵr serth yn chwarel gyfagos Pen y Bryn, a gyflwynwyd ar ôl 1830 mewn twll a elwir hyd heddiw yn dwll balast (*balance* – Ffigur 127), ac un arall yn fuan wedi hynny yn Ninorwig.[53] Defnyddiwyd incleiniau balans dŵr yn chwarel Samuel Holland ym Mlaenau Ffestiniog yn y 1840au a chawsant eu troi'n incleiniau stêm yn 1874.[54] Incleiniau unigol oedd y rhain. Byddai tryc dŵr yn rhedeg ochr yn ochr â'r llwyth, a gludwyd ar inclên cludo, a chawsant eu copïo mewn llawer iawn o chwareli llechi ar hyd a lled Gwynedd. Defnyddiwyd nifer o enghreifftiau yn chwarel Aberllefenni hyd at y 1950au (Ffigur 128). Roedd incleiniau balans dwbl yn anarferol, er i enghraifft sylweddol gael ei hadeiladu yn chwarel y Penrhyn yn 1875–76 lle'r

Ffigur 129. Mae'r manylyn hwn o'r paentiad o chwarel Dorothea, Nantlle, a atgynhyrchir yn llawn yn ffigur 70, yn dangos pŵer stêm a phŵer dŵr ar incleiniau rheilffordd ac incleiniau tsaen.

oedd angen i'r rwbel gael ei godi i bwynt uwchlaw'r brif bonc. Yma, rhedai'r wagenni ar gludwyr a oedd yn cynnwys tanc dŵr.[55] Gosodwyd craen balans dŵr wyneb yng Nghroesor i weithredu inclên tanddaearol yn 1868–1876.[56]

Yn sgil y broblem barhaol a achoswyd gan gyflenwad dŵr cyfyngedig ac annibynadwy yn Nantlle, gwelwyd sawl ymgais i ddefnyddio injan stêm a fodolai eisoes (gweler Ffigur 72) i bweru inclên yng Nghloddfa'r Coed o tua 1819 ymlaen.[57] Gwelwyd yr ymgais nesaf a gofnodwyd yn 1847, pan brynodd cyfarwyddwyr chwarel Bryn Hafod y Wern yn nyffryn Ogwen injan 20 marchnerth gan gwmni Tyrrell o Deptford gan ymdrechu'n daer i'w gweithredu cyn derbyn ei bod yn drech na hwy a mynd ati i ddefnyddio olwynion dŵr yn ei lle, fel y nodir uchod. Roedd Pant Dreiniog gerllaw wedi gosod inclên wedi'i bweru â stêm erbyn 1851.[58]

Dim ond yn y 1850au y cafodd stêm ei ddefnyddio'n llwyddiannus i gludo deunydd ar incleiniau, yn Nantlle ac yn Ffestiniog. Yn 1853, penderfynodd chwarel Dorothea brynu injan ail-law o Fanceinion er mwyn troi inclên a fodolai eisoes yn un a bwerwyd â stêm; wrth iddi gael ei threialu'r flwyddyn ganlynol, daeth un o'r wagenni'n rhydd ac anafwyd y rheolwr, y Parchedig John Jones, yn ddifrifol. Mae'r paentiad anhysbys o'r chwarel tua 1855 yn dangos incleiniau rheilffordd wedi'u pweru â stêm ac wedi'u pweru â dŵr yn ogystal â rhaffyrdd inclên tsaen (Ffigur 129).[59] Yn Nantlle, roedd mwy a mwy o incleiniau rheilffordd a ddefnyddiwyd i godi llechi a rwbel o'r tyllau yn cael eu gadael o'r 1860au ymlaen. Gosodwyd incleiniau tsaen yn eu lle, er iddynt gael eu hailgyflwyno cyn hir mewn sawl chwarel er mwyn codi rwbel i lefel a oedd yn uwch na'r brif bonc (pennod 4). Roedd y rheini yn chwarel Dorothea yn defnyddio cludwyr 1.2192 metr (pedair troedfedd) o led; defnyddiwyd un ohonynt tan 1939.

Yn y chwarel mwy o faint yn Ffestiniog, lle'r oedd angen codi symiau sylweddol o lechi a rwbel yn gyflym o weithfeydd tanddaearol, y daeth incleiniau rheilffordd wedi'u pweru â stêm yn hanfodol bwysig. Yn 1854, gosododd Nathaniel Mathew injan symudol neu led-symudol a weithiai drymiau pren er mwyn canoli'r broses o domennu gwastraff yn y Gloddfa Ganol; parhaodd yr injan hon tan tua 1890-91, pan gafodd naill ai ei disodli gan un o gynhyrchion Ffowndri De Winton yng Nghaernarfon neu ei hailadeiladu gan y cwmni. Cafodd yr inclên ei hun ei ailadeiladu ar y ffurf a welwyd tan i'r chwarel roi'r gorau i'w ddefnyddio yn y 1960au, sef chwe thrac cyfochrog yn gweithio'n annibynnol ar raddiant o 1 mewn 2.5, yr oedd pob un ohonynt yn fforchio i lefel wahanol yn y gloddfa, a'r rhaff hiraf yn 271.3 metr (890 o droedfeddi).[60]

Ffigur 130. Inclên y wythïen gefn ym Maenofferen yw'r olaf o'r incleiniau aml-drac yn Ffestiniog i gadw ei gledrau a'i offer codi. Fe'i defnyddiwyd tan ddiwedd y 1990au.

Ar raddfa lai, daeth y math hwn o inclên yn gyffredin yn ardal Ffestiniog. Gosodwyd injan stêm i yrru inclên Llechwedd, a yrrwyd gan ddŵr, yng nghanol y 1880au, a chafodd inclên tebyg ym Maenofferen, a adeiladwyd i'w bweru â stêm rhwng 1877 a 1889, ei droi'n inclên codi trydanol yn ddiweddarach. Mae'r inclên, y parhawyd i'w ddefnyddio tan y 1990au, wedi goroesi'n gyflawn (Ffigur 130).[61]

Roedd dwy chwarel anghysbell yng ngrŵp Ffestiniog yn anarferol am eu bod yn gorwedd islaw'r rheilffordd allan ac yn defnyddio incleiniau un trac wedi'u pweru gan injan stêm ar droed y chwarel, drwy gyfrwng chwerfan dychwelyd ar y copa. Yn 1863, gosodwyd injan lorweddol a adeiladwyd gan Ffowndri Haigh o Wigan yn chwarel Rhiwbach. Defnyddiwyd yr injan honno i weithredu'r felin, dau inclên mewnol a'r siafft hefyd (gweler Ffigur 79).[62] Gosodwyd inclên tebyg yn chwarel gyfagos Blaen y Cwm rhwng 1872 a 1876, a bwerwyd unwaith eto o droed y chwarel gan injan a ddefnyddiwyd i weithredu'r felin hefyd.[63]

Dechreuodd trydan ddisodli stêm ar incleiniau yn ardal Ffestiniog o 1901, pan aeth Votty and Bowydd ati i drydaneiddio tri inclên wedi'u pweru â stêm gan ddefnyddio moduron Sandycroft chwech a phedwar polyn. Agorodd chwarel Llechwedd ei gorsaf cerrynt union (DC), sy'n cael ei defnyddio o hyd gyda set fodern ochr yn ochr â'r set wreiddiol a gadwyd, yn 1904–05, a chwblhaodd Moses Kellow y broses o drydaneiddio chwarel Croesor ar y system cerrynt eiledol (AC).[64]

Roedd sawl mantais ynghlwm wrth gael system bweru drydanol. Roedd yn rhatach na stêm a golygai y gallai incleiniau wedi'u pweru gael eu hadeiladu dan ddaear heb lenwi'r gweithfeydd â stêm a mwg – ystyriaeth bwysig yn Ffestiniog. Honnodd Kellow fod injans stêm yn dueddol o fachu'r rhaff godi, gan beri i blyg, a allai fod hyd at 3 metr o hyd, syrthio'n aml oddi ar y wagen. Roeddent hefyd yn anodd eu rheoli yn y mannau lle y byddai'r wagenni yn rhedeg dros dafod i lefelau canolog – man peryglus arall.[65] Gallai cyflymder codi motos trydanol gael eu rheoleiddio'n ofalus drwy ddefnyddio rheolyddion hylif mewn bwcedi heli a gallai'r cyfryw ddyfeisiau gael eu gweld, yn berwi'n fyrlymus, mewn chwareli yn Ffestiniog hyd at y 1990au.

Pan sefydlodd cwmni North Wales Power and Traction Company ei orsaf cerrynt eiledol (AC) wrth droed yr Wyddfa yn 1906 gyda'r bwriad o werthu trydan i'r chwareli, aeth Oakeley ati i fuddsoddi mewn pum moto Bruce Peebles BS90 200 marchnerth, y defnyddiwyd un ohonynt ar gyfer yr inclên chwe thrac a bwerwyd â stêm a'r gweddill ar gyfer incleiniau eraill yn y chwarel, gyda chysylltiadau a fodolai eisoes yn cael eu defnyddio lle y bo'n bosibl. Rhoddodd y peiriannau hyn wasanaeth ardderchog hyd nes i'r chwarel gau yn 1969–70, er gwaethaf y ffaith iddynt gael eu dechrau'n rheolaidd 40 gwaith y diwrnod.[66] Aethpwyd ati i addasu prif inclên y llygad cefn ym Maenofferen yn 1910.[67] Yn ystod y Rhyfel Byd Cyntaf, addaswyd inclên Rhif 5 yn Llechwedd er mwyn iddo gael ei weithredu gan foto GEC 150 marchnerth, gan godi ar gyfradd o 1.2 metr yr eiliad drwy wrthsiafft a geriau, a newidiwyd prif inclên codi arall y chwarel o system balans dŵr i bŵer trydanol yn y 1920au.[68]

Yn yr ugeinfed ganrif, yn enwedig yn y gweithfeydd llai o faint, cafodd incleiniau byrrach eu pweru gan winshis aer cywasgedig ac injans tanio mewnol. Gan mai ar raddfa fach y'u gwelwyd, yn aml wedi'u coblo gyda'i gilydd gan of, prin iawn yw'r ddogfennaeth sydd wedi goroesi. Am gyfnod hir, roedd Cwt y Bugail yn ardal Ffestiniog yn astudiaeth achos

Ffigur 131. Y stabl yn Norothea, Nantlle.

o waith addasu a 'bojio' a oedd yn cynnwys nid yn unig yr unig injan codi inclên stêm *in situ* yn y diwydiant, ar ffurf injan dracsiwn Aveling a Porter o'r 1860au a gymerwyd oddi ar ei holwynion ar ôl 1909, ond hefyd rannau o locomotif petrol Lister a winsh balŵn amddiffyn, a godai flociau o agor tanddaearol ar un adeg.[69]

Mewn dau leoliad, symudai rhaffau wedi'u pweru â dŵr lwythi ar hyd rheilffyrdd a oedd fwy neu lai'n wastad. Roedd un ohonynt yn system danddaearol yn chwarel Tal y Sarn yn Nantlle, un o'r 'engines rhagorol' y dywedir iddynt gael eu cyflwyno i'r chwarel gan Benjamin Smith ar ôl iddo gymryd yr awennau yn 1825.[70] Roedd un arall yn rhedeg yn rhannol o dan ddaear ac yn rhannol uwchlaw'r ddaear yn Rhosydd yn ardal Croesor.[71]

Grym symudol

Roedd llawer o chwareli yn ddigon bach fel bod modd i ddynion symud y wagenni oddi mewn iddynt a, hyd yn oed yn y chwareli mwyaf, roedd angen labrwyr i ymgymryd â rhai tasgau'n ymwneud â'r rheilffordd – er enghraifft, pan fyddai ryn o wagenni rwbel yn agosáu at ben y domen, a'r locomotif wedi mynd o amgylch, câi wagenni unigol eu symud â llaw ben domen, eu gwacáu a'u hailgynnull. Defnyddiwyd ceffylau yn helaeth hefyd i dynnu wagenni rheilffordd, o'r cyfnod y cyflwynwyd rheilffyrdd yn chwarel y Penrhyn gyntaf yn 1800-01 tan 1963. Gallai ceffyl cryf dynnu rŷn o tua deg o wagenni yn cludo tua dwy dunnell yr un.[72] Roedd nifer o fanteision ynghlwm wrth ddefnyddio ceffylau hyd yn oed ar ôl i locomotifau gael eu cyflwyno yn y 1860au gan nad oedd angen mannau pasio neu draciau trwm arnynt a, phan fyddent yn cael eu llogi, fel y digwyddai fel arfer, roedd yr holl waith o'u paratoi yn cael ei wneud cyn dechrau'r diwrnod gwaith, ar draul y contractwyr. Pan oedd y traffig yn ysgafn, roeddent yn gosteffeithiol, ac er iddynt gael eu disodli fwyfwy gan locomotifau yn rhai o'r chwareli mwy o faint, yn Norothea ac yn Nhalysarn yn Nantlle yn y 1880au ac ar ddechrau'r 1890au, cawsant eu hailgyflwyno a rhoddwyd y gorau i ddefnyddio locomotifau wrth i'r traffig leihau.[73] Dim ond yn Norothea y ceir olion stabl ar gyfer ceffylau'r chwarel ei hun, ynghyd â stabl dydd ar gyfer y ceffylau a logwyd am y dydd (Ffigur 131).

Roedd locomotifau stêm yn nodwedd o'r diwydiant rhwng 1869, pan gawsant eu cyflwyno yng Nglynrhonwy, a mis Tachwedd 1967, pan roddwyd y gorau i ddefnyddio *Holy War* yn Ninorwig – y tro olaf i reilffordd stêm gul ddiwydiannol gael ei defnyddio yng Nghymru a'r tro olaf bron i reilffordd o'r fath gael ei defnyddio ym Mhrydain.[74] Fodd bynnag, dim ond yn y chwareli mwyaf y cawsant erioed eu defnyddio, ac maent wedi gadael eu marc mewn nifer o ffyrdd. Mae siediau wedi goroesi i raddau mwy neu lai. Yn aml, nid oes to arnynt bellach ac maent mewn cyflwr adfeiliedig ond gellir gweld twll archwilio o hyd. Ychydig iawn ohonynt sydd wedi goroesi yn y Penrhyn, ond ceir rhai ar y lefelau yn Ninorwig, adeiladau un ffordd ar gyfer un neu ddau locomotif, fel arfer gydag awyrellau mwg, tanc dŵr allanol ar blinth, sied lo allanol a lle bwyta. Roedd gan rai ohonynt bont allanol drwsgl ar blinthiau o slabiau ar gyfer gwaith atgyweirio. Yn Ninorwig, adeiladwyd nodweddion

Ffigur 132. Mae sawl locomotif gan gwmni De Winton o Gaernarfon wedi goroesi. Chaloner *o Ben yr Orsedd yw'r unig un sy'n gweithio.*

Ffigur 133. Nid yw'n amlwg beth a arweiniodd at y cyfarfod hwn o chwarelwyr a grŵp o ferched ifanc trwsiadus ar Bonc Twrch yn y Penrhyn yn y 1920au, ond mae'n dangos sut y câi locomotifau chwareli eu defnyddio'n aml mewn ffotograffau grŵp.

hefyd nas gwelwyd mewn mannau eraill, sef llochesi ffrwydro ar gyfer locomotifau – strwythurau syml heb ddrws a adeiladwyd o slabiau. Ar Bonc Brîg ym Mhen yr Orsedd yn Nantlle mae sied ddwy ffordd wedi goroesi o fewn iard amgaeedig fach gyda thŵr dŵr annibynnol wrth ei mynedfa.

Cynhyrchwyd y locomotifau cynharaf gan Ffowndri De Winton yng Nghaernarfon, ond nid oes unrhyw enghreifftiau wedi goroesi. Roedd ganddynt foeleri fertigol, un silindr a gyriant geriau ac, yn ogystal â'r gallu i symud wagenni, mae'n debygol y câi rhai ohonynt eu hystyried yn foeleri hunanyredig ar gyfer gweithredu driliau craig wedi'u gyrru gan stêm. Gwyddys ychydig yn fwy am ddyluniad ail gam De Winton a oedd yn cynnwys bocs mwg wedi'i naillochri ar ben y boeler fertigol, silindrau dwbl a gyriant uniongyrchol. Mae sawl enghraifft o'r trydydd cam wedi goroesi. Cafodd un ohonynt (y mae llawer ohono wedi'i achub) sy'n dal i weithio, sef *Chaloner*, ei ddefnyddio yn y diwydiant tan y 1950au.[75] Mae'r boeler fertigol yn golygu y gall stêm gael ei godi mewn tua 45 munud, ac y gall y locomotif gael ei danio'n syml drwy gicio talpiau o lo i lawr llithren ar y llawr. Er bod gostyngiad sydyn mewn pwysedd ar ôl ychydig eiliadau o symud, anaml y ceir cymaint o ostyngiad fel ei fod yn rhedeg allan o stêm ar y siwrneiau byr achlysurol a oedd yn nodweddiadol mewn chwareli llechi. Roedd gan locomotifau De Winton y fantais ychwanegol o fod yn ysgafn, ac nid oedd angen i chwarel newid o ddefnyddio ceffylau i system wedi'i phweru â stêm er mwyn ailosod ei thrac (Ffigur 132).

Math mwy poblogaidd fyth oedd yr un a gynhyrchwyd gan yr Hunslet Engine Company o Leeds – dyluniad tanc cyfrwy 0-4-0 cynnil. Adeiladwyd 51 o'r cyfryw locomotifau i'r un dyluniad sylfaenol rhwng 1870 a 1932 ac aeth y mwyafrif ohonynt i chwareli llechi a cherrig yng Ngwynedd. Mae 39 ohonynt wedi goroesi, yng Nghymru, Lloegr, UDA, Canada a hyd yn oed Puerto Rico, yn rhannol am fod cynifer ohonynt wedi para nes i'r chwareli mwyaf gael eu moderneiddio yn y 1960au, ac yn rhannol oherwydd eu dyluniad llwyddiannus a deniadol a oedd yn golygu ei bod hi'n bosibl eu defnyddio ar reilffyrdd treftadaeth.[76] Roeddent yn injans ardderchog, yn defnyddio tanwydd yn ddarbodus, yn bwerus ac yn hawdd eu gweithredu (Ffigur 133). Cyflenwodd Daniel Adamson locomotifau i chwarel Oakeley a defnyddiwyd locomotifau ffowndri Vulcan yn Alexandra, Fron a Phen yr Orsedd yn Nantlle. Gwelwyd locomotifau stêm â dyluniadau safonol gan Bagnall's o Stafford, Andrew Barclay o Kilmarnock, Hudswell Clark o Leeds, Avonside o Fryste, Kerr Stuart o Stoke on Trent ac Orenstein and Koppel o Berlin, y prynwyd rhai ohonynt yn ail-law mor hwyr â 1948. Roedd pob un ohonynt yn locomotifau 0-4-0, ar wahân i dri yn y Penrhyn – 'Tattoo' 0-4-2 gan Kerr Stuart, 'Haig' 0-6-0, a locomotif dosbarth G 0-6-0 gan Hudswell Clarke.[77] Roedd locomotif Bagnall yn

Ffigur 134. Locomotifau stêm ar y seidin sgrap yn Felin Fawr, chwarel y Penrhyn, Mehefin 1961. O fewn pum mlynedd, roedd pob un ohonynt wedi'u gwerthu i'w cadw.

Ffigur 135. Locomotif Ruston Hornsby yn cludo rŷn o slediau i'r felin yn chwarel Oakeley.

Ffigur 136. Y locomotif trydan a adeiladwyd ar gyfer chwarel Croesor yn cael ei dreialu yn Vysočany ger Prâg.

chwarel Cambrian yng Nglyn Ceiriog yn anarferol oherwydd, er ei fod yn fersiwn ychydig yn llai o'r 'Ferret' a wnaed gan yr un cwmni, gallai gael ei ddefnyddio at ddibenion tanio olew yn nhwnnel 517 metr o hyd y chwarel (pennod 4), er iddo adael arogl ofnadwy a mygdarthau.[78] Mae goroesiad cynifer o locomotifau stêm yn adlewyrchu hoffter y chwarelwyr a'r peirianwyr o'r peiriannau bach llawn cymeriad hyn ac amharodrwydd i'w chwalu ar gyfer sgrap. Roedd gan chwarel y Penrhyn bolisi i ganiatáu ymwelwyr a oedd yn awyddus i weld ei llinell hir o hen locomotifau ar seidin yn Felin Fawr a'i gwnaeth yn eicon ar gyfer rheilffyrdd cul. Anogodd ddiddordeb hefyd mewn treftadaeth rheilffyrdd ac yn archaeoleg y diwydiant llechi (Ffigur 134).

Gwelwyd injans tanio mewnol am y tro cyntaf yn 1912, gyda locomotif petrol pedair olwyn gan gwmni Deutz o Cologne. Mabwysiadwyd locomotifau petrol yn helaeth rhwng y rhyfeloedd. Gallent gael eu gyrru gan ddynion di-grefft a gwnaethant gyflymu'r broses symud mewn chwareli a oedd mewn perygl o fynd yn hunandrechol o fawr. O 1935, gwelwyd injans diesel Ruston Hornsby â systemau trosglwyddo mecanyddol. Roedd modd gweithredu'r rhain tra'n cerdded wrth eu hochr, yn debyg i geffyl, gan ganiatáu i'r gyrrwr newid tafodau (Ffigur 135). Defnyddiai rhai chwareli dyluniadau 'Simplex' neu Lister, tra y defnyddiai rai eraill dractorau fferm. Cafodd cerbydau petrol ffordd eu troi'n locomotifau yn chwarel y Penrhyn yn y 1930au.[79]

Defnyddiwyd locomotifau trydan hefyd o 1904, pan adeiladodd Kolben o Brag locomotif trydan â gwifren uwch

Ffigur 137. Defnyddiwyd locomotif Eclipse *yn chwarel Llechwedd yn Ffestiniog o 1927 tan tua 1980, ac mae bellach wedi'i gadw. Defnyddiwyd y siasi a'r cab o locomotif stêm Bagnall; efallai mai bwriad y ffotograff hwn a drefnwyd yn ofalus oedd dangos ymarferoldeb trosiad rhad.*

ei ben ar gyfer chwarel Croesor yn ogystal â chyflenwi cydrannau ar gyfer ei gorsaf ddŵr (Ffigur 136). Yn sgil y locomotifau batri a gyflwynwyd gan British Electric Vehicles o Southport yn chwarel Llechwedd yn 1921, gwnaethpwyd arbedion blynyddol o £400 o gymharu â chost ceffylau.[80] Yn 1927 a 1930, aeth Capten Martyn Williams-Ellis yn Llechwedd ati i drosi dau locomotif stêm Bagnall yn dyniant gwifren uwchben gydag offer a gyflenwyd gan y General Electric Company. Cysylltwyd moto 15 marchnerth â gêr lleihau cyflymder â chymhareb o 41/4 a yrrai sbroced a chadwyn ar yr echel flaen, wedi'i bweru gan linell droli polyn dwbl 220-230 folt.[81] Mae'r ddau wedi goroesi ac yn cael eu cadw mewn amgueddfeydd (Ffigur 137).

Roedd y penderfyniad i roi'r gorau i ddefnyddio trafnidiaeth reilffordd fewnol yn y diwydiant llechi o'r 1960au yn un a ddifarwyd gan sawl unigolyn brwdfrydig. Profodd systemau rheilffordd gul yn ffordd hynod effeithiol o ddatblygu chwareli dros gyfnod hir, ond golygai dyfodiad cerbydau trac ymarferol a lorïau dibynadwy fod yr ysgrifen ar y mur. Roedd y defnydd o incleiniau a wagenni bach yn golygu bod tagfeydd yn datblygu – yn 1931, cwynodd swyddogion yn Oakeley yn Ffestiniog ei bod hi'n cymryd dau ddiwrnod i lechi gorffenedig gael eu cludo ychydig gannoedd o fetrau o iard bentyrru'r felin i gei'r rheilffordd.[82] Gallai system reilffordd mewn cyflwr gwael beri oedi hefyd wrth symud deunydd; erbyn 1982, roedd wagenni yn cymryd 45 munud i gwblhau siwrnai ar hyd rheilffordd 0.4 cilomedr Aberllefenni o'r gloddfa i'r felin.[83]

Rhaffyrdd awyr

Defnyddiwyd rhaffyrdd awyr yn y diwydiant llechi yng Ngwynedd o ddiwedd y ddeunawfed ganrif hyd at 1979, ar gyfer codi plygiau a rwbel ac, mewn dau leoliad, ar gyfer tomennu rwbel yn awtomataidd. Defnyddiwyd sawl math gwahanol.

Rhaffyrdd fertigol mewn chwareli agored

Anaml iawn y mae systemau codi â rhaff fertigol yn ymarferol mewn chwarel lechi, oherwydd pwysau clytiau a rwbel ac oherwydd ffurfwedd yr wyneb gweithio, oni bai ei bod hi'n werth adeiladu llwyfan bargodol sylweddol ar ochr y twll ('pengialiau' fel y'u gelwid) a gosod prif ysgogwr costus fel chwimsi ceffyl neu injan stêm. Yn hyn o beth, roedd y diwydiant yn wahanol i gloddfeydd copr a phlwm a fyddai, yn aml, yn defnyddio systemau codi â llaw fertigol mewn siafftiau, neu yn achos Mynydd Parys ar Ynys Môn, i lawr ochr yr 'Opencast Mawr'.[84] Un chwarel lechi a fyddai wedi caniatáu'r cyfryw system ac a fyddai wedi'i hangen yn gynnar oedd Cloddfa'r Coed yn Nantlle lle'r oedd twll dwfn ag ochrau serth. Nid yw'n syndod mai yn y fan hon y darllenwn am chwimsi am y tro cyntaf a hynny tua 1790 pan gofnodwyd bod dyn o'r enw Michael Owen wedi cyflwyno'r achos Annibynnol i'r dyffryn drwy weddïo wrth ei ymyl, er na cheir unrhyw wybodaeth bellach.[85] Defnyddiai chwareli Anjou lifftiau fertigol o'r ail ganrif ar bymtheg o leiaf hyd at y 1860au (gweler Ffigur 43), wedi'u pweru gan chwimsi ceffyl ac, yn y pen draw, gan injans stêm, ac roeddent hefyd yn nodweddiadol o chwareli llechi arfordirol bach ger Tintagel yng Nghernyw.[86] Defnyddiwyd injans stêm hefyd i weithredu systemau fel y rhai mewn rhai chwareli yng Nghymru – yng Nghilgwyn yn Nantlle yn y 1830au, lle y câi llwythi eu codi mewn bocs pren a allai gael ei symud ar wagen fflat reilffordd yn y twll ac ar y brif bonc, ac yn Abereiddi yn ne-orllewin Cymru yn 1849, lle y cafodd stêm ei ddisodli gan chwimsis ceffyl.[87] Efallai bod dau biler bargodol o slabiau ar ymyl y twll yn chwarel

Ffigur 138. Dengys paentiad John Warwick Smith o chwarel Glynrhonwy, dyddiedig 1834, y peiriannau codi a osodwyd gan John Hughes, y gof o Ben y Groes, yn 1826-27. O'r golwg i'r chwith, câi'r rhaffordd a ymestynnai ar draws y twll ei phweru gan chwimsi ceffyl. Ymhlith y peiriannau eraill a ddangosir yma mae system bwmpio, a weithredwyd gan olwyn ddŵr sydd hefyd o'r golwg i'r chwith, a weithiai 'bib-bob' ar ochr dde'r twll.

Ffigur 139. Er bod gwely'r olwyn ddŵr ym Mryneglwys wedi dadfeilio ac yn llawn tyfiant, mae digon ohono wedi goroesi i ail-greu'r modd y pwerwyd y system inclên tsaen.

Summertown yn ne-orllewin Cymru yn gysylltiedig â lifft fertigol hefyd.[88] Roedd systemau codi fertigol â winsh llaw yn nodwedd o'r gweithfeydd tanddaearol yn Nantdulas tan ddiwedd yr ugeinfed ganrif, gyda phlygiau o lechi yn cael eu gostwng drwy'r agorydd dwfn.[89]

Rhaffyrdd ar oleddf

Daeth rhaffyrdd ar oleddf a weithredwyd â chwimsi ceffyl neu a godwyd â llaw yn gyffredin yn y chwareli mwyaf yn Nantlle ar ddechrau'r bedwaredd ganrif ar bymtheg.[90] Mae cofiant Robert Williams, wrth sôn am y 1820au, yn nodi'r gwahaniaeth rhwng tyntris (*turn-trees*) a weithredwyd â llaw a ddefnyddiwyd ar y cyd â berfâu, a chwimsis wedi'u pweru gan geffylau a ddefnyddiwyd gyda rheilffyrdd, er bod y naill a'r llall yn troi cibl. Mae'r derminoleg hon sy'n deillio o'r Saesneg yn awgrymu'n gryf ddylanwad uniongyrchol o gloddfeydd copr, efallai o Lanberis, Drws y Coed neu Barys gerllaw, lle'r oedd mwyngloddwyr profiadol o Gernyw a Swydd Derby yn gweithio ochr yn ochr â Chymry o ffermydd lleol. Fodd bynnag, mae disgrifiad Williams yn awgrymu hefyd fod y chwareli, o leiaf erbyn ei amser ef, wedi addasu a newid rhaffyrdd fertigol y cloddwyr drwy ddatblygu system rhaffau ar oleddf.[91] Mae paentiad dyddiedig 1834 sy'n dangos y twll isaf yng Nglynrhonwy yn Nantperis, a'r offer a osodwyd ychydig flynyddoedd yn gynharach gan y peiriannydd o Nantlle John Hughes, yn ategu cyfrif Williams.[92] Yma, roedd nenlinell yn ymestyn ar draws y twll gyda rhaff arall yn hongian ohono drwy gyfrwng llygad y câi'r nenlinell ei gwthio drwyddo. Caiff y rhaff ddibynnol ei llusgo ar hyd gwaelod y twll, a chaiff ei chysylltu ar y pen arall â drwm a phrif ysgogydd. Pan gaiff ei droi, yn ogystal â chodi'r rhaff, y mae plyg o lechi neu gibl llwythog wedi'i gysylltu ag ef, mae hefyd yn ei thynnu tuag at y pwynt glanio. Er mwyn ailadrodd y broses, caiff y rhaff ei thynnu oddi ar y drwm, ac mae gogwydd y nenlinell yn caniatáu i'r llygad lithro yn ôl i fan canolog uwchlaw'r twll (Ffigur 138).

Erbyn 1845, roedd chwech ohonynt yn cael eu defnyddio yn chwarel lechi Killaloe yn Swydd Tipperary lle'r oedd nifer o Gymry yn gweithio. Cawsant eu hadeiladu gyda bloc pwli yn hytrach na llygad, a chadwyni yn lle rhaffau.[93] Gwelwyd amrywiadau hefyd mewn ardaloedd chwarelyddol eraill, mewn amgylchiadau sy'n golygu nad yw'n glir sut y cafodd y dechnoleg ei lledaenu neu p'un a gafodd ei dyfeisio ar wahân mewn lleoedd gwahanol. Adeiladwyd nenlinellau wedi'u pweru gan injans stêm o ddiwedd y 1820au a dechrau'r 1830au yn Anjou lle gwnaethant ddisodli systemau codi fertigol yn raddol. Er bod y rhain yn ymdebygu i systemau Cymraeg mewn sawl ffordd, roedd ymweliadau â Chymru gan beirianwyr o Ffrainc – Montrieux a Larivière yn 1851 (pennod 7), Blavier ar ddechrau'r 1860au, Larivière yr ieuengaf yn 1883 – yn rhy hwyr i egluro sut y gallai'r dechnoleg hon fod wedi cyrraedd Ffrainc o Gymru. Nid oes unrhyw gofnodion o ymweliadau cynharach â Chymru, nac â chwareli yng Nghernyw ychwaith, lle y gwelwyd systemau tebyg yn gynnar.[94] Yn y 1830au, gosododd cwmni ym Mhen y Bryn yn Nantlle, yr oedd ganddo gysylltiadau cryf â De-orllewin Lloegr, y rhaffordd gyntaf ar oleddf a bwerwyd â stêm a allai godi wagen gyfan, a gosodwyd un arall yn Norothea yn fuan wedyn.[95] Roedd chwareli eraill yn Nantlle yn defnyddio olwynion dŵr i'w gweithredu, fel ym Mhen yr Orsedd.[96] Adeiladodd peirianwyr alltud Pen yr Orsedd system debyg yn 1862 ym Mryneglwys yn ne Gwynedd (Ffigur 139).[97] Yn chwarel fach Gwernor yn Nantlle, defnyddiwyd tyrbin adweithiol Thompson Vortex i weithio'r inclên tsaen.[98]

Cafodd rhaffyrdd o'r math hwn ddylanwad ar sawl ardal lechi y tu hwnt i Gymru. Efallai i'r rheini yn Pennsylvania a Vermont ddilyn arfer Cymreig i ddechrau ond daethant i adlewyrchu'r dechnoleg Americanaidd a ddatblygwyd gan y diwydiant coetmona a chontractwyr.[99] Mae chwarel lechi Killaloe yn Iwerddon yn cynnwys bastiwn godidog a thŷ injan drawst ar gyfer y cyfryw system a allai, unwaith eto, adlewyrchu ymfudo gan y Cymry, fel y systemau rhaffordd a gyflwynwyd yno yn y 1840au.[100] Defnyddiai chwarel lechi Easdale (Èisdeal) a'r chwareli gwenithfaen yn Aberdeen amrywiadau ar y system.[101]

Mae'r lledaeniad hwn yn pwysleisio effeithiolrwydd cymharol y system a'i hyblygrwydd mewn twll chwarel.[102] Y cyflymder teithio oedd 24-30 metr y funud a'r cyflymder codi oedd 12-15.2 metr y funud.[103] Erbyn yr adeg y gwelwyd disgrifiadau manwl a thystiolaeth ffotograffig, sef diwedd y bedwaredd ganrif ar bymtheg, y trefniant cyffredin oedd pâr o gadwyni awyr neu raffau dur yn rhedeg ar ongl o tua 30° i'r llorweddol o ffrâm ar ymyl y twll, a angorwyd i fan penodol ar y gwaelod neu'n agos i'r gwaelod. Ar bob un o'r rhain rhedai cerbyd teithio a alwyd yn Gymraeg yn geffyl, yr oedd pob un ohonynt yn cynnal plyg llwyth wedi'i reoli gan gadwyni codi unigol wedi'u gwrthdroi o amgylch drwm codi wedi'i bweru. Wrth i'r rhaff godi gael ei gollwng fesul tipyn, gall y cerbyd gael ei ollwng ar ongl y gadwyn nes iddo gyrraedd stopfloc. Ar y pwynt hwn, mae'r gadwyn yn gostwng y wagen wag i lawr y twll lle y caiff ei dadfachu. Caiff y broses ei gwrthdroi ar gyfer wagen wedi'i llwytho â phlygiau neu rwbel, a fyddai'n cael ei dadfachu ar lwyfan glanio o dan y ffrâm a'i gwthio i'r mannau prosesu neu'r tomennydd. Pe bai'r prif ysgogwr yn ddigon pwerus, gellid

Ffigur 140. William John Parry (dde) yn arwain ymwelwyr enwog o'r mudiad llafur o amgylch chwarel gydweithredol Pant Dreiniog a'i chyfarpar newydd. Mae dau inclên tsaen dwbl wedi'u gosod i godi plygiau i'r gwaliau a rwbel i'r tomennydd.

gosod dwy, tair neu bedair system. Mewn sawl achos, rhaid oedd gosod y ffrâm ar fastiwn llechi mawr ar ymyl y twll er mwyn rhoi digon o le i'r rhaff, ac mae'r rhain wedi goroesi mewn nifer o leoliadau yn Nantlle.

Gwelwyd y prif achos olaf o osod y cyfryw system yn 1900 – un wedi'i phweru â stêm, ym Mhant Dreiniog yn nyffryn Ogwen (Ffigur 140).[104] Wedi hynny, canfu nifer o gwmnïau bach a thlawd fod bywyd yn y syniad o hyd wrth i'r diwydiant grebachu. Yn Rhos yn Nantconwy, aethpwyd ati i ddisodli inclên balans dŵr ag inclên tsaen yn 1935. Cafodd ei bweru gan olwyn ddŵr ac roedd hi'n ymddangos, os rhywbeth, yn fwy cyntefig na'r rhai a osodwyd wyth deg mlynedd yn gynharach.[105] Fodd bynnag, roedd hyd yn oed hwn yn edrych fel cyflawniad peirianyddol caboledig o gymharu â'r enghreifftiau llai priodol a welwyd yn Nantlle. Yma, roedd y ffaith bod cymaint o weithfeydd bach a chymaint o chwilota tomennydd a'r traddodiad hir o wneud y defnydd gorau o'r hyn a oedd ar gael yn yr ardal yn golygu mai yma y gwelwyd y dechnoleg hon a sawl technoleg chwarelyddol arall yn cael eu defnyddio am y tro cyntaf a'r tro olaf. Yng Nghilgwyn, defnyddiwyd gweddillion fan Chevrolet cigydd lleol a fu mewn gwrthdrawiad i weithredu inclên tsaen tua 1930. Yng Nghloddfa'r Coed ac yn Singrig, defnyddiwyd car salŵn Austin 7 a osodwyd ar blinth, gydag olwyn gefn ddi-deiar yn cael ei defnyddio i weithredu'r cebl codi.[106]

Rhaffyrdd blondin

Datblygwyd rhaffyrdd blondin, a enwyd ar ôl Charles Blondin a gerddodd ar draws Rhaeadrau Niagara ar raff dynn yn 1852, yn y diwydiant cerrig yn yr Alban.[107] Gosododd John Fyfe raffordd blondin yn chwarel Kemnay

Ffigur 141. Tair o'r systemau blondin ym Mhen yr Orsedd, Nantlle, yn dangos y carfil ar y blondin canol.

yn Swydd Aberdeen yn 1872 ond mor hwyr â 1886 dim ond dwy chwarel arall yn Aberdeen a oedd yn defnyddio'r rhaffyrdd hyn, a hynny i gynorthwyo gyda chraeniau deric. Gallent godi hyd at dair tunnell.[108] Yn 1896, cynigiodd cwmni Henderson's o Aberdeen fath o raffordd blondin a ddefnyddiai raffau dur rhad newydd yn lle rhaffau haearn neu gadwyni a chafodd y rhaffordd honno ei mabwysiadu'n fuan gan y diwydiant llechi ac ar gyfer ei defnyddio ar brosiectau peirianneg mawr.[109]

Mae rhaffordd blondin yn cynnwys nenlinell gatena sy'n ymestyn ar draws twll rhwng dau fast. Ar hyd y nenlinell honno rheda'r 'carfil', ac ohono cysylltir rhaff godi. Caiff symudiad ochrol y carfil ei reoli gan raff ddiddiwedd sy'n rhedeg yn gyfochrog â'r nenlinell, wedi'i gweithredu gan yr un ffynhonnell bŵer, ar neu'n agos at y bonc, sy'n gweithredu symudiad fertigol y rhaff godi. Cyflwynwyd y ddwy gyntaf yn y diwydiant llechi ym Mhen yr Orsedd yn Nantlle yn 1899, wedi'u pweru gan injans stêm dau silindr, Henderson a Robey; roedd dwy arall wedi cyrraedd erbyn 1904 (Ffigur 141).[110] Cafodd yr injans stêm eu disodli yn 1906 gan fotos trydan tri cham 50 marchnerth Bruce Peebles a weithredai ar y drwm drwy gyfrwng geriad lleihaol, wedi'u pweru gan orsaf ddŵr North Wales Power and Traction Company yng Nghwm Dyli (Ffigurau 142 a 143). Cafodd yr unig ran o'r chwarel y parhawyd i'w defnyddio tan 1978 ei gwasanaethu gan chwe rhaffordd blondin. O'r rheini, mae

Ffigur 142. Injan codi E ym Mhen yr Orsedd, Nantlle yn 1986, yn dangos drymiau De Winton o tua 1898, moto Bruce Peebles o 1906 a geriau 'Durango'.

Ffigur 143. Tŷ injan codi B ym Mhen yr Orsedd.

dwy wedi goroesi, dwy wedi cwympo, un wedi'i throsglwyddo i Amgueddfa Lechi Cymru yn Llanberis ac un wedi'i sgrapio. Mae adeiladwaith yr offer yn sylweddol. Mae'r mastiau wedi'u gwneud o latis dur a ddisodlodd yr adeiladwaith pren gwreiddiol. Ar ben pob un ceir llwyfan rheoli, y gellir ei gyrraedd drwy ddringo ysgol i fyny'r ochr. Caiff pob mast ei gynnal gan raffau tynhau gwifrog a gaiff eu hangori mewn sylfeini a adeiledir o slabiau llechi ac, mewn un achos, mae pwlis wedi'u gosod mewn fframiau dur yn troi'r rhaffau drwy onglau o 90° i gyrraedd y tai injan.[111]

Gerllaw, ym Mlaen y Cae, mae olion mast blondin o bren, enghraifft sy'n nodweddiadol o'r system lai o faint, wedi goroesi yn y fan a'r lle, ynghyd â winsh stêm a adeiladwyd gan Henderson's o Aberdeen tua 1910 (pennod 5).

Roedd gan y rhaffordd blondin yr un fantais â'r inclên tsaen, sef y gellid ei hadleoli. Yn fuan, cawsant eu defnyddio mewn chwareli eraill yn Nantlle a thu hwnt. Defnyddiwyd tair yn y Penrhyn o 1912.[112] Y rhychwant mwyaf a welwyd oedd 450 metr, yn chwarel Dorothea.

Yn Ffestiniog, lle y ceir gweithfeydd tanddaearol yn bennaf, prin yr oedd eu hangen: er hynny, cofnodir dwy ohonynt. Gosodwyd un yn chwarel Llechwedd yn 1932 i godi rwbel. Câi wagenni rwbel penagored eu cysylltu â'r carfil wrth iddynt ymddangos o'r gweithfeydd tanddaearol a'u gwacáu yn yr awyr gan raff godi. Cafodd y rhaffordd ei defnyddio tan y 1960au, pan gafodd ei disodli gan inclên rheilffordd.[113] Defnyddiwyd un arall, y gwyddys llai amdani, yn chwarel Cwt y Bugail.[114]

Systemau hybrid

Rhoddodd y datblygiadau technolegol, a ymgorfforwyd gan y blondin, fywyd newydd hefyd i'r inclên tsaen. (Ffigur 144). Erbyn 1894 roedd chwarel Dorothea eisoes wedi disodli'r tsieiniau â rhaffau dur, gan arwain at lawer mwy o effeithlonrwydd. Parhawyd i ddefnyddio'r rhain a chofnodir cylch codi o bum munud o ddyfnder o 107 metr, ar gyflymder o 91 metr y funud.[115] Ar ôl y Rhyfel Byd Cyntaf, dechreuodd chwareli'r Penrhyn a Dinorwig eu gosod er mwyn canoli prosesu mewn melinau canolog yn hytrach nag mewn gwaliau ar bob lefel. Yn y Penrhyn, gosodwyd pump ohonynt rhwng 1919 a 1926; tair rhaffordd ddwbl neu 'incleiniau awyr', pob un wedi'u pweru â moto 70 marchnerth, a dwy raffordd pedair ffordd neu 'incleiniau awyr dwbl', pob un yn defnyddio moto 150 marchnerth, yn ogystal â phump blondin.[116] Yn Ninorwig, gosodwyd 11 o raffyrdd unigol ar oleddf ar ôl 1921.[117] Mae un segur wedi goroesi ar lefel Lernion, ac mae un arall wedi'i chadw yn adran Vivian fel rhan o Barc Gwledig Padarn.

Ffigur 144. Dangosir incleiniau tsaen a blondins ar waith yma ar sinc bach yn chwarel y Penrhyn tua 1911.

Siafftiau

Defnyddiwyd siafftiau i godi plygiau a rwbel o chwareli tyllau a gweithfeydd tanddaearol mewn nifer o leoliadau. Fodd bynnag, fel y nodwyd uchod, roedd y gost o gloddio siafft yn sylweddol, ac roedd angen llafur arbenigol.[118]

Siafftiau chwimsis ceffyl

Am flynyddoedd lawer, y ffordd fwyaf cyffredin o godi yn y diwydiant glo ym Mhrydain, ac mewn cloddfeydd plwm a chopr, oedd drwy ddefnyddio chwimsi ceffyl wedi'i gysylltu â ffrâm pen siafft. Nid oes unrhyw dystiolaeth archaeolegol o'r arfer hwn yn y diwydiant llechi yng Nghymru, er y gallai chwimsis ceffyl fod wedi'u defnyddio i gloddio siafftiau.

Siafftiau balans dŵr

Gwelwyd y siafftiau balans dŵr symlach gyntaf yn 1753, pan ddefnyddiodd glofa Chatershaugh ar Afon Wear system lle y câi bwced o ddŵr ei ddefnyddio i godi cibl ysgafnach o lo.[119] Gyda chyflwyniad y system gawell, roedd modd cyflwyno fersiwn ddwbl fwy soffistigedig, gyda thanc o dan bob cawell. Ar ddiwedd y siwrnai caiff y tanc ar waelod y siafft ei wacáu a'r un ar y brig ei lenwi, a chaiff y broses ei gwrthdroi. Daeth y dull balans dŵr yn gyffredin yn y diwydiant glo yn ne Cymru gyda 60 ohonynt yn cael eu defnyddio ym Morgannwg yn unig erbyn canol y bedwaredd ganrif ar bymtheg, cyn iddynt gael eu disodli'n raddol gan godwyr stêm.[120]

Cyflwynwyd siafft balans dŵr yn chwarel Tal y Sarn yn Nantlle tua 1829 gan Benjamin Smith, peiriannydd glofa o'r Ardal Ddu. Math unigol ydoedd, lle y câi tanc ei weithredu mewn un siafft a'r llwyth ei godi mewn un arall, ac roedd yn cynnwys trefniant lle y câi pren arnofiol yn y tanc ei gysylltu â deial yng nghaban gweithredwr yr injan gan alluogi iddi weithredu fel peiriant pwyso hefyd (penodau 5 a 10).[121]

Yn chwarel y Penrhyn y defnyddiwyd y siafft balans dŵr neu'r tanc, fel y'i gelwid yn lleol, fwyaf (Ffigur 145). Llwyddwyd i wneud hyn drwy yrru lefel dŵr, o 1845 i 1849, a wacaodd yn Nhan Ysgafell, i'r gogledd o'r chwarel (pennod 6).[122] Adeiladwyd wyth balans, rhai gan ffowndri Ratcliffe yn Hawarden, rhai eraill gan De Winton o Gaernarfon, a pharhawyd i ddefnyddio pump ohonynt nes y rhoddwyd y gorau i bob un yn 1965. Gallai'r rhain godi hyd at bum tunnell ar y tro.

Mae dwy ffrâm wedi'u cadw yn y fan a'r lle; cwblhawyd un ohonynt, Tanc Sebastopol,[123] yn 1858 ac mae Tanc Princess May yn dyddio o 1895.[124] Maent yn debyg i'w gilydd o ran eu hadeiladwaith, ac mae hynny'n dyst i gadernid y dyluniad gwreiddiol; mae'r ddau yn cynnwys chwerfan sylweddol o haearn gyr wedi'i gorchuddio'n rhannol ag amgaead amddiffynnol, wedi'i gosod ar ddau ddarn o haearn, y cawsant hwythau eu cynnal gan ddau

Ffigur 145. Siafftiau balans dŵr Lord a Lady yn chwarel y Penrhyn ar ddiwedd y bedwaredd ganrif ar bymtheg. Gellir gweld locomotif De Winton ar y ponc isaf.

gastin un darn ar ffurf colofnau pigfain wedi'u gosod ar ochrau'r twll. Câi'r cewyll eu codi gan raff ddur wedi'i phlethu, a byddai'r tanciau dŵr wedi'u gosod yn union y tu ôl iddynt, ar golofnau haearn.

Dim ond mewn un chwarel arall y gwelwyd siafft balans dŵr ar yr un raddfa â'r rhai yn y Penrhyn; gosodwyd injan balans debyg yn chwarel Palmerston yn Ffestiniog yn y 1850au, ar siafft 73.8 metr o ddyfnder, ond cafodd ei dinistrio pan gafodd y tanciau eu gorlenwi yn 1922.[125] Gosodwyd enghraifft lai o faint, 48.8 metr o ddyfnder, ym Mhen yr Orsedd, a gosodwyd un arall yn Alexandra, yn ardaloedd Nantlle a Moel Tryfan, ond ni pharhaodd y naill na'r llall yn hir.[126]

Gosodwyd dyfais unigol symlach yng Nghroesor lle'r oedd bwced mewn siafft yn gweithredu rhaff ar hyd mynedfa, a weithiai graen jib tro i godi rwbel a phlygiau allan o sinc.[127]

Siafftiau injans stêm

Prin iawn yw'r dystiolaeth archifol o siafftiau a weithredwyd â stêm yn y diwydiant llechi yng Nghymru, a dim ond mewn tri lleoliad y ceir tystiolaeth archaeolegol.

Yn chwarel Tan y Bwlch yn nyffryn Ogwen, aeth y rheolwr Cernyweg, Michael Williams, a'r goruchwyliwr lleol, John Griffith, ati i gloddio siafft a gosod injan drawst at ddibenion codi rywbryd rhwng 1865 a 1873. Cloddiwyd y siafft gan ddau deulu o Hanley yn Swydd Stafford, y teulu Salt a'r teulu Twigge, a oedd yn arbenigo yn y gwaith hwn ac a oedd wedi cloddio siafftiau ar gyfer chwarel y Penrhyn.[128] Roedd y siafft ei hun yn mesur 4.1 wrth 4.6 metr.

Roedd chwarel Tŷ Mawr East yn ardal Nantlle yn gweithio tair gwythïen lechi o nifer o dyllau o'r 1860au tan tua 1910. Cloddiwyd siafft ac adeiladwyd injan codi wedi'i phweru â stêm a gadwyd mewn adeilad hirsgwar lle'r oedd dwy ystafell wedi'u rhannu gan wal, un ar gyfer y boeler a'r llall ar gyfer yr injan.[129] Mae'r simnai cynllun sgwâr yn y wal ym mhen gogledd-ddwyreiniol yr ystafell foeler yn gyflawn o hyd. Nodir safle siafft i'r gogledd-ddwyrain o'r tŷ injan gan bant bas yn y ddaear. Ochr yn ochr â'r adeilad mae sylfeini drwm codi yn ogystal â slot drwy lwyfan adeiledig lle gwelwyd rhodenni gwastad ar gyfer pwmp ar ymyl twll sydd bellach wedi'i lenwi.

Y trydydd safle yw chwarel Rhiwbach yn ardal Ffestiniog (gweler Ffigur 79). Fel y nodir uchod ac ym mhennod 5, cafodd y siafft hon ei datblygu ar raddfa sylweddol ar ôl i gwmni newydd gyrraedd yn 1860, a defnyddiwyd un injan stêm ganolog i wasanaethu holl anghenion pŵer y chwarel, a oedd yn cynnwys gweithredu'r felin a'r incleiniau yn ogystal â'r gwaith codi yn y siafft. Arweiniai rhaff o'r injan at ffrâm bren wedi'i gosod ar wal deirochrog a adeiladwyd o blygiau llechi heb eu llifio, yn amgáu siafft gawell unigol. Ni fu yno'n hir; mae'r rhifyn cyntaf o Arolwg Ordnans 1888 yn dangos bod rwbel eisoes yn cael ei daflu i mewn i'r rhan hon o'r chwarel, gan awgrymu nad oedd y siafft yn cael ei defnyddio mwyach. Mae Cynllun Cloddfeydd Gadawedig 1953 yn dangos nifer gyfyngedig o agorydd yn ardal y siafft.[130]

Craeniau

Fel y nodwyd ym mhenodau 4 a 7, defnyddiwyd winshis trithroed bach i lwytho plygiau crai ar wagenni, a defnyddiwyd craeniau nenbont mewn melinau. Defnyddiwyd craeniau wedi'u pweru â stêm ar gledrau i godi plygiau yn y gweithfeydd agored yn Oakeley. Yn chwareli Nantdulas ac yng ngrŵp chwareli de Meirionnydd o amgylch Dinas Mawddwy, defnyddiwyd winshis a weithiwyd â llaw yn eang i godi plygiau ar wagenni neu eu gostwng i lawr siafftiau. Yn Aberllefenni, er enghraifft, defnyddiwyd amrywiaeth sylweddol o graeniau, o 'dyntris' coed syml wedi'u gwasgu rhwng waliau a tho agor, i graeniau pren anhyblyg, craeniau deric Butters and Rushworth, a chroeslathau cebl a weithredai ar yr un egwyddor â'r blondin, gan Clarke Chapman a Thyssen (Ffigur 146). Nid nepell i ffwrdd, ym Minllyn, mae boeler fertigol ar gyfer craen wedi goroesi dan ddaear.[131] Mae olion derics llaw wedi goroesi yn chwarel Cae Abaty gerllaw ac yn Hafodlas yn Nantconwy (lle cafodd y rheolwyr eu dylanwadu gan arferion y chwareli gwenithfaen yn Aberdeen). Defnyddiwyd craeniau jib yn chwareli Cilgerran (gweler Ffigur 40).[132]

Camlesi a chychod

Yn ardal Nantlle, defnyddiai nifer o chwareli drafnidiaeth dŵr i ryw raddau. Aeth chwarel Dorothea ati i waredu gorlwythi

Ffigur 146. Craen deric niwmatig gan Butters Bros o Glasgow a allai godi tair tunnell ar radiws o 9.75 metr (32 o droedfeddi), a osodwyd dan ddaear yn chwarel Aberllefenni yn Nantdulas yn 1970.

drwy gyfrwng cwch camlas a chamlas fer i mewn i ardal isaf llyn Nantlle yn 1840–41 ac, yn ystod y cyfnod rhwng y rhyfeloedd, defnyddiai chwarelwyr annibynnol gychod yng Nghloddfa'r Lôn ac mewn mannau eraill o bosibl.[133]

Trosglwyddo technoleg a a dyfeisgarwch Cymreig

Roedd symud deunyddiau'n effeithiol o fewn chwareli llechi, fel gydag unrhyw safle cloddiol, yn hanfodol i lwyddiant masnachol, ac ymatebodd y diwydiant yng Nghymru yn dda i'r heriau yr oedd yn eu hwynebu. Yn ei hanfod, roedd y technolegau a ddatblygwyd ganddo yn addasiadau o systemau a oedd yn bodoli eisoes (er bod yr ysbrydoliaeth am y systemau rhaffyrdd ar oleddf yn aneglur), ac roedd a wnelo dyfeisgarwch y diwydiant â nodi systemau a gwneud iddynt weithio mewn cyd-destun penodol. Profodd yr inclên tsaen, system a ddatblygwyd gan grefftwyr cyffredin, yn dechnoleg hirhoedlog, a bu'r rhaffordd blondin yn gwasanaethu'r diwydiant yn dda am bron i wyth deg o flynyddoedd. Uwchlaw popeth, profodd y rheilffordd fewnol 0.6 metr o led, a'i chymar trostir a aethai â'r llechi gorffenedig i'r môr neu i'r brif linell, yn ffordd hynod effeithiol o symud llwyth cywasgedig mewn cyd-destun diwydiannol. Buan y daeth peirianwyr a gweithgynhyrchwyr offer rheilffordd ddiwydiannol fasnachol i sylweddoli hynny. Caiff hyn ei drafod ymhellach ym mhenodau 13 a 15.

Nodyn 1 – Peirianwyr chwareli a phrofiad ar reilffyrdd

Noda coflithoedd a gyhoeddwyd yn *Minutes of the Proceedings of the Institution of Civil Enginners* i beirianwyr a gyflogwyd yn y diwydiant llechi yng Nghymru fod gan lawer ohonynt gefndir yn y diwydiant rheilffyrdd. Yn fwyaf nodedig o ran ei gyrhaeddiad rhyngwladol roedd John Brunton (1812–99), mab dyfeisiwr y 'ceffyl stêm', y locomotif cynnar a wthiai ei hun ymlaen ar goesau; dechreuodd yntau ei yrfa yn gosod platffyrdd yn ne Cymru. Ar ôl gweithio yn India ac yn Ffestiniog (gweler uchod) daeth yn beiriannydd ar gyfer rheilffyrdd trefol trydan yn Milan, Karachi a Rhydychen.[134]

Roedd gan Alexander Dunlop, Rheolwr Gyfarwyddwr chwarel Oakeley (1841-97), brofiad o dirfesur a phrisio ar y Manchester Sheffield and Lincolnshire Railway (ac ar Gamlas Llongau Manceinion). Roedd George Leedham Fuller (1822–1906) wedi bod yn uwch-arolygydd locomotifau ar y Bristol and Gloucester Railway ac yn Beiriannydd Cynorthwyol Preswyl ar y Wiltshire, Somerset and Weymouth Railway cyn symud i Gricieth ac ymgymryd â rôl ymgynghorydd i'r diwydiant llechi. Roedd George Parker Bidder (1806–78), a roddodd gyngor i'r Arglwydd Palmerston ynghylch gwaredu craig wyneb yn ei chwarel yn Ffestiniog (pennod 4), yn gydweithiwr agos i Robert Stephenson, Joseph Locke ac Isambard Kingdom Brunel. Bu Henry Dennis (1825–1906), a osododd y rheilffordd i gamlas Llangollen ym Mhentrefelin a Thram Glyn Ceiriog, yn beiriannydd ar y Cornwall Railway ac ar reilffyrdd mwynau yn Sbaen. Roedd Hugh Unsworth McKie (1822–1907), peiriannydd chwarel a pheiriannydd ymgynghorol, wedi gweithio ar y London and North Western Railway ac ef oedd peiriannydd y contractwr ar y Conway and Llanrwst Railway, cyn iddo symud ymlaen i adeiladu rheilffyrdd a thramffyrdd yn Ffrainc a'r North Wales Narrow Gauge Railway. Bu Arthur Dodson, peiriannydd chwareli llechi a leolwyd ym Mangor o 1849, yn brentis i Brunel ar Reilffordd y Great Western ac roedd wedi gweithio ar y Reilffordd Berkshire a Hampshire. Roedd Thomas Edward Ainger (?–1856 neu 1857), a ddyfeisiodd lif llechi, yn beiriannydd preswyl ar y Dom Pedro II Railway ym Mrasil. Roedd Thomas Roberts (1837–1900) yn ddyn lleol o Ddyffryn Ardudwy a gafodd ei hyfforddi fel peiriannydd ac a osododd systemau rheilffordd fewnol mewn chwareli, yn ogystal ag arolygu'r North Wales Narrow Gauge Railway, y Bala and Festiniog Railway a'r Merionethshire Railway (na chafodd ei hadeiladu).[135] Bu Syr James Brunlees (1816–1892) yn beiriannydd ar y Lancashire and Yorkshire Railway, y Londonderry and Coleraine Railway a'r Ulverstone and Lancashire Railway cyn iddo ddod yn gysylltiedig â chwarel Gorsedda (pennod 7); aeth ymlaen i adeiladu'r São Paulo Railway ym Mrasil ac roedd yn beiriannydd ar gyfer Mt Cenis Summit Railway yn ogystal â bod yn beiriannydd ymgynghorol ar gyfer rheilffyrdd ym Mhrydain, Uruguay a Venezuela. Roedd ganddo yrfa ddisglair hefyd fel peiriannydd dociau ac roedd yn gysylltiedig â'r Channel Tunnel Company.

Defnyddiodd Charles Warren Roberts (1852–1897), y sonnir amdano ym mhennod 5, y profiad a gafodd yn gweithio ar y North Wales Narrow Gauge Railway ac yn adeiladu rheilffyrdd mewnol chwareli i weithio ar y Dona Teresa Christina Railway ym Mrasil, cyn iddo ddychwelyd i Gymru i weithio yn chwarel Llechwedd yn Ffestiniog.

Nodyn 2 – Lledau rheilffyrdd

Mae'r lledau rhyfedd fel 0.5778 metr (1 troedfedd 10¾ modfedd) yn y Penrhyn a Dinorwig a 0.5969 metr (1 troedfedd 11½ modfedd), neu weithiau 0.6 metr (1 troedfedd 11⅝ modfedd) a nodwyd ar gyfer chwareli Nantlle ac ar gyfer ardal Ffestiniog a'i rhanbarthau ategol yn adlewyrchu newid yn y ffordd y cafodd lledau rheilffyrdd eu mesur yn y diwydiant, o ganol i ganol (a oedd yn gwneud synnwyr gydag olwynion ewinedd dwbl), i'r broses o'u mesur o'r wynebau mewnol (a oedd yn gwneud mwy o synnwyr gyda locomotifau, a oedd bron bob amser yn rhai ag ewinedd sengl.) Ymddengys mai'r lled canol i ganol gwreiddiol ar gledrau ymyl hirgron y Penrhyn ar gyfer olwynion ewinedd dwbl oedd 0.6731 metr (2 droedfedd 2½ modfedd).

Fodd bynnag, cafwyd amrywiadau. Ym Mhenffridd yn chwarel Diffwys yn Ffestiniog, defnyddiwyd rheilffordd 1.0287 metr (3 troedfedd 4½ modfedd) i domennu lympiau mawr o gerrig gwlad, a all adlewyrchu ymgnawdoliad cynharach fel platffordd. Roedd gan Hen Waith y chwarel honno system reilffordd 0.67 metr (2 droedfedd 2 fodfedd neu 2 droedfedd 2½ modfedd), a barodd fwy na thebyg o 1811 tan tua 1860.[136] Gerllaw, roedd gan Chwarel Lord reilffordd gul 0.6858 metr (2 droedfedd 3 modfedd) o 1825 ar adeg pan roedd cledrau gan yr un peiriannydd yn cael eu gosod yn y chwarel arall ar ystâd Glynllifon, Glynrhonwy yn Nantperis. Efallai mai 'lled rheilffordd Newborough' oedd hwn a'i fod yn deillio o bosibl o arferion rheilffordd ymyl cynharach yn Nantlle hyd yn oed. Defnyddiwyd y lled ychydig yn ehangach hwn yn Nantdulas maes o law, gan adlewyrchu cysylltiadau personél â Diffwys.[137] Gosodwyd cledrau 0.6604 metr (2 droedfedd 2 fodfedd) ym Minllyn yn ne Gwynedd, a 0.71755 metr (2 droedfedd 4¼ modfedd, union hanner y lled safonol) oedd lled gwreiddiol Tram Glyn Ceiriog, er bod gan y chwareli a wasanaethwyd gan y Tram systemau mewnol 0.6 metr o led.[138]

Nodiadau

1 Sylwedydd n.d.: 51.

2 NA: CRES 2/1576-1582, llythyr dyddiedig 21 Mawrth 1801 oddi wrth John Evans i William Harrison; Prifysgol Bangor: llawysgrifau Porth yr Aur 27513, 27523 a 27375.

3 Thomas 1874: 80.

4 Prifysgol Bangor: llawysgrif Porth yr Aur 29813. Rwy'n ddiolchgar i Dr Michael Lewis am y cyfeiriad. Ar gyfer tybiau chwarel, gweler Cossons 1972: cyf. 4, 271.

5 CRO: XM/Maps/375.

6 Gwybodaeth gan Dr Gwynfor Pierce Jones; CRO: X/Dorothea 2074, 529-543, peiriannau a gaffaelwyd ym mis Hydref 1942, Awst 1945, Mawrth 1949, Hydref 1950, Mehefin 1963 ac Awst 1963; Houston 1964: 68-70.

7 CRO: llawysgrifau G.P. Jones/Nantlle (heb eu catalogio), papurau Crown Quarries. Roedd gan y ddau Fatador brif lwyth o hyd at 30 tunnell; roedd gan un ohonynt injan A.E.C., a châi'r llall ei bweru gan uned Rolls Royce.

8 Roberts 1999: 59, gohebiaeth bersonol, Iorwerth Jones.

9 Gohebiaeth bersonol, Dr Gwynfor Pierce Jones.

10 Gohebiaeth bersonol, John Lloyd, Rheolwr Gyfarwyddwr Wincilate.

11 Cawsant eu defnyddio'n helaeth hefyd mewn chwareli llechi mewn mannau eraill yn y Deyrnas Unedig, ac yn Iwerddon. Roedd y rhan fwyaf o'r chwareli yn UDA yn dibynnu ar droliau i symud blociau i'r melinau ond roedd rhai ohonynt yn gweithredu rheilffyrdd mewnol byr; cafodd wagenni gwastad a cherbydau dympio a weithgynhyrchwyd yn nhref lechi Poultney yn Vermont eu defnyddio'n eang. Dim ond yn chwareli Monson yn Maine y gwelwyd system gyflawn o'r chwarel i'r felin ac yna i'r brif linell fel y gwelwyd mewn chwareli yng Nghymru – gweler pennod 12. Yn Anjou, dim ond ar ôl 1910 y cafodd rheilffyrdd eu defnyddio'n eang, gan ddisodli troliau â'u pen yn codi a symudwyd gan geffyl neu injan dracsiwn – Soulez Larivière 1979: 121, 276, 278.

12 *Slate Trade Gazette* 7 47 (16 Rhagfyr 1901): 276; CRO: XD/97/6487; DRO: Z/DAF/2141-2153.

13 Hughes 1990: 121-26.

14 Prifysgol Bangor: Ychwanegol Pellach y Penrhyn 1844, Boyd 1985: plât LII.

15 *North Wales Chronicle*, 17 Mai 1851; *Y Cymro*, 24 Medi 1852; Caban Hydref 1950, 13; Ionawr 1956, 12; Llyfrgell Genedlaethol Cymru: negatif colodion gwlyb JTC012; Prifysgol Bangor: llawysgrifau Bangor 3591; Boyd 1975: plât 25H.

16 Lewis a Denton 1974: 24-25.

17 Van Laun 2001: 15-16.

18 CRO: mae XPQ/977 yn cofnodi awgrym o 1934 y dylid gosod incleiniau Blantyre neu Maclane ar bonc Red Lion; mae tystiolaeth archaeolegol yn cadarnhau bod y rhain yn debyg i fath 'Maclane' fel y dangosir ar gynllun yn archif chwarel Dinorwig (CRO: XDQ/3314), er nad ymddengys iddynt gael eu gosod yn Ninorwig.

19 Gohebiaeth bersonol, Dafydd Price.

20 CRO: XS/204/1.

21 Grimsthorpe Castle: Houston's Discharge Book 1810-1814, wrth Dr Michael Lewis; Prifysgol Bangor: llawysgrifau Porth yr Aur 29819-20, 29827, 29834-5, 27375, 27523.

22 Down 1978: 303-5; Dr Michael Lewis a Jon Knowles, gohebiaeth bersonol.

23 CRO: XM/3156/9; van Laun 2001.

24 Lewis 2003: 102-17.

25 Llyfrgell Genedlaethol Cymru: Mae Longueville 1430 yn nodi bod cledrau plât wedi'u gosod yn yr Oernant; nis gwyddys am unrhyw un sydd wedi goroesi. Mae enghreifftiau o Ddiffwys wedi'u cadw ym Mhlas Tan y Bwlch. Mae rhannau o Nantlle a Chlogwyn y Fuwch mewn dwylo preifat.

26 Prifysgol Bangor: llawysgrifau Porth yr Aur 29599, 29619 a 29621.

27 Ni fyddai'n rhaid i'r 'bariau' a brynwyd yn 1812 fod o haearn gyr, ac nid cledrau oeddent o angenrheidrwydd, ond nid oes unrhyw gofnod arall o blith archif gymharol fanwl y chwarel (Prifysgol Bangor: llawysgrifau Porth yr Aur) o brynu'r hyn y gellid bod yn gledrau cyn 1821. Gweler hefyd Williams, R. 1900g: 88-90.

28 Roedd Thomas Hughes yn fforman-fforddoliwr yn y Penrhyn y dywedir iddo ddyfeisio'r rheilffordd yn 1852, ond roedd cledrau crwn tebyg yn amlwg yn cael eu defnyddio mewn mannau eraill o'r 1830au o leiaf – *Carnarvon and Denbigh Herald* 29 Medi 1838. Rwy'n ddiolchgar i Dr Michael Lewis am y cyfeiriad.

29 Ar ffarm, darn o bren oedd sa draw wedi'i finiogi ar y ddau ben a'i osod rhwng dau geffyl mewn tîm i'w cadw ar wahân – gohebiaeth bersonol, Tomos Roberts.
30 CRO: XCHS/1328/2.
31 CRO: XPQ/997, nodiadau llawysgrif dyddiedig 24 Gorffennaf 1922.
32 Boyd 1986: 120; Richards 1998: 90.
33 Nid yw'n syndod bod chwareli llechi ar gyfandir Ewrop yn defnyddio offer Decauville – Remacle 2007: 20, 26, 36.
34 Williams, R. 1900g: 88; trwmbal oedd y gair a ddefnyddiwyd yn Ninorwig ar gyfer y tu mewn i wagen, gan awgrymu eu bod yn cael eu defnyddio yma hefyd – Jones, E. 1963: 160.
35 Lewis 1968.
36 Mae'r rhain yn Aberllefenni yn SH 7679 0991 a Chae Abaty; gweler PTyB: AL024 – 3-4 ac ymgyrch 2011. Mae'r drwm yn Aberllefenni yn debygol o ddyddio o'r cyfnod cyn 1866.
37 Yng Nghwm Machno yn Nantconwy – PTyB: CM043.
38 Jones, G.R. 1998: 122-4, 176.
39 DRO: Z/DAF/1920, llythyr dyddiedig 26 Mawrth 1930.
40 Cynllun o inclên balans dŵr yn chwarel Pen y Bryn yw CRO: X/Dorothea/1559, dyddiedig 1861. Credir iddo gael ei adeiladu ar ôl 1830 – Sylwedydd n.d.: 54. Dyma'r enghraifft gynharaf y gwyddys amdani.
41 Lewis a Denton 1974: 30-34; 37.
42 Sylwedydd n.d.: 39.
43 Williams, M.C. a Lewis 1988 a 1989: 22. Ym marn yr awduron, roedd y chwimsi yn pweru inclên, sydd wedi'i chwarela i ffwrdd ers hynny.
44 PTyB: ymgyrch 2011.
45 Llyfrgell Genedlaethol Cymru: llawysgrif 839c.
46 Prifysgol Bangor: llawysgrif Porth yr Aur 27321.
47 Lewis 1968: 34.
48 CRO: XM/495/1, llyfr cofnodion Royal Bangor Slate Company, cofnodion 2 Chwefror 1847 hyd at 12 Hydref 1847. Gweler hefyd Williams a Jenkins 1993: 49-50; Williams, J. Ll. a Jenkins 1994 50.
49 CRO: XM/759/1.
50 Archif Fforwm Plas Tan y Bwlch: *Chwarel y Llechwedd yn y Cyfnod 1944 hyd 1962: Atgofion Mr Evan Llewelyn Thomas*, 13.
51 CRO: XM/8262/1: 13; PTyB: CM008/1-CM011/2; Jones 1998: 113-14, 173-5, 207-08.
52 Holmes 1986: 48.
53 CRO: X/Dorothea/1559; Sylwedydd n.d.: 54; Prifysgol Bangor: llawysgrifau Bangor 8277.
54 Graham Isherwood, gohebiaeth bersonol.
55 CRO: XPQ996: 21.
56 PTyB: CS129/1; DRO: M/746/II(i).
57 Gwyn 2002, 26-43.
58 CRO: XM/495; Williams a Jenkins 1994; Jones, O. 1875: 552.
59 *The Dorothea Quarry*, olew ar gynfas, 80cm wrth 52.5cm, mewn dwylo preifat.
60 Jones a Hatherill 1977: 8; Graham Isherwood, gohebiaeth bersonol; Jones, O. 1875: 552.
61 Ar gyfer inclên Llechwedd, cymharwch DRO: XD/8/1058 ag Arolwg Ordnans 25" o 1887–1889. Gweler hefyd CRO: XS/1058/35. Yn ôl tystiolaeth y dogfennau sydd mewn dwylo preifat, cafodd inclên Maenofferen ei ledu er mwyn gwneud lle i drydydd trac yn 1894 a phedwerydd y flwyddyn ganlynol, pan gafodd y tŷ drwm ei ehangu a gosodwyd drymiau newydd. Adeiladwyd tŷ boeler wrth gefn newydd yn 1897–98, a gosodwyd moduron trydan yn 1910.
62 Jones. G.R. 2005: 29-44, 52-59.
63 Jones, G.R. 1991: 33.
64 Ar gyfer Votty and Bowydd, gweler DRO: Z/DAG/IL, 356-419 a Z/DAG/14. Gweler hefyd Woodward 1997–98: 205-235; Kellow 1944–45.
65 Kellow 1907.
66 Jones, D. a Gwyn 1989; Weaver 1990: 15-19.
67 Dogfennau mewn dwylo preifat.
68 Jones, I.W. a Hatherill 1977: 8.
69 Lewis 2003: 64-65, 78. Credir bod yr injan yn dyddio o rhwng 1864 a 1870; cafodd ei symud i'w chadw ym mis Hydref 2003 – gohebiaeth bersonol, David Viewing.
70 Sylwedydd n.d.: 21. Gweler hefyd Fereday 1966.
71 Lewis a Denton 1974: 27-29.
72 Gwybodaeth gan y diweddar W.H. Humphreys ac Idwal Hughes, cyn weision ceffylau chwarel, wrth Dr Gwynfor Pierce Jones.
73 CRO: X/Dorothea 1254.
74 Ceir cryn dipyn o lenyddiaeth ar y locomotifau hyn. Gweler Bradley 1992. Y tu hwnt i Gymru, y chwareli llechi a ddefnyddiodd locomotifau stêm oedd Delabole yng Nghernyw, Easdale yn Argyll a rhai yn yr Unol Daleithiau. Roedd gan y chwareli yn Anjou locomotif stêm 0-4-2 Decauville, dwy injan boeler fertigol gan Cockerill, Corpet 0-6-0, locomotifau tanio mewnol, a locomotifau trydan â gwifren uwch eu pennau, a ddefnyddiwyd ar ledau o 0.5m, 0.6m, 1m a safonol – Clingan 1969: 24. Rheilffordd Bapur Bowater yng Nghaint oedd yr unig fan yn y Deyrnas Unedig a ddefnyddiodd locomotifau stêm rheilffordd gul ddiwydiannol yn hirach na Dinorwig.
75 Fisher, Fisher a Jones 2011: 138-93, 254-84.
76 Thomas 2001.
77 Bradley 1992.
78 Milner 2008: 157-62.
79 Bradley 1992.
80 DRO: Z/DBE/3041.
81 DRO: Z/DBE/3043; Hedley 1935: 153; Bradley 1992: 316-18.
82 DRO: Z/DAF/1920, llythyr dyddiedig 5 Rhagfyr 1930.
83 Gohebiaeth bersonol, John Lloyd, Rheolwr Gyfarwyddwr Wincilate.
84 Rowlands 1981: 22-24. Roedd John Price, asiant Gwaith Mona erbyn y 1790au, hefyd yn gysylltiedig â chwareli llechi yng Nghilgwyn yn Nantlle, yn Ffestiniog a Chefn Du yn ardal Nantperis o 1800; gweler Rowlands, 40 a Phrifysgol Bangor: Rhestr o bapurau Porth yr Aur. Prifysgol Bangor: llawysgrif Mona Mine 3040; Llyfrgell Genedlaethol Cymru: PZ 3209 Al/I-A115 (Julius Caesar Ibbetson: *Paris Mine*: acwatint ar ôl dyfrlliw, 1795).
85 Rees a Thomas 1873:
86 Soulez Larivière 1979: 34, 67; Blavier 1864: 418-19; Sharpe 1990. Tynnodd Turner ddarlun o'r cyfryw lifft yn 1815 – *Tintagel Castle, Cornwall*, llun dyfrlliw 1815, 15.6cm wrth 23.7cm, yn yr Amgueddfa Celfyddyd Gain, Boston.
87 Sylwedydd n.d.: 71.
88 Tucker 1979: 211, 212, 220-21; Richards 1998: 38, 69.
89 PTyB: AL002/2-7.
90 Cofnodir chwimsis yng Nghilgwyn yn 1814; roedd pump ohonynt yno yn 1821 a naw yng Nghloddfa'r Coed yn y 1820au – Prifysgol Bangor: llawysgrifau Porth yr Aur 27447, 27465 a 29694. Mae llawysgrif Porth yr Aur 27824 yn cyfeirio at raffyrdd a godwyd â llaw yng Nghilgwyn yn 1813.
91 Williams, R. 1900g: 88-89.
92 Llyfrgell Genedlaethol Cymru: llun dyfrlliw 82.631/19 gan John Smith.

93 Mae Wilkinson 1845: plât 2 yn dangos y math hwn o rafforddd. Mae'r testun atodol yn honni y gallai godi pump cwt, a oedd yn sylweddol fwy na'r 2½ cwt y gallai chwimsi dau geffyl fertigol eu codi. Gweler hefyd de hÓir 1988: 36; Archif Genedlaethol Iwerddon: Castletown (Tipperary) Llyfr Maes 4.3284, fol. 4r-v.
94 Blavier 1864: 418-24, 431; Soulez Larivière 1979: 142, 167-71, 276, 324; Larivière 1884; Archives départementales du Maine-et-Loire: FR AD 49, 15 J 414; Ganed 1988: 57. Yn ôl Kent 1968: 321-22, Thomas Rickard Avery o Boscastle, tenant chwarel lechi Landwork a thenant a pherchennog chwarel Delabole gerllaw ar wahanol adegau rhwng y 1830au a 1848, oedd yn gyfrifol am gyflwyno cadwyni a blociau pwlis. Ar gyfer Blavier, gweler Kérouantan 1997.
95 Câi'r ddwy rafforddd eu pweru gan chwimsi ffrâm A. Yn ôl Sylwedydd n.d.: 52, cafodd ei sefydlu gan Sais o'r enw Collin; ni cheir tystiolaeth ei fod ef na'i olynydd, Mr Gulate neu Gullett, yn Delabole (Dr Catherine Lorigan, gohebiaeth bersonol), ond mae cysylltiad â De-orllewin Lloegr yn ymddangos yn fwy tebygol na bod y ddwy wedi'u dyfeisio ar yr un pryd, o ystyried mai prif denant Pen y Bryn oedd Syr John Kennaway o Ottery St Mary yn Nyfnaint.
96 CRO: Py0/375.
97 Williams, R. 1900f: 330; Holmes 1986: 46-8; Llyfrgell Genedlaethol Cymru: llawysgrif 8412.
98 Jones, G.P. 1987: 54-56.
99 Henderson 1904: 186-222; Samset 1985: 37-40. Cofnodwyd y rhafforddd stick chwarel olaf i oroesi yn UDA gan Amgueddfa'r Smithsonian ar dâp fideo ym mis Hydref 1989 cyn iddi gael ei disodli gan system ffyrdd, ddeng mlynedd ar ôl i'r rhaffyrdd olaf gael eu defnyddio yn y diwydiant yng Nghymru – Sefydliad Smithsonian RU9547.
100 Mae hysbyseb am reolwr yn Killaloe yn 1867, sy'n nodi dymuniad i gyflogi siaradwr Cymraeg, yn awgrymu presenoldeb Cymraeg sylweddol – *Caernarvon and Denbigh Herald* 22 Mehefin 1867, 4, col. 3.
101 Foster a Cox 1910: 432-34.
102 Papurau Seneddol C7237 1894: 36.
103 Henderson 1904: 188.
104 Williams, J. Ll. a Jenkins 1996: 70.
105 CRO: GPJ001/126, 28 Chwefror, 28 Medi, 5 Hydref, ac 8 Hydref 1935. Dengys ffotograffau a dynnwyd ychydig cyn i'r chwarel gau yn 1952 ffrâm syml wedi'i gwneud o ddau ddarn fertigol gyda phwli neu bwlis wedi'u gosod ar ddarnau croes. Gweler CRO: XS/1608/1/1 3: XS/1608/6/147 a 148.
106 Jones, G.P. 1996: pennod 5.
107 Defnyddiwyd yr enw 'blondin' gan bron pawb er, yn chwarel y Penrhyn, cawsant eu hadnabod gan y dynion fel 'Jerry Ms', ar ôl y ceffyl a enillodd ras y Grand National yn 1912 ar gyfer perchennog chwarel Dinorwig – lle, i beri dryswch, 'blondins' oedd yr enw a roddwyd ar fath arbennig o inclên tsaen.
108 Donnelly 1979: 233.
109 Henderson 1904.
110 CRO: PyO/Addit/1875 and 1876. Gweler PTyB: PO036/1-044, PO075/2-078/3/3.
111 PTyB: PO 036-047, 075, 076, 078.
112 CRO: XPQ/997.
113 Teipysgrif anghyhoeddedig, Archif o Fforwm Plas Tan y Bwlch: *Chwarel Llechwedd yn y Cyfnod 1944 hyd 1962: Atgofion Mr Evan Llewelyn Thomas*, 1012, a DRO: Z/DBE/3079, 3490, 3494, 3631 (cynlluniau) a 3494. Cafodd rhaffyrdd tomennu fel y rhain eu defnyddio'n eang yn y diwydiant llechi yn yr Unol Daleithiau – gweler Dale 1906 platiau XIII-XVII; Roberts 1998: 212-14: Henderson 1904: 187-88.
114 Caiff ei nodi gan y pentyrrau conigol nodedig o wastraff llechi.
115 Parhawyd i ddefnyddio'r inclên tsaen hwn, gyda'i injan codi Ratcliffe ('injan Ol' ar ôl ei gyrrwr, Oliver Hughes) tan 1957 – Jones, G.P. 1996 pennod 5.
116 CRO: XPQ/997, 34-41, 51 (rhestr offer dyddiedig 16 Awst 1926).
117 Carrington 1994: 78-81; dengys glasbrint yn archif y chwarel yn CRO (DQ/3343) foto trydan slipgylch 58 marchnerth yn gweithio ar faril sefydlog unigol drwy gyfrwng gêr lleihad cyflymder â chymhareb o 1/18.
118 Yn ôl Davies 1878: 104-5, 108-9, roedd cloddio siafft dau gawell 4.88m wrth 2.74m (16' wrth 9') yn costio £15 y llathen, o gymharu ag inclên a gostiai £1 10/– y llathen. Er enghraifft, talwyd £20,498 3s 4d i'r Capten Twigg o Hanley yn Swydd Stafford am gloddio siafftiau ar gyfer chwarel y Penrhyn – gweler CRO: XPQ/997, 22-3.
119 Galloway 1882: 112.
120 Flinn a Stoker 1984, 100.
121 Sylwedydd n.d.: 21. Ar gyfer Smith, gweler Fereday 1966.
122 CRO: XPQ/997: 20.
123 Mae'r enw 'Sebastopol' yn coffáu'r diwrnod pan gipiodd y Cynghreiriaid y caer Crimeaidd ar 11 Medi 1855 (cymharwch â lefel 'Malakov' yn y chwarel, a enwyd ar ôl y bastiwn yn waliau Sebastopol).
124 CRO: XPQ/997, 20.
125 Isherwood 1988.
126 Sylwedydd n.d.: 21.
127 DRO: Z/DAW/27.
128 Williams, J. Ll. a Jenkins 1996: 75; CRO: XPQ/997. Nid yw Hughes 1979 yn sôn amdanynt (ac roedd ganddo lygad craff am dechnoleg newydd fel arfer), ond fe'u nodir yn y gyfres o erthyglau anhysbys ar y diwydiant llechi yn y *Carnarvon and Denbigh Herald* yn 1873 – Lewis 1987: 97.
129 Cafodd Dr Gwynfor Pierce Jones wybod gan gyn-chwarelwr fod plât De Winton dyddiedig 1887 ar yr injan.
130 CRO: AMP/6147.
131 Rwy'n ddiolchgar i Jon Knowles, Andrew Hurrell a Peter Hay am rannu canlyniad eu hastudiaeth o'r gweithfeydd tanddaearol yn Aberllefenni. Ar gyfer Minllyn a Chae Abaty, gweler PTyB: ML020/9/20-19/20; ML045.
132 Richards 1998: 88, 166-68.
133 Sylwedydd n.d.: 37-38; Dr Gwynfor Pierce Jones, gohebiaeth bersonol.
134 Hughes 1990: 121-6 a choflith yn *Minutes of the Proceedings of the Institution of Civil Engineers*, 1 Ionawr 1899: 345.
135 Coflithoedd yn *Minutes of the Proceedings of the Institution of Civil Engineers*, 1 Ionawr 1897: 395-96; 1 Ionawr 1906: 355; Ionawr 1907: 399-400; Ionawr 1907: 388-89; 1 Ionawr 1876; 243-44; Ionawr 1858: 107; 1 Ionawr 1900: 283-284; Ionawr 1893: 367-371.
136 Prifysgol Bangor: llawysgrif Porth yr Aur 30435; PTyB: DF057/6; DF057/10: 13-19.
137 CRO: XD/2/12699, 12711 a 12759; Lewis 2011: 12 – roedd Joseph Tyson, mab rheolwr Diffwys, yn rheolwr chwarel Llwyngwern yn Nantdulas erbyn 1828.
138 Richards 1991: 172; Milner 2007.

9 CYNNAL A CHADW

Rhaid oedd cynnal a chadw offer a chyfarpar er mwyn i chwarel weithio'n gywir - roedd angen gefail o leiaf lle gellid miniogi offer neu ofannu cydrannau wagenni. Y tu hwnt i'r lefel hon, roedd angen cyfalaf sylweddol ar gyfer darparu cyfleusterau cynnal a chadw dynodedig a dim ond yn y chwareli mwy o faint y'u gwelwyd – ffaith a allai beri syndod o ystyried bod y diwydiant llechi wedi denu talent beirianyddol dynion mor abl â Syr Daniel Gooch, Syr William Cooke, Syr James Brunlees a John Brunton. Ni allai hyd yn oed y Penrhyn neu Ddinorwig gynllunio ac adeiladu'r prosiectau peirianneg fecanyddol mwyaf yr oeddent yn debygol o'u hangen. Am flynyddoedd lawer byddent hwy, fel y chwareli llai o faint, yn troi at un o ffowndrïau neu weithfeydd haearn gogledd Cymru.

Cyfleusterau yn y chwareli

Lleolwyd gefeiliau'n agos, neu hyd yn oed yn y chwarel leiaf, ac weithiau, dim ond y cyfleusterau cynnal a chadw hynny a welwyd hyd yn oed mewn chwarel gymedrol weithiau – ni welwyd byth unrhyw beth mwy uchelgeisiol na hynny yn Norothea yn Nantlle. Yn aml, maent yn amlwg o'u cynllun nodedig – mur distewi, aelwyd a simnai, olion tanc disychedu ac, yn aml, ddanadl yn tyfu lle mae clinceri

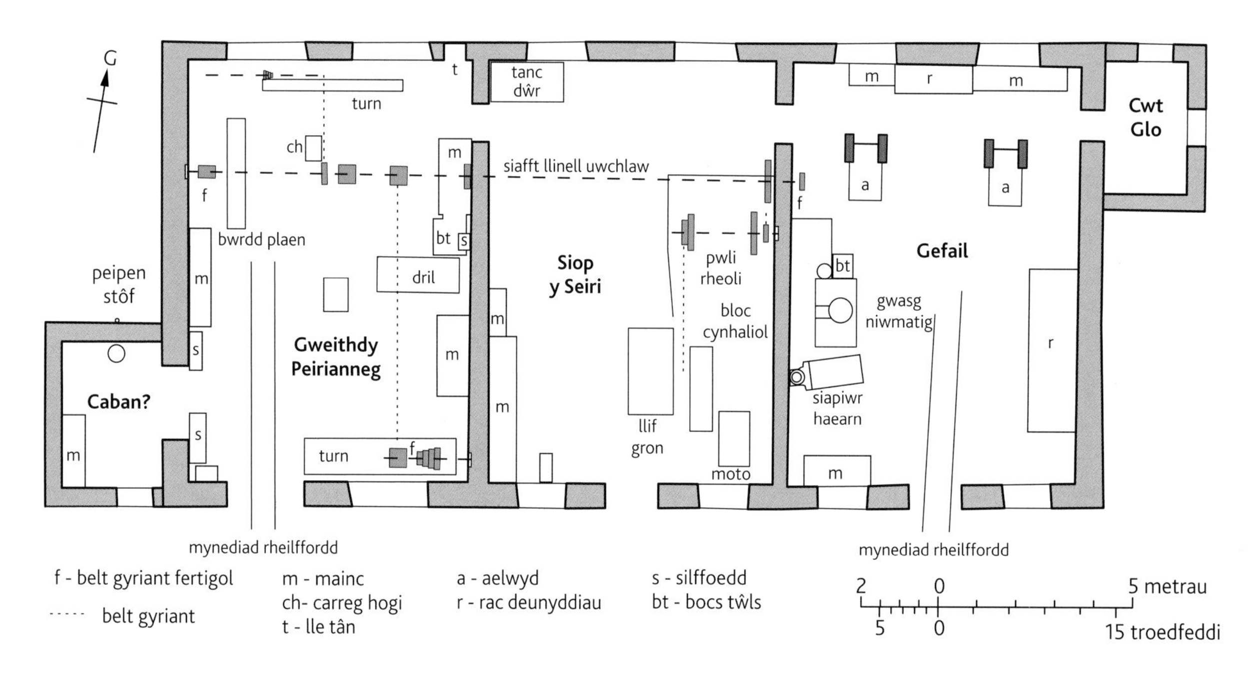

Ffigur 147. Gweithdai Maenofferen, Ffestiniog.

wedi'u gwasgaru. Maent weithiau'n rhan hanfodol o felinau, ac weithiau'n annibynnol arnynt.[1] Roedd gefeiliau yn lleoedd cynnes mewn chwarel a allai, fel arall, fod yn oer iawn, a daethant yn gyrchfannau, gan achosi weithiau i'r gofaint deimlo'n flin. Roedd chwarelwyr yn dibynnu ar ofaint da, a pheirianwyr cynharaf y chwareli – cafodd John Hughes o Lanllyfni ei adnabod drwy gydol ei oes fel John y gof, er iddo droi ei law at reoli, adeiladu pontydd, ffyrdd a thai, gosod rheilffyrdd, gwneud pympiau a gosod rhaffyrdd. Meithrinai'r gofaint sgiliau eraill hefyd; darganfu'r gofaint yn Rhosydd fod cyplydd wagen yn rhoi C canol perffaith ac fe'i defnyddiwyd wedi hynny i hyfforddi côr y chwarel a fyddai, ar nosweithiau yn yr haf, yn gorymdeithio ar dop eu lleisiau i ben yr inclên a chanu i'r cynaeafwyr gwair yn y caeau islaw.[2]

Yn aml, byddai gan chwareli weithdy saer hefyd a gweithdy gosod bach gyda thurn efallai a rhai teclynnau eraill ar gyfer peiriannau.[3] Tynnwyd lluniau o weithdai 'Keldril' Kellow yng Nghroesor (pennod 4) er mwyn iddynt edrych yn fwy o lawer nag yr oeddent mewn gwirionedd.[4]

Roedd angen i reolwyr a chyfarwyddwyr benderfynu a oedd yn werth chweil adeiladu cyfleusterau peirianneg mwy uchelgeisiol ar y safle, neu gontractio allan i gwmnïau annibynnol. Ni allai hyd yn oed weithdy canolog llawn cyfarpar sicrhau bod chwarel yn hollol hunangynhaliol, ac roedd symud peiriannau mawr i fyny ac i lawr incleiniau yn waith trafferthus – nid oedd locomotifau stêm, hyd yn oed, a redai ar eu holwynion eu hunain, yn hawdd i'w symud o bonc i bonc felly, yn aml, roedd eu seidiau'n cynnwys craen nenbont i godi'r boeler allan o'r fframiau pe bai angen. Mae'r gweithdai yn Llechwedd ac Oakeley yn Ffestiniog wedi'u dymchwel ond mae pedwar arall wedi goroesi i'r graddau y mae'r adeiladau fwy neu lai'n gyflawn ac mae rhai peiriannau i'w gweld.[5]

Adeiladwyd y gweithdai ym Maenofferen yn Ffestiniog yng nghanol yr ugeinfed ganrif ar y brif lefel weithio ger tŷ'r trawsnewidydd a'r felin, a dim ond yn 1999 y cawsant eu datgomisiynu. Maent yn cynnwys cyfleuster cynnal a chadw peiriannau, gweithdy saer a gefail ynghyd â storfeydd a bynceri glo (Ffigur 147).

Ffigur 148. Gellir gweld gweithdai Pen yr Orsedd, Nantlle, yn y canol ar frig y ffotograff.

Roedd W.A. Darbishire ym Mhen yr Orsedd yn ffafrio dull peiriannu cadarn ac adeiladodd weithdy yn 1900, ar yr union adeg ag y dechreuodd ddefnyddio trydan yn lle pŵer dŵr a stêm yn y chwarel. Fe'i lleolir ar Bonc Ganol ger cyfadeilad melin y chwarel, iard bentyrru ac ardal drefnu, ac ysbyty'r chwarel (Ffigur 148). Dechreuodd fel adeilad ffrâm dur o haearn gwrymiog gyda tho siâp baril a ddefnyddiwyd fel gweithdy adeiladu. Cafodd ei orchuddio yn y 1950au â blociau o lechi llifiedig gyda thri bwtres cribinio mawr ar yr ochr de-ddwyreiniol. Mae tair rhes gyfochrog a adeiladwyd tua 1937–38, yn cynnwys gefail gyda *tuyère*, gweithdy gwaith coed a storfeydd, yn amgáu iard fach, wedi'i chau gan wal uchel o lechi â mynedfa. Mae rhai peiriannau a gosodiadau gwreiddiol wedi goroesi – cyfarpar gwaith coed, rheseli storio, craeniau nenbont, a bwrdd troi locomotif bach.

Dewiswyd safle melin Felin Fawr, neu Goed y Parc, a wasanaethai chwarel y Penrhyn, hefyd fel prif weithdy'r chwarel. Mae'r ffowndri haearn a'i ffowndri bres gyfagos a adeiladwyd yn dyddio o 1866–68, er i wasanaethau gael eu darparu yma cyn hynny. Roedd olwyn ddŵr, sydd wedi goroesi yn y fan a'r lle, yn pweru'r gwaith chwythu, ac mae tywod mowldiwr wedi'i bentyrru y tu allan iddi o hyd, er bod y ffwrnes ei hun a'r cyfan bron o'r simnai cynllun sgwâr o frics wedi'u dymchwel. Adeiladwyd y prif gwt atgyweirio locomotifau yma yn 1935, ac adeiladwyd y cwt ar gyfer y 'motos', yr injans tanio mewnol, gerllaw. Dinistriwyd rhai o'r gweithdai gan dân yn 1952, a chaeodd y cyfadeilad ar 27 Medi 1965.[6] Mae wedi'i gadw ers hynny ac fe'i defnyddir ar gyfer diwydiant ysgafn a dibenion treftadaeth (Ffigur 149).

Roedd gan safle Felin Fawr gynllun da; diwallai anghenion y chwarel ond nid oedd mewn unrhyw ffordd yn bensaernïol rodresgar nac wedi'i adeiladu i wneud datganiad. I'r gwrthwyneb, mae gweithdai Assheton Smith yn Gilfach Ddu, a wasanaethai chwarel Dinorwig, yn arddeliad cras iawn o bŵer uchelwr – pedrongl gyda chloc uwchlaw'r fynedfa, tyrrau yn y corneli, pob un ohonynt â tho pyramidaidd o lechi a chwpola yn goron arno, a phorthdy canolog slip â chwpola llai o faint. Mae'r ffaith ei fod yn fwy o faint na hyd yn oed Felin Fawr yn dweud llawer; cafodd y gwaith a wnaed gan y Cyrnol Pennant i uwchraddio ei gyfleusterau yn y Penrhyn ei gyflawni ar yr union adeg ag y cafodd ei urddo'n arglwydd, ac mae'n anodd diystyru'r posibilrwydd y gallai Gilfach Ddu, a adeiladwyd yn 1869–70, fod wedi'i adeiladu er mwyn atgoffa Arglwydd Raglawiaid ac unigolion eraill o bwys, fod Mr Assheton Smith cyn gyfoethoced, a llawn mor haeddiannol, â'i gymydog. Ni cheir unrhyw gofnod o ddicter y chwarelwyr o ran ei uchelgais ond, yn sicr, roedd ganddynt safbwyntiau ynghylch parodrwydd y dynion cynnal a chadw i ymgymryd â gwaith caled; fe'u galwyd yn lindys, am eu bod yn byw oddi ar waith pobl eraill. Mae'r 'iard', fel y'i gelwid bob amser, yn cynnwys melin lifio o bren, gefeiliau, llety domestig, melin lechi, seidiau locomotifau, cyfleusterau atgyweirio ar gyfer peiriannau a ffowndri – enghraifft o integreiddio fertigol ar raddfa fawr (Ffigur 150). Deilliai'r pŵer o olwyn ddŵr grog enfawr a adeiladwyd gan y cwmni o Gaernarfon, De Winton, sy'n dal i droi, er mai olwyn pelton o 1926 sy'n gweithredu'r peiriannau bellach. Gyda diamedr o 15.3 metr (50 troedfedd 5 modfedd), yr olwyn ddŵr hon yw'r enghraifft fwyaf sydd wedi goroesi ar dir mawr Prydain. Roedd pob un o'r rhain yn gyflawn o hyd pan gaeodd y chwarel a chymerodd yr amgueddfa drosodd (Ffigur 151).

Ffigur 149. Mae'r ffowndri haearn a phres (canol) a'r sied atgyweirio locomotifau (dde) a wasanaethai chwarel y Penrhyn yn rhan o'r un cyfadeilad â melinau slabiau Felin Fawr (chwith).

Ffigur 150. Mae'r olygfa hon o iard Gilfach Ddu yn Ninorwig (Amgueddfa Lechi Cymru bellach), yn fuan ar ôl iddi gael ei hadeiladu, yn dangos y gyfres 'A' o incleiniau o'r chwarel ac, yn y blaendir, yr iard drosglwyddo rhwng system reilffordd y chwarel a'r rheilffordd i'r porthladd. Yn y pellter canol ar y dde mae castell Dolbadarn.

Mae'n eironi dymunol bod yr Amgueddfa Lechi Cymru wedi'i lleoli yn yr adeilad lleiaf nodweddiadol yn y diwydiant – o ran ei raddfa, safon y gwaith adeiladu, ei fanylion coeth a'i gynllun iard, er, fel y nodir ym mhennod 2, mae'n adlewyrchu mathau eraill o ymgymeriadau, gan ddeillio yn y bôn o'r model mynachaidd a cholegol, yn ogystal â chaerau a chestyll.[7] Nid yw'n annhebyg, er ar raddfa lawer mwy, i iardiau stablau tai gwledig a'r buarthau a adeiladwyd yn lleol gan ystâd y Penrhyn, ystâd y Faenol ac ystadau eraill yng nghanol y bedwaredd ganrif ar bymtheg. Gellir gweld iardiau diwydiannol â'r patrwm hwn yn stablau gwaith haearn Dowlais yn Ne Cymru (1820) a gwaith rheilffordd cynnar fel Wolverton a Derby.[8]

Ffigur 151. Yr olwyn ddŵr grog (canol), a bwerai weithdai Gilfach Ddu yn Ninorwig yn flaenorol.

Gweithfeydd haearn, ffowndrïau a gweithdai annibynnol

Roedd y diwydiant llechi yng Nghymru yn nodweddiadol o ddiwydiannau eraill â ffocws rhanbarthol cryf, fel tecstilau yn Swydd Gaerhirfryn a chloddio copr a thun yng Nghernyw, a oedd yn cynnal nifer o ddiwydiannol ategol. Nid oedd y gweithfeydd haearn, ffowndrïau a gweithdai annibynnol ym Mangor, Porthmadog a Chaernarfon ond siwrnai trên i ffwrdd, ac mae'n bosibl y byddai llawer o reolwyr a pheirianwyr chwareli wedi bod yn falch o'r cyfle i drafod gofynion yn eu mamiaith. Roedd tref Poultney yn Vermont yn gartref i weithdai a gyflenwai'r diwydiant llechi Americanaidd fwy neu lai yn yr un ffordd. Fel y digwyddai'n aml gyda'r cyfryw fusnesau, daethant yn gyflenwyr cydnabyddedig i ddiwydiannau tebyg a ddatblygwyd ledled y byd – roedd chwareli llechi ym Mhortiwgal, yr Almaen, UDA a Chanada oll yn defnyddio byrddau plaenio a byrddau llifio a wnaed yng Nghymru.[9]

Ymddangosodd gweithdai bach gyntaf tua 1815 pan agorodd John Hughes a'i bartner John Edwards fusnes ym Mhen y Groes (SH 4694 5319), ger safle gefail ar gyffordd tollborth a'r ffordd i chwareli Nantlle, a fu'n gwasanaethu'r trolwyr ers rhai blynyddoedd. Yma, roeddent yn cynhyrchu olwynion dŵr, castinau, cydrannau traciau, pympiau a chwimsis ceffyl ar gyfer eu chwareli eu hunain ond hefyd ar gyfer y rheini yn Llanberis a Blaenau Ffestiniog.[10] Ymddangosodd ffowndrïau ym Mangor a Phorthaethwy ar yr adeg yr oedd ffordd Telford wrthi'n cael ei hadeiladu – roedd hon, yn amlwg, yn broses 'meithrin gallu' sylweddol yng Ngwynedd.[11] Daeth sefydliadau eraill i fodolaeth. Yng Nghaernarfon (SH 481 625), tyfodd Gwaith Haearn Union Owen Thomas o 1848 ar gei'r Arglwydd Newborough i mewn i waith adnabyddus De Winton gyda dyfodiad peiriannydd ifanc â chysylltiadau da o deulu o fancwyr, ac roedd y cwmni yn weithredol mewn un rhith neu ei gilydd hyd at 1902.[12] Roedd y gwaith hwn yn cynnig yr ystod ehangaf o gynhyrchion ac yn meddu ar gysylltiadau eang â'r farchnad. Yn ogystal â pheiriannau ar gyfer chwareli llechi, roedd hefyd yn cynhyrchu peiriannau mathru ar gyfer mwyngloddiau copr, cyfarpar amaethyddol, hytrawstiau pontydd, offer nwy ac, uwchlaw popeth, peiriannau morol. Câi llongau a adeiladwyd yn Lerpwl ar gyfer y masnachau dŵr dwfn eu hwylio i Gaernarfon er mwyn i beiriannau De Winton gael eu gosod ynddynt.[13] Yn yr un modd, roedd digonedd o ffowndrïau ym Mhorthmadog a'r cyffiniau hefyd, a'r efail ar y cei llechi oedd man gwaith y bardd a'r dyfeisiwr Ioan Madog (1812–78).[14] Eto yng Nghymru, ond y tu hwnt i'r rhanbarthau cynhyrchu llechi, roedd cwmni Turner o'r Drenewydd yn cynhyrchu peiriannau prosesu llechi a throfyrddau wagenni yn ychwanegol at ei brif fusnes, sef cynhyrchu peiriannau amaethyddol a thecstilau, ac roedd Ffowndri Aberystwyth yn cyflenwi peiriannau i o leiaf un o'r chwareli yn Nantdulas.[15]

Gwelwyd llai a llai o'r gweithfeydd haearn, ffowndrïau a gweithdai hyn wrth i'r diwydiant llechi grebachu. Ni fu ganddynt erioed fonopoli dros gyflenwadau peirianneg i'r chwareli, ac nid oedd gan yr un ohonynt felin rholio. Y defnydd o brif dechnolegau haearn bwrw a haearn gyr, ynghyd â phŵer dŵr a stêm, o ddiwedd y cyfnod Fictoraidd oedd eu cryfder, ond hyd yn oed wedyn roeddent yn agored i gystadleuaeth. Cyn gynted ag y dechreuodd De Winton gynhyrchu ei locomotifau boeler fertigol nodedig yn 1868, aeth cwmni Hunslet o Leeds ati i gynnig dewis amgen a oedd yn ddrutach ond yn fwy pwerus – ac a oedd yn fwy tebygol o gael ei gyflenwi'n brydlon.[16] Pan roedd angen agerbeiriant pwmpio yn Norothea yn 1904, cysylltwyd â chyflenwr hirsefydledig yng Nghernyw; hyd yn oed pe bai De Winton yn dal yn weithredol, ni fyddai'r cwmni wedi gallu cyflawni'r contract. Gwelwyd un o arwyddion yr oes yn 1879 pan adeiladodd De Winton wagenni llechi newydd ar gyfer chwarel y Penrhyn ond bu'n rhaid iddo brynu setiau olwyni dur gan gwmni Hadfield o Sheffield.[17] Roedd yr holl gwmnïau hyn wedi buddsoddi'n drwm mewn technolegau nad oedd cymaint o alw amdanynt bellach, ac ni allai'r un ohonynt ragweld y newid i drydan, peiriannau aer cywasgedig, tyrbinau capasiti diwydiannol, neu ddeunyddiau strwythurol newydd. Dyma'r adeg pan ddechreuodd chwareli droi at fusnesau mwy blaengar ar aber afon Dyfrdwy, yn Lloegr neu ar gyfandir Ewrop (pennod 5).

Yn archaeolegol, mae'r cyfraddau goroesi yn amrywio. O'r tair ffowndri ym Mhorthmadog, caeodd ffowndri Vulcan Owen, Isaac ac Owen (SH 569 390) yn 1914 ac nid oes fawr ddim olion ohoni. Goroesodd adeiladau ffowndri Glaslyn (SH 570 388) yn ddigon hir i gael eu cofnodi'n archaeolegol yn 1988. Erbyn hynny, roeddent yn flerdwf o adeiladau cerrig o'r bedwaredd ganrif ar bymtheg a haearn gwrymion o'r ugeinfed ganrif.[18] Mae'r ystafell ysgol deulawr o gerrig gyda'i chlochdy wedi goroesi ac mae bellach yn rhan o archfarchnad. Yr enghraifft fwyaf adnabyddus oedd ffowndri Britannia (SH 572 384), nid lleiaf am i Reilffordd Ffestiniog, am rai blynyddoedd, leoli ei locomotifau a'i wagenni newydd o flaen ei gweithdy peiriannau a'i gweithdy adeiladu gwych gyda'u ffrynt dwbl a'u ffenestri pengrwn. Yn 1972, ar ôl bod yn segur am 14 mlynedd, cafodd ei dymchwel i wneud lle ar gyfer adeilad di-nod Cyllid y Wlad.[19] Cafodd un arall a ymddangosai'n rheolaidd mewn golygfeydd o'r rheilffordd ei hadeiladu ar dir Samuel Holland yn Nhan y grisiau yn 1851, gyda'i holwyn ddŵr fawr i bweru'r gwaith chwythu sydd bellach wedi'i hen ddymchwel (SH 6829 4494).[20]

Mae'r rheilffordd ei hun yn gartref i'r enghraifft orau, a'r un fwyaf cyflawn sydd wedi goroesi, sef gweithdai Boston Lodge. Yn ogystal â bod yn gyflawn i bob pwrpas, mae'r gweithdai yn dal i gyflawni llawer o'r tasgau y'u hadeiladwyd ar eu cyfer. Fe'u lleolir mewn chwarel garreg a agorwyd yn 1808 i adeiladu'r 'cob', gwaith amddiffyn morol ar draws ceg aber afon Glaslyn, ac maent yn cynnwys bloc barics o'r cyfnod hwn a adeiladwyd i letya'r gweithwyr. Cafodd iard ei lefelu yma yn y 1830au pan roedd y

Ffigur 152. Cedwir sawl strwythur o ddiwedd y 1840au yn y 'top yard' yn Boston Lodge ar Reilffordd Ffestiniog.

rheilffordd wrthi'n cael ei hadeiladu, ac adeiladwyd cwt wagenni. Cafodd *manufactory* ei hadeiladu ar y safle yn 1847–48, gan esblygu o amgylch cynllun iard bras, yn cynnwys dwy efail, ffowndri, tŷ agerbeiriant, gweithdy peiriannau, melin lifio a gweithdy saer coed. O'i ddyddiau cynnar, roedd y cyfadeilad hwn yn derbyn contractau gan y chwareli ar gyfer gwaith coed, darnau pres a chastinau. Yn sgil cyflwyniad locomotifau stêm yn y 1860au a datblygiad y system reilffordd wedi hynny, adeiladwyd gweithdai adeiladu a chytiau atgyweirio i'r de, ac aeth y rhannau hŷn, yr iard uchaf, yn fwyfwy dirywiedig. Erbyn y 1950au, pan atgyfodwyd y rheilffordd, roedd yn fyd bach ynddo'i hun, enghraifft a oedd wedi goroesi o ganol y bedwaredd ganrif ar bymtheg gyda hen locomotif yn rhydu yng nghanol y chwyn (Ffigur 152).

Fel arall, yr enghraifft fwyaf cyflawn sydd wedi goroesi o blith y sefydliadau annibynnol mawr hyn yw cwmni De Winton o Gaernarfon. Mae llawer o'r cyfadeilad gwreiddiol o 1848 wedi goroesi, ynghyd â gweithdy adeiladu trawiadol o frics sydd o bosibl yn dyddio o'r 1870au ac sydd bellach yn cael ei defnyddio fel warws plymwr. Mae'r adeilad wedi newid cryn dipyn ond caiff ei gynnal a'i gadw'n dda. Cafodd gweithdy'r boeler, y ffowndri, y gweithdy troi, y gweithdy gosod a'r gweithdy peiriannau eu dymchwel fesul cam o 1994 ymlaen.

Nid nepell i ffwrdd mae enghraifft arall sydd wedi goroesi, sef y gweithdai bach ger swyddfeydd yr Ymddiriedolaeth Harbwr ar y cei llechi yng Nghaernarfon (SH 4793 6259). Daeth bywyd gwaith y sefydliad hwn a oedd, ar wahanol adegau, yn gyfrifol am wneud y crocbren ar gyfer y carchardy sirol, giatiau Coleg Merton yn Rhydychen ac arch y Rhyfelwr Anhysbys, i ben yn ddiogoniant yn 2004 yn atgyweirio peiriannau condomau ar gyfer tafarndai Caernarfon. Fel iard uchaf Rheilffordd Ffestiniog, capsiwl amser nodedig arall ydoedd bellach, hyd yn oed i lawr i'r pegiau yn y swyddfa lle arferai teithwyr masnachol hongian eu bowlers.[21]

Nodiadau

1. Lewis a Denton 1974: 49-55.
2. Lewis a Denton 1974: 96.
3. Lewis a Denton 1974: 58; Jones, G.R. 1991: 31, 69; Jones, G.R. 1998: 112-13, 199-201; Jones, G.R. 2005: 179-80; Lewis 2003: 26; Holmes 1999: 81-90.
4. Isherwood 1988: 12.
5. Cafodd gweithdai Llechwedd eu cofnodi gan CBHC cyn iddynt gael eu dymchwel – NMR: C528745-528759.
6. Roberts 1999.
7. Belford 2004.
8. Cattell a Falconer 1995: 11; Hughes 1990: 185-98; Belford 2004.
9. Ar gyfer Portiwgal gweler NA: BT 31/1162/2482C 2482C (Vallongo State and Slab Quarry Company Ltd 1865); BT31/812/3524 (ffeiliau De Winton, arian a oedd yn ddyledus gan y cwmni chwarela); ar gyfer yr Almaen gweler Plumpe 1917; Fischer a Schröder 1957; gohebiaeth bersonol, Michael Strassburger a John Peredur Hughes ar gyfer cyflenwi llifiau patent Griffith Owen o'r Union Foundry, Porthmadog; ar gyfer UDA gweler Fisher, Fisher a Jones 2011: 90; ar gyfer Canada, gohebiaeth bersonol, Elfed Williams, a nododd blât gwneuthurwr De Winton ar safle chwarel y'i anfonwyd i'w archwilio.
10. Gwyn 1999.
11. Gwyn 2001; CRO: XM/10414/5 (ffowndrïau Caernarfon), a'r Faenol 6194; *North Wales Gazette* 25 Mawrth 1819 a 1 Ebrill 1819.
12. Fisher, Fisher a Jones 2011, 6-16; CRO XD2/6557.
13. Fisher, Fisher a Jones 2011: 69-137.
14. CRO: XD/41 (cofnodion ffowndri Glaslyn); *Dictionary of Welsh Biography*; Cynhaiarn (gol.) 1881: xv; Peate 1931.
15. Mae'r geiriau 'GREEN & DAVIES – ABERYSTWYTH FOUNDRY 1871' wedi'u nodi ar waith haearn inclên – PTyB: RA040/5/42.
16. Fisher, Fisher a Jones 2011: 138-301.
17. Boyd 1985: 141-43.
18. NMRW: NA/CA/89/93.
19. Down 1998-99: 5-25.
20. Ab Owain 1995.
21. Yn yr un modd â Gwaith Haearn Brunswick, adleolodd y busnes i Ystâd Ddiwydiannol Caernarfon, ac mae'n parhau'n gwbl weithredol.

10 SWYDDFEYDD A GWAITH GWEINYDDOL

Ni welwyd pethau gweinyddol fel swyddfeydd, taflenni amser a thâl-feistri yn y diwydiant llechi yng Nghymru am ganrifoedd. Daeth dynion i'r chwarel yn y bore ac aethant adref yn y prynhawn yn ôl eu mympwy, ar hyd y llwybrau a ddewiswyd ganddynt, heb glociau i ddweud wrthynt pryd i wneud hynny ac, fel arfer, ni chaent eu cyfrif i mewn wrth gatiau haearn gyr gan glercod ymyrgar. Roedd stiwardiaid yn cadw golwg ar yr hyn a ddigwyddai ar wyneb y graig ond, ar y cyfan, ychydig iawn o reoleiddio a welwyd yn y diwydiant. Roedd sgiliau crefft wrth graidd y gwaith ac, er gwaethaf ei holl ddiffygion, roedd taliad am waith bargen (pennod 4) yn golygu bod y diwydiant yn dasg-benodol yn

Ffigur 153. Diwrnod y tâl mawr yn chwarel Llechwedd, Ffestiniog, ar ddiwedd y bedwaredd ganrif ar bymtheg.

hytrach nag yn amser-benodol. Ni wnaeth erioed ychwaith gynhyrchu dosbarth o uwch swyddogion fel capteiniaid y mwyngloddfeydd yng Nghernyw neu 'viewers' y pyllau glo yn Northumberland.

Tan ddechrau'r bedwaredd ganrif ar bymtheg, ni châi hyd yn oed llythrennedd sylfaenol fawr o ddefnydd yn y chwarel; roedd pregethwyr Methodistaidd yn ei annog gyda'r bwriad o achub enaid dynion yn hytrach na'u gwneud yn weithwyr mwy effeithiol. Ni allai Methusalem Jones o Gilgwyn (1731–1810), y dywed iddo sefydlu'r diwydiant llechi yn Ffestiniog ar ôl datguddiad dwyfol (pennod 2), ddarllen nac ysgrifennu, er bod ei wraig yn llythrennog a'i frawd-yng-nghyfraith yn fyfyriwr yng Ngholeg yr Iesu, Rhydychen.[1] Roedd rhifedd yn bwysicach er mwyn gweithio allan pwy mewn partneriaeth chwarel oedd wedi chwarela, hollti a symud faint o lechi, a'u talu yn unol â hynny; ond hyd yn oed wedyn, gallai cyfrifiadau, ni waeth pa mor gymhleth, gael eu gwneud ar ddarn o lechen ymhlith grŵp bach o aelodau teulu neu ffrindiau, ac nid oedd angen swyddfa.[2]

Yn ddiau, roedd maint a chymhlethdod cynyddol y diwydiant yn gofyn am ffyrdd mwy effeithiol o gofnodi allbwn, rheoleiddio'r gweithle a thalu'r gweithlu (Ffigur 153). Er hynny, roedd y cynigion cyntaf i gyfrifo symudiad deunydd ble bynnag y câi labrwyr eu talu wrth y dunnell yn ansoffistigedig a dweud y lleiaf. Yn Niffwys yn Ffestiniog, cadwai chwarelwr diddeall o'r enw Harry Shôn gofnod o'r llwythi wagenni a aeth heibio, drwy symud cerrig bach o un boced yn ei hen got ddi-siâp i'r llall, heb sylweddoli bod y dynion yn sleifio rhagor ohonynt i mewn i'r boced lawn. Disodlwyd y system hon gan un lle câi llwythi eu cyfrif fesul dwsin, ond byddai dynion yn ceisio gwneud i'r wagen edrych yn llawnach nag ydoedd. Nid oedd peiriant a nodai'r wagen wrth iddo fynd heibio damaid yn fwy effeithiol, gan iddo weithio i'r ddau gyfeiriad a byddai'r dynion yn gwthio'r wagen yn ôl ac ymlaen. Yn chwarel Moelwyn gerllaw, cyflwynodd Richard Smith, a oedd â chefndir yn y diwydiant glo, bont bwyso yn y 1820au. Ef a'i frawd ddyfeisiodd y siafft cydbwyso dŵr yn chwarel Tal y Sarn yn Nantlle (pennod 8) hefyd er mwyn iddo weithredu fel peiriant pwyso.[3] Roedd y Penrhyn wedi caffael un lle'r oedd systemau rheilffordd mewnol y chwarel yn ymuno â'i gilydd erbyn 1827, ac fe'u gosodwyd ar bob ponc yn y 1850au.[4] Roedd gan Ddinorwig 46 ohonynt erbyn 1877.[5] Erbyn hynny, roedd y rhan fwyaf o chwareli, ni waeth beth fo'u maint, wedi gosod cytiau pont bwyso. Roedd y rhain bron bob amser yn strwythurau un cell syml, gyda lle tân neu stôf fel arfer, a chaent eu hadnabod gan y twll ar gyfer y glorian a'r bont bwyso ei hun sydd wedi goroesi. Mae sawl enghraifft yn parhau (Ffigur 154).[6]

Ffigur 154. Cwt pwyso yn chwarel Hafodlas, Nantconwy.

Roedd yr iardiau pentyrru llechi yr un mor bwysig.[7] Erbyn i'r diwydiant gael ei fecaneiddio i'r graddau y câi cynnyrch ei allforio ar drenau, câi llechi gorffenedig a slabiau llifiedig eu pentyrru, i ddechrau, mewn iardiau wrth ymyl y gwaliau neu'r felin, lle caent eu harchwilio gan yr arolygwyr, swyddog cyflogedig a ddewiswyd o blith y chwarelwyr. Roedd hon yn swydd heriol. Yr hyn a wnaeth y dasg o redeg y cyfryw leoedd yn anodd oedd mai nhw oedd y cyntaf o blith cyfres o iardiau pentyrru o bosibl, er enghraifft wrth gyfnewidfa reilffordd ac mewn porthladd; roedd angen meddwl clir a rhesymegol iawn ar y sawl a oedd yn gyfrifol am y lleoedd hyn er mwyn sicrhau bod yr allbwn yn cael ei symud yn y cyfryw fodd fel bod llwythi penodol, boed yn

Ffigur 155. Pentyrru llechi ar bonc Red Lion yn chwarel y Penrhyn yn barod i'w hanfon.

Ffigur 156. Pentyrru llechi yn Felin Fawr, chwarel y Penrhyn.

llechi to neu'n slabiau, yn hygyrch unrhyw bryd heb rwystro'r gofod oedd ar gael (Ffigurau 155 a 156).

Roedd y dasg hon anoddaf pan nad oedd modd rhagweld allbwn y chwarel, er enghraifft oherwydd tywydd gwael, a phan roedd allforion hefyd yn dibynnu ar longau 'tramp' ac ar y llanw.[8] Er mwyn cymhlethu pethau'n fwy, os oedd y system reilffordd rhwng y chwarel a'r porthladd yn cynnwys incleiniau wedi'u gwrthbwyso, roedd angen sicrhau bod digon o wagenni yn mynd i'r ddau gyfeiriad. Lle câi'r rheilffordd ei rheoli'n uniongyrchol gan y chwarel, roedd modd lliniaru'r problemau hyn cymaint â phosibl, ond nid oedd gan Reilffordd Ffestiniog a'r chwareli a wasanaethai y gydberthynas orau bob amser. Cwynai'r rheilffordd na fyddai'r wagenni, unwaith y byddent yn diflannu i fyny incleiniau chwareli, yn cael eu gweld eto am ddiwrnodau a'u bod yn cael eu defnyddio fel warysau symudol. Cwynai'r chwareli bod cyfraddau'r rheilffordd yn uchel.

Byddai arolygwyr yn gwirio cywirdeb mesurau'r sawl a wnâi'r llechi ac yn sicrhau bod y wagenni wedi'u llwytho'n gywir – roedd hon yn dasg anodd ei meistroli; tybiwyd ei bod yn cymryd dwy i dair blynedd i ddysgu'r ffordd orau o lwytho cerrig brau i mewn i wagen bren neu (yn waeth) haearn.[9] Câi llechi eu cyfrif mewn cannoedd (o gant ac

Ffigur 157. Swyddfa Abercegin yn y 1840au.

Ffigur 158. *Y swyddfa yn chwarel Glynrhonwy yn y 1860au, yn dangos gwaith pren addurnol a cherrig diddos.*

ugain), mewn pumdegau ac mewn dau ddeg pump, yn ogystal â mwrw, grŵp o dri, yn yr un modd ag y câi penwaig eu cyfrif gan bysgotwyr ac afalau eu cyfrif gan ffermwyr.[10] Cadwai chwarelwyr gofnod ar lechan gownt; darganfuwyd un enghraifft o 1859 ar ffurf llechen to mewn bracty yn Ware yn Swydd Hertford yn 1968 a awgrymai bod y naddwr o leiaf yn y gwaith ar ddydd Sul.[11] Roedd hyn yn eithaf cyffredin. Yn y Penrhyn ar ddechrau'r bedwaredd ganrif ar bymtheg byddai cynifer â thraean o'r gweithlu yn dewis gweithio ar ddydd Sul, yn ogystal ag ar wyliau pwysig fel Dydd Nadolig a Dydd Iau Dyrchafael ond, o fewn rhai blynyddoedd, wrth i Fethodistiaeth ddod yn fwy poblogaidd, byddai diaconiaid capeli wedi gwneud bywyd yn amhosibl i'r cyfryw drueiniaid annuwiol.[12]

Yn ôl y disgwyl, roedd y swyddfeydd mwyaf crand yn gysylltiedig â chwareli mawr Arfon. Ym Mhorth Penrhyn, mae tŷ'r porthladd, a adeiladwyd ar ôl 1844, yn strwythur marweddog o galchfaen Ynys Môn, gyda bae canolog datblygedig a chloc yn y 'tympanium', y cafwyd mynediad iddo drwy borth Dorig (Ffigur 157 – SH 59226 72630). Gerllaw mae swyddfa'r porthfeistr, adeilad unllawr bach o flociau rwbel gwenithfaen wedi'u naddu gyda tho llechi slip. Yn y chwarel ei hun, cafodd swyddfa Eidalaidd ddeniadol y

Ffigur 159. *Y swyddfa yn Aberllefenni yn Nantdulas, cyn iddi gael ei hadfer.*

Ffigur 160. *Huw Llechid Williams, biwglwr chwarel y Penrhyn.*

chwarel dyddiedig tua 1890 ei heffeithio gan waith ehangu ar ddechrau'r unfed ganrif ar hugain.[13] Yn Ninorwig, roedd y trefniadau ychydig yn llai crand yn yr offis fawr yng Nglan y Bala lle câi'r dynion eu talu (mewn arian parod, mewn tuniau crwn â rhifau arnynt) ac yn y porthladd. Ar y ceiau yng Nghaernarfon, mae rhes ddeniadol o adeiladau a fu'n gartref i swyddfeydd allforio chwareli wedi goroesi ac, ym mhentref Pen y Groes, mae toeon llechi brith pencadlys cwmni Riley yn SH 4720 5309 yn dangos yr amrywiaeth o lechi lliw a gynigiwyd ganddynt o'u chwareli ym Moel Tryfan.

Roedd swyddfeydd eraill, rhai ar raddfa fach iawn, wedi'u haddurno hefyd. Mae llun o'r 1860au yn dangos yr addurniadau ar swyddfa fach yn Nglynrhonwy sydd wedi'i hen ddymchwel (Ffigur 158). Yn Aberllefenni yn Nantdulas, mae'r swyddfa yn strwythur â tho ar un goleddf (Ffigur 159 – SH 77023 09925). Ychydig sydd ar ôl o adeilad tebyg yn chwarel Dorothea, yr oedd y Parch. John Jones Tal y Sarn (pennod 12) yn feistr arni ar un adeg. Roedd gan y ddau gloch mewn clochdy i alw a rhyddhau gweithwyr. Cyflogai chwarel y Penrhyn biwglwr ar un adeg i nodi'r amseroedd ffrwydro (Ffigur 160), ac roedd ganddi gloch ar grocbren (Ffigur 161).[14] Nid oedd chwibanau a chyrn i gyhoeddi dechrau a diwedd y dydd byth yn gyffredin ychwaith, er bod chwareli ag agerbeiriannau yn fwy tebygol o'u defnyddio. Roedd gan chwarel Tal y Sarn yn Nantlle gorn dwy dôn hynod drawiadol a ddefnyddiwyd am nifer o flynyddoedd.

Ffigur 161. Y gloch yn chwarel y Penrhyn.

Nodiadau

1. CRO: papurau plwyf ar gyfer Llandwrog a Llanbeblig; Williams, G.J. 1882: 81.
2. Dysgodd yr actiwari Griffith Davies FRS (1788–1855) ei sgiliau mathemategol fel chwarelwr ifanc yn Nantlle drwy weithio allan y ffordd fwyaf teg o dalu aelodau partneriaeth – Chambers 1988.
3. Williams, G.J. 1882: 101-102; Glaslyn 1902: 201; Sylwedydd n.d. 21.
4. Prifysgol Bangor: Mapiau Ychwanegol Pellach y Penrhyn, 1826: CRO: XPQ997: mae llythyr mewnosod dyddiedig 24 Gorffennaf 1922 yn awgrymu 1855 ar gyfer pontydd pwyso ponciau, ac mae nodyn ymylol mewn llawysgrifen arall yn nodi Chwefror 1851.
5. CRO: XD/40/1/4.
6. Gweler Hughes 1990; 182-84 a Lewis 2003: 78-79 ar gyfer diagramau o bontydd pwyso.
7. Gweler Ffigur 194 sy'n dangos iard bentyrru yn Ninorwig ar ddiwedd y ddeunawfed ganrif.
8. Gohebiaeth bersonol, Dr Gwynfor Pierce Jones, yn ôl tystiolaeth ei daid, Evan Williams (1892–1964), arolygydd ym Mhenybryn (1927–32) ac wedyn yn Norothea yn Nantlle. Enghraifft nodedig o'r cyfryw berson oedd John Jones y seryddwr (1818–98) a weithiodd ym Mhorth Penrhyn, dyn talentog a wnaeth ei delesgopau ei hun – Smiles 1882: 362-69.
9. *Papurau Seneddol* C-7237 1893–94; 55.
10. Mae'r gair wedi'i ardystio yn 1866 – *Geiriadur Prifysgol Cymru*.
11. Storey 1968; Lewis 1968c.
12. CRO: XPQ/997, nodiadau dyddiedig 24 Gorffennaf 1922.
13. NMR: TNA/GEN/2008/011e (cynllun mesuredig, 2002).
14. CRO: XS/1077/12/14; XS/1411/5.

11 IECHYD A LLES

Roedd diwrnod gwaith y chwarelwyr yn un hir, fel arfer rhwng hanner awr wedi chwech neu saith o'r gloch y bore a thua hanner awr wedi pump y prynhawn yn yr haf, ac yng ngolau dydd yn ystod y gaeaf. Roedd y gwaith hefyd yn anodd iawn ac yn beryglus. Yn aml, byddai'r chwarelwr yn wynebu siwrnai hir i'r gwaith ac yn ôl. Sut ac ym mha ffordd y ceisiodd sicrhau bod ei waith yn oddefol o ddydd i ddydd, a gydol ei oes?

Yn hytrach na chael ei lethu gan ei waith a'r amodau y gweithiai ynddynt, roedd y chwarelwr llechi Cymreig Fictoraidd, ar y cyfan, a chyda sawl eithriad, yn rhywun a ymfalchiai yn ei sgiliau gwaith a'i safon gyffredinol o ddiwylliant. Mae hyn yn adlewyrchu'r gymuned hynod grefyddol ac annibynnol a grëwyd ganddo, gyda'i thraddodiadau o hunangymorth ac addysg a ddyddiai o'r ysgolion cylchynol ac o adfywiad llenyddol Cymreig y ddeunawfed ganrif a'r bedwaredd ganrif ar bymtheg.[1] Trafodir barics y chwareli, gyda'u silffoedd llyfrau a'u papurau newydd, a chapeli a sefydliadau eraill helaeth trefi a phentrefi chwarel yn y bennod nesaf, ond cafodd hoffter y chwarelwyr o drafodaeth ddeallus a'u talent ym meysydd cerddoriaeth a llenyddiaeth, a feithrinwyd ganddynt, eu cynnal mewn sefydliad hynod o fewn y chwarel ei hun a alwyd yn gaban (neu gwt tân yn y Penrhyn).

O safbwynt archaeolegol, nid oedd y caban yn ddim mwy na lloches syml iawn, caban yng ngwir ystyr y gair, gyda lle tân y byddai'r dynion yn ymgynnull o'i amgylch i gael cinio. Mae enghreifftiau wedi goroesi mewn llawer iawn o chwareli. Weithiau, nid oedd hyd yn oed yn gaban – gallai fod yn agor a weithiwyd, yn gornel mewn melin lechi, yn gwt pont bwyso neu'n ystafell injan; man lle y gellid o leiaf gynhesu bwyd a berwi dŵr ar gyfer paned o de. Gallai fod digon o le ar gyfer rhwng 10 ac 80 o ddynion.[2] Yma am hanner dydd y byddent yn ymgynnull am bryd o fwyd a thrafodaeth ffurfiol, yn aml ar faterion gwleidyddol, neu i lefaru, canu a barddoni.

Gwelwyd y caban cyntaf, yn ôl pob tebyg, yn y 1860au, ar adeg pan roedd y diwydiant yn ffynnu ac roedd pobl yn yr ardaloedd chwarela yn cael eu denu fwyfwy at Ryddfrydiaeth gymedrol ond ymroddedig yr oes. Yn sydyn, roedd hi'n ymddangos bod pynciau llosg y dydd – diwygio Seneddol, datgysylltiad yr eglwys, uno'r Eidal a'r rhyfel cartref yn UDA – ar wefusau pawb.[3] Er hynny, ychydig iawn o fanylion a gofnodwyd ynghylch yr hyn a ddigwyddai mewn caban. Mae cofnodion caban Sinc y Mynydd yn Llechwedd yn Ffestiniog rhwng 1902 a 1904 wedi goroesi ac mae'r rheini'n sôn am gwisiau gwybodaeth gyffredinol, darlithoedd, a chystadlaethau ar gyfer ysgrifennu englynion.[4] Roedd hoffter o farddoniaeth yn arbennig o gyffredin ymhlith chwarelwyr llechi; roedd Edward Ffoulkes (1850–1917), stiward yn adran Vivian yn chwarel Dinorwig, yn awdurdod ar y soned yn y Gymraeg, ac aeth sawl un arall ati i roi cynnig ar farddoni. Roedd Sinc y Mynydd yn anarferol am fod ei gofnodion ysgrifenedig wedi goroesi – neu efallai am eu bod wedi'u cofnodi ar bapur yn y lle cyntaf. Mae ffilm Ifan ab Owen Edwards, *Y Chwarelwr*, a wnaed gyda chast amatur o chwarelwyr a'u teuluoedd yn bennaf yn 1935, yn dangos cyfarfod mewn caban yn chwarel Oakeley lle mae dyn ifanc

Ffigur 162. Llun llonydd o'r ffilm Y Chwarelwr *yn dangos cyfarfod amser cinio yn y caban. Mae chwarelwr yn diddanu ei ffrindiau drwy ganu 'Defaid William Morgan'.*

yn diddanu ei gymheiriaid â chân, tra bod un o'r gweithwyr eraill yn cyfeilio ar ei acordion (Ffigur 162). Mae Edwards, mab yr addysgwr, yr awdur a'r hanesydd Syr Owen M. Edwards, a raddiodd, fel ei dad, o Aberystwyth a Rhydychen, yn dangos, drwy'r darlun hwn, hiraeth am ffordd o fyw sy'n diflannu, er bod y geiriau eironig 'Hotel Ritz' ar ddrws y caban yn taro deuddeg. Er iddo gael ei ramanteiddio gan genedlaethau olynol, roedd yn sefydliad a oedd, yn ei ddydd, yn dod â'r gorau allan o'r chwarelwyr ac yn annog rhai ohonynt i fynd i'r brifysgol neu i'r coleg diwinyddol; yn aml iawn, byddai dyn ifanc addawol yn cael ei helpu ar ei ffordd drwy gyngerdd a drefnwyd gan ei gaban.

Nid pob chwarelwr a ddangosai ddiddordeb yn y fath bethau, ac awgryma tystiolaeth anecdotaidd nad oedd y caban yr un fath ar ôl 1945; cwynai unigolion brwdfrydig nad oedd safon y drafodaeth gystal, a châi'r dynion ifanc eu cythruddo gan y genhedlaeth hŷn sychlyd a fyddai'n eu dwrdio am regi neu am chwarae cardiau.[5]

Gallai'r mannau bwyta canolog mwy o faint a sefydlwyd fod wedi cyfrannu at y dirywiad hefyd. Erbyn diwedd y bedwaredd ganrif ar bymtheg, roedd pryder cyffredinol ymhlith rheolwyr nad oedd deiet y chwarelwyr yn iach; nid oedd yn cynnwys fawr mwy na the, weithiau coffi, bara menyn drwy'r dydd, ac weithiau bysgod neu gig ar ôl iddynt ddychwelyd adref a phryd mymryn yn fwy ar ddydd Sul yn unig.[6] Gwelwyd yr ymgais cynharaf i unioni hyn yn Ffestiniog, yn y tŷ pwdin o 1870 yn Votty and Bowydd, lle y cynigiwyd tatws, pys a moron, y dywedwyd amdano 'they (the quarrymen) relished it for a time, but they afterwards got tired of it and abandoned it'. Gall fod wedi cynnig yr hyn a ddaeth yn bryd cyffredin yng Ngogledd Cymru, stiw o gig, tatws ac unrhyw lysieuyn arall a oedd ar gael, a alwyd yn lobscows neu lobsgóws. Trafododd rheolwr Glynrhonwy yn Nantperis y syniad o droi rhan o westy gerllaw yn gantîn yn 1893.[7] Er i neuaddau bwyta mwy o faint ddod yn gyffredin yn yr ugeinfed ganrif, yn aml roedd yn well gan chwarelwyr fwyta mewn grwpiau bach, dynion y felin gyda'i gilydd, y creigwyr gyda'i gilydd, a'r 'black gang', y gofaint a'r ffitwyr, gyda chriwiau'r locomotifau.[8]

Anaml iawn y gwelwyd toiledau tan yr ugeinfed ganrif. Mewn rhai mannau, mae seddi dwbl o slabiau wedi goroesi dan ddaear, fel yn chwarel Cambrian yng Nglyn Ceiriog a oedd, fwy na thebyg, ar un adeg yn gysylltiedig â chlosedau pridd, er ym Maenofferen, defnyddiai'r dynion blanc dros sianel ddŵr a redai'n gyflym tan 1996. Yn chwarel Oakeley, rhoddai rhes o gabanau heb ddrysau arnynt olygfa arbennig o dref Blaenau Ffestiniog. Mae *magic flute* chwe sedd wedi goroesi ym Mhen yr Orsedd. Câi hwnnw ei fflysio gan fwced y byddai dŵr yn cronni ynddi nes bod digon o bwysau ynddi

Ffigur 163. Lle chwech ym Mhen yr Orsedd, Nantlle, gyda dull fflysio awtomatig yn y blaendir.

i'w gwagio (Ffigur 163).[9] Roedd closedau dŵr canolog ar gael yn y Penrhyn erbyn y 1950au.[10]

Roedd diffyg toiledau yn un o sawl her i iechyd mewn galwedigaeth a oedd, heb os, yn un beryglus. Arweiniodd arfer y chwarelwyr o yfed te wedi mwydo am hanner dydd fel cyfnerthydd at ganser yr afu, problemau gyda'r coluddyn a phroblemau wrinol. Achosai'r amodau gweithio oer a gwlyb dwbercwlosis a niwmonia; nid oedd dillad cotwm a brethyn yn sychu'n hawdd ac roedd eu hongian o flaen tân yn arwain at leithder yng nghartrefi teuluoedd a barics. Er i greigwyr mewn chwareli agored gael caniatâd i fynd adref (os gallent) ar adegau pan gafwyd glaw parhaus, nid oedd hyn bob amser yn bosibl i'r rhai a oedd yn byw yn bell i ffwrdd ac a oedd yn dibynnu ar drên. Prin iawn oedd y cyfleusterau a oedd ar gael ar gyfer sychu dillad; ym Mhen yr Orsedd, mae ystafell sychu gyda rheiliau wedi'u trefnu o amgylch stôf ganolog wedi goroesi, ond awgryma tystiolaeth anecdotaidd mai ychydig iawn o ddefnydd a wnaed ohoni. Yn ôl y dynion, roedd hi'n annog llau ac roedd hi'n llawer gwell gwisgo het law neu glogyn hesian pan fyddai'n bwrw glaw. Gallai teithio i'r gwaith ac yn ôl, boed bob dydd neu bob wythnos, wneud pethau'n waeth. Mae'r enghreifftiau sydd wedi goroesi o gerbydau bach pedair

Ffigur 164. Cerbyd chwarelwyr wedi'i gadw ac un wedi'i gopïo (ar y chwith a'r dde yn y drefn honno) ar Reilffordd Ffestiniog; fe'u hystyriwyd yn berygl o ran cael niwmonia.

olwyn y gweithwyr ar Reilffordd Ffestiniog yn dangos yn glir pam y'u hystyriwyd yn berygl o ran cael niwmonia; roeddent yn cludo 16 o ddynion mewn gofod cyfyngedig (Ffigur 164). Efallai mai'r tywydd fyddai wedi penderfynu p'un a oedd y cerbydau caeedig hyn yn well neu'n waeth na'r rhai agored ar reilffordd chwarel y Penrhyn. Ar adegau oer, byddai'r dynion a deithiai ar reilffordd chwarel y Penrhyn yn lapio'u hunain mewn rygiau, ond dim ond reid ar y wagenni y gallai rhai rheilffyrdd chwareli ei chynnig, a olygai eistedd ar lechi wedi'u troi at i fyny.[11]

Yn ogystal â chlefydau, gwelwyd damweiniau – craig yn disgyn, neu ddynion yn disgyn oddi ar bonciau, pengialiau neu bontydd dan ddaear. Gallai craeniau treipod ddisgyn drosodd, neu pe na bai'r glicied yn cael ei rhoi arnynt, gallai'r handlen dorri asgwrn gên. Bu farw rhai dynion mewn modd erchyll ar ôl cael eu llarpio mewn peiriannau. Roedd rheilffyrdd chwareli yn beryglus; rhoddodd damwain ar inclên yn Norothea ddiwedd ar fywyd gweithgar John Jones, Tal y Sarn, fel pregethwr a rheolwr chwarel yn y 1850au, a gallai locomotifau stêm a redai ar draciau a esgeuluswyd fod yn angheuol. Daeth locomotif oddi ar y cledrau ar bont uchel yn Nantlle yn 1879 gan ladd bachgen a oedd yn teithio arno a oedd yn mynd â chinio i'w dad.[12] Ni ddefnyddiwyd *Wendy* yn Norothea byth eto ar ôl un diwrnod yn y 1940au pan achosodd farwolaeth gweithiwr a oedd yn ceisio newid y tafod o'i flaen; fe'i gadawyd i rydu wrth ymyl y felin am flynyddoedd fel petai i ddangos y gallai hyd yn oed chwarelwyr call fod yn ofergoelus.[13]

Ni chafodd materion iechyd a diogelwch eraill erioed eu nodi pan roedd y chwarelwyr yn gyflogwyr mawr ond byddent wedi cael effaith andwyol ar les y chwarelwyr. Roedd y rhan fwyaf ohonynt yn ysmygu ac fe'u hamlygwyd i effeithiau carsinogenig tybaco cetyn a sigaréts ar drenau ac yn y barics. Roedd hi'n anodd credu hefyd nad oedd llawer o'r rheini a weithiai dan ddaear yn dioddef iselder tymhorol pan fyddent, yn ystod misoedd y gaeaf, ond yn gweld yr haul am ychydig oriau ar brynhawn ddydd Sadwrn ac ar ddydd Sul.

Roedd cymunedau chwareli llechi cyfan yn agored i dwbercwlosis, clefyd y rhoddwyd yr enw arswydus 'dicáu', o'r Saesneg *decay*, iddo yn Gymraeg, a chafodd tref Ffestiniog enw gwael am deiffoid yn y 1860au. Yn union fel yr oedd y dynion yn marw yn y chwarel, bu farw llawer o fenywod yn rhoi genedigaeth, ac roedd ail a thrydedd briodas a theuluoedd cymysg yn gyffredin.

Mae'r trawmâu hyn wedi dod yn symbol o'r gorthrwm y bu'n rhaid i'r dosbarth gweithiol diwydiannol yng Nghymru ei dioddef, ac y bu iddynt ei herio yn y pen draw, wrth iddynt wynebu heriau'r broses ddiwydiannu. Eto i gyd, nid oedd er budd unrhyw un mewn economi fasnachol i ddynion medrus farw'n ifanc neu gael eu hanalluogi. Mae'n arwyddocaol bod y dystiolaeth fwyaf damniol hyd yn oed ynghylch peryglon y diwydiant ar ddiwedd y bedwaredd ganrif ar bymtheg yn dod o gomisiynau'r llywodraeth, yr oedd rheolwyr y chwareli wedi'u cynrychioli'n dda arnynt; ni wnaethant hwy na diwygwyr fel Dr Clement Le Neve Foster, Arolygydd Cloddfeydd Gogledd Cymru o 1880, geisio herio'r system er mwyn sicrhau ei bod yn gweithio'n fwy teg a'i bod yn fwy cynhyrchiol.[14] Mae'r damweiniau erchyll a groniclwyd yn y Penrhyn a Dinorwig ar ddechrau'r bedwaredd ganrif ar bymtheg (pennod 4) yn adlewyrchu byd annibynnol y fargen ond, erbyn y 1890au, roedd y ddwy chwarel hyn yn cael eu hystyried yn enghreifftiau o arfer da.[15] Roedd chwarel Nantlle, gyda'i hymgymeriadau canolig a bach, yn fwy peryglus; felly hefyd weithfeydd tanddaearol Ffestiniog a Nantdulas. Mae'n bosibl y byddai'r dynion ifanc a heidiodd i'r mannau hynny yn y 1850au a'r 1860au wedi gweld diwedd y ganrif ond ni fyddent wedi byw'n llawer hwy na hynny. Roedd oedran cymedrig y dynion a weithiai yn y chwarel adeg eu marwolaeth (gan ei fod yn wahanol i ddisgwyliad oes) wedi'i fesur dros ddegawd yn 59 oed yn y Penrhyn a 53 oed yn Ffestiniog.[16] Cafodd dealltwriaeth o'r cysylltiad rhwng llwch llechi a chlefydau diwydiannol ei rhwystro wrth i silicosis gael ei gamddiagnosio fel y diciâu, ac nid oedd hyd yn oed yr Arolygydd Foster, a oedd yn gredwr cryf mewn damcaniaethau'n ymwneud â'r llwch, wedi'i argyhoeddi bod cysylltiad rhyngddynt.[17] Am y rheswm hwn, effeithiodd silicosis ar nifer gynyddol o ddynion yn ystod y blynyddoedd dilynol wrth i fwy a mwy o chwareli fabwysiadu dulliau llifio mecanyddol ac wrth i'r rhan fwyaf ohonynt ddefnyddio driliau wedi'u pweru. Dim ond yn 1930 y cafodd ei gydnabod.[18] Fodd bynnag, roedd ystadegau yn awgrymu, erbyn diwedd y bedwaredd ganrif ar bymtheg, fod chwarelwyr yn gweithio mewn amgylchedd llai niweidiol na nifer rhyfeddol o fasnachau a galwedigaethau, ac roedd eu parodrwydd i wneud eu ffordd i'r trefi llechi datblygol o ffermydd a thyddynnod, ar adeg pan roedd hyd yn oed bywydau amaethwyr tlawd yn gwella, yn destament i'r ffordd newydd, atyniadol hon o fyw.[19]

Dyma oedd yr heriau i iechyd, ond beth am yr atebion? Roedd meddygon y chwarel yn unigolion medrus a chydwybodol ar y cyfan, dynion a allai siarad â'r chwarelwr

Ffigur 165. Ysbyty Chwarel Dinorwig, a adeiladwyd ar ddechrau'r 1860au.

yn ei iaith ei hun ac a oedd yn ymwybodol o'u dyletswydd i'r cyflogwyr a'r gweithiwr fel ei gilydd.[20] Dylid sôn am ambell unigolyn. Roedd Dr Mills Roberts o Ddinorwig (1862–1935) yn fab i reolwr chwarel Ffestiniog ond hanai o deulu meddygol enwog â'u gwreiddiau yn ardal Glaslyn. Honnodd yn hunandybus mai hon oedd y gyflogaeth iachaf posibl yn 1893–1894 ond mae'n debyg ei fod yn gywir i ddweud nad oedd problem fawr gyda llwch llechi yn y chwarel gan nad oedd llifiau wedi'u pweru'n cael eu defnyddio'n aml ac nid oedd driliau wedi'u pweru wedi'u cyflwyno eto.[21] Roedd Thomas Evans (1840–81), y meddyg esgyrn yn chwarel y Penrhyn, yn hanu o deulu o Ynys Môn a oedd yn adnabyddus am eu gallu naturiol i drin pobl; roedd yn gefnder cyntaf i Dr Hugh Owen Thomas (1834–91), tad orthopaedeg fodern. Roedd Dr John William, y llawfeddyg yn ysbyty chwarel y Penrhyn, yn unigolyn crintachlyd a oedd hefyd yn araf i gydnabod effeithiau niweidiol llwch llechi ac a ddangosodd ddirmyg amlwg tuag at labrwyr o Ynys Môn yn benodol, er i'w bamffled *Peryglon i Iechyd* y Chwarelwr o leiaf geisio perswadio ei ddarllenwyr Calfinaidd yn bennaf nad oedd tynged yn rhywbeth a bennwyd ymlaen llaw ac y gallai deiet da ymestyn disgwyliad oes.[22]

Nid oedd ysbytai diwydiannol erioed yn gyffredin iawn ym Mhrydain, er iddynt gael eu gweld mewn ardaloedd anghysbell lle ceir contractau peirianneg sifil mawr ac mewn 'gardd-ddinasoedd'. Roedd tri ohonynt yn y diwydiant llechi, y sefydlwyd pob un ohonynt gan y prif dirfeddiannwr lleol. Nid yw'n syndod mai ystâd y Penrhyn a arweiniodd y ffordd; roedd ganddi ddigon o brofiad o reoli iechyd a ffrwythlondeb caethweision ar ei phlanhigfeydd yn Jamaica.[23] Adeiladwyd ysbyty'r chwarel yn 1840–42 (SH 6246 6581), gan ddisodli un cynharach ym Mangor. Yna, yn 1848, adeiladwyd ysbyty yn Ffestiniog, dan nawdd Mrs Oakeley, yr unig un nad oedd yn gysylltiedig â chwarel benodol (SH 6963 4635). Adeiladodd y teulu Assheton Smith ysbyty yn Ninorwig (SH 5832 6070) tua 1861, er bod gwasanaethau meddygol wedi'u darparu yno ers 1826 pan gyrhaeddodd Robert Roberts, llawfeddyg esgyrn a hanai o'r un teulu â Dr Mills Roberts, yn Nantperis.[24] Mae'r tair enghraifft sydd wedi goroesi yn dilyn yr un patrwm sylfaenol, sef bloc derbynfa canolog gydag adenydd yn ymestyn allan ar gyfer y wardiau. Mae gan yr enghraifft yn Ninorwig ystafelloedd yn y cefn – cegin fach, cegin, golchdy, ystafell i'r gweision ac ystafell fyw (Ffigur 165). Lleolwyd pob enghraifft mewn man amlwg ar y ffordd i'r gweithfeydd fel na allai unrhyw un anghofio'r bwriad hawddgar a'r pryder bonheddig, i'r graddau y cafodd ysbyty Oakeley ei leoli'n afiach o agos at gors heb ei ddraenio, er mawr bryder i'w lawfeddygon olynol. Mae ysbyty'r Penrhyn a'i ddedws cysylltiedig bellach yn adfeilion heb do, mae

Ffigur 166. Ysbyty Chwarel Dinorwig; ar y wal mae stretsier o wiail a ddefnyddiwyd i ostwng dynion a anafwyd i lawr wyneb y graig. Defnyddiwyd stretsier ag olwynion i symud achosion brys ar hyd rheilffordd y chwarel.

ysbyty Oakeley yn dŷ preifat, ond mae ysbyty Dinorwig wedi'i droi'n amgueddfa sy'n cadw rhai eitemau rhyfeddol o'r adeg y cafodd ei ddefnyddio, gan gynnwys tiwbiau *focus* Jackson a ffurfiai ran o beiriant pelydr-x cynnar iawn.[25] Mae'r casgliad hefyd yn cynnwys nifer o stretsieri, y mae un ohonynt wedi'i wneud o wiail. Byddai'r claf yn cael ei ddiogelu â strapiau, gyda'i ben yn cael ei ddiogelu gan ffrâm a'i gorff yn cael ei gadw'n gynnes gan ddefnyddio poteli dŵr poeth. Gosodwyd rhai eraill ar olwynion 0.6 metr er mwyn dod â chleifion i'r ysbyty ar y rheilffordd (Ffigur 166). Fodd bynnag, nid oedd y rhan fwyaf o chwarelwyr o Gymru yn hoff o stretsieri; credwyd mai dim ond ar gyfer cludo'r meirw y dylent gael eu defnyddio. Roedd yn well ganddynt yr hen elor-welyau y dechreuwyd eu defnyddio erbyn tua 1860 ac a oedd i'w gweld o hyd mewn rhai mannau. Roedd y blychau pren hyn, a oedd yn llawer mwy sinistr yr olwg na stretsieri, tua 2 fetr wrth 0.6 metr ac yn 0.45 metr o ddyfnder. Roedd lle i ddau ddyn orwedd ynddynt – y claf a dyn arall i'w gadw'n gynnes (Ffigur 167).[26]

Ymhlith cyfleusterau eraill llai o faint roedd ysbyty chwarel Pen yr Orsedd yn Nantlle, a oedd yn fwy o orsaf cymorth cyntaf mewn gwirionedd, a leolwyd ar y lefel ganol,

Ffigur 167. Elor-wely ar gyfer cleifion yn chwarel Cwmorthin.

ysbyty byrhoedlog a oedd ynghlwm wrth chwarel Llechwedd yn Ffestiniog, nad oedd yn fwy na thŷ ag ambell wely ynddo mae'n debyg, a oedd yn weithredol rhwng 1887 a 1898, a ward a oedd yn ynghlwm wrth chwarel Hendre Ddu yn ne Gwynedd.[27] Yr unig ysbyty arall sy'n uniongyrchol gysylltiedig â'r diwydiant llechi yw'r Ysbyty Coffa gan Clough Williams-Ellis ym Mlaenau Ffestiniog (SH 7022 4555), adeilad deulawr â tho slip gyda ferandâu siâp colofnau a agorwyd yn 1925.[28] Yr unig opsiwn arall oedd mynd â dyn a anafwyd mewn chwarel yn ôl adref i'w dendio.

Yn ogystal â salwch, roedd llawer o chwarelwyr yn wynebu tlodi ar ddiwedd eu hoes. Roedd tlotai yn gwasanaethu'r prif ardaloedd chwarela yng Nghaernarfon, Penrhyndeudraeth (ar gyfer Undeb Ffestiniog) a Bangor (ar gyfer Undeb Bangor a Biwmares). Mae dau o'r rhain wedi goroesi, sef Caernarfon a Phenrhyndeudraeth, a chafodd y ddau ohonynt eu troi'n ysbytai. Adeiladau llwm ydynt ill dau. Mae Penrhyndeudraeth, a adeiladwyd tua 1838 gydag ychwanegiadau yn 1875, wedi'i adeiladu ar ffurf grid o amgylch bloc wythonglog canolog (SH 304 678). Caiff Caernarfon, a adeiladwyd tua 1840 (SH 4866 61496), ei ddominyddu gan floc canolog wedi'i orchuddio â llechi sy'n edrych allan dros afon Seiont.[29]

Mae ochr arall cymunedau'r chwarel yn amlwg hefyd yn eu hymateb i salwch meddwl – mater y deallwyd llawer llai amdano yn ystod y cyfnod diwydiannol clasurol o gymharu â nawr, ac un yr oedd pobl yn ei ofni'n fawr. Roedd triniaeth ar gael yn Seilam Gogledd Cymru yn Ninbych, un o'r rhai mwyaf soffistigedig ac arloesol ym Mhrydain pan gafodd ei agor yn 1848 (SJ 0509 65097), ond er gwaethaf goddefgarwch greddfol cymunedau clos, cafodd gwallgofrwydd ei stigmateiddio. Am flynyddoedd, byddai hyd yn oed y gair 'Dinbych' (tref nad oedd gan chwarelwyr a'u teuluoedd lawer o reswm dros ymweld â hi fel arall) yn gyrru ias i lawr y cefn, ac roedd nofel Caradog Prichard *Un Nos Ola Leuad*, gyda'i stori am salwch meddwl o fewn teulu chwarelyddol, yn fwy nag y gallai llawer o bobl ei darllen.[30] Nid oedd y chwarelwyr llechi yn fwy tebygol o gael salwch meddwl nag unrhyw un arall ond, yn anochel, roedd ymddygiad gwrthgymdeithasol, treisgar neu gywilyddus yn embaras mawr o fewn cymunedau a osodai bwys mawr ar barchusrwydd a duwioldeb. Yr hyn sy'n drawiadol yw'r graddau y daeth blaenoriaethau'r gymuned ei hun i'r amlwg mewn ffordd ryfedd ymhlith y chwarelwyr hynny a anfonwyd i'r seilam. Dioddefodd rhai ohonynt orffwylledd crefyddol. Mewn un achos, yn ogystal â gweddïo'n gyson, gwariodd un dyn o Dal y Sarn ei arian ar watshis a chadwyni aur, gan honni ei fod yn ennill cyflog mawr a'i fod yn mynd i adeiladu rheilffordd o amgylch y byd – roedd hyn yn ddealladwy mewn amgylchedd Calfinaidd lle'r oedd arian da i'w ennill, lle'r oedd symbolau statws gwrywaidd yn bwysig a lle'r oedd rheilffyrdd yn ymestyn i bobman. Yn 1895, cafodd Dr John William, awdur *Peryglon i Iechyd y Chwarelwr*, ei anfon fel claf preifat i seilam Dinbych ei hun, 'full of all sorts of delusions':

> ... owns Merionethshire a present from the Queen. Is having a palace and a hospital built with about 1,000 beds and he is going to be head surgeon. Has married a daughter of the Tsar of Russia, whom he has delivered of a child. A very jolly old fellow, in good health.

Bu farw Dr William o niwmonia tra roedd yn dal i fod yn Ninbych yn 1909.[31]

Mae'r bennod ganlynol yn trafod archaeoleg aneddiadau chwareli sydd, yn fwy nag unrhyw agwedd arall ar y diwydiant, yn dangos hyder y dosbarth gweithiol diwydiannol newydd hwn a aeth ati i greu ei strwythurau a'i ffordd o fyw ei hun. Roedd caban y chwarel yn rhan o'r stori y tu ôl i'r hyder hwnnw. Eto i hyd, mae'r dystiolaeth berthnasol ynghylch iechyd a lles, a'r doreth o gofnodion dogfennol, yn dangos ei ochr arall hefyd. Roedd y tlotai yn symbolau o dlodi, a'r ysbytai yn atgoffa dyn o bydredd araf a marwolaeth sydyn, y themâu a welir dro ar ôl tro yn nofelau a straeon byrion Kate Roberts (pennod 2). Dywyllaf oll, mae'r seilam yn gysgod dros y gymuned yn *Un Nos Ola Leuad*, lle mae llif o ymwybyddiaeth yn nhafodiaith Bethesda a realaeth hudol yn lleisio ofn y gymuned ynghylch yr hyn na allai mo'i ddeall na'i reoli.

Nodiadau

1. Câi'r ysgolion cylchynol eu noddi gan glerigwyr Anglicanaidd efengylaidd, ac fe'u cynhaliwyd mewn un lleoliad am tua thri mis cyn symud i fan arall. Roeddent yn addysgu llythrennedd sylfaenol (yn Gymraeg) er mwyn i bobl allu darllen y Beibl.
2. Papurau Seneddol C-7237 1893-1894: 11-12, 15, 19. Byddai gan chwarel fawr nifer o gabanau – roedd gan Ddinorwig 47 ohonynt yn 1877 – CRO: XDQ/40/1/4.
3. Wallace 1991; 77-136; Manning 2004; gweler *Yr Herald Cymraeg* 14 Mai 1864, *Baner ac Amserau Cymru* 18 Mai 1864.
4. Prifysgol Bangor: llawysgrifau Bangor 5440.
5. Gohebiaeth bersonol, Caradog Evans; gohebiaeth bersonol, Bobi Humphries.
6. Papurau Seneddol C-7237 1893-1894; 20-21, 25, 41.
7. Evans 2002; Papurau Seneddol C-7237 1893-1894; 12, 20-21. Mae lobscows/lobsgows yn deillio o'r gair Norwyeg *lapskaus* ond mae amrywiadau arno'n gyffredin yng ngogledd yr Almaen ac yn Lerpwl (lle rhoddwyd yr enw *scouse* ar bopeth a ddaethai o Lerpwl) a gallai fod wedi'i gyflwyno i'r iaith Gymraeg a'r gegin Gymreig naill ai o'r Mersi neu'r Elbe.
8. Gohebiaeth bersonol, Iorwerth Jones.
9. PTyB: PO031, 071/1.
10. Cynllun o'r chwarel mewn dwylo preifat.
11. Papurau Seneddol C-7237 1893-1894; 16.
12. Fisher, Fisher a Jones 2011: 184.
13. Gohebiaeth bersonol, Dr Gwynfor Pierce Jones. Roedd Ymddiriedolaeth Rheilffordd Gul Hampshire yn edrych yn fwy pragmataidd ar ei gorffennol, ac fe'i hadferwyd i stêm.
14. Roedd Clement Le Neve Foster (1841–1904) yn *bachelier ès sciences* yr ymedrodraeth Ffrengig ac yn ŵr gradd o Freiberg a enillodd DSc o Lundain hefyd – hollddysgedig amlieithog â phrofiadau ymarferol o Venezuela i Sinai. Bu'n gwasanaethu fel rheithiwr mewn arddangosfeydd rhyngwladol ym Mharis a Chicago – enghraifft ryfeddol o'r peiriannydd mwyngloddio a'r arbenigwr mwyngloddio proffesiynol a oedd yn unigolyn cyfarwydd yn yr ardaloedd Ffrangeg ac Almaeneg eu hiaith yng Nghanol Ewrop ond nas daethpwyd i'r amlwg ym Mhrydain tan y cyfnod Fictoraidd. Gweler *Dictionary of National Biography*.
15. Anhysbys. 1879; Davies 2003: 299-302; Prifysgol Bangor: llawysgrifau Bangor 20670, 39276; Papurau Seneddol C-7692 1895: xx. Gweler Mills 2010: 94-95, 216 a 234 am drafodaeth ynglŷn â'r diwylliant o gymryd risg ymhlith mwynwyr Cernyweg, sy'n awgrymu tebygrwydd rhyngddynt â chwarelwyr Cymreig.
16. Lindsay 1987: 11; Papurau Seneddol C-7692: 2.
17. Mills 2010; 200.
18. Adran Mwyngloddiau 1930.
19. Papurau Seneddol C-7237 1893-1894: iv-v; Papurau Seneddol C-7692 1895 xx. Ar gyfer cyflwr y labrwr amaethyddol, gweler Howell 1977: 93-107; Pretty 1989.
20. Davies 2003.
21. Jones 1981: 36.
22. Davies 2003: 205, 251.
23. Prifysgol Bangor: Papurau Castell Penrhyn 1182-1598; Llawysgrifau Ychwanegol Castell Penrhyn 2768-2781.
24. Mae Davies 2003: 70 yn nodi mai yn 1860 yr adeiladwyd yr ysbyty ond nid yw'n nodi unrhyw ffynhonnell ac nid oes unrhyw ddogfennaeth wedi'i nodi hyd yma i gadarnhau hyn. Mae CRO: XM1236/4 yn awgrymu y gwelwyd gwelliannau yn y ddarpariaeth feddygol yn Ninorwig tua 1861. Ar gyfer Robert Roberts, gweler *Y Drych*, 30 Gorffennaf 1885.
25. Cafodd y rhain eu dylunio gan yr Athro Herbert Jackson o Goleg y Brenin, Llundain yn 1894, yn wreiddiol ar gyfer arbrofion gyda phelydrau catod, ond canfuwyd eu bod yn ddelfrydol fel ffordd o gynhyrchu pelydrau-X, ar ôl iddynt gael eu darganfod gan Roentgen yn 1895. Mae'r enghreifftiau yn Ninorwig yn dyddio o 1898.
26. Davies 2003: 48-51.
27. PTyB: PO027 a PO066; Davies 2003: 86; *North Wales Chronicle* 20 Rhagfyr 1867; *Baner* 17 Rhagfyr 1862.
28. Haslam, Orbach a Voelcker 2009: 557.
29. Haslam, Orbach a Voelcker 2009: 304, 678. Mae tloty Undeb Bangor a Biwmares wedi'i ddymchwel.
30. Prichard 1961.
31. Michael 1997; Michael 2003: 90-91.

12 ANHEDDIAD A CHYMUNED

Mae tai y chwarelwyr a'u teuluoedd yn enghreifftiau ardderchog o aneddiadau gweithwyr yn y bedwaredd ganrif ar bymtheg. Oherwydd y dirywiad yn y diwydiant rhwng 1911 a thua 1970, ni welwyd llawer o newidiadau, ac oherwydd hynny, yn ogystal â'r ffaith bod ei dirweddau cynhyrchiol wedi goroesi fel prawf pwerus o'i gyfnod Fictoraidd clasurol (pennod 2), mae hyn hefyd yn wir am ei archaeoleg drefol, a manylion ei strwythurau domestig ac aneddiadau.

Mae'n debyg na chynyddodd nifer y chwarelwyr yng Nghymru i'r fath raddau fel bod angen tai penodol ar eu cyfer tan ddiwedd y ddeunawfed ganrif. Tan hynny, byddai'r bobl a weithiai yn y chwareli – dim mwy na thua mil mae'n debyg – wedi gallu byw ar ffermydd, naill ai fel aelodau o'r teulu neu fel lojars. Roedd y canolfannau trefol cynddiwydiannol yng Nghymru yn fach yn y cyfnod hwn, ac roedd hyd yn oed pentrefi cnewyllol yn brin yn ucheldir y wlad. Erbyn 1901, roedd nifer y chwarelwyr wedi cynyddu 16 gwaith drosodd, digon i newid patrymau anheddu yr ardaloedd prin eu poblogaeth cyn hynny yng Nghymru yn sylweddol.

Yn hyn o beth, gwelodd chwareli llechi Cymru newidiadau tebyg i'r rhai oedd yn digwydd ledled y byd. Yn sgil mantais filwrol a masnachol byd-eang y byd datblygedig yn y prif gyfnod diwydiannol, a'i ymgyrch ddiflino am ddeunyddiau craidd, cododd diwydiannau newydd mewn mannau anghysbell, ac ni allai gwledydd datblygol fforddio peidio â dilyn ffyrdd y gorllewin. Yn ogystal, gwelwyd newidiadau sydyn i derfynau amaethu yn sgil poblogaethau cynyddol ac ansicrwydd o ran bwyd. Gallai cloddfeydd a chwareli gael eu hamgylchynu gan aneddiadau llym a ymdebygai i wersylloedd neu gallent, fel le Grand Hornu yng Ngwlad Belg neu byllau glo Zollverein yn y Ruhr, fod yn dyst i'r dulliau a ddefnyddiwyd gan ddiwydianwyr goleuedig i ateb yr heriau hyn. O ran chwareli llechi, adlewyrchir hyn yn *cités ouvrières* Anjou a'r Ardennes.[1]

Mewn gwrthgyferbyniad, yn y diwydiant llechi yng Nghymru, prin oedd y pentrefi a osodwyd gan berchenogion y chwareli. Lle'r oeddent yn bodoli, mae'n anodd gweld y ddelfryd synhwyrol ynddynt, boed hynny yng nghabanau gwyngalch Tan y Grisiau sy'n ymestyn ar hyd Rheilffordd Ffestiniog, neu yn lleiniau gerddi hir Treforys, lle na ellir tyfu tatws hyd yn oed. Yn hytrach, yr hyn sy'n nodedig am yr aneddiadau hyn yw'r graddau y mae ffurfiau cynhenid a gwledig wedi goroesi i mewn i'r cyfnod diwydiannol, ac – yn deillio o hyn – iddynt gael eu creu gan y bobl eu hunain i raddau hynod, yn dyst i allu pobl gyffredin i greu eu hamgylcheddau eu hunain, ac i ddatblygu eu strwythurau cymdeithasol eu hunain. Nododd hanesydd Prifysgol Bangor, A.H. Dodd, erwinder a dwyster cyfnodau cynnar y newid hwn:

> The quarrying population was forming its own villages – new Nonconformist parishes, as it were, each clustering around and named after, the first chapel to be erected. The Penrhyn workmen found Lord Penrhyn's model houses too far away, and they built homes for themselves round Bethesda Chapel, just at the foot of the quarry; by the 'sixties Bethesda village had five or six thousand inhabitants. In Llanberis parish the old village was left high and dry; a new Llanberis arose on the southern side of Llyn Padarn, and an Ebenezer farther north, in Llanddeiniolen parish; and colonies of workmen straggled all over the wild mountain land of Llandwrog and Llanddeiniolen parishes ... Similar developments were taking place in the parish of Ffestiniog ... a new village – Blaenau Ffestiniog – built of solid slabs of slate, had come into existence in the north of the parish, close by the principal quarries.[2]

Caiff disgrifiad Dodd o newid sydyn, chwyldroadol (Ffigur 168) ei gadarnhau yng nghyfrifiad dengmlwyddol y llywodraeth, y dogfennau swyddogol mwyaf diflas fel arfer. Drwy gofnodi oedran a phlwyf genedigaeth y plant, yn ogystal â'r rhieni, bu'n bosibl olrhain yr ecsodus o gefn

Ffigur 168. Caiff gerwinder aneddiadau diwydiannol ei gyfleu yn yr olygfa hon o Flaenau Ffestiniog yn y 1870au. Mae treflun cynlluniedig, yn cynnwys ysgolion, capeli a gweithfeydd nwy, yn ymddangos o fewn amgylchedd gwledig cynharach.

gwlad i'r byd newydd yr oedd y chwarelwyr yn ei greu; drwy gyfateb y cofnodion papur i adeilad adfeiliedig roedd yn hawdd iawn gweld yr amodau cyfyng a'r diffyg preifatrwydd a fodolai. Mewn sawl modd, cyfrifiad 1871 yw'r un mwyaf cymhellol, gan ei fod yn nodi cynnwrf sydyn y degawd cynt. Ond oherwydd i'r cyfrifiad gael ei gynnal ar ddydd Sul, nid yw'n nodi'r dynion oedd yn gorfod treulio'r rhan fwyaf o'r wythnos ar wahân i'w teuluoedd yn anesmwythyd barics chwareli.

Barics

Barics chwareli

Nid oedd barics – llety yn y gweithlu ei hun neu gerllaw ar gyfer y gweithwyr – yn unigryw i chwareli llechi Cymru o bell ffordd. Fe'u gwelwyd mewn gweithfeydd copr yng Ngwynedd, yn ardaloedd pyllau glo Swydd Amwythig, yng ngweithfeydd plwm y Penwynion a Sir Aberteifi, ac ar raddfa lawer mwy uchelgeisiol yn yr Almaen, lle'r oedd ganddynt ddarllenfeydd, neuaddau bwyta ac aleau bowlio erbyn diwedd y bedwaredd ganrif ar bymtheg.[3] Er hyn, mae'r ffaith y darparwyd ac y defnyddiwyd barics am gyfnod maith yn niwydiant llechi Cymru yn un o'i nodweddion hynod ac unigryw, ac mae'n rhan bwysig o'i archaeoleg.

Yn eu hanfod, maent yn ffwythiant twf anferth y diwydiant yn y 1860au a'r angen i letya gweithlu llawer mwy mewn chwareli a oedd yn agor mewn ardaloedd anghysbell iawn.[4] Tyfodd y trefi a'r pentrefi chwarelyddol hefyd ar yr un pryd, ac nid yw bob amser yn bosibl gwahaniaethu rhwng adeilad a godwyd yn benodol ar gyfer gweithwyr ac un a allai fod yn gartref i gymysgedd o ddynion sengl a theuluoedd. Pan fyddai barics gerllaw anheddiad presennol, byddai'r dynion sengl a oedd yn byw yno yn canlyn ac yn priodi merched lleol; gallai dynion a oedd eisoes wedi priodi ddod â'u teuluoedd drosodd o'r lle y daethant hwy – Ynys Môn, Llŷn neu Sir Ddinbych – pan fyddent wedi setlo yn eu bywydau newydd yn y diwydiant llechi. Felly gallai adeilad a godwyd fel barics ddod yn deras teuluol mewn lleoliad anghyfleus, ac mewn rhai llefydd ymddengys bod cyfaddawd rhwng angen y dynion i fod yn agos at y chwarel ac angen y gwragedd i fod yn agos at siopau a chyfleusterau.

Prin oedd y barics yn Nantlle. Yn chwarel Pen yr Orsedd mae olion barics o fath 'villa' deniadol wedi goroesi, ac yn chwarel Pen y Bryn, ymddengys bod y barics, er eu bod yn dyddio o'r 1860au, yn cynnwys gwaith is-ganoloesol, o bosibl o'r un cyfnod â y ffermdy gerllaw sy'n dyddio o'r ail ganrif ar bymtheg.[5] Ni cheir enghreifftiau ohonynt yn nyffryn Ogwen, lle'r oedd y chwareli yn gymharol ganolog a gallwyd gosod gweithwyr mewn trefi a phentrefi neu ar leiniau tyddynnod gerllaw. Roeddent yn nodweddiadol o ardaloedd Ffestiniog a Chroesor – lle'r oedd y chwareli yn wasgaredig ac yn aml ar dir uchel iawn – o Nantperis a rhai o'r ardaloedd chwarelyddol llai hefyd. Roeddent hefyd yn adlewyrchu argaeledd neu ddiffyg argaeledd trafnidiaeth, gan fod rheilffyrdd y chwareli yn golygu y gellid teithio i'r gwaith, naill ai bob wythnos neu bob diwrnod, gan alluogi llawer o ddynion i aros ar y tir.[6]

Mae cyfrifon o fywyd ym marics chwareli yn cytuno bod cwmni ffrindiau a theulu yn golygu ei bod yn haws eu goddef. Mae Emyr Jones yn creu darlun delfrydol o fywyd cynnil a chymunedol Dre' Newydd, yn Ninorwig.[7] Mae'r bardd Tegfelyn yn canmol cymuned y barics yn Rhosydd, criw cymedrol a ddarllenai'r clasur Methodistaidd *Athrawiaeth yr Iawn*, ond mae Ioan Brothen yn cwyno ynghylch budred a chaledi wrth ysgrifennu am yr un lle.[8] Yn ei henaint, wrth i Ifor E. Davies gofio ymweliad ganddo â'r barics yn chwarel cerrig hogi Melynllyn yn Nantconwy, disgrifiodd y daith hir a wna'r dynion ar droed o Lanbedr y Cennin ar fore dydd Llun gyda'u walats (math o fag ysgwydd lle roeddent yn cario eu pethau angenrheidiol ar gyfer y wythnos), yr hamiau yn hongian o'r nenfwd allan o gyrraedd y llygod, a'r oerfel ofnadwy, a olygai eu bod yn deffro gyda rhew ar eu barfau.[9] Roedd Melynllyn 621 metr uwchlaw lefel y môr. Adeiladwyd barics eraill mewn llefydd oedd bron mor uchel: roedd chwareli Bwlch Cwm Llan, Croesor a Rhiwbach i gyd yn anghysbell a digroeso. Mae'r enw 'Ireland View' ar gyfer barics yn Ninorwig yn adrodd ei stori ei hun. Er bod y barics yn gallu bod yn gartref i ddynion diwylliedig, hyd yn oed yn ôl safonau diwedd y bedwaredd ganrif ar bymtheg, roeddent yn llefydd annymunol i fyw ynddynt. Yn y gaeaf byddai'n anodd agor y drws ffrynt weithiau ar ôl trwch o eira.

Roedd yr amgylchedd yn arw, a'r adeiladau yn aml yn annigonol. Mae adroddiad swyddogol a gyhoeddwyd yn 1896 yn cynnwys asesiad llym yr Arolygydd Foster a nododd nad oedd y barics yn ardal Ffestiniog, lle'r oedd cyfanswm o 350 o ddynion yn byw bryd hynny, 'do not give the accommodation which .... a respectable working man may expect to receive'.[10] Mae'n cyfeirio at fyncs ar gyfer 21 o ddynion mewn ystafell heb ffenestr na simnai, a oedd ond yn golygu 6.2 metr ciwbig y pen, sef tua thraean o'r lle oedd yn angenrheidiol yn ei farn ef.[11] Roedd pethau wedi gwella'n ddiweddar; nododd Dr R. Jones mai pedwar oedd yn cysgu bellach mewn mannau lle yr arferid cael chwech, a bod gan y dynion bellach le ar wahân i fwyta, ond bod y rhan fwyaf ohonynt mewn cyflwr afiach. Byddai arolygon rheolaidd yn cael eu cynnal ac adroddiad chwarterol yn cael ei gyflwyno i'r Bwrdd Iechyd. Byddai pob adeilad barics yn cael ei gynnwys ar y gofrestr o dai lojin, ond ni roddwyd tystysgrifau cymeradwyaeth ym mhob achos. Roeddent wedi'u heithrio rhag cymal a oedd yn gwahardd dynion rhag rhannu gwely, gan fod y rheini oedd yn cyd-gysgu fel arfer yn aelodau o'r un teulu.

Roedd byw mewn barics yn arfer a welwyd am gyfnod hir yn y diwydiant llechi. Arweiniodd argyfwng economaidd y 1930au at ddiwedd llawer o'r chwareli mwy anghysbell, a chondemniwyd barics Dinorwig yn anaddas i fyw ynddynt yn 1937.[12] Daeth diwedd i'r arfer yn y 1950au yng Nghwt y Bugail yn Ffestiniog, lle'r oedd rhai unigolion gwydn yn dal i aros yn ystod yr wythnos, neu mewn un achos yn lled-barhaol, mewn cwt haearn gwrymiog, yn treulio ei holl oriau sbâr yn chwarae biliards.[13]

Barics mewn trefi

Gallai 'barics' hefyd fod yn dŷ lojin cyntefig i chwarelwyr mewn tref neu bentref. Ceir un enghraifft ym mhentref Nantlle, sydd wedi'i warchod bellach – cyfadeilad a oedd hefyd yn cynnwys lladd-dy a garej i gar rheolwr y chwarel (Ffigur 169 – SH 5079 5337). Ymddengys mai yn ardal chwarelyddol Ffestiniog yr oeddent fwyaf cyffredin, lle roeddent yn wynebu'r un math o wrthwynebiad â'r rhai yn y chwareli.[14] Fel mentrau preifat y câi'r barics mewn trefi eu rhedeg yn bennaf; mae rhai wedi goroesi fel anheddau cyntefig mewn gerddi cefn.[15] Mae maint helaeth rhai o'r tai ym Mlaenau Ffestiniog, sy'n aml dros dri neu bedwar llawr (gweler isod), yn awgrymu bod llawer o aelwydydd chwarelwyr yn cymryd nifer o lojars a oedd yn golygu bod rhai ohonynt yn dai llety bron. Ailddechreuodd un o'r rhain fod yn farics i bob pwrpas yn y 1990au pan gyflogwyd grŵp o Lithwaniaid fel chwarelwyr gan gwmni McAlpine, a oedd yn gweithio hen safle chwarel Oakeley ar y pryd.

Ffigur 169. Mae'r barics yn Nantlle wedi'u gwarchod yn ddiweddar fel canolfan gymunedol.

Bythynnod a thyddynnod

Yn rhai o'r ardaloedd chwarelyddol, mae tirwedd nodedig o dyddynnod wedi goroesi, nad oeddent yn ddigon o faint i gynnal teulu eu hunain ond a oedd yn bosibl o gyfuno hynny â gwaith yn y chwarel. Canfuwyd aneddiadau economi ddeuol o'r fath mewn llawer o ardaloedd mwyngloddiol a chwarelyddol y byd – yng ngweithfeydd plwm Sir Aberteifi, yn ardaloedd pyllau glo de Cymru, yn ardaloedd gweithfeydd plwm y Penwynion ac yn niwydiant gwehyddu cynnar Swydd Gaerhirfryn a Swydd Gaer.[16] Oherwydd hyn ni chollodd llawer o chwarelwyr a'u teuluoedd y cysylltiad â'r tir a byddent yn cymryd amser o'r gwaith er mwyn helpu ffrindiau a chymdogion â'r cynhaeaf. Yng ngeiriau Merfyn Jones, '... the farmer's calendar was ... to some extent the quarryman's also'.[17]

Gwelwyd y cyntaf o'r rhain ar ddiwedd y ddeunawfed ganrif. Roedd y caeau bychain a'r bythynnod gwasgaredig ar Garn Dolbenmaen yng Ngwynedd yn newydd pan basiodd y teithiwr Edmund Hyde Hall heibio tua 1810. Arsylwodd bod eu trigolion yn 'a very lawless race'.[18] Ar y pryd, byddent wedi bod yn dyddynwyr yn trin lleiniau, ond ymhen amser byddai llawer o chwarelwyr yn byw yn yr anheddiad, a byddai'r sawl a fyddai'n torri eu caeau eu hunain ac yn adeiladu eu haneddiadau eu hunain, ynghyd a'u disgynyddion, yn cael eu hystyried yn bobl annibynnol a gwydn iawn. Roedd hyn hefyd yn wir am dir comin Nantperis yn 1809 pan gafodd John Evans twrnai, Prifgofiadur gogledd Cymru, y sarhad o gael chwarelwyr oedd yn sgwatwyr yn taflu mwd a dŵr poeth ato pan oedd yn ceisio cau'r tir ar ran ystad y Faenol. I'r gwrthwyneb, rai blynyddoedd yn ddiweddarach pan oedd Evans yn ceisio atal bil cau tiroedd Moel Tryfan yr Arglwydd Newborough, penderfynodd y byddai'n fwy manteisiol iddo ganmol gwaith caled y chwarelwyr yn trin y tir yn hytrach na phwysleisio eu tueddiadau i godi twrw a chlwyfo defaid.[19] Sefydlwyd y tyddynnod cyntaf yma ar y rhosydd o 1798 ymlaen. Dros y 25 mlynedd nesaf, roedd llawer o'r tir comin a oroesai yn glytwaith o glostiroedd, rhai yn cyd-ffinio â'i gilydd, a rhai yn hollol ar wahân (gweler Ffigur 7). Fel arfer, dim ond digon o le i fwthyn a gardd fechan a geid yn y rhai ar ochr y ffyrdd a'r llwybrau, a gwnaethant esblygu'n raddol i greu pentrefi Rhostryfan, Rhosgadfan, Carmel a Fron (gweler isod).[20] Roedd y rhan fwyaf o ddaliadau yn cynnwys annedd bach, twlc mochyn, ac weithiau adeilad allan oedd yn ddigon o faint ar gyfer un anifail. Dim ond y rhai mwy o faint oedd â sgubor a beudy. Yng ngeiriau Kate Roberts:

> '... tir sâl oedd y tir a gaewyd o'r mynydd ... Yr oedd yn rhaid dal i diltran a thrin y tir gwael hwn, neu buan iawn y troai'n ôl yn gors o frwyn ... Nid oedd lawer o fantais ariannol o gadw tyddyn, gan fod bwyd anifail mor ddrud, ond fe gaem ddigon o fenyn, wyau a laeth enwyn, a llaeth enwyn rhagorol ydoedd, gan na wahenid yr hufen oddi wrth y llefrith y pryd hynny ...'[21]

Roedd y cymunedau hyn yn cynnal pobl annibynnol a oedd yn gwyro tuag at radicaliaeth. Yn eironig, sefydlwyd yr aneddiadau economi ddeuol eraill yn y diwydiant llechi gan foneddigion a chyfalafwyr yn y gobaith o wreiddio chwarelwyr yn y pridd a chan hynny greu gwerin geidwadol. Ym mhlwyf Llanddeiniolen yn Nantperis, ar ôl gweithredu'r bil cau tiroedd, daeth yn bolisi i reolwr

Dinorwig, Griffith Ellis, a'r Assheton Smiths yn y 1820au a'r '30au i setlo'r chwarelwyr mewn tyddynnod a gadael iddynt adeiladu eu tai eu hunain arnynt. Datblygodd tirfeddianwyr a thenantiaid ymdeimlad o falchder yn y modd y câi'r prydlesi eu trosglwyddo o un genhedlaeth i'r nesaf dros y blynyddoedd. Roedd hyn hefyd yn wir yn y Penrhyn.[22] Yma, yn ogystal â gosod lleiniau o dir ar brydles i chwarelwyr, adeiladwyd y bythynnod eu hunain gan yr ystad. Mae'r enghreifftiau cynharaf yn dyddio o'r 1790au, 40 o fythynnod 'containing 63 dwellings, many of them having double apartments ... The architect, giving full scope to fancy, has studiously varied the plan of each cottage'.[23] Roeddent yn ymestyn ar hyd 'ffordd y Lord' o Fangor i'r chwarel ac i Gapel Curig, rhwng Hen Durnpike ac Ogwen Bank.[24] Gall fod un o'r rhain wedi goroesi, wedi'i addasu'n helaeth, yn SH 6104 6755, ond fel arall adeiladwyd yr anheddau a geir yno erbyn hyn yn llawer hwyrach, fel y rhes ddeniadol a adeiladwyd gan yr ystad ym Mraichmelyn (SH 627 659). Roedd gan y rhain erddi ond dim mwy; mae'r rheini ar Fynydd Llandygái (Ffigur 170 – SH 600 654) yn gysylltiedig â lleiniau cul hir o dir wedi'u rhannu gan waliau cerrig a chrawiau, y ffensys llechi nodweddiadol (pennod 3). Llecynnau tyfu tatws oedd y rhain yn ystod y rhyfeloedd Napoleanaidd, ac adeiladwyd y tai cyntaf gan yr ystad yn ystod y blynyddoedd cynharaf o heddwch. Adeiladwyd y tri chapel – Penuel ar gyfer y Wesleaid, Amana ar gyfer yr Annibynwyr a Hermon ar gyfer y Methodistiaid – yn 1845. Adeiladwyd y rhes olaf yn 1861–62.[25]

Mae pobl yn byw ar Fynydd Llandygái o hyd ac mae rhai o'r lleiniau yn dal i gael eu trin. Ceir menter debyg ond aflwyddiannus yn Nhreforys yn ardal Glaslyn, a sefydlwyd gan ddeiliaid prydles chwarel Gorsedda yn 1857–58 drwy rannu 0.2 hectar o dir yn 36 o leiniau, pob un â bwthyn, wedi'u lleoli ar dair stryd gyfochrog a chytbell, wedi'u cysylltu â'i gilydd ac i'r ffordd i lawr y dyffryn.[26] Mae'n amlwg i'r cynllun, a all fod yn debycach i bentrefi a adeiladwyd ar ystadau yn yr Alban ar ôl y digartrefu yn hytrach nag i draddodiadau Cymreig, gael ei baratoi mewn swyddfa heb roi unrhyw ystyriaeth i'r tir. Er bod y pentref yn edrych yn daclus ac wedi'i osod yn rheolaidd ar gynlluniau neu mewn ffotograffau o'r awyr, mae'r strydoedd a'r lleiniau yn dilyn pob cnycyn a phant ar lechwedd moel a chreigiog na all fod wedi rhoi llawer o

Ffigur 170. Mynydd Llandygái o'r gogledd, gyda chwarel y Penrhyn y tu hwnt iddo.

Ffigur 171. Gwelir bod y rhesi cyfochrog yn Nhreforys wedi'u gosod allan yn daclus mewn ffotograffau o'r awyr. Roedd tŷ'r rheolwr wedi'i leoli yn y coed i'r dde; yn y pellter mae chwarel Gorsedda.

gynhaliaeth (Ffigur 171).[27] Nid oedd yn syndod iddo gael ei ddisgrifio yn 'rhyw fath o Johannesburg' – sy'n awgrymu lle gwyllt a di-drefn.[28]

Trefi a phentrefi

Mewn rhai achosion ymgartrefodd chwarelwyr a'u teuluoedd mewn aneddiadau hirsefydledig, fel trefi canoloesol Caernarfon, Bangor, Biwmares a Thywyn – lle'r oedd (neu lle y byddai), cysylltiad rheilffordd da – neu fwrdeistref Normanaidd Cilgerran, a oedd gerllaw'r chwareli. Wrth i'r diwydiant ehangu, daeth llawer mwy ohonynt i fyw yn eu trefi a'u pentrefi penodol eu hunain, a chafodd tri ohonynt statws ardal drefol yn y pen draw – Blaenau Ffestiniog a Phorthmadog, a Bethesda yn nyffryn Ogwen. I'r gwrthwyneb, ni ddatblygodd rhai ohonynt yn llwyr, fel Rosebush a Glogue Terrace yn y de-orllewin, a gadawyd rhai eraill yn hollol anghyfannedd fel Rhiwddolion yn Nantconwy, lle'r oedd rhai o chwarelwyr Hafodlas yn byw.

Mae nifer o ffactorau yn amlwg o ran y modd y cawsant eu creu. I ddechrau, roedd angen iddynt fod o fewn pellter teithio hawdd i'r chwarel, naill ai ar droed neu ar drên. Dechreuodd llawer o'r aneddiadau hyn fel datblygiadau strimyn ar hyd ymyl ffordd. Weithiau roeddent ar hyd trac cynddiwydiannol, weithiau ffordd ddiwydiannol bwrpasol fel yn Neiniolen, neu yn achos Bethesda, y 'lôn bost' newydd o Lundain i Gaergybi. Mae sawl lle arall roedd rheilffordd neu lle'r oedd yn croesi ffordd yn ffocws i'r gymuned newydd. Datblygodd Tal y Sarn a Phenygroes yn Nantlle a Chlwt y Bont yn Nantperis o amgylch rheilffyrdd y chwareli a adeiladwyd yn y 1820au, ac yn Nhan y Grisiau hyd yn oed heddiw mae'r tai hŷn yn wynebu trac Rheilffordd Ffestiniog, sef y dramwyfa gyffredin am sawl blwyddyn yn amlwg.[29] Roedd Abergynolwyn yn ne Meirionnydd yn unigryw gan iddo gael ei wasanaethu gan inclên o Reilffordd Talyllyn, a oedd yn cludo nwyddau i'r pentref ac yn gwaredu carthion, ac mae'n debyg mai dyma'r modd y cludwyd y plygiau llechi a ddefnyddiwyd i'w adeiladu (Ffigur 172).[30] Daeth croesfannau hefyd yn bwysig; dyma sut y dechreuodd pentrefi bach Rhostryfan, Rhosgadfan a Charmel ym Moel Tryfan. Yn Four Crosses yn Ffestiniog, creodd croesfan ffordd y plwyf a ffordd y chwarel lle'r oedd y gefnen naturiol ar ei lletaf ffocws ar gyfer y dref.

Roedd llawer yn dibynnu ar barodrwydd tirfeddianwyr i osod lleiniau ar brydles i adeiladu arnynt. Cymerodd y goron, fel perchennog llawer o'r ucheldir, safbwynt pragmataidd ynghylch angen y chwarelwyr i adeiladu cartrefi iddynt eu hunain. Canlyneb dyhead ystadau'r Faenol a'r Penrhyn i annog chwarelwyr i fyw ar dyddynnod

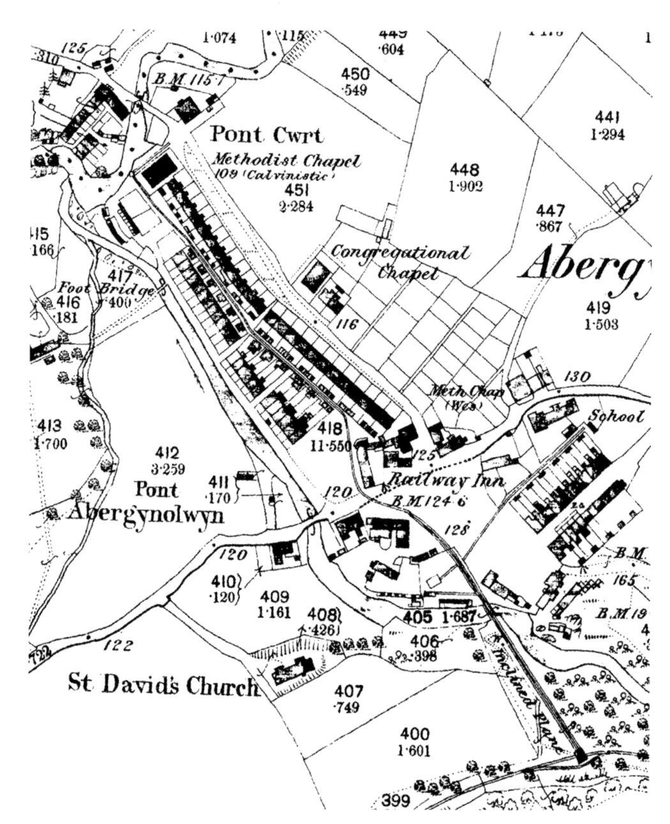

Ffigur 172. Abergynolwyn, o'r gogledd-orllewin, yn dangos yr inclên o Reilffordd Talyllyn. Ymestynnai reilffordd wastad o droed yr inclên hyd at y capel yn y blaendir.

oedd eu hamharodrwydd i weld proletariat di-dir a thrafferthus o bosibl yn datblygu, ond digwyddodd hyn yn y ddau achos er gwaethaf hyn. Daeth asiantau ystadau Caeau Uchaf a Choed Helen yn Nantperis ac ystad Cefnfaes yn nyffryn Ogwen, yr oedd pob un ohonynt yn gilfach fach annibynnol yng nghanol daliad tir llawer mwy gan foneddigion, i'r casgliad y gellid gwneud mwy o arian o dai nac o ddefaid. Aethant ati i greu pentrefi Deiniolen, Clwt y Bont a Bethesda yn y drefn honno.[31]

Mae patrwm yr anheddiad yn Ffestiniog yn wahanol eto, gan fod y tirfeddianwyr yn cynnwys dau deulu cymharol gefnog, Arglwyddi Newborough o Lynllifon a theulu Oakeley o Dan y Bwlch, yn ogystal â sgweirynnod lleol fel Williams o Fanod, a'r diwydiannwr Undodaidd Samuel Holland yn Nhan y Grisiau. O'r 1830au, dechreuodd Williams a Holland osod tir ar brydles i chwarelwyr adeiladau eu tai eu hunain.[32] Roedd Holland yn anarferol gan ei fod yn denant chwarel ac yn landlord yn ei rinwedd ei hun, ac roedd ei gredoau crefyddol yn amlwg yn y ffaith ei fod yn annog tenantiaid i gadw eu cartrefi'n lân ac yn gwrthod ystyried cael tŷ tafarn ar ei ystad. Yr Undodwyr eraill yn y diwydiant oedd Darbishire ym Mhen yr Orsedd, a adeiladodd bentref Nantlle ar gyfer y chwarelwyr a'u teuluoedd yn y 1860au ac a oedd hefyd yn gwrthod unrhyw gysylltiad â'r ddiod felltith, a'r teulu McConnel ym Mryneglwys a adeiladodd bentref cwmni Abergynolwyn ond a roddodd sêl bendith i'r Railway Inn. Gallai cwmnïau chwarel adeiladu rhesi teuluol yn ôl yr angen mewn llefydd anghysbell, yn ogystal â barics, neu yn lle barics – yn Rhyd Ddu yng Nghwm Gwyrfai, yn Aberllefenni a Ralltgoed yn Nantdulas, yn Ninas Mawddwy ar gyfer chwarel Minllyn yn ne Gwynedd, ac yn Glogue a Rosebush yn ne-orllewin Cymru.

Un ffactor arall oedd annibyniaeth grefyddol gynyddol y cymunedau chwarelyddol, ynghyd â phoblogaeth Cymru yn gyffredinol. Ymgartrefodd pregethwr mwyaf carismataidd ei oes yng Nghymru, y Parch. John Jones (1796–1857), yn ardal Nantlle ar ôl ei flynyddoedd cynnar fel chwarelwr yn Nantconwy. Yma, unwaith iddo gael ei ordeinio i'r weinidogaeth Fethodistaidd, cafodd ei gysylltu â'r gymuned gwaith llechi gynyddol a oedd wedi'i chanoli o amgylch hen fferm Tal y Sarn. Yn ogystal â llywodraethu yn y pulpud, roedd John Jones hefyd yn rhedeg yr unig siop leol, ynghyd â'i wraig rymus Fanny, ac roedd yn rheolwr cyndyn o chwarel Dorothea yn y 1850au, ac o'r herwydd daeth yn ffigwr pwerus yn yr ardal leol, yn ogystal ag yn ffigwr enwog yn genedlaethol.[33] Roedd Jones yn unigolyn eithriadol, ond fel y nododd Dodd, rhoddodd capeli ffocws cryf ar gyfer tai newydd, ac yn aml gwnaethant roi eu henw i'r anheddiad – Ebeneser, Bethesda, Carmel, Saron, Bethel a Bethania.

Wrth i'r cymunedau hyn fwrw gwraidd a thyfu, roedd gan adeiladwyr hapfasnachol fwy a mwy o waith i'w wneud. Yn aml, nid oedd eu gwaith yn safonol. Byddai unrhyw un a ymwelodd ag aneddiadau chwarelyddol yn y 1850au neu ddechrau'r 1860au, adeg y blynyddoedd ffyniannus, wedi gweld casgliad gwasgaredig o anheddau bach, yn debyg i gaban o ran eu maint, ar hyd rhyw fath o dramwyfa arw, a byddent wedi gweld yr anhawster a gafwyd o ran cael lle i'r llif sydyn o newydd-ddyfodiaid. Roeddent yn orlawn ac yn afiach, ac roedd y sefyllfa'n gwaethygu. Mewn gwirionedd, mae John Street ym Methesda (SH 623 668), sy'n dyddio o ddiwedd y 1850au, yn rhwydwaith troellog o lonydd a llwybrau i fyny llethr bryn yr adeiladwyd tai o'i gwmpas 'with great contempt for regularity' (Ffigur 173).[34]

Ffigur 173. Mae John Street, Bethesda, yn fwy o lwybr troellog nag o stryd.

Fodd bynnag, tua'r adeg hon y dechreuodd yr ystadau gymryd mwy o ddiddordeb yn yr hyn oedd yn datblygu'n gyflym i fod yn drefi o fath. Adeiladwyd swyddfa bost fach daclus yn Nhal y Sarn, a ddymchwelwyd ar ddechrau'r 1990au, ar ffurf teml glasurol, yn y fan lle'r oedd y ffordd dyrpeg yn croesi hen ffordd drol y chwarel, sydd bellach wedi'i ailenwi yn 'Cavour Street'.[35] Adeiladwyd neuadd farchnad fawr ym Mlaenau Ffestiniog yn 1861–64, ar dir a gynigiwyd gan Mrs Oakeley a chyda chyfraniadau gan yr Arglwydd Palmerston a pherchenogion eraill y chwareli.[36] Derbyniodd y Penrhyn a'r Faenol Fethesda ac Ebeneser fel *faits accomplis*, gan gynnig nawdd iddynt pan oedd yn rhy hwyr.[37] Cafodd Bethesda Gomisiynwyr Gwella yn 1854 a oedd, o fewn 10 mlynedd, wedi cwblhau ystad Gerlan (SH 632 664), wedi'i gosod ar ffyrdd syth o led statudol sef 6.4 metr (21 troedfedd). Gallai perchenogion ddewis cynllun eu tŷ a gallent adeiladu ar wahân neu mewn partneriaeth â'u cymdogion.[38] Yn 1857, cyflwynodd ystad y Faenol Eglwys Crist Anglicanaidd fawreddog Llanddeiniolen, i wasanaethu Deiniolen, ond fe'i hadeiladwyd ar y tir agored rywfaint o bellter oddi wrth ganol y pentref. Mae'r capel Methodistaidd Calfinaidd o 1868 gerllaw yn cael ei fwrw i'r cysgod ganddi, ond gyda'i gilydd maent yn rhoi'r argraff bod y ddau yn cystadlu am eneidiau'r chwarelwyr a'u teuluoedd, a'u bod yn aros i'r pentref dyfu a'u hamgylchynu (Ffigur 174).

Trafodir yr addoldai mwy o faint a adeiladwyd o'r 1850au ymlaen isod, ond mae'n amlwg mai'r twf yn y diwydiant llechi oedd yn gyfrifol amdanynt a'i fod hefyd wedi newid cyfansoddiad cymdeithasol y cymunedau chwarelyddol. Gwelwyd newidiadau tebyg yn nhrefi diwydiannol eraill Cymru tua'r un pryd ag yn nhrefi cynyddol Lloegr. Roedd cynulleidfaoedd anghydffurfiol yn ddigon o faint erbyn hyn i allu cynnig cyflogau deniadol i ddynion uchelgeisiol ac abl, ac roedd bri mawr yn gysylltiedig â chael rhywun oedd wedi graddio o'r coleg yn y pulpud. Dywedwyd mai'r chwarel oedd athrofa John Jones Tal y Sarn, ond dilynodd ei fab David Lloyd Jones (1843–1905) lwybr Calfinaidd mwy confensiynol i Brifysgol Caeredin i baratoi ei hun ar gyfer y weinidogaeth.[39] Roedd y Parch. William Pari Huws (1853–1936), Gweinidog capeli Annibynwyr Bryn Bowydd a Rhiwbryfdir yn Ffestiniog o 1887, hefyd wedi bod yn chwarelwr, ond bu'n astudio ar gyfer ei radd ddiwinyddol ym Mhrifysgol Yale yn Connecticut.[40] Yn ogystal â chlerigwyr, roedd angen i boblogaeth a oedd yn cynyddu gael cyfreithwyr, athrawon ysgol, fferyllwyr a meddygon. Er mwyn denu a chadw'r dosbarth canol, roedd angen i'r aneddiadau newydd hyn gael tai digon crand, cyfleusterau gwell a draeniau priodol. Ym Mlaenau Ffestiniog y cyflwynwyd yr addasiadau trefol mwyaf nodedig, er enghraifft gwaith i roi trefn ffurfiol ar Sgwâr y Farchnad a'r strydoedd cyfagos, gyda'u capeli sylweddol mewn lleoliadau allweddol.[41] Datblygodd 'tôn' yr aneddiadau hyn, na chafodd ei gosod gan bobl ariannog a thirfeddiannol erioed, i adlewyrchu fwyfwy flaenoriaethau'r dosbarth canol newydd hwn a oedd yn anghydffurfwyr Cymraeg eu hiaith, a synhwyrai bod grym gwleidyddol o fewn ei afael bellach, a dechreuodd herio'r hen drefn drwy honni ei fod yn siarad ar ran y chwarelwyr. Dyma oedd sail y gynghrair radical a bontiai ddosbarthiadau cymdeithasol a reolodd wleidyddiaeth yng Nghymru o'r 1860au hyd at yr adeg y dechreuodd y rhyfel yn 1914.

Ffigur 174. Eglwys a chapel ger Deiniolen.

Tai

Pensaernïaeth

Mae pensaernïaeth yr aneddiadau yn yr ardaloedd chwarela llechi yn amrywiol. Mae ffurfiau cynhenid – dwy ystafell, tair ystafell neu hanner croglofft – yn amlwg, ynghyd ag anheddau deulawr, a defnyddiwyd y ddau fath fel barics neu mewn aneddiadau.

Yn ogystal, gwelir rhai adeiladau afreolaidd sy'n perthyn i draddodiadau pensaernïol hollol wahanol. Mae enghraifft wedi goroesi ym Mlaenau Ffestiniog ac yn Rhosgadfan o [dŷ] uncorn, a elwir hefyd yn dŷ botal inc oherwydd ei do pyramidaidd a'r un simnai yn y canol, a adeiladwyd yn 1825 ac yn y 1840au yn y drefn honno (SH 5053 5694; 7031 4604).[42] Mae'r cynllun yn addasiad o gynllun bonedd o gyfnod y Dadeni i roi llety i weithwyr drwy wthio pedwar teulu i bob cornel, tra'n cadw ymddangosiad *cottage ornée*; adeiladwyd sawl enghraifft arall yn lleol gan ystad Newborough i'w gweithwyr (Ffigur 175).

Yng Nghwm Eigiau yn Nantconwy, mae'r barics wedi adfeilio cymaint fel ei bod yn anodd dirnad cynllun y llawr hyd yn oed, ond mae'n amlwg nad ydynt yn nodwedd leol ac mae'n bosibl eu bod yn adlewyrchu dylanwad Ffowndri

Ffigur 175. 'R uncorn yw'r unig annedd sydd wedi goroesi o blith sawl annedd o'r fath ym Mlaenau Ffestiniog; fe'i hadeiladwyd yn 1826 gan John Hughes o Ben y Groes, rheolwr chwarel Lord. Mae'r paentiad hwn gan yr arlunydd Falcon Hildred yn dangos ei threfniant mewnol.

Ffigur 176. Mae Cae'r Gors yn Rhosgadfan wedi'i gadw fel ag y byddai ar droad y bedwaredd ganrif ar bymtheg a'r ugeinfed ganrif.

Rigby ym Mhenarlâg yng ngogledd-ddwyrain Cymru, tenantiaid y chwarel o 1827.[43] Un strwythur sydd yn bendant yn deillio o gyd-destun diwydiannol yw'r barics un rhes uwchben y llall yng Nglanrafon yng Nghwm Gwyrfai, math o adeilad sy'n gyffredin yn ne Cymru a mannau eraill yn y Deyrnas Unedig, ond na cheir cofnod arall ohono yng Ngwynedd.[44] Nid yw'n amlwg pam y byddai entrepreneuriaid lleol a oedd yn prydlesu'r safle oddi ar ystad y Faenol wedi dilyn y patrwm hwn.

Mae'r barics yn Hendre Ddu yn ardal chwarelyddol Glaslyn yn enghraifft o adeilad na welwyd ei fath yn lleol ac nad oedd ganddo ragflaenwyr cynhenid na diwydiannol. Yma, mae tair o'r wyth uned yn dilyn yr un patrwm, sef drws tal iawn mewn un wal hydredol, heb unrhyw ddrysau eraill na ffenestri arni, a phatrwm amrywiol o ffenestri a drysau yn y wal bellaf. Er y gallai fod ffenestr linter uwchlaw'r drysau, nid oes unrhyw ddylanwad amlwg arall o bensaernïaeth foneddigaidd, er y gallai fod tystiolaeth o hyn ar ystad Bryncir, gyda'i thueddiad o ddilyn chwiwiau a ffoledd pensaernïol.

Fodd bynnag, mae amrywiadau ar yr anheddau cynhenid Cymreig gwledig clasurol yn llawer mwy cyffredin. Astudiwyd a disgrifiwyd y rhain yn helaeth.[45] Oherwydd iddynt gael eu hadeiladu yn yr ardaloedd chwarela llechi, rhwng tua 1800 a thua 1870, maent yn bennaf, yn ôl eu cynllun a'u hadeiladwaith, yn fersiynau llai o ffermdai lleol o gyfnodau cynharach, a oedd eu hunain yn deillio o'r neuadd-dŷ canoloesol. Yn nodweddiadol, maent o fath simnai dalcen mynediad agored ar un llawr yn unig. Mae adeiladau o'r fath wedi goroesi ym mhob ardal o'r diwydiant ond ar dir comin Moel Tryfan y ceir yr enghreifftiau gorau. Yr enghraifft enwocaf o'r rhain yw Cae'r Gors (SH 5065 5733), cartref plentyndod y nofelydd Kate Roberts, ar lethrau gorllewinol y tir mynyddig, yn edrych tua thref Caernarfon a'r Foryd, ar gyrion pentref Rhosgadfan. Fe'i hailadeiladwyd yn ddiweddar i adlewyrchu sut y byddai wedi bod ar ddechrau'r ugeinfed ganrif (Ffigur 176). Mae'n debyg i'r tyddynnod bach eraill yn yr ardal, ac yn gymharol debyg i strwythurau cynhenid eraill a geir mewn cyd-destun gwledig, diwydiannol neu economi ddeuol ledled Cymru. Mae'n amlwg y gwnaed llawer o newidiadau iddo. Ymddengys bod yr annedd wreiddiol o tua 1827 yn gell unigol, un ystafell o bosibl, heblaw bod parwydydd pren, neu gallent fod wedi'u his-rannu gan ddefnyddio dodrefn. Yn ddiweddarach, fe'i gwnaed yn fwy drwy ychwanegu estyniad ystlysol ar un o'r talcenni, to ar oleddf ar hyd y wal gefn ac ychwanegu croglofft ar yr ochr ddeheuol, a fyddai wedi bodloni'r safonau gofynnol ar gyfer gweddustra a phreifatrwydd ar ddiwedd y bedwaredd ganrif ar bymtheg. Mae ychwanegiadau bach o'r fath yn gyffredin ym mhensaernïaeth gynhenid yr ardal.

Mae Treforys yn gymharol debyg gan adlewyrchu dull sy'n nodedig fwy 'diwydiannol', o leiaf o ran maint ac unffurfiaeth (gweler Ffigur 171). Mae'r 36 o dai yn dilyn yr un cynllun mewn parau, wedi'u hadeiladu ar hyd ochr ddeheuol y tair stryd, er bod bylchau afreolaidd rhyngddynt er mwyn osgoi pantiau yn y ddaear. Ym mhob un ceir dwy ystafell sylfaenol, gyda hanner croglofft uwchlaw un ohonynt, gydag ysgol i'w chyrraedd. Mae'r drysau yn y cefn, yn hytrach nag ar ochr y stryd, a gwelir enghraifft o hyn hefyd yn rhes 'Pen yr Incline' yng Nghwm Machno (SH 754 473).

Ceir hanner croglofftydd ffrynt dwbl ac amrywiadau eraill ar yr un patrwm sylfaenol hwn ar Foel Tryfan ac yn Nantperis, yn Nantconwy a Than y Grisiau, yn Ffestiniog ac yn Abergynolwyn yn ne Meirionnydd. Roedd adeiladau o'r fath yn dal i gael eu codi yn y 1870au. Ym mhentref Rhosgadfan, adeiladwyd cyfres ar bob ochr i ffordd yn mynd i fyny bryn mewn cyfres o lonydd amlinellol, gydag un annedd o'r fath ar y groesffordd (SH 4985 5775). Mae'n bosibl y bwriadwyd i'r rhain fod yn rhan o ddatblygiad hapfasnachol mwy, lle mai dim ond yr annedd gyntaf a adeiladwyd o'r hyn a fwriadwyd i fod yn rhes hirach. Mae fersiwn 'ystad' yn gyffredin yn nyffryn Ogwen, gyda tho canopi uwchlaw'r drws ffrynt. Gwelir fersiynau llai ffurfiol ar dir y Faenol ar gyrion Ebeneser. Fel arall, prin yw'r dystiolaeth o addurniadau pensaernïol ar yr adeiladau hyn.

Mae rhai barics ar y safle, hyd yn oed rhai y gwyddys iddynt gael eu hadeiladu yn benodol ar gyfer gweithwyr, yn cynnwys waliau mewnol sy'n eu gwneud yn rhesi o fythynnod i bob pwrpas. Ymysg yr enghreifftiau o'r rhain mae'r Dre' Newydd, yn Ninorwic, lle mae pob uned yn fwthyn dwy ystafell (Ffigur 177), a barics Bwlch y Ddwy Elor yn ardal Glaslyn lle mae pob uned yn cynnwys tair ystafell, y ceir mynediad atynt drwy ddrws canolog yn yr ystafell ganol, a drysau yn y waliau pared yn arwain i'r ystafelloedd

Ffigur 177. Barics y Dre' Newydd yn chwarel Dinorwig.

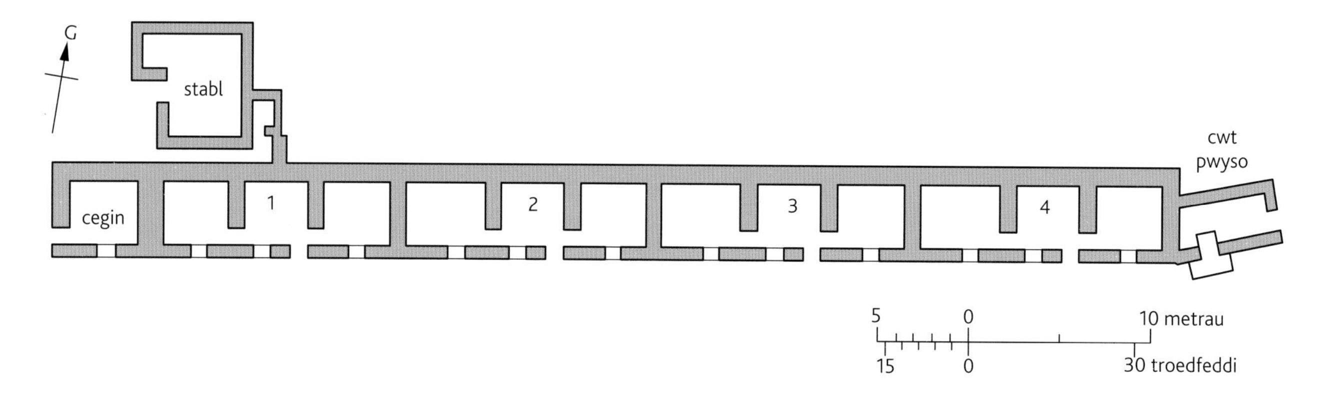

Ffigur 178. Cynllun o'r barics yn chwarel Bwlch y Ddwy Elor yn ardal Glaslyn.

bob ochr (Ffigur 178). Yr esboniad mwyaf tebygol yw bod pob uned yn gartref i aelodau o fargen benodol ac oherwydd y byddai'r rhain yn cynnwys tad a'i feibion, efallai ewythr neu nai, mewn sawl achos, ond nid bob amser, gallent fod yn anheddau teuluol i bob pwrpas. Gwelir enghreifftiau o hanner croglofftydd ym Mhen y Bryn (Ffigur 179) ac yn Rhiwbach, ond yn y barics yn Rhos yn Nantconwy, mae'r adeilad cell unigol wedi'i rannu yn ddwy ystafell ar y llawr gwaelod ac yn ddwy ystafell wely yn y grogloft drwy ddefnyddio parwydydd pren. Is-rannwyd annedd dwy gell syml yng Nghwt y Bugail ymhellach drwy ddefnyddio parwydydd carreg mewnol i greu wyth ystafell, o amgylch dau goridor croes, ac mae'r barics ym Mlaen y Cwm gerllaw yn cynnwys pedair uned ar wahân gyda phob un yn cynnwys dwy ystafell.

Mae'r ddwy enghraifft gynharaf sydd wedi goroesi o dai deulawr mewn cymunedau llechi yn dyddio o'r 1820au. Fe'u hadeiladwyd ar wahân o siapiau a meintiau amrywiol ym mhentref Deiniolen yn Nantperis, ar hyd ffordd lechi Assheton Smith. Gerllaw ar New Street, mae Rhes Fawr (SH 5792 6308), a adeiladwyd rhwng 1832 a 1838, sef teras o 14 o dai deulawr, gyda dim ond un ystafell ar bob llawr yn wreiddiol. Yr adeiladwr oedd David Griffith o Gaernarfon a roddodd ei enw i deras Treddafydd ym Mhen y Groes yn Nantlle (SH 4709 5352), sy'n dyddio o 1837-38, ac wedi cadw rhai o'r llechi trwm a'r fframiau ffenestri bach gwreiddiol.[46]

Gwelwyd rhagor o dai yn cael eu hadeiladu gan ddefnyddio'r patrwm hwn yn raddol, ac mewn rhai llefydd maent yn cyfuno ag arddulliau adeiladu rhanbarthol traddodiadol; mae tai 'Pen yr Incline' yng Nghwm Machno (SH 754 473) yn strwythurau cynhenid dwy grogloft sy'n anheddau deulawr i bob pwrpas. Yn amlach, maent yn dilyn patrwm pedair ystafell tai diwydiannol, fel yng Ngerlan yn nyffryn Ogwen, a adeiladwyd yn 1864, ac yn Abergynolwyn yn ne Meirionnydd. Mae gan rai batrwm o gerrig diddos uwchlaw'r drysau a'r ffenestri, fel yn Blue Cottages ger Aberllefenni (SH 75743 10358).[47]

Mae'r defnydd o strwythurau deulawr yn amlwg yn Rhiwbach, lle na cheir fawr o wahaniaeth rhwng y rhes helaeth a arferai gynnwys y siop a'r math o adeilad y gallai fod wedi ei godi rywle arall yn rhannau uchaf Nantconwy yn ystod ail hanner y bedwaredd ganrif ar bymtheg (Ffigur 180). Yn Hafod y Llan yn ardal chwarelyddol Glaslyn, mae rhes o anheddau pedair ystafell yn wahanol i strwythurau domestig tebyg gan fod ganddynt nifer fach o ffenestri cymharol fach, sy'n awgrymu problemau yn gysylltiedig ag inswleiddio adeilad mewn lleoliad mor anghysbell a'r ffaith ei fod yn llawn gwelyau. Yn Rhosydd, mae'r barics isaf sy'n dyddio o tua 1865 yn adeiladau deulawr, a rhai ohonynt gyda ffenestri anarferol o fawr. Roeddent yn cynnwys stabl, ystafell newid a sychu, storfeydd a swyddfa.[48]

Wrth i arddulliau tai ddatblygu, daeth nodweddion lleol yn amlwg. Ym Mlaenau Ffestiniog, mae tai teras mwy o faint yn amlwg o ddiwedd y 1860au, ac maent yn dominyddu'r amgylchedd trefol mwy rheolaidd a welwyd o 1876 ymlaen (gweler isod). Fel arfer mae ganddynt ddau lawr a chroglofft neu dri llawr, lle mae'r simneiau yn nodwedd bwysig a chadarn o'r cynllun (Ffigur 181). Mae rhai yn defnyddio ffenestri dormer, weithiau gydag ymylon bondo addurnol, ac yn aml gyda rhan uchaf y ffrâm yn grwn. Roedd ffenestri bae a ffenestri oriel, o ystyried ffotograffau o'r archif, yn fwy cyffredin ar un adeg o gymharu â nawr.

Cymdeithasau adeiladu â'u gwnaed yn bosibl i adeiladu tai o'r fath, fel mewn cymaint o drefi diwydiannol ym Mhrydain yn y bedwaredd ganrif ar bymtheg: yn Ffestiniog, roedd y Merioneth Permanent Benefit Building Society a'r North Denbighshire Permanent Benefit Building Society; roedd gan Fethesda y Welsh Building Society, y Prince Arthur, y Prince Llywelyn, yr Union a'r Cefnfaes. Yn nodweddiadol, byddai'r rhain wedi cynnwys pedwar neu

Ffigur 179. Mae'r barics ym Mhen y Bryn yn Nantlle yn dyddio o'r 1860au, ond mae'r bwa yn wal dalcen uned 1 yn awgrymu eu bod yn cynnwys rhannau o adeilad llawer cynharach. Gerllaw mae ffermdy o'r ail ganrif ar bymtheg a melin y chwarel ac injan codi.

Ffigur 180. Mae'r paentiad hwn gan arlunydd anhysbys yn dangos y pentref chwarelyddol anghysbell yn Rhiwbach, Ffestiniog. I'r dde mae'r swyddfa, yn y cefndir mae'r 'Barracks Mawr' deulawr, gyda gweithdai yn y canol, a'r dosbarth ysgol o haearn gwrymiog ar y chwith.

bump o ymddiriedolwyr lleol a etholwyd gan yr aelodau, a byddai'r tâl cofrestru yn cael ei gasglu ar ôl cael y taliad misol yn y chwarel.[49]

Mewn sawl anheddiad chwarelyddol, mae rhai o'r tai dosbarth canol yn mabwysiadu nodwedd wahanol iawn, sef y 'math fila'. Ceir enghraifft wych ond annodweddiadol yn Ffestiniog yn 'Erw Fair', sydd bron yn fath o fyngalo trefedigaethol wedi'i doi a'i orchuddio gyda llechi (Ffigur 182 – SH 6972 4636), a fu'n gartref i reolwr Oakeley hyd at 1934 pan gafodd ei ddefnyddio fel prif swyddfa'r chwarel.[50] Gallai tai uwch swyddogion fod yn grand iawn, yn aml wedi'u cysgodi gan goed, fel Glan y Bala yn Ninorwig (SH 5866 6014), tŷ rheolwr Votty, 'Quarry Bank' yn Ffestiniog (SH 7091 4665), neu Blas y Llyn, sydd wedi'i ddymchwel erbyn hyn, sef cartref rheolwr Gorsedda (SH 5164 4512).

Deunyddiau adeiladu

Mae'r deunyddiau a ddefnyddiwyd i adeiladu tai ar gyfer chwarelwyr a'u teuluoedd yn syndod o amrywiol. Heblaw llechi o Ardal y Llynnoedd yn Lloegr ar y tŷ ym Methesda (pennod 3), llechi to a chwarelwyd yn lleol a ddefnyddiwyd yn gyffredinol bron, fel y gellid ei ddisgwyl. Mae enghraifft dda o do o ddechrau'r bedwaredd ganrif ar bymtheg wedi goroesi yn 'R uncorn yn Ffestiniog, o wythïen a weithiwyd yn chwarel Lord mae'n debyg (gweler Ffigur 175). Fel arfer, gwnaed trawstiau to o goed derw wedi'u torri'n lleol hyd at y 1840au, ac wedi hynny, mewnforiwyd coed pinwydd. Fel arfer, mae'r defnydd o lechi patrymog yn gyfyngedig i swyddfeydd ac adeiladau cyhoeddus gydag un eithriad nodedig – y barics ym Mhen yr Orsedd, sy'n cynnwys to llechi patrymog a hangins llechi o liwiau amrywiol ar y

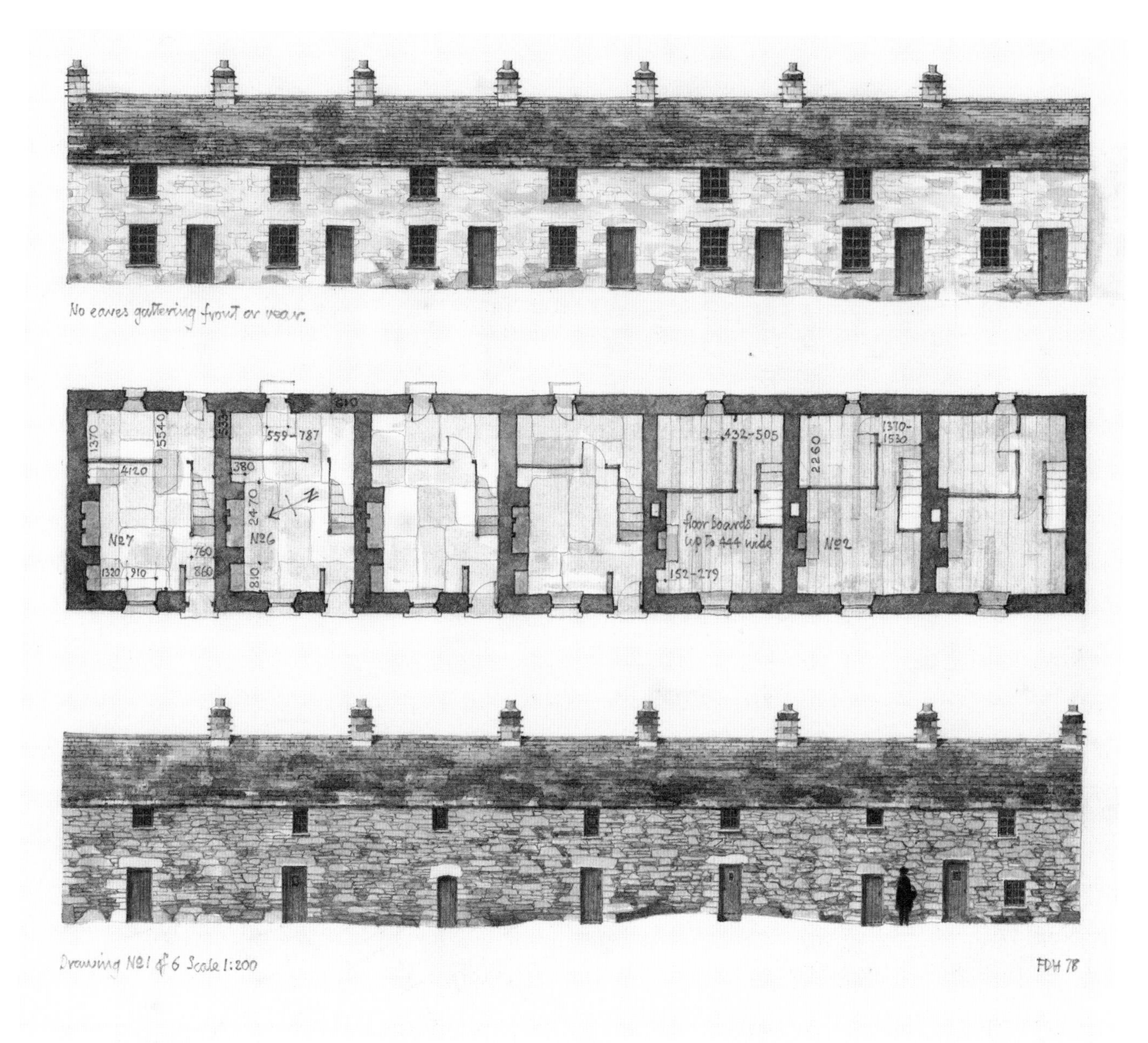

Ffigur 181. Mae paentiad dyfrlliw gan Falcon Hildred yn rhoi cofnod gwerthfawr o Uwchllaw'r Ffynnon ym Methania ym Mlaenau Ffestiniog, enghraifft gynnar plaen a solet o'r math o deras a godwyd yn y dref.

waliau. Mae'n debycach i *villa* fodern nac i farics gweithwyr.

Defnyddiwyd craig igneaidd leol yn gyffredinol fel y prif ddeunydd i adeiladu waliau, oedd yn batrymog weithiau, ond amlach wedi'u naddu'n fras neu wedi'u cario o gaeau gerllaw – adeiladwyd rhai tai yn Ffestiniog ar loriau chwareli carreg bach. Defnyddir plygiau llechi nad ydynt yn ddigon llinog i'w hollti yn llechi to weithiau. Mae llawer o'r tai dosbarth canol ym Metws y Coed ac yng Nghilgerran hyd yn oed wedi defnyddio plygiau o'r llechi lleol, ac mae Abergynolwyn wedi'i adeiladu'n bennaf o blygiau o rwbel chwarel Bryneglwys. Ym Methesda, mae un o'r siopau yn Nheras Ogwen (SH 624 666), a adeiladwyd o blygiau llechi o chwarel y Penrhyn yng nghanol y 1850au, yn cynnwys ffenestr ar y llawr cyntaf sy'n creu amrywiad deniadol ar y motiff Paladaidd, gan adlewyrchu brwdfrydedd Prydain fodern ar gyfer pensaernïaeth Eidalaidd (gweler Ffigur 32).[51] Mae rwbel hefyd yn ddeunydd cyffredin mewn waliau terfyn, a defnyddir plygiau o lechi wedi'u llifio yn aml fel meini copa. Mae llawer o dai a adeiladwyd o graig igneaidd

Ffigur 182. Erw Fair yn Ffestiniog oedd cartref rheolwr chwarel Oakeley.

yn defnyddio slabiau llechi fel linteri neu fel silffoedd ffenestr. Mae rhai o'r adeiladau yn ardaloedd Ffestiniog a Glaslyn a godwyd rhwng 1808 a chanol y ganrif yn defnyddio fflags gwaddodol hir iawn a chwarelwyd yn harbwr Porthmadog ac o amgylch Maentwrog. Ceir un enghraifft ym Mryn Awel, hen ddarllenfa y chwarelwyr yng Nghwmorthin dyddiedig tua 1840 yn Nhan y Grisiau (SH 6839 4503 – gweler isod).

Gwelir cynhyrchion brics a seramig o Riwabon yng ngogledd-ddwyrain Cymru, neu weithiau o Gaernarfon, yn aml yn y tai o ddiwedd y bedwaredd ganrif ar bymtheg o amgylch drysau a ffenestri ac fel teils trumio. Defnyddir brics tân porffor o Riwabon yn aml hefyd mewn simneiau. Gwelir defnydd amlwg o frics yn y gyfres gain o siopau a leolir yn 'Gladstone House' yng Ngroeslon, gyda'i batrymau aml-liwiog (SH 4747 5587) a chapel Annibynwyr Bethania ym Methesda (SH 6202 6696).

Gwedd fewnol a safonau byw

Mae'n anochel bod y disgrifiadau o'r safonau byw a brofwyd gan chwarelwyr a'u teuluoedd yn adlewyrchu rhagfarnau a rhagdybiaethau'r arsylwyr. Y disgrifiadau cynharaf a geir yw rhai Edmund Hyde Hall, sy'n pwysleisio glendid a thaclusrwydd yr anheddau a adeiladwyd gan yr Arglwydd Penrhyn:

> The economy of these people is of the very best kind. Their houses are well furnished, and a clock, chest of drawers, press cupboard for clothes, dishes and pewter, all shine in their place.[52]

Ymddengys bod llechi cerfiedig dyffryn Ogwen, sy'n dyddio o gyfnod ychydig yn ddiweddarach (pennod 3), yn dangos hyn – maent yn portreadu eitemau defnyddwyr fel clociau mawr, poteli rym a blodau mewn fasys, sydd, ynghyd â chreadigrwydd afieithus y cerfiadau, yn awgrymu cymuned gysurus oedd yn hapus i fwynhau'r pethau da a ddaeth yn sgil ffordd o fyw galed, ond fwy ffyniannus (Ffigur 183).

Daeth y traddodiad o gerfio llechi i gael ei gyfyngu i'r ffaniau addurnol, yr ymddengys iddynt gael eu gweld ym mhob cartref chwarelwr ymhell i mewn i'r ugeinfed ganrif (gweler Ffigur 34). Mae arsylwyr Fictoraidd yn tueddu i ddisgrifio anheddau'r chwarelwyr mewn modd sy'n pwysleisio incwm gwario ond sydd hefyd yn nodi'n glir bod dodrefn ac addurniadau dyddiau a fu a wnaed yn lleol wedi cael eu disodli gan y symbolau statws oedd yn gyffredin ymysg dosbarth gweithiol ffyniannus y cyfnod – cypyrddau

Ffigur 183. Caiff John a Marry Parry eu coffáu ar y llechen gerfiedig hon o ddyffryn Ogwen, sydd bellach yn Amgueddfa Bangor. Mae'n dangos gwydrau gwin a sgôr cerddorol, yn ogystal â phatrwm addurnol a ysbrydolwyd gan draphont ddŵr Pontcysyllte.

gwydr a ffigurynnau Swydd Stafford, y nododd Merfyn Jones ei bod yn ofynnol i wragedd nad oedd ganddynt obaith o gael gwaith eu dystio a'u sgleinio. Roedd arsylwyr gwrywaidd ar ddiwedd y bedwaredd ganrif ar bymtheg yn dueddol o fod yn galed ar wragedd chwarelwyr, gan ystyried eu bod yn ddiog ac yn llawn clecs o gymharu â gwragedd fferm gweithgar ac, yn wahanol iddynt hwy, eu bod yn dibynnu gormod ar ddillad a bwyd tun a brynwyd o siopau.[53] Mae nofelau a straeon byrion Kate Roberts yn wrthgyferbyniad i hyn, gan eu bod yn pwysleisio dygnwch a dewrder y gwragedd. Mae ei hanes personol o gael ei magu yn un o'r teuluoedd chwarel mwy cefnog ar Foel Tryfan yn cyfeirio at daflod gyda dau wely bach a bwrdd, yr oedd angen dringo ysgol i'w chyrraedd, a hi oedd yn gyfrifol am ei sgwrio bob bore Sadwrn.[54] Roedd adardy yn wynebu'r tŷ oedd yn destun balchder i'w brawd, Dei.[55] Ychydig iawn o deganau oedd ganddynt; mae'n sôn am farblis, barcud a doliau. Roedd y dodrefn yn cynnwys cwpwrdd gwydr.[56] Roedd y silffoedd llyfrau yn cynnwys nofelau Daniel Owen, cyfieithiadau o *Habakkuk Crabb* ac *Uncle Tom's Cabin*, copïau wedi'u rhwymo o *Trysorfa'r Plant*, argraffiad Hywel Tudur o farddoniaeth Eben Fardd, *Cymru Fu*, a cherddi Ceiriog. Mae hyn yn awgrymu diwylliant o ddarllen 'dwys' yn hytrach na 'helaeth', er bod ei thad hefyd yn cael tri phapur newydd bob wythnos.[57] Roedd llawer o deuluoedd y chwarel yn darllen yn helaeth. Roedd llyfrgell breifat Robert Thomas Jones (1874–1940), chwarelwr o Ffestiniog a ddaeth yn Ysgrifennydd Cyffredinol i Undeb Chwarelwyr Gogledd Cymru ac yn AS Llafur dros Sir Gaernarfon, yn chwedlonol; pan oedd Bob Owen Croesor (1885–1962), clerc chwareli'r Parc a Chroesor, ar ei ffordd i Borthmadog i brynu beic modur, tynnwyd ei sylw gan sêl gwerthu llyfrau ail law a gwariodd ei arian ar lyfrau yn lle ar feic, gan osod y sylfeini ar gyfer ei ail yrfa fel gwerthwr hen lyfrau, ymchwilydd a darlithydd pynciau allgyrsiol.[58] Roedd gan lawer o'r barics ddarllenfa neu ystafell lyfrau cysylltiedig, a chawsant bapurau newydd a chylchgronau enwadol Cymraeg eu hiaith. Mae'n debyg bod Bryn Awel, y ddarllenfa helaeth yn Nhan y Grisiau a adeiladwyd tua 1840 ar gyfer Cwmorthin hefyd yn farics (Ffigur 184), a chanfu'r Arglwydd Palmerston bod dosbarthiadau llythrennedd sylfaenol yn cael eu cynnal yn chwarel Moelwyn pan ymwelodd yn y 1860au.[59] Nid dim ond llyfrau a phapurau newydd oedd yn diddori'r chwarelwyr pan fyddent i ffwrdd o gartref; cofiai Emyr Jones fod gemau bwrdd – dominos, ludo neu snakes and ladders - yn cael eu chwarae yn y Dre' Newydd, a daeth gwaith cloddio ym Mlaen y Cwm o hyd i batrwm o boteli cwrw o amgylch y barics, a oedd yn awgrymu eu bod wedi cael eu taflu allan drwy'r ffenestri ar ôl i'w cynnwys gael ei yfed.[60]

Ffigur 184. Adeiladwyd yr ystafell ddarllen hon a'r barics yn Nhan y Grisiau tua 1840 ar gyfer chwarelwyr Cwmorthin.

Gall fod rhai cysuron i'w cael yn y barics, ond roedd yn anochel bod bywyd ynddynt yn fwy llwm na chartref y teulu. Dim ond un ffotograff hysbys sydd wedi goroesi o wedd fewnol barics; mae'n dyddio o 1901, a chred iddo ddangos Wrysgan (Ffigur 185). Mae'r dillad gwely yn y gwelyau bocs dwbl yn fudr, ac mae'n amlwg bod yr ystafell yn llaith, gan fod y lluniau o ryfel De Affrica o'r papurau yn pilio oddi ar y waliau.[61] Mynnodd y Bwrdd Iechyd y dylid tynnu'r gwelyau sefydlog a chodi parwydydd rhwng yr ystafelloedd cysgu a bwyta. Roedd fframiau'r gwelyau wedi'u gwneud â llaw fel arfer gyda diddad gwely fflocs neu diciau wedi'u llenwi â gwellt.[62]

Bu gwelyau bocs yn gyffredin mewn cartrefi teuluoedd ar ddechrau'r bedwaredd ganrif ar bymtheg – mae Hyde Hall yn sôn amdanynt,[63] a gallent fod wedi para'n hwy mewn barics, ond daeth fframiau gwely pres yn gyffredin; mae rhannau wedi goroesi mewn tŷ yn Nhreforys, ac yn arbennig yn Nantlle, lle buont yn ffasiynol ar un adeg, fe'u defnyddiwyd i lenwi bylchau mewn ffensys am sawl blwyddyn.

Eglwysi a chapeli

Y capel anghydffurfiol yw'r adeilad sy'n nodweddu tirwedd Cymru orau, ac roedd hefyd yn ganolog i weledigaeth y cymunedau llechi o'u hunain. Er i'r cynhaeaf efengylaidd yng Nghymru gael ei gasglu ledled y wlad, ac o ardaloedd gwledig gymaint ag mewn trefi a chanolfannau diwydiannol, ni chafwyd unlle mwy selog na Bethesda, Ebeneser, Carmel, Saron, Bethel a Bethania dros y chwarelwyr. Roedd gan hyd yn oed ardal chwarelyddol fach fel rhannau uchaf Nantdulas 11 o gapeli erbyn 1905 – pump

Ffigur 185. Gwedd fewnol barics Wrysgan, Ffestiniog, 1901. Mae'r tudalennau a dorrwyd o'r papurau yn dangos y rhyfel yn Ne Affrica yn pilio oddi ar y waliau oherwydd y lleithder.

Methodistaidd, dau Wesleaidd, tri i'r Annibynwyr ac un i'r Bedyddwyr, gyda chyfanswm o 2,639 o seddi ar gyfer poblogaeth o 1,586. Roedd hefyd ddwy eglwys yn yr ardal.[64] Roedd gan hyd yn oed gymuned fach Rhiwddolion yn Nantconwy gapel. Yr unig le nad oedd mor ffodus oedd Rosebush yn ne-orllewin Cymru; ym Maenclochog oedd yr agosaf, 4 cilomedr i ffwrdd.[65]

Roedd y capeli cynnar yn strwythurau plaen a diaddurn.[66] Nid yw hen gapel (SH 7114 4261), a adeiladwyd yn 1784, y cyntaf yn Ffestiniog a'r capel hynaf i oroesi mewn ardal chwarelyddol, yn edrych yn wahanol iawn i'r tai cynhenid y byddai ei gynulleidfa gyntaf wedi byw ynddynt.[67] Mae braslun o gapel cyntaf John Jones yn Nhal y Sarn, a adeiladwyd yn 1824, y mae dim ond rhannau ohono wedi goroesi, yn dangos adeilad deulawr ar ffurf sgubor, gyda mynedfa syml ar wal ochr, yn sefyll gerllaw tŷ'r gweinidog a'r siop a redwyd gan ei wraig, Fanny.[68]

Gwelir symudiad oddi wrth nodweddion hollol gynhenid tuag at arddulliau wedi'u mewnforio neu eu dysgu yn y capeli a adeiladwyd o'r 1850au ymlaen, hyd nes i'r rhai olaf gael eu hadeiladu yn y cyfnod ar ôl diwygiad crefyddol mwyaf ac olaf Cymru yn 1904. Mae'r capeli hyn, a'u hysgoldai, festrïoedd a thai capeli, yn dyst i ymrwymiad crefyddol y cynulleidfaoedd, yn ogystal ag i'r gwarged a'i gwnaeth yn bosibl i dalu amdanynt, a hyd yn oed, yn baradocsaidd, i brynwriaeth diwedd y bedwaredd ganrif ar bymtheg, sy'n amlwg yn eu ffasadau arddulliedig a'u gwedd fewnol foethus.[69] Gallai rhai ddal hyd at fil o bobl, yn enwedig y rhai oedd yn cynnwys galeri. Lleolwyd y pulpud yng nghanol corff y capel ac roedd o fath 'llwyfan' fel arfer, gyda grisiau ar y ddwy ochr er mwyn sicrhau y gallai siaradwyr olynol symud yn rhwydd. Roedd yr arddulliau pensaernïol yn amrywio, ac ni cheir tystiolaeth bod capeli chwarelwyr yn wahanol i gapeli eraill yng Nghymru. Roedd gan lawer ohonynt gynllun eclectig, gan gymysgu motiffau Jacobeaidd, clasurol, Lombardaidd a Gothig weithiau yn hawdd. Yn nodweddiadol, roedd eu ffasadau a oedd yn wynebu'r stryd yn cynnwys plac yn nodi dyddiadau sefydlu'r gynulleidfa, a'i hadeilad cyntaf a'i estyniad dilynol. Roeddent yn dilyn traddodiad hir o bensaernïaeth capeli Protestannaidd, ac fe'u cynlluniwyd gan nifer syndod o fach o bractisau – R.H. Williams, Richard Davies o Fangor, Rowland Jones o Gaernarfon, Owen Morris Roberts o Borthmadog, a Thomas George Williams a Richard Owen, yr oedd y ddau ohonynt yn aelodau o gymuned Cymraeg Lerpwl. Thomas Thomas o Landŵr (Abertawe) oedd y mwyaf cynhyrchiol ohonynt; Ebeneser, a roddodd ei enw i'r pentref, a adeiladwyd i'r Annibynwyr yn 1859 ar safle capel o 1821 (Ffigur 186 – SH 5787 6324). Aeth peth amser heibio cyn iddo ddatblygu yr hyn a ddaeth yn llofnod pensaernïol iddo, y defnydd trawiadol o fwa anferth ym mhediment ffasâd y talcen.[70]

Cymraeg oedd yr iaith addoli ym mhob un o'r capeli bron. Blaenau oedd yr unig le i gael 'English cause', a adeiladwyd yn 1882 gan T.G. Williams, yn yr arddull Gothig gyda mynedfa yn y talcen a thŵr annatod.[71] Yn aml, byddai eglwysi Anglicanaidd hefyd yn cynnal gwasanaethau Saesneg yn ogystal â rhai Cymraeg, gan ei bod yn fwy tebygol y byddai uwch swyddogion chwareli a'u teuluoedd yn mynychu. Roedd maint eglwysi Anglicanaidd yn amrywio'n sylweddol. Mae Glanogwen ym Methesda, a adeiladwyd yn 1855–56, yn llwyfan i ddefodwyr, ac roedd Eglwys Crist ger Deiniolen (1857 – gweler Ffigur 174) yn atgoffa anghydffurfwyr bod yr eglwys, a sefydlwyd drwy gyfraith, yn barod i wasanaethu

Ffigur 186. Capel Ebenezer, Deiniolen a gynlluniwyd gan y gweinidog a'r pensaer Thomas Thomas o Landŵr, Abertawe.

chwarelwyr y plwyf hefyd. Roedd Eglwys Dewi Sant ym Mlaenau Ffestiniog wedi colli'r ymdeimlad o urddas yr oedd ganddi pan gafodd ei chysegru yn 1842 gan fod adeiladau talach wedi cael eu codi o'i hamgylch. Mae natur anymwthiol a diymhongar yr eglwysi yn Nhal y Sarn a Phen y Groes yn dyst o deyrngarwch crefyddol y rhan fwyaf o chwarelwyr Nantlle.

Ni wyddys am addoldai ar gyfer enwadau nad oeddent yn Brotestannaidd cyn 1902, pan sefydlodd y Tad Peter Mérour, aelod o Urdd Obladiaid Mair Ddifrycheulyd o Quimper yn Llydaw, gapel ym Mlaenau Ffestiniog.[72] Fodd bynnag, prin oedd y Catholigion yn y diwydiant bob amser, heblaw am nafis yn gweithio contractau byrdymor (pennod 4).[73] Nid oedd chwareli llechi Cymru yn dibynnu ar ddosbarth caeth o weithwyr Gwyddelig fel yr oedd llawer o ddiwydiannau Prydain, ac fel yr oedd y diwydiant yn Ffranc yn dibynnu ar ei Lydaw-wyr, yr oedd eu hiaith, eu gwisg a'u ffydd ddangosol yn ogystal â'u tlodi yn golygu eu bod yn wahanol i'r Angefiniaid syndicalaidd a oedd yn rhan o'r gweithwyr medrus.[74]

Seilwaith cymdeithasol

Prin oedd y siopau o unrhyw fath yng Nghymru, y tu hwnt i'r trefi mwy ffyniannus, hyd at y bedwaredd ganrif ar bymtheg, ac er iddynt gael eu hagor mewn trefi a phentrefi chwarel, ni wnaethant gymryd lle y trefi marchnad a'r porthladdoedd - Bangor, Caernarfon, Porthmadog, Tywyn a Machynlleth – fel llefydd i brynu nwyddau, yn enwedig ar ôl cyflwyno gwasanaethau i deithwyr ar y rheilffyrdd. Roedd ffeirio a gwerthu bwydydd sylfaenol yn answyddogol hefyd yn gyffredin – mae Kate Roberts yn disgrifio'r siop wen, basgedi a ddefnyddid gan ferched i werthu ffrwythau a llefrith ohonynt, a pharhaodd nwyddau traul i gael eu prynu yn aml gan drafaelwyr ac mewn ffeiri hyd at ar ôl yr Ail Ryfel Byd.[75]

O'r holl brif ardaloedd chwarelyddol, Ffestiniog oedd y mwyaf anghysbell yn y ddeunawfed ganrif. Roedd yn dibynnu ar gludydd ceffyl pwn a deithiai i'r plwyf o Lanrwst drwy Benmachno, a chertmyn a ddeuai i fyny o'r Bala a Dolgellau. O 1796 ymlaen, bu David Lloyd o Meirion House yn Llan Ffestiniog, y cyntaf i werthu powdwr gwn i'r chwarelwyr lleol (pennod 4), hefyd yn gwerthu bwydydd.[76] Unwaith i'r fasnach forol ddatblygu gyda'r diwydiant llechi, roedd y gymuned yn tueddu i brynu ei nwyddau o Dremadog yn lle hynny.[77] Agorwyd siopau tua 1836, un yn eiddo i gapten llong o Borthmadog, ger rheilffordd yn Nhan y Grisiau, ac un arall yn Four Crosses.[78] Roedd siop arall ger y rheilffordd yn eiddo i John a Fanny Jones ym mhentref Tal y Sarn yn ardal Nantlle (SH 4924 5320), a adeiladwyd dros ffurfiant agored gwreiddiol rheilffordd Nantlle, a ddisodlwyd yma gan dwnnel torri-a-gorchuddio; mae cilfach yn bodoli o hyd yn wal y twnnel lle gellid tynnu wagen a oedd yn cludo nwyddau siop oddi ar y cledrau a'i symud o dan winsh. Roedd hon yn ddilyniant i'w siop gyntaf, o 1824, tŷ deulawr ffrynt dwbl gydag ardal ychwanegol wedi'i hatodi i'r talcen, a allai fod wedi cael ei ddefnyddio fel warws. Llyncwyd hon gan y chwarel yn ddiweddarach.[79]

Ceir enghraifft o'r siop Fictoraidd ddiweddarach nodweddiadol yn y rhan fwyaf o'r trefi, a sefydlwyd yn sgil y diwydiant llechi, er mai ym Mhorthmadog y ceir yr enghreifftiau gorau sydd wedi goroesi – yn fwyaf cyffredin un drws canolog gyda ffenestri arddangos bob ochr iddo, weithiau gyda drws ochr ar wahân, lle ceir mynediad i'r ardal breifat tua'r cefn ac ar y lloriau uchaf. Mewn rhai llefydd – Tal y Sarn a Than y Grisiau er enghraifft – roedd siopau 'ystafell ffrynt' llai, y gellir eu hadnabod bellach drwy ddiffyg parhad yng ngwaith maen y ffrynt, neu linter ar gyfer ffenestr fawr.[80]

Adeiladwyd eraill gan ddilyn model y siop adrannol *bon marché* gyda grisiau yn y canol. Ym Mhorthmadog, mae Kerfoot's (SH 5667 3885) wedi bod yn gweithredu ers 1874. Mae'r 'Gogerddau Stores' yn Nhal y Sarn yn Nantlle, a adeiladwyd yn 1877 (SH 4923 3532), yn enghraifft arall. Mae'r blaen yn gul, ond mae'r adeilad yn uchel ac yn ddwfn, fel pe bai wedi cael ei gynllunio ar gyfer tref lle'r oedd gwerthoedd tir yn uchel, yn hytrach nag ar gyfer cyrion pentref chwarel. Roedd ganddi risiau canolog unwaith, sydd wedi hen ddiflannu, y cawsant eu defnyddio i gyrraedd yr adrannau manwerthu amrywiol ar hyd orielau ar hyd y tair ochr, gan gyrraedd i fyny i groglofft teiliwr.[81] Roedd Blaenau Ffestiniog yn ddigon o faint i ddenu siopau cadwyn o ddiwedd y bedwaredd ganrif ar bymtheg.[82] Ar Stryd Fawr Tywyn, mae siop foethus wedi goroesi o 1903, a adeiladwyd gyda brics gyda manylion cerrig a ffenestri arddangos addurnol. Oddi yma, byddai Syr Henry Haydn Jones yn rheoli chwarel Bryneglwys, Rheilffordd Talyllyn ac yn wir y rhan fwyaf o'r agweddau eraill ar fywyd yn yr ardal (SH 586 007). Cwblhawyd neuadd farchnad drawiadol Blaenau Ffestiniog yn 1864, a chafodd ei hestyn yn 1870; mae ei tho bae llechi gyda theils crib seramig a gwaith haearn addurnol yn dominyddu pen gorllewinol y brif dref (Ffigur 187 – SH 6978 4597).[83]

Roedd haneswyr lleol yn hoff o honni i Fethodistiaeth wneud y chwarelwr yn fod dynol moesol, fel pan

Ffigur 187. Neuadd y farchnad, Blaenau Ffestiniog.

ddisodlwyd cyffion y plwyf gan garchardai a gorsafoedd heddlu, nid oedd angen gwario'n ormodol.[84] Yn wir, mae carchar Bethesda yn fach a disylw (SH 6215 6676), a dim ond tair cell a geir yn adeiladau heddlu'r sir ym Mlaenau Ffestiniog, er eu bod yn sylweddol o ran maint (SH 7033 4589). Fodd bynnag, ni lwyddodd Methodistiaeth i roi diwedd ar ymddygiad gwrthgymdeithasol o bell ffordd, ac roedd llawer o chwarelwyr yn casáu'r pwyslais a roddwyd ar ddirwestiaeth lwyrymwrthodiad neu'n syml yn ei anwybyddu. Er hyn, galwyd Tal y Sarn, oedd yn enwog am ei feirdd, pregethwyr a llenorion, yn 'Chicago bach' am yr helyntion a welwyd yno yn y 1930au, ac am flynyddoedd, byddai Caernarfon ar nos Sadwrn, yn enwedig ar ôl y tâl mawr, yn llawn chwarelwyr yn cael sbri. Ym mhob ardal chwarelyddol, byddai rhai dynion yn yfed oddi cartref er gweddustra, eraill er mwyn mwynhau cwmni mwy o bobl, ac eraill am nad oedd ganddynt unrhyw ddewis. Roedd yn rhaid i chwarelwyr a oedd yn denantiaid i Samuel Holland, yr Undodwr dirwestol yn Nhan y Grisiau deithio i ganol Blaenau Ffestiniog i gael diod, ac i'r rheini na allent gerdded erbyn stop tap, roedd 'wagen Macdonald', cerbyd arbennig a gadwyd ar gilffordd Rheilffordd Ffestiniog yn neuadd y farchnad, a byddai Albanwr caredig a oedd yn byw ger twnnel Moelwyn yn mynd â nhw adref drwy ei redeg i lawr y lein.[85] Nid oes dim i awgrymu nad oedd y tafarndai niferus yn y cymunedau chwarelyddol yn gwneud busnes da, na'r mannau yfed a oedd yn ceisio osgoi'r gyfraith drwy werthu cacennau yn ogystal â chwrw, neu fara a chaws, fel y dafarn gacen yn Ffestiniog.[86] Roedd unigolion yn gwneud arian da drwy roi diod i bobl barchus ar y slei (Ffigur 188).[87] Gall fod yn nodweddiadol mai yn Rosebush, yr un anheddiad chwarelyddol heb gapel, y gwelir y dafarn enwocaf yn y diwydiant, Tafarn Sinc (SN 0753 2950).[88] Fe'i hadeiladwyd fel y 'Precelly Hotel' pan agorwyd y rheilffordd yn 1876, ac mae'n enghraifft a gynhelir yn dda o strwythur haearn gwrymiog o ganol oes Fictoria.

Os oedd rhai pobl yn herio'n bendant ethos cyffredinol y cymunedau chwarelyddol, roedd eraill yn ymdrechu'n daer i ymostwng i reolau cul y diaconiaid. Mae ffuglen Kate Roberts, yr awdur enwocaf i ddod o'r diwylliant chwarelyddol llythrennog hwn a fynychai'r capel, ac i'w ddisgrifio, ac yr ymddengys ei bod wedi mewnoli ei werthoedd yn llwyr, yn fwy radical oherwydd ei hymdeimlad o dynged y rheini na lwyddodd i wneud hynny.[89] Mae hyn hefyd yn wir am nofelau chwarelyddol T. Rowland Hughes o Lanberis – *William Jones* (1944), *Chwalfa* (1946) ac *Y Cychwyn* (1947). Mae *Un Nos Ola Leuad* (1961) gan Caradog Prichard yn dywyllach fyth, gyda gweledigaeth lom o golled a dioddefaint nad oedd gan grefydd gyfundrefnol unrhyw atebion ar eu cyfer, wedi'i lleoli

Ffigur 188. Portread o borthor a negesydd cyffredinol Bethesda, y Deryn Nos, heb y gôt hir y byddai'n ei defnyddio i guddio'r poteli a'r jygiau cwrw y byddai'n eu dosbarthu i gleientiaid nad oeddent am gael eu gweld ar gyfyl tafarndai.

ymhlith cymuned chwarela llechi Bethesda, ei dref enedigol. Ceir awgrymiadau, ni waeth pa mor anecdotaidd ac anniffiniadwy y maent, o isddiwylliannau hoyw ymysg y chwarelwyr. Rhwng popeth, roeddent yn rhan o brif ffrwd cymdeithas oedd yn cael ei seciwlareiddio ac nad oedd bob amser yn ufudd i'r gyfraith oedd â chryn dipyn yn gyffredin â diwylliannau dosbarth gweithiol mewn rhannau eraill o'r byd, ac ymddengys ei bod yn fwy realistig awgrymu os mai'r diwydiant llechi oedd y rheswm pam bod cymdeithas draddodiadol yn dod i arfer â moderniaeth, bod hynny gymaint drwy ddysgu er mwyn ymdopi â newid, amrywiaeth a gwahaniaeth ag yr oedd drwy groesawu gwleidyddiaeth Gladstone a diwinyddiaeth Calvin.

Chwaraeon a hamdden

Heblaw am gyfeiriad diddorol at chwarelwyr Nantlle yn chwarae math o dennis yn ystod eu hawr ginio (a allai barhau drwy'r prynhawn a gyda'r nos os byddai'n gêm gyffrous), ni wyddys rhyw lawer am chwaraeon a diddordebau yn y diwydiant llechi cyn oes Fictoria.[90] Ystyriwyd bod hela llwynogod (ar droed) yn angenrheidiol ac yn gamp, a byddai'n cael blaenoriaeth dros waith yn y dyddiau cynnar, fel y canfu Samuel Holland pan oedd yn ŵr ifanc.[91] Roedd pysgota yn boblogaidd, ac roedd gan chwarelwyr enw drwg fel potsiars. Ni nodwyd unrhyw bitiau ceiliogod yn unrhyw rai o'r aneddiadau chwarelyddol; gwaharddwyd ymladd ceiliogod gan y gyfraith yng Nghymru a Lloegr yn 1835, ond roedd wedi bod yn gamp gyffredin yng Nghymru wledig cyn hynny ac yn bendant yn arfer mewn ardaloedd chwarelyddol.[92] Roedd y capeli yn gwrthwynebu chwaraeon waed nid dim ond oherwydd eu bod yn greulon ond oherwydd iddynt gael eu hystyried yn wastraff o amser a roddwyd gan Dduw, a chyn hwyred â 1896, roedd tudalennau llythyrau'r *Herald Cymraeg* yn trafod anfoesoldeb cymharol dominos, criced a phêl-droed mewn perthynas â hyn.[93] Fel ag yr oedd, roedd chwarelwyr wedi cymryd at bêl-droed gyda chymaint o frwdfrydedd â diwylliannau dosbarth gweithiol eraill Prydain, er na chawsant lawer o anogaeth gan reolwyr a pherchenogion. Defnyddiai clwb pêl-droed Blaenau Ffestiniog y canopi o un o orsafoedd Rheilffordd Ffestiniog fel cysgodfan ar ôl i'r rheilffordd gau. Erbyn y 1920au, roedd mathau eraill o ddiddanwch ar gael, ar ffurf y neuadd ddawns a'r siop betio.[94]

Roedd chwarelwyr hefyd yn hoff o ddiddordebau – garddio, bridio anifeiliaid anwes, cerfio coed, yn ogystal â gwneud y ffaniau llechi a arferai fod yn nodwedd yn y rhan fwyaf o ystafelloedd byw. Roeddent hefyd yn ymddiddori mewn peirianneg modelau weithiau. Yn chwarel Oakeley y gwnaed y locomotifau model ar raddfa fawr a gaiff eu gwarchod yng Nghell B ym Mlaenau Ffestiniog bellach. Roedd canu corawl yn arbennig o boblogaidd nid dim ond gyda'r chwarelwyr ond hefyd gyda'u teuluoedd - roedd corau merched a phlant yn gyffredin, ac roeddent bron bob amser yn gysylltiedig â chapel. Roedd gwreiddiau bandiau pres neu arian mewn traddodiadau cerddorol cynharach, fel

Ffigur 189. Codwyd cwt band Tal y Sarn ar ddiwedd y 1890au ar adeg pan roedd y band yn bencampwyr cenedlaethol.

corau capeli ac eglwysi a bandiau milisia, ond cawsant eu ffurfioli yn y 1860au a gwnaethant ffynnu yn Ffestiniog, Nantperis, Nantlle, Nantdulas a de Gwynedd, yn ogystal â mannau eraill yn y rhanbarth a ledled y Deyrnas Unedig, lle y tybiwyd bod cymaint â 40,000 o fandiau o'r fath yn bodoli unwaith. Mae ystafell band Tal y Sarn yn cael ei defnyddio o hyd (Ffigur 189 – SH 4897 5301). Yn wahanol i'r corau, roeddent yn tueddu i dorri ar draws llinellau confensiynol (er nad oedd menywod yn cael cymryd rhan tan y 1980au), ac roedd ganddynt enw drwg am yfed ar y slei.[95] Roeddent hefyd yn cynnig rhyddhad o weddustra prudd y siwt orau (gweler isod) – gallai aelodau bandiau orymdeithio mewn tiwnigau dolennog lliwgar a chapiau hwyliog (Ffigur 190).[96]

Un ffurf anarferol o hamddena oedd 'cerrig cannan' neu 'gerrig priodas'. Nid yw'r rhain yn unigryw i Gymru, ac nid ydynt yn unigryw i'r diwydiant llechi, oherwydd y ceir 'merriment holes' tebyg yng Nghernyw a hefyd yng Ngalisia a Malta, ond roeddent yn bendant wedi'u crynhoi o fewn ardaloedd llechi mwy poblog y gogledd-orllewin. Fe'u gwelir yn gyffredin mewn ardaloedd lle gallai pobl leol fod am ddathlu priodasau, ymweliadau, digwyddiadau masnachol fel agor rheilffyrdd, neu ddathliadau cenedlaethol. Maent yn cynnwys tyllau wedi'u drilio mewn darn o graig, gyda neu heb sianeli ffiws, a fyddai'n ffrwydro mewn trefn ac a allai hyd yn oed ymdebygu i diwniau. Byddai tân gwyllt a choelcerthi hefyd. Taniwyd 1,500 yn chwarel y Penrhyn ar achlysur priodas Douglas Pennant, a'r

Ffigur 190. Band llwyddiannus Nantlle yn eu lifrai.

nifer fwyaf o dyllau mewn unrhyw un yw 195. Gallent fod wedi deillio o saliwtiau milwrol a morol – roedd y cynharaf a gofnodwyd ar gyfer jiwbilî Sior III yn 1808.[97]

Dillad

Nid oedd chwarelwyr Cymru yn rhan o'r 'dosbarth gweithiol lifrog' fel gweithwyr rheilffordd a chyflogeion post. Nid oeddent yn gwisgo dillad 'traddodiadol', ac nid oeddent yn defnyddio gwisgoedd seremonïol fel y rheini a wisgwyd gan rai cloddwyr ar gyfandir Ewrop, ond roedd eu gwisg yn nodedig ar gyfer y rhan fwyaf o hanes y diwydiant, yn yr un modd â gweithwyr mewn llawer o ddiwydiannau cloddio eraill.[98] Yn anffodus, nid oes enghraifft hysbys wedi goroesi o siaced wen y chwarelwr, ond mae'r cofnod gweledol yn benodol yn golygu y gellir deall beth roedd yn ei wisgo yn y gwaith ac yn ei amser hamdden.

Yn ystod y cyfnod diwydiannol cynnar, ymddengys nad oedd dillad chwarelwyr Cymru yn wahanol iawn i ddillad y dosbarth o unigolion yn eu hardal – y ffermwyr tlotach a'r gweision fferm. Mae paentiadau Pocock o 1795 o ddynion yn cludo llechi o chwarel Allt Ddu i Gwm y Glo yn ardal Nantperis yn eu dangos yn llewys eu crys, yn gwisgo gwasgodau, hetiau meddal a llodrau (yn bennaf) – mae o leiaf un ohonynt yn gwisgo trowsus (gweler Ffigurau 194, 195 a 221). Mae'r steil wedi newid rhywfaint ym mhaentiad Henry Hawkins o chwarel y Penrhyn yn 1832. Mae'r hetiau yn uwch, caiff crysau eu gwisgo gyda gwddf agored heb grafat, ac mae trowsusau yn fwy amlwg. Mae'r rhan fwyaf yn gwisgo côt gynffon fain 'claw-hammer' (Ffigur 191).[99] Caiff dillad tebyg eu darlunio mewn paentiadau o weithfeydd copr Parys yn Ynys Fôn ac yng nghanolfannau diwydiannol ffyniannus de Cymru, yn ogystal ag yn chwareli llechi Cernyw ac Ardal y Llynnoedd yn Lloegr.

Fodd bynnag, mae o leiaf un yn gwisgo dillad ysgafnach, sy'n awgrymu bod rhai eisoes wedi dechrau mabwysiadu dillad 'diwydiannol'. Mae cyfrif a gyhoeddwyd ar ddiwedd y bedwaredd ganrif ar bymtheg yn edrych yn ôl ar chwarelwyr Ffestiniog yn 1848 yn disgrifio'r ffaith bod eu dillad:

> ... yn well a glanach nag ydynt yn awr. Ywisg waith gyffredin y pryd hwnnw oedd gwasgod ucha, neu

Ffigur 191. Nid yw dillad diwydiannol wedi gwneud eu marc eto ym mhaentiad Henry Hawkins, The Penrhyn Quarry in 1832; mae'r chwarelwyr yn gwisgo cotiau brethyn cartref yn bennaf.

> gryspas cwta, o felfered goleu, a ffedog o lian gwyn wedi ei throi am y canol, a'i chornel yn disgyn i lawr hyd ran isaf y cefn, esgidiau isel, a het ffelt galed.[100]

Mae mabwysiadu dillad a wnaed o gotwm, wedi'i fewnforio yn ei ffurf grai o'r Aifft, India ac UDA ac wedi'i wehyddu o Loegr, yn hytrach nag o ddefnydd wedi'i wehyddu a'i deilwra'n lleol, yn un enghraifft arall lle cafodd y diwydiant ei adnoddau o'r tu allan i'r ardal leol. Os câi melfaréd ei gysylltu â'r labrwr amaethyddol, ffystion oedd defnydd y gweithiwr medrus o Loegr, ac fe'i mabwysiadwyd yn herfeiddiol gan Siartwyr yn aml.[101] Yn wahanol i nwyddau gwlân, gellid golchi'r defnyddiau hyn, ac er y gallai ymddangos bod dillad gwyn yn hollol anaddas ar gyfer amgylchedd budr y chwarel, roedd sawl chwarelwr yn ystyried y ffordd y câi ei ddillad uchaf eu cannu (unwaith y mis, mewn wrin) fel tystiolaeth (neu brawf) o sgiliau domestig ei wraig.

Er hyn, ymddengys mai'r chwarelwyr oedd yr unig weithwyr mewn diwydiant cloddio i fabwysiadu'r math hwn o wisg i unrhyw raddau. Mae ffotograffau, a oedd yn gyffredin o'r 1870au, yn awgrymu bod siaced wen a wnaed o liain ac a gyrhaeddai ran uchaf y glun, naill ai wedi'i botymu at y gwddf neu gyda llabed hiciog, a throwsus o liw golau yn wisg gyffredinol bron drwy'r diwydiant erbyn hynny, ynghyd â gwasgod o hen siwt orau (Ffigur 192). Yn sicr, mae'r siaced yn amlwg iawn ymhlith grwpiau wedi'u gosod, ond fel arfer mae dynion wrth eu gwaith yn llewys eu crysau. Fodd bynnag, nid oedd yn debygol y byddai ffotograffwyr yn cario camera plât gwydr yn bell mewn tywydd garw neu pan oedd golau dydd yn brin, ac mae'n bosibl y byddent wedi gwisgo dillad gwahanol yn y gaeaf. Nododd tyst o Ffestiniog yn ymchwiliad 1896 mai dim ond yn ystod oriau gwaith yn yr haf y byddai cotiau lliain yn cael eu gwisgo, y byddent yn cael eu hongian i sychu dros nos (mewn caban mae'n debyg), ac y byddai hen gôt frethyn yn ddigonol fel arall.[102] Disgrifiodd Dr Mills Roberts o chwarel Dinorwig ddillad y chwarelwyr fel arall fel a ganlyn:

> A thick flannel vest, a flannel shirt, generally lined, flannel drawers, usually double thickness around the waist, and in addition he generally also wears round the waist a flannel belt or bandage.[103]

Datblygodd yr het feddal, isel gyda chantel a elwid yn 'jim crow' yng Nghymru, ac yn ddiweddarach y fowler i fod yn hetiau mwyaf cyffredin y cyfnod. Ni wnaed y naill na'r llall yn benodol ar gyfer gwaith yn y chwarel, yn wahanol i het galed cloddwyr Cernyw, a oedd wedi'i siapio fel bowler, ond wedi'i gwneud o gymysgedd o ffelt a resin. Roedd y rhan fwyaf o chwarelwyr, unwaith iddynt gyrraedd ystâd gŵr, yn gwisgo bowleri fel dillad gorau erbyn diwedd y cyfnod Fictoraidd, ac unwaith iddynt ddechrau colli eu lliw, byddent yn cael eu diraddio i'w gwisgo ar ddiwrnodau gwaith. Caent eu gwisgo gan weithwyr ym mhob cwr o'r byd gorllewinol; roeddent yn rhoi rhywfaint o amddiffyniad ac ni fyddent yn chwythu i ffwrdd mewn gwyntoedd cryfion.[104] Fodd bynnag, mae ffotograffau o chwareli yn y bedwaredd ganrif ar bymtheg hefyd yn dangos capiau stabl, capiau pig, hetiau criced, capiau mynd-a-dwad, hetiau cantel, hetiau gwellt, a hyd yn oed hetiau Panamâ a sombreros.[105] Ni welir cadwyni watsh yn aml – roedd watshis yn rhy werthfawr, ac yn rhy bwysig fel symbolau statws, i gael eu peryglu yn y gwaith. Byddai eu gwisgo hefyd efallai wedi cynnig consesiwn symbolaidd i syniad y rheolwyr o rannu gwaith mewn unedau o amser, ynghyd â thwrw syrffedus clociau iardiau a chlychau, cyrn, chwibanau

Ffigur 192. Mae'r chwarelwyr hyn yn Norothea tua 1890 yn gwisgo amrywiaeth o ddillad a hetiau, ond mae'r siacedi gwyn a'r gwasgodau a fyddai wedi bod yn ddillad gorau ar un adeg i'w gweld yn amlwg.

a biwglau a ddefnyddid gan y gorthrymwr i rannu diwrnod y chwarelwr. Ar y llaw arall, pan gaent eu gwisgo, gellid defnyddio amseryddion i wrthbrofi honiadau o adael y gwaith yn gynnar, fel y canfu Samuel Holland pan geryddodd weithiwr oedrannus:

> Tynodd yr hen wr oriawr anferth o i logell, a chan ei roi ei ysbectol ar ei drwyn, daliodd hi yn fuddugoliaethus o flaen Mr Holland, er dangos fod y bysedd yn nodi chwech. Ond adgofiodd Mr Holland ef fod y gloch heb ganu. 'O,' ebai yr hen wr, gan fynd i'w ffordd yn ddigyffro, 'mi gaiff hono bryd bynag y twnwch chwi 'i chynffon hi.'[106]

Adlewyrchwyd hyder cynyddol cymunedau chwarelyddol lle'r oedd eitemau fel watshis (a sbectolau) yn dod yn gyffredin mewn pryder a leisiwyd yn y 1860au a'r 1870au bod y dynion iau yn troi'n unigolion smêc iawn yn eu hamser rhydd. Cwynodd y newyddiadurwr a ysgrifennodd ddisgrifiad o ddiwydiant gogledd Cymru yn 1873 ynghylch eu harfer o wisgo gwasgodau melfed, teis gwyrdd a menig croen myn lliw fioled.[107] Mae'r darluniad enwog o W.J. Parry a'r Arglwydd Penrhyn yn cwrdd â phwyllgor y chwarel yn 1873 yn dangos y dynion mewn siwtiau tywyll prudd, o doriad anffasiynol ond o ansawdd da yn ôl pob golwg, gyda difrifoldeb amlwg eu penderfyniad heb os yn gerydd ymhlyg o aelodau llai gwleidyddol cymuned y chwarel (gweler Ffigur 2).[108]

Roedd parchusrwydd yn mynd law yn llaw â dyheadau'r hyn a oedd wedi datblygu i fod yn gymdeithas o ddefnyddwyr dosbarth gweithiol. Erbyn canol y bedwaredd ganrif ar bymtheg gallai dillad gorau chwarelwr fod yn ffrog-côt a het silc, wedi'u gwisgo gyda bwtsias neu esgidiau.[109] Cofiodd Kate Roberts, gan ddisgrifio ei phlentyndod yn ardal Moel Tryfan ar droad y bedwaredd ganrif ar bymtheg a'r ugeinfed ganrif, fod gan ei thad, chwarelwr yn Alexandra, het silc, ond ei bod yn cael ei chadw yn y cabinet y rhan fwyaf o'r amser fel 'pin a wela sioe'.[110] Mae hysbyseb ffug a gerfiwyd ar slab mawr ar gefn gwal yn Ninorwig yn darllen 'Hats 7/–', gan ddangos dwy het uchel a thair bowler.[111]

Yn yr ugeinfed ganrif, daeth dillad gwaith a dillad amser rhydd yn unffurf yn y diwydiant llechi fel ym mhob diwydiant arall, heblaw am ffasiwn a welwyd ar ôl 1919 ar gyfer dillad caci milwrol oedd dros ben.[112] Disodlodd y cap stabl fathau eraill o hetiau, ac erbyn y 1920au dim ond gwŷr oedrannus fyddai'n gwisgo bowler i fynd i'r gwaith. Roedd y siaced wen hefyd yn mynd yn beth prin, er y câi ei gwisgo o dan gôt frethyn weithiau. Defnyddiwyd sachau fel dillad uchaf, gan fod hesian yn dal dŵr i raddau helaeth; caent eu gwisgo fel clogynnau, wedi'u clymu yn y blaen gyda phin cau. Parhawyd i wisgo trwsys melfaréd neu drwsys ribs wedi'u lliwio'n frown neu'n felyn, hyd at y 1970au; i sawl bachgen oedd yn mynd i'r chwarel i ddechrau ei fywyd gwaith, dyma fyddai ei bâr cyntaf o drowsus hir ac roeddent yn nodi ei fod bellach yn oedolyn – o fath. Cofiai llawer y sŵn siffrwd y byddai'r melfaréd yn ei wneud ar y daith o'r cartref ar y bore cynnar cyntaf hwnnw. Weithiau, byddent yn gwisgo gwasgod â llawes, yn aml wedi'i gwneud o felfaréd. Er bod clocsiau'n cael eu gwisgo yn y 1960au, esgidiau hoelion a ffefrid, er mwyn osgoi llithro ar lechi miniog.[113]

Ni châi helmedi diogelwch eu gwisgo o gwbl tan y 1930au, ac wedi hynny dim ond yn raddol y cawsant eu mabwysiadu. Mae'n debyg bod ffotograffau y gallai'r cyhoedd neu gyfarwyddwyr eu gweld yn gor-ddweud pa mor aml y caent eu gwisgo, gan fod y rhan fwyaf o chwarelwyr o'r farn eu bod yn anghyfforddus gan resymu nad oeddent yn debygol o fod yn ddefnyddiol iawn mewn argyfwng difrifol.[114]

Weithiau, byddai gan weithwyr arbenigol eu steil eu hunain. Gallai holltwyr a llwythwyr wisgo barclod, gallai pwyswyr wisgo siwtiau neu gotiau glanhau, a gallai ffitwyr wisgo bibiau a bresys. Byddai gweithwyr locomotif weithiau'n gwisgo bowler neu gap pig llongwr, er yn benodol ar y 'prif linellau' o'r chwarel i'r porthladd, gallent wisgo cap gyrrwr, fel eu cydweithwyr ar y London Midland and Scottish Railway neu'r Great Western.[115] O'r rheilffyrdd cyhoeddus cul oedd yn cludo llechi, roedd pob un heblaw Tram Glyn Ceiriog yn gwneud i'w giardiau a staff gorsafoedd wisgo lifrau, gyda Rheilffyrdd Ffestiniog a'r Welsh Highland hyd yn oed yn gwisgo meistresi eu gorsafoedd mewn gwisg draddodiadol Gymraeg ar un adeg. Yn gynharach, roedd y 'philistiaid' a weithiai ar y cychod yn cludo llechi Ffestiniog i lawr i'r Traeth Bach, yn enwog am wisgo hetiau ffelt tal, du gyda chantel llydan, cotiau cynffon a llodrau lliain, 'like Tipperary Irishmen'.[116]

Roedd gwisg rheolwyr chwareli yn dibynnu i raddau helaeth ar faint y busnes a phwysigrwydd y swydd. Mae paentiad Hawkins o 1832 o chwarel y Penrhyn yn dangos yr hyn a allai fod yn rheolwr mewn siwt dywyll a thei du (gweler Ffigur 191). Erbyn diwedd y bedwaredd ganrif ar bymtheg, byddai rheolwr hyd yn oed un o'r chwareli canolig yn unigolyn hynod bwerus ac uchel ei barch, ac yma roedd ffrog-côt a het uchel yn *de rigueur* fel gwisg bob dydd, nid dim ond ar gyfer y capel ar ddydd Sul. Dyma oedd gwisg yr elît anghydffurfiol Rhyddfrydol, boed hynny yn Nhŷ'r Cyffredin neu mewn cyfarfod pregethu, a chafodd ei mabwysiadu'n barod gan unrhyw reolwr oedd yn falch o'i safle. Yn ogystal ag ennyn parch gweithwyr a chymdogion fel ei gilydd, roedd hefyd yn ddefnyddiol ar gyfer pwysleisio'r natur nawddoglyd a ensyniwyd yn ystumiau poblyddwyr, fel helpu labrwyr i lwytho wagen, neu ddangos i hogyn ifanc oedd yn cael trafferth beth yw'r ffordd gywir o afael mewn cŷn a morthwyl. J.J. Evans oedd yr olaf i wisgo fel hyn, yn chwarel Dorothea yn Nantlle yn 1900.

Gallai stiwardiaid a swyddogion eraill gario lampau asetylen fel pe baent yn fathodyn o swydd ond byddent wedi'u gwisgo'n llawer llai crand na'r rheolwyr fel arfer, gyda brethyn a melfaréd yn amlycach na brethyn dwbl a throwsus streipen fain (Ffigur 193).[117] Disodlwyd coleri caled ac (yn aml) lodrau gyda sanau bach (steil a fabwysiadwyd gan rai o feddygon y chwareli hefyd) gan goleri meddal a *jodhpurs* a throwsus dwyn 'falau ar ôl y Rhyfel Byd Cyntaf.[118]

Dillad galwedigaethol yw'r math mwyaf bregus o archaeoleg ddiwydiannol; ni fyddai pobl yn gofalu am ddillad a fyddai ond yn cael eu defnyddio i fynd i'r gwaith, a fyddai'n baeddu'n gyflym ac yn gwisgo. Er na wyddys am unrhyw enghreifftiau o ddillad chwarel nodedig y bedwaredd ganrif ar bymtheg sydd wedi goroesi, mewn caban yn chwarel Dinorwig, am flynyddoedd ar ôl i'r chwarel gau yn annisgwyl yn 1969, roedd topiau-cotiau'r dynion i'w gweld o hyd yn hongian ar y pegiau – eitemau mor gyffredin, ond eto yn arswydus i'w gweld.

Newid a pharhad

Mae rhai o'r trefi, pentrefi ac aneddiadau tyddynnod a adeiladwyd i wasanaethu'r diwydiant llechi yn adfeilion, ond mae eraill wedi goroesi nid yn unig fel enghreifftiau hynod o gymunedau gweithwyr o'r bedwaredd ganrif ar bymtheg ond hefyd fel cymunedau byw bywiog, er

Ffigur 193. Rheolwyr a stiwardiaid yn chwarel Llechwedd, Ffestiniog yn y 1890au.

gwaethaf holl afleoliadau economaidd yr ugeinfed ganrif. Maent yn llefydd creadigol a chroesawgar, y mae eu pobl yn dueddol o rannu diddordeb yn eu hanes yn y gorffennol a lle mae'r iaith Gymraeg yn parhau'n gryf. Mae'n cyd-fynd yn llwyr â'u traddodiadau Fictoraidd y dylai tref Blaenau Ffestiniog gynnal cyfnodolyn Cymraeg rheolaidd, wedi'i gysegru i hanes y plwyf, sydd â'r nod o fod yn boblogaidd ac yn ysgolheigaidd, neu y dylai dyffryn Ogwen feithrin artistiaid a gweithwyr crefft sy'n cael eu hysbrydoliaeth o'r diwydiant llechi. Bu llawer o newidiadau eraill hefyd. Blaenau Ffestiniog a Bethesda yw'r unig drefi sy'n dal i fod yn gartref i chwarelwyr sy'n gweithio. Mewn mannau eraill, mae'r diwydiant wedi mynd yn angof, neu mae hynny ar fin digwydd. Prin yw'r bobl sy'n mynychu unrhyw fath o addoldy bellach, ac nid gweinidogion yr efengyl yw prif ddynion eu pobl bellach. Eto, erys hanfod lle ac amser o hyd, o ran patrymau llafar a ffordd o feddwl. Mae'r rhain yn deillio o'r chwarelwyr – yr arfer o roi ffugenwau creadigol i ffrindiau a chymdogion mewn gwlad sy'n llawn Jonesiaid, Robertsiaid a Williamsiaid, mae eu hiwmor a'u tynnu coes sych, brwnt yn aml, ynghyd â'r arfer, sy'n fyw o hyd, o gyfarch pawb yn 'boi', ni waeth beth fo'i oedran na'i ryw. Mae'r dystiolaeth berthnasol o lechi, cerrig a brics yn parhau; felly hefyd y mae'r ffordd o fyw.

Nodiadau

1 Soulez Larivière 1979; Jeanneau 1969: 423-32; Voisin 1987: 160-163.
2 Dodd 1990: 220.
3 Trinder 1981: 193-94; Trinder 1982: 190; Lowe 1989 ; Bick 1985: 32, 79, 84; LeNeve Foster 1910: 712.
4 Mae rhai yn gynharach; er enghraifft, efallai bod barics yng Nghwm Eigiau yn Nantconwy o'r 1820au – gweler isod.
5 Nodwyd enghreifftiau mewn dau le yn Nantlle. Ym Mhen y Bryn, roedd chwarelwyr a'u teuluoedd yn byw mewn bythynnod, a all ymgorffori rhannau o annedd lawer hŷn.
6 Boyd 1975a: 83-84; Boyd 1975b: 351-53; Boyd 1985: 128-35; Boyd 1986: 51-63; Boyd 1988: 187-94.
7 Jones, E. 1963: 44-48.
8 Lewis a Denton 1974: 96.
9 Davies 1976: 85.
10 Foster 1893: 22.
11 Foster 1889: 19-20: 712. Roedd y gofod cyfartalog yn Eisleben, un o'r barics ym Mansfeld yn yr Almaen, rhwng 9.9m^3 a 11.3m^3 (711-712).
12 Jones, R.C. 2006: 64.
13 Lewis 2003a: 81; gohebiaeth bersonol, Steffan ab Owain.
14 Papurau Seneddol C-7692, 1895: 28.
15 Jones, G.P. 1985: plât 59; Jones, E. 1988: 79.
16 Pollard 1997: 221-54.
17 Jones, R.M. 1981: 19.
18 Hyde Hall 1952: 235.
19 Dodd 1990: 76-80; Gwyn 2001.
20 Williams, W.G. 1983: 75-78.
21 Roberts 1960: 29.
22 *Royal Commission on Land in Wales and Monmouthshire First Report* 1893-1894; 291.
23 Davies 1810: 84-5.
24 CRO: X/Plans/RD/2.
25 Pedr 1869: 77. Nid oes unrhyw dystiolaeth sy'n awgrymu bod y rhain, nac unrhyw un o'r aneddiadau eraill a noddwyd gan y Penrhyn neu'r Faenol, erioed wedi cael eu rhentu allan ar system lle y byddent yn cael eu dychwelyd i'r ystadau unwaith y byddai prydles fyrdymor wedi dod i ben ac ar ôl i'r tenantiaid adeiladu tai arnynt, fel yr awgrymir gan Jones 1981: 26-27 ac a nodwyd gan Lowe 1989: 62. Cyfyngwyd yr arfer hwn i un ystad fach yn Nantperis – Parry 1908: 120.
26 *Mining Journal* 1857, 127; CRO: XPE/70/5: 24 Chwefror 1858; Lewis ar ddod.
27 Mae Dr Michael Lewis yn nodi bod y peiriannydd, James Brunlees, yn Albanwr a ddechreuodd ei fywyd proffesiynol fel tirfesurydd ar ystadau ysweiniaid, ac o'r cyfarwyddwyr, bod Samuel Laing hefyd yn Albanwr a bod yr AS ar gyfer Wick, John Harris yn Grynwr a oedd yn rhan o gynlluniau tai yn Darlington a oedd yn cynnwys 'gardens for the industrious' – Lewis ar ddod.
28 Williams, R. 1896: 16.
29 Hughes 1903: 23.
30 Boyd 1988: 197, 206, 313-16.
31 Gwyn 2002a; 77-79.
32 Williams, G.J. 188 2; DRO: ZPE/1/20, BJC/H/827, CRO: BJC Blychau ychwanegol H1073-1181.
33 Thomas 1874.
34 Roberts 1991: 274.
35 Camillo Benso, Iarll Cavour (1810–61) oedd sylfaenydd y Blaid Ryddfrydol wreiddiol yn yr Eidal ac ef oedd Prif Weinidog Sardinia a'r Eidal.
36 Ab Owain 1995.
37 Gwyn 2002a.
38 Lowe 1998: 61.
39 Jones, E. 1963: 87; *Y Bywgraffiadur Cymreig*.
40 *Y Bywgraffiadur Cymreig*.
41 Adeiladwyd y sgwariau gan ddilyn cynlluniau a luniwyd gan Charles Easton Spooner o Reilffordd Ffestiniog yn 1876-7 – CRO: XD2A/406, 407 a 409.
42 CRO: XD2/12699: 52; gwybodaeth gan un o drigolion bwthyn Rhosgadfan. 'r uncorn yn Ffestiniog roddodd yr enw 'Runcorn Street' i'r ffordd lle cafodd ei adeiladu ond nid oes unrhyw gysylltiad â'r dref yn Swydd Gaer.
43 Prifysgol Bangor: Baron Hill 4403; gohebiaeth bersonol, Eurwyn Wiliam. Os yw'n dyddio o'r 1820au, byddai'n golygu mai dyma'r barics cynharaf a nodwyd yn y diwydiant.
44 PTyB: GA024/1-3; Lowe 1989.
45 Wiliam 2010.
46 Pedr 1869 75; Lowe 1989: 44; Prifysgol Bangor: Carter Vincent 2828-2829.
47 Lowe 1989: 24.
48 Lewis a Denton 1974: 89-94.
49 CRO: XD/2/10627-10765; XM/55/4, 24; XM/2510; XM/5275/5; XM122/4, 5.
50 *Caban* Ionawr 1958: 6.
51 Prifysgol Bangor: Carter Vincent 2776.
52 Hyde Hall 1952: 104.
53 Jones, R.M. 1981: 41-43.
54 Gohebiaeth bersonol, Dewi Tomos.
55 Llyfrgell Genedlaethol Cymru: Kate Roberts 1292; 'eich cefnder John' i Kate Roberts, 12 Rhagfyr 1960.
56 Roberts 1960: 64-71, 89.
57 Roberts 1960: 56-57, 94. *Habakkuk Crabb* yw cyfieithiad T. Eli Evans o 1901 o *The friend of Jesus. A sermon, preached at Royston, January 4, 1795, on the death of the Rev. Habakkuk Crabb* gan Samuel Palmer (1795). Byddai gwerthwyr llyfrau'n dod yn uniongyrchol i'r chwareli yn y bedwaredd ganrif ar bymtheg.
58 *Y Bywgraffiadur Cymreig*; gwybodaeth bersonol.
59 Owen 1868: 380. Credai Kate Roberts fod anllythrennedd yn gyffredin ymysg chwarelwyr hyd at y cyfnod hwn – Roberts 1960: 57.
60 Jones, E. 1980: 104; gohebiaeth bersonol, Dafydd Price.
61 Papurau Seneddol 1901: xiv, 736.
62 *Departmental Committee of Inquiry into the Merionethshire Slate Mines* (Llundain: HMSO, 1896), t.4, t.120.
63 Hyde Hall 1952: 104.
64 Felly, roedd seddi ar gyfer 166 y cant o boblogaeth y plwyf mewn capeli anghydffurfiol yn unig. Mae hyn yn cymharu â chyfanswm Meirionnydd o 77,500 o seddi ar gyfer poblogaeth o 49,000 (158 y cant) a chyfanswm Sir Gaernarfon o 179,500 o seddi ar gyfer poblogaeth o 127,000 (darpariaeth o 141 y cant) – Roberts 1988: 165.

65 Mae capel Rhiwddolion (NPRN: 6732) bellach yn cael ei osod fel tŷ gwyliau gan y Landmark Trust. Ar gyfer y pentref, gweler NPRN: 410369.
66 Dodd 1990, 78.
67 NPRN 1469.
68 Owain 1907: gyferbyn 65.
69 Jones, G.P. 1996, 50-130; Roberts 1991–92.
70 Hughes 2003, 144.
71 NMR: C822413.
72 Hughes 2001: 88; Attwater 1935: 129-30.
73 Lladdwyd Patrick Ryan yn Ninorwig ar 19 Hydref 1849 – Dienw 1879; dysgodd Daniel O'Brien o Ballylegane yn Swydd Corc Gymraeg a chafodd ei droi i Fethodistiaeth pan gafodd Feibl Gwyddelig yn anrheg – O'Brien 1868. Daeth dau gyn-filwr Pwylaidd i weithio yn Oakeley yng nghanol yr ugeinfed ganrif – *Caban* Mai 1954 (Stefan Pogodzinski); *Caban* Hydref 1955 (Egon Majerski).
74 Fauchet a Hugues 1997; labrwyr Ynys Môn fyddai'r enghraifft gyfatebol yng Nghymru.
75 Roberts 1960: 105-106; Dafydd Glyn Jones, gohebiaeth bersonol.
76 Williams, G.J. 1882: 135.
77 Hughes 1903: 23.
78 Williams, G.J. 1882: 139, 140.
79 Owain 1907; 48, 51, 98-102; gohebiaeth bersonol, Dr Gwynfor Pierce Jones.
80 Mae Jones, E. 1988: 28 yn rhestru'r enwau a roddwyd i'r rhai yn Nhan y Grisiau.
81 Wyn Griffith 1971: 51.
82 Jones, E. 1988: 28.
83 ab Owain 1995. Yn neuadd farchnad Blaenau Ffestiniog y dywedwyd wrth David Lloyd George baratoi ei hun ar gyfer San Steffan. Adeiladwyd neuadd farchnad Porthmadog, sydd bellach wedi'i dymchwel, yn 1846, cafodd ei hymestyn yn 1875, pan ychwanegwyd ail lawr a thŵr cloc, ac ychwanegwyd addurniadau pellach gyda chanopi haearn a grisiau haearn allanol yn 1902. Morris n.d.: pl. 54.
84 Williams, G.J. 1882: 138.
85 Jones, R.L. 1932.
86 Jones, E. 1988: 74.
87 Roberts 1988b: 151-79.
88 Ar gyfer chwarelwyr Sir Benfro, gweler Roberts 1988a.
89 Ynghyd â'i chyfrol fywgraffiadol, *Y Lôn Wen*. Lleolodd Kate Roberts lawer o'i ffuglen yn ardal lechi Arfon, o *O Gors y Bryniau* yn 1925 i *Gobaith a Storiau Eraill* yn 1972. Ei nofel enwocaf yw *Traed Mewn Cyffion* (1936), sy'n ymdrin â phrofiad Jane Gruffydd, gwraig chwarelwr, rhwng 1880 a'r Rhyfel Byd Cyntaf.
90 Lewis (gol.) 1987: 64.
91 Lindsay 1974: 96.
92 Lewis (gol.) 1987: 64.
93 Jones 1981: 46.
94 Roberts 1988: 151-79.
95 Jones, G. 2004.
96 Mae ffotograff o Fand Pres Gwaenydd ym Mlaenau Ffestiniog yn 1864 yn dangos lifrau o fath milwrol plaen gyda hetiau billy-cock, a naw mlynedd yn ddiweddarach, gwisgodd band Llanrug gotiau dolennog coch gydag ysgwyddarnau trwm, a chapiau blew hwsâr. Roedd y rhan fwyaf o'r lifrau o'r cyfnod cynnar hwn yn tueddu i fod yn drawiadol, gyda thiwnigau coler stand a llawer o blethwaith aur, wedi'i fodelu ar lifrau'r symudiad gwirfoddolwyr, a sefydlwyd yn 1859. Ymysg y fersiynau Edwardaidd mae tiwnigau llabed a wisgwyd gyda choleri a theis ac o ganol yr ugeinfed ganrif, daeth cotiau o steil siacedi cinio yn gyffredin. Jones, G. 2004: 73-76; Wood, n.d.; CRO: XCHS/1210/1.
97 Jones 2002.
98 Mae Foster a Cox 1910: 707-10 yn crynhoi'r amrywiaethau o hetiau a dillad gwaith a ddefnyddiwyd yn y diwydiannau cloddio ar ddechrau'r ugeinfed ganrif.
99 Disgrifir bod John Jones y pregethwr yn gwisgo côt frith, crafat coch a llodrau cordyn gwlân pan ddaeth i Nantlle am y tro cyntaf yn y 1820au fel chwarelwr ifanc; Thomas 1874: 101.
100 Glaslyn 1899: 13.
101 Pickering 1986: 144-62.
102 Papurau Seneddol O-7692 1896: 34.
103 Papurau Seneddol C-7237 1893-1894: 25.
104 Daeth yr enw 'jim crow', ac o bosibl y steil, yn boblogaidd yn sgil sioe clerwyr Americanaidd a ddaeth i Lundain yn 1836. Ar gyfer y fowler, gweler Jones, E. 1963: 141; Beebe 1969: 367-71; a Foster a Cox 1910: 707.
105 CRO: XS/177; XS/1128/74; XS/1248/3.
106 Lewis (gol.) 1987: 39.
107 Lewis (gol.) 1987: 82; Williams, J.Ll. 1997: 4-6.
108 Gwyn 2000: 123-33.
109 Glaslyn 1902: 204.
110 Roberts 1973: 89.
111 Lewis 2011: 39.
112 Er enghraifft, Boyd 1988: ffotograff o locomotif *Tryfan* yn dilyn 22; Lewis a Denton 1974: gyferbyn 68.
113 Jones, E. 1963: plât COWJIO; Foster a Cox 1910: 709. Gweler hefyd yr hysbyseb ym mhapur Blaenau *Y Rhedegydd* 1 Medi 1932 ar gyfer yr esgid 'Droedsych', a oedd yn addas ar gyfer ffermwyr a chwarelwyr, ac ar gael am 25/– gan William Hughes, Compton House, Llanrwst.
114 Er enghraifft cylchgrawn chwarel Oakeley, *Caban*. Gweler DRO: Z/DAF/1850.
115 Yn ôl Emyr Jones, ystyriwyd bod gyrwyr injan ar 'brif linell' chwarel Dinorwig yn unigolion pwysig gan bob aelod o gymuned y chwarel, ac yn llygad bechgyn ysgol lleol, roeddent yn ennyn mwy o barch na gyrrwr y 'Royal Scot' – Jones, E. 1963: 41.
116 Lewis 1989: 91. Mae Dr Lewis yn awgrymu bod yr enw'n awgrymu 'y gelyn' a'i fod wedi'i ddefnyddio ar gyfer y cychwyr pan wnaethant wrthwynebu bil Rheilffordd Ffestiniog.
117 CRO: XS/1058/27.
118 CRO: XS/1072/364.

13 O'R MYNYDD I'R MÔR

Roedd system drafnidiaeth gosteffeithiol a gysylltai chwarel ag iard y masnachwr llechi neu safle adeiladu, boed mewn tref yn y Deyrnas Unedig neu borthladd dramor, yn hollbwysig i lwyddiant masnachol unrhyw ymgymeriad. Ar wahân i Abereiddi a rhai chwareli llawer llai o faint yn ne-orllewin Cymru a chwarel fach Llaneilian ar Ynys Môn, nid oedd unrhyw chwarel yng Nghymru wedi'i lleoli ar yr arfordir – yn wahanol, er enghraifft, i lawer o'r chwareli llechi bach yn yr Alban a Chernyw[1] – felly roedd cysylltiadau trafnidiaeth dros y tir yn bwysig bob amser, gan ddod yn bwysicach fyth o ddiwedd y bedwaredd ganrif ar bymtheg ymlaen, wrth i farchnadoedd dramor grebachu ac wrth i reilffyrdd prif linell gymryd drosodd oddi wrth y fasnach arfordirol. Am y rheswm hwn, mae'r diwydiant llechi yng Nghymru wedi gadael treftadaeth drafnidiaeth gyfoethog.

Y dechnoleg sy'n nodweddu cymal cyntaf taith y llechi o'r chwarel i'r farchnad yw'r rheilffordd gul. Yn sicr, roedd yn ddull hirsefydledig a ddefnyddiwyd o 1800 tan 1976. Mae hanes y systemau hyn wedi'i astudio'n helaeth ond eto, er mor bwysig a hirsefydledig oeddent, dim ond un dull ymhlith nifer a gynrychiolwyd ganddynt. Gallai systemau gwahanol gydfodoli a châi trefniadau trafnidiaeth eu newid yn aml, gan adlewyrchu newidiadau mewn cyfraddau porthdal, tirfeddiannaeth neu allbwn, yn ogystal â'r dewisiadau technegol oedd ar gael.

Trafnidiaeth ffordd

Ffyrdd a llwybrau

Arferid symud llechi gorffenedig a chynnyrch slabiau ar hyd ffyrdd a llwybrau parod o gyfnod y Rhufeiniaid tan i'r system reilffordd gael ei datblygu yn y bedwaredd ganrif ar bymtheg, a daeth yr arfer hwnnw'n bwysicach fyth wrth i systemau rheilffordd gael eu cwtogi o tua 1910 ymlaen.

Prin yw'r dystiolaeth sy'n dangos bod ffyrdd diwydiannol cynnar wedi gwasanaethu'r diwydiant llechi. Roedd y ffordd Rufeinig o Segontium i Domen y Mur yn pasio o fewn dau gilometr i chwarel Cilgwyn. Efallai iddi gael ei chysylltu â hi drwy gyfrwng llwybr pynfeirch, ond prin yw'r dystiolaeth o hynny.[2] Prin yw'r enghreifftiau sydd wedi goroesi yn eu cyflwr gwreiddiol, hyd yn oed y rheini o'r ddeunawfed a'r bedwaredd ganrif ar bymtheg. Er i droliau llechi ac anifeiliaid pwn roi'r gorau i ddefnyddio llawer ohonynt wrth i'r system reilffordd ehangu, ni ddaeth traffig ffordd i ben o reidrwydd pan ddigwyddodd hyn. Amrywiol fu eu tynged ddiweddarach. Er enghraifft, cafodd y ffordd drol a adeiladwyd yn 1810 gan ystad Gwydir i gysylltu Chwarel Ddu yn Nolwyddelan yn ardal Nantconwy â ffordd Caergybi a oedd, ynddi'i hun yn welliant ar lwybrau cynharach ar draws caeau, ei chymryd drosodd gan y Porthmadoc and Beaver Pool Turnpike yng nghanol y bedwaredd ganrif ar bymtheg.[3] Yn fwy diweddar, fel yr A470, mae wedi dod yn rhan o'r prif lwybr rhwng y gogledd a'r de. Mae llawer, ond nid y cyfan o bell ffordd, o'r aliniad ar hyd y darn hwn yn dyddio o 1810, ond mae peirianneg y ffordd ei hun wedi newid yn gyfan gwbl. I'r gwrthwyneb, yn y dyffryn nesaf i'r de, profodd llwybr hynafol, a ddefnyddiwyd gan borthmyn i yrru eu gwartheg i farchnadoedd yn Lloegr, yn ffordd effeithiol o allforio llechi o chwarel Rhiwbach yn yr ucheldir i afon Conwy yn y ddeunawfed ganrif. Yn ddiweddarach, daeth chwarel Rhiwbach o hyd i ffyrdd eraill o symud ei hallbwn, a chafodd y llwybr ei droi'n ôl yn llwybr troed. Erbyn y 1920au, pan roedd dynion yn amharod i gerdded y pellter hir i'r gwaith, prynwyd lori, gyda phlanciau ar gyfer seddi ond ni allai ddringo'r rhan serth o'r llwybr drwy chwarel Cwm Machno gerllaw, na chafodd metlin erioed ei roi arni. Yno yr arhosai'r lori bob dydd wrth i'r dynion gwblhau rhan olaf eu taith ar droed.[4] Mae'r rhan uchaf hon o'r llwybr yn cadw'r ymdeimlad o bellenigrwydd a fyddai wedi bod yn gyfarwydd i'r porthmyn a phrydleswyr cyntaf y chwarel.

Mae'r ddwy enghraifft hyn yn awgrymu nad yw'n bosibl yn aml i ddweud a oedd 'ffordd lechi' benodol wedi'i hadeiladu o'r newydd ar y dyddiad a nodir gan ffynonellau neu a oedd yn welliant i lwybr a oedd wedi bodoli ers cannoedd o flynyddoedd. Yr enghraifft gynharaf o ffordd a adeiladwyd yn bennaf, os nad yn gyfan gwbl, ar gyfer traffig llechi yw'r 'drag' yn Ninorwig, a ddangosir ar fap o'r ystad o 1777, a wasanaethai chwareli Allt Ddu a Bryn Glas (Ffigur 194). Ar yr adeg honno, daeth y llwybr serth hwn i lawr i Lyn Peris,[5] ond, o fewn rhai blynyddoedd, roedd naill ai wedi'i ddargyfeirio neu adeiladwyd cangen ohono i Gei Newydd ar

Ffigur 194. Mae teitl paentiad dyfrlliw Nicholas Pocock o 1795, Merioneth Slate Quarry at Llanberis, *yn ddryslyd ond mae'r topograffi yn cadarnhau mai Bryn Glas ydyw, mam chwarel Dinorwig yn ddiweddarach.*

Ffigur 195. Mae paentiad Nicholas Pocock, Loading Slates, Llanberis *yn dangos y cychod yn cael eu llwytho yng Ngilfach Ddu wrth droed y 'drag' yn 1795.*

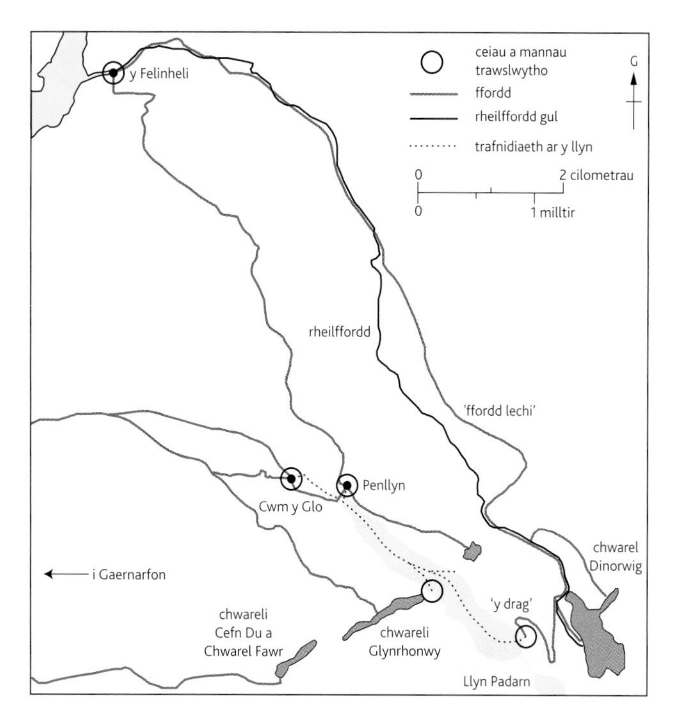

Ffigur 196a. Systemau trafnidiaeth, ardal Nantperis – hyd at 1826.

O'r 1770au, cludwyd llechi Dinorwig i lawr y 'drag' i Lyn Padarn cyn cael eu cludo ar gychod i ben gogleddol y llyn, ac yna ar droliau i'r Felinheli a Chaernarfon. Defnyddiwyd y llyn gan chwareli'r Arglwydd Newborough yng Nglynrhonwy hefyd, ond gallai ei chwarel yn Fachwen gludo llechi ar droliau yn uniongyrchol i Gaernarfon o 1826. Defnyddiai chwareli Cefn Du a Chwarel Fawr ffordd dyrpeg i Gaernarfon. Erbyn 1810, roedd chwarel Dinorwig yn defnyddio'r 'ffordd lechi' newydd i'r Felinheli, y cafodd cangen i Garet, rhan uchaf y chwarel, ei hadeiladu yn 1823. Dechreuwyd defnyddio'r rheilffordd yn 1825.

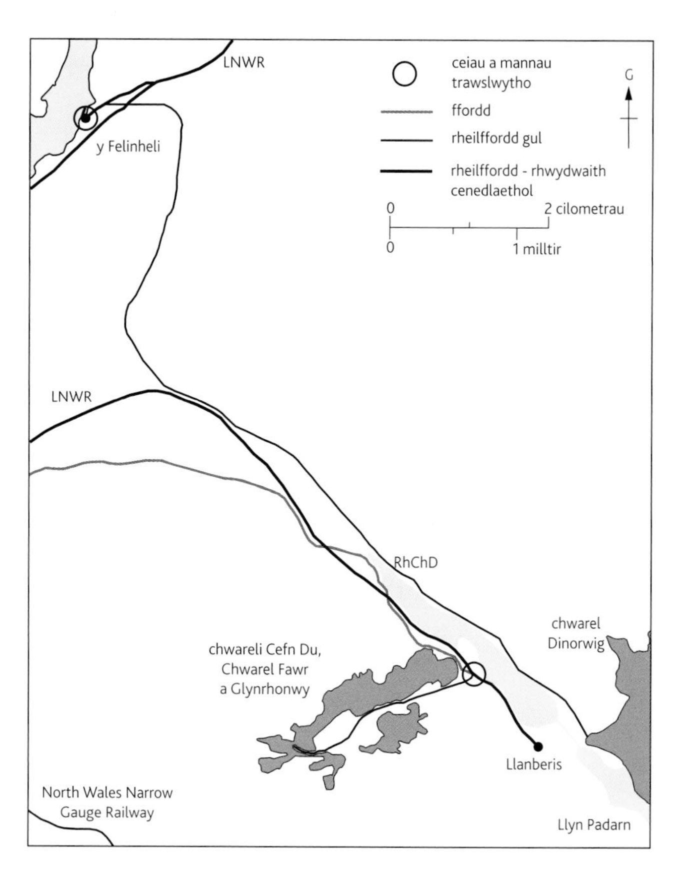

Ffigur 196b. Systemau trafnidiaeth, ardal Nantperis – 1825 i 1961.

O 1843, cafodd y rheilffordd gynharach ei disodli gan Reilffordd Chwarel Dinorwig (RhChD); bu'n gweithredu tan 1961. Roedd system reilffordd yn cysylltu Chwarel Fawr a chwareli Cefn Du a Glynrhonwy â glan y llyn erbyn y 1860au. O'r fan honno, câi llechi eu cludo ar droliau i Gaernarfon, tan i'r London and North Western Railway (LNWR) agor cangen yn 1869. Roedd ganddi gangen fer hefyd o'i phrif linell o Gaernarfon i Fangor i'r Felinheli.

Lyn Padarn. Mae darlun gan Nicholas Pococke o'r llyn yn dangos llechi yn cael eu dadlwytho o gertiau i gwch (Ffigur 195).[6] Ar y safle hwn heddiw saif gorsaf Gilfach Ddu ar Reilffordd Llyn Padarn sydd wedi'i ddifodi gan ddwy ganrif o weithgarwch diwydiannol dilynol, er bod rhan o'r ffordd ei hun wedi goroesi yn y coed o amgylch ysbyty'r chwarel. Ar ben gogleddol y llyn, câi llechi eu trosglwyddo unwaith eto, o gychod i droliau a'u symud ymaith (Ffigur 196).[7]

Yn amlwg, cafodd ffyrdd eraill eu hadeiladu gan bartneriaethau annibynnol yn ystod y cyfnod cyfalafu cyntaf. Yn ardal Nantlle, aeth cwmni Cilgwyn, a sefydlwyd yn 1800, ati i ddefnyddio ffordd o'r chwarel i'r brif ffordd dyrpeg er mwyn cael mynediad i ddyfroedd mordwyol ym mae Foryd. Y cwmni ei hun a adeiladodd y ffordd hefyd fwy na thebyg.[8] Mae'r ffordd hon wedi goroesi fel cyfres o lonydd ar draws caeau (Ffigur 197). Cafodd y ffordd o chwareli Bwlch yr Oernant ei hadeiladu yn yr un modd gan bartneriaeth tua 1802 er mwyn rhoi mynediad i gamlas Llangollen ym Mhentrefelin, ond cafodd tyrpeg ei osod arni yn 1811. Ffordd yr A452 ydyw erbyn hyn (Ffigur 198).[9]

Ystad y Penrhyn oedd y cyntaf i fuddsoddi'n drwm mewn system ffyrdd, gyda'r bwriad nid yn unig o wasanaethu'r chwareli ond hefyd anghenion ffermio cyffredinol a chyda golwg ar y posibilrwydd y gallai, yn yr hirdymor, fod yn rhan o lwybr drwodd rhwng Lloegr ac Iwerddon. Nid yw'r union waith a wnaed i ddatblygu'r system yn glir, a gwnaed newidiadau iddi ymhell ar ôl i'r rhan fwyaf o'r traffig llechi drosglwyddo i'r rheilffordd (Ffigur 199).[10] Fel y nodwyd, aeth ystad Gwydir hefyd ati i noddi ffordd yn nyffryn Lledr yn 1810 (Ffigur 200). Trydedd enghraifft oedd ffordd lechi Assheton-Smith o 1810, y bwriadwyd iddi ddisodli, neu o leiaf gynnig dewis amgen i'r 'drag' yn Ninorwig. Fel y 'drag',

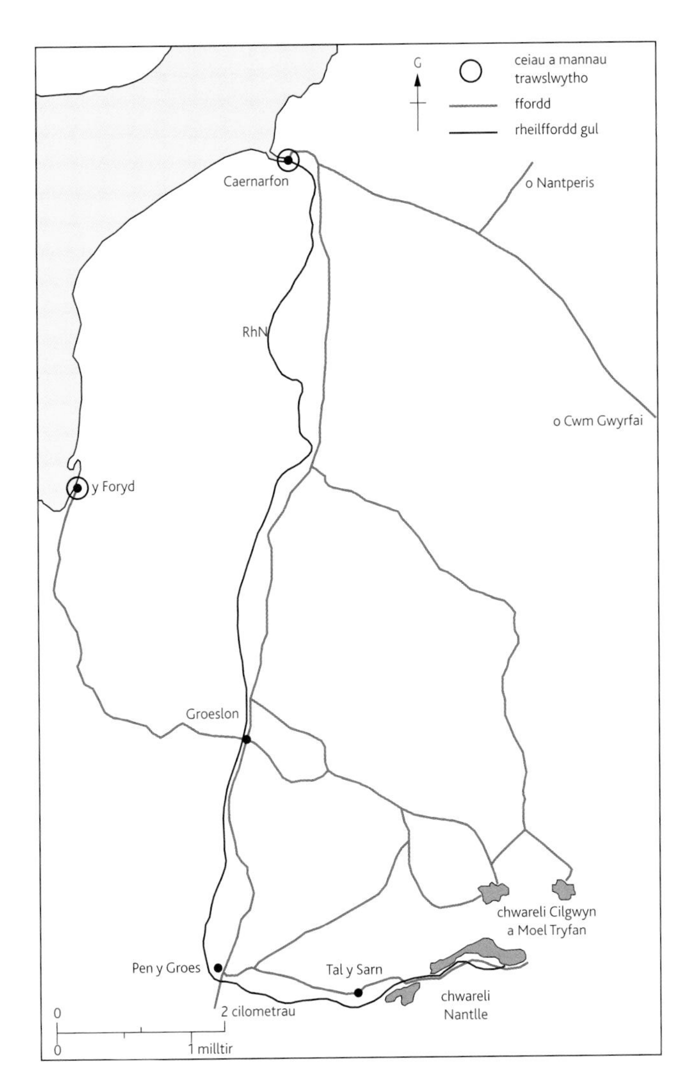

Ffigur 197a. Systemau trafnidiaeth, ardaloedd Nantlle a Moel Tryfan – 1776 i 1828.

Erbyn diwedd y ddeunawfed ganrif, roedd y chwareli wedi'u cysylltu â'r ffordd dyrpeg i Gaernarfon; roedd gan Gilgwyn hefyd lwybr uniongyrchol at fan llongau ar y Foryd. Cafodd chwareli Moel Tryfan eu gwasanaethu gan ffyrdd a llwybrau eraill maes o law ond, o 1828, defnyddiai'r chwarel mwy o faint Reilffordd Nantlle (RhN) i Gaernarfon. Câi llechi a gludwyd ar droliau o Nantperis a Chwm Gwyrfai eu hallforio o Gaernarfon hefyd.

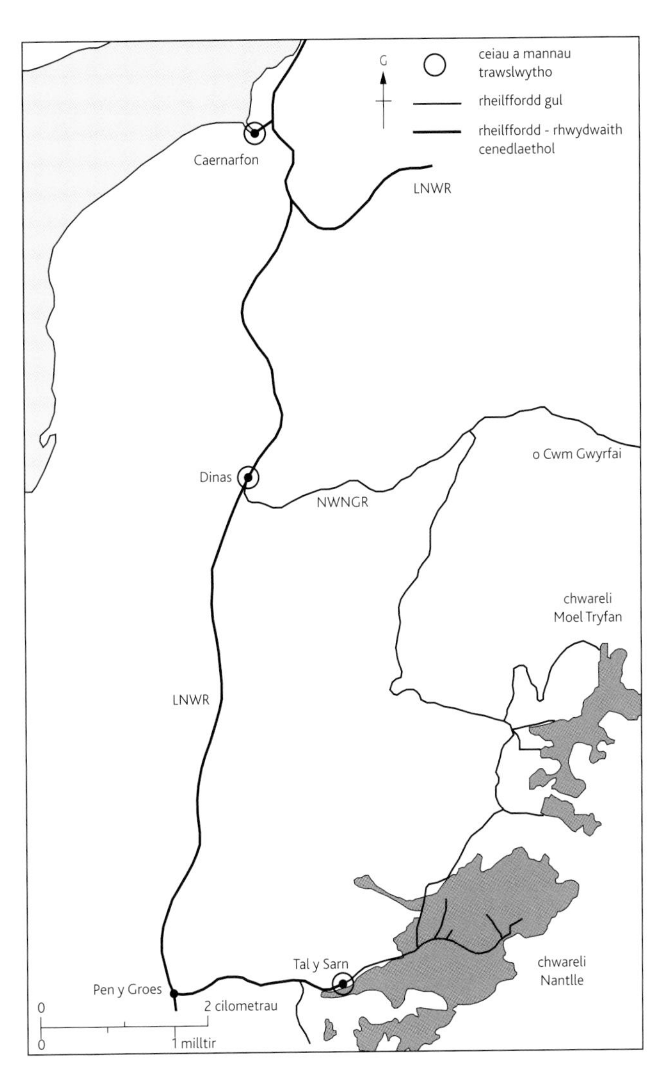

Ffigur 197b. Systemau trafnidiaeth, ardaloedd Nantlle a Moel Tryfan – 1828 i 1963.

Ymestynnwyd canghennau o Reilffordd Nantlle i mewn i'r chwareli o'r 1830au ymlaen, ond aeth y London and North Western Railway (LNWR) ati i leihau hyd y rheilffordd o'r chwareli i Dal y Sarn erbyn 1872. Cludai'r North Wales Narrow Gauge Railway (NWNGR) lechi o Foel Tryfan a Chwm Gwyrfai i Ddinas o 1877. Gwelwyd chwareli yn defnyddio trafnidiaeth ffordd fwyfwy unwaith eto yn yr ugeinfed ganrif; rhoddwyd y gorau i gludo llechi ar y rheilffordd yn 1963.

chwareli Allt Ddu a Bryn Glas oedd man cychwyn y ffordd ond, o'r fan hon, ymestynnai i'r gogledd drwy ardal wledig ddigon diffaith ar un adeg, yr oedd ei phoblogaeth yn cynyddu'n gyflym, a lle'r oedd Assheton-Smith wedi elwa'n ddiweddar o ddeddf cau tiroedd, i lawr i'r cei arfordirol yn y Felinheli. Adeiladwyd cangen i'w chysylltu â gweithfeydd uchaf yn y Garet yn 1823.[11] Mae'r ffordd wedi goroesi fel tramwyfa fodern ac, wrth y man lle'r oedd yn pasio drwy rydd-ddaliad, aeth y chwarelwyr ati i adeiladu pentref iddynt hwy eu hunain, sef Deiniolen (pennod 12). O 1825, rhedai ran helaeth ohoni ochr yn ochr â rheilffordd Dinorwig, system wedi'i thynnu gan geffylau a adeiladwyd i wasanaethu'r chwarel (gweler isod). Rhannai'r ffordd yr un ffurfiant â hi mewn mannau hefyd.

Roedd dwy ffordd lechi arall yn rhannu eu ffurfiant â rheilffordd. O 1859, adeiladwyd rheilffordd yn rhedeg ochr yn ochr â'r ffordd dyrpeg i lawr Nantdulas,[12] a adeiladwyd tua 1834 ar orchymyn chwareli Nantdulas (Ffigur 201).

Adeiladwyd rheilffordd hefyd yn rhedeg ochr yn ochr â'r estyniad i ffordd dyrpeg Wem a Bronygarth, a awdurdodwyd gan ddeddf o 1860 i wasanaethu'r chwareli yng Nglyn Ceiriog a oedd, ar yr adeg honno, yn mynd â'u troliau dros y bryniau i gamlas Llangollen yn Froncysyllte. Bwriadwyd adeiladu rheilffordd yn rhedeg ochr yn ochr ag ef o'r cychwyn, ond aeth sawl blwyddyn heibio cyn iddi gael ei hadeiladu (Ffigur 202).[13] Caiff y ddwy system reilffordd eu disgrifio'n fanylach isod.

Yn Ffestiniog, bu'n rhaid i'r chwareli ddibynnu i gychwyn ar ffyrdd plwyf pantiog mewn cyflwr gwael a'r ffordd dyrpeg, lle gellid o leiaf ddefnyddio troliau. Yn ddiweddarach, adeiladwyd llwybrau pynfeirch sylfaenol iawn i lawr atynt a chawsant hwythau eu disodli gan ffyrdd trol neu eu huwchraddio maes o law i ffyrdd trol.

Adeiladodd partneriaid Diffwys ffordd newydd o Gongl y Wal i'w chwarel yn 1801, a olygai nad oedd angen defnyddio pynfeirch, ac adeiladodd prydleswyr Manod ffordd yn 1803–04.[14] Roedd modd i droliau gyrraedd grŵp chwareli Oakeley ar fferm Rhiwbryfdir o 1819, er nad oedd modd iddynt, ddwy flynedd ynghynt, fynd yn agosach na'r man lle y saif eglwys Dewi Sant heddiw.[15] Adeiladwyd ffyrdd trol helaeth yn yr ardal ar ddiwedd y 1820au er mwyn rhoi mynediad i chwareli newydd, fel 'ffordd yr Iuddew mawr', a adeiladwyd gan John Rogers o Wrecsam ar gyfer y Royal Cambrian Company a oedd yn eiddo i Nathan Meyer Rothschild, a chawsant eu hymestyn i allgreigiau pellennig yn y 1850au. Yn eu plith roedd ffordd Pant Mawr, a adeiladwyd yn dda, ar hyd cyfuchlinell orllewinol Moelwyn Mawr (Ffigur 203). Wedi hynny, gwelwyd dirywiad yn safon

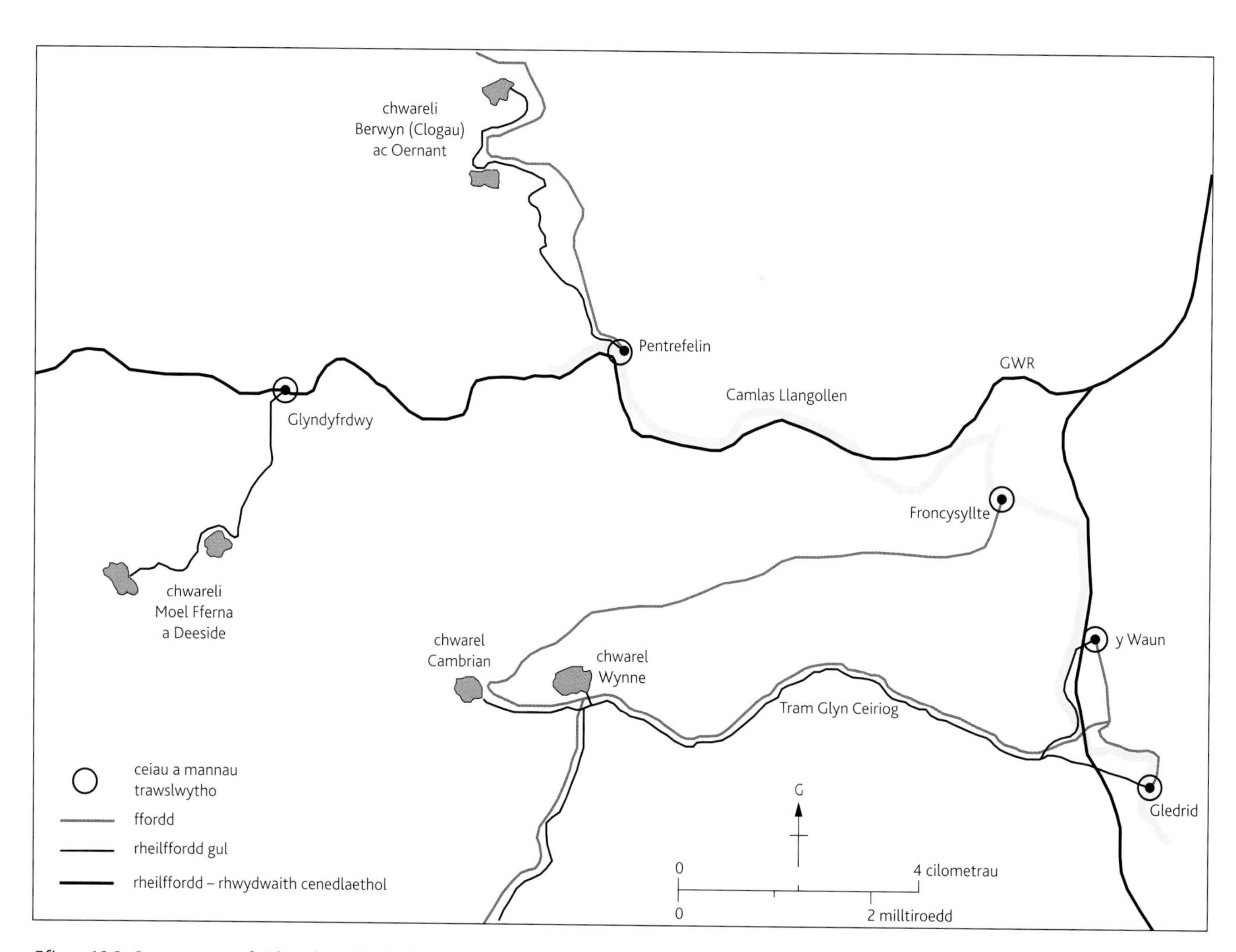

Ffigur 198. Systemau trafnidiaeth, ardal dyffryn Dyfrdwy.

Cludodd chwareli Berwyn (Clogau) ac Oernant lechi ar droliau i gamlas Llangollen ym Mhentrefelin o tua 1802 nes i'w rheilffordd gael ei hadeiladu yn 1857. Cludwyd llechi Cambrian a Wynne ar y ffordd i'r gamlas yn Froncysyllte ac, am gyfnod byr, i'r Waun, nes i Dram Glyn Ceiriog gael ei hadeiladu i Gledrid yn 1873. Gyda dyfodiad y Great Western Railway (GWR), gwelwyd llai o lechi yn cael eu cludo ar y gamlas. Cludwyd llechi o chwareli Moel Fferna a Dyfrdwy ar y rheilffordd honno hefyd.

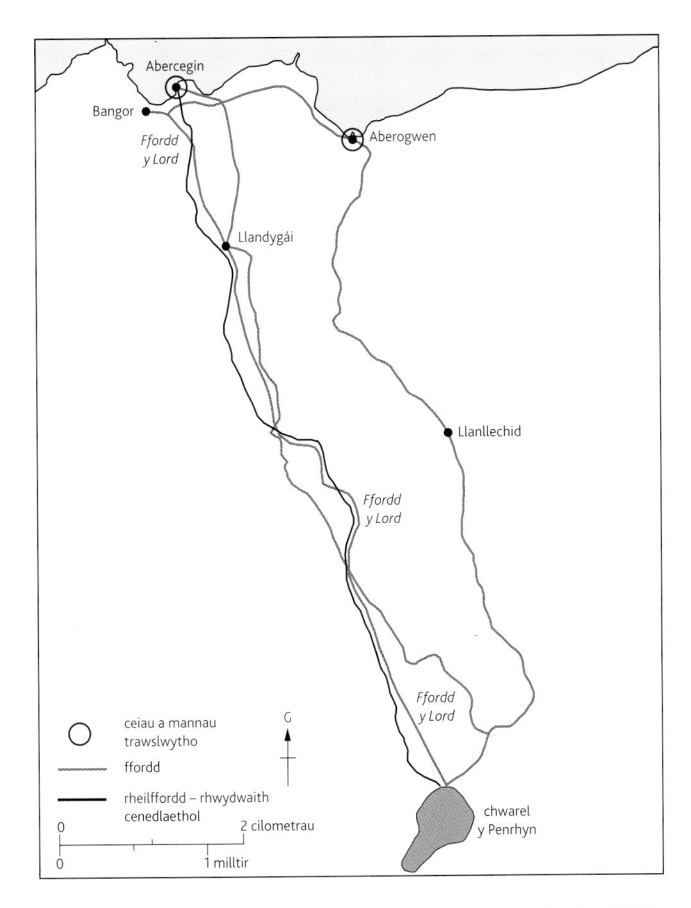

Ffigur 199a. Systemau trafnidiaeth, dyffryn Ogwen – hyd at 1801. Hyd at ddiwedd y ddeunawfed ganrif, defnyddiwyd ceffylau pwn i gludo llechi o chwarel y Penrhyn i Aberogwen. Roedd Ffordd y Lord, a oedd yn welliant ar lwybr cynharach ar ochr orllewinol y dyffryn, yn cysylltu'r chwarel ag Abercegin/Port Penrhyn tua 1790-2; dilynodd y rheilffordd yn 1801.

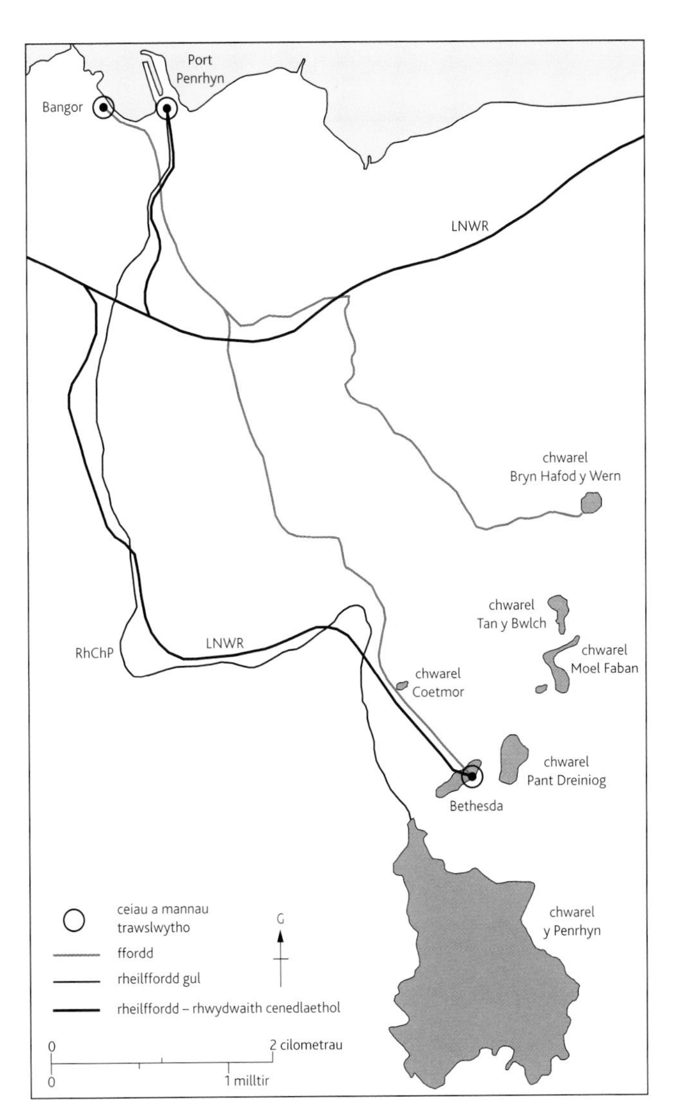

Ffigur 199b. Systemau trafnidiaeth, dyffryn Ogwen – 1801 i 1962. Defnyddiai troliau llechi o Goetmor, Pant Dreiniog a Bryn Hafod y Wern system ffyrdd Telford i gyrraedd Bangor yn y 1840au. Gwasanaethwyd Abercegin gan gangen o'r London and North Western Railway (LNWR) o 1851, a disodlwyd y rheilffordd wreiddiol gan Reilffordd Chwarel y Penrhyn (RhChP) a ddefnyddiwyd gan locomotifau yn y 1870au. Bu'r rheilffordd hon yn weithredol tan 1962. Ychydig iawn o lechi a gludwyd ar gangen Bethesda o'r LNWR.

y ffyrdd i'r chwareli wrth i fwy a mwy o reilffyrdd cul rhad gael eu hadeiladu (Ffigur 204).[16]

Fel arall, mewn ardaloedd anghysbell y gwelir y ffyrdd llechi cynnar sydd wedi goroesi orau – i Gefn Gam a Chloddfa Gwanas yn ne Gwynedd, ac i chwarel Hafod y Llan ger Beddgelert yn ardal Glaslyn (gweler Ffigur 16), gyda'i thrac troellog serth nodweddiadol i ennill uchder, a'i defnydd o slabiau carreg gwastad i roi arwyneb rhedeg. O blith y strwythurau unigol sydd wedi goroesi ar ffyrdd chwareli o'r cyfnod hwn, sicrhaodd y bont garreg â phedwar bwa a elwir yn Bont Penllyn, a adeiladwyd yn 1825–26 gan John Hughes o Lanllyfni, fod gan chwarel Fachwen yn Nantperis, rhan o ystad Glynllifon, fynediad i'r rhwydwaith ffyrdd a fodolai eisoes (Ffigur 205).[17] Mae'r rhan fwyaf o'r pontydd sydd wedi goroesi ar ffyrdd chwareli yn strwythurau llechi syml iawn, na fyddai wedi peri unrhyw syndod i hynafiad chwarelwr o'r Oes Haearn. Yn Llwyn y Gwalch i'r de o Gaernarfon mae annedd fferm ddeniadol â phensaernïaeth 'gain' amlwg wedi goroesi. Mae'r annedd honno wedi'i lleoli ar y ffordd i chwarel Cilgwyn (SH 4747 5637) ac mae'n bosibl mai yma y byddai'r ceffylau wedi pori.

Erbyn y 1920au, roedd ffyrdd eraill yn cael eu hadeiladu, a gwelai'r hen rai draffig newydd, yn cludo cynnyrch gorffenedig a gweithwyr. Mae rampiau loriau yn amlwg yn chwarel Cilgwyn yn Nantlle (lle y cafodd un ei osod ar

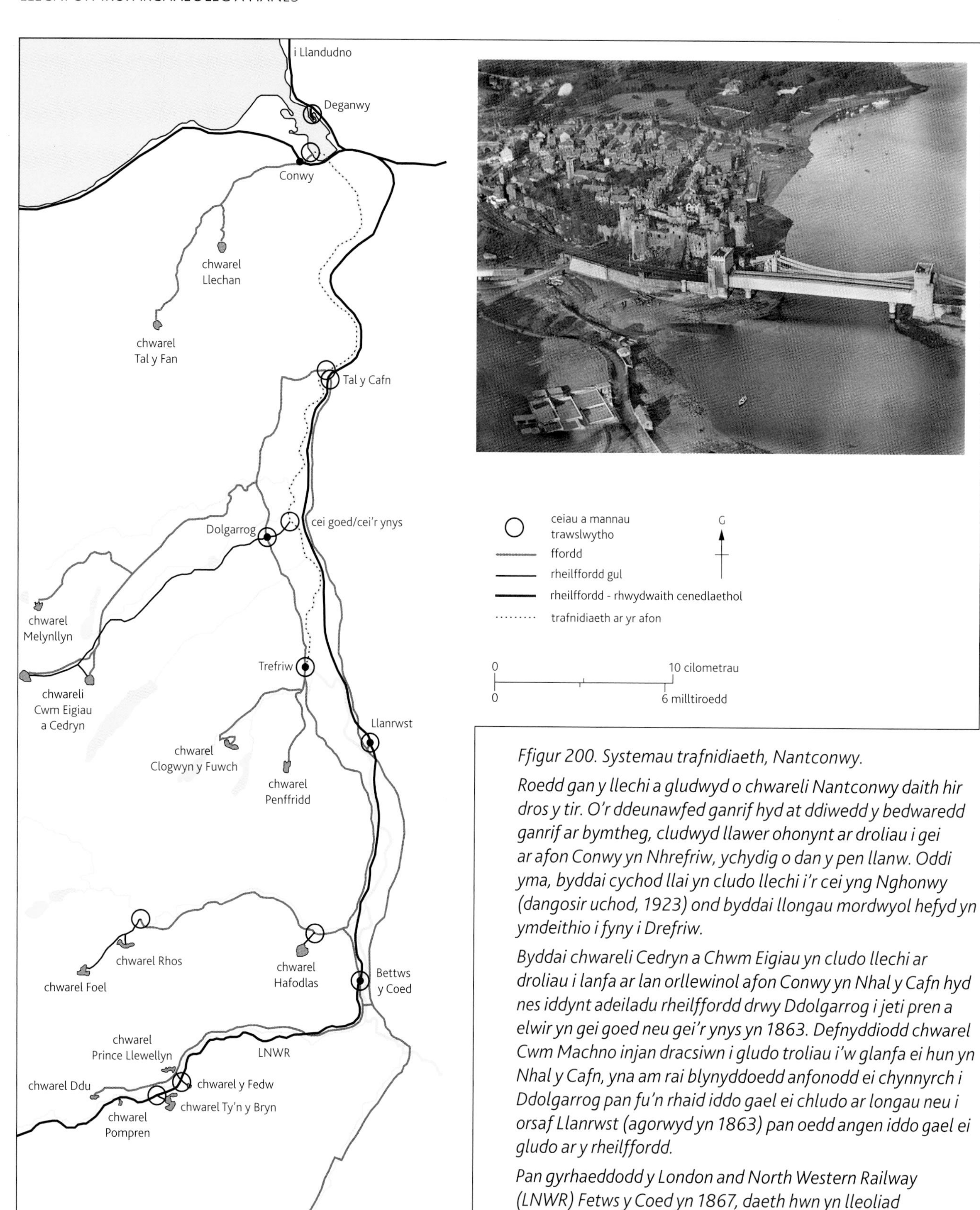

Ffigur 200. Systemau trafnidiaeth, Nantconwy.

Roedd gan y llechi a gludwyd o chwareli Nantconwy daith hir dros y tir. O'r ddeunawfed ganrif hyd at ddiwedd y bedwaredd ganrif ar bymtheg, cludwyd llawer ohonynt ar droliau i gei ar afon Conwy yn Nhrefriw, ychydig o dan y pen llanw. Oddi yma, byddai cychod llai yn cludo llechi i'r cei yng Nghonwy (dangosir uchod, 1923) ond byddai llongau mordwyol hefyd yn ymdeithio i fyny i Drefriw.

Byddai chwareli Cedryn a Chwm Eigiau yn cludo llechi ar droliau i lanfa ar lan orllewinol afon Conwy yn Nhal y Cafn hyd nes iddynt adeiladu rheilffordd drwy Ddolgarrog i jeti pren a elwir yn gei goed neu gei'r ynys yn 1863. Defnyddiodd chwarel Cwm Machno injan dracsiwn i gludo troliau i'w glanfa ei hun yn Nhal y Cafn, yna am rai blynyddoedd anfonodd ei chynnyrch i Ddolgarrog pan fu'n rhaid iddo gael ei chludo ar longau neu i orsaf Llanrwst (agorwyd yn 1863) pan oedd angen iddo gael ei gludo ar y rheilffordd.

Pan gyrhaeddodd y London and North Western Railway (LNWR) Fetws y Coed yn 1867, daeth hwn yn lleoliad trawslwytho pwysig, er unwaith i'r rheilffordd gael ei hymestyn i Flaenau Ffestiniog yn 1879, cafodd y chwareli o amgylch Dolwyddelan fynediad mwy uniongyrchol drwy'r rheilffordd. Cludodd yr LNWR lechi o Ffestiniog ond ni chafodd lawer o lwyddiant yn perswadio'r chwareli a wasanaethai i ddefnyddio'r lanfa a adeiladwyd yn Neganwy yn 1882.

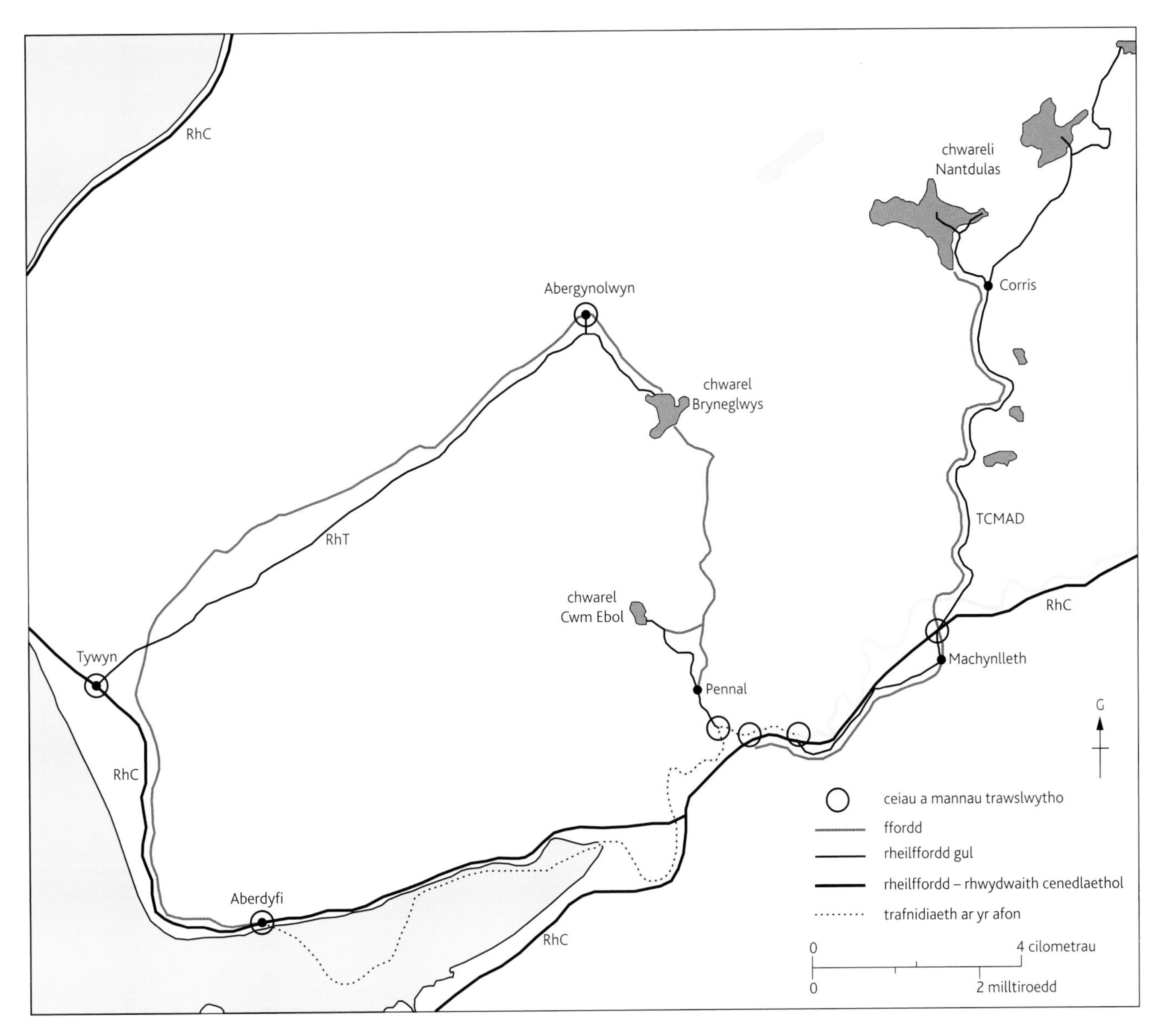

Ffigur 201. Systemau trafnidiaeth, Nantdulas a de Gwynedd. Disodlodd y ffordd dyrpeg i lawr Nantdulas a adeiladwyd yn 1832 ffordd gynharach ar ochr ddwyreiniol y dyffryn ac, yn ei thro, fe'i disodlwyd hithau hefyd gan Dramffordd Corris, Machynlleth ac Afon Dyfi (TCMAD). Cafodd y llechi eu cludo ar gychod o Dderwenlas i Aberdyfi i'w hallforio. Gyda dyfodiad Rheilffyrdd Cambrian (RhC), gallai'r llechi gael eu trosglwyddo o'r rheilffordd gul i'r rheilffordd safonol ym Machynlleth a Thywyn, a'u cludo ar longau o Aberdyfi neu ar y rheilffordd i farchnadoedd yn Lloegr. Defnyddiwyd ceffylau pwn i gludo llechi Bryneglwys i Bennal ac fe'u cludwyd i Aberdyfi ar droliau ac i Dywyn ar Reilffordd Talyllyn (RhT).

domen) ac yng Nghwm Machno yn Nantconwy, i roi mynediad o'r ffordd i iard bentyrru'r felin. Yn chwarel Dinorwig, cafodd y ffordd lechi a adeiladwyd yn 1810 ei defnyddio gan fysiau ar ôl i wasanaeth trenau'r chwarelwyr ddod i ben, a hynny tan i'r chwarel gau yn 1969.[18] Adeiladwyd ffordd i chwarel aflwyddiannus Marchlyn gerllaw yn 1959-60. Fodd bynnag, ar y cyfan, chwareli llechi mwy anghysbell yn Lloegr a'r Alban a gâi fudd o drafnidiaeth loriau, yn hytrach na'r rheini yng Nghymru.[19]

Slediau, troliau a cherbydau eraill ar y ffordd

Efallai mai'r dull cynharaf o symud llechi dros y tir oedd sled a dynnwyd gan geffyl, tebyg i'r rhai a ddefnyddiwyd ar ffermydd, a allai gario tua 3-4 canpwys.[20] Mae un a allai fod wedi cario llechi Dinorwig wedi'i gadw yn Amgueddfa Lechi Cymru. Defnyddiwyd y gair yn y chwareli i olygu'r wagen reilffordd fach fflat a ddefnyddiwyd i gario plyg. Disgrifiodd y Parchedig Mr Bingley ddull peryglus o sledio o chwarel Craig Rhiwarth yn nyffryn Tanat yn 1814.

Ffigur 202. Tram Glyn Ceiriog (y Glyn Valley Tramway).

> The slates are loaded on small sledges, which are to be conveyed down the side of the mountain, along winding paths formed for the purpose. Each of these sledges has a rope by which it is fastened to the shoulders of a man who has the care of conveying it. He lays firmly hold with his hands, and thus, with his face towards it, begins to descend. The velocity which the sledge acquires in its descent is counteracted by the man's feet striking forcibly against the prominences with his feet.[21]

Parhawyd i ddefnyddio'r system hon yma tan o leiaf ddiwedd y 1860au, ond roedd yn fwy cyffredin yn y chwareli llechi yn Ardal y Llynnoedd yn Lloegr lle y câi ei defnyddio o hyd yn yr ugeinfed ganrif. Dengys llun archif ddisgyniad peryglus gyda chwarelwr yn mynd o flaen sled bren i lawr y rhiw.[22]

Yn sicr, cafodd anifeiliaid pwn eu defnyddio o'r ddeunawfed ganrif ymlaen, a chofiwyd merlod mynydd neu weithiau fulod, am eu diffyg cydweithrediad â'u gyrwyr.[23] Roedd gan Wrysgan yn Ffestiniog 'gei mulod', lle y câi llechi eu trosglwyddo o inclên rheilffordd i res o bynfeirch, ac mae'r enw llafar ar ran o Gloddfa'r Coed yn ardal Nantlle, sef 'parcia mulod', yn awgrymu iddynt gael eu defnyddio yma hefyd.[24] Disgrifiodd Hugh Derfel Hughes, y croniclydd Fictoraidd o ddyffryn Ogwen, nifer o feibion a merched bochgoch, rhwng 15 ac 20 oed fel arfer, a fyddai'n chwibanu ac yn canu wrth gyd-deithio gyda'r pynfeirch o chwareli'r Penrhyn at y môr. Ar yr adeg yr aeth ati i wneud ei waith ymchwil yn y 1860au, y stori oedd mai Ellin Gruffydd, a aned yn 1700, a arweiniodd y llwyth cyntaf i Abercegin, ac mai Jane Jones yr hen Durnpike, a oedd yn fyw o hyd yn 1866, oedd yr olaf i wneud hynny.[25] Gweithiai menywod fel cludwyr llechi yn Ffestiniog hefyd.[26]

Ymddengys fod disgrifiad Hughes o'r hyn a oedd yn amlwg yn fusnes proffidiol i ffermwyr rhan amser a chwarelwyr a'u teuluoedd yn wir hefyd fwy neu lai am ardal Nantlle a oedd eisoes wedi'i datblygu'n dda, yn ogystal â'r hyn a oedd, ar yr adeg hon, yn weithrediadau cymharol fach o hyd yn Nantperis a Ffestiniog. Gallai anifeiliaid pwn deithio mewn llinell ar hyd traciau cul iawn heb lawer o oruchwyliaeth. Câi llwythi o hyd at 64 o senglau neu ddyblau eu cludo mewn cewyll gwiail wedi'u taflu dros gefn pob anifail, gan roi prif lwyth amcangyfrifedig o ddau

Ffigur 203. Mae ffordd yr Iuddew mawr yn dringo i fyny ochr y dyffryn tuag at chwareli Nathan Meyer Rothschild ar y Moelwyn. Mae ffordd Pant Mawr yn parhau i'r chwith i mewn i'r cymylau.

ganpwys.[27] Yn ôl Hughes, câi llechi mwy o faint eu rhoi ar fachau haearn wedi'u hatodi i gyfrwy lledr arbennig.[28] Câi anifeiliaid pwn eu defnyddio mewn rhai corneli ac mewn chwareli anghysbell neu yn y chwareli lleiaf cyfalafedig ymhell i mewn i'r bedwaredd ganrif ar bymtheg.[29]

Ymddengys fod y newid o ddefnyddio anifeiliaid pwn i droliau wedi dilyn patrwm tebyg yn y prif ardaloedd chwarelyddol, gyda throliau llai o faint yn cael eu cyflwyno yn ystod degawdau olaf y ddeunawfed ganrif, a rhai mwy o faint yn cael eu cyflwyno ar ddechrau'r ganrif nesaf. Mae Hugh Derfel Hughes yn cyfeirio at droliau a gariai bum pwn (llond sach yn llythrennol ond uned ddealledig o bwysau ar un adeg yn ôl pob tebyg) yn cael eu defnyddio am y tro cyntaf yn Nyffryn Ogwen pan gafodd y ffyrdd eu lledu tua'r 1780au.[30] Dengys paentiadau o'r iard bentyrru yng ngrŵp chwareli Dinorwig a'r man llwytho yng Ngilfach Ddu ar ddiwedd y ddeunawfed ganrif droliau bach gydag un echel islaw ffrâm y corff, y rhedai olwynion adeiniog arni yn agos at gefn y corff. Câi'r rhain eu tynnu gan ddau geffyl ac, mewn un achos, cysylltwyd trydydd â'r cefn er mwyn arafu'r llwyth ar y 'drag' i lawr y llethrau yn Fachwen. Yn 1801, nododd Bingley fod un ceffyl yn y blaen ac un ceffyl y tu ôl yma, ond tybiai y byddai slediau fel y rhai a ddefnyddiwyd yn Ardal y Llynnoedd yn Lloegr yn fwy hwylus na cheffyl fel brêc.[31] Ddeng mlynedd yn ddiweddarach, nodwyd bod y troliau yn Ninorwig yn cario tunnell yn y gaeaf a dwy dunnell yn yr haf, a bod sled wedi'i llwytho a gysylltwyd â'r cefn wedi disodli'r ceffyl ôl yn ddiweddar.[32] Nid yw'n glir sut, nac ym mha ffordd, y gallai'r cyfryw droliau fod wedi datblygu o slediau. Ymddengys nad oes gan yr enghreifftiau yn Ninorwig y fframiau ochr chwyddedig amlwg a allai gael eu defnyddio fel brêc.[33]

Erbyn hyn, roedd tua 180 o droliau un echel ag uchafswm prif lwyth o bron i dunnell yr un ar gyfartaledd, ac a wnaed yn yr un ffordd fwy neu lai yn ôl pob tebyg, yn gwasanaethu chwareli Nantlle hefyd. Fodd bynnag, yn fuan wedyn, mabwysiadwyd wagenni dwy echel mwy o faint a dynnwyd gan dri cheffyl yn Nantlle a Llanberis. Roedd gan y

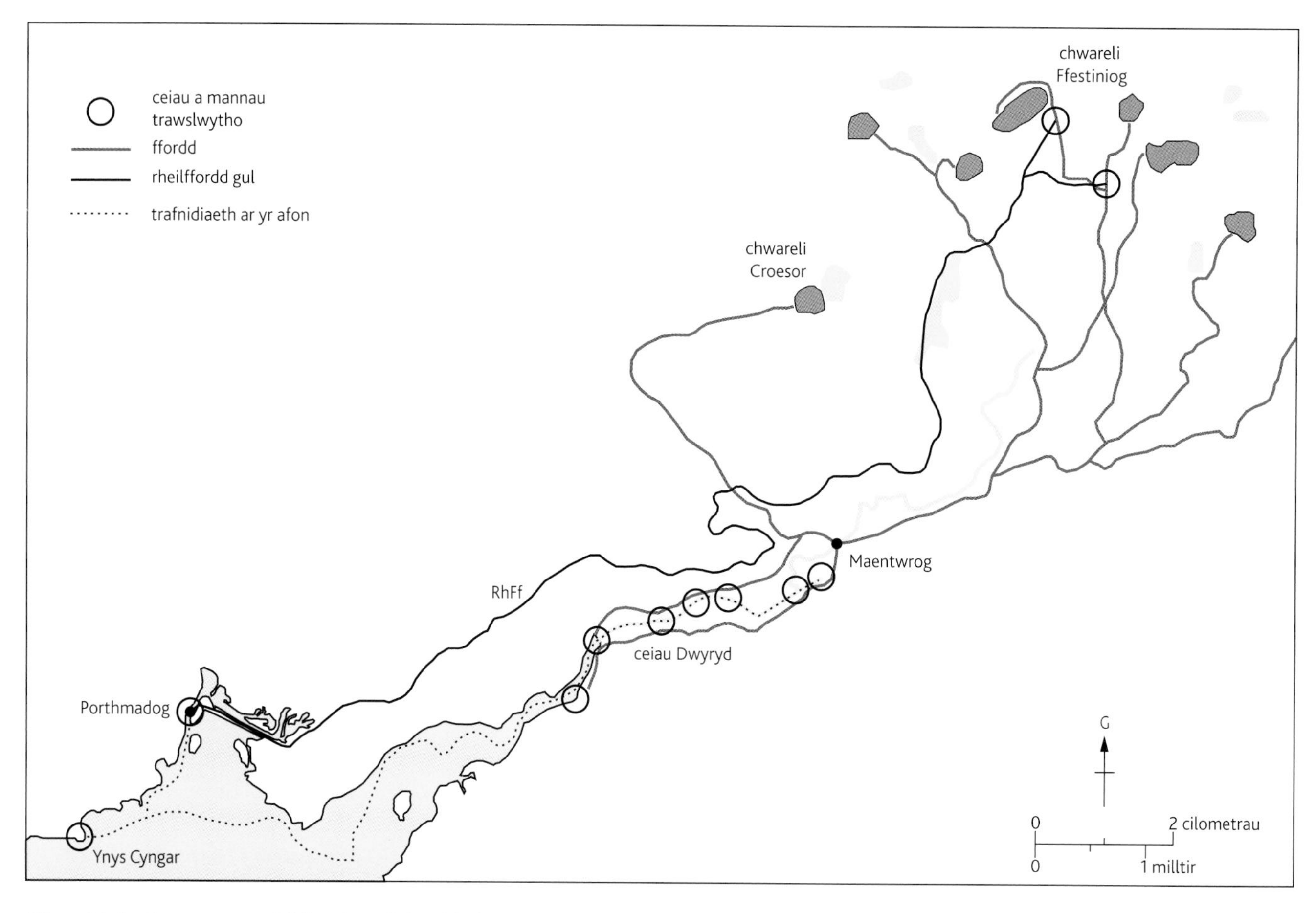

Ffigur 204a. Systemau trafnidiaeth, ardaloedd Ffestiniog, Croesor a Glaslyn – 1760au i 1836.
Unwaith y dechreuodd chwareli Ffestiniog gynhyrchu llechi i'w hallforio yn y 1760au, fe'u cludwyd gan fulod pwn ac, yn ddiweddarach, ar droliau i geiau ar afon Dwyryd. O'r fan honno, fe'u cludwyd ar gychod bach i fannau lle y gellid eu trosglwyddo i longau mordwyol – Ynys Cyngar, yna i Borthmadog. Câi llechi eu cludo ar gychod ar hyd yr afon tan 1868, ymhell ar ôl i Reilffordd Ffestiniog (RhFf) gael ei hagor yn 1836.

rhain brif lwyth o 1½ tunnell.[34] Noda 'Sylwedydd' John Griffith y defnydd o droliau a dynnwyd gan geffylau â sled wedi'i gysylltu y tu ôl iddynt fel cludwr llwythi ac fel brêc cyn 1838, i gludo llwythi i lawr y ffordd serth o Gilgwyn i reilffordd Nantlle.[35]

Roedd chwarel y Penrhyn yn defnyddio 140 o droliau, a gludai bron i ddwy dunnell, sawl blwyddyn cynei'r rheilffordd gael ei chwblhau yn 1801.[36] Ni wyddys cymaint am droliau Ffestiniog. Mae'n bosibl, o ystyried mai dynion Cilgwyn o Arfon oedd yn gyfrifol am ddatblygu Diffwys, mam-chwarel Ffestiniog, o tua'r 1760au ymlaen, eu bod wedi dilyn arfer Nantlle i gychwyn. Ymhlith olion stabl yn chwarel Conglog, darganfuwyd gwaith haearn trol, gan gynnwys strapiau, cynalyddion ochr, hasbiau tinbren, bachau, sbring, bandiau both a chantelau ar gyfer dwy olwyn â diamedr o 1.37 metr, ynghyd â dau lwybr llithrig i osod o dan yr olwynion ar raddiant, a phedol ar gyfer cob Cymreig 1.5 metr o daldra (14 neu 15 o ddyrnfeddi). Mae'n bosibl iddo gael ei ddefnyddio i gludo nwyddau a phobl yn hytrach na llechi.[37]

Erbyn canol a diwedd y bedwaredd ganrif ar bymtheg, prin iawn oedd y chwareli heb fynediad i reilffordd, ni waeth beth fo'u maint. Roedd injans tracsiwn ar y ffordd yn opsiwn ar gyfer y sawl a ddibynnai o hyd ar ffyrdd tyrpeg a ffyrdd plwyf. Defnyddiwyd injan o'r fath yng Nghwm Machno mor gynnar â 1860. Roedd honno, fwy na thebyg, yn gwneud y daith gyfan o'r chwarel i'r cei yn Nhal y Cafn ar afon Conwy, gan mai'r unig gyfeiriad ati yw llythyr gan stiward yr Arglwydd Newborough yn yr Abaty ym Maenan, ar rannau isaf y daith.[38] Mae'n bosibl bod y chwarel wedi dychwelyd i ddefnyddio ceffylau, unwaith y gallai ddefnyddio'r London and North Western Railway drwy Lanrwst a Betws y Coed i allforio efallai, er iddi ddefnyddio injans tracsiwn unwaith eto o ddiwedd y bedwaredd ganrif ar bymtheg, gan gynnwys rhai a logwyd gan gontractwyr a rhai a oedd yn eiddo i'r chwarel.[39] O 1928 tan yn fuan ar ôl

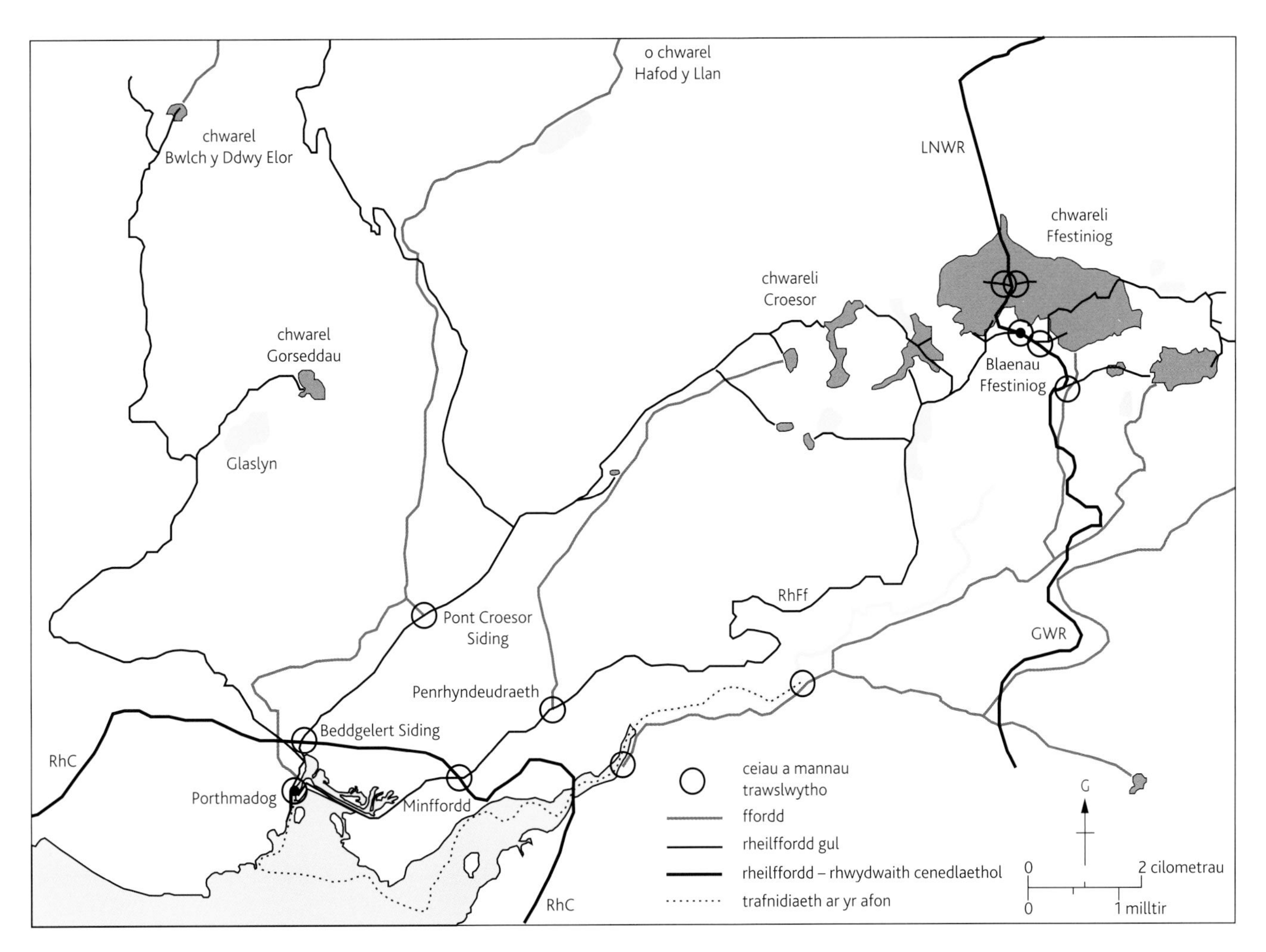

Ffigur 204b. Systemau trafnidiaeth, ardaloedd Ffestiniog, Croesor a Glaslyn – 1836 i 1965.
Wrth i Reilffordd Ffestiniog (RhFf) gael ei defnyddio fwyfwy gan chwareli Blaenau, adeiladwyd ffyrdd cangen a rheilffyrdd i'w gwasanaethu, yn enwedig yn ystod y blynyddoedd ffyniannus yn 1856-66. Roedd rhai chwareli yn dal i ddibynnu ar droliau a chychod ar afon Dwyryd yn y 1860au, ac fe'u dangosir yma. Roedd rheilffyrdd cul eraill gyda'u systemau bwydo eu hunain yn gwasanaethu chwareli Croesor a Glaslyn. Câi llechi eu trosglwyddo o reilffyrdd cul i Reilffyrdd Cambrian (RhC) yn Beddgelert Siding ac ym Minffordd, ac i'r London and North Western (LNWR) a'r Great Western (GWR) ym Mlaenau Ffestiniog. Bu rheilffordd fer Oakeley i'r brif linell yn gweithredu tan 1965.

rhyfel 1939–45, dibynnai ar gyfres o loriau stêm Sentinel, cyn ildio i lori ddiesel Sentinel.[40]

Roedd chwarel Cwm Machno yn anarferol yn yr ystyr bod ganddi hanes hir o ddefnyddio stêm ar y ffordd, ond roedd y cyfryw injans yn cynnig siawns resymol o symud llwythi trwm lle nad oedd rheilffordd ar gael. Defnyddiwyd un injan o'r fath yn chwarel Cwmmaengwynedd yn ardal dyffryn Tanat yn y 1870au, ac eto ar ôl 1904.[41] Prynodd chwarel Glynrhonwy yn Nantperis injan batent Bray ail-law a allai dynnu 20 o dunelli, ac fe'i rhoddwyd ar waith yng Nghaernarfon ym mis Ionawr 1863 ar ôl iddi gael ei thrwsio gan gwmni Thomas and De Winton.[42] Roedd un arall yn eiddo am gyfnod byr i chwarel Talysarn yn Nantlle, ar yr un adeg fwy neu lai, o bosibl i oresgyn yr amharu ar y traffig pan oedd y rheilffordd gul yn cael ei newid i fod yn rheilffordd lled safonol,[43] a defnyddiodd chwarel Moel y Faen injan dracsiwn yn y 1920au yn lle'r rheilffordd i'r gamlas ym Mhentrefelin.[44] Prynodd Braich Goch yn Nantdulas lori stêm yn 1925.[45]

Erbyn dechrau'r ugeinfed ganrif, canfu llawer o'r chwareli tlotaf neu fwy gwasgaredig a wasanaethwyd gan reilffyrdd cul eu bod mewn cyflwr gwael ac roedd rhentu a thollau yn golygu eu bod yn aneconomaidd. Unwaith eto, roedd cludo ar y ffyrdd yn ymddangos yn opsiwn deniadol. Nantlle, â'i llu o weithfeydd bach a'i rheilffyrdd cangen, oedd y cyntaf o blith y prif ardaloedd chwarelyddol lle gwelwyd y newid. O tua 1910, dechreuodd contractwyr cludo ddefnyddio loriau petrol yn lle troliau a wagenni. Cawsant eu defnyddio i gychwyn ar gyfer teithiau byr i ben y rheilffordd lled safonol, patrwm a welwyd hefyd mewn chwareli allgraig ac mewn

Ffigur 205. Roedd Pont Penllyn yn cysylltu chwareli'r Arglwydd Newborough ar Fachwen â'r ffordd i Gaernarfon.

rhannau eraill o Gymru yn y 1920au a'r 1930au.[46] Gan nad oedd yn arferol i loriau fod yn berchen i'r chwareli eu hunain – roeddent yn berchen i gontractwyr arbenigol fel arfer – mae'n aml yn anodd nodi'r mathau a ddefnyddiwyd. Fodd bynnag, yn gyffredinol, ar ôl 1918, roedd loriau Thorneycroft a arferai gael eu defnyddio yn y fyddin ar gael, cyn dyfodiad loriau corff fflat gwell gan Austin, Ford a Morris a bwysai ddwy neu dair tunnell gros. O'r 1930au, cafodd loriau AEC, Foden, Bedford ac Atkinson eu defnyddio fwyfwy i gludo llwythi yn uniongyrchol i safleoedd adeiladu, ac aeth masnachwyr llechi ati i fuddsoddi yn eu cerbydau eu hunain er mwyn casglu llwythi o iardiau pentyrru. Gallai'r loriau cymalog a oedd yn gyffredin ar ôl 1964 gael eu symud i safleoedd nad oedd modd i loriau wyth olwyn anystwyth eu cyrraedd.[47] Prynodd chwarel y Penrhyn ei gerbydau ei hun yn y 1960au.

Defnyddiwyd cerbydau tanio mewnol hefyd i gludo gweithwyr – nid yn unig yn Rhiwbach (gweler uchod), ond hefyd yn chwarel fach Rhos yn Nantconwy, a aeth ati i addasu ei lori lechi ar gyfer cludo gweithwyr drwy osod corff hen dram Lerpwl arni.[48] Yn ddiweddarach, defnyddiwyd cerbydau gwasanaeth cyhoeddus mwy confensiynol i wasanaethu chwareli mwy o faint ac, ar ddechrau a diwedd y dydd, byddai lefel melinau A4 yn Ninorwig, ponc Red Lion yn y Penrhyn a phrif lefel Oakeley yn llawn o fysiau yn troi mewn gofod cyfyngedig. Daeth seiclo'n ffordd gyffredin o deithio yn ôl ac ymlaen i'r gwaith hefyd yn yr ugeinfed ganrif.

Dim ond Fronheulog yn Nantlle a Chwm Machno yn Nantconwy a adeiladodd garejys a chyfleusterau cyflenwi tanwydd ar gyfer eu cerbydau, ond ni welir unrhyw olion ohonynt bellach uwchlaw'r ddaear. Ymddengys yn annhebygol fod yr injan codi enigmatig a welwyd yn flaenorol yn chwarel Cwt y Bugail yn Ffestiniog (pennod 8), a addaswyd o injan dracsiwn Aveling and Porter o'r 1860au, wedi gwasanaethu chwarel lechi yn ystod ei dyddiau fel locomotif ac mae'n bosibl iddi ddod o waith plwm Dylife yn y canolbarth.[49]

Trafnidiaeth dŵr

Tan 1914, roedd rhan orllewinol Cymru yn dal i ddibynnu'n helaeth ar y môr, yn ogystal â'i hafonydd morydol hir – afonydd Conwy, Dwyryd, Mawddach, Dyfi a Theifi, y defnyddiwyd pob un ohonynt i allforio llechi. Dim ond y chwareli cyfleuster llai o faint a weithiai graig wael a gyfyngwyd i werthu ar dir lleol. Felly, roedd trafnidiaeth dŵr yn hanfodol bwysig i'r gwaith o ddosbarthu llechi, a defnyddiwyd afonydd, llynnoedd a chamlesi. Yn hyn o beth, roedd y diwydiant llechi yng Nghymru yn debyg i'r un yn Lloegr; defnyddiwyd cychod bach hefyd i gludo llechi Ardal y Llynnoedd ar Windermere, Coniston Water ac yn nyfroedd arfordirol Ulverstone a Piel Harbour o'r 1750au o leiaf tan y bedwaredd ganrif ar bymtheg.[50] Yn Iwerddon, ar afon Shannon ac, yn anad dim, yn Ffrainc, ar afonydd Meuse, Maine, Loire a'r system gamlesi, y cafodd y gwaith o gludo llechi ar ddyfrffyrdd mewndirol ei ddatblygu fwyaf.[51]

Llynnoedd

Roedd y gwaith o gludo llechi ar draws llynnoedd mewndirol yn unigryw i Nantperis, lle'r oedd traddodiad hirsefydledig o ddefnyddio cychod. Defnyddiwyd cychod boncyff a chychod clincer i gludo mwyn copr, anifeiliaid, hyd yn oed partïon hela a thwristiaid ar hyd y ddau lyn, Llyn Peris a Llyn Padarn, a oedd yn mesur 6.2 cilometr o un pen

Ffigur 206. Llechi Dinorwig wedi'u pentyrru ym Mhenllyn, gyda'r Wyddfa yn y cefndir, fel y'i darluniwyd gan y Parch. Thomas Gisborne yn 1789.

i'r llall, dros hanner y pellter rhwng blaen y dyffryn a'r môr yng Nghaernarfon.[52] Enillai'r enwog Margaret ferch Ifan (1702–93) ei thamaid yn rhwyfo mwyn copr o'r cloddfeydd yn Nantperis i'r ddwy lanfa ar ben gogledd-orllewinol Llyn Padarn, Penllyn (Ffigur 206) a Chwm y Glo, y defnyddiwyd y ddau yn ddiweddarach pan ddatblygwyd chwareli llechi grŵp Dinorwig. Tybir weithiau fod y broses o gludo llechi ar gychod yn dyddio o 1787–88, pan gafodd y gweithfeydd eu prydlesu i Thomas Wright, Hugh Ellis a William Bridges, ond dengys map ystad o 1777 y 'drag' (gweler uchod) i ochr y dŵr, a chyfeiria Griffith Ellis at grŵp o ddynion o Gwm y Glo a weithiai chwarel fach wrth ochr llyn yn Alltwen ac a ddefnyddiai gychod i gludo'r plygiau adref lle y caent eu hollti.[53] Unwaith y câi'r chwareli eu prydlesu i'r bartneriaeth, dechreuwyd gweld taliadau i gychwyr annibynnol ond câi cychod eu hadeiladu a'u gweithredu'n uniongyrchol hefyd.[54]

Afonydd morydol

Cludai tair o afonydd morydol Cymru swm sylweddol o lechi o'r ddeunawfed ganrif hyd at ddiwedd y bedwaredd ganrif ar bymtheg – afonydd Conwy, Dwyryd (ar gyfer llechi o Ffestiniog) a Dyfi (o Gorris a Bryneglwys). Felly hefyd afonydd Mawddach, Teifi a Chleddau ond ar raddfa lai. Yn ogystal, defnyddiwyd bae cysgodol y Foryd, i'r de o Gaernarfon, tan tua 1810 i lwythi llechi o Nantlle ar gychod bach, a fyddai'n mynd allan i longau mordwyol ar y Fenai. Fel arfer, defnyddiai'r fasnach gychod afon ar hyd estyniad y llanw a châi'r llechi eu trosglwyddo i longau mordwyol mewn harbwr ger aber yr afon neu mewn bae agored, er y gallai llongau cymharol fawr fordwyo'r môr a'r afon mewn rhai achosion.

Ar afon Conwy, cofnodir bod llwythi o lechi wedi'u cludo i fan lleol i'w defnyddio mor gynnar â 1710 gan barhau hyd at 1879, gan ddefnyddio llongau i gludo allbwn o'r chwareli bach uwchlaw Dolgarrog a Threfriw ac yn nyffrynnoedd Lledr, Llugwy a Machno.[55] Yn Nhrefriw yr oedd y prif gei (SH 780 639), ychydig islaw'r pen llanw, anheddiad a darddai o'r canoloesoedd ond a oedd, erbyn y cyfnod modern, yn cynnwys melinau plwm, blawd, gwlân a melinau llifio coed, pandai, diwydiant llin, gwaith prosesu mawn, odyn galch ac iard adeiladu llongau ar ryw adeg neu'i gilydd (Ffigur 207). Erbyn tua 1860, roedd ganddo hefyd hanner dwsin o felinau slabiau annibynnol (pennod 7), gan fanteisio nid yn unig ar leoliad y pentref wrth lan yr afon ond hefyd ar y dŵr a ddisgynnai i lawr llethrau'r dyffrynnoedd o lynnoedd Crafnant a Geirionydd. Câi llechi eu rhoi ar longau hefyd yn Nolgarrog, Talycafn a Chonwy ei hun.[56]

Cludwyd llechi ar afon Dwyryd o'r adeg y cynhyrchodd diwydiant Ffestiniog ei allforion cyntaf tua 1760, tan 1868,

Ffigur 207. Cei Trefriw yn ystod haf 1858 yn edrych i fyny'r afon, gyda llechi to a slabiau o chwareli Nantconwy yn barod i'w llwytho, ynghyd â slŵp a chraen a weithredwyd â llaw. Dyma'r unig ffotograff hysbys o lanfa afon yn cael ei defnyddio gan y diwydiant llechi, wedi'i dynnu gan George Fenton, sy'n fwy adnabyddus am ei waith yn ystod Rhyfel y Crimea.

pan roddodd y chwarel olaf y gorau i'w defnyddio, gan droi yn hytrach at Reilffordd Ffestiniog, a fu'n gweithredu bryd hynny ers 32 o flynyddoedd. Gwnaed ymchwil fanwl i'r fasnach ar afon Dwyryd, a chofnodir ei deunydd o hyd.[57] Yn ei hanfod, roedd cychwyr afon Dwyryd, a alwyd yn aneglur ddigon yn 'Philistiaid', yn cludo llechi o lanfeydd a cheiau ar estyniadau ei llanw i'r man trawslwytho ar gyfer llongau mordwyol. Ynys Cyngar oedd y man hwnnw tan 1811, sef ynys ger yr aber, ac yna Borthmadog (gweler isod).

Ni wyddys cymaint am y fasnach ar afon Mawddach, lle noda'r cyfeiriad cyntaf i lechi gael eu cludo ar gwch i fyny'r afon – o'r chwareli yn Arthog ar yr aber i dref sirol Dolgellau ychydig uwchlaw'r terfyn llanw – i doi neuadd newydd y sir yn 1762.[58] Yn ôl pob tebyg, byddai'r cyfryw fasnach ag yr oedd wedi'i phennu eisoes ar gyfer ei hallforio. Parhaodd y broses o gludo llechi ar gychod am gan mlynedd arall; aeth o leiaf ddwy o'r chwareli bach yn Arthog ati i adeiladu rheilffyrdd byr i lanfeydd ar yr afon, o ble y câi llechi eu cludo i'r Bermo, ond ymddengys fod y gwaith o adeiladu'r rheilffyrdd lled safonol (1861–69) wedi rhoi terfyn ar y broses o symud llechi ar y dŵr.[59]

Gwelwyd masnach fach ond cyson mewn llechi ar afon Dyfi o ddiwedd yr ail ganrif ar bymtheg o leiaf tan 1939.[60] Aberdyfi, wrth aber yr afon, oedd y brif drwyborth, i ble y câi'r rhan fwyaf o'r llechi eu cludo i lawr yr afon o gyfres o lanfeydd bach i'w trawslwytho i longau mordwyol, hyd nes i ddyfodiad rheilffyrdd prif linell roi terfyn ar y fasnach ar yr afon. Pan gynhyrchodd chwarel Bryneglwys ei llechi cyntaf ar gyfer y farchnad yn 1844, defnyddiwyd anifeiliaid pwn i gludo'r llechi dros y grib i lanfa ym Mhennal, ar lan ogleddol yr afon, gan allforio'n uniongyrchol i Aberdyfi ar geffyl a throl drwy Dywyn yn ddiweddarach.[61] Roedd ceiau ar hyd ochr ddeheuol afon Dyfi – Cei Ellis, Cei Tafarn Isa a Chei Ward/Glanfa Morben – yn gwasanaethu chwareli Nantdulas. Disodlwyd pynfeirch a chertiau gan reilffordd gul yn 1859 ond, yn sgil dyfodiad y brif linell, daeth y broses o gludo llechi ar hyd yr afon i ben rai blynyddoedd yn ddiweddarach. Cafodd iardiau cyfnewid rheilffordd gul–rheilffordd lled safonol eu hagor ym Machynlleth ac yn Nhywyn yn 1866, gan sicrhau bod gan chwareli lleol fynediad uniongyrchol i longau mordwyol yn harbwr Aberdyfi ac i ganolbarth Lloegr.[62]

Ychydig iawn o draffig a welwyd ar afon Teifi ond bu rhywfaint o fasnachu o'r ddeunawfed ganrif o leiaf tan ganol y bedwaredd ganrif ar bymtheg, wrth i gychod dadlwytho ddod â'r cynnyrch o chwareli Fforest a Chilgerran, ychydig filltiroedd i fyny'r afon, i geiau yn Aberteifi. Yn 1834, nododd Samuel Lewis:

> ... slate ... may be deemed the staple article of the place, though it is not of very good quality, selling only at half the price of the slate procured in North Wales.[63]

Yn eironig, ymddengys mai arferion chwareli Fforest o waredu gwastraff i mewn i'r afon a roddodd derfyn ar ei rôl fel prif lwybr masnach. Roedd y chwareli yn eiddo i'r teulu Lloyd o Goedmor, a oedd yn berchen ar bedair o longau Aberteifi a ddefnyddiwyd i gludo llechi. Roedd y teulu Stephens o Lechryd hefyd yn fasnachwyr llechi ac yn berchnogion llongau yn Aberteifi.[64] Gwelwyd llai fyth o'r fasnach lechi ar afon Cleddau (Ffigurau 208 a 222).

Camlesi

Yr unig gamlas yng Nghymru a gludai nifer sylweddol o lechi, o leiaf ar ran gyntaf eu taith o'r chwareli, oedd y Llangollen, a gynlluniwyd gan Thomas Telford ac a gwblhawyd yn 1805, y mae'r rhan ohoni yng Nghymru bellach yn safle Treftadaeth y Byd.[65] Câi llechi Cymreig eu llwytho arni mewn pum lleoliad gwahanol. Ym Mhentrefelin, câi llechi eu cludo i lawr y ffordd o 1802 a'r rheilffordd o 1857 o chwareli Moel y Faen a'r Oernant; yn Froncysyllte (Ffigurau 198 a 209), câi llechi eu cludo ar

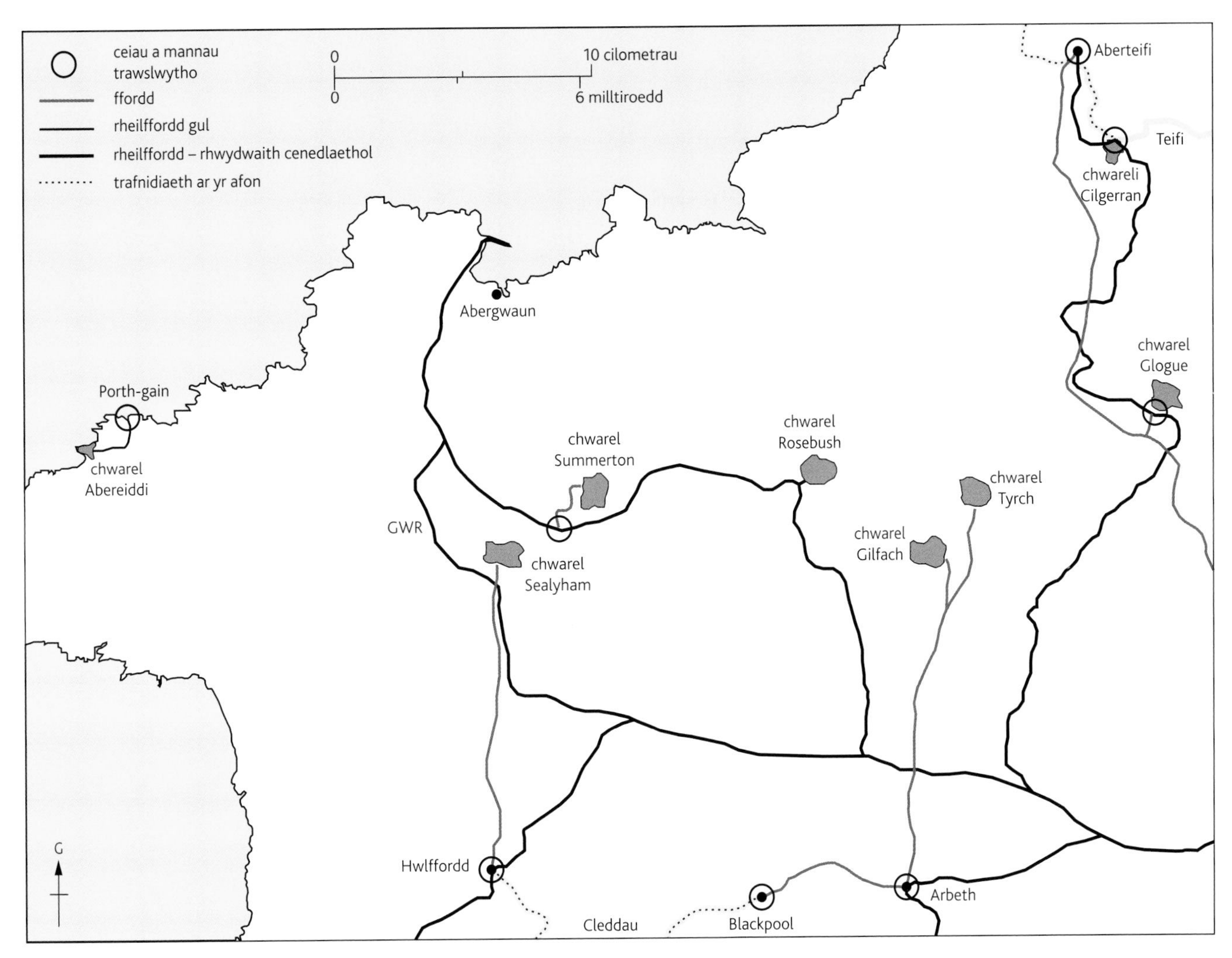

Ffigur 208. Disgrifia George Owen yn 1603 y chwareli bach a leolwyd ar y clogwyni ar arfordir gogleddol Sir Benfro yn cludo eu llechi ar gychod i Hwlffordd, Penfro a Dinbych-y-pysgod, yn ogystal ag Iwerddon. Defnyddiai chwareli Cilgerran afon Teifi i gludo'r llechi ar gychod o Aberteifi. Lleolwyd chwarel Abereiddi ar yr arfordir ond fe adeiladodd rheilffordd fer i'r harbwr cysgodol ym Mhorth-gain. Roedd y llechi a gludwyd o chwareli mewndirol yn wynebu siwrnai hir ar droliau i'r ceiau yn Aberteifi, Blackpool neu Gaerfyrddin. Gwasanaethwyd chwarel Rosebush gan reilffyrdd a ffurfiodd ran o'r Great Western (GWR) yn y pen draw o 1878, gan alluogi chwareli Cilgerran a'r Glog i oroesi i'r ugeinfed ganrif.

droliau o chwarel Glyn Ceiriog tan 1873, pan gafodd y chwareli eu cysylltu â glanfa wrth ymyl y gamlas yng Ngledrid, ychydig dros y ffin yn Swydd Amwythig, gan y Glyn Valley Tramway.[66] Ni chafodd y cei hwnnw ei ddefnyddio'n hir; pan ailadeiladwyd y rheilffordd ar gyfer locomotifau stêm yn 1889 cafodd ei hailgyfeirio fel bod ei therfynfa is yn lanfa i'r gogledd o dref y Waun, a adeiladwyd yn wreiddiol yn 1812 fel y derfynfa is ar gyfer rheilffordd o lofa Parc Du (Black Park) gerllaw.[67] Cludai chwareli Llangynog eu cynnyrch ar droliau i'r gamlas yn Llanymynech ar y ffin rhwng Cymru a Lloegr.

Camlas fach 285 metr o hyd oedd yr unig gamlas lechi ym mro'r diwydiant, sef camlas Cemlyn ger Maentwrog, a adeiladwyd fwy na thebyg yn 1823 neu ychydig cyn hynny i wasanaethu glanfa a oedd nid yn unig yn cludo nifer gyfyngedig o lechi ar longau ond a oedd hefyd yn iard lo. Roedd ganddi odyn galch a warws cyffredinol, y defnyddiwyd y naill a'r llall tan y 1850au (Ffigur 210).[68]

Lluniwyd cynllun i gludo llechi ar y gamlas o chwarel y Penrhyn ar ddiwedd y ddeunawfed ganrif ond ni chafodd ei weithredu.[69]

Ceiau a glanfeydd

Mae gan archaeoleg y cyfleusterau a ddefnyddiwyd i gludo llechi ar longau lawer o nodweddion cyffredin. Maent hefyd yn amrywio o ran maint a chapasiti – o geiau o galchfaen Ynys Môn naddedig a adeiladwyd gan ystadau i jetïau syml o bren ar lan afonydd. Roedd pob un ohonynt yn

Ffigur 209. Safle Treftadaeth y Byd Camlas Llangollen, yn dangos glanfa Froncysyllte yn y blaendir, lle y câi llechi o Lynceiriog eu llwytho, yn ogystal â chalchfaen o'r chwareli a welir ar yr ochr chwith isaf. Yn y pellter canol mae traphont ddŵr Pontcysyllte.

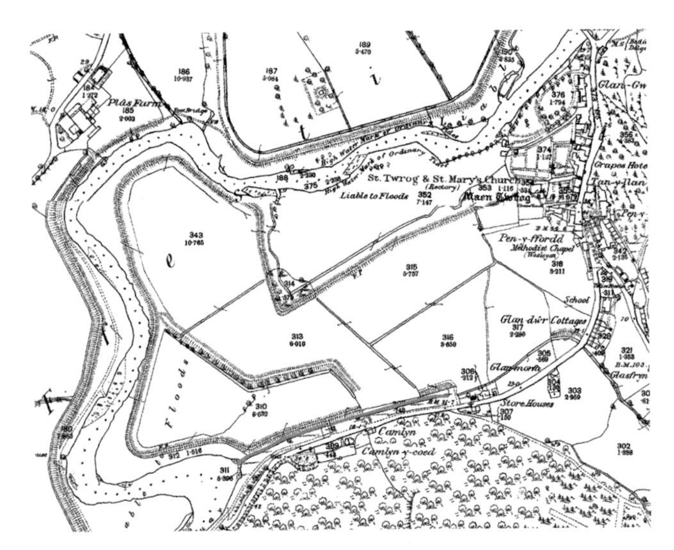

Ffigur 210. Camlas Cemlyn (a amlinellir mewn glas) ym Maentwrog.

borthladdoedd bach yn ôl safonau Prydain. Cafodd y rhan fwyaf ohonynt eu hadeiladu ar gyfer llongau hwylio pren. Defnyddiwyd rhai ohonynt yn unswydd i allforio llechi, a dim ond nwyddau ar gyfer y chwareli eu hunain a gludwyd i mewn arnynt – peiriannau, trawstiau tô, olew, glo ar gyfer gefeiliau gofaint ac injans, tywod ar gyfer yr 'hyrddod' (y llifiau ffrâm). Roedd eraill yn *entrepôts* rhanbarthol cyffredinol, lle y gallai pentyrrau o lechi gael eu gosod ochr yn ochr â phren wedi'i allforio, grawn a nwyddau i'r cartref. Roedd y rhain yn lleoedd swnllyd. Cystadlai sŵn toc-toc-toc y gyrdd pren a ddefnyddiwyd gan y llwythwyr (hoblars) i becynnu llechi yng nghrombil llongau, â thwrw'r locomotifau, gwichian y craeniau pren a sŵn pegiau yn cael eu morthwylio i mewn i fframiau llongau hwylio pren a adeiladwyd gerllaw, ac arogleuon coed pinwydd newydd eu llifio a thar Stockholm berw.

Er eu bod yn brysur, dim ond ychydig iawn o adeiladau neu beiriannau pwrpasol oedd ganddynt. Y trefniant mwyaf cyffredin ar y ceiau a wasanaethwyd gan reilffyrdd oedd patrwm cris-croes o draciau gyda byrddau troi ar y croesffyrdd, a gofod storio rhyngddynt. Roedd gan y rhan fwyaf ohonynt adeiladau gweinyddol o ryw fath neu'i gilydd – cwt pwyso o leiaf, ac, mewn rhai achosion, swyddfeydd, gan y byddai busnesau llechi yn aml yn cael eu rhedeg o'r man allforio yn hytrach nag o'r chwarel ei hun. Câi llechi to eu llithro i lawr planciau i grombil y llongau heb fod angen eu trin mewn unrhyw ffordd arbennig, ond roedd angen defnyddio craeniau i lwytho slabiau. Petai rhaid, gallai polion llongau wasanaethu fel derics, ond roedd gan lawer o geiau graeniau piler a weithredwyd â llaw, rhai pren i ddechrau â ffrâm drionglog gafael fachog yn cylchdroi o amgylch echel fertigol neu dderic ac yna rai o'r math a ddefnyddiwyd mewn iardiau nwyddau erbyn diwedd y bedwaredd ganrif ar bymtheg. Gallai adeiladau eraill gynnwys storfa ar gyfer y gwair a ddefnyddiwyd i becynnu llechi.

Porthladdoedd ystadau – Abercegin a'r Felinheli

Câi llechi o chwarel y Penrhyn eu hallforio'n bennaf o aber afon Ogwen tan ddiwedd y ddeunawfed ganrif, pan symudodd y ffocws i aber afon Cegin, dau gilometr i'r gorllewin – glanfa hynafol iawn, y cafodd ei hadnabod yn gynyddol fel 'Port Penrhyn'. Y lanfa hon yw'r gorau o blith y porthladdoedd llechi mwy o faint sydd wedi goroesi. Mae'r rhan fwyaf o'i hadeiladau, sy'n dyddio o'r bedwaredd ganrif ar bymtheg, a chwrs ei systemau canghennau rheilffordd i'w gweld o hyd er bod y traciau eu hunain wedi diflannu.

Câi llechi eu pentyrru i ddechrau wrth ymyl pwll Cegin; mae'r bont addurnol a adeiladwyd dros yr afon yn 1820 a'r drysau llanw yn SH 2592 3726 wedi creu gwddf artiffisial, sy'n cuddio'r graddau y ffurfiai'r ardal hon, sydd bellach wedi'i siltio, harbwr naturiol. Cafodd cei ei adeiladu cyn 1790 a'i ymestyn yn 1803, yn 1829–30 ac unwaith eto yn 1855 (Ffigur 211). Roedd y fanyleb ar gyfer y rhan olaf yn nodi y dylai waliau'r cei gael eu hadeiladu o galchfaen Penmon wedi'i orchuddio â charreg nawdd. Dengys samplau craidd a gymerwyd yn 1976 fod y porth wedi'i adeiladu ar glog-glai uwchlaw mawn gyda haen o dywodfaen ar ryw ddyfnder a bod rwbel chwarel wedi'i ddefnyddio, fwy na thebyg, i fewnlenwi'r rhan a adeiladwyd yn 1803. Amlygwyd bwndeli pren a osodwyd ar ongl sgwâr i linell y cei ac y gosodwyd y cerrig arnynt, mewn un man yn y rhan a adeiladwyd yn 1829–30.[70]

Mae'r adeiladau yma yn arbennig o ddiddorol. Mae bwthyn a ffermdy cyn-ddiwydiannol wedi goroesi ar y safle (SH 2593 3727 a 2593 3727), ynghyd â warws a adeiladwyd

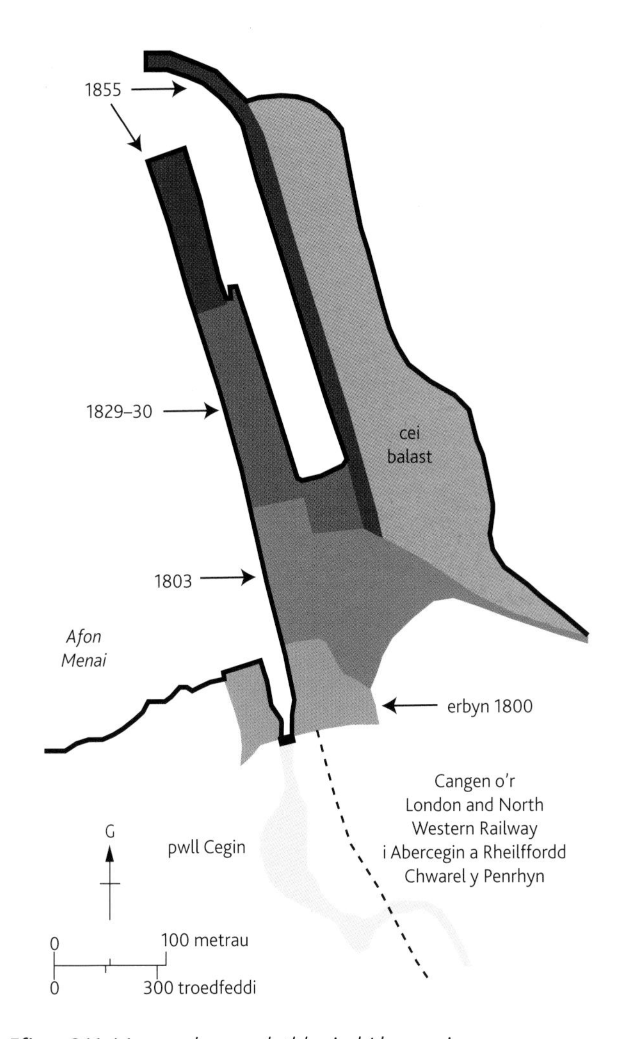

Ffigur 211. Map yn dangos datblygiad Abercegin.

o amgylch tair ochr iard ar lan orllewinol afon Cegin (SH 2593 3727). Mae rhan o'r warws hwn yn dyddio o'r cyfnod cyn 1803 a chafodd ei estyn ymhellach, yn y 1830au o bosibl; mae'n cael ei ddefnyddio nawr fel swyddfeydd a llety. Yn anarferol, cafodd llawer o'r cyfadeilad hwn ei adeiladu o frics. Mae map o 1803 yn dangos seidin yn rhedeg i'r adeilad hwn. Mae'n rhaid felly mai hwn yw un o'r warysau hynaf a wasanaethwyd gan reilffordd sydd wedi goroesi yn y byd.[71] Yn anffodus, mae'r bont haearn bwrw, a gynhaliai'r cledrau, wedi'i datgysylltu ac mae ei chydrannau bellach i'w gweld yn yr isdyfiant gerllaw. Yr adeilad â'r nodweddion pensaernïol mwyaf nodedig yw tŷ'r porthladd (gweler Ffigur 157), adeilad deulawr mawr clasurol gyda thair ffenestr grom – canolfan weinyddol y busnes llechi. Ni wyddys pryd y cafodd ei adeiladu ond mae'n dyddio o'r cyfnod ar ôl 1844. Nid ar yr adeilad hwn yn unig y gwelwyd addurniadau pensaernïol; mae'r toiled cymunedol crwn yn SH 2592 3728 wedi'i adeiladu o flociau o gerrig wedi'u trin gyda tho twt.

Ffigur 212. Abercegin yw'r cei llechi sydd wedi goroesi orau. Ar ochr chwith y ffotograff mae aber afon Ogwen, y prif fan ar gyfer allforio llechi lleol tan ddiwedd y ddeunawfed ganrif.

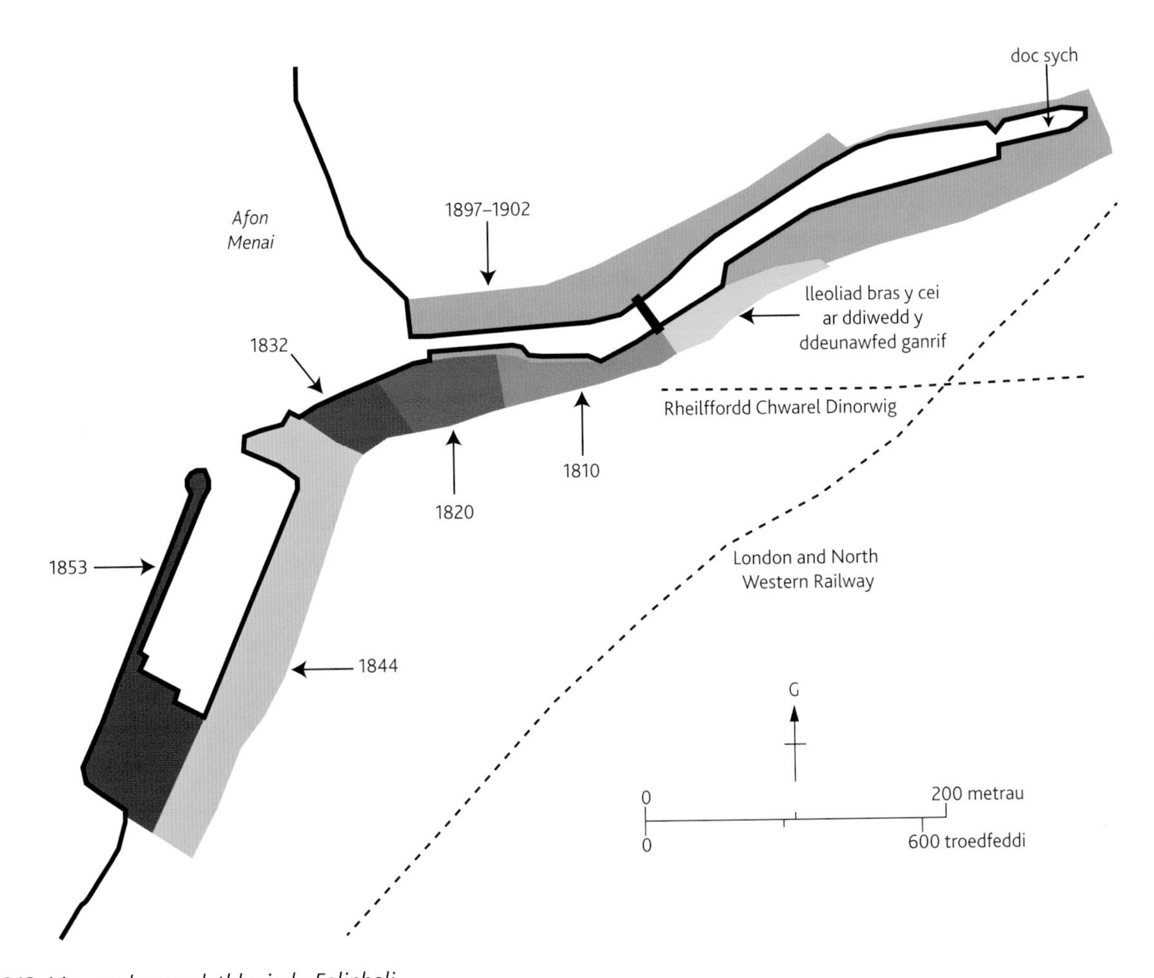

Ffigur 213. Map yn dangos datblygiad y Felinheli.

Ymhlith y strwythurau diwydiannol roedd melin lechi, a newidiwyd yn ddiweddarach yn ffowndri, yn SH 2593 3727, a'r odynau yn union i'r de.[72] Roedd Abercegin yn unigryw hefyd gan mai dyma'r unig un lle câi'r cyfleusterau gwasanaeth ar gyfer rheilffordd y chwarel eu lleoli ar y cei, mewn sied locomotif dwy ffordd deniadol o garreg, cwt ar gyfer cerbydau'r chwarelwyr a gweithdy (Ffigur 212).

Yn 1793, adeiladodd ystad y Faenol gei bach ar gilfach gorsiog i gludo'r cynnyrch ar longau o'i chwareli yn Ninorwig. Safai yn union i lawr yr afon o felin flawd a weithiwyd gan y llanw ac a roddodd yr enw Cymraeg ar yr ardal – y Felinheli – a disodlodd drefniant cynharach lle y câi llechi eu dadlwytho ar y Fenai 500 metr i'r de-orllewin.[73] Cafodd ei ymestyn fesul tipyn i fyny ac i lawr yr afon tan 1844–45 pan gwblhawyd y cei mawr, sef doc llanw.[74] Adeiladwyd y waliau o galchfaen wedi'i sgwario'n fras a osodwyd heb forter a'i gefnu â slabiau llechi wedi'u brasnaddu. Rhwng 1897 a 1900, cafodd safleoedd y ceiau cynharach eu hailadeiladu ar gyfer gweithrediadau nad oeddent yn ymwneud â'r llanw gan Thomas Ayres Ltd. Dyma oedd y buddsoddiad mawr olaf mewn porthladd llechi yng Nghymru (Ffigur 213).[75] Mae'r ceiau bellach yn safle datblygiad tai, a'r unig adeiladau sydd wedi goroesi o'r cyfnod pan gludwyd llechi ar longau yw'r swyddfa o ddechrau'r ugeinfed ganrif yn SH 2527 3678, gyda'i wal amryliw a'i llechi to, a'r simnai dal o slabiau llechi a oedd yn rhan o'r gwaith cadw coed yn SH 2524 3676. Mae craen stêm llydan gan y Steam and Electric Crane Works o Rodley, a ddefnyddiwyd i ddadlwytho glo, wedi'i gadw yn Amgueddfa Lechi Cymru (Ffigur 214).

Porthladdoedd yr Ymddiriedolaethau Harbwr – Caernarfon a Phorthmadog

Roedd y ddau borthladd a reolwyd gan ymddiriedolaethau porthladd yn wahanol i'r rhai a noddwyd gan ystadau gan fod yn rhaid iddynt gludo cynnyrch sawl chwarel, a phennwyd eu trefniadau yn unol â hynny. Er bod gan Gaernarfon hanes hir o fasnachu a llongau, roedd llawer o'r llechi o ardal Nantlle wedi'u cludo drwy fae bas y Foryd, bedwar cilometr i'r de-orllewin. Yn fuan, adeiladodd yr Ymddiriedolaeth Harbwr, a sefydlwyd yn 1793, lanfa wrth ymyl y castell; ac adeiladwyd 'Glanfa Newydd' yn ddiweddarach tua'r de, gyda'r gwaith hwnnw'n dechrau tua 1805 o bosibl.[76] Unwyd y ddwy yn ddiweddarach gan waith adeiladu a oedd hefyd yn cynnwys dwy lanfa breifat i fyny'r afon, y cafodd un ohonynt ei hadeiladu gan ystad Newborough tua 1826 ar gyfer llechi Glynrhonwy, a'r llall gan y Faenol.[77] Erbyn y 1830au, roedd y lle cyfan yn frith o finiau copr, plwm a glo, iardiau llongau a choed, odynau calch a ffowndrïau, y datblygodd un ohonynt erbyn 1853 yn

Ffigur 214. Golygfa o'r Felinheli, Mai 1946.

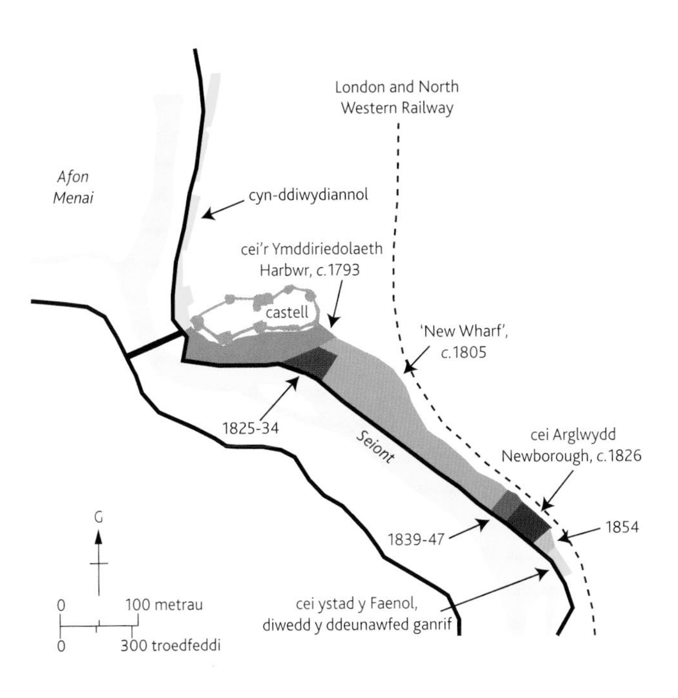

Ffigur 215. Map yn dangos datblygiad harbwr Caernarfon.

Ffigur 216. Ffotograff o'r cei yng Nghaernarfon yng nghanol y bedwaredd ganrif ar bymtheg, yn dangos trol llechi a wagen rheilffordd a oedd yn eiddo i un o chwareli Nantlle.

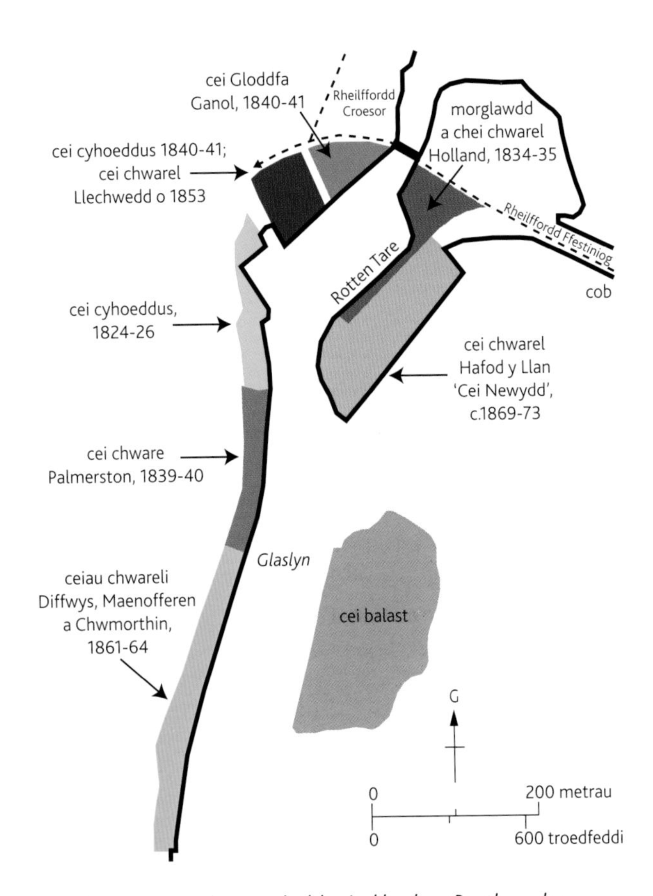

Ffigur 217. Map yn dangos datblygiad harbwr Porthmadog.

ffowndri De Winton, cwmni peirianyddol enwocaf Caernarfon, a phrif gyflenwr offer i'r chwareli llechi (Ffigur 215).[78] Roedd cysylltiad rheilffordd uniongyrchol rhwng y ceiau a chwareli Nantlle o 1828, a rhwng y ceiau a'r rhwydwaith rheilffordd cenedlaethol o'r 1860au (Ffigur 216).

Dim ond yn sgil gwaith adfer gan William Madocks ar y Traeth Mawr rhwng 1808 a 1811 y sefydlwyd Porthmadog, pan berodd y gwaith o adeiladu'r cob a'r gwaith o osod llifddor i afon Glaslyn sgwrio sianel ddŵr ddofn rhwng ardal greigiog Ynys Tywyn a Chanol y Clwt, y traeth ar osgo i'r gorllewin. Yn flaenorol, cildraeth naturiol Borth y Gêst, cilometr i'r de-orllewin, oedd canolbwynt masnach leol, a châi llechi i'w hallforio, fel y nodir uchod, eu trosglwyddo yn Ynys Cyngar. Adeiladwyd cei cyhoeddus yn 1824–26, gan greu harbwr prysur a gorlawn. Yn sgil dyfodiad Rheilffordd Ffestiniog yn 1836 roedd angen iardiau pentyrru a cheiau mwy o faint, a adeiladwyd gan ystad Tremadog ac a brydleswyd i'r chwareli. Hyd yn oed cyn i'r rheilffordd gael ei chwblhau, adeiladwyd cei a morglawdd o garreg ar gyfer Samuel Holland yn 1834-35, cyn i gei gael ei adeiladu ar gyfer chwarel Palmerston yn 1839–40, pan ddechreuodd ddefnyddio'r rheilffordd. Yna, adeiladwyd cei cyhoeddus arall (a gymerwyd drosodd gan J.W. Greaves ar gyfer chwarel Llechwedd yn 1853) a chei ar gyfer Gloddfa Ganol yn 1840–41.[79] Rhwng 1861 a 1864 adeiladwyd tri chei newydd ar gyfer Diffwys, Maenofferen a Chwmorthin ar hyd y draethlin tuag at Borth y Gêst, ac adeiladwyd South Snowdon Wharf ychydig flynyddoedd yn ddiweddarach (Ffigur 217).[80]

Mae'r ceiau eu hunain wedi'u hadeiladu'n bennaf o fflags Tremadog, wedi'u chwarela o'r clogwyni gerllaw, ac

Ffigur 218. Pentyrru llechi ar gei Greaves, Porthmadog, yn y 1890au.

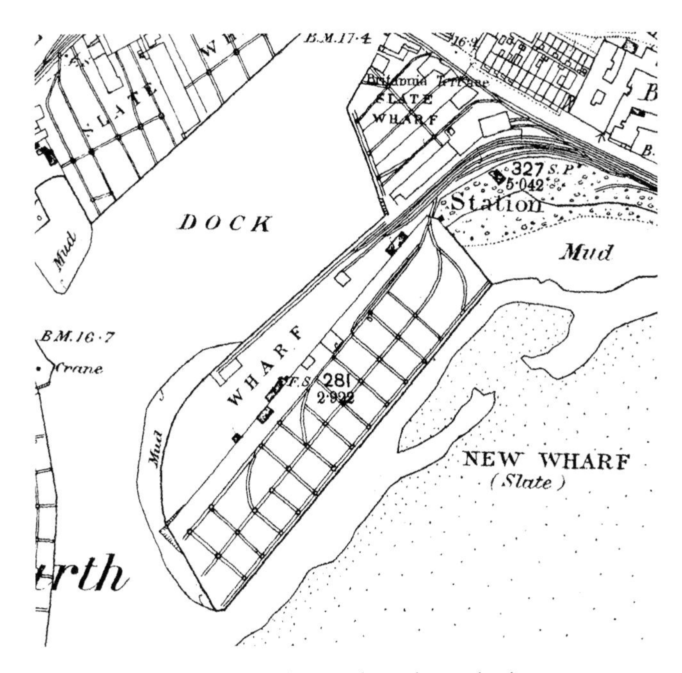

Ffigur 219. Mae'r map Arolwg Ordnans hwn o harbwr Porthmadog yn y 1890au yn dangos trefniant y traciau.

wedi'u hadeiladu weithiau ar frigiadau ymwthiol. Mae cylchoedd angori a chlustogau wedi goroesi, er bod arwyneb y rhan fwyaf o'r glanfeydd wedi'i orchuddio gan gerrig palmant, tarmacadam meysydd parcio neu fflatiau a adeiladwyd ar gei Holland a Chei Newydd yn 1968. Mae Amgueddfa'r Môr (SH 2570 3384) wedi'i lleoli mewn adeilad o wahanol gyfnodau a ffurfiodd ran o lanfa Gloddfa Ganol. Cwt llechi ydoedd yn rhannol, math o strwythur a oedd yn unigryw i Borthmadog, a gynlluniwyd i atal y llechi pyritig rhag rhydu (Ffigur 218). Yn ddiweddarach, gosodwyd y traciau mewn patrwm cris-croes o amgylch byrddau troi wagenni (Ffigur 219), er i reolwr allforio Oakeley lwyddo i greu lawnt a gosod dodrefn gardd yn y sgwariau a ddiffiniwyd gan y cledrau y tu allan i'w ddrws ffrynt.[81]

Mae harbwr Porthmadog wedi cadw'r ymdeimlad o brysurdeb, gyda chychod hwylio wedi'u hangori a locomotifau stêm Rheilffordd Ffestiniog a Rheilffordd Ucheldir Cymru yn cyrraedd ac yn ymadael â'r orsaf (Ffigur 220).

Ffigur 220. Llwytho llechi ar fwrdd llong ym Mhorthmadog.

Ffigur 221. Mae'r trydydd paentiad yng nghyfres Nicholas Pocock, Llanberis Lake from the foot of Cwm Glo *dyddiedig 1798 yn dangos cychod llechi Dinorwig yn cael eu rhwyfo i'r lan.*

Glanfeydd ar lannau llynnoedd ac afonydd

Ar eu lefel symlaf, nid oedd angen unrhyw nodweddion wedi'u peirianyddu ar gyfer llwytho neu ddadlwytho cychod rhwyfo bach yn y mannau a ddefnyddiwyd i lwytho llechi ar lannau afonydd a cheiau. Gallent gael eu pentyrru'n syml ar fannau gwastad ar lannau'r dŵr. Yn ôl y dystiolaeth o baentiadau, nid oedd cei newydd a'r man llwytho yng Nghwm y Glo, y ddau yn ardal Nantperis, yn fwy cymhleth na hyn (Ffigur 221).[82] Nid oes olion glanfa ar lan y Foryd, dim ond odyn galch a'i thŷ cysylltiedig.[83] Prin yw'r olion a welir o'r glanfeydd ar afon Dyfi.[84]

Lle y bu'n rhaid peirianyddu ceiau, caent eu hadeiladu fel arfer o garreg leol ar y lan bresennol. Y saith cei bach ar afon Dwyryd yw'r unig rai sydd wedi elwa o waith cofnodi archaeolegol manwl, sef Cemlyn, cei Parry, Pen Trwyn y Garnedd, Bryn Mawr, Tyddyn Isa, Gelli Grin a Chei Newydd. Cafodd pob un ohonynt eu hadeiladu rhwng 1812 a 1836. Maent yn llai o lawer nag unrhyw un o'r rhai eraill a ddisgrifiwyd eisoes, er eu bod, gyda'i gilydd, yn cwmpasu 1,052 metr o lannau afonydd ac ardal glanfa o 1.471 hectar. Cafodd pob un ohonynt eu hadeiladu er mwyn i droliau gael mynediad iddynt, ac ni chawsant erioed eu gwasanaethu gan reilffordd, er y gallai platffordd fer ac yna reilffordd ymyl fer fod wedi'u defnyddio yng Nghemlyn i symud llechi o'r iard bentyrru i'r cychod.

Yn 1830, dyluniodd William Provis gei yng Nghonwy er mwyn cludo llechi Nantconwy a mwyn plwm ar longau.[85] Adeiladwyd cei i fyny'r afon yn Nhrefriw yn 1811–12.[86] Dengys Ffigur 207 slŵp yn llwytho yma a'r trefniant nodweddiadol ar gyfer cei llechi bach o'r cyfnod hwn a wasanaethwyd gan ffordd, craen pren a slabiau - prif allbwn y chwareli lleol yn hytrach na llechi to – wedi'u pentyrru'n barod i'w llwytho. Roedd mannau eraill ar gyfer llwytho llechi ar afon Conwy yn llawer llai o faint – cei goed, a alwyd hefyd yn gei'r ynys, jeti pren bach nad oes unrhyw ran ohono i'w gweld uwchlaw'r dŵr mwyach, ond a wasanaethwyd gan reilffordd a adeiladwyd yn 1863–64 o chwareli llechi Cedryn a Chwm Eigiau, a dau gei carreg gyferbyn â'i gilydd yn Nhal y Cafn. Roedd y lleiaf ohonynt, ar y lan orllewinol, yn gwasanaethu Cedryn a Chwm Eigiau yn ystod eu dyddiau ceffyl a throl, a'r llall yn gwasanaethu chwarel Cwm Machno. Yn y de-orllewin, gweithredai cwmni Fforest lanfa ar gyfer cychod dadlwytho ar afon Teifi yn SN 1900 4509, a chludai chwarel Glogue lechi o lanfa yn Blackpool ar ben llanw afon Cleddau Dwyreiniol yn SN 0600 1449 (Ffigur 222).[87]

Ffigur 222. Mae glanfa Blackpool ar afon Cleddau yn Sir Benfro wedi'i lleoli y tu hwnt i'r bont a'r felin ŷd.

Ceiau cwmnïau rheilffordd – Deganwy ac Aberdyfi

Adeiladwyd dau gei llechi gan gwmnïau rheilffordd prif linell. Adeiladwyd Deganwy, yn aber afon Conwy, yn 1882 gan y London and North Western i alluogi'r cwmni i gludo llechi Ffestiniog ar longau. Fe'i hadeiladwyd gan ddefnyddio gwastraff yn sgil agor twnnel Belmont ym Mangor, fe'i gorchuddiwyd â charreg, gyda deciau pren a jetis, ac roedd yn cynnwys trac 0.6 metr o led ar gyfer wagenni ar ben cludwyr lled safonol. Mae'n dal i fodoli a chaiff ei ddefnyddio i angori cychod hwylio ac fel safle gwesty.[88]

Y llall oedd Aberdyfi, a wasanaethwyd gan reilffordd o'r 1860au, a gysylltwyd ag iardiau cyfnewid â rheilffyrdd cul yn Nhywyn a Machynlleth. Adeiladodd y Cambrian Railways lanfa a jeti yma yn 1885, gydag iardiau glo, llociau gwartheg, warysau, stabl, swyddfa, tollty a swyddfa harbwrfeistr. Defnyddiwyd byrddau troi wagenni lein, ynghyd â cherbydau cludo. Dengys ffotograffau a gymerwyd yn y 1880au gledrau pen tarw ar gadeiriau a osodwyd â sgriwiau ar drawstiau bras hydredol, a chraen boeler fertigol, efallai i lwytho slabiau, yn rhedeg ar gledrau lled safonol (Ffigur 223).[89]

Trafnidiaeth reilffordd

Parhawyd i symud llechi ar y rheilffordd yng Nghymru i ryw raddau rhwng 1800 a 1976, a chwmpaswyd amrywiaeth eang o systemau rheilffordd a grym symudol. Bu datblygiad cyson yn y rheilffyrdd hyn, yn enwedig y defnydd cyffredin o reilffyrdd 0.6 metr (2 droedfedd), ond cafwyd amrywiad sylweddol hefyd, ac er bod llawer iawn o astudiaethau wedi'u cyhoeddi, ni wnaed llawer o ymgais i'w gosod o fewn cyd-destun cyffredinol archaeoleg rheilffyrdd (pennod 8).

Rheilffyrdd cynnar – 1800–48

Mae'r systemau rheilffordd cyntaf a gysylltai chwareli llechi yng Nghymru â dŵr mordwyol yn perthyn, fel y systemau mewnol yr oeddent yn ymdebygu iddynt, i'r math o reilffordd 'hybrid' – cledrau haearn ac olwynion cantelog. Mae'r cyfnod hwn yn cychwyn gyda'r gwaith o adeiladu rheilffordd y Penrhyn yn 1800–01, a ddefnyddiodd yr un cledrau hirgrwn haearn bwrw ag a osodwyd yn y chwarel (pennod 8). Gan fod yr olwynion yn rhai ewinedd dwbl, roedd eu rhych yn dueddol o dreulio yn y fath fodd fel y byddai'n cloi ar ben y gledren, ac felly rhwng 1811 a 1816 cyflwynwyd cledrau wyneb gwastad. Roedd y cledrau hefyd yn anarferol am fod ganddynt draed cynffonnog, i ddechrau ar gyfer eu rhicio i mewn i sliperi pren ac ar ôl tua 1807 i silffoedd haearn bwrw, a oedd yn ddatblygiad arloesol o ran arferion platffyrdd. Defnyddiwyd y rhain hefyd ar reilffordd Dinorwig o 1824–25, er bod eu cynllun, erbyn hynny, ar fin darfod.[90] O'r ddwy system hyn, mae mwy o system y

Ffigur 223. Aberdyfi yn y 1880au. O'r fan hon y câi llechi o Fryneglwys a Nantdulas eu hallforio, ond roedd i'r lanfa ddibenion eraill hefyd. Yma gwelir pren yn cael ei ddadlwytho.

Penrhyn wedi goroesi, gan gynnwys llawer o'r cwrs, tŷ gwas ar yr inclên yn SH 6083 6859, traphont fwaog dros afon Cegin yn SH 59263 72388, a thy drym codi anhygoel ar gopa inclên Marchogion (Ffigur 224 – SH 59306 71921), sydd wedi'i ddefnyddio ers peth amser fel annedd. Fel y nodir ym mhennod 8, mae'n bosibl mai dyma'r adeilad cynharaf o'i fath sydd wedi goroesi, a gynlluniwyd ar gyfer gweithrediad gwrthbwyso ac ar gyfer cludo cynnyrch i fyny drwy gyfrwng chwimsi ceffyl. Mae'r adeilad yn adleisio bythynnod addurniadol ceidwad loc y dechreuwyd eu defnyddio ar y system gamlas a'r pyrth mawreddog wrth y fynedfa i ystad.[91] Mae rhywfaint o gwrs a seilwaith rheilffordd Dinorwig, a arolygwyd gan Robert Williams o Fangor ac a adeiladwyd rhwng 1823 a 1825, wedi goroesi.[92] Lle'r oedd yn rhedeg ar hyd ffordd lechi Assheton Smith, mae ei llwybr trac bellach yn rhan o ffordd letach. Mae'r ddau inclên yng Nghraig Lwyd i'w gweld yn amlwg, er bod y depo ar droed yr incleiniau, a oroesodd ar ei ffurf wreiddiol fwy neu lai tan y 1990au, ynghyd â chafn ceffyl, wedi'i ymgorffori mewn annedd fodern. Defnyddiai'r ddwy

Ffigur 224. Tŷ drym Marchogion ar reilffordd y Penrhyn. Rhedai'r trac rhwng y ddau dalcen, a disgynnai'r inclên y tu ôl i'r ffotograffydd.

reilffordd wagenni fflat pren syml i gludo slabiau a wagenni ag ochrau rhwyllog ar gyfer llechi to. Defnyddiwyd y rhain bron yn ddieithriad ar reilffyrdd llechi maes o law.

Y prif fath o dechnoleg reilffordd yn y Deyrnas Unedig rhwng y 1790au a'r 1820au oedd y blatffordd – cledrau toriad L, o haearn bwrw fel arfer, ar gyfer olwynion heb esgyll – er hynny, chwareli llechi Cymru oedd un o'r ychydig ardaloedd ym Mhrydain, ynghyd â'r pyllau glo yng ngogledd-ddwyrain Lloegr, lle na chawsant eu mabwysiadu'n helaeth. Fel y gwelsom (pennod 8), gosodwyd rhai mewn chwareli, ond yr agosaf y daeth y diwydiant i gael platffordd o unrhyw hyd oedd Rheilffordd Nantlle. Dadlwythwyd cledrau plât yng Nghaernarfon, cyn i George a Robert Stephenson (brawd George ac ewythr yr enwog Robert) gael eu galw i roi cyngor. Yn eu barn hwy, roedd angen defnyddio cledrau bariau boliog haearn gyr ar flociau carreg, y dechnoleg yr oeddent yn ei ffafrio ar y Stockton and Darlington Railway ar yr union adeg honno, er na wnaethant lwyddo i berswadio pwyllgor rheoli Nantlle i fabwysiadu rhai lletach. Mae'n bosibl bod rheilffordd 1.067 metr (3 troedfedd 6 modfedd) Nantlle yn adlewyrchu ei chysyniadaeth wreiddiol fel platffordd. Cafodd y gwaith o'i dylunio a'i hadeiladu rhwng 1824 a 1828 fudd o bresenoldeb lleol peirianwyr a chontractwyr a oedd yn gweithio ar lôn bost Telford.[93] Roedd angen gwaith peirianyddol sylweddol mewn nifer o fannau – fel y bont un bwa ym Montnewydd (SH 4800 5994) – a chafodd y gwaith i gyd ei gyflawni gan lafur lleol. Mae llawer ohono wedi goroesi.

Y rheilffordd nesaf a adeiladwyd, sef Ffestiniog, oedd yr hiraf o bell ffordd; roedd yn 21.6 cilometr o hyd ac fe'i chychwynnwyd yn 1832, flwyddyn ar ôl codi'r Dreth Lechi. Hyd at y fan lle mae'n ymuno â'r Cob (yr arglawdd dros aber afon Glaslyn sy'n ei chludo ar ran olaf y daith i'r harbwr ym Mhorthmadog), caiff ei pheirianyddu ar raddiant sefydlog bron o tua 1 mewn 80 ar i lawr o derfynfa'r chwarel. Ymddengys fod hyn yn fwriadol, er mwyn caniatáu i r'yns llwythog weithredu drwy rym disgyrchiant, gan fod y cromliniau hyd heddiw ar raddiant ychydig yn fwy serth.[94] Yn sicr, gweithredwyd pob un o drenau llechi Ffestiniog a gludai lechi i lawr yn y modd hwn o'r adeg y'i hagorwyd yn 1836 tan 1940 (Ffigur 225). Er i lawer o reilffyrdd mwynau eraill redeg trenau drwy rym disgyrchiant, roedd Rheilffordd Ffestiniog yn unigryw gan fod y 'r'yns' hyn yn cael eu rhedeg ar amserlen dynn ar yr hyn a oedd hefyd yn reilffordd gyhoeddus, a gan y gallent gynnwys cant o wagenni neu fwy. O ran ei thrac gwreiddiol – cledrau bariau boliog haearn gyr ar flociau cerrig – roedd Rheilffordd Ffestiniog yr un fath yn union â Rheilffordd Nantlle, ond roedd lled y cledrau yn ymdebygu i hen reilffyrdd 0.6 metr (2 droedfedd) y Penrhyn a Dinorwig a'r ffyrdd haearn (pennod 8). Er bod ei

Ffigur 225. Mae Rheilffordd Ffestiniog yn arddangos r'yns disgyrchiant yn rheolaidd, ynghyd â'i stoc o wagenni llechi.

pheirianneg yn fwy uchelgeisiol nag a welwyd erioed o'r blaen yng Ngwynedd, nid oedd ei harchaeoleg yn wahanol iawn i'w rhagflaenwyr – aliniad cyflinellol a throellog rhwng waliau terfyn o gerrig, wedi'i gludo mewn mannau dros ddyffrynnoedd llednentydd ar argloddiau o gerrig, y mae un ohonynt, sef cei mawr, yn 18 metr o uchder.

Wrth i'r economi wanhau yn y 1840au, dim ond meistri llechi mawr Arfon a allai wella eu rheilffyrdd. Ailosodwyd rheilffordd y Penrhyn gan ddefnyddio cledrau â gwaelodion gwastad, un o'r enghreifftiau cyntaf o'u defnyddio yn y Deyrnas Unedig, yn 1849. Disodlwyd rheilffordd Dinorwig gan Reilffordd Chwarel Dinorwig, system 1.219 metr (4 troedfedd) ar aliniad wahanol, yn 1843, ac mae'r depo stabl nodedig wedi goroesi yn SH 5361 6428. Cyflwynodd y diwydiant llechi i system benodol o gludo wagenni chwarel mewnol ar gledrau lletach, cysyniad y gall ei pheiriannydd, Charles Easton Spooner o Reilffordd Ffestiniog, fod wedi'i arsylwi ar y Bargoed coal road yn y de tua 1840 tra'n bwrw ei brentisiaeth ag I.K. Brunel ar Reilffordd Cwm Taf.[95] Defnyddiwyd ceffylau i wneud y gwaith tynnu ar Reilffordd Chwarel Dinorwig i ddechrau, ac mae'n debygol, o ystyried pwysau gweili wagen gludo a phedair wagen, mai dim ond un ohonynt y byddai ceffyl yn gallu ei dynnu. Yn ystod ei blynyddoedd cyntaf, gallai fod wedi ymdebygu i reilffordd wagenni glo yn Newcastle, heb unrhyw drenau cypledig fel y cyfryw ond yn hytrach wagenni unigol, y câi pob un ei thynnu gan un ceffyl. Mae wagen gludo, ynghyd â thair wagen lechi 0.6 metr (2 droedfedd) a fan brecio o'r un lled, wedi'u cadw yn Amgueddfa Rheilffyrdd Bach Cul Tywyn.

Defnyddiai Rheilffordd Chwarel Dinorwig ffurfiau eraill ar rym symudol hefyd, gan gynnwys 'ceir gwyllt'. Byddai'r chwarelwyr yn gwneud eu rhai eu hunain; defnyddiwyd dwy set o handlenni a gêrs i weithredu rhai ohonynt (ceir troi) yn ogystal â cheir cicio. Mae enghraifft o'r cyntaf wedi'i chadw yn Amgueddfa Lechi Cymru a gwelir enghraifft o'r ail yn yr Amgueddfa Rheilffordd Ddiwydiannol yng Nghastell Penrhyn. Mae'r amgueddfa hefyd yn gartref i locomotif stêm rhyfeddol Rheilffordd Chwarel Dinorwig dyddiedig 1848, *Fire Queen*, sef injan dendar 0-4-0 heb fframiau, â chryn dipyn o bellter rhwng yr echelydd, a adeiladwyd fel injan dracsiwn ffordd, o amgylch baril y boeler. Un nodwedd anarferol arall yw'r ffaith bod gêr y falf yn cael ei weithredu gan yr echel flaen, er bod y silindrau yn gyrru ymlaen i'r echel gefn. Y gwneuthurwyr oedd Horlock and Company, un o'r nifer o gwmnïau peirianyddol bach ar hyd rhannau isaf afon Tafwys, a all fod wedi'i ddwyn i sylw Assheton Smith drwy gysylltiadau hela.[96] Mae'r dyluniad yn adleisio, mewn sawl ffordd, batentau ac arferion Thomas Crampton,[97] ond mae hefyd yn ymgorffori rhai nodweddion newydd fel y defnydd o wrthdrôwr sgriwiau. Roedd *Fire Queen* yn weithredol tan 1886, bedair blynedd ar ôl i'w chwaer *Jenny Lind* gael ei sgrapio, a chafodd ei gadw mewn amgueddfa fach yn chwarel Dinorwig tan 1969, pan gafodd ei symud i Gastell Penrhyn i'w arddangos (Ffigur 226). Disodlwyd y ddau gan danciau ochr 0-6-0 confensiynol Hunslet a oedd yn seiliedig ar ddyluniad lled safonol.

Ffigur 226. Caiff locomotif anhygoel Dinorwig dyddiedig 1848, Fire Queen*, ei gadw yn Amgueddfa Rheilffordd Ddiwydiannol Castell Penrhyn, dan ofal yr Ymddiriedolaeth Genedlaethol.*

Rheilffyrdd cul – 1851–1931

Y rheilffordd stêm gyhoeddus 0.6 metr (2 droedfedd), a ddatblygodd o reilffyrdd chwareli cynnar, oedd cyfraniad pwysicaf y diwydiant llechi yng Nghymru at ddatblygiadau technolegol rhyngwladol. Wedi'i datblygu gan beirianwyr a chyfarwyddwyr Rheilffordd Ffestiniog, ffurfiodd system dracsiwn hynod wydn a oedd yn addas ar gyfer tir garw a gwledydd datblygol, a efelychwyd ledled y byd. Gwelwyd yr addasiad enwocaf ohoni ar gyfer gwastad Bengal a mynyddoedd Sikkim yn India Brydeinig, ar ffurf y Darjeeling Himalayan Railway, sydd bellach yn safle Treftadaeth y Byd, ond mae'n rhan o'r dechnoleg Brydeinig – ac i ryw raddau, y dechnoleg Gymreig – a ddefnyddiwyd ledled y byd.[98]

Serch hynny, dechreuodd ail gam y gwaith o adeiladu'r rheilffordd ar raddfa fach a dinod ac, yn ystod y cyfnod hwn, adeiladwyd rhai rheilffyrdd yr oedd arnynt, o ran eu cysyniadaeth, lawer mwy i gyfnod y rheilffyrdd, os nad i gyfnodau cynharach fyth. Roedd y cyntaf o'r ddwy system 'ail genhedlaeth' yn system dwy filltir yn ne-orllewin Cymru a oedd yn cysylltu chwarel Abereiddi â'r harbwr ym Mhorth-gain, a adeiladwyd yn 1851.[99] Tybiwyd yn gyffredinol mai rheilffordd 0.914 metr (3 troedfedd) oedd hon; roedd hyn yn bendant yn wir am y systemau chwareli carreg diweddarach ym Mhorth-gain. Felly hefyd y ddwy reilffordd nesaf a adeiladwyd ar gyfer y diwydiant llechi. Roedd y rhain yng Ngorsedda, a gysylltai un o chwareli Glaslyn gyda'i melin drawiadol yn Ynys y Pandy a chyda'r môr ym Mhorthmadog, lle'r oedd ei thraciau yn cydblethu â rhai Rheilffordd Ffestiniog, ac ym Moel y Faen, a gysylltai'r chwareli ym Mwlch yr Oernant â Chamlas Llangollen ym Mhentrefelin. Daeth y ddwy'n weithredol yn 1857, a chynlluniwyd y naill a'r llall i gario nifer sylweddol o slabiau – sy'n esbonio'r trac lletach.[100] Fodd bynnag, defnyddiodd Tramffordd Corris, Machynlleth ac Afon Dyfi, a oedd hefyd yn cludo llawer o slabiau, led sefydledig ffyrdd haearn y

Ffigur 227. Melin slabiau Deeside, canol, gyda wagenni llwythog wedi'u dal â brêc ar y rhan serth o drac pren o'r chwareli.

chwareli sef 0.686 metr (2 droedfedd 3 modfedd), ac fe'i hagorwyd ddwy flynedd yn ddiweddarach.[101]

Adeiladwyd y tair olaf hyn yn union ar ôl cyflwyno Deddf Atebolrwydd Cyfyngedig 1856 ac adeiladwyd y rhai dilynol ar ôl cyflwyno'r mesur cydgrynhoi yn 1862.[102] Y rhain oedd rheilffyrdd Moel Siabod, Croesor a Rhiwbach (pob un yn 1863), Cedryn (1864), Hendre Ddu (tua 1867) a Phennal (1868) a sawl cangen fyrrach a wasanaethai Reilffordd Ffestiniog, yn ogystal â'r rheilffyrdd cul a adeiladwyd, neu a addaswyd, ar gyfer tyniant stêm, fel y trafodir isod. Rheilffordd Pennal, a oedd yn 2.4 cilometr o hyd, oedd y rheilffordd chwarel llechi olaf i roi mynediad i ddŵr llanw.[103] O 1871, cysylltwyd chwarel Deeside yn nyffryn Dyfrdwy â'i melin gan gledrau pren wedi'u gorchuddio â dalennau haearn (Ffigur 227).[104] Ychydig dros y bryn i'r de, cysylltwyd Chwareli Glyn Ceiriog â Chamlas Llangollen yn 1873 gan reilffordd a oedd yn atgof o'r 1820au – nawdd gan gwmni camlas, y defnydd o geffylau a disgyrchiant i weithio, ffurfiant a rannwyd â ffordd dyrpeg, a gwasanaeth i deithwyr a oedd yn seiliedig ar dafarndai lleol, gyda gyrrwr a oedd yn canu corn. Roedd gan reilffyrdd cul y genhedlaeth hon a dynnwyd gan geffylau lawer yn gyffredin â'r rheini a adeiladwyd o 1801 ymlaen hefyd o ran y defnydd o argloddiau o gerrig, pontydd bwaog neu bomprennau, ac incleiniau, a oedd yn aml yn nodweddion trawiadol yn y dirwedd yn eu rhinwedd eu hunain. Y ddwy fwyaf trawiadol, y peiriannwyd y naill a'r llall gan Charles Easton Spooner yn 1864–65, yw'r rhai a wasanaethai Rhosydd yn nyffryn Croesor a Wrysgan yn Ffestiniog, a adeiladwyd ar ran gadwynog – cafodd rhaff ei hongian ar y naill ben a'r llall i'r tro er mwyn sicrhau bod y pwysau lleiaf posibl ar y rholeri (Ffigur 228). Mae gan inclên Rhosydd raddiant o fwy na 45% ar y copa.[105]

Y datblygiad mwyaf arwyddocaol yn ystod y cyfnod hwn oedd addasu systemau cenhedlaeth gyntaf ar gyfer tyniant stêm ac adeiladu rheilffyrdd stêm cul cwbl newydd. Mae'r syniad y gallai rheilffordd locomotif gul weithredu yn yr un modd fwy neu lai â llinell eilaidd lled safonol, ond ar raddfa lai, yn cael ei dderbyn i'r fath raddau nawr fel ei bod yn anodd gwerthfawrogi pa mor bwysig oedd hyn yn y 1860au a'r 1870au. Roedd y rheilffyrdd a gludai lechi yng Nghymru yn hanfodol i'r datblygiad hwn, gan adlewyrchu diddordeb rhyngwladol mewn systemau rheilffordd rhad ond cost-effeithiol ar gyfer ardaloedd llai poblog yn y cyfnod ar ôl y rhyfel cartref yn America a rhyfeloedd Bismarck ar gyfandir Ewrop, yn ogystal ag yng nghyd-destun ehangu'r

Ffigur 228. Mae inclên Wrysgan yn cysylltu'r chwarel â Rheilffordd Ffestiniog; mae'n pasio drwy dwnnel ar ei rannau uchaf.

ymerodraeth Brydeinig a goruchafiaeth moderneiddwyr yn St Petersburg. Roedd rheilffyrdd 1.067 metr (3 troedfedd 6 modfedd) Carl Pihl yn Norwy, ei wlad frodorol, yr oedd y cyntaf ohonynt yn weithredol yn 1861, yn addasiad o reilffordd lled safonol Brydeinig a fodolai eisoes (1.435 metr, 4 troedfedd 8½ modfedd); yn fuan, roedd systemau tebyg ar waith yn yr Ymerodraeth Brydeinig ac, wedi'u haddasu'n briodol, yn UDA a Japan. Yn y 1860au, dechreuodd Charles Easton Spooner drawsnewid y Ffestiniog yn rheilffordd gyhoeddus gyflawn a weithiwyd gan locomotifau, gan ddangos y gallai'r egwyddor weithio ar reilffordd gulach fyth. Seliwyd y cyflawniad anhygoel hwn yn ystod wythnos oer iawn, 11-19 Chwefror 1870, pan ymwelodd cynrychiolwyr o reilffyrdd Rwsia, Sweden, Ffrainc, Prwsia, y Frenhiniaeth Ddeuol, Swyddfa India ac UDA, yn ogystal â sawl un o reilffyrdd mwyaf Prydain, â Rheilffordd Ffestiniog i weld drostynt hwy eu hunain berfformiad ei hinjan ddwbl gymalog 0-4-0 + 0-4-0, *Little Wonder*.[106] Ni lwyddodd ymdrechion Spooner yn y ffordd a ragwelodd; daeth i ffafrio rheilffordd letach ond llai na'r lled safonol o hyd, gan ddadlau'n gyntaf o blaid un 0.762 metr (2 droedfedd 6 modfedd) ac yna un 9.144 metr (3 troedfedd), ond ar ôl cryn dipyn o ddiddordeb cychwynnol, bwriwyd amheuon ar ei ddadleuon ac, ers hynny, mae haneswyr academaidd wedi tueddu i ochri â'r peirianwyr a drodd eu cefnau ar y rheilffordd gul. Fodd bynnag, nododd y ddadl yn glir bod amgylchiadau pan mai lled y rheilffordd chwarel Gymreig oedd yn briodol. Roedd i'r cyfryw reilffyrdd ddwy fantais. Roeddent yn rhad i'w hadeiladu ac yn cynnig cymhareb llwyth i bwysau ffafriol pan fyddai'n rhaid cludo nwyddau trwm fel mwynau cywasgedig. Er mai ychydig iawn o reilffyrdd cyhoeddus 0.6 metr a adeiladwyd ym Mhrydain neu UDA, gosodwyd systemau helaeth yn Ffrainc, Hwngari, Pomerania, Undeb De Affrica a De-orllewin Affrica o dan reolaeth yr Almaenwyr, Venezuela, Gini Newydd, Congo o dan reolaeth Gwlad Belg, India ac, yn anad dim, ym Moroco.[107] Honnodd y peiriannydd Ffrengig Paul Decauville (1846–1922) fod Rheilffordd Ffestiniog wedi'i ysbrydoli i ddatblygu system reilffordd gludadwy ei gwmni, trac parod a hoeliwyd i sliperi haearn, mewn ffordd fwy dychmygus; gwnaeth ei waith ef, yn ei dro, ddylanwadu ar Orenstein a Koppel yn Berlin a Robert Hudson Ltd yn Leeds. O ganlyniad, daeth y rheilffordd 0.6 metr i gael ei hadnabod fel y rheilffordd gul fwyaf cyffredin ar gyfer rheilffyrdd diwydiannol yn fyd-eang, mewn cloddfeydd, chwareli, ffatrïoedd, gweithfeydd nwy, gwersylloedd carchar, ffermydd, gwaith contractio, hyd yn oed gloddfeydd archaeolegol, a chafodd ei defnyddio'n helaeth mewn systemau milwrol yn ystod y Rhyfel Byd Cyntaf.[108] Er hynny, dim ond un cludwr cyffredin cul a adeiladwyd erioed yn benodol i wasanaethu chwarel lechi y tu allan i Gymru, a hynny yn UDA. Rheilffordd Monson oedd hon, un o'r 'Maine two-footers'.[109] Cludodd rheilffordd Réseau Bréton, a oedd yn fetr o led, lechi o'r chwareli o amgylch Maël-Carhaix.[110]

Ymhlith y rheilffyrdd eraill a gludai lechi a gyflwynodd y newid i raddau mwy neu lai roedd Gorsedda (yn 1875), Corris (o 1878 i 1887), a Thram Glyn Ceiriog (o 1887 i 1889, gan ddod yn un o'r ychydig reilffyrdd stêm ym Mhrydain a redai wrth ymyl y ffordd).[111] Mae llaw Spooner, neu un o'i berthnasau agos, yn amlwg yn y pedair rheilffordd newydd a welwyd yn ystod y cyfnod hwn. Rheilffordd Talyllyn o 1866 a Rheilffordd Ffestiniog a Blaenau o 1868 oedd y rheilffyrdd cyntaf a gludai lechi a gynlluniwyd i dynnu locomotifau a chludo teithwyr o'r cychwyn, a nhw oedd y rheilffyrdd cyntaf hefyd i wasanaethu rheilffyrdd eraill yn hytrach na phorthladd. Cafodd y North Wales Narrow Gauge Railway eu hadeiladu'n raddol o 1873 i gysylltu chwareli Moel Tryfan a Chwm Gwyrfai â'r rheilffordd lled safonol yng Nghyffordd Dinas, ger Caernarfon (Ffigur 229), a chafodd rheilffordd y Penrhyn o 1801 ei disodli gan linell newydd, Rheilffordd Chwarel y Penrhyn, rhwng 1874 a 1879. Er nad oedd yn cynnig gwasanaeth cyhoeddus i deithwyr, cludai chwarelwyr mewn cerbydau pedair olwyn syml. Cyflwynodd Rheilffordd Chwarel Dinorwig drên i'r gweithwyr yn 1895, gan adeiladu siediau hir ar gyfer y cerbydau mewn sawl man ar hyd y llwybr. Roedd rheilffyrdd eraill yn cludo teithwyr mewn cerbydau addurniadol a ymdebygai i deganau ac, at ei gilydd, roedd (ac mae) teimlad eithaf 'bijou' yn perthyn i'r systemau hyn, gyda'u gorsafoedd bach a'u signals mawr.

Yn wahanol i ffyrdd mewnol haearn, roedd amrywiaeth sylweddol o ran dyluniad ac adeiladwyr locomotifau, gyda gwahanol wneuthurwyr – Hunslet, George England, De

Ffigur 229. Trên prynhawn cymysg yn gwneud ei ffordd ar hyd y North Wales Narrow Gauge Railway, wedi'i dynnu gan un o'i locomotifau Fairlie a wnaed gan ffowndri Vulcan.

Winton, Beyer Peacock, Fletcher Jennings, Ffowndri Vulcan, Manning Wardle a Falcon – oll yn cael eu cynrychioli. Gwnaeth Rheilffordd Ffestiniog yn fawr o'r ffaith ei bod wedi cyflwyno patent Fairlie, *Little Wonder* yn 1869, yn ogystal â cherbydau bogi dair blynedd yn ddiweddarach.[112] Roedd y North Wales Narrow Gauge Railway o dan rwymedigaeth gytundebol i ddefnyddio locomotifau cymalog Fairlie yn unig, a rhedai am y rhan fwyaf o'i hoes gydag amrywiaeth o locomotifau 0-6-4, yn tynnu cerbydau pedair olwyn amrywiol, cerbydau chwe olwyn cymalog Clemison a cherbydau bogi. Rhedai rheilffyrdd Talyllyn, Ffestiniog a Blaenau, Corris a Glyn Ceiriog locomotifau tanc 0-4-2. Fel arall, locomotifau 0-4-0 oedd y dewis rym symudol. Ar ôl 1918, cyrhaeddodd locomotifau gan Alco o Paterson, New Jersey a Baldwin o Philadelphia, a arferai berthyn i'r Adran Ryfel a Byddin yr Unol Daleithiau, ar rai systemau a wylltiodd griwiau a pheirianwyr na allent ymgyfarwyddo â'u ffyrdd Americanaidd (gweler Ffigur 241).

Yn rhyfeddol, dim ond rhwng y ddau ryfel byd y cafodd y rheilffyrdd cul olaf i gludo llechi eu cwblhau. Yn eu plith roedd y system hiraf a ddisgrifir yma – yn wir, y rheilffordd gul hiraf ym Mhrydain – 41 cilometr o hyd, ac o bosibl y byrraf – 500 metr. Y gyntaf ohonynt oedd Rheilffordd Ucheldir Cymru, adfywiad ac estyniad o'r North Wales Narrow Gauge Railway yn 1923 er mwyn cysylltu â Rheilffordd Ffestiniog ym Mhorthmadog, gan wneud defnydd o reilffordd Croesor ar gyfer rhan o'r daith. Mae'r rhagymadrodd i hanes Rheilffordd Ucheldir Cymru yn gymhleth ofnadwy, ac mae'n cynnwys cynllun o 1901–06 i adeiladu rheilffordd o Borthmadog i Feddgelert a Nant Gwynant ar system drydan tri cham Ganz (pennod 5). O ran ei harchaeoleg, mae'n dangos y ffyrdd y mae technoleg rheilffordd gul wedi esblygu ers y 1860au – er enghraifft, bu'n rhaid gadael y rhannau serth ger Beddgelert unwaith y cafodd tracsiwn trydan ei ddiystyru ac, yn ei le, greu llwybr hirach a mwy dolennog ar gyfer locomotifau stêm. Gwnaed defnydd helaeth o goncrid a haearn gwrymiog fel deunyddiau adeiladu, y mae rhywfaint ohonynt wedi goroesi neu wedi'u hail-greu fel rhan o'r broses adfer. Cafodd y rheilffordd, a gwblhawyd ar fyrder ac yn rhad gan Syr Robert McAlpine and Sons rhwng 1922 a 1923, ei hailadeiladu i'r safonau uchaf rhwng 1997 a 2010 fel rheilffordd dreftadaeth o dan nawdd cwmni Ffestiniog, ac mae bellach yn darparu llwybr drwodd o Gaernarfon i Ffestiniog.[113]

Ni chafodd yr ail reilffordd ei gosod tan mor hwyr â 1931 – rheilffordd hen ffasiwn o ran y ffaith ei bod 0.6 metr o led ac yn defnyddio inclên balans, ac un datblygedig o ran y ffaith mai hi oedd yr unig un a adeiladwyd ar gyfer locomotifau tanio mewnol, Baguley i gychwyn ond yna Ruston Hornsby newydd o 1935. Rhedai o felin Glan y Don

Ffigur 230. Locomotif Ruston Hornsby 174139, a oedd newydd gael ei brynu gan chwarel Oakeley, yn cludo llechi i lawr i'r iard LMS ym Mlaenau Ffestiniog ar 6 Mawrth 1935. Yn y cefndir mae hen locomotif Palmerston *Rheilffordd Ffestiniog, oedd yn 71 oed eisoes, yn dangos y cyferbyniad rhwng grymoedd symudol yn y llun cyhoeddusrwydd hwn.*

yn Oakeley yn Ffestiniog i iard y London Midland and Scottish Railway, gan olygu y gallai'r chwarel wneud llai o ddefnydd o Reilffordd Ffestiniog (Ffigur 230).[114]

Rheilffyrdd lled safonol – 1851–1965

Yn fuan ar ôl i'r rheilffordd gul a wasanaethai Abereiddi agor yn 1851, daeth y rheilffordd lled safonol gyntaf, ar gyfer cludo llechi'n benodol, i fodolaeth – cangen serth o Reilffordd Chester and Holyhead a oedd newydd agor ger Bangor, i Borth Penrhyn. Cafodd ei hadeiladu heb Ddeddf Seneddol yn gyfan gwbl ar ystad y Penrhyn, er iddi gael ei gweithredu gan gwmni prif linell. Cafodd ei dilyn yn 1856 gan gangen i'r Felinheli, wedi'i hadeiladu yn yr un modd drwy gytundeb ag ystad y Faenol.[115]

Roedd y gwaith a wnaed i adeiladu'r rhain yn adlewyrchu ymdreiddiad y rhwydwaith rheilffordd cenedlaethol i mewn i'r rhanbarth. Yn ystod blynyddoedd ffyniannus y degawd canlynol, roedd mynediad i draffig llechi yn gymhelliad pwerus i hyrwyddwyr y rheilffyrdd yng ngogledd-orllewin Cymru, er ei bod yn well ganddynt addasu rheilffyrdd cul a fodolai eisoes, neu adeiladu rhai newydd i'w bwydo, a cheisio atal traffig rheilffordd a wnâi deithiau byr i ddŵr mordwyol.[116] O blith y llu o gynlluniau rheilffyrdd lled safonol a hyrwyddwyd yn y 1860au, roedd y rheini y bwriadwyd iddynt fod yn gludwyr cyffredin yn fwy tebygol o gael au hadeiladu na'r rheini a fyddai wedi cludo llechi a fawr ddim arall. Dim ond mewn pum chwarel lechi yng Nghymru y cafwyd mynediad uniongyrchol i'r iard bentyrru drwy gyfrwng rheilffordd lled safonol – Glynrhonwy Isaf yn Nantperis, Coed Madog yn Nantlle, Minllyn ger Dinas Mawddwy, Rosebush yn ne-orllewin Cymru, a Phenarth a Phentrefelin yn nyffryn Dyfrdwy. Cyrhaeddai rheilffyrdd lled safonol rai melinau llechi annibynnol hefyd – er enghraifft melin Seiont ger Caernarfon a melin Inigo Jones ger

Groeslon. Yn Nantperis, câi'r plygiau eu cludo i felin Crawia-Pont Rhyddallt ar Reilffordd Dinorwig a gadawai'r cynnyrch gorffenedig ar gangen y London and North Western Railway i Gaernarfon. Roedd y mwyafrif o'r llechi a gludwyd ar reilffyrdd lled safonol yng Ngwynedd wedi gwneud rhan gyntaf eu taith o leiaf ar reilffordd gul.

Am y rheswm hwn, roedd iardiau cyfnewid rhwng rheilffyrdd lled safonol a rheilffyrdd cul yn gyffredin ac mae rhai ohonynt wedi goroesi i ryw raddau. Fel arfer, roedd pob un heblaw am y symlaf yn defnyddio cilffyrdd dwy lefel, gyda wagenni rheilffordd gul yn rhedeg ar gei adeiledig, fel bod lefelau'r llawr yn cael eu cadw'n gyson. Yn aml, roedd traciau lled safonol yn cynnwys mannau pasio ar gyfer locomotifau, tra y gallai rheilffyrdd cul gynnwys traciau cyfochrog â chyfres o groesffyrdd ar gyfer siyntio â llaw, neu drefniant paralelogram o draciau a throfyrddau ar gyfer derbyn nwyddau ac osgoi tagfeydd. Craeniau wedi'u gweithredu â llaw fel y rhai a ddefnyddiwyd mewn iardiau nwyddau a welwyd fel arfer. Caent eu defnyddio fel arfer i lwytho slabiau, er bod gan o leiaf ddwy iard gyfnewid graen nenbont.[117] Yng Ngilfach Ddu, yng nghyfadeilad Dinorwig ac ym Mhenscoins, cafwyd cyfnewidfa rhwng dwy reilffordd gul ac, yn hytrach na bod y llwythi yn cael eu trosglwyddo o un wagen i'r llall, câi wagenni'r chwarel eu hunain, fel y nodwyd uchod, eu llwytho a'u dadlwytho i'w cymar reilffyrdd 1.219 metr (4 troedfedd) (Ffigur 231). Gwelwyd y ffordd hon o roi un wagen ar gefn y llall mewn sawl lleoliad ym Mlaenau Ffestiniog a'r cyffiniau, a rhwng Tyddyn y Bengam a Hendy ar Reilffordd Sir Gaernarfon (gweler isod). Ceir tystiolaeth ffotograffig ar gyfer rhai o'r safleoedd hyn, yn enwedig Gilfach Ddu a Phenscoins, a barhaodd i weithredu tan 1961, ond mae'r dystiolaeth berthnasol wedi'i dileu ym mron pob achos.

Ym Minffordd rhwng Rheilffordd Ffestiniog a Rheilffyrdd y Cambrian y gwelwyd yr iard fwyaf dyfeisgar. Yno, defnyddiodd y peiriannydd Charles Easton Spooner y gofod cyfyngedig yn effeithiol iawn i ddangos sut y gallai'r broses o drosglwyddo nwyddau rhwng gwahanol reilffyrdd gael ei heffeithio'n economaidd, fel rhan o'i eiriolaeth o blaid rheilffyrdd cul fel ateb cost-effeithiol ar gyfer y byd datblygol.[118] Mae llawer ohoni wedi goroesi, gan fod yr iard yn parhau i gael ei defnyddio fel depo parhaol, er bod y cilffyrdd lled safonol wedi'u symud (Ffigur 232). Goroesodd safle arall yn gyflawn fwy neu lai tan 2007 pan gafodd ei effeithio gan gynllun ffyrdd, sef glanfa chwarel Llechwedd ar y llinell i Flaenau Ffestiniog. Roedd y lanfa'n cynnwys cytiau storio, craen haearn bwrw a weithredwyd â llaw gyda jib pren gan W. a J. Galloway o Fanceinion, a phont bwyso.[119]

Mewn dau le, disodlwyd rheilffordd gul gan reilffordd lled safonol ar fwy neu lai'r un cwrs. Y cyntaf oedd cangen y

Ffigur 231. Cyflwynwyd un o wagenni lletach Dinorwig ynghyd â thair wagen chwarel a fan y giard i Ymddiriedolaeth yr Amgueddfa Rheilffordd Gul yn Nhywyn ar ôl i'r rheilffordd gau yn 1961.

Great Western Railway o Fala i Ffestiniog. Ychydig iawn o'i hymgnawdoliad 0.6 metr (2 droedfedd) sydd wedi goroesi fel Rheilffordd Ffestiniog a Blaenau ar ei phen gogleddol. Roedd y llall ar Reilffordd Sir Gaernarfon rhwng Tyddyn y Bengam, ychydig i'r gogledd o Ben y Groes, a ger Caernarfon ei hun. Yn 1864-66, câi wagenni Rheilffordd Nantlle, ar ôl

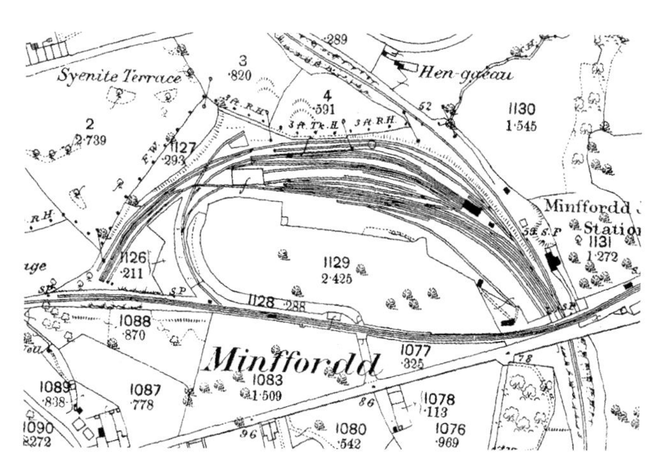

Ffigur 232. Mae'r Arolwg Ordnans o iard Minffordd ar reilffyrdd Ffestiniog a Chambrian yn amlygu'r ffordd ddyfeisgar y câi'r cilffyrdd eu trefnu ar safle cyfyngedig.

iddynt deithio'r pum cilometr o'r chwareli, eu gosod un ar gefn y llall ar wagenni lled safonol yn yr un modd ag a wnaed ar Reilffordd Chwarel Dinorwig, a'u dadlwytho unwaith eto er mwyn iddynt redeg ar eu cledrau eu hunain am yr 1.7 cilometr olaf i'r cei, lle y gallai'r llechi naill ai gael eu llwytho ar longau i'w hallforio neu eu gosod ar droliau a'u cludo drwy'r dref i orsaf y London and North Western Railway i'w cludo ymlaen ar y rheilffordd.[120] Ar ôl hynny tan 1872, gwasanaethodd Tyddyn y Bengam fel iard gyfnewid, ond nid oes llawer i'w weld yn yr isdyfiant bellach o'r trefniadau a oedd ar waith yn y fan hon. Yr hyn sydd wedi goroesi yw cwrs y Nantlle yn gwau i mewn ac allan o gwrs rheilffordd lled safonol ddiweddaraf i'r gogledd o'r fan hon; er mwyn cymhlethu pethau ymhellach, mae rhan o lwybr Rheilffordd Sir Gaernarfon rhwng Dinas a Chaernarfon wedi'i hailosod fel rheilffordd 0.6 metr (2 droedfedd) ac mae'n rhan o reilffordd newydd Ucheldir Cymru.

Dirywiad

Yng Nghymru, parhawyd i gludo llechi ar y rheilffordd tan y 1970au. Daeth y drefn honno i ben ar adeg pan roedd y rhwydwaith rheilffordd cenedlaethol yn troi ei hun o fod yn anacroniaeth Fictoraidd i fod yn system arbenigol symlach, ac roedd y rheilffyrdd cul a oedd wedi goroesi naill ai wedi ailagor i dwristiaid neu – fel y Penrhyn, Dinorwig a Nantlle – wedi denu sylw'r bobl hynny a ymddiddorai ynddynt yn ystod eu blynyddoedd olaf.

O blith y rheilffyrdd cul cyhoeddus, cludodd Rheilffordd Ffestiniog a Rheilffordd Talyllyn eu llechi olaf yn y 1940au, er i Reilffordd Talyllyn barhau i gludo teithwyr am gyfnod cyn cael ei throi'n atyniad i dwristiaid yn 1951. Gwelwyd enghraifft o hynny ar Reilffordd Ffestiniog hefyd rai blynyddoedd yn ddiweddarach. Y ddwy reilffordd hyn yw'r systemau rheilffordd Fictoraidd mwyaf cyflawn sydd wedi goroesi yn y byd fwy na thebyg. Bu rhan fach olaf rheilffordd Nantlle, a oedd erbyn hyn yn rhan o Reilffyrdd Prydain, yn destun toriadau Beeching ym mis Tachwedd 1963, gan oroesi dwy flynedd yn hirach na Dinorwig a'r cyfan o reilffordd Rhiwbach heblaw am ran fach ohoni, a blwyddyn yn hirach na'r Penrhyn. Parhaodd i gael ei thynnu gan geffylau tan y diwedd bron, pan ddefnyddiwyd tractor ffarm, ac roedd y gweithrediadau yn dal i gael eu rhedeg o dan gontract, fel ag y buont yn y 1820au.[121] Daeth y drefn o gludo llechi ar 'brif linellau' rheilffordd i ben yng Nghymru pan roddodd chwarel Oakeley y gorau i ddefnyddio ei rheilffordd allan a sefydlwyd yn 1931 a'i iard drawslwytho ym Mlaenau Ffestiniog yn 1965. Am rai blynyddoedd wedyn, roedd yn bosibl gweld olion trefniadau cynharach yn chwarel Pen yr Orsedd yn Nantlle, lle yr arweiniai darn byr o reilffordd 1.067 metr (3 troedfedd 6 modfedd) at ddoc llwytho lorïau o iard bentyrru'r felin, ac yn chwarel Maenofferen ym Mlaenau Ffestiniog, lle y parhawyd i ddefnyddio rhan o reilffordd Rhiwbach ac inclên 2 i symud llechi gorffenedig. Rhoddodd chwarel Maenofferen y gorau i ddefnyddio'r rheilffordd yn 1976, er i waith atgyweirio gael ei wneud yn 1981 er mwyn ffilmio un ryn olaf.

Byddai'n anodd meddwl am system drafnidiaeth ddiwydiannol sydd wedi bod yn destun gwaith ymchwilio manylach a gwaith cadwraeth mwy ffisegol ar arteffactau hanesyddol – adeiladau, locomotifau, wagenni ac arwyddion – na'r rheilffyrdd a wasanaethai'r diwydiant llechi yng Nghymru, yn enwedig Rheilffordd Ffestiniog. Mae hyn yn briodol, gan fod y system honno'n cynrychioli *ensemble* technegol a ledaenwyd ledled y byd. Eto i gyd, ni ddylai hyn guddio'r ffaith mai dim ond am tua chan mlynedd y gwelwyd dominyddiaeth trafnidiaeth reilffordd, a hynny mewn diwydiant hynafol. Roedd ffyrdd a dyfrffyrdd yn rhan o'r stori hefyd, a gwelir eu harchaeoleg hwythau hefyd.

Nodiadau

1 Sharpe 1990: Tucker 1976: 118-30.
2 Gohebiaeth bersonol, David Hopewell o Ymddiriedolaeth Archaeolegol Gwynedd, yn seiliedig ar waith sy'n mynd rhagddo ar hyn o bryd. Nid yw Mr Hopewell wedi darganfod unrhyw dystiolaeth sy'n dangos bod ffyrdd Rhufeinig wedi gwasanaethu rhanbarthau eraill a gynhyrchai lechi yng ngogledd-orllewin Cymru.
3 DRO: Z/CD/171; Lewis a Williams 1989: 21.
4 Jones, G.R. 2005: 121, 177.
5 CRO: Faenol 4054, pl. 64.
6 Llyfrgell Genedlaethol Cymru: Nicholas Pococke, *Loading slates with Dolbardern* (sic) *Castle and Snowden in the background* (Llyfrgell Genedlaethol Cymru: PZ9804, sleid 1896). Mae'n debygol mai partneriaeth Thomas Wright, Hugh Ellis a William Bridges, a gymerodd reolaeth o'r chwarel yn 1787, a gyflwynodd y newid; Prifysgol Bangor: llawysgrifau Porth yr Aur 29094, cyfrifon adeiladu 15 Awst 1787 i 4 Chwefror 1788, gan gynnwys cost ffordd o Fryn Glas i'r tir comin, a ffordd o'r chwarel i'r pwll am gost amcangyfrifedig o £200.
7 CRO: XS/Plans/RD/1, cynllun ffordd o 1802.
8 Sylwedydd n.d.: 70.
9 Edwards 1985: 99.
10 Er enghraifft, mae'r *Shrewsbury Chronicle* dyddiedig 27 Ebrill 1821 yn hysbysu ei ddarllenwyr bod ffordd newydd ar fin cael ei hadeiladu gan G.H.D. Pennant o'r bont newydd ym Mhorth Penrhyn ar hyd glan y môr i afon Ogwen yn lle'r hen ffordd a basiai heibio i Lime Grove.

11 CRO: DQ3808, ffol. 85, chwarter a ddaeth i ben 30 Mehefin 1823. Mae'n bosibl bod Assheton Smith wedi ceisio, ac wedi cael help W.A. Provis i adeiladu'r ffordd hon – CRO: Xl1/12/12–15.
12 Mae'r dyddiad a roddir yma yn seiliedig ar y cynlluniau ar gyfer pontydd 'on the new line of road from Machynlleth to Dolgelle' ger Esgairgeiliog a Phandy Perthog, y mae'r ddwy ohonynt o 1834 – DRO: Z/CD/1-2. Roedd ffordd gynharach ar ochr ddwyreiniol (Sir Drefaldwyn) afon Dulas.
13 Milner 1984: 7-8.
14 Swyddfa Cofnodion Penarlâg: D/NH/1006; Prifysgol Bangor: llawysgrifau Porth yr Aur 30704: CRO: Poole 6299.
15 Holland 1952: 6, Davies 1875: 46.
16 CRO: X/Plans/R/2; PTyB: CS132; MN055-1: Lewis 2011: 18.
17 CRO: XD2/13158.
18 Jones, E. 1989: 115-17.
19 Pritchard 1946b: 460.
20 Jones, G.P. 1996: pennod 5.
21 Bingley 1814: 457.
22 Tyler 1994: 20, 43.
23 Lewis a Denton 1974: 77-78.
24 Parhawyd i ddefnyddio'r enw tan y 1980au.
25 Hughes 1979: 121-2.
26 CRO: XDR/12699: 30, 369, 391, 439, 479, 481.
27 CRO: XM 392/1; mae Evans 1800: 208, yn cyfeirio at y basgedi a ddefnyddiwyd wrth gynaeafu gwair; gweler hefyd Pritchard 1944d. Pwysau 'dyblau' (304.8mm X 152.4mm) ar gyfartaledd oedd 15 cwt fesul mille o 1,260 o lechi, felly byddai angen un anifail yn cludo 64 o lechi (0.05 mille) i gludo tua dau ganpwys. Mae llawysgrifau 8277 Prifysgol Bangor yn cyfeirio at y defnydd o bynfeirch yn Nantperis ond ni roddir unrhyw fanylion.
28 Mae Williams 1869: 18 yn gwahaniaethu rhwng y cario yn chwareli Dinorwig mewn basgedi ac ar fachau, gan awgrymu trefniant tebyg i'r hyn y mae Hugh Derfel Hughes yn ei ddisgrifio yn Nyffryn Ogwen.
29 Er enghraifft, o bosibl mor hwyr â 1864 o chwareli Wrysgan a Rhosydd uwchlaw Tan y Grisiau; Lewis 1988: 6.
30 Hughes 1979: 122.
31 Bingley 1814: 145.
32 Evans 1812: 421.
33 Jenkins 1976: 55-64.
34 Hyde Hall 1952: 173, 211.
35 Sylwedydd n.d.: 77-8.
36 Hyde Hall 1952: 105. Gweler hefyd CRO: XM 4874/30, ychwanegiad heb ei gatalogio, nodiadau ymchwil gan D. Dylan Pritchard; Prifysgol Bangor: Porth yr Aur; Pritchard 1944d, 470.
37 Lewis a Denton 1974: 76. Ar gyfer Conglog, gweler Hancock a Lewis 2006.
38 CRO: XD2/27336, nodyn mewn llythyr dyddiedig 28 Mai 1860, sy'n nodi iddi gludo 4½ tunnell o slabiau llechi.
39 Yn sicr o 1893, pan sonnir am gyflogai o'r enw 'Hugh Traction' – CRO: XM/7855/81.
40 Gohebiaeth bersonol, Dafydd Owen, dyn tân ar y loriau stêm. Nid oedd ef na Rhys Thomas, y gyrrwr, yn mwynhau gweithredu'r injan diesel gymaint. Roedd tad yr awdur yn cofio'r lori stêm olaf yn chwythu stêm o bobman wrth iddi wneud ei ffordd drwy Benmachno yn ystod y rhyfel.
41 Richards 1991: 201.
42 *North Wales Chronicle* 17 Ionawr 1863; gweler hefyd *North Wales Chronicle* 30 Mai 1863 ar gyfer damwain i'r injan.
43 Gwybodaeth gan Dr Gwynfor Pierce Jones o waith ymchwil Douglas Clayton.
44 Edwards 1985: 110.
45 Richards 2001: 164.
46 Ymhlith y chwareli a newidiodd o ddefnyddio rheilffyrdd cul i loriau petrol rhwng y rhyfeloedd roedd Manod (Ffestiniog) yn 1920, Llwyngwern (Nantdulas) yn y 1920au, chwarel Cambrian (Glyn Ceiriog) yn 1935 (a ddefnyddiodd lori a ddarparwyd gan y Great Western Railway) a chwareli Moel Tryfan yn 1933 – roedd pob un ohonynt yn safleoedd lle'r oedd y rheilffordd yn aneffeithiol neu'n ddrud neu'r ddau. Jones, G.R. 2005: 96; Richards 2001: 164: Milner 2008: 143; Jones, G.P. 1996 pennod 5.
47 Armstrong *et al.* 2003: 33, 102-03.
48 Williams a Lewis 1989: 10.
49 Lewis 2003: 65.
50 Lewis 1989: 90 : Tyson 1998: 69-73.
51 Mae Lewis 1837: 122, 309, 524, 633, 730 yn disgrifio sut y câi llechi Tipperary eu cludo ar gychod wedi'u tynnu gan dynfadau stêm a daniwyd â mawn o Garrykennedy i'r melinau yn Killaloe, ac yna i lawr afon Shannon neu ar hyd y system gamlesi. Gweler hefyd Chatterton 1839: 241-42. Ar gyfer y diwydiant Ffrengig, gweler Soulez Larivière 1979: 280-82 a Chaumeil 1938:125.
52 McElvogue 1999: 8-15.
53 Prifysgol Bangor: llawysgrif Bangor 8277.
54 Prifysgol Bangor: llawysgrifau Porth yr Aur 29100, 29101: Illsley 1979: 87-104.
55 Llyfrgell Genedlaethol Cymru: Gweithredoedd Peniarth 507; Williams a Lewis 1989: 24.
56 Fel y nodir isod, cafodd rhai llechi eu symud o aber yr afon, o'r lanfa a adeiladwyd gan y London and North Western Railway yn Neganwy yn 1881.
57 Lewis 1989.
58 DRO: Z/QS/T1762, 24, Calendr o Sesiynau Chwarter 165, 276, 217.
59 Lloyd 1979: 237-276.
60 Sonia ewyllys William Vaughan yn 1677 am 'quarries of slate and stone', yn Nhrefri fwy na thebyg, a oedd yn weithredol unwaith eto o 1864–84 ac yn y 1880au – Llyfrgell Genedlaethol Cymru: Peniarth DA383; Boyd 1988: 318.
61 Boyd 1988: 20-21. Yn ôl traddodiad, cafodd y ceffylau eu newid yn Nhŷ Mawr, ychydig i'r dwyrain o Dywyn, yn ystod cyfnod y ceffyl a throl.
62 Coulls 2006: 123; Boyd 1988: 47.
63 Lewis 1834: cyf. 1, ffol. U4r.
64 Jenkins 1998: 187.
65 Câi llechi eu cludo'n rheolaidd i safleoedd adeiladu yn ne Cymru a Lloegr ar y gamlas ar ôl iddynt lanio ar longau mordwyol.
66 Edwards 1985: 98-100.
67 Milner 1984. Ar gyfer glanfa Parc Du, gweler Llyfrgell Genedlaethol Cymru: llawysgrifau Castell y Waun, Grŵp F, 7501 a 12694. Mae'r safle bellach wedi'i ddinistrio.
68 Lewis 1989: 28, 33-36.
69 Prifysgol Bangor: Cynlluniau'r Penrhyn 12. Roedd y cynlluniau'n rhagweld cychod 6.1m o hyd, 0.91m o led a 0.91m o ddyfnder, yn cario tair tunnell, gyda phob un ohonynt yn cael eu tynnu mewn trenau o wyth neu ddeg gan un ceffyl.
70 Elis-Williams 1988: 16-19. Y prif ffynonellau ar gyfer archaeoleg Porth Penrhyn yw Prifysgol Bangor: Penrhyn heb eu catalogio 26, 36, 40, 65 a 67.
71 Prifysgol Bangor: Ychwanegol Pellach Castell Penrhyn 1803, 'A Map of the Manor or Demesne Lands of Penrhyn Mawr'.

72 Mae'n annhebygol iawn mai hwn oedd safle'r ffatri llechi ysgrifennu o 1797. Prifysgol Bangor: mae Penrhyn heb eu catalogio 26 a 40 yn dangos adeilad, wedi'i gysylltu â rheilffordd mae'n debyg, fwy neu lai ar safle tŷ'r porthladd yn SH 5922 7263. Mae'n demtasiwn awgrymu mai'r felin o 1797 yw hon.
73 Prifysgol Bangor: llawysgrif Porth yr Aur 29084.
74 TNA: CRES 37/1661, CRES 37/1662, LRRO 1/3347; CRO: Mae Faenol 3808, ffol. 79 yn nodi bod £711 wedi'i wario yn 1827. Gweler hefyd CRO: DQ/3410.
75 Oswell 1902: 290-307; CRO: Chwarel Dinorwig 2763-2767, 3380-3422; Griffith 1980: 24-7.
76 Prin yw'r manylion yn CRO: XD15/7/1 (llyfr cyfrif yr Ymddiriedolaeth Porthladd, 1793–1830) ynghylch lle mae gwaith yn cael ei wneud. Gweler hefyd CRO: Official Maps and Plans/R/1 ac XD15/39/1 (cynlluniau o geiau Caernarfon); Llyfrgell Genedlaethol Cymru: Map 10315, a Hyde Hall 1952: 195.
77 CRO: XD2A/12993; *NWC* 12 Rhagfyr 1868.
78 Fisher, Fisher a Jones 2011:
79 Lewis 1989: 74-77.
80 *North Wales Chronicle* 5 Tachwedd 1864. Y contractwyr oedd Mackenzie a Williams, a Mackenzie a Jardine. CRO:XD97/12310 a 415662.
81 Morris n.d.: plât 33.
82 Llyfrgell Genedlaethol Cymru: Nicholas Pococke, *Loading slates with Dolbardern Castle and Snowden in the background*, rhif derbyn PG03019 (TJ04).
83 Ar gyfer y Foryd, gweler Williams, W.G. 1983: 98-103. Nid yw hediadau archwilio wedi nodi sylfeini adeiladau na thystiolaeth arall, ac ni cheir llawer o fapiau o'r ystad.
84 Mae rhywfaint o rwbel llechi ac olion posibl wal y cei i'w gweld ym Mhennal.
85 CRO: XB2/16.
86 Williams a Lewis 1989: 24.
87 Tucker 1979: 205, 210; Richards 1998: 111, 138.
88 Swyddfa Cofnodion Llandudno: C/Maps & Plans/34/7/1.
89 Contractwr lleol, Abraham Williams, oedd yr adeiladwr – Boyd 1988: 319. Ailadeiladwyd yr harbwr yn 1969-70 ac fe'i hailagorwyd fel cyfleuster hamdden yn 1972.
90 Lewis 2003: 102-17.
91 Yn ôl y peirianwyr Prwsiaidd von Oeynhausen a von Dechen nid oedd rheilffordd y Penrhyn 'neither well laid nor specially well-maintained' – Oeynhausen a Dechen 1971: 57.
92 Prifysgol Bangor: llawysgrif Bangor 8702. ffol. 101r.
93 Gwyn 2001: 46-62.
94 Gohebiaeth bersonol, Fred Howes, cyn Reolwr Peirianneg Sifil, Rheilffordd Ffestiniog.
95 CRO: XD/97/6487; ar gyfer rhagflaenyddion posibl y system gludo yn Ne Cymru, gweler Rattenbury a Lewis 2004: 79. Ar linell Bargod, cludai cyfanswm o 36 o dryciau gwastad dri thram platfforddd 0.813m (2' 8").
96 Weaver 1999: 16-20.
97 Cynlluniodd Thomas Russell Crampton (1816–88) amrywiaeth o locomotifau stêm ond mae'n fwyaf adnabyddus am y locomotifau cyflym nodedig a adeiladwyd gyda boeler isel ac olwynion gyrru unigol mawr a osodwyd y tu ôl i'r blwch tân. Gwelwyd locomotifau Crampton yn Ffrainc, yr Almaen, Rwsia ac UDA yn ogystal â'r Deyrnas Unedig. Gweler Sharman 1983 a phatent 11,760 o 1847.
98 Martin 2000. Caiff y cwestiwn ynghylch 'trosglwyddo technoleg' ei ddadansoddi'n drylwyr iawn yn Ransome 1996.
99 Y dystiolaeth ddogfennol glir gyntaf ohoni yw cynllun gwerthiannau o 1860 ond mae'n debygol bod cyfeiriad at bump 'labrwr rheilffordd' yng nghyfrifiad 1851 yn nodi'r dyddiad y cafodd ei hadeiladu. Gweler Jermy 1986: 11 a Richards 1998: 38.
100 CRO: XD/97, TNA: RAIL/1057/2846/3, ff. 259.
101 Cafodd y rheilffordd hon ei datblygu gan yr Iarll Vane o Blas Machynlleth, y creodd ei dad, Charles Vane, trydydd Ardalydd Londonderry, harbwr Seaham a'i system rheilffordd pwll glo yn Swydd Durham.
102 Searle 1993: 187-93.
103 Trafodaeth yn Richards 1995: 88-95.
104 Lewis 1970: 301. Gweler hefyd Shaw 1994 a Hindley 1995.
105 CRO: XD/97/6487; Lewis a Denton 1974: 81-88; Lewis 2011: 20.
106 Boyd 1975: 105-11, 592-94.
107 Hilton 1990: 91.
108 Decauville 1884; Kemper 1971; Ransome 1996; Hilton 1990: 3-73; Dunn 1990; Stanfel 2008. Nid oes modd cyfrifo cyfanswm y trac 0.6m a ddefnyddiwyd yn fyd-eang, ond roedd y rheilffyrdd milwrol a osodwyd rhwng 1914 a 1918 yn filoedd o gilomedrau o hyd ynddynt hwy eu hunain.
109 Hilton 1990, 409-10; Moody 1998: 45-53. Roedd y Monson yn weithrediad di-elw syml iawn, a redwyd yn effeithiol gan y cwmni llechi o 1909 tan iddo gau yn 1943. Câi llechi eu rhoi mewn bocsys, a'u cludo mewn cerbydau bogi fflat.
110 Chaumeil 1938: 125.
111 Trafodaeth yn Hughes 1990: 166.
112 Roedd locomotifau Fairlie wedi rhedeg ar Reilffordd Aberhonddu a Merthyr ac ar yr Anglesea (sic) Central eisoes. Roedd cerbydau bogi yn dechnoleg sefydledig erbyn 1872 – gweler Gwyn 2004: 778-94.
113 Er enghraifft, mae plinth concrid y tanc dŵr yng ngorsaf Beddgelert wedi'i gadw ac mae adeiladau'r orsaf a wnaed o haearn gwrymiog ym Mhont Croesor a Phen y Mount yn adluniadau o'r adeiladau gwreiddiol o'r 1920au.
114 DRO: Z/DAF/1921; gweler llythyrau dyddiedig 7 Mai a 13 Awst 1931 ar gyfer y defnydd o locomotifau; Isherwood 1988: 15-16.
115 Adeiladwyd cangen Porth Penrhyn yn 1851 a chludodd ei thraffig cyntaf ym mis Ionawr y flwyddyn ganlynol – Bradley 1992: 86-87.
116 Gwnaeth cwmni London and North Western Railway, fel olynydd Rheilffordd Chester and Holyhead, ei orau i berswadio chwareli Arfon i anfon eu llechi ar y rheilffordd i farchnadoedd yn Lloegr, a chludwyd llechi ar Reilffyrdd Cambrian hefyd drwy Aberdyfi – Jones, G.P. 1996 pennod 5 a Lloyd 1996: 210-11. Y porthladdoedd prysuraf ar ôl y 1880au oedd y rheini a wasanaethwyd gan y rheilffyrdd cul preifat neu annibynnol.
117 Roedd y ddwy ar lwybr Rhiwabon-y Bermo y Great Western Railway, un wrth gyfnewidfa Pentrefelin â rheilffordd yr Oernant a chamlas Llangollen (Swyddfa Cofnodion Rhuthun: DD/DM/188/38) a'r llall yng Nglyndyfrdwy, wrth y gyfnewidfa â rheilffordd Glannau Dyfrdwy 0.784m (2' 7"). Roedd craen yn y fan hon ar ddau biler o lechi gyda chranc a weithredwyd â llaw ar ddau groesbren garw.
118 Hilton 1990: 12-20, 240-71.
119 Mae'r craen a sawl strwythur arall ar y safle wedi'u rhestru a chytunwyd ar fanyleb ar gyfer eu cofnodi a'u hailosod cyn iddynt gael eu symud.
120 Baughan 1980: 99-100; Boyd 1981: 44-45.
121 Gwyn 2001: 46-62.

14 TRAFNIDIAETH FOROL

Mae'r broses o symud llechi Cymreig ar y môr – ar hyd arfordir Prydain ac Iwerddon, yn 'nyfroedd cartref' gogledd Ewrop, ac yn y fasnach dŵr dwfn – yn ffurfio pennod yn hanes llongau arfordirol a mordwyol a'u datblygiad byd-eang. Adeiladwyd llawer o longau yn y porthladdoedd llechi ac o'u hamgylch o ddiwedd y ddeunawfed ganrif hyd at ddechrau'r ugeinfed ganrif; prynwyd rhai eraill gan adeiladwyr o fannau eraill ym Mhrydain ac, yn anad dim, o Ogledd America Brydeinig.[1]

Yn ystod y cyfnod hynod gyfalafedig hwn yn hanes y diwydiant, gwelwyd newid mawr yn fyd-eang yng nghynllun ac adeiladwaith llongau masnach, o longau a adeiladwyd o ddeunyddiau organig ac a bwerwyd gan rwyfau neu'r gwynt, i longau stêm â chyrff haearn. Serch hynny, parhawyd i weld llongau hwylio yn hwyr yn y fasnach lechi. Cofiai Myrvin Elis-Williams, yr hanesydd o Fangor, i sgwner gael ei halio i mewn i Borth Penrhyn mor hwyr â 1931, tra roedd yr Eisteddfod Genedlaethol yn cael ei chynnal yn hen westy'r Penrhyn Arms gerllaw, ac roedd sgwneri yn casglu llechi o Borthmadog yn hwyrach fyth.[2] Mae'r astudiaethau dogfennol manwl o longau llechi yn adlewyrchu nid yn unig ramant oesol y llongau hwylio ond hefyd ganologrwydd y fasnach forol i gymunedau chwarelyddol.[3] Mewn blynyddoedd da, câi incwm gwario'r chwarelwyr ei fuddsoddi weithiau mewn llongau hwylio.[4]

Cychod rhwyfo a chychod a dynnwyd ar hyd llwybrau halio

Câi rhywfaint o lechi eu cludo ar gychod rhwyfo, fel y nodir ym mhennod 12, ar afonydd morydol, ar y Fenai o'r Felinheli a'r Foryd i ddyfroedd agored, ac ar lyn Padarn (Nantperis), lle codwyd cwch a suddodd gyda llwyth o lechi 'countess' a 'ledis' ym mis Ionawr 1978 (Ffigur 233). Caiff ei gadw nawr yn Amgueddfa Lechi Cymru – ysgraff heb gêl o'r math a elwir yn *bateau*, yn *dory*, neu'n *flatner* – math o adeiladwaith a welwyd ym Mhrydain ac Ewrop am sawl canrif ac a ddefnyddiwyd hefyd gan drapwyr a choedwigwyr yn y rhan fwyaf o rannau o Ogledd America yn y ddeunawfed a'r bedwaredd ganrif ar bymtheg. Mae'n mesur 6.03 metr wrth 2.16 metr. Mae ganddo waelod carfel cwbl wastad ond mae ei ddefnydd o ochrau clincer yn anarferol mewn cyd-destun Cymreig ac yn awgrymu bod ganddo fwy yn gyffredin â sgiffiau a chychod *yole* deuben arfordir gorllewinol Lloegr a'r Alban ac Ynys Manaw, o bosibl o ganlyniad i ddylanwadau adeiladu cychod ym mhorthladd Caernarfon. Gallai gario tunnell a hanner.[5] Mae archifau Prifysgol Bangor yn cadarnhau bod cychod wedi'u hadeiladu ar gyfer partneriaeth chwarel Dinorwig yn 1788–89 ar gyfer rhwyfo llwythi o lechi o Gei Llydan i Gwm y Glo ac i Benllyn, a thybiwyd yn gyffredinol bod y llongddrylliad yn Llyn Padarn yn un o'r rhain, er i chwareli'r Arglwydd Niwbwrch yn Nantperis ddefnyddio cychod ar Lyn Padarn hefyd.[6] Roedd chwarelwyr yn dal i ddefnyddio cychod i deithio i'r gwaith yn Ninorwig mor hwyr â 1848.[7]

Câi llechi eu cludo hefyd mewn cychod culion a dynnwyd gan geffylau ar gamlas Llangollen, a châi cychod camlas a gludai lechi eu tynnu ar hyd afon Teifi ar ddechrau'r bedwaredd ganrif ar bymtheg; weithiau, bu'n rhaid i longau hwylio ar afon Conwy gael eu tynnu gan ddynion mewn harnais.[8]

Llongau hwylio

Er bod llechi, yn sicr, wedi'u hallforio ar y môr yn ystod y cyfnod Rhufeinig-Brydeinig a'r cyfnod Canoloesol, nid oes unrhyw dystiolaeth archaeolegol o'r fasnach wedi dod i'r fei hyd yma. Mae'r enghraifft gynharaf o longddrylliad, a hynny'n llong a gludai lechi, ym Mhwll Fanog yn y Fenai. Tybir, yn sgil gwaith dyddio radiocarbon, bod y darnau o bren yn dyddio o'r cyfnod rhwng 1430 a 1530 a bod y llongddrylliad wedi digwydd rywbryd rhwng tua 1570 a 1690. Awgryma'r olion mai llong glincer fach neu ganolig ydoedd.[9] Mae'r llong wedi'i dynodi o dan Ddeddf Diogelu Llongau Drylliedig 1973.

Ceir dogfennaeth helaeth ar gyfer y prif gyfnod cyfalafu rhwng y ddeunawfed ganrif a dechrau'r ugeinfed ganrif, pan ddefnyddiai'r fasnach lechi yng Nghymru slŵps ac ysgraffau, rigwyr sgwâr a sgwneri â brig-hwyl, yn gyffredin â'r rhan fwyaf o'r porthladdoedd bach ym Mhrydain ac Iwerddon.

Llongau a ddefnyddiwyd ar yr arfordir ac ar afonydd oedd y slŵps yn y bôn ond gallent gael eu defnyddio ar

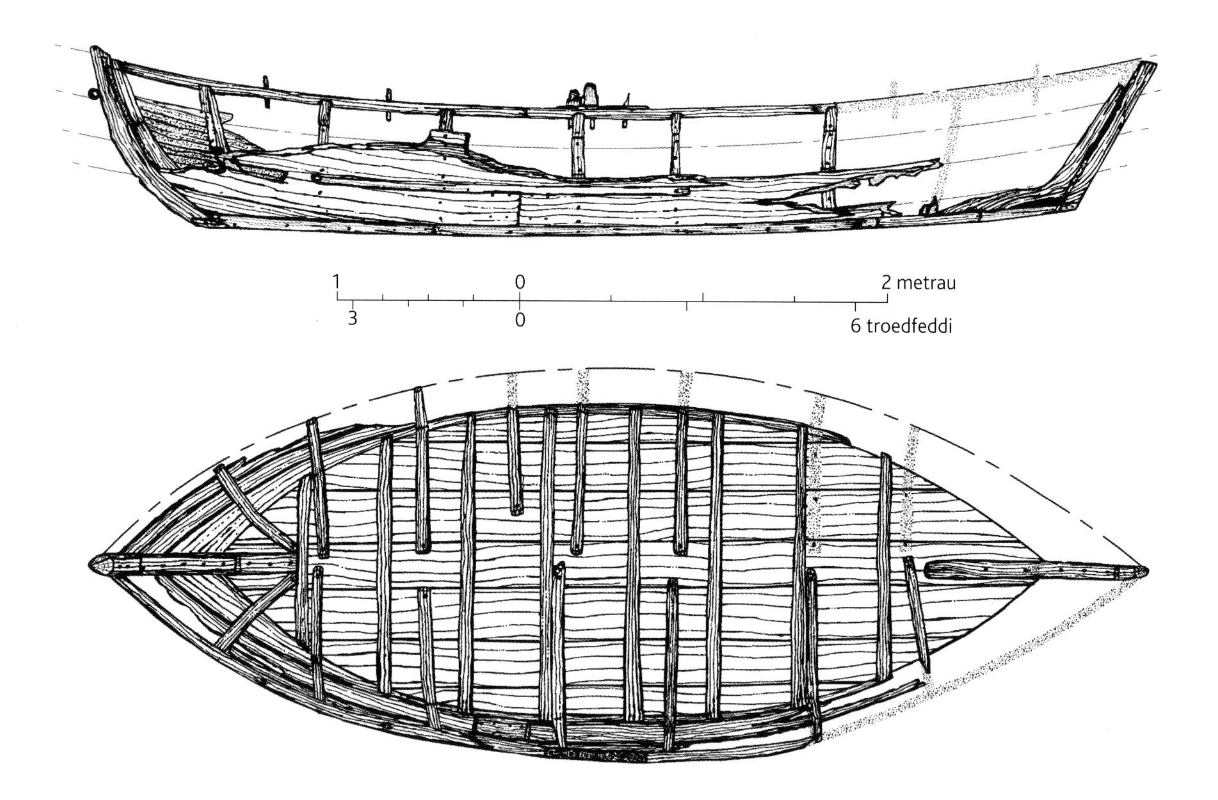

Ffigur 233. Cwch Llyn Padarn.

gyfer teithiau hirach pan fyddai angen; cludai llong yr *Unity* o'r Bermo lechi o Gaernarfon i Lundain yn rheolaidd, ond hwyliodd hefyd mor bell â Villaviciosa yn Sbaen yn 1787 a Memel yn y Baltig yn 1793.[10] Adeiladwyd llai a llai ohonynt o'r 1820au ond fe'u defnyddiwyd o hyd i gludo llechi am rai blynyddoedd i ddod; gwelir slŵp mewn ffotograff a dynnwyd yn 1858 o gei Trefriw ar derfyn llanw afon Conwy, a chafodd un ei hadeiladu yma mor hwyr â 1874 (Gweler Ffigur 207).[11]

Gwelwyd ysgraffau hefyd ar afon Conwy ac ym mhorthladdoedd llechi Arfon. Ar afonydd Mersi, Irwell a Weaver y gwelwyd y cynllun gyntaf, ac roedd y rhan fwyaf o'r rheini a gludai lechi wedi'u cofrestru yn Lloegr, er i bedair ohonynt gael eu hadeiladu yng Nghonwy rhwng 1802 a 1847.[12] Gwelwyd olion un ohonynt am ychydig pan aethpwyd ati i adeiladu twnnel ger Conwy ym mis Rhagfyr 1988. Roedd y llong honno wedi'i thrychu'n agos at ei mast gan beiriannau symud pridd, gan ddatgelu llwyth o 'ladis culion' wedi'u pentyrru, o un o chwareli Nantconwy yn ôl pob tebyg. Tynnwyd ffotograffau ohoni a gwnaethpwyd braslun trawstoriadol, ond nid oedd modd cymryd unrhyw fesuriadau manwl. Dim ond tua 2.7 metr o led ydoedd; roedd yr ochrau carfel i'w gweld ond roedd y gwaelod wedi'i gladdu. Mae'n dyddio fwy na thebyg o'r cyfnod cyn i bont Telford gael ei hadeiladu yng Nghonwy yn 1826 gan nad oedd modd gostwng y mast.[13] Y llwyth mwyaf a gofnodwyd yn llyfrau cei Trefriw oedd 104 o dunelli.[14]

Mae llongau llechi eraill wedi'u cofnodi yn nyfroedd llanw Cymru. Yn dilyn glaw trwm yn 2012, datgelwyd olion tri ysgerbwd llong a oedd wedi'u gosod i nodi ochr y sianel wrth aber afon Leri yn Aber Dyfi yn y 1860au. Olion ochr chwith llong yw'r ysgerbwd cyntaf; gellir gweld y cêl ar ochr orllewinol y safle, ynghyd â phennau diraddedig lloriau is yr ochr dde neu'r atodbrennau. Mae saith o bennau trawstiau dec sydd wedi'u diraddio i raddau helaeth yn ffurfio ochr ddwyreiniol amlinelliad yr ysgerbwd. Mae'r llong yn 17 metr o hyd gyda lled neu yn hytrach ddyfnder o 3.1 metr islaw'r prif ddec (Ffigur 234).[15] Saith o brennau diraddedig yn ymwthio allan 150-300 milimetr uwchlaw'r wyneb yw'r unig ran o'r ail ysgerbwd a ddatgelir.[16] Mae'r trydydd ysgerbwd yn cynnwys y starn a rhan o ochr dde'r llong sy'n erydu allan o lan serth afon Leri. Mae tua 1-1.5 metr o waddodion wedi cronni dros yr ysgerbwd. Dim ond yn rhannol y mae'r prennau o fwa bargodol y starn wedi'u cysylltu. Mae'r dec wedi ymgwympo o dan bwysau'r gwaddodion. Mae un llechen wedi goroesi y tu mewn i gorff y llong.[17]

Cariai llong arall lechi Ffestiniog o rannau llanw uchaf afon Dwyryd i'r man lle y caent eu llwytho ar longau mordwyol. Darganfuwyd y llong hon hefyd yn 1988, yn yr halwyndir yn Nhraeth Bach, islaw aber yr afon. Mae'n mesur

Ffigur 234. Olion ysgerbwd, y credir mai sgwner a gludai llechi o Dderwenlas ydoedd a gafodd ei suddo tua 1868 er mwyn sefydlogi ochrau'r sianel fordwyol.

7.92 metr o hyd a 2.9 metr ar draws a dyfnder o tua metr o'r gynwal i'r cêl. Siâp 'cod's head and mackerel tail' sydd ganddi ac adeiladwaith cymysg – ochrau clincer a gwaelod carfel. Mae soced wedi goroesi ar gyfer un mast, a allai gael ei ostwng; mae ei safle, tua thraean o'r ffordd yn ôl o'r blaen, yn awgrymu y cafwyd rig ar hyd y cêl. Darganfuwyd darnau o lechi yng nghorff y llong, ynghyd â sbrigiau o rug a ddefnyddiwyd i'w pecynnu, ond gan fod yr halwyndir, y mae'n ymddangos, wedi tyfu o amgylch y cwch yn y 1880au, pan gafodd ei adael yn ôl pob tebyg, mae'n siŵr mai cludo llwythi eraill ydoedd yn ystod ei blynyddoedd olaf ar ôl i'r broses o gludo llechi ar afon Dwyryd ddod i ben yn y 1860au (Ffigur 235).[18] Gwyddys fod rhai amrywiadau ymhlith y llongau a ddefnyddiwyd ar afon Dwyryd. Roedd eu cynnwys yn amrywio o tua chwe thunnell i uchafswm o wyth tunnell. Mae'n debygol y byddai gan y rhai cynharaf hwyliau sgwâr, ac roedd gan y rhai diweddaraf rig ar hyd y cêl gyda hwyliau osglath neu halio fwy na thebyg; mae'n bosibl y gwelwyd y newid hwn ar ddechrau'r bedwaredd ganrif ar bymtheg. Ymddengys fod y rhan fwyaf ohonynt, fel cwch Traeth Bach, rhwng 7 ac 8 metr o hyd, ac eithrio dau gwch mwy o faint, a adeiladwyd gan Samuel Holland yn Lerpwl ar ddechrau'r 1820au, a oedd tua 12 metr o hyd.[19]

Er i slŵps ddominyddu'r fasnach lechi i mewn i'r bedwaredd ganrif ar bymtheg, cawsant eu disodli gan longau rigin sgwâr – brigiau (llongau deufast) a chychod tair hwyl – ac yn ddiweddarach gan sgwneri â brig-hwyl, y llong fasnach Brydeinig bwysicaf yn ystod y can mlynedd ddiwethaf o hwylio.[20] Roedd seiri llongau Porthmadog yn adeiladu brigiau o 1843 tan 1877. Goroesodd un ohonynt, y *Fleetwing*, a adeiladwyd gan Richard Jones o Garreg Wen yn 1874, yn ddigon hir i'w holion cywasgedig gael eu cofnodi yn 1978, yn Port Stanley yn ynysoedd Falkland, lle ceir y crynhoad mwyaf o ysgerbydau llongau hwylio o'r bedwaredd ganrif ar bymtheg yn y byd, a lle'r oedd wedi glanio wrth y jeti dwyreiniol yn 1911. Roedd ei 'superb underwater shape ... almost a miniature clipper' i'w gweld o hyd.[21] Dirywiodd ei chyflwr yn gyflym wedi hynny a chafodd yr olion eu dymchwel â tharw dur rhwng 2002 a 2007.

Sgwneri deufast neu dri mast pren a welwyd yn bennaf o'r 1850au, yn ystod cyfnod pan oedd perchnogion llongau

Ffigur 235. Cloddio cwch Dwyryd, Talsarnau, yn 1988.

mewn porthladdoedd llechi, fel eu cymheiriaid mewn rhannau eraill o Brydain, yn tueddu fwyfwy i brynu llongau rhatach a wnaed yng Ngogledd America Brydeinig yn hytrach nag adeiladu eu rhai eu hunain. Nid llongau mawr mohonynt – roeddent o dan 100 o dunelli gros fel arfer. Llong y *Snowdonia* o Borthmadog, a oedd yn 418 o dunelli gros ac a adeiladwyd yn 1874, oedd y fwyaf yr oedd harbwr llechi yn borthladd cartref iddi; y mwyaf o blith y llongau pren a adeiladwyd yng ngogledd Cymru o bell ffordd oedd yr *Ordovic*, a bwysai 853 o dunelli gros ac a adeiladwyd gan W.E. Jones o Borth Dinorwig yn 1876–77. Fodd bynnag, hyd y gwyddys, ni wnaeth y llong honno erioed gario llechi.[22]

Erbyn i'r ddwy long hyn gael eu lansio, roedd y gwaith o adeiladu llongau hwylio pren yng Nghymru wedi dod i ben fwy neu lai. Dim ond ym Mhorthmadog y parhawyd i'w hadeiladu, gan adlewyrchu'r monopoli bron yr oedd gan chwareli Ffestiniog dros y farchnad Almaenig ers Tân Mawr Hambwrg yn 1842 (gan roi cyfrif am yr enwau Tiwtoneg a roddwyd ar lawer o'i llongau), ac yna o'r 1870au ddatblygiad y fasnach a berodd iddynt gael eu hwylio ar draws Môr Iwerydd. Yn hytrach na chludo llwythi ar y daith gyfarwydd o'u dyfroedd cartref i afon Elbe ac yna yn ôl adref, roeddent bellach yn mynd ymlaen i Cadiz ar gyfer halen, ac oddi yno i Newfoundland a Labrador, gan ail-groesi'r cefnfor gyda'u llwyth o bysgod penfras i Fôr y Canoldir, cyn gadael am adref gyda ffrwythau neu olifau. Ymhlith y masnachau eraill roedd grawn o Ogledd America a ffosfad o Ynysoedd Caribî yr Iseldiroedd. Adeiladai'r iardiau lleol longau a oedd yn addas i'w hwylio ar y cefnfor yn erbyn y prifwyntoedd gorllewinol ac yn nyfroedd cyfyng gogledd Canada. Lansiwyd y llong 'Jack barquentine' gyntaf, cyfuniad o sgwner tri mast a barcentîn, gan Ebenezer Roberts yn 1878.[23] Arweiniodd y cynllun at lansio'r 'Western Ocean Yachts', y cafodd 33 ohonynt eu hadeiladu, gan ddechrau gyda'r *Blodwen* yn 1891 ac yn gorffen gyda'r *Gestiana* yn 1913. Sgwneri brig-hwyl â thri mast oedd y rhain. Roedd tair hwyl sgwâr ar y mast blaen (a adeiladwyd mewn tair rhan, gan gynnwys mast brigalant) ac adein-hwyliau (Ffigur 236).

Ar gyfer y daith tua'r gwynt, rhoddwyd blaen uchel a dwfn iddynt, ac ar gyfer y daith yn ôl, i gyfeiriad y gwynt, gosodwyd adein-hwyliau yn ogystal â'r hwyliau sgwâr arferol, er i rig y sgwner olygu y gallant gael eu trin gan griw o bump neu chwech. Roedd ffrâm ac adeiladwaith y corff yn anferth gan fod angen i'r llong fod yn ddigon cryf i ddadlwytho'r llwyth o lechi ar y tir ym Mhorthmadog. Os yw'r mesuriadau a gymerwyd o'r *M.A. James* ar ôl iddi gael ei gadael yn Appledore yn Nyfnaint yn gynsail o gwbl, roedd gan gyrff y llongau ogwydd mawr gyda mynedfa amgron fer a cheuffordd hirach gyda chwarteri pwerus; cadwyd prif

Ffigur 236. Model o'r M.A. James, *un o'r Western Ocean Yachts yn Amgueddfa Genedlaethol y Glannau, Abertawe.*

gyplau'r llong ymhell i'r blaen ac roedd corff cyfan y llong yn culhau o'r prif fast i'r starn sgwâr, gan leihau lled y starn sgwâr gymaint â phosibl ar ddiwedd y chwarter hir.[24]

Nodwyd un ar ddeg o safleoedd lle y drylliwyd llongau hwylio o'r bedwaredd ganrif ar bymtheg a gariai lechi oddi ar arfordir Cymru a cheir cyfeiriadau dogfennol at safleoedd eraill.[25] Lleolir rhai ohonynt yn nyfroedd Prydeinig, Gwyddelig a Manawaidd, gyda chrynodiad ohonynt oddi ar yr Alban, Cernyw ac arfordir de Lloegr. Yn y rhan fwyaf o achosion, ychydig iawn o'r pren sydd wedi goroesi heblaw am yr hyn sydd wedi'i ddal islaw'r cargo o lechi, er bod digon o'r *John Preston*, sgwner bren a adeiladwyd ym Mangor yn 1855 ac a ddrylliwyd oddi ar Rubha Dearg ar 2 Rhagfyr 1882 ar ei ffordd o Borth Dinorwig i Fraserburgh, wedi goroesi i'w gofnodi gan Brosiect Archaeolegol Sound of Mull. Canfuwyd bod yr adeiladwaith pren sydd wedi goroesi yn 18.9 metr o hyd wrth 5.3 metr o led ac yn gyson â sgwner ddeufast.[26] Mewn dyfroedd mwy pellennig, cofnodir bod pum sgwner bren wedi mynd yn sownd ar y lan yn Sylt, Amrum a Romo, yn Schleswig-Holstein rhwng 1871 a 1910, tra ar eu ffordd i brif entrepôts cyfandirol Harburg, Hambwrg a Szczecin (Stettin). Nid yw'n syndod bod pob un ohonynt o Borthmadog. Cofnodwyd yr achos olaf o golli llong a gludai lechi o Borthmadog yn 1924.[27]

Nid yw unrhyw longau a adeiladwyd yn y porthladdoedd llechi yn dal ar y dŵr, er bod dwy sy'n gysylltiedig â Phorthmadog wedi goroesi. Mae'r *Solway Lass*, sgwner ddeufast â chorff dur a adeiladwyd yn yr Iseldiroedd yn 1902, un o'r llongau hwylio olaf i gludo llechi o Borthmadog, yn 1938, yn gweithredu fel llong siarter yn Awstralia.[28] Daeth y *Garlandstone*, 'ketch' a adeiladwyd yn Calstock yn Nyfnaint yn 1909, ar ôl gwasanaethu fel amgueddfa forol ym Mhorthmadog, yn eiddo i Amgueddfa Cymru. Yn 1987, cafodd y llong ei phrydlesu ac, o 2000, roedd yn berchen i Amgueddfa Ddiwydiannol Morwellham Quay yn Nyfnaint.[29]

Llongau stêm ategol

Hyd y gwyddys, dim ond un llong stêm ategol a adeiladwyd yng Nghymru gyda'r bwriad o gludo llechi, sef *Aberllefenni Quarrymaid*. Sgwner bren oedd hon, y dechreuwyd ei hadeiladu yn Nerwenlas yn 1858 ac y cafodd ei hwylio i Gaernarfon lle cafodd injan uniongyrchol dau silindr 50 marchnerth gryno a sgriw godi eu gosod gan ffowndri Owen Thomas.[30] Mae'n bosibl bod adeiladwaith y llong, y bwriadwyd ei defnyddio ar gyfer y fasnach yn

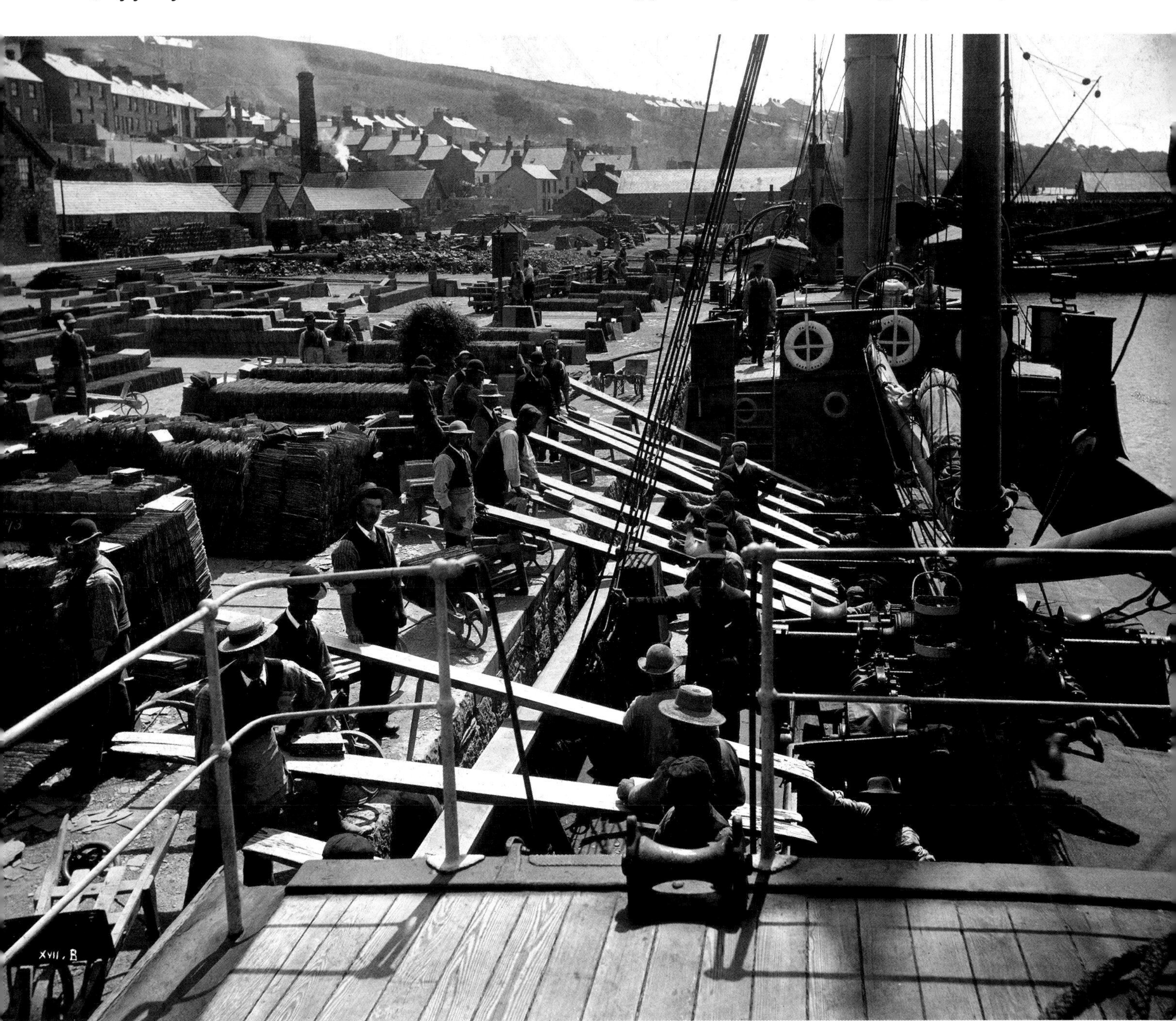

Ffigur 237. Mae'r ffotograff hwn o'r Vaynol *yn y Felinheli, dyddiedig 1896, yn dangos natur lafurddwys y gwaith o lwytho llechi drwy eu llithro i lawr planciau i mewn i grombil y llong.*

Lerpwl, yn adlewyrchu cwblhau'r rheilffordd i chwarel Aberllefenni y flwyddyn honno, ond mae'n anodd gweld manteision agerbeiriant swmpus ar gyfer llong a gludai lwyth annarfodus. Roedd ffowndri Owen Thomas, a'i holynydd, yr Union Ironworks, yn adeiladu injans ar gyfer llongau stêm a ddefnyddiwyd ar gyfer y fasnach dŵr dwfn yn rheolaidd.[31]

Llongau wedi'u pweru

Ar wahân i gychod tynnu ym Mhorthmadog ac Aberdyfi, prin yw'r dystiolaeth bod llechi wedi'u symud gan longau stêm yn nyfroedd Cymru tan ddiwedd y bedwaredd ganrif ar bymtheg.[32] Er bod llongau stêm, er enghraifft, wedi ymddangos gyntaf ar afon Conwy yn 1847, nid oes dim yn awgrymu iddynt gael eu defnyddio i dynnu rhesi o ysgraffau, fel y gwelwyd yn y fasnach lechi ar afon Shannon yn Iwerddon.[33]

Rhoddodd y ffyniant byrhoedlog a welwyd ar ddiwedd y bedwaredd ganrif ar bymtheg nid yn unig hwb i'r gwaith o adeiladu'r Western Ocean Yachts ond hefyd anogaeth i chwarel y Penrhyn a chwarel Dinorwig fuddsoddi mewn llongau stêm o 1891 ac i Assheton Smith ailadeiladu Porth Dinorwig. Er gwaethaf y ffaith bod y diwydiant yn crebachu, prynwyd rhai eraill ar ôl y Rhyfel Byd Cyntaf. Roedd rhai ohonynt yn ail-law ond adeiladwyd cyfanswm o ddeuddeg ohonynt yn benodol ar gyfer cludo llechi. Roeddent yn wahanol i'r rhan fwyaf o longau glannau stêm a adeiladwyd ar gyfer swmp-fasnachu gan fod ganddynt dyllau llwytho bach a deciau mwy o faint (Ffigur 237). Yr adeiladwyr oedd Paul Rodgers o Carrickfergus, S. McKnight o Ayr a'i olynydd Ailsa Shipbuilding Company, a James Maxton o Belfast. Y llong hiraf oedd *Pennant*, 54.87 metr o hyd, a adeiladwyd yn 1897 ar gyfer y Penrhyn gyda'r bwriad o'i defnyddio ar gyfer y fasnach yn Hambwrg. Roedd ganddi injans ehangu triphlyg, yn wahanol i'r rhan fwyaf o'r rhai eraill yr oedd ganddynt injans cyfansawdd dau silindr ac y cawsant eu cyfyngu i ddyfroedd arfordirol yn bennaf. Yn ystod y rhan fwyaf o'r cyfnod rhwng y rhyfeloedd, defnyddiwyd y llongau a oedd yn weddill ar gyfer masnachau eraill hefyd, er nad oeddent bob amser yn addas, gan iddynt gael eu cynllunio gyda llwythi trymion mewn golwg. Ffurfient un o'r grwpiau lleiaf o blith y llongau glannau stêm arbenigol (Ffigur 238). Cafodd yr olaf ohonynt ei thorri'n ddarnau yn 1955.[34]

Ffigur 238. Stêm ar dir a môr; golygfa o'r 1950au, gyda'r stemar arfordirol Sir W. Campbell *ym Mhorth Penrhyn; yn y blaendir, mae'r gyrrwr, Dic Roberts, a'i daniwr yn paratoi* Blanche *i gludo rŷn o wagenni gwag yn ôl i'r chwarel.*

Anterth a dirywiad

Heb hoffter y Cymry o'r môr, ni fyddai eu diwydiant llechi wedi tyfu i wasanaethu marchnadoedd byd-eang, ac ni fyddai byth wedi toi dinasoedd o Melbourne i Copenhagen.

Mae cymaint o elfennau o'r dirwedd chwarela wedi goroesi, hyd yn oed os mai olion yn unig a welir, ond mae'r llongau llechi wedi diflannu, neu wedi goroesi fel darnau o bren, a amlygir o bryd i'w gilydd wrth i'r hinsawdd newid neu wrth i waith newydd fynd rhagddo. Caiff cychod hwylio a dingis eu hangori mewn porthladdoedd a oedd, ar un adeg, yn llawn slŵps a sgwneri, ac nid yw gorwel y môr bellach yn frith o hwyliau. Parhaodd y fasnach yn ddigon hir iddi fod o fewn cof o hyd, ond bu'n dirywio'n araf ers blynyddoedd lawer.[35]

Nodiadau

1 Byddai llongau a gludai lechi yn cludo nwyddau eraill ar deithiau eraill; yn achos porthladdoedd a chilfachau bach Cymru, roedd hyn yn golygu gwlân a brethyn, grawn, anifeiliaid, mwynau, nwyddau i'r cartref ac ymfudwyr.

2 Elis-Williams 1988: 187; CRO: XCHS1279/7/104.

3 Yn ogystal ag Elis-Williams, ar gyfer llongau Aberdyfi gweler Lloyd 1996; ar gyfer Porthmadog gweler Hughes ac Eames 2009 a Hughes 1977; ar gyfer Caernarfon, gweler Lloyd 1989; ar gyfer Aberteifi, gweler Jenkins 1998: 182-197.

4 Noda Jenkins 2004: 80-102, o'r pum cwmni llongau a sefydlwyd yng ngogledd-orllewin Cymru rhwng 1875 a 1879, fod tair ohonynt wedi'u cofrestru mewn trefi chwarelyddol ac roedd rhwng 43 y cant a 55 y cant o'u rhanddeiliaid wedi'u cofrestru fel chwarelwyr.

5 Gweler McElvogue 1999: 8-15.

6 Prifysgol Bangor: llawysgrif Porth yr Aur 29085; Illsley 1979 : 87-104; Roberts 1979: 62-76; Hyde-Hall 1952: 181.

7 Anhysbys. 1879: 6.

8 Jenkins 1998: 187, NPRN 404591, Tucker 1928.

9 Jones, D.C. 1978; Wessex Archaeology 2007.

10 Lloyd 1977: 42

11 Lloyd 1988: cat. 129; Gwasanaeth Archifau Conwy: XS/2224/27c/1; Thomas 2007: 312. Llong gydag un mast a rig ar hyd y cêl yw slŵp.

12 Thomas 2007: 308-10. Cychod camlas â gwaelodion crwn, adeiladwaith carfel a dec llawn oedd ysgraffau Mersi. Roedd gan rai ohonynt un mast, gyda rig ar hyd y cêl, ac roedd gan rai eraill fast ôl hefyd.

13 Ar gyfer ysgraffau Mersi, gweler Stammers 1993. Fel arfer, mae gan ysgraffau Mersi drawst sydd rhwng 4.5 a 5.2m o hyd.

14 Prifysgol Bangor: llawysgrifau Bangor 26049, 10390, 7057; Grimsthorpe castle: Trefriw wharf daybook for 1857-76. Rwy'n ddiolchgar i Dr Michael Lewis am y cyfeiriadau hyn.

15 NPRN: 407989.

16 NPRN: 408431.

17 NPRN: 506769.

18 Lewis1989: 87-90; McElvogue 2003.

19 Lewis 1989: 78-90.

20 Mae gan frig ddau fast â rigin sgwâr, un prif fast â hwyl gaff, ac un yn y blaen. Nodwedd amlwg o'r cwch tair hwyl yw'r mast tair hwyl yn union y tu ôl i'r prif fast is. Caiff ei osod i'r dec ac i'r brig-hwyl a chaiff blaen yr hwyl gaff ei glymu ynddynt. Ymhlith adeiladwyr llongau'r porthladdoedd llechi, ymddengys fod cychod tair hwyl yn arbenigedd yng Nghaernarfon. Llongau â hwyliau sgwâr wedi'u gosod o drawslathau ar eu brig-hwyliau yw sgwneri brig-hwyl.

21 Eames a Stammers 1979: 122; Stammers a Kearon 1992.

22 Llong â thri mast neu fwy, gyda hwyliau ar hyd y mast olaf a hwyliau sgwâr ar y lleill yw *barque* (neu 'barc') – ceffylau gwaith y masnachau dŵr dwfn. Rwy'n ddiolchgar i Reg Chambers Jones o Gaeathro, hanesydd Porth Dinorwig, am y wybodaeth am yr *Ordovic*.

23 Llong â thri mast neu fwy, gyda mast blaen â rigin sgwâr a rig ar hyd y cêl ar y prif fast, y mast ôl a mastiau eraill yw barcentîn.

24 Greenhill 1988: 182-92; MacGregor 1982, 81-82. Roedd gan gynllun y sgwner y fantais ychwanegol na fyddai'n rhaid i gapteiniaid adael yr ardal i gael profiad rigin sgwâr.

25 Y safleoedd NPRN a gadarnhawyd yw 271633 *Peter Varkevisser*; 240100 *Glory*; 240376 *Notre Dame de Boulogne*; 273830 *Haswell*; 272031 *Mary Coles*; 271989 *Arthur*; 274247 *Sage*; 273059 *Lewis*; 507217 *Phoenix*; 390 *Pwll Fanog*; 507198 – enw'n anhysbys.

26 http://www.lochalinedivecentre.co.uk/john_preston.html, cyrchwyd 13 Mehefin 2010.

27 Sgwner Ffrengig neu 'ketch' oedd y *Notre Dame de Boulogne*. Fe adawodd Borthmadog gyda 70 o dunelli o lechi i'w cludo i Poole ar 14 Medi 1924. Trawodd y llong ar lawr ar Sarn Badrig ddwy awr yn ddiweddarach a gwyrodd o'r sarn gan suddo yn y pen draw tua 1.5km o'r lan heb unrhyw farwolaethau - NPRN: 240376.

28 CRO: XM/T/164, XCHS/1279/7/104, XCHS/1279/12/47, http://www.australiantallships.com/solwaylass, cyrchwyd 12 Gorffennaf 2010.

29 CRO: papurau Garlandstone.

30 *Carnarvon and Denbigh Herald* 13 Tachwedd 1858; *North Wales Chronicle* 26 Mawrth 1859; Lewis Lloyd: *A Real Little Seaport: The Port of Aberdyfi and its People 1565-1620*, 2 (cyhoeddwyd yn breifat, 1996), 124-5.

31 Fisher, Fisher a Jones 2011: 119-37.

32 Er gweler NPRN: 273830.

33 Bu'r stemar olwyn *St Winifred*, a alwyd hefyd yn 'y paced bach', a oedd yn berchen i Gapten Thomas Roberts o Drefriw, yn masnachu o 1847; gweler Evans 1989: 13. Defnyddiwyd cychod tynnu stêm a chychod camlas wedi'u pweru ar afon Conwy yn yr ugeinfed ganrif, i gyflenwi'r gwaith alwminiwm yn Nolgarrog. Ar gyfer mordwyo afon Shannon, gweler Lewis 1838: 122 a Chatterton 1839: 241-42.

34 Fenton 2009: 3-14

35 Hyd yn oed heddiw, caiff llwythi o lechi mathredig eu hanfon o Borth Penrhyn o bryd i'w gilydd.

15 Y BYD EHANGACH

'The Industrial Revolution may have been founded on textiles and powered by steam; but it was roofed with slates skilfully wrenched from the Snowdonia hills.'[1] Dyna a ysgrifennodd Merfyn Jones yn 1981 ac mae hyn, yn ei hanfod, yn wir – nid yn unig yn achos ynysoedd Prydain ond hefyd y byd. Erbyn dechrau'r bedwaredd ganrif ar bymtheg, roedd llechi o Gymru yn cael eu hallforio i economïau gwledydd Ewrop, yr Iwerydd a thu hwnt, i'r graddau y caent eu hadnabod yn rhyngwladol fel safon ar gyfer y fasnach chwarela ac adeiladu, yng nghyd-destun mantais filwrol a masnachu gynyddol y byd gorllewinol. Nid yw'n syndod bod Ffrainc, yr oedd ganddi fynediad da i farchnadoedd mewnol ac i economi'r Iwerydd, wedi dominyddu cynhyrchiant byd-eang yn y ddeunawfed ganrif na'i bod wedi dod yn flaenllaw eto yn yr ugeinfed ganrif ond, yn ystod cyfnod y chwyldro diwydiannol clasurol mewn tecstilau a stêm, chwareli Cymru oedd prif ddarparwyr llechi to.[2] Am dros ganrif, roedd gan ddyffryn Ogwen, Nantperis, Ffestiniog a Nantlle gyrhaeddiad byd-eang unigryw; yn hyn o beth, efallai mai'r paralel agosaf iddynt fyddai masnachau pren y Baltig a Gogledd America, yr oedd ganddynt hwythau hefyd gyrhaeddiad byd-eang o ran cyflenwi deunyddiau adeiladu. Prin iawn yw'r diwydiannau cloddio eraill sydd wedi dominyddu marchnadoedd byd-eang i'r fath raddau â diwydiant llechi Cymru. Hefyd, ac yr un mor bwysig, darparodd y diwydiant y brif dechnoleg ysgrifennu ar gyfer ysgolion yn y bedwaredd ganrif ar bymtheg.

Er iddo gael ei leoli mewn ardaloedd ymhell i ffwrdd oddi wrth ganolfannau peirianneg mawr neu ffynonellau cyfalaf, roedd yn elwa o'i gysylltiadau â diwydiannau eraill. Daeth ei gyfnod o dwf mawr ar adeg pan welwyd cynnydd mewn symudedd, a hynny ymhlith unigolion ar bob lefel gymdeithasol, a mwyfwy o fynediad i lenyddiaeth dechnegol, arddangosfeydd a ffeiriau masnach. Roedd mewn sefyllfa dda, nid yn unig i ddysgu o arferion diwydiannau cloddio eraill a thechnolegau eraill, ac addasu iddynt, ond hefyd i gyfrannu a lledaenu ei brofiad a'i wybodaeth ei hun. Nid oedd yn unigryw o bell ffordd yn hyn o beth, ond yr hyn sy'n ychwanegu at ei ddiddordeb yw'r graddau y dibynnai nid yn unig ar sgiliau arbenigol ei reolwyr a'i beirianwyr ond hefyd ei weithwyr. Fel y gwelwyd, ni wnaeth y *polytechniciens* a graddedigion yr Academi a redai'r chwareli yn Anjou betruso dim am ddysgu oddi wrth chwarelwyr Cymraeg (Ffigur 239).[3] Aeth y Cymry

Ffigur 239. Mae llawer i'w ddarganfod o hyd ynghylch y ffordd y bu i ddiwydiannau llechi Cymru ac Anjou ddylanwadu ar ei gilydd, ond mae'r dilyniannau technegol yn rhyfeddol, er enghraifft y system inclên tsaen hon yn Hermitage la Saulie.

Ffigur 240. Roedd Cymro yn rheoli chwarel llechi fach Kilcavan yn Swydd Wicklow yn y 1930au.

â'u sgiliau chwarela a thechnoleg gyda hwy i UDA ac i Iwerddon (Ffigur 240). Allforiai ffowndrïau a gweithfeydd haearn yng Nghaernarfon a Phorthmadog beiriannau gwaith llechi i lawer o wledydd ledled y byd.

Fodd bynnag, yr enghraifft fwyaf rhyfeddol o dechnoleg a drosglwyddwyd o'r diwydiant llechi yng Nghymru, enghraifft o ffrwythloniad 'trawsddiwydiannol', oedd y systemau rheilffordd 0.6 metr a fabwysiadwyd yn fyd-eang, fel y disgrifir ym mhenodau 8 a 12. Prin iawn yw'r rheilffyrdd cyhoeddus a ysbrydolwyd gan reilffordd Ffestiniog sy'n parhau i weithredu, er bod y Darjeeling Himalayan Railway yn India, sy'n safle Treftadaeth y Byd, yn un enghraifft benodol. Yn dilyn y gwaith o adfer y Welsh Highland Railway fel Rheilffordd Eryri, nodwyd yn ddiweddar mai Rheilffordd Ffestiniog yw'r rheilffordd annibynnol hiraf yn y Deyrnas Unedig bellach. Mae rhai rheilffyrdd diwydiannol 0.6 metr wedi goroesi; mae systemau 4,000 cilometr o hyd yn dal i gysylltu melinau siwgr Queensland â'u meysydd câns ond, fel arall, ychydig iawn o reilffyrdd o'r lled hwn, neu reilffyrdd cul eraill, a welir bellach. Eto, ar un adeg, roeddent yn ddylanwadol iawn – o ran agor rhannau datblygol o'r byd i ddylanwad Ewropeaidd, boed er gwell neu er gwaeth, o ran mynd i ryfel ac o ran galluogi diwydiannau ymylol i ddod yn broffidiol (Ffigur 241). Chwaraeodd y diwydiant llechi yng Nghymru rôl flaenllaw wrth ddatblygu system reilffordd rad, costeffeithiol a syml a allai gael ei haddasu i ddiwallu anghenion llawer o wledydd gwahanol.

Mae dyfeisgarwch y diwydiant a'i ymateb i amgylchiadau a sicrhaodd ei bod yn bosibl iddo allforio ei dechnolegau nodedig ei hun yn adlewyrchu ei barodrwydd i ddysgu oddi wrth eraill – oddi wrth weithwyr a rheolwyr o gloddfeydd copr cyfagos, neu ymhellach o lawer i ffwrdd, neu o byllau glo yn Lloegr – ac yna i addasu'r hyn a gyflwynwyd ganddynt. Nid y diwydiant llechi yng Nghymru oedd yn gyfrifol am ddyfeisio'r rheilffordd gul, ond o'r adeg y cyrhaeddodd y Penrhyn yn 1800, bu'n destun gwelliannau wrth iddi gael ei defnyddio fwyfwy ar draws y diwydiant. Roedd yn rhaid i'r dyn a adnabuwyd fel peiriannydd brodorol cyntaf y diwydiant, John Hughes o Lanllyfni – gof wrth ei alwedigaeth – weithio allan drosto ef ei hun pa system oedd yn gweithio orau – y rheilffordd ymyl yntau'r blatffordd – ac ar ba led, wrth iddo agor chwareli yn Nantlle, Nantperis a Ffestiniog – y perodd bob un ohonynt broblemau newydd, heb unrhyw gynsail gwirioneddol iddynt (pennod 7). Gallai Charles Easton Spooner

Ffigur 241. Cafodd y rheilffordd 0.6 metr o led a welwyd mewn chwareli llechi yng Nghymru ei defnyddio at sawl diben. Cafodd Felin Hen ei hadeiladu ar gyfer rheilffyrdd milwrol Byddin yr Unol Daleithiau yn ystod y Rhyfel Byd Cyntaf, cyn iddi gael ei phrynu gan Chwarel y Penrhyn. Pan roddwyd y gorau i'w defnyddio, cafodd ei phrynu a'i gosod yn Fairmead Mill yn Awstralia lle y'i dangosir yn 1964.

ddefnyddio'r hyn a ddysgodd fel prentis i Brunel a Locke wrth iddo fynd ati i drawsnewid Rheilffordd Ffestiniog o fod yn llinell mwynau a ddefnyddiai geffylau a disgyrchiant i reilffordd gyhoeddus fach ond cyflawn; defnyddiodd ei gysylltiadau ag unigolion yn y diwydiant adeiladu locomotifau hefyd wrth iddo weithio allan sut i roi pŵer stêm ar waith. Er hynny, anghenion y diwydiant a anogodd ddyfeisgarwch ac a fireiniodd sgiliau i nodi a dewis technolegau a fyddai'n gweithio ac yn addas at y diben. Gwelwyd yr un sgil pan ddewisodd Hughes yr agerbeiriant cyntaf i weithio yn y diwydiant. Efallai iddo glywed am y cyfryw bethau yng nghloddfeydd copr a meysydd glo Ynys Môn. Er hynny, roedd yn synhwyrol prynu peiriant syml a chadarn o'r math a fyddai, fel arfer, wedi'i allforio i Ynysoedd y Caribî. Yn yr un modd, gyda chyflwyniad pŵer trydan i'r diwydiant; yng Nghroesor, dangosodd Moses Kellow ragwelediad a barn gadarn wrth ddewis system, a gweithredodd gorsaf bŵer Llechwedd, a adeiladwyd rhwng 1904 a 1906, am bron i ganrif heb fawr o newid. Ni all y diwydiant llechi yng Nghymru honni iddo fod mor arloesol nac mor fentrus â chwareli Ffrainc o ran y cyfarpar trydanol a osodwyd; roedd yr hyn a wnaeth yn ofalus ond yn gadarn yn beirianyddol; arhosodd i weld pa systemau oedd yn gweithio orau ac ar ba raddfa y byddent yn gweithio fwyaf effeithiol. Roedd hyd yn oed 'cynigion cyntaf' fel y defnydd o lif gron i dorri carreg yn Ffestiniog tua 1805, yn ganlyniad proses ddatblygu araf mewn meysydd cysylltiedig eraill. Y cam yn union cyn hynny, fwy na thebyg, oedd y system a osodwyd ychydig flynyddoedd yn gynharach yng ngwaith blociau'r iard longau frenhinol yn Portsmouth, a ddyfeisiwyd, fel y soniwyd ym mhennod 7, gan Marc Brunel, Henry Maudsley, a Samuel Bentham, brawd yr athronydd Jeremy Bentham.[4]

Stori byd-eang a geir yma felly – ac, mewn cymhariaeth, efallai bod hanes cyfarwydd y chwarelwr Cymreig diwylliedig a weithiai'n galed ac a fynychai'r capel yn ymddangos yn adlais sentimental o oes a oedd ar fin darfod. Ond, os rhywbeth, mae archaeoleg y diwydiant llechi yng Nghymru yn rhoi llais newydd i'r hanes ac yn awgrymu efallai bod iddo arwyddocad ehangach hefyd.

Ffigur 242. Mae paentiad Falcon Hildred o wedd fewnol yr ystafell ddarllen yn y llyfrgell ym Mlaenau Ffestiniog yn dangos diddordeb y chwarelwyr mewn digwyddiadau cyfredol.

Pwysleisia astudiaethau hanesyddol galedi'r diwydiant, y peryglon a oedd yn gysylltiedig ag ef, ei effaith andwyol ar iechyd, a'r ffaith iddo arwain at ddirywiad diwylliant a ffordd o fyw balch ac annibynnol. Mae astudiaeth o'r archaeoleg, yn seiliedig ar ffynonellau dogfennol cyfoethog y diwydiant, yn ein harwain i dderbyn bod llawer o wirionedd yn hyn ond bod llawer iawn mwy yma hefyd. Mae archaeoleg yn ei gwneud hi'n anodd cynnal y ddadl mai hawl geni'r dosbarth gweithiol yng Nghymru oedd chwarela llechi a'i bod wedi'i meddiannu gan estroniaid (pennod 1); fel arall, ni allai fod wedi datblygu yn ddiwydiant a oedd, yng ngeiriau A.H. Dodd, 'the most Welsh of Welsh industries'. Esblygodd y diwydiant, yn gyflym iawn ar brydiau, yn y fath fodd fel y bu'n rhaid i'r bobl yn y rhanbarthau a gynhyrchai lechi, yn yr un modd ag y bu'n rhaid i berchnogion cyfoethog a chyfalaf hylifol edrych am ffyrdd newydd o sicrhau bod eu buddsoddiad yn y diwydiant yn fwy proffidiol, achub ar y cyfleoedd newydd a gynigiwyd. Bu'n rhaid iddynt ddysgu sgiliau newydd yn gyson, a golygai hyn, i bob pwrpas, fod yn rhaid iddynt addysgu eu hunain. Bu rhai o'r sgiliau hyn yn feysydd arbenigol i grwpiau teuluol bach yn flaenorol, fel gweithio wyneb y graig a hollti plygiau crai. Roedd rhai eraill yn gwbl newydd, fel gyrru locomotif neu weithredu moto trydan. Mae stori'r diwydiant llechi yn un o newid a llif cyson lle'r oedd grwpiau cymdeithasol gwahanol yn cystadlu ac yn cydweithio â'i gilydd. Ni wnaeth yr un dosbarth na grŵp cymdeithasol erioed oruchafu yn y diwydiant, er mai maes arbenigol y chwarelwr oedd wyneb y graig, y wal ac, i raddau helaeth, y felin. Roedd yr un peth yn wir am aneddiadau chwareli; yn yr un modd ag yr oedd gan yr 'estroniaid' eu castell Penrhyn, eu Faenol a'u Plas Tan y Bwlch, adeiladodd y chwarelwyr a'u teuluoedd eu trefi a'u pentrefi eu hunain yn eu delwedd hwy eu hunain, ac aethant ati i greu eu sefydliadau eu hunain oddi mewn iddynt. Yn anad dim, aethant ati i ddatblygu eu strwythurau crefyddol eu hunain; ond, yn ogystal â'u capeli, fel y nodwyd, aethant hefyd ati i sefydlu clybiau llenyddol a dadlau, bandiau a llyfrgelloedd (Ffigur 242) – a gwnaethant hyd yn oed fynychu tafarndai, bariau, neuaddau dawns a siopau betio, ni waeth faint yr oedd y pregethwyr yn lladd arnynt. Mae'r parhad diwylliannol a awgrymwyd ym mhennod 12 ac, uwchlaw popeth, y ffaith bod y lleoedd hyn wedi parhau, hyd heddiw, yn gadarnleoedd i'r iaith Gymraeg, yn rhannol o ganlyniad i'r ffordd y câi dynion eu recriwtio'n lleol a'r ffaith iddynt gadw eu cysylltiad â'r tir, ond hefyd am iddynt hwythau, yn eu tro, roi bywyd newydd i'r iaith Gymraeg. Cryfhawyd hunaniaeth leol a rhanbarthol yn sgil corfforiad yr ardaloedd hyn yn yr economi fyd-eang. Roeddent yn gymunedau trefol a diwydiannol soffistigedig, yn dra llythrennog ac yn barod i drafod pa fater llosg bynnag a ddaliai eu dychymyg, boed yn weithredoedd Mazzini, yr angen i ddatgysylltu'r eglwys, neu'r rhagolygon ar gyfer eisteddfod neu gêm bêl-droed.

Mae'r broses ddiwydiannu ac, yn benodol, ei phrosesau echdynnu sylfaenol fel cloddio a chwarela, yn effeithio ar ddiwylliannau cynhenid mewn sawl ffordd wahanol. Yn aml, hon yw rhan fwyaf creulon 'economi ddisbyddol', y gall ei gweithwyr fod yn gaethweision neu'n labrwyr ymrwymedig, proletariatau ar y gorau, gydag ond ei llafur dadwreiddedig a thlawd i'w werthu. Mewn mannau eraill, fel yn y rhannau o Ewrop lle'r oedd cyfraith mwyngloddio draddodiadol yn cael ei harddel, roedd y mwyngloddwyr yn mwynhau hawliau a warchodwyd yn ofalus ganddynt yn erbyn hawliadau landlordiaid a phenaethiaid; yn aml, byddai eu haneddiadau yn datblygu'n ddinasoedd rhydd. Mewn mannau eraill, gallai gweithwyr mewn diwydiannau cloddio, ar y lleiaf, fanteisio ar y cyfalaf ariannol a deallusol a gyrhaeddai o'r tu allan i greu cymdeithas gyfoethog a chreadigol. Roedd chwarelwyr llechi Cymru yn ffodus eu bod wedi dechrau gwasanaethu marchnadoedd byd-eang ar yr union adeg ag yr oedd eu hiaith yn destun adfywiad mawr yn y ddeunawfed a'r bedwaredd ganrif ar bymtheg. Bydd y rhesymau dros yr adfywiad hwn, a'r adfywiad diwylliannol Cymreig ehangach yr oedd yn rhan ohono, yn destun dadlau am beth amser i ddod; beth bynnag fo'r rhesymau, roeddent yn gyffredin i ardaloedd gwledig a diwydiannol, ac yn deillio o'r eglwys yn ogystal ag Anghydffurfiaeth. Yn hanfodol, gwnaethant sicrhau bod pobl Cymru yn llythrennog yn eu hiaith eu hunain cyn bod ganddynt ddealltwriaeth o'r iaith Saesneg. Ni ellir dweud, ar unrhyw ystyr, mai'r diwydiant llechi oedd yn gyfrifol am gychwyn yr adfywiad diwylliannol ond, drwy greu dosbarth o weithwyr hyderus â thueddiadau Rhyddfrydol a dalwyd yn gymharol dda, gwnaeth y diwydiant lawer i'w atgyfnerthu. Ymhlith cyflawniadau mwyaf y chwarelwyr roedd Prifysgol Bangor, 'y coleg ar y bryn', y gwnaethant roi eu harian sbâr tuag ati ac y gwnaeth llawer o'u meibion a'u merched ei mynychu. Roedd pobl a oedd yn anghyfarwydd â'r diwylliant yn ei gweld hi'n rhyfedd bod y gweithwyr yn ymddiddori yn pwy y penodwyd cadair iddo yn ddiweddar neu pwy oedd y Prifathro newydd, ond felly yr oedd hi; aeth y balchder a deimlai'r chwarelwyr tuag at eu sgil crefft eu hunain law yn llaw â chred ddiball mewn addysg. Pan agorwyd adeilad newydd y brifysgol yn 1911, ymddengys bod y dathliadau'n nodi'r gynghrair radical lwyddiannus rhwng y dosbarth gweithiol yng Nghymru a'i bourgeoisie Rhyddfrydol. Noddwr answyddogol y digwyddiad hwn, a'r rheolwr llwyfan yn ddi-au, oedd David Lloyd George, yr Aelod Seneddol dros Fwrdeistrefi Caernarfon, Canghellor y Trysorlys a'r darpar Brif Weinidog, er mai Brenin Sior V – a oedd wedi arwisgo ei fab yn Dywysog Cymru yng nghastell Caernarfon y diwrnod blaenorol ac a fyddai, y bore wedyn, yn gosod carreg sylfaen Llyfrgell Genedlaethol Cymru yn Aberystwyth – oedd ei noddwr enwol.[5] Yr un pryd ag yr oedd llawer o'r sefydliadau sydd bellach yn rhan o fywyd modern yng Nghymru yn cael eu creu, dechreuwyd hefyd weld arwyddion clir o ddirywiad hirdymor y diwydiant llechi

Ffigur 243. Yn nyffryn Ogwen ac yn Ffestiniog, mae dulliau modern yn cynnal sgiliau traddodiadol. Yn yr olygfa hon o Chwarel y Penrhyn, mae ffyrdd wedi disodli incleiniau a rheilffyrdd, ac mae'r melinau bellach yn gartref i dechnoleg arloesol ar gyfer prosesu'r llechi er mwyn sicrhau hyfywedd y diwydiant.

– eironi poenus yn wir. Caeodd Braich ar Foel Tryfan a Fronheulog yn Nantlle yn 1911, a chaeodd chwareli eraill o ganlyniad i streiciau. Yn nyffryn Ogwen, caeodd y chwareli cydweithredol – Moel Faban, Pantdreiniog a Than y bwlch.

Bu'r dirywiad hwnnw yn ddidostur ac yn hirfaith. Arweiniodd Cwymp Wall Street yn 1929 at gyfradd ddiweithdra o 99% ym mhentref chwarela Rhosgadfan ac, mewn mannau eraill, roedd dynion yn gweithio sifftiau byr neu'n ymadael am Lerpwl, Wolverhampton neu Dagenham i chwilio am waith. Hyd heddiw, nid yw rhai cymunedau chwareli llechi wedi ailgodi ar eu traed o hyd ar ôl y Dirwasgiad Mawr. Yn sgil y gwaith adeiladu a wnaed ar ôl 1945, gwelwyd adfywiad cyfyngedig a ffyniant byrhoedlog yn y Penrhyn a Dinorwig, ac yn Ffestiniog hefyd i ryw raddau. Hyd yn oed yn Nantdulas, roedd rhywfaint o waith o hyd yn y chwareli, a gallai dynion iau ddod o hyd i waith gyda'r Comisiwn Coedwigaeth. Mewn cyferbyniad, brwydrodd cadarnle hanesyddol y diwydiant yn Nantlle a Moel Tryfan ymlaen, ond dirywiad cyson yn unig a welwyd yno; cafodd ymgais ddewr i foderneiddio chwarel Dorothea yn y 1960au, drwy adeiladu ffordd i waelod y chwarel, ei lesteirio gan anffawd (pennod 8).

Mae'r rhaglenni moderneiddio a'r penderfyniad i gau pob un o'r gweithfeydd, heblaw am y rhai mwyaf proffidiol, wedi galluogi'r diwydiant i oroesi; mae llifiau gwifren ar wyneb y graig, loriau ffordd a melinau modern yn golygu bellach bod pob chwarelwr sawl gwaith yn fwy cynhyrchiol nag y bu ei dad neu ei daid erioed. Mae'r chwareli sydd wedi goroesi yn gyflogwyr lleol pwysig ac yn parhau i wasanaethu marchnadoedd byd-eang (Ffigur 243) ond, ers y 1960au a'r 1970au, ni welir rhai o'r golygfeydd ac ni chlywir cymaint o'r synnau a oedd yn gyfarwydd ar un adeg, os o gwbl – y cannoedd o ddynion mewn capiau stabal yn gwneud eu ffordd adref ar ddiwedd y dydd, sŵn ffrwydro, y stêm yn chwythu o locomotif pell ar ei daith ar hyd y bonciau yn y Penrhyn neu Ddinorwig, neu sŵn clec a thincian y gwastraff yn cael ei daflu o wagen reilffordd ar y domen. Roedd y byd a oedd wedi cynnal William Williams a'i feibion (pennod 1) wedi dod i ben, er, am flynyddoedd wedi hynny, ymddengys nad oedd unrhyw obaith o symud ymlaen. Pan ddaeth yr awdur presennol i fyw yn nyffryn Nantlle yn 1992, roedd yn union fel y'i disgrifiwyd gan Merfyn Jones ddeng mlynedd yn flaenorol – gwlad hen ddynion, a siaradai am dyllau a lenwyd flynyddoedd ynghynt, a rheolwyr a oedd wedi hen farw.

Eto i gyd, yn union fel y profodd y diwydiant fod ganddo ddyfodol, daeth yn amlwg hefyd fod mwy i fywyd yn y trefi a'r pentrefi a sefydlwyd i wasanaethu'r diwydiant. Mae diwylliant hyderus y broydd Cymraeg, gyda'u bywyd cymunedol byrlymus, eu traddodiadau o farddoni, creu cerddoriaeth a'r celfyddydau gweledol, a'u parch tuag at ddysgu, yn adlewyrchu sut yr aeth diwylliant lleiafrifol traddodiadol, a ddatblygodd yn araf ar un adeg, ati i addasu yn ystod y cyfnod 'Diwydiannol' clasurol er mwyn ateb heriau newydd. Mae'r gorffennol yn adrodd stori am hyder a pharodrwydd i ddysgu, am ystyried newid ac ymgysylltu â byd newydd, a'r themâu hynny yn fwy amlwg hyd yn oed na realiti diamheuol y salwch, y gorthrwm a'r ofn a welwyd yn sgil y broses ddiwydiannu. Gyda hyn, gwelwyd Cymru yn trawsnewid, yn radicaleiddio ac yn cryfhau ei hun, ei hunaniaeth a'i hiaith. Roedd y diwydiant llechi yn ganolog i'r newid hwnnw.

Talwyd yn drwm amdano. Roedd marwolaeth a chlefydau'n gyffredin. Eto i gyd, cynhyrchodd doeon ar gyfer y chwyldro diwydiannol a sicrhaodd y gallai plant ddysgu i gaffael y sgil hanfodol o fod yn llythrennog. Galluogodd y chwareli i ddiwylliant cynhenid Cymru oroesi i'r cyfnod modern.

Nodiadau

1 Jones 1981: 2.
2 Soulez Larivière 1979: 345, 359. Ar eu hanterth, yn 1898, cynhyrchodd chwareli Cymru 634,000 o dunelli, o gymharu â'r allbwn mwyaf yn yr Unol Daleithiau, sef 468,000 o dunelli yn 1903, a'r uchafswm a gynhyrchwyd gan chwareli Ffrainc, sef 376,000 o dunelli yn 1905, y daeth 175,000 o dunelli ohono o Anjou.
3 Soulez Larivière 1979: 157, 199, 303-05, 324-25; Lariviere 1884.
4 Cooper 1981–82.
5 Williams, J.G. 1985: 48-50; 281-85.

LLYFRYDDIAETH

Aalen, F., Whelan, K. a Stout, M. 1997. *Atlas of the Irish Rural Landscape*. Corc: Gwasg Prifysgol Corc.

ab Owain, S. 1995a. Hen Ffowndri Tanygrisiau, *Rhamant Bro* 24, 33-38.

ab Owain, S. 1995b. *Neuadd y Farchnad, Blaenau Ffestiniog: Cipdrem ar ei Hanes*. Blaenau Ffestiniog: Cyfeillion Neuadd y Farchnad.

ab Owain, S. 1998. Y Gyllell Fach, *Industrial Gwynedd* 3, 4-7.

Adam, J.-P. 1994. *Roman Building Materials and Techniques*. Llundain: Batsford.

Anhysbys. 1834. The London and Birmingham Rail-road, *Mechanics' Magazine* 26 Gorffennaf, 288.

Anhysbys. 1838. Machinery in Ireland, *Mechanics' Magazine, Museum, Register, Journal and Gazette* 29, 21 Ebrill, 47.

Anhysbys. 1879. *Damweiniau yn Chwarel Dinorwig, Arfon o 1822 hyd 1878*. Caernarfon: John Evans.

Anhysbys, 1880. How slate pencils are made. *Manufacturer and Builder* 12 (3), 59-60.

Anhysbys, 1903. Electricity in French Slate Quarries, *American Manufacturer and Iron World* 73 (1), 2 Gorffennaf 1903, 8-10.

Anhysbys. 1910. Enterprise of Welsh Slate Quarry Proprietors, *Slate Trade Gazette* 17 Mai, 85-87.

Anhysbys. 1920. The all slate house, *The Quarry*, 126.

Anhysbys. 1927. Diamond Sawing in Slate Quarries, *Quarry Managers' Journal* Ionawr, 235.

Anhysbys. 1937. Increased Efficiency in Slate Quarrying, *The Oil Engine* 5, 126-27.

Anhysbys. 1966-67. Blaenau – 1935, *Festiniog Railway Magazine* 35, 16-17.

Anhysbys. 1970. Notarial Documents in New France, *APT Bulletin*, 11, 1-2.

Anhysbys, 1977. *A Guide to the Old Delabole Slate Quarry*. Delabole: Delabole Slate.

Armstrong, J. et al. 2003. *The Companion to British Road Haulage History*. Llundain: Yr Amgueddfa Wyddoniaeth.

Attwater, D. 1935. *The Catholic Church in Modern Wales*. Llundain: Burns, Oates a Washbourne.

Barnwell, P.S. a Giles, C. 1997. *English farmsteads, 1750-1914*. Swindon: Comisiwn Brenhinol Henebion Lloegr.

Baughan, P.E. 1980. *A Regional History of the Railways of Great Britain, volume 11: North and Mid Wales*. Newton Abbot: David and Charles.

Bayles, R. 1991. Oakeley slate quarry, Blaenau Ffestiniog, *Stationary Engine Research Group Bulletin* 12 (3), 23-33.

Bayles, R. 1992. The Dorothea Cornish Engine, *Bulletin of the International Stationary Steam Engine Society* 14 (3), 40-49.

Beebe, L. 1969. *The Lucius Beebe Reader*. Llundain: Hutchinson.

Belford, P. 2004. Monasteries of Manufacture: Questioning the Origins of English Industrial Architecture, *Industrial Archaeology Review* 26 (1), 45-62.

Bick, D. 1996. *Frongoch Lead and Zinc Mine*. Northern Mine Research Society.

Bingley, W. 1814. *North Wales Delineated From Two Excursions*. Llundain: Longman, Hurst, Rees, Orme and Brown.

Blavier, A. 1864. Essai sur l'Industrie Ardoisière d'Angers, *Bulletin de la Société d'Encouragement pour l'Industrie Nationale* 2ième série tome XL, 416-44.

Blümlein, C. 1918. *Bilder aus dem Römisch-Germanischen Kulturleben*. München a Berlin: R. Oldenburg.

Boon, G.C. 1960. A temple of Mithras at Caernarvon-Segontium, *Archaeologia Cambrensis* 109, 136-72.

Born, A. 1988. Blue Slate Quarrying in South Devon: An Ancient Industry, *Industrial Archaeology Review* 211 (1), 51-67.

Boyd, J.I.C. 1975a. *Festiniog Railway 1 History and Route*. Blandford: Gwasg Oakwood.

Boyd, J.I.C. 1975b. *Festiniog Railway 2 Locomotives and Rolling Stock Quarries and Branches: rebirth 1954-74*. Blandford: Gwasg Oakwood.

Boyd, J.I.C. 1978. *On the Welsh Narrow Gauge*. Truro: D. Bradford Barton.

Boyd, J.I.C. 1981. *Narrow Gauge Railways in North Caernarvonshire Volume 1*. Trowbridge: Gwasg Oakwood.

Boyd, J.I.C. 1985. *Narrow Gauge Railways in North Caernarvonshire Volume 2*. Rhydychen: Gwasg Oakwood.

Boyd, J.I.C. 1986. *Narrow Gauge Railways in North Caernarvonshire Volume 3*. Rhydychen: Gwasg Oakwood.

Boyd, J.I.C. 1988. *The Talyllyn Railway*. Rhydychen: Wild Swan.

Burnett J. a Williams H.G. 1991. *A wandering scholar: the life and opinions of Robert Roberts*. Caerdydd: Gwasg Prifysgol Cymru.

Cadw, ICOMOS UK a Chyngor Cefn Gwlad Cymru. 1998. *Cofrestr o Dirweddau o Ddiddordeb Hanesyddol Eithriadol yng Nghymru*. Caerdydd.

Cadw, ICOMOS UK a Chyngor Cefn Gwlad Cymru. 2001. *Cofrestr o Dirweddau o Ddiddordeb Hanesyddol Arbennig yng Nghymru*. Caerdydd.

Caffell, G. 1983. *Llechi Cerfiedig Dyffryn Ogwen/The Carved Slate of Dyffryn Ogwen*. Caerdydd: Amgueddfa Genedlaethol Cymru.

Cardwell, D.S.L. 1965. Power Technologies and the Advance of Science, 1700-1825, *Technology and Culture* 6, 188-207.

Carrington, D. 1994. *Delving in Dinorwic*. Capel Garmon: Gwasg Carreg Gwalch.

Chambers, Ll.G. 1988. Griffith Davies (1788-1855) FRS Actuary, *Transactions of the Honourable Society of Cymmrodorion*, 59-77.

Chatterton, G. 1839. *Rambles in the south of Ireland during the year 1838*, Cyfrol 2. Llundain: Saunders and Otley.

Chaumeil, L. 1938. *L'Industrie Ardoisière de Basse-Bretagne*. Lorient: Nouvelliste de Morbihan.

Clingan, K.W. 1969. *Industrial Locomotives of Western France*. Birmingham: Industrial Railway Society.

Collingwood R.G. a Wright R.P. 1965. *The Roman Inscriptions of Britain: Inscriptions on stone. Epigraphic indexes*. Caerloyw: Alan Sutton.

Cooke, W.F. 1867. On New Machinery for Cutting, Tunnelling and Facing Slate, Stone and Marbles, *Journal of the Society of Arts* 15, 418-25.

Cooper, C.C. 1981-82. The Production Line at Portsmouth Block Mill, *Industrial Archaeology Review* 6 (1), 27-44.

Cossons, N. (gol.) 1972. *Rees's Manufacturing Industry. 1819-1820, a selection from The Cyclopaedia, or Universal dictionary of arts, sciences and literature by Abraham Rees*. Newton Abbot: David and Charles.

Coulls, A. 2006. The Corris, Machynlleth and River Dovey Tramroad, *Early Railways 3*. Sudbury: Six Martlets.

Cowan, C. 2003. *Urban development in north-west Roman Southwark*. Gwasanaeth Archaeoleg Amgueddfa Llundain, cyfres monograff 16.

Crowley, T.E. 1982. *Beam Engine: A Massive Chapter in the History of Steam*. Rhydychen: Senecio Publishing Co.

Cynhaiarn (gol.) 1881. *Gwaith Barddonol Ioan Madog*. Pwllheli: Richard Jones.

Dale, T.N. 1906. *Slate Deposits and Slate Industry of the United States*. Washington: Government Printing Office.

David, R. 1987. The Slate Quarrying Industry in Westmorland: Part One: The valleys of Troutbeck, Kentmere and Longsleddale, *Transactions of the Cumberland and Westmorland Antiquarian and Archaeological Society* 87, 215-35.

Davies, A.C. 1977. Roofing Belfast and Dublin, 1896-98: American Penetration of the Irish Market for Welsh Slate, *Irish Economic and Social History* IV, 26-35.

Davies, D.C. 1878. *A Treatise on Slate and Slate Quarrying*. Llundain: Crosby Lockwood and Co.

Davies, E. 2003. *The North Wales Quarry Hospitals and the Health and Welfare of the Quarrymen*. Caernarfon: Gwasanaeth Archifau Gwynedd.

Davies, I.E. 1976. The Manufacture of Honestones in Gwynedd, *Transactions of the Caernarvonshire Historical Society* 37, 80-86.

Davies, W. 1810. *General View of the Agriculture and Domestic Economy of North Wales*. Llundain: Y Bwrdd Amaethyddiaeth.

Davies, W.J.K. 1964. *Light Railways*. Llundain: Ian Allen.

de hÓir, S. 1988. A Welsh Quarryman's Grave at Castletown Arra, Co. Tipperary, *North Munster Antiquarian Journal/ Irisleabhar Ársaíochta Tuadh-Mhumhan* 30, 35-38.

Decauville, P. 1884. Portable Railways, *Scientific American Supplement*, 446, 19 Gorffennaf 1884.

Dictionary of Welsh Biography 1959. Llundain: Y Cymmrodorion.

Dodd, A.H. 1990. *The Industrial Revolution in North Wales*. Wrecsam: Bridge Books.

Dodd, G. 1843. *Days at the Factories*. Efrog Newydd: A.M. Kelley, 1843; facs. Charles Knight (gol.).

Donnelly, T. 1979. Structural and Technical Change in the Aberdeen Granite Quarrying Industry 1830-1880, *Industrial Archaeology Review* 3 (3), 228-38.

Down, C.G. 1978. Wooden Railways, *Industrial Railway Record* 79, 303-05.

Down, C.G. 1998-99. The Britannia Foundry, Portmadoc (Festiniog Railway), *Heritage Group Journal* 56, 5-25.

Dunn, R. 1990. *Narrow Gauge to No Man's Land.* Los Altos: Benchmark Publications.

Eames, A. a Stammers, M. 1979. The *Fleetwing* of Porthmadog, *Maritime Wales/Cymru a'r Môr* 4, 119-22.

Eardley-Wilmot, J. 1902. *Thomas Assheton Smith: The Reminiscences of a Famous Fox-Hunter*. Llundain: R. Everett.

Edwards, I. 1985. Slate Quarries in the Llangollen District, *Denbighshire Historical Society Transactions* 34, 91-120.

Elis-Williams, M. 1988. *Bangor: Port of Beaumaris*. Caernarfon: Archifau Gwynedd.

Elliott, B.S. 2011. Proclaiming respectability across the colour line: headstones of free blacks in St Peter's churchyard, St George's, Bermuda, *Journal of the Society for Post-Medieval Archaeology* 45 (1), 197-211.

Ellis, G. 1885. *Hanes Methodistiaeth Corris a'r Amgylchedd*. Dolgellau: E.W. Evans.

Evans, E. 2002. Y Ciniawdy – Y Tŷ Pwdin, *Rhamant Bro* 21, 27-33.

Evans, J. 1800. *Letters Written During a Tour through North Wales in the Year 1798, and at other times*. Llundain: J. White.

Evans, J. 1812. The Beauties of England and Wales. Llundain: J. Harris.

Evans, J.R. 1989. The Trefriw Steamers, 1847-1940, *Aberconwy Historical Society Transactions*, 13-17.

Everton, C. 1986. *The History of Snooker and Billiards*. Haywards Heath: Partridge Press.

Fairweather, B. n.d. *The 300-Year Story of Ballachulish Slate*. Glencoe: Glencoe and North Lorn Folk Museum.

Fauchet, C. a Hugues, N. 1997. La ville noire, terre des migrations bretonnes: Trélazé, 1850-1914, *Annales de Bretagne et des pays de l'Ouest*, tome 4, numéro 3, 201-11.

Fenton, R. 2009. The Slate Steamers, *Archive* 64, 3-14.

Fereday R.P. 1966. *The Career of Richard Smith 1783-1868*. traethawd ymchwil M.A., Prifysgol Keele.

Fischer, J. a Schröder, E. 1957. *Schieferbau Aktiengesellschaft 'Nuttlar' 1857-1957*. Soest.

Fisher, A., Fisher, D. a Jones, G.P. 2011. *De Winton of Caernarfon Engineers of Excellence*. Garn Dolbenmaen: RCL Publications.

Flinn, M.W. a Stoker, D. 1984. *The History of the British Coal Industry. Volume 2: 1700-1830 The Industrial Revolution*. Rhydychen: Gwasg Prifysgol Rhydychen.

Foster, C. Le N. 1882. *Notes on Aberllefenny Slate Mine*. Ailargraffwyd o *Transaction of the Royal Geological Society of Cornwall*, Penzance, 167-71.

Foster, C. Le N. 1889. *Report of C. Le Neve Foster, H.M. Inspector of Mines for the North Wales, &c. District for the year 1888*. HMSO: Llundain – C.-5779.-viii.

Foster, C. Le N. 1893. *Report of C. Le Neve Foster, H.M. Inspector of Mines for the North Wales, &c. District for the year 1892*. HMSO: Llundain – C.-6986.-x.

Foster, C. Le N. 1897. *Report of C. Le Neve Foster, H.M. Inspector of Mines for the North Wales, &c. District for the year 1896*. HMSO: Llundain – C.-8450.-xii.

Foster, C. Le N. 1899. *Report of C. Le Neve Foster, H.M. Inspector of Mines for the North Wales, &c. District for the year 1898*. HMSO: Llundain – C.-9264.-vii.

Foster, C. Le N. a Cox, S.H. 1910. *Ore and Stone Mining*. Llundain: Charles Griffin and Co.

Galloway, R.L. 1882. *A History of Coal Mining in Great Britain*. Llundain: Macmillan.

Geddes, R.S. 1975. *Burlington Blue-Grey A History of the Slate Quarries, Kirkby-in-Furness*. Cyhoeddwyd yn breifat.

Glaslyn, 1899. Hugh Jones Pant yr Hedydd, *Cymru* 16. 90, 15; 13.

Glaslyn, 1902. Adgofion Henafgwr, *Cymru* 22, 200-04.

Greenhill, B. 1988. *The Evolution of the Wooden Ship*. Llundain: Batsford.

Greenwell, A. ac Elsden, J.V. 1913. *Practical Stone Quarrying*. Llundain: Crosby Lockwood.

Grewe, K. 2009. Die Reliefdarstellung einer antiken Steinsägemaschine aus Hierapolis in Phrygien und ihre Bedeutung für die Technikgeschichte. Yn Bachmann, M. (gol.) *Bautechnik im Antiken und Vorantiken Kleinasien*, Byzas 9. Istanbul: Ege Yayinlari, 429-55.

Griffith, D. 1980. *Griffith Jones, Ffotograffydd cynnar o'r Felinheli/An early photographer of Port Dinorwic*. Caernarfon: Gwasanaeth Archifau Gwynedd.

Griffith, J. *gweler* Sylwedydd.

Gwyn, D. 1995. Valentia Slate Slab Quarry, *Cuman Seandáloichta is Staire Chiarrai/Journal of the Kerry Archaeological and Historical Society* 24, 40-57.

Gwyn, D. 1999. From Blacksmith to Engineer: Artisan Technology in North Wales in the Early Nineteenth Century, *Llafur* 7, 51-65.

Gwyn, D. 1999. Power Systems in Four Gwynedd Slate Quarries, *Industrial Archaeology Review* 22 (2), 83-100.

Gwyn, D. 2000. 'Vaunting and disrespectful notions' Charles Mercier's portrait of the Penrhyn Quarry Committee and Lord Penrhyn, *Transactions Of The Caernarvonshire Historical Society* 61, 123-33.

Gwyn, D. 2001. 'Ignorant of all science': Technology transfer and peripheral culture, the case of Gwynedd, 1750-1850. Yn *From Industrial Revolution to Consumer revolution: international perspectives on the archaeology of industrialisation*. Llundain: The International Committee for the Conservation of the Industrial Heritage, 39-45.

Gwyn, D. 2001. Resistance to Enclosure: the Moel Tryfan Commons, *Transactions of the Caernarvonshire Historical Society* 62, 81-97.261

Gwyn, D. 2001. Transitional Technology – the Nantlle Railway, *Early Railways*. Llundain: Newcomen Society, 46-62.

Gwyn, D. 2002a. The Industrial Town in Gwynedd: a Comparative Study, *Landscape History*, 71-89.

Gwyn, D. 2002b. An Early High-Pressure Steam Engine at Cloddfa'r Coed, *Transactions of the Caernarvonshire Historical Society* 63, 26-43.

Gwyn, D. 2004. Tredegar, Newcastle, Baltimore: the swivel truck as paradigm of technology transfer, *Technology and Culture* 45 (4), 778-94.

Hague, D.B. a Warhurst, C. 1966. Excavations at Sycharth Castle, Denbighshire, 1962-63, *Archaeologia Cambrensis* 115, 108-27.

Haigh, A.J. 2005. *Robert Hudson Ltd*. Cyhoeddwyd yn breifat.

Hall, H. 1905. *Report of Henry Hall, H.M. Inspector of Mines for the North Wales, &c. District for the year 1904*. Llundain: HMSO – Cd. 2506-vi.

Hall, N. 2003. The role of the slate in Lancasterian schools as evidenced by their manuals and handbooks, *Paradigm* 2 (7), 46-54.

Hancock, C. a Lewis M.J.T. 2006. *Conglog Slate Quarry*. Gwernaffield: Adit.

Harris, J.R. 2000. *Industrial Espionage and Technology Transfer: Britain and France in the Eighteenth Century*. Aldershot and Vermont.

Haslam, R., Orbach, J. a Voelker, A. 2009. *The Buildings of Wales: Gwynedd*. Gwasg Prifysgol Yale.

Hayter, H. 1875-76. Holyhead New Harbour, *Minutes of the Proceedings of the Institution of Civil Engineers* 44, 98-105.

Hedley, R. 1935. *Modern Traction for Industrial and Agricultural Railways*. Locomotive Publishing Company.

Henderson, J.M. 1904. Aerial Suspension-Cableways, *Minutes of Proceedings of the Institution of Civil Engineers* 158, 186-222.

Hill, A. 2000. *The History and Development of Colliery Ventilation*. Matlock Bath: Peak District Mines Historical Society, Peak District Mining Museum.

Hilton, G.W. 1990. *American Narrow Gauge Railroads*. Stanford: Gwasg Prifysgol Stanford.

Hindley, P. 1995. Dee Side Tramway Wagons, *Industrial Railway Record* 140, 436-38.

Hobsbawm, H. 1999. 'Man and Woman: Images on the Left'. Yn *Uncommon People*. Llundain: Abacus.

Holland, S. 1952. *The Memoirs of Samuel Holland*. Merionethshire Historical and Record Society extra publications 1 (1).

Hollister-Short, G. 1994. The First Half Century of the Rod-Engine c.1540-c.1600. Yn Ford, T.D a Willies, L. (gol.) *Mining Before Powder. Peak District Mines Historical Society Bulletin* 12 (3) (Haf) and Historical Metallurgy Society Special Publication, 83-90.

Holme, R. 1688. *Academie of Armorie 3*. Caer: argraffwyd yn breifat.

Holmes, A. 1986. *Slates from Abergynolwyn*. Caernarfon: Gwasanaeth Archifau Gwynedd.

Hora, Z. a Hancock, K.D. 2008. Geology of the Parliament Buildings 6. Geology of the British Columbia Parliament Buildings, Victoria, *Geoscience Canada*, 35 (2), 88-96.

Houston, W.J. 1964. New Developments at Dorothea Quarry, *Quarry Managers' Journal*, Chwefror 68-70.

Hughes, D.O. 1903. *Canrif o Hanes yr Achos Methodistaidd yn Nhanygrisiau*. Blaenau Ffestiniog: Davies and Co.

Hughes, E. ac Eames, A. 2009. *Porthmadog Ships*. Llanrwst: Gwasg Carreg Gwalch.

Hughes, H. 1977. *Immortal Sails*. Prescot: T. Stephenson and Sons.

Hughes, H.D. 1979. *Hynafiaethau Llandegai a Llanllechid*. Cyhoeddiadau Mei, y Groeslon.

Hughes, J.E. 1995. *Canmlwyddiant Ysgol Dyffryn Ogwen 1895-1995*. Bangor: Canolfan Astudiaethau Iaith.

Hughes, S. 1990. *The Archaeology of an Early Railway System: the Brecon Forest Tramroads*. Aberystwyth: Comisiwn Brenhinol Henebion Cymru.

Hughes, S. 2000. *Copperopolis: Landscapes of the Early Industrial Period in Swansea*. Aberystwyth: Comisiwn Brenhinol Henebion Cymru.

Hughes, S. 2003. Thomas Thomas, 1817-88: the first national architect of Wales, *Archaeologia Cambrensis* 152, 69-166.

Hughes, S. 2004. The International Collieries Study. Part of the Global Strategy for a Balanced World Heritage, *Industrial Archaeology Review* 26 (2), 95-111.

Hughes, S. *et al.* n.d. *Collieries of Wales*. Aberystwyth: Comisiwn Brenhinol Henebion Cymru.

Hughes, T.O. 2001. The Roman Catholic Church and evangelism in twentieth-century Wales, *Cylchgrawn Hanes Crefydd Cymru/Journal of Welsh Religious History*, cyfres newydd cyf. 1, 80-95.

Hutchinson, T. a Selincourt, E. de. (gol.) 1969. *Wordsworth Poetical Works*. Gwasg Prifysgol Rhydychen.

Hyde-Hall, E. 1952. *A Description of Caernarvonshire*. Caernarfon: Cymdeithas Hanes Sir Gaernarfon.

Illsley, J.S. 1979. Trade and transport in Llyn Padarn in the late eighteenth century, *Transactions of the Caernarvonshire Historical Society* 40, 87-104.

Isherwood, G. 1995. *Cwmorthin Slate Quarry*. Yr Wyddgrug: Adit Publications.

Isherwood, J.G. 1988. *Slate from Blaenau Ffestiniog*. Caerlŷr: ABP publishing.

James, H. R. 2003. Roman Carmarthen. Excavations 1978-1993. *Britannia Monograph* 20.

Jeanneau, J. 1969. Maisons rurales et maisons ouvrières dans la banlieue d'Angers, *Norois* 63, 423-32.

Jenkins, D. 1998. Shipping and Shipbuilding. Yn Jenkins, G.H. a Jones, I.G. *Cardiganshire County History* 3. Caerdydd: Cymdeithas Hynafiaethwyr Sir Aberteifi a Chomisiwn Brenhinol Henebion Cymru, 182-97.

Jenkins, D. 2004. 'Llongau y Chwarelwyr?' Investments by Caernarfonshire Slate Quarrymen in Local Shipping Companies in the late Nineteenth Century, *Welsh History Review* 22 (1), 80-102.

Jenkins, J.G. 1976. *Life and Tradition in Rural Wales*. Llundain: Dent.

Jeremy, D. 1981. *Transatlantic Industrial Revolution*. Cambridge, Massachusetts: Gwasg MIT.

Jermy, R.C. 1986. *The Railways of Porthgain and Abereiddi*. Headington: Gwasg Oakwood.

Johnson, P. 2009. *An Illustrated History of the Welsh Highland Railway*. Hersham: OPC.

Johnston, D. 1988. *Gwaith Iolo Goch*. Caerdydd: Gwasg Prifysgol Cymru.

Jones, D.C. 1977. A Relic of the Slate Trade on the Menai Strait, *Cymru a'r Môr/Maritime Wales* 2, 13-15.

Jones, D.C. 1978. The Pwll Fanog wreck – a slate cargo in the Menai Strait, *International Journal of Nautical Archaeology* 7 (2), 152-59.

Jones, D.G. 1999. *Un o Wŷr y Medra: Bywyd a Gwaith William Williams Llandygái*. 1738-1817. Dinbych: Gwasg Gee.

Jones, E. 1963. *Canrif y Chwarelwr*. Dinbych: Gwasg Gee.

Jones, E. 1980. *Bargen Dinorwic*. Porthmadog: Tŷ ar y Graig.

Jones, E. 1985. *Blaenau Ffestiniog in old picture postcards*. Zaltbommel: Llyfrgell Ewropeaidd.

Jones, E. 1988. *Stiniog*. Caernarfon: Gwasg Gwynedd.

Jones, E. 1989. Commuting to Work by Bus: patterns in the Seiont Valley 1963, *Transactions of the Caernarvonshire Historical Society* 50, 115-17.

Jones, E. a Gwyn, D. 1989. *Dolgarrog: An Industrial History*. Caernarfon: Gwasanaeth Archifau Gwynedd.

Jones, E.D. 1950. Ysgriflechi Cymraeg Ystrad Ffûr, *Llên Cymru* 1, 1-6.

Jones, G. 2004. *Cyrn y Diafol*. Caernarfon: Gwasg Gwynedd.

Jones, G.P. 1985. Nantlle Slate Quarries, *Stationary Power: The Journal of the Stationary Engine Research Group* 2, 13-41.

Jones, G.P. 1987. The Gwernor Slate Quarry, Nantlle, *Transactions of the Caernarvonshire Historical Society* 48, 47-73.

Jones, G.P. 1996. *The Economic and Technological Development of the Slate Quarrying Industry in the Nantlle Valley, Gwynedd*. Traethawd ymchwil Ph.D, Prifysgol Cymru.

Jones, G.P. a Dafis, D.W. 2003. Water Power in the Slate Mines of East Ffestiniog, *Water Power in Mining*. Rhifyn arbennig o *Mining History: The Bulletin of the Peak District Mines Historical Society* 15 (4/5), 11-15.

Jones, G.P. a Longley, D. 2009. A Slate Saw Mill at Twll Coed Slate Quarry in the Nantlle Valley, *Industrial Archaeology Review* 31(2), 134-50.

Jones, G.P. a Lord, P. 1995. A Painting of Dorothea Quarry, *Industrial Gwynedd* 3, 23-32.

Jones, G.R. 1991. *Chwarel Blaen y Cwm a elwir hefyd yn Benffridd*. Maentwrog: Fforwm Plas Tan y Bwlch.

Jones, G.R. 1998. *Hafodlas Slate Quarry*. Cyhoeddwyd yn breifat.

Jones, G.R. 2005. *Rhiwbach Slate Quarry: Its History and Development*. Cyhoeddwyd yn breifat.

Jones, I.W. 1997. *Gold, Frankenstein and Manure*. Blaenau Ffestiniog: Quarry Tours.

Jones, I.W. a Hatherill, G. 1977. *Llechwedd and Other Ffestiniog Railways*. Blaenau Ffestiniog: Quarry Tours.

Jones, O. 1875. *Cymru: Hanesyddol, Parthedegol, a Bywgraphyddol*. Llundain: Glasgow a Chaeredin.

Jones, R.C. 2006. *The Llanberis Slate Quarry 1780-1969*. Wrecsam: Bridge Books.

Jones, R.L. 1932. Blaenau Ffestiniog Lawer Blwyddyn yn Ôl – Atgofion Robert Lewis Jones, Potter's Avenue, Efrog Newydd, *Y Rhedegydd* 18 Awst 1932.

Jones, R.M. 1981. *The North Wales Quarrymen 1874-1922*. Caerdydd: Gwasg Prifysgol Cymru.

Jones, W. 'Ffestinfab'. 1879. *Hanes Plwyf Ffestiniog a'r Amgylchoedd*. Blaenau Ffestiniog: Jones a Roberts.

Jope, E.M. a Dunning, G.C. 1954. The use of blue slate for roofing in medieval England, *The Antiquaries Journal* 34, 209-17.

Kellow, M. 1907. The Application of Hydro-Electric power to Slate-Mining, *Minutes of Proceedings of the Institution of Civil Engineers*, 26 Mawrth 1907, 3-27.

Kellow, M. 1944-45. The Autobiography of Alderman Moses Kellow, *Quarry Managers' Journal* Ionawr 1944-Rhagfyr 1945.

Kemper, F. 1971. The Origins of Orenstein and Koppel, *The Industrial Railway Record* 40, 156-61.

Kent, J.M. 1968. The Delabole Slate Quarry, *Journal of the Royal Institution of Cornwall* cyfres newydd 5 rhan 4, 317-23.

Kérouanton, J-L. 1997. Blavier (1827-96), ingénieur des Mines et president de la Commission des Ardoisières d'Angers, *Annales de Bretagne et des pays de l'Ouest* 104 (3), 149-56.

Knight, J. 1976-78. Excavations at St. Barruc's chapel, Barry Island, Glamorgan 1900-1981, *Reports and Transactions of the Cardiff Naturalists' Society* 99, 28-65.

Lancaster, J. 1805. *Improvements in Education, As it Respects the Industrious Classes of the Community*. Llundain: J. Lancaster.

Lancaster, J. 1808. *Improvements in Education; Abridged, Containing a Complete Epitome of the System of Education, Invented and Practised by the Author*. Llundain: J. Lancaster.

Lankton, L. 2010. *Hollowed Ground: Copper Mining and Community Building on Lake Superior, 1840s-1990s*. Detroit: Gwasg Prifysgol Talaith Wayne.

Larivière, C. 1884. Notes d'un Voyage aux Ardoisières du Pays de Galles, *Annales des Mine 8ième Série – Mémoires* Tomes VI, à Paris, 505-64.

Lawrence, D.E. 2001. Building Stones of Canada's Federal Parliament Buildings, *Geoscience Canada* 28 (1), 13-30.

Lewis, M.J.T. 1966. Mole, *Festiniog Railway Magazine* 34, Hydref, 15-16.

Lewis, M.J.T. 1968a. *How Ffestiniog Got its Railway*. Caterham: Railway and Canal Historical Society.

Lewis, M.J.T. 1968b. The Car Gwyllt, *Industrial Archaeology* 5. Newton Abbot: David and Charles, 135-39, 145.

Lewis, M.J.T. 1968c. The Tally Slate, *Industrial Archaeology* 5 (2), 214-15.

Lewis, M.J.T. 1970. *Early Wooden Railways*. Llundain: Routledge a Kegan Paul.

Lewis, M.J.T. (gol.) 1987. *The Slate Quarries of North Wales in 1873*. Maentwrog: Parc Cenedlaethol Eryri.

Lewis, M.J.T. 1988. Quarry Feeders, *Festiniog Railway Heritage Group Journal* 13, 4-8.

Lewis, M.J.T. 1989. *Sails on the Dwyryd*. Plas Tan y Bwlch: Parc Cenedlaethol Eryri.

Lewis, M.J.T. 1998. New Light on Tŷ Mawr Ynys y Pandy, *Industrial Gwynedd* 3, 34-49.

Lewis, M.J.T. 2003. *Blaen y Cwm and Cwt y Bugail Slate Quarries*. Gwernaffield: Adit Publications.

Lewis, M.J.T. 2003b. Bar to Fish-belly: The Evolution of the Cast-Iron Edge Rail, *Early Railways 2*. Llundain: Newcomen Society, 102-17.

Lewis, M.J.T. 2011. *The Archaeology of Gwynedd Slate: Flesh on the Bone*. Maentwrog: Parc Cenedlaethol Eryri.

Lewis, M.J.T. (ar ddod) *Gorseddau: a portrait of a slate quarry and its railway*.

Lewis, M.J.T. a Denton J. 1974. *Rhosydd Slate Quarry*. Amwythig: Cottage Press.

Lewis, M.J.T. a Williams, M.C. 1987. *Pioneers of Ffestiniog Slate*. Maentwrog: Parc Cenedlaethol Eryri.

Lewis, S. 1834. *Topographical Dictionary of Wales*. Llundain: Samuel Lewis.

Lewis, S. 1837. *Topographical Dictionary of Ireland*. Cyhoeddwyd yn breifat.

Lewis, S. 1838. *Topographical Description of Ireland 2*. Llundain: S. Lewis.

Lindsay, J. 1974. *A History of the North Wales Slate Industry*. Newton Abbot: David and Charles.

Lindsay, J. 1987. *The Great Strike*. Newton Abbot: David and Charles.

Lloyd, L. 1977. *The Unity of Barmouth*. Caernarfon: Gwasanaeth Archifau Gwynedd.

Lloyd, L. 1979. Brigs, Snows and Brigantines: Mawddach Square Riggers to 1874, *Journal of the Merionethshire Historical and Record Society* 8 (3), 237-76.

Lloyd, L. 1989. *The Port of Caernarfon 1793-1900*. Cyhoeddwyd yn breifat.

Lloyd, L. 1996. *A Real Little Seaport: The Port of Aberdyfi and its People 1565-1620*. Cyhoeddwyd yn breifat.

Lloyd, V. 1988. *Roger Fenton, Photographer of the 1850s*. Llundain: South Bank Board.

Lombardero, M., García-Guinea, J. a Cárdenes, V. 2000. The Geology of Roofing Slate. Yn Scott, P.W. a Bristow, C.W. (gol.) *Industrial Minerals and Extractive Industry Geology*. Llundain: Y Gymdeithas Ddaearegol.

Lorigan, C. 2007. *Delabole The History of the Slate Quarry and the Making of its Village Community*. Caversham: Gwasg Pengelly.

McElvogue, D. 1999. The Forgotten Ways: evidence for water-borne transport in Nant Peris, Gwynedd, *Industrial Gwynedd* 4, 8-15.

McElvogue, D. 2003. Cwch Talsarnau: a boat from the Afon Dwyryd, *Cymru a'r Môr* 24, 41-49.

MacGregor, D.R. 1982. *Schooners in Four Centuries*. Hemel Hempstead: Model and Allied Publications.

Machefert-Tassin, Y., Nouvion, F. a Woimant, J. (préface de Marcel Garreau) 1980. *Histoire de la Traction Électrique: Des origines à 1940*. Paris: La Vie du Rail.

Marshall, P.C. 1979. Polychromatic Roofing Slates of Vermont and New York, *APT Bulletin* 11(3), 77-87.

Martin, T. 2000. *Halfway to Heaven: Darjeeling and its Remarkable Railway 1879-2000*. Caer: Railromances.

Mason, M. (gol.) 1998. *The Graeanog Ridge The Evolution of a Farming Landscape and its Settlements in North-West Wales*. Aberystwyth: Cymdeithas Archaeolegol Cambria.

Michael, P. 1997. Quarrymen and Insanity in North Wales: from the Denbigh Asylum Records, *Industrial Gwynedd* 2, 34-43.

Michael, P. 2003. *Care and Treatment of the Mentally Ill in North Wales, 1800-2000*. Caerdydd: Gwasg Prifysgol Cymru.

Miller, L., Schofield, J. a Rhodes, M. 1986. *The Roman quay at St Magnus House, London*. Llundain: Cymdeithas Archaeolegol Llundain a Middlesex (Papur Arbennig 8).

Mills, C. 2010. *Regulating Health and Safety in the British Mining Industry 1800-1914*. Farnham: Ashgate.

Milner, W.J. 1984. *The Glyn Valley Tramway*. Poole: Oxford Publishing Co.

Milner, W.J. 2008. *Slates from Glyn Ceiriog*. Caer: Gwasg Ceiriog.

Adran Mwyngloddiau 1930. *Report On An Inquiry Into The Occurrence Of Disease Of The Lungs From Dust Inhalation In The Slate Industry In The Gwyrfai District*, gan C. L. Sutherland, MD, DPH ac S. Bryson, DPH. Llundain: HMSO.

Moody, L.W. (golygwyd gan R.C. Jones) 1998. *The Maine Two-Footers*. Forest Park: Heimburger.

Morgan, K.O. 1982. *Rebirth of Nation Wales 1880-1980*. Rhydychen: Gwasg Prifysgol Rhydychen; Gwasg Prifysgol Cymru.

Morgrugyn Machno 1870au. *Slate Quarrying and How to Make it Profitable*. Bangor: Evan Williams.

Morris, M. (n.d.) Porthmadog. Caernarfon: Gwasanaeth Archifau Gwynedd.

Morris, W. 1892. The Influence of Building Materials on Architecture, *Century Guild Hobby Horse* 7, Ionawr 1892 [dyfynnwyd yn *Slate Trade Gazette* 4 (22), Ebrill 1898, 137].

Morrison, T.A. 1972. The Story of the Croesor United Slate Company Ltd, *Journal of the Merionethshire Historical and Record Society* 6 (IV), 391- 412.

Neumann *et al.* 1864. The actual state of the works on the Mont Cenis tunnel, *Minutes of the Proceedings of the Institution of Civil Engineers* 23, 287-319.

Neve, R. 1703. *The city and country purchaser*. Llundain: ar gyfer J. Sprint.

Nicholson, P. 1823. *The New and Improved Practical Builder*. Llundain: T. Kelly.

Nicholson, P. 1837. *The New and Improved Practical Builder*, cyf. 2. Llundain: T. Kelly.

Nixon, F. 1969. *Industrial Archaeology of Derbyshire*. Newton Abbot: David and Charles.

O'Brien 1868. Mr Daniel O'Brien, Bryndu, Llandwrog, gerllaw Caernarfon, *Y Drysorfa* Mawrth 1868, 107-09.

Oeynhausen, C. von a Dechen, H. von 1971. *Railways in England 1826 and 1827*. Caergrawnt: Newcomen Society.

Oswell, F. 1902. Port Dinorwic Docks, *Minutes of the Proceedings of the Institution of Civil Engineers* 147 (1), 290-307.

Owain, O. Ll. 1907. *Cofiant Mrs Fanny Jones*. Machynlleth.

Owen, E. 1885. The Penrhyn Slate Quarry, *Red Dragon* 8, 335-36.

Owen, H. 1892. *The Description of Pembrokeshire*. Llundain: Charles J. Clarke.

Owen, R. 1868. Cloddfeydd Llechau Ffestiniog, *Traethodydd* 23, 353-85.

Papurau Seneddol C-7237, 1893-1894. *Report by the Quarry Committee of Inquiry*. Llundain: HMSO.

Papurau Seneddol C-7237, 1893-1894. *Royal Commission on Land in Wales and Monmouthshire First Report*. Llundain: HMSO.

Papurau Seneddol C-7692, 1895. *Report of the Departmental Committee on Merionethshire Slate Mines*. Llundain. HMSO.

Parry, G.T. 1908. *Llanberis. Ei Hanes, Ei Phobl, Ei Phethau*. Caernarfon: Cwmni y Cyhoeddwyr Cymreig.

Parry-Williams, T. H. 1923. *The English element in Welsh; a study of English loan-words in Welsh*. Llundain: Cymmrodorion.

Parry-Williams, T. H. 1942. *Lloffion. Pros a Mydr*. Aberystwyth: Y Clwb Llyfrau Cymreig.

Peate, I. 1931. A Caernarvonshire Inventor. A note on the work of John Williams (Ioan Madog), *Y Cymmrodor* 42, 148-54.

Pedr 1869. *Traethawd yn Rhoddi Hanes Manwl o Waen Gynfi &c*. Ebenezer: W.R. Hughes.

Pickering, P.A. 1986. Class without Words: Symbolic Communication in the Chartist Movement, *Past and Present* 112(1), 144-62.

Pierpont, R.N. 1967. Slate Roofing, *APT Bulletin* 19 (2), 13-14.

Plǘmpe, T. 1917. *Die westfälische Schiefer-industrie*. Leipzig: Verlag von Veit & Comp.

Pollard, S. 1997. *Marginal Europe: The Contribution of Marginal Lands Since the Middle Ages*. Rhydychen: Clarendon.

Prichard, C. 1961. *Un Nos Ola Leuad*. Dinbych: Gwasg Gee.

Pritchard, D.D. 1935. *The Slate Industry of North Wales: A Study of the Changes in Economic Organisation from 1780 to the Present Day*. MA Coleg Prifysgol Gogledd Cymru, 1935.

Pritchard, D.D. 1942a. The Early Days of the Slate Industry, *Quarry Managers' Journal* Gorffennaf, 30-32.

Pritchard, D.D. 1942b. New Light on the History of Penrhyn Slate Quarry in the Eighteenth Century, *Quarry Managers' Journal* Medi, 117-22.

Pritchard, D.D. 1942c. Our Quarry Aristocracy, *Quarry Managers' Journal* Tachwedd, 185-87.

Pritchard, D.D. 1942d. The Financial Structure of the Slate Industry of North Wales 1780-1830, *Quarry Managers' Journal* Rhagfyr, 210-15.

Pritchard, D.D. 1943. Aspects of the Slate Industry. Rhif 1. Yn *Quarry Managers' Journal* Mai, 422-26.

Pritchard, D.D. 1943a. Investment in the Slate Industry 1830-1930. Yn *Quarry Managers' Journal* Ionawr, 254-58.

Pritchard, D.D. 1943b. Investment in the Slate Industry 1830-1930, Erthygl 2, *Quarry Managers' Journal* Ionawr 1943, 297-300.

Pritchard, D.D. 1943c. Investment in the Slate Industry 1830-1930, Erthygl 3, *Quarry Managers' Journal* Mawrth 1943, 318-22.

Pritchard, D.D. 1943d. Investment in the Slate Industry 1830-1930, Erthygl 4, *Quarry Managers' Journal* Ebrill, 377-80.

Pritchard, D.D. 1943e. Aspects of the Slate Industry. Rhif 2 Causes of Contraction in the Slate Industry, *Quarry Managers' Journal* Mehefin, 471-74.

Pritchard, D.D. 1943f. Aspects of the Slate Industry. Rhif 3 Slates v. Tiles, *Quarry Managers' Journal* Gorffennaf, 34-38.

Pritchard, D.D. 1943g. Aspects of the Slate Industry. Rhif 4 Roofing Fashions, *Quarry Managers' Journal* Awst, 81-84.

Pritchard, D.D. 1943h. Aspects of the Slate Industry. Rhif 5 Foreign Relations, *Quarry Managers' Journal* Medi, 116-19.

Pritchard, D.D. 1943i. Aspects of the Slate Industry. Rhif 6 Foreign Relations, *Quarry Managers' Journal* Hydref, 174-78.

Pritchard, D.D. 1943j. Aspects of the Slate Industry. Rhif 7 Two Lessons from the Past, *Quarry Managers' Journal* Tachwedd, 232-36.

Pritchard, D.D. 1943k. Aspects of the Slate Industry. Rhif 8 Foreign Trade in Slate during the Present Century, *Quarry Managers' Journal* Rhagfyr, 254-57.

Pritchard, D.D. 1944a. Aspects of the Slate Industry. Rhif 9 Foreign Trade in Slate during the Present Century, *Quarry Managers' Journal* Ionawr, 318-27.

Pritchard, D.D. 1944b. Aspects of the Slate Industry. Rhif 10 Free Trade versus Protection, *Quarry Managers' Journal* Chwefror, 368-72.

Pritchard, D.D. 1944c. Aspects of the Slate Industry. Rhif 11 The Expansionist Period, *Quarry Managers' Journal* Mawrth, 416-19.

Pritchard, D.D. 1944d. The Expansionist Period. Cyfres Newydd rhan 2, *Quarry Managers' Journal* Ebrill, 468-71.

Pritchard, D.D. 1944e. The Expansionist Period. Cyfres Newydd rhan 3, *Quarry Managers' Journal* Mai, 516-19.

Pritchard, D.D. 1944f. The Expansionist Period. Cyfres Newydd rhan 4, *Quarry Managers' Journal* Mehefin, 549-51.

Pritchard, D.D. 1944g. The Expansionist Period (1790-1877) rhan 5, *Quarry Managers' Journal* Gorffennaf, 17-21.

Pritchard, D.D. 1944h. The Expansionist Period (1790-1877) rhan 6, *Quarry Managers' Journal* Awst, 71-75.

Pritchard, D.D. 1944i. The Expansionist Period (1790-1877) rhan 7, *Quarry Managers' Journal* Medi, 116-20.

Pritchard, D.D. 1944j. The Expansionist Period (1790-1877) rhan 8, *Quarry Managers' Journal* Hydref, 173-77.

Pritchard, D.D. 1944k. The Expansionist Period (1790-1877) rhan 9, *Quarry Managers' Journal* Tachwedd, 203-07.

Pritchard, D.D. 1945a. The Expansionist Period (1790-1877) rhan 10, *Quarry Managers' Journal* Ionawr, 303-08.

Pritchard, D.D. 1945b. The Expansionist Period (1790-1877) rhan 11, *Quarry Managers' Journal* Chwefror, 356-58.

Pritchard, D.D. 1945c. A History of the English and Scottish Slate Industry, *Quarry Managers' Journal* Mawrth, 393-95, 404.

Pritchard, D.D. 1946a. A History of the English and Scottish Slate Industry 2, *Quarry Managers' Journal* Ionawr, 339-43.

Pritchard, D.D. 1946b. A History of the English and Scottish Slate Industry 3, *Quarry Managers' Journal* Mawrth, 458-61.

Pritchard, D.D. 1946c. Plan for the Slate Industry, *Quarry Managers' Journal* Mai, 559-67.

Pritchard, D.D. 1947. Future Prospects of the Slate Industry, *Quarry Managers' Journal* Mai, 636-44.

Punstein, A. 2005. *Altdeutsche Schieferdeckung*. Köln: Verlagsgesellschaft Rudolf Müller.

Ramelli, A. 1994. The various and ingenious machines of Agostino Ramelli. Efrog Newydd: Dover; Llundain: Constable.

Ramsey, D. 2007. New light on early slate and granite extraction in North West Leicestershire, *Leicestershire Industrial History Society Bulletin* 18, 3-79.

Ransome, J.P.G. 1996. *Narrow Gauge Steam: its origins and world-wide development*. Yeovil: Oxford Publishing Company.

Rattenbury, G. a Lewis, M.J.T. 2004. *Merthyr Tydfil Tramroads and Locomotives*. Rhydychen: Railway and Canal Historical Society.

Rees, D.M. 1970. Some Aspects of Industrial Archaeology in Wales, *Transactions of the Hon. Society of Cymmrodorion* 2, 174-76.

Rees, T. a Thomas, J. 1873. *Hanes Eglwysi Annibynol Cymru* 3. Lerpwl: Yn Swyddfa y Tyst Cymreig.

Remacle, A. 2007. Les Ardoisières de l'Ardenne Belge. *Intérêt biologique et état des sites en surface*. Région wallonne, Direction Générale des Ressources Naturelles et de l'Environnement, Division de la Nature et des Forêts, travaux 30.
Reynolds P.K.B. 1936. Excavations on the Site of the Roman Fort at Caerhun: Seventh Interim Report, *Archaeologia Cambrensis* 91 (2), 210-45.
Richards, A.J. 1991. *A Gazetteer of the Welsh Slate Industry*. Capel Garmon: Gwasg Carreg Gwalch.
Richards, A.J. 1994. *Slate Quarrying in Corris*. Llanrwst: Gwasg Carreg Gwalch.
Richards, A.J. 1995. *Slate Quarrying in Wales*. Llanrwst: Gwasg Carreg Gwalch.
Richards, A.J. 1998. *The Slate Quarries of Pembrokeshire*. Llanrwst: Gwasg Carreg Gwalch.
Richards, A.J. 2001. *The Slate Railways of Wales*. Llanrwst: Gwasg Carreg Gwalch.
Richards, A.J. a Jones, G.P. 2004. *Cwm Gwyrfai; The quarries of the North Wales Narrow Gauge and the Welsh Highland Railways*. Llanrwst: Gwasg Carreg Gwalch.
Roberts, A. 1991-92. Adeiladu capeli yn Arfon, 1800-1914, *Transactions of the Caernarvonshire Historical Society*, 51-70.
Roberts, D. 1988b. Y Deryn Nos a'i Deithiau, *Cof Cenedl* 3, 151-79.
Roberts, D. 2003: Copper and Slate: Thomas Williams' Slate Pillar Fence at Bisham, *The Marlow Historian*, 3, 16-21.
Roberts, D. 2004. Copor a llechi: Ffens llechi Thomas Williams yn Bisham, *Transactions of the Caernarvonshire Historical Society* 65, 89-97.
Roberts, G.R. 1998. *New Lives in the Valley: Slate Quarries and Quarry Villages in North Wales, New York and Vermont*, 1850-1912. Somersworth: New Hampshire printers.
Roberts, K. 1936. *Traed Mewn Cyffion*. Dinbych: Gwasg Gee.
Roberts, K. 1960. Y Lôn Wen. Dinbych: Gwasg Gee.
Roberts, O.T.P. 1979. The Llyn Padarn Slate Wreck, *Maritime Wales/Cymru a'r Môr* 4, 62-76.
Roberts, T.T. 1999. *Y Felin Fawr (Chwarel y Penrhyn) Ei hanes a'i rhamant*. Dinbych: Gwasg Gee.
Robinson, F.N. (gol.) 1957. *The Complete Works of Geoffrey Chaucer*. Llundain: Gwasg Prifysgol Rhydychen.
Robinson, J.M. 1978. *The Wyatts, an Architectural Dynasty*. Llundain: Gwasg Prifysgol Rhydychen.
Rolt, L.T.C. 1971. *Talyllyn Adventure*. Newton Abbot: David and Charles.
Roose Williams, J. 1978. Quarryman's Champion: *The Life and Activities of William John Parry of Coedmor*. Dinbych: Gwasg Gee.
Rowlands, J. 1981. *Copper Mountain*. Llangefni: Cymdeithas Hynafiaethwyr Môn.
Comisiwn Brenhinol Henebion Cymru. 1960. *An Inventory of the Ancient Monuments of Caernarvonshire 2*. Llundain: Llyfrfa Ei Mawrhydi.

Salzman, L.F. 1952. *Building in England Down to 1540*. Rhydychen: Clarendon.
Salzman, L.F. 1967. *Building in England Down to 1540*. Rhydychen: Gwasg Prifysgol Rhydychen.
Samset, I. 1985. *Winch and Cable Systems*. Dordrecht: Nijhoff and Junk.
Searle, G.R. 1993. *Entrepreneurial Politics in Mid-Victorian Britain*. Rhydychen: Clarendon.
Sharman, M. 1983. *The Crampton Locomotive*. Swindon: cyhoeddwyd yn breifat.
Sharpe, A. 1990. *Coastal Slate Quarries: Tintagel to Trebarwith*. Truro: Uned Archaeolegol Cernyw.
Shaw, M. 1994. Dee Side Tramway, *Industrial Railway Record* 137, 281-88.
Skempton, A.W. 2002. *Bibliographical Dictionary of Civil Engineers in Great Britain and Ireland Volume 1, 1500 to 1830*. Llundain: Sefydliad y Peiriannwyr Sifil.
Smiles, S. 1882. *Self-help: with illustrations of conduct and perseverance*. Llundain: John Murray.
Smith, P. 2004. *Rivington's Building Construction*. Donhead St Mary: ailargraffiad Donhead o argraffiad 1904.
Smith, W. 1882&1883. Summit-Level Tunnel of the Bettws and Festiniog Railway, *Proceedings of the Institution of Civil Engineers* 73 (3), 150-77.
Snyder, G.F. 2003. *Ante pacem: archaeological evidence of church life before Constantine*. Macon, Georgia: Gwasg Prifysgol Mercer.
Soulez Larivière, F. 1979. Les Ardoisières d'Angers. Angers: Prestograph.
Stammers, M. a Kearon, J. 1992. *The* 'Jhelum': *A Victorian Merchant Ship*. Lerpwl: Alan Sutton.
Stammers, M. 1993. *Mersey Flats and Flatmen*. Lerpwl: National Museums and Galleries on Merseyside.
Stanfel, D. 2008. *K.u.k. Militärfeldbahnen im Ersten Weltkrieg*. Hövelhof: DGEG.
Stanier, P. 1995. *Quarries of England and Wales; an historic photographic record*. Truro: Twelveheads.
Storey, R. 1968. A Welsh Slate, *Industrial Archaeology* 5 (1), 104.
Sylwedydd n.d. *Chwarelau Dyffryn Nantlle a Chymdogaeth Moel Tryfan*. Conwy: R.E. Jones.

Taylor, A.J. 1986. *The Welsh Castles of Edward I*. Llundain a Ronceverte: The Hambledon Press.
Taylorson, K. a Neale, A. 1987. *Narrow Gauge at War*. Croydon: Plateway Press.

Thomas, C. 2001. *Quarry Hunslets of North Wales*. Brynbuga: Oakwood.
Thomas, D. 2007. *Hen Longau Sir Gaernarfon*. Caernarfon: Cymdeithas Hanes Sir Gaernarfon.
Thomas, O. 1874. *Cofiant y Parchedig John Jones Talsarn*. Wrecsam: Hughes a'i Fab.
Tomos, D. (gol.) 1972. *Michael Faraday in Wales*. Dinbych: Gwasg Gee.
Trinder, B. 1981. *The Industrial Revolution in Shropshire*. Chichester: Phillimore.
Trinder, B. 1982. *The Making of the Industrial Landscape*. Llundain, Melbourne, Toronto: Dent.
Tucker, D.G. 1976. The Slate Quarries of Easdale, Argyllshire, Scotland, *Post-Medieval Archaeology* 10, 118-30.
Tucker, G. a Tucker, M. 1979. The Slate Industry of Pembrokeshire and its Borders, *Industrial Archaeology Review* 3 (3), 203-27.
Tucker, N. 1928. Sailing up the Conwy, *North Wales Pioneer*, 29 Tachwedd.
Turner, Ll. 1903. *The Memories of Sir Llewelyn Turner*. Llundain: Isbister.
Tyler, I. 1994. *Honister Slate: The History of a Lakeland Slate Mine*. Caldbeck: Blue Rock Publications.
Tyson, B. 1998. Transportation and the Supply of Construction Materials: An Aspect of Traditional Building Management, *Vernacular Architecture* 29, 69-73.

Van Laun, J. 2001. *Early Limestone Railways*. Llundain: Newcomen Society.
Varaschin, D. a Bouvier, Y. 2009. *Le patrimoine industrial de l'électricité et de l'hydroélectricité*. Université de Savoie.
Viollet-le-Duc, E.E. 1868. *Dictionnaire raisonné de l'architecture française du XIe au XVIe siècle*, Tome 1 Ardoise. Paris: Morel.
Voelcker, A. 2011. *Herbert Luck North*. Aberystwyth: CBHC.
Voisin, L. 1986. *Les Ardoisières de l'Ardenne*. Charleville-Mezières: Editions Terres Ardennais.

Wagner, J.J. 1680. *Historia Naturalis Helvetiae Curiosa*. Tiguri (Zurich): impensio J.H. Lindinneri.
Ward, J. 1907. Roman Remains at Cwmbrwyn, Carms, *Archaeologia Cambrensis* 6 chweched cyfres 7, 175-212.
Weaver, R. 1990. The Oakeley BS90s, *The Ffestiniog Railway Heritage Group Journal* 23, 15-19.
Weaver, R. 1999. *Fire Queen*: Time Warp at Dinorwic, *Industrial Gwynedd* 4, 16-20.
White, R.B. 1978. Excavations at Brithdir (Roman fort and fortlet) near Dolgellau, 1974, *Cambrian Archaeological Association Monograph Collection* 1, 35-62.
Wiliam, E. 1982. *Traditional Farm Buildings in North-East Wales 1550-1900*. Caerdydd: Amgueddfa Genedlaethol Cymru.
Wiliam, E. 2010. *The Welsh Cottage*. Aberystwyth: CBHC.
Wilkinson, G. 1845. *Practical Geology and Ancient Architecture of Ireland*. Llundain, Dulyn: John Murray, William Curry Jun. and Co.
Williams, D. 'Hanesydd' 1869. *Hanes Gwaen Gynfi er Dechreuad y Ganrif Bresenol*. Ebenezer: Undeb Llenyddol Deiniolen.
Williams, G.J. 1882. *Hanes Plwyf Ffestiniog*. Wrecsam: Hughes a'i Fab.
Williams, G.J. 1901. Use of the Wire Saw for Quarrying Slate. Yn *Report of HM Inspectors of Mines*, Atodiad 4. Llundain: HMSO.
Williams, J.G. 1985. *The University College of North Wales Foundations 1884-1927*. Caerdydd: Gwasg Prifysgol Cymru.
Williams, J.Ll. 1997. Two Powder Magazines in the parish of Llanllechid, Bethesda; their significance in the industrial turmoil of the late Nineteenth Century, *Industrial Gwynedd* 2, 7-11.
Williams, J.Ll. a Jenkins, D. 1993. Dŵr a Llechi ym Mhlwyf Llanllechid, Bethesda – Agweddau ar Ddatblygiad Diwydiant yn Nyffryn Ogwen, *Transactions of the Caernarvonshire Historical Society* 54, 29-62.
Williams, J.Ll. a Jenkins, D. 1995. Tair Chwarel ym Mhlwyf Llanllechid, Bethesda Rhan I, *Transactions of the Caernarvonshire Historical Society* 56, 47-70.
Williams, J.Ll. a Jenkins, D. 1996. Tair Chwarel ym Mhlwyf Llanllechid, Bethesda Rhan II, *Transactions of the Caernarvonshire Historical Society* 57, 65-84.
Williams, M.C. 1985. An Early Matthews Dressing Machine in the Ffestiniog Quarries, *Archaeology in Wales* 25, 53-54.
Williams, M.C. a Lewis, M.J.T. 1987. *Chwarelwyr Cyntaf Ffestiniog*. Maentwrog: Parc Cenedlaethol Eryri.
Williams, M.C. a Lewis, M.J.T. 1988. Dolwyddelan Quarries, *Archaeology in Wales* 28, 87.
Williams, M.C. a Lewis, M.J.T. 1989. *Gwydir Slate Quarries*. Maentwrog: Canolfan Astudiaethau Parc Cenedlaethol Eryri.
Williams, R. 1896. *Cofiant a Phregethau y diweddar Barch Griffith Roberts, Carneddi*. Caernarfon: Cwmni'r Wasg Genedlaethol Gymreig.
Williams, R. 1899. Hunangofiant Chwarelwr. 1 Bore Oes Chwarelwr 1813-1839, *Cymru* XVI 90, 55-59.
Williams, R. 1900a. Hunangofiant Chwarelwr. 2 Dechrau Byw, *Cymru*, XVIII, 102, 74-76.
Williams, R. 1900b. Hunangofiant Chwarelwr. 3 Uchelgais Chwarelwr, *Cymru* XVIII 103, 131-32.
Williams, R. 1900c. Hunangofiant Chwarelwr. 3 Anibyniaeth Chwarelwr, *Cymru* XVIII 104, 169-72.
Williams, R. 1900d. Hunangofiant Chwarelwr. 5 Budd a Gonestrwydd, *Cymru* XVIII 105, 226-28.

Williams, R. 1900e. Hunangofiant Chwarelwr. 6 Cyfnewidiad Sydyn, *Cymru* XVIII 106, 275-76.

Williams, R. 1900f. Hunangofiant Chwarelwr. 7 Abergynolwyn, *Cymru* XVIII 107, 330-32.

Williams, R. 1900g. Hunangofiant Chwarelwr. 8 Dadblygiad Chwarelyddiaeth, *Cymru* XIX 109, 88-90.

Williams, W. 1892. *Hynafiaethau a Thraddodiadau Plwyf Llanberis a'r Amgylchoedd*. Llanberis: R. Owen.

Williams, W.G. 1983. *Moel Tryfan i'r Traeth: erthyglau ar hanes plwyfi Llanwnda a Llandwrog*. Penygroes: Cyhoeddiadau Mei.

Williams Parry, R. 1952. *Cerddi'r Gaeaf*. Dinbych: Gwasg Gee.

Wood, T. n.d. *Hanes Seindorf y Royal Oakeley*. Capel Garmon: Gwasg Carreg Gwalch.

Woodward, G. 1997-98. Hydro Electricity in North Wales, 1880-1948, *Transactions of the Newcomen Society* 69 (2), 205-35.

Wyn Griffith, J.L. 1971. *Spring of Youth*. Abertawe: Christopher Davies.

Ymddiriedolaeth Genedlaethol, 1991. *Penrhyn Castle*. Llundain: Yr Ymddiriedolaeth Genedlaethol.

Zienkiewicz. D. 1993. Excavations in the *Scamnum Tribunorum* at Caerleon: The Legionary Museum Site 1983–85, *Britannia* 24, 27-140.

Adroddiadau archaeolegol heb eu cyhoeddi

Gwynedd Slate Quarrying Landscapes (1994: Adroddiad 129).

Gwynedd Slate Quarries (1995: Adroddiad 154).

Gwynedd Slate Quarries: mills, power systems, haulage technology, barracks (1997: Adroddiad 252).

Wessex Archaeology: *Pwll Fanog Wreck, Menai Strait, Anglesey. Designated Site Assessment: Archaeological Report*, adroddiad heb ei gyhoeddi, 2007. cyf: 53111.03vv.

Ffynonellau mewn dwylo preifat

Davies, J., 1875. *Hanes Chwarelau Ffestiniog*, traethawd heb ei gyhoeddi a enillodd wobr mewn eisteddfod.

The Story of Wincilate Ltd, heb ei gyhoeddi t.s. hanes cwmni.

Ffynonellau archifol

Gweler y troednodiadau

Byrfoddau

BU	Archifau Prifysgol Bangor, Bangor.
CRO	Archifdy Caernarfon, Gwasanaeth Archifau Gwynedd, Sir Gaernarfon.
DRO	Archifdy Dolgellau, Gwasanaeth Archifau Gwynedd, Sir Feirionnydd.
NLW	Llyfrgell Genedlaethol Cymru.
NMRW	Cofnod Henebion Cenedlaethol Cymru.
NMW	Amgueddfa Cymru.
PTyB	Archifau Plas Tan y Bwlch, Maentwrog.
RCAHMW	Comisiwn Brenhinol Henebion Cymru.
TNA	Yr Archifau Cenedlaethol, Llundain.

RHESTR O FFIGURAU

Mae pob ffigur yn (h) Hawlfraint y Goron: Comisiwn Brenhinol Henebion Cymru, ac eithrio'r rhai sy'n perthyn i'r unigolion a'r sefydliadau canlynol yr ydym yn ddiolchgar amdanynt.

Clawr Blaen, Votty and Bowydd
Cyfeirnod: SSPL_10660311
Gyda chaniatâd y Science and Society Picture Library

Clawr Blaen, Barics y Dre' Newydd
Cyfeirnod: DS2013_204_003, NPRN 275726

Wynebddalen, chwareli Rhiwbach a Chwt y Bugail
Cyfeirnod: AP_2007_3089, NPRN 40568

Cynnwys a chlawr cefn, cofeb rhyfel Pen yr Orsedd
Cyfeirnod: DS2013_534_004-006, NPRN 419590

Tudalennau gweili, Nantlle
Cyfeirnod: Arolwg Ordnans 1889
(h) a hawl cronfa ddata Hawlfraint y Goron a Landmark Information Group Ltd **(Cedwir pob hawl 2014)**

Tudalennau gweili, Pen y Groes
Cyfeirnod: DS2013_418_005, NPRN 16723

PENNOD 1

Ffigur 1, Ffarwel Roc
Cyfeirnod: Darlun llonydd o ffilm o 1969 (1'33")
Gyda chaniatâd caredig BBC Cymru Wales

Ffigur 2, pwyllgor chwarelwyr y Penrhyn
Cyfeirnod: CRO: XS/233
Gyda chaniatâd Gwasanaeth Archifau Gwynedd

Ffigur 3, Plas Tan y Bwlch
Cyfeirnod: DS2013_195_001, NPRN 28687

Ffigur 4, Maenofferen
Cyfeirnod: http://www.youtube.com/user/RCAHMWales i weld yr animeiddiad llawn o'r atgynhyrchiad

PENNOD 2

Ffigur 5, Map lleoliad
Cyfeirnod: WSP_39
Yn seiliedig ar (h) hawlfraint a hawl cronfa ddata'r Goron 2014. Rhif trwydded yr Arolwg Ordnans 100022206

Ffigur 6, Nantlle
Cyfeirnod: AP_2010_2484, NPRN 40539

Ffigur 7, Moel Tryfan
Cyfeirnod: DS2013_361_001, NPRN 419243

Ffigur 8, Gilfach Ddu
Cyfeirnod: DS2007_417_001, NPRN 40559

Ffigur 9, Dinorwig
Cyfeirnod: AP_2010_2454, NPRN 40538

Ffigur 10, Bethesda
Cyfeirnod: AP_2011_2859, NPRNs 415226 a 40564

Ffigur 11, Castell y Penrhyn
Cyfeirnod: AP_2005_0642, NPRN 86440

Ffigur 12, Ffestiniog
Cyfeirnod: AP_2011_3093, NPRN 305760

Ffigur 13, Wrysgan a Chwmorthin
Cyfeirnod: AP_2014_0696, NPRN 40594

Ffigur 14, Dyffryn Tanat
Cyfeirnod: AP_2004_0977, NPRN 40609

Ffigur 15, Cilgerran
Cyfeirnod: DI2013_0682, NPRN 40617
O gasgliadau Cofnod Henebion Cenedlaethol Cymru (h) C.S. Allen

Ffigur 16, Hafod y Llan
Cyfeirnod: AP_2010_2424, NPRN 40536

Ffigur 17, Ynys y Pandy
Cyfeirnod: DS2007_280_002, NPRN 40572

PENNOD 3

Ffigur 18, Prifysgol Bangor
Cyfeirnod: DS2013_341_001, NPRN 23260

Ffigur 19, Parc Faerdre
Cyfeirnod: DS2010_657_001, NPRN 409685

Ffigur 20, Fila Abermagwr
Cyfeirnod: DS2013_380_002, NPRN 405315

Ffigur 21, Tai Penamnen
Cyfeirnod: P7060022
Drwy garedigrwydd W.T. Jones

Ffigur 22, Eglwys yr Holl Saint, Llangar
Cyfeirnod: DS2013_374_015 a WSP_40, NPRN 93771
Darlun yn seiliedig ar wybodaeth drwy garedigrwydd W.T. Jones

Ffigur 23, Teclynnau chwarel
Cyfeirnod: DS2007_393_004, NPRN 93771
Mewnosodiad: P1170018
Drwy garedigrwydd W.T. Jones

Ffigur 24, Llechi to
Cyfeirnod: WSP_41
Darlun wedi'i ail-lunio o Smith 2004: 219

Ffigur 25, Tolldy, Porthmadog
Cyfeirnod: DS2013_197_001 a 004, NPRN 16618

Ffigur 26, Rouen
Cyfeirnod: Viollet-le-Duc 1868: 459

Ffigur 27, Bryste
Cyfeirnod: EPW005430
(h) hawlfraint English Heritage

Ffigur 28, Treffynnon
Cyfeirnod: DS2013_339_002, NPRN 23467

Ffigur 29, Eglwys Sant Rhedyw, Llanllyfni
Cyfeirnod: DS2013_508_001, NPRN 301085

Ffigur 30, Eglwys Sant Mihangel, Blaenau Ffestiniog
Cyfeirnod: DS2013_375_001, NPRN 43892

Ffigur 31, Plyg wedi'i lifio
Cyfeirnod: DS2013_376_002, NPRN 404322

Ffigur 32, Siopau Bethesda
Cyfeirnod: DS2013_348_004, NPRN 419229

Ffigur 33, Crawiau ger Abergynolwyn
Cyfeirnod: DS2013_198_001, NPRN 418938

Ffigur 34, Ffan o lechi
Cyfeirnod: DS000128
Gyda chaniatâd Amgueddfa Genedlaethol Cymru

Ffigur 35, Bryn Twrw, Tregarth
Cyfeirnod: clocwedd o'r chwith uchaf DS2013_346_010, 011, 008, 013, 002, 014, NPRN 26131

Ffigur 36, Llechen addurniadol
Cyfeirnod: DS2013_357_014, NPRN 40559

Ffigur 37, Llechi ysgrifennu a phensiliau
Drwy garedigrwydd Marian Gwyn (a) a Nigel Hall (b ac c)

Ffigur 38, Gwaith Fletcher a Dixon
Cyfeirnod: XS/1411/37
Gyda chaniatâd Gwasanaeth Archifau Gwynedd

Ffigur 39, Royal Exhibition Building, Melbourne
Cyfeirnod: Dig005944
Drwy garedigrwydd Michelle McAulay ac Adran yr Amgylchedd (Awstralia)

PENNOD 4

Ffigur 40, Craen stêm, ceunant Cilgerran
Gyda chaniatâd Casgliad Tom Mathias a gedwir ym Maenor Scolton gan Wasanaeth Amgueddfeydd Sir Benfro

Ffigur 41, Adran Vivian yn chwarel Dinorwig
Cyfeirnod: DS2009_215_004, NPRN 40571
Cyfeirnod: Cynllun Isometrig, WSP_42
Gyda diolch i John Peredur Hughes

Ffigur 42, Penrhyn
Cyfeirnod: XM/Maps/375
Gyda chaniatâd Gwasanaeth Archifau Gwynedd

Ffigur 43, Anjou
Cyfeirnod: Fougeroux de Bondaroy, A. 1796. *Art de tirer des carrières la pierre d'ardoise, de la fendre et de la tailler*. Paris: Plât 1

Ffigur 44, Nantlle
Cyfeirnod: Map Arolwg Ordnans, 1889
(h) a hawl cronfa ddata Hawlfraint y Goron a Landmark Information Group Ltd **(Cedwir pob hawl 2014)**

Ffigur 45, Maenofferen
Cyfeirnod: JDK18753
Drwy garedigrwydd Jon Knowles

Ffigur 46, Chwarel Holland
Cyfeirnod: XS/2219/1
Gyda chaniatâd Gwasanaeth Archifau Gwynedd

Ffigur 47, Ffestiniog
Cyfeirnod: WSP_43
Gyda diolch i Graham Isherwood a Darlun wedi'i ail-lunio o Lewis a Denton, 1974: 20

Ffigur 48, Oakeley
Cyfeirnod: WSP_44, NPRN 404307
Gyda diolch i Graham Isherwood

Ffigur 49, Nantdulas
Cyfeirnod: WSP_45, NPRN 40584

Ffigur 50, Parc
Cyfeirnod: WSP_46, NPRN 420105

Ffigur 51, Penrhyn
Cyfeirnod: 39578
(h) Delweddau'r Ymddiriedolaeth Genedlaethol/John Hammond

Ffigur 52, Maenofferen
Cyfeirnod: XS/1353/31
Gyda chaniatâd Gwasanaeth Archifau Gwynedd

Ffigur 53, Jympar
Cyfeirnod: WSP_09
Darlun wedi'i ail-lunio o Foster a Cox 1910, 170

Ffigur 54, Dril Kellow
Cyfeirnod: DS2013_497_001 a 004, NPRN 40565

Ffigur 55, *Mole*
Drwy garedigrwydd Michael Lewis

Ffigur 56, twnnel 'binocwlar' Hunter
Cyfeirnod: DS2013_348_006, NPRN 400832

Ffigur 57, Tsaen dimwnt Korfmann
Cyfeirnod: DS2013_357_007 a 009, NPRN 40559

Ffigur 58, Cytiau 'mochel ffeiar, Penrhyn
Cyfeirnod: DI2013_0683, NPRN 40564

Ffigur 59, Plyg wedi'i bileru, Penrhyn
Cyfeirnod: The Penrhyn Quarry Illustrated, Bangor: Wickens c.1911

Ffigur 60, Llechwedd
Cyfeirnod: XS/1058/c
Gyda chaniatâd Gwasanaeth Archifau Gwynedd

Ffigur 61, American Devil
Cyfeirnod: CHS/1117/17
Gyda chaniatâd Gwasanaeth Archifau Gwynedd

Ffigur 62, Cwt powdwr, Hafodlas
Cyfeirnod: DS2013_183_002, NPRN 418929

Ffigur 63, Wagen powdwr du, Rheilffordd Ffestiniog
Cyfeirnod: DS2013_377_003, NPRN 34660

Ffigur 64, Llechwedd
Cyfeirnod: Map Arolwg Ordnans, 1901
(h) a hawl cronfa ddata Hawlfraint y Goron a Landmark Information Group Ltd **(Cedwir pob hawl 2014)**

Ffigur 65, Braslun gan Mary Elizabeth Thompson
Cyfeirnod: DI003939
Gyda chaniatâd Amgueddfa Genedlaethol Cymru

Ffigur 66, Gweithfeydd hogiau domen, Nantlle
Cyfeirnod: DS2013_507_004, NPRN 419492

PENNOD 5

Ffigur 67, Olwyn ddŵr, Felin Fawr
Cyfeirnod: DS2013_200_001, NPRN 418940

Ffigur 68, *Duke* yn chwarel Dorothea
Cyfeirnod: Casgliad Geoff Charles gch32303
Gyda chaniatâd Llyfrgell Genedlaethol Cymru

Ffigur 69, Votty and Bowydd
Cyfeirnod: 10660311
Gyda chaniatâd y Llyfrgell Lluniau Gwyddoniaeth a Chymdeithas

Ffigur 70, Dorothea
Cyfeirnod: DS2011_492_001, NPRN 40539
Gyda chaniatâd Michael Wynne Williams

Ffigur 71, Melin Wynt, Cloddfa'r Coed
Cyfeirnod: Cornelius Varley *Yr Wyddfa o Lanllyfni*
Gyda chaniatâd Llyfrgell Genedlaethol Cymru

Ffigur 72, Injan Fawcett a Littledale, Cloddfa'r Coed
Cyfeirnod: WSP_48, NPRN 275743
Gyda diolch i Eric Lander
Cyfeirnod: Porth yr Aur Ychwanegol 1906
Gyda chaniatâd Adran Archifau a Chasgliadau Arbennig, Prifysgol Bangor

Ffigur 73, Injan drawst, Dorothea
Cyfeirnod: DI2013_0723, NPRN 26409

Ffigur 74, Inclên llawr 5, Llechwedd
Cyfeirnod: XS/605/8b
Gyda chaniatâd Gwasanaeth Archifau Gwynedd

Ffigur 75, Injan wal, Pen y Bryn
Cyfeirnod: DI2013_0691, NPRN 33674

Ffigur 76, Injan godi, Blaen y Cae
Cyfeirnod: DS2014_0150_007, NPRN 40530

Ffigur 77, Injan stêm, Glynllifon
Cyfeirnod: DS2013_362_003, NPRN 31381

Ffigur 78, Pen y Bryn
Cyfeirnod: WSP_49, NPRN 33674
(h) a hawl cronfa ddata Hawlfraint y Goron a Landmark Information Group Ltd **(Cedwir pob hawl 2014)**

Ffigur 79, Rhiwbach
Cyfeirnod: AP_2014_0725 a WSP_50, NPRN 40568

Ffigur 80, Pelton, Gilfach Ddu
Cyfeirnod: XS/1217/4
Gyda chaniatâd Gwasanaeth Archifau Gwynedd

Ffigur 81, Cywasgydd, Pen yr Orsedd
Cyfeirnod: DS2013_364_002, NPRN 40565

Ffigur 82, Pant yr Afon
Cyfeirnod: DS2013_371_005, NPRN 85488

Ffigur 83, Tŷ'r trawsnewidydd, Penrhyn
Cyfeirnod: DI2013_0690, NPRN 40564

PENNOD 6

Ffigur 84, Penrhyn
Cyfeirnod: XM/Maps/375
Gyda chaniatâd Gwasanaeth Archifau Gwynedd

Ffigur 85, Injan pwysedd dŵr, Penrhyn
Cyfeirnod: DI2013_0685, NPRN 40564

Ffigur 86, Injan fawr
Cyfeirnod: DQ/3360
Gyda chaniatâd Gwasanaeth Archifau Gwynedd

Ffigur 87, Pympiau
Cyfeirnod: WSP_51
Darlun wedi'i ail-lunio o Foster a Cox 1910, 170: 484 a 486

Ffigur 88, Gwyntyll, Maenofferen
Cyfeirnod: JDK18497
Drwy garedigrwydd Jon Knowles

PENNOD 7

Ffigur 89, Gwal, chwarel y Voel
Cyfeirnod: DS2013_363_001, NPRN 400563

Ffigur 90, Teclynnau chwarel
Cyfeirnod: XS/1128/61
Gyda chaniatâd Gwasanaeth Archifau Gwynedd

Ffigur 91, John Williams
Cyfeirnod: Casgliad John Thomas, Jth00253
Gyda chaniatâd Llyfrgell Genedlaethol Cymru

Ffigur 92, Chwarelwr
Cyfeirnod: DI2008_0003, NPRN 40564

Ffigur 93, Gwaliau ar Bonc Red Lion, Penrhyn
Cyfeirnod: XS/3093/12
Gyda chaniatâd Gwasanaeth Archifau Gwynedd

Ffigur 94, *Scieur de Pierre*
Cyfeirnod: XJ106319
Gyda chaniatâd Look and Learn

Ffigur 95, Melin llawr 5 yn chwarel Llechwedd
Cyfeirnod: XS/1058/39
Gyda chaniatâd Gwasanaeth Archifau Gwynedd

Ffigur 96, Teipoleg melinau
Cyfeirnod: WSP_52
Darlun wedi'i ail-lunio o archif Plas Tan y Bwlch, CBHC (Maenofferen) a Jones 2005: 187 (Hafodlas)

Ffigur 97, Cyfadeilad melin y chwarel Maenofferen
Cyfeirnod: WSP_53, NPRN 416517

Ffigur 98, Ynys y Pandy
Cyfeirnod: WSP_54, NPRN 40572
Darlun wedi'i ail-lunio o Lewis 1998: 41 a 48

Ffigur 99, Hwrdd yn chwarel Ty'n y Bryn
Cyfeirnod: XS/1182/9
Gyda chaniatâd Gwasanaeth Archifau Gwynedd

Ffigur 100, Bwrdd llifio yng Nglynllifon
Cyfeirnod: DS2013_362_006, NPRN 31381

Ffigur 101, Bwrdd llifio Greaves
Cyfeirnod: Jones a Longley 2009: 137
Gyda chaniatâd Amgueddfa Genedlaethol Cymru

Ffigur 102, Dinorwig, Sied Awstralia
Cyfeirnod: DS2013_509_005, NPRN 419478

Ffigur 103, Llif Hunter yng Nghraig Ddu
Cyfeirnod: ZS/45/16
Gyda chaniatâd Gwasanaeth Archifau Gwynedd

Ffigur 104, Naddwr Guillotine a Greaves
Cyfeirnod: DS2013_370_003 a 006, NPRN 400426

Ffigur 105, Bwrdd plaen De Winton ym Mhen yr Orsedd
Cyfeirnod: DS2014_151_001, NPRN 419769

Ffigur 106, Llawr-gynlluniau cyffredin
Cyfeirnod: WSP_55

Ffigur 107, Melin Hafodlas
Cyfeirnod: WSP_56, NPRN 418931
Darlun wedi'i ail-lunio o Jones 2005: 187

Ffigur 108, Peiriant crwsio, Hafodlas
Cyfeirnod: WSP_57, NPRN 420225
Darlun wedi'i ail-lunio o Jones 2005: 199

Ffigur 109, Gwaith gwneud brics Llechwedd
Cyfeirnod: DS2008_028_009, NPRN 400426

Ffigur 110, Odynau enamlo, Hafodlas
Cyfeirnod: Cyfeirnod: WSP_58, NPRN 420226
Darlun wedi'i ail-lunio o Jones 2005: 191

Ffigur 111, Melin Aberllefenni
Cyfeirnod: DS2008_396_015, NPRN 408514

PENNOD 8

Ffigur 112, Llwybr cam, chwarel Oakeley
Cyfeirnod: DS2008_028_038, NPRN 404307

Ffigur 113, Paentiad John Warwick Smith o'r Chwareli Llechi ym Mron Llwyd
Cyfeirnod: B1975.4.733
Gyda chaniatâd yr Yale Centre for British Art, Casgliad Paul Mellon

Ffigur 114, Agorfa, adran Vivian yn Ninorwig
Cyfeirnod: DS2013_203_005, NPRN 418943

Ffigur 115, Bont Goch yn Chwarel Palmerston
Cyfeirnod: Casgliad John Thomas, Jth00301
Gyda chaniatâd Llyfrgell Genedlaethol Cymru

Ffigur 116, Pontydd tanddaearol yn chwarel Rhosydd
Cyfeirnod: WSP_59, NPRN 40600
Darlun wedi'i ail-lunio o Lewis a Denton 1974: 24

Ffigur 117, Cydrannau traciau
Cyfeirnod: DS2013_357_013, NPRN 40559

Ffigur 118, Ysgythriad John Nixon
Cyfeirnod: XS/204/1
Gyda chaniatâd Gwasanaeth Archifau Gwynedd

Ffigur 119, Wagenni
Cyfeirnod: Conclog-06, DCH10552 a JDK2968
Drwy garedigrwydd Jon Knowles

Ffigur 120, Car gwyllt
Cyfeirnod: ZS/45/233
Gyda chaniatâd Gwasanaeth Archifau Gwynedd

Ffigur 121, Incleiniau cyfres C a thai drwm yn chwarel Dinorwig
Cyfeirnod: DS2013_487_001, NPRN 419477

Ffigur 122, Chwerfan inclên yn chwarel Hafodlas
Cyfeirnod: DS2013_181_005, NPRN 418927

Ffigur 123, Lifft yn chwarel Dinorwig
Cyfeirnod: CHS/1072/230
Gyda chaniatâd Gwasanaeth Archifau Gwynedd

Ffigur 124, Inclên yn adran Vivian
Cyfeirnod: DS2013_355_001, NPRN 40571

Ffigur 125, Inclên yn chwarel Rhosydd
Cyfeirnod: WSP_60, NPRN 40600
Darlun wedi'i ail-lunio o Lewis a Denton 1974: 32

Ffigur 126, Inclên yng Nghwm Machno
Cyfeirnod: Mapiau Arolwg Ordnans 1887 a 1899
(h) a hawl cronfa ddata Hawlfraint y Goron a Landmark Information Group Ltd **(Cedwir pob hawl 2014)**

Ffigur 127, Inclên balans dŵr yn chwarel Pen y Bryn
Cyfeirnod: X/Dorothea/1559
Gyda chaniatâd Gwasanaeth Archifau Gwynedd

Ffigur 128, Inclên balans dŵr yn Aberllefenni
Cyfeirnod: DS2008_395_002, NPRN 275917

Ffigur 129, Dorothea
Cyfeirnod: DS2011_492_001, NPRN 40539
Drwy garedigrwydd Michael Wynne Williams

Ffigur 130, Inclên y wythïen gefn yn chwarel Maenofferen
Cyfeirnod: DS2013_530_001, NPRN 416971

Ffigur 131, Stabl yn chwarel Dorothea
Cyfeirnod: DS2013_503_001, NPRN 419488

Ffigur 132, Locomotif De Winton
Cyfeirnod: DSC_6849
Drwy garedigrwydd Rheilffyrdd Ffestiniog ac Eryri

Ffigur 133, Ponc Twrch, Penrhyn
Drwy garedigrwydd John Wood

Ffigur 134, Locomotifau yn Felin Fawr
Cyfeirnod: Casgliad Geoff Charles, gch18745
Gyda chaniatâd Llyfrgell Genedlaethol Cymru

Ffigur 135, Locomotif Ruston Hornsby
Cyfeirnod: Casgliad Geoff Charles, gch19786
Gyda chaniatâd Llyfrgell Genedlaethol Cymru

Ffigur 136, Locomotif trydan
Drwy garedigrwydd Jon Knowles

Ffigur 137, Yr *Eclipse*
Cyfeirnod: Z/DBE/3626
Gyda chaniatâd Gwasanaeth Archifau Gwynedd

Ffigur 138, Paentiad John Warwick Smith o chwarel Glynrhonwy
Cyfeirnod: DI007797
Gyda chaniatâd Amgueddfa Cymru

Ffigur 139, Inclên tsaen chwarel Bryneglwys
Cyfeirnod: DS2013_196_004 a WSP_78, NPRN 40589
Darlun wedi'i ail-lunio o Lewis a Denton 1974: 24

Ffigur 140, Pant Dreiniog
Cyfeirnod: XM/1233/6, plât 1
Gyda chaniatâd Gwasanaeth Archifau Gwynedd

Ffigur 141, Blondins yn chwarel Pen yr Orsedd
Cyfeirnod: DI2006_0029, NPRN 40565

Ffigur 142, Injan codi 'E' yn chwarel Pen yr Orsedd
Cyfeirnod: DI2013_0689, NPRN 40565

Ffigur 143, Tŷ injan codi 'B' yn chwarel Pen yr Orsedd
Cyfeirnod: DI2013_0688, NPRN 40565

Ffigur 144, Inclên tsaen a blondin yn chwarel y Penrhyn
Cyfeirnod: The Penrhyn Quarry Illustrated, Bangor: Wickens *c.1911*

Ffigur 145, Siafftiau balans dŵr Lord a Lady yn chwarel y Penrhyn
Cyfeirnod: XS/1328/1
Gyda chaniatâd Gwasanaeth Archifau Gwynedd

Ffigur 146, Craen deric niwmatig yn chwarel Aberllefenni
Cyfeirnod: JDK16635
Drwy garedigrwydd Jon Knowles

PENNOD 9

Ffigur 147, gweithdai Maenofferen
Cyfeirnod: WSP_61 a DS2010_682_028, NPRN 415926

Ffigur 148, Gweithdai Pen yr Orsedd
Cyfeirnod: AP_2010_2492, NPRN 40565

Ffigur 149, Y Felin Fawr
Cyfeirnod: DS2013_349_001, NPRN 570

Ffigur 150, Gilfach Ddu
Cyfeirnod: XS/1057/70
Gyda chaniatâd Gwasanaeth Archifau Gwynedd

Ffigur 151, Olwyn ddŵr, Gilfach Ddu
Cyfeirnod: DS2013_358_001, NPRN 33618

Ffigur 152, Boston Lodge
Cyfeirnod: DS2013_378_003, NPRN 91422

PENNOD 10

Ffigur 153, Diwrnod y tâl mawr yn chwarel Llechwedd
Cyfeirnod: XS/1058/37
Gyda chaniatâd Gwasanaeth Archifau Gwynedd

Ffigur 154, Cwt pwyso, Hafodlas
Cyfeirnod: DS2013_182_001, NPRN 418928

Ffigur 155, Ponc Red Lion, Penrhyn
Cyfeirnod: The Penrhyn Quarry Illustrated, Bangor: Wickens c.1911

Ffigur 156, Y Felin Fawr
Cyfeirnod: XCHS/1328/2
Gyda chaniatâd Gwasanaeth Archifau Gwynedd

Ffigur 157, Swyddfa Abercegin
Cyfeirnod: DS2013_340_004, NPRN 23245

Ffigur 158, Swyddfa yn chwarel Glynrhonwy
Cyfeirnod: DI2013_0684, NPRN 400666
O Gofnod Henebion Cenedlaethol Cymru. Casgliad Howarth-Loomes

Ffigur 159, Swyddfa yn chwarel Aberllefenni
Cyfeirnod: DS2010_344_002, NPRN 408530

Ffigur 160, Huw Llechid Williams
Cyfeirnod: XS/1077/12
Gyda chaniatâd Gwasanaeth Archifau Gwynedd

Ffigur 161, Cloch yn chwarel y Penrhyn
Cyfeirnod: XS/1411/5
Gyda chaniatâd Gwasanaeth Archifau Gwynedd

PENNOD 11

Ffigur 162, Y Chwarelwr
Cyfeirnod: darlun llonydd o ffilm (20'05'')
Gyda chaniatâd Archif Sgrin a Sain Cenedlaethol Cymru

Ffigur 163, Lle chwech Pen yr Orsedd
Cyfeirnod: DI2013_0686, NPRN 40565

Ffigur 164, Cerbydau chwarelwyr, Rheilffordd Ffestiniog
Cyfeirnod: DS2013_377_009, NPRN 34660

Ffigur 165, Ysbyty chwarel Dinorwig
Cyfeirnod: DS2013_354_003, NPRN 23213

Ffigur 166, Stretsieri, ysbyty chwarel Dinorwig
Cyfeirnod: DS2013_502_002, NPRN 23213

Ffigur 167, Elor-wely, Cwmorthin
Cyfeirnod: XS/1353/30
Gyda chaniatâd Gwasanaeth Archifau Gwynedd

PENNOD 12

Ffigur 168, Blaenau Ffestiniog
Cyfeirnod: Casgliad John Thomas jtc00292
Gyda chaniatâd Llyfrgell Genedlaethol Cymru

Ffigur 169, Barics, Nantlle
Cyfeirnod: DS2013_365_002, NPRN 403098

Ffigur 170, Mynydd Llandygái
Cyfeirnod: AP_2012_3577, NPRN 402482

Ffigur 171, Treforys
Cyfeirnod: AP_2007_0291, NPRN 40557

Ffigur 172, Abergynolwyn
Cyfeirnod: Cerdyn post ac arolwg Ordnans 1889
Drwy garedigrwydd casgliad Sara Eade a (h) a hawl cronfa ddata Hawlfraint y Goron a Landmark Information Group Ltd **(Cedwir pob hawl 2014)**

Ffigur 173, John Street, Bethesda
Cyfeirnod: DS2013_347_003, NPRN 419237

Ffigur 174, Eglwys a chapel, Deiniolen
Cyfeirnod: DS2013_202_001, NPRN 418942

Ffigur 175, 'R Uncorn
Cyfeirnod: FHA01_143_01, NPRN 28880

Ffigur 176, Cae'r Gors, Rhosgadfan
Cyfeirnod: DS2013_360_001, NPRN 26171

Ffigur 177, Barics y Dre' Newydd, Dinorwig
Cyfeirnod: DS2013_204_007, NPRN 418942

Ffigur 178, Barics, chwarel Bwlch y Ddwy Elor
Cyfeirnod: WSP_62, NPRN 287704
Darlun wedi'i ail-lunio o archif Plas Tan y Bwlch

Ffigur 179, Barics, Pen y Bryn
Cyfeirnod: WSP_63 a DS2014_149_002 a 006, NPRN 419957

Ffigur 180, Rhiwbach
Cyfeirnod: DI007108
Gyda chaniatâd Amgueddfa Cymru

Ffigur 181, Uwchlaw'r Ffynnon
Cyfeirnod: FHA01_111, NPRN 28882

Ffigur 182, Erw Fair
Cyfeirnod: DS2013_193_002, NPRN 418936

Ffigur 183, Llechen gerfiedig
Cyfeirnod: DS2013_342_003, NPRN 26178

Ffigur 184, Darllenfa Tan y Grisiau
Cyfeirnod: DS2013_194_001, NPRN 418937

Ffigur 185, Y tu fewn i farics Wrysgan
Cyfeirnod: XS/1353/40
Gyda chaniatâd Gwasanaeth Archifau Gwynedd

Ffigur 186, Capel Ebenezer, Deiniolen
Cyfeirnod: DS2013_350_002, NPRN 6933

Ffigur 187, Neuadd y farchnad, Blaenau Ffestiniog
Cyfeirnod: DS2013_372_001, NPRN 410658

Ffigur 188, Y Deryn Nos
Cyfeirnod: XS/1423/19
Gyda chaniatâd Gwasanaeth Archifau Gwynedd

Ffigur 189, Ystafell band Tal y Sarn
Cyfeirnod: DS2013_368_001, NPRN 419239

Ffigur 190, Band Nantlle
Cyfeirnod: CHS/1201/1
Gyda chaniatâd Gwasanaeth Archifau Gwynedd

Ffigur 191, Manylion o chwarel y Penrhyn
Cyfeirnod: paentiad Henry Hawkins
(h) yr Ymddiriedolaeth Genedlaethol/John Hammond

Ffigur 192, Chwarel Dorothea
Cyfeirnod: XS/1128/74
Gyda chaniatâd Gwasanaeth Archifau Gwynedd

Ffigur 193, Rheolwyr a stiwardiaid, Llechwedd
Cyfeirnod: XS/1058/27
Gyda chaniatâd Gwasanaeth Archifau Gwynedd

PENNOD 13

Ffigur 194, Llwytho llechi, Bryn Glas
Cyfeirnod: Nicholas Pocock *Merioneth Slate Quarry at Llanberis* 1795 T1/08
Gyda chaniatâd Llyfrgell Genedlaethol Cymru

Ffigur 195, Llwytho llechi, Gilfach Ddu
Cyfeirnod: Nicholas Pocock *Loading Slates, Llanberis* 1795 gcf01896
Gyda chaniatâd Llyfrgell Genedlaethol Cymru

Ffigur 196, Trafnidiaeth dros y tir, Nantperis
Cyfeirnod: WSP_64
Yn seiliedig ar (h) hawlfraint a hawl cronfa ddata'r Goron 2014. Rhif trwydded yr Arolwg Ordnans 100022206

Ffigur 197, Trafnidiaeth dros y tir, Nantlle a Moel Tryfan
Cyfeirnod: WSP_65
Yn seiliedig ar (h) hawlfraint a hawl cronfa ddata'r Goron 2014. Rhif trwydded yr Arolwg Ordnans 100022206

Ffigur 198, Trafnidiaeth dros y tir, dyffryn Dyfrdwy
Cyfeirnod: WSP_66
Yn seiliedig ar (h) hawlfraint a hawl cronfa ddata'r Goron 2014. Rhif trwydded yr Arolwg Ordnans 100022206

Ffigur 199, Trafnidiaeth dros y tir, dyffryn Ogwen
Cyfeirnod: WSP_67
Yn seiliedig ar (h) hawlfraint a hawl cronfa ddata'r Goron 2014. Rhif trwydded yr Arolwg Ordnans 100022206

Ffigur 200, Trafnidiaeth dros y tir, Nantconwy
Cyfeirnod: WSP_68 a WPW009500
Yn seiliedig ar (h) hawlfraint a hawl cronfa ddata'r Goron 2014. Rhif trwydded yr Arolwg Ordnans 100022206

Ffigur 201, Trafnidiaeth dros y tir, Nantdulas/De Gwynedd
Cyfeirnod: WSP_69
Yn seiliedig ar (h) hawlfraint a hawl cronfa ddata'r Goron 2014. Rhif trwydded yr Arolwg Ordnans 100022206

Ffigur 202, Tram Glyn Ceiriog
Cyfeirnod: Casgliad John Thomas jth01545
Gyda chaniatâd Llyfrgell Genedlaethol Cymru

Ffigur 203, Ffordd yr Iuddew mawr
Cyfeirnod: AP_2014_0664, NPRN 420227

Ffigur 204, Trafnidiaeth dros y tir, Ffestiniog, Croesor a Glaslyn
Cyfeirnod: WSP_70
Yn seiliedig ar (h) hawlfraint a hawl cronfa ddata'r Goron 2014. Rhif trwydded yr Arolwg Ordnans 100022206

Ffigur 205, Pont Penllyn
Cyfeirnod: DS2013_353_001, NPRN 419230

Ffigur 206, Llechi wedi'u pentyrru ym Mhenllyn
Cyfeirnod: Parch. Thomas Gisborne *Snowdon and Lake of Llanberis* 1789 BM1969,0614.5
(h) Ymddiriedolwyr Amgueddfa Prydain

Ffigur 207, Cei Trefriw
Cyfeirnod: XS/2224/27c/1
Drwy garedigrwydd Gwasanaeth Archif Conwy

Ffigur 208, Trafnidiaeth dros y tir, de-orllewin Cymru
Cyfeirnod: WSP_71
Yn seiliedig ar (h) hawlfraint a hawl cronfa ddata'r Goron 2014. Rhif trwydded yr Arolwg Ordnans 100022206

Ffigur 209, Cei Froncysyllte a chamlas Llangollen
Cyfeirnod: AP_2006_1049, NPRN 34410

Ffigur 210, Camlas Cemlyn, Maentwrog
Cyfeirnod: Arolwg Ordnans 1889
(h) a hawl cronfa ddata Hawlfraint y Goron a Landmark Information Group Ltd **(Cedwir pob hawl 2014)**

Ffigur 211, Abercegin
Cyfeirnod: WSP_72, NPRN 306314
Yn seiliedig ar (h) hawlfraint a hawl cronfa ddata'r Goron 2014. Rhif trwydded yr Arolwg Ordnans 100022206

Ffigur 212, Abercegin
Cyfeirnod: AP_2014_0847, NPRN 306314

Ffigur 213, Y Felinheli
Cyfeirnod: WSP_73, NPRN 96228
Yn seiliedig ar (h) hawlfraint a hawl cronfa ddata'r Goron 2014. Rhif trwydded yr Arolwg Ordnans 100022206

Ffigur 214, Y Felinheli
Cyfeirnod: DI2013_0725, NPRN 96228

Ffigur 215, Harbwr Caernarfon
Cyfeirnod: WSP_74, NPRN 418461
Yn seiliedig ar (h) hawlfraint a hawl cronfa ddata'r Goron 2014. Rhif trwydded yr Arolwg Ordnans 100022206

Ffigur 216, Cei Caernarfon
Cyfeirnod: DI2013_0725, NPRN 418461

Ffigur 217, Harbwr Porthmadog
Cyfeirnod: WSP_75, NPRN 306317
Yn seiliedig ar (h) hawlfraint a hawl cronfa ddata'r Goron 2014. Rhif trwydded yr Arolwg Ordnans 100022206

Ffigur 218, Cei Greaves, Porthmadog
Cyfeirnod: XS/1058/36
Gyda chaniatâd Gwasanaeth Archifau Gwynedd

Ffigur 219, Harbwr Porthmadog
Cyfeirnod: Arolwg Ordnans 1889
(h) a hawl cronfa ddata Hawlfraint y Goron a Landmark Information Group Ltd **(Cedwir pob hawl 2014)**

Ffigur 220, Llwytho llechi, Porthmadog
Cyfeirnod: XS/1058/2
Gyda chaniatâd Gwasanaeth Archifau Gwynedd

Ffigur 221, Llyn Padarn
Cyfeirnod: Nicholas Pocock *Llanberis lake from the foot of Cwm Glo* 1798 gcf00191
Gyda chaniatâd Llyfrgell Genedlaethol Cymru

Ffigur 222, Cei Blackpool
Cyfeirnod: DS2013_165_001, NPRN 32343

Ffigur 223, Aberdyfi
Cyfeirnod: Casgliad John Thomas jth1820
Gyda chaniatâd Llyfrgell Genedlaethol Cymru

Ffigur 224, Tŷ chwimsi ceffyl Marchogion
Cyfeirnod: DS2013_343_001, NPRN 409693

Ffigur 225, Rŷn disgyrchiant, Rheilffordd Ffestiniog
Drwy garedigrwydd Rheilffyrdd Ffestiniog ac Eryri

Ffigur 226, *Fire Queen*
Cyfeirnod: DS2013_345_001, NPRN 16687

Ffigur 227, Melin slabiau dyffryn Dyfrdwy
Cyfeirnod: XS/2708/6
Gyda chaniatâd Gwasanaeth Archifau Gwynedd

Ffigur 228, Inclên Wrysgan
Cyfeirnod: DS2013_373_003, NPRN 425606

Ffigur 229, North Wales Narrow Gauge Railway
Cyfeirnod: XS/1631/30
Gyda chaniatâd Gwasanaeth Archifau Gwynedd

Ffigur 230, Locomotif Ruston Hornsby
Cyfeirnod: ffotograff
Festiniog Railway Magazine (1966-67) cyf. 35, tud. 16.

Ffigur 231, Wagenni chwarel Dinorwig
Cyfeirnod: DS2013_379_002, NPRN 34946

Ffigur 232, Iard Minffordd
Cyfeirnod: Arolwg Ordnans 1889
(h) a hawl cronfa ddata Hawlfraint y Goron a Landmark Information Group Ltd **(Cedwir pob hawl 2014)**

PENNOD 14

Ffigur 233, Cwch Llyn Padarn
Cyfeirnod: WSP_76 , NPRN 240683
Darlun wedi'i ail-lunio o'r gwreiddio drwy garedigrwydd Dr Douglas M. McElvogue

Ffigur 234, Ysgerbwd Derwenlas
Cyfeirnod: DS2010_352_001, NPRN 497989

Ffigur 235, Gwaith cloddio cwch, Dwyryd
Drwy garedigrwydd Dr Michael Lewis

Ffigur 236, 'M. A. James'
Cyfeirnod: DI002781_01
Gyda chaniatâd Amgueddfa Cymru

Ffigur 237, *Faenol* ym Mhorth Dinorwig
Cyfeirnod: DI011471
Gyda chaniatâd Amgueddfa Cymru

Ffigur 238, Stemar *Syr W. Campbell*
Cyfeirnod: Casgliad Geoff Charles gch18736
Gyda chaniatâd Llyfrgell Genedlaethol Cymru

PENNOD 15

Ffigur 239, Hermitage la Saulie
Cyfeirnod: XS/1072/158
Gyda chaniatâd Gwasanaeth Archifau Gwynedd

Ffigur 240, Chwarel Kilcavan
Drwy garedigrwydd Dafydd Orwig

Ffigur 241, *Felin Hen*
Cyfeirnod: Ffotograffiaeth
Drwy garedigrwydd Rod Savidge, Blundaberg, Awstralia

Ffigur 242, Llyfrgell, Blaenau Ffestiniog
Cyfeirnod: FHA01_110_01, NPRN 416255

Ffigur 243, Penrhyn
Cyfeirnod: AP_2006_1624, NPRN 40564

RHESTR O BRIF SAFLEOEDD

Rhestr o brif chwareli llechi (nodir enwau amgen cyffredin a ddefnyddiwyd i adnabod chwareli unigol mewn cromfachau), melinau oddi ar safleoedd a safleoedd trafnidiaeth a nodir yn y testun.

Defnyddir Prif Rif Cyfeirio Cenedlaethol wrth gyfeirio at safleoedd ac mae rhagor o wybodaeth ar gael drwy gronfa ddata ar-lein Cofnod Henebion Cenedlaethol Cymru **www.coflein.gov.uk**. Gellir chwilio gan ddefnyddio mapiau a'r Prif Rif Cyfeirio Cenedlaethol, enw a chategorïau gwybodaeth eraill.

Nodwch y gall pob safle fod yn lle peryglus, ac maent i gyd yn eiddo preifat. Ni ddylid ymweld â hwy heb ganiatâd pendant y perchenogion. Dylai unrhyw waith archwilio tanddaearol gael ei wneud gan grwpiau profiadol â chyfarpar addas, a dylid cael caniatâd ymlaen llaw.

Chwareli

Rhoddir ffigurau gweithwyr ar gyfer y flwyddyn ffyniannus a gafwyd yn 1898, ac ar gyfer 1937–38, pan oedd y diwydiant prin wedi cael cyfle i adfer ar ôl y dirwasgiad, ac fe'u cymerwyd o ystadegau'r Swyddfa Gartref.

Enw	*NPRN*	*Gweithlu 1898*	*Gweithlu 1937–38*	*Ardal*	*Cyfeirnod Grid*
Abercwmeiddaw	400832	70	0	Nantdulas	SH 746 093
Abereiddy	40620	18	0	De-orllewin Cymru	SM 795 315
Aberllefenni	40584	145	134	Nantdulas	SH 768 103
Allt Ddu (rhan o Ddinorwic)	40529	Ffigurau wedi'u cynnwys yn Ninorwic		Nantperis	SH 591 610
Allt Wen	420089	0	0	Nantperis	SH 582 607
Arthog	310141	0	0	De Gwynedd	SH 650 151
Berwyn (Clogau)	40577	0	19	Dyffryn Dyfrdwy	SJ 185 463
Blaen y Cae	40530	0	0	Nantlle	SH 498 535
Blaen y Cwm	40531	16	0	Ffestiniog	SH 735 463
Braich	400648	77	0	Moel Tryfan	SH 510 552
Braich Goch	40585	148	77	Nantdulas	SH 748 078
Braich Rhydd	400649	50[1]	7[2]	Moel Tryfan	SH 512 548
Bryn Glas (rhan o Ddinorwic)	420662	Ffigurau wedi'u cynnwys yn Ninorwic		Nantperis	SH 592 609
Bryn Hafod y Wern	40532	0	0	Dyffryn Ogwen	SH 631 693
Bryneglwys	40589	120	57	De Gwynedd	SH 695 054
Bwlch Cynnud	420090	38	0	Nantconwy	SH 744 528
Bwlch Oernant	420091	0	0	Dyffryn Dyfrdwy	SJ 185 469
Bwlch Cwm Llan	520363	17	0	Cwm Gwyrfai	SH 600 521
Cae Abaty	310051	Wedi gweith o fel rhan o Finllyn	0	De Gwynedd	SH 841 136
Cambergi (Wenallt)	420745	0	0	Nantdulas	SH 765 108
Cambrian	400670	7	0	Nantperis	SH 565 603
Cambrian	308675	73	115	Glyn Ceiriog	SJ 189 378
Cedryn	400572	0	0	Nantconwy	SH 719 635
Cefn Du	400667	174[3]	0	Nantperis	SH 555 604

Cefn Gam	405421	2	0	De Gwynedd	SH 680 256
Cefn Madoc	420092	0	0	Nantconwy	SH 825 654
Cilgerran	420663	62	1	De-orllewin Cymru	SN 200 428
Cilgwyn	400647	331	Ffigurau wedi'u cynnwys yng Nghors y Bryniau (Alexandra)	Moel Tryfan	SH 500 540
Cloddfa'r Coed	275743	103	10	Nantlle	SH 493 532
Cloddfa'r Lôn	275473	0	0	Nantlle	SH 505 534
Clogwyn y Fuwch	415299	7	0	Nantconwy	SH 759 618
Coedmadog (Gloddfa Glai)	420095	158	0	Nantlle	SH 490 530
Coetmor	420096	0	0	Dyffryn Ogwen	SH 619 671
Conglog	40590	0	0	Ffestiniog	SH 668 467
Cook and Ddôl	400674	67	0	Nantperis	SH 560 605
Cornwall (South Dorothea)	40569	Ffigurau wedi'u cynnwys yn Dorothea	0	Nantlle	SH 496 531
Cors y Bryniau (Alexandra, Chwarel y gors)	40528 400656	239	185[4]	Moel Tryfan	SH 519 562
Craig Rhiwarth	40609	12	26	Dyffryn Tanat	SJ 053 263?
Croesor	40593	121	3	Croesor	SH 657 457
Cwm Ebol	286681	12	0	De Gwynedd	SH 689 017
Cwm Eigiau	400571	0	0	Nantconwy	SH 701 634
Cwm Machno	40535	178	108	Nantconwy	SH 751 470
Cwmmaengwynedd	295378	0	0	Dyffryn Tanat	SJ 075 326
Cwmorthin	40594	279	0	Ffestiniog	SH 681 459
Cwt y Bugail	65641	68	42	Ffestiniog	SH 734 469
Cymerau	400826	8	6	Nantdulas	SH 779 116
Chwarel Ddu	420093	9	0	Nantconwy	SH 721 521
Chwarel Holland (Cesail)	415776	Wedi gweithio fel rhan o chwarel Oakeley o 1877		Ffestiniog	SH 690 466
Chwarel Lord	420094	0	0	Ffestiniog	SH 711 464
Chwarel Palmerston	420664	Wedi gweithio fel rhan o chwarel Oakeley o 1888		Ffestiniog	SH 692 472
Deeside	308670	31	0	Dyffryn Dyfrdwy	SJ 138 404
Diffwys (Diffwys Casson)	416213	153	0	Ffestiniog	SH 712 467
Dinorwic	40538	3010	2369	Nantperis	SH 595 603
Dolgoch	420627	0	0	Dyffryn Ogwen	SH 613 676
Dorothea	40539	530	357	Nantlle	SH 500 532
Fachwen (Vaynol)	420097	0	0	Nantperis	SH 578 615
Foel (Moel Siabod)	400563	2	0	Nantconwy	SH 717 555
Fron	400650	Ffigurau wedi'u cynnwys ym Mraich Rhydd		Moel Tryfan	SH 515 548
Fronheulog	400629	87	36	Nantlle	SH 489 517
Fforest	40619	0	0	De-orllewin Cymru	SN 191 448
Gallt y Llan	419098	0	3	Nantperis	SH 601 583
Gallt y Fedw	40552	99	Wedi gweithio fel rhan o Ddorothea	Nantlle	SH 499 535
Garreg Fawr	40554	2	0	Cwm Gwyrfai	SH 538 582
Gaewern	400831	Wedi gweithio fel rhan o Fraich Goch		Nantdulas	SH 745 086
Gilfach	401348	3	39	De-orllewin Cymru	SN 128 721
Glanrafon	305780	177	0	Cwm Gwyrfai	SH 581 540

Gloddfa Ganol (Mathew's)	404307	Wedi gweithio fel rhan o chwarel Oakeley o 1882		Ffestiniog	SH 692 469
Gloddfa Gwanas	401448	0	0	De Gwynedd	SH 798 160
Glogue	114990	24	0	De-orllewin Cymru	SN 220 328
Glynrhonwy Isaf	420629	273	2	Nantperis	SH 570 610
Glynrhonwy Uchaf	400666	187	0	Nantperis	SH 566 609
Goleuwern	268161	22	0	De Gwynedd	SH 621 122
Gorsedda	40557	0	0	Glaslyn	SH 573 453
Graig Ddu	40592	218	86	Ffestiniog	SH 724 454
Gwernor	420098	4	0	Nantlle	SH 501 526
Hafod y Llan	40536	0	0	Glaslyn	SH 613 524
Hafodlas	40558	48	0	Nantconwy	SH 780 560
Henddol	310159	0	0	De Gwynedd	SH 619 122
Hendre	420099	7	0	Nantconwy	SH 697 512
Hendre Ddu	401384	5	0	Glaslyn	SH 519 444
Hendre Ddu	400824	25	17	De Gwynedd	SH 799 125
Llaneilian	420667	0	0	Ynys Môn	SH 481 925
Llanfair	40596	17	0	De Gwynedd	SH 580 288
Llechan	420628	0	0	Nantconwy	SH 756 754
Llechwedd	400426	606	414	Ffestiniog	SH 700 470
Llwydcoed	400628	0	0	Nantlle	SH 470 508
Llwyngwern	407582	103	17	Nantdulas	SH 757 045
Llyn Idwal	420100	0	0	Dyffryn Ogwen	SH 648 604
Maenofferen	400427	435	350	Ffestiniog	SH 715 467
Maes y gamfa	420101	22	0	De Gwynedd	SH 818 127
Manod (Bwlch y Slaters)	40598	59[5]	66	Ffestiniog	SH 725 452
Marchlyn	400677	0	Ffigurau wedi'u cynnwys yn Ninorwic	Nantperis	SH 602 628
Gloddfa Ganol (Mathew's)	404307	Wedi gweithio fel rhan o chwarel Oakeley o 1882		Ffestiniog	SH 692 469
Melynllyn	276705	4	0	Nantconwy	SH 705 654
Minllyn	310049	36	0	De Gwynedd	SH 852 139
Moel Faban	420102	1	0	Dyffryn Ogwen	SH 626 679
Moel Fferna	308669	184	100	Dyffryn Dyfrdwy	SJ 138 405
Moel Tryfan	40560	236	Ffigurau wedi'u cynnwys yng Nghors y Bryniau (Alexandra)	Moel Tryfan	SH 515 559
Moel y Faen	306326	28	0	Dyffryn Dyfrdwy	SJ 185 477
Moelwyn	40599	0	0	Ffestiniog	SH 661 443
Nantglyn	420103	7	0	Sir Ddinbych	SH 978 598
Nant Hir	420630	0	0	De Gwynedd	SH 816 110
Oakeley	404307	1682	752	Ffestiniog	SH 690 466
Pant Dreiniog	420104	80	0	Dyffryn Ogwen	SH 623 671
Parc	420105	45	0	Croesor	SH 626 436
Pen y Bryn	33674	70	?	Nantlle	SH 502 534
Pen y Ffridd	420108	0	0	Nantconwy	SH 776 612
Pen yr Orsedd	40565	613	351	Nantlle	SH 510 538
Penarth	305774	50	0	Dyffryn Dyfrdwy	SJ 107 424
Penrhiw	409386	0	0	Nantconwy	SH 722 540
Penrhyn	40564	2809	1916	Dyffryn Ogwen	SH 620 650
Penrhyngwyn (Crown, Dolgellau)	89305	15	0	De Gwynedd	SH704 149
Pompren	420107	8	0	Nantconwy	SH 726 519
Portreuddyn	420110	0	0	Glaslyn	SH 573 409

Bwlch y Ddwy Elor (Prince of Wales)	40567	0	0	Glaslyn	SH 549 498
Ratgoed	400827	8	17	Nantdulas	SH 787 119
Raven Rock (rhan o Ddinorwic)	420111	Ffigurau wedi'u cynnwys yn Dinorwic		Nantperis	SH 597 610
Rhiw Gwreiddyn	402502	72	0	Nantdulas	SH 760 052
Rhiwbach	40568	109	73	Ffestiniog	SH 740 462
Rhos	305768	44	52	Nantconwy	SH 728 563
Rhosydd	40600	183	0	Croesor	SH 664 461
Rosebush	309255	36	0	De-orllewin Cymru	SN 079 300
Sealyham	420112	0	0	De-orllewin Cymru	SM 960 275
Singrig	400630	0	0	Nantlle	SH 490 522
Summerton	308793	0	0	De-orllewin Cymru	SM 992 302
Tal y Fan	275506	2	0	Nantconwy	SH 738 733
Tal y Sarn	402462	238	0	Nantlle	SH 496 534
Tan y Bwlch	419798	0	0	Dyffryn Ogwen	SH 628 683
Twll Coed	400631	0	0	Nantlle	SH 491 522
Twll Llwyd	420113	0	0	Nantlle	SH 490 518
Ty Mawr East (Ty Mawr, Nantlle Vale)	420711	32	0	Nantlle	SH 497 524
Ty Mawr West	400633	7	0	Nantlle	SH 495 524
Ty'n y Bryn	420114	8	0	Nantconwy	SH 742 521
Ty'n y Ddol	420665	11	0	Nantconwy	SH 700 514
Ty'n y Weirglodd	400632	41	39	Nantlle	SH 495 523
Vivian (rhan o Ddinorwic)	40571	Ffigurau wedi'u cynnwys yn Ninorwic		Nantperis	SH 586 605
Votty and Bowydd	415760	474	295	Ffestiniog	SH 707 468
Wrysgan	40602	122	32	Ffestiniog	SH 678 456
Wynne	420115	64	0	Glyn Ceiriog	SJ 199 379

Mae rhestr 1898 hefyd yn cynnwys un dyn yn chwarel Cawrence yn Llechryd (o bosibl yn ardal SN 222 454), dau ddyn yn 'Craiglaise' ger Aberystwyth a dau ym Mhenglais ger Aberystwyth, un yn 'Lochtyn neu 'Ralltgoch (yn ardal SN 314 545 mae'n debyg), un ym Mhenllech yr ast (yn ardal SN 216 485 mae'n debyg), un ym Mhentanganol ger Llanybydder, ac un yn 'Aberdovey', o bosibl yn Alltgoch yn SN 620 964. Mae'r rhestr o chwareli o 1898 yn nodi bod chwe dyn yn gweithio yn Fronfelen yn Nantdulas, gwaith oedd yn gysylltiedig â chwarel Era (gweler isod), o bosibl Cwm Gloddfa yn SH 766 062.

Ymysg y chwareli pwysig eraill a oedd yn cyflogi dynion yn 1898 a 1937-8 fel y nodwyd yn rhestrau'r Swyddfa Gartref ond na sonnir amdanynt yn y testun mae:

Enw	***NPRN***	***Gweithlu 1898***	***Gweithlu 1937–38***	***Ardal***	***Cyfeirnod Grid***
Abercorris	96191	36	0	Nantdulas	SH 754 089
Brynfferam	400657	4	0	Moel Tryfan	SH 519 558
Brynllwyd	420715	8	0	Nantdulas	SH 752 070
Bwlch y Ddeilior	420718	1	0	Cwm Gwyrfai	SH 556 507
Bwlch y Groes	400672	17	0	Nantperis	SH 560 599
Caermeinciau	400671	8	0	Nantperis	SH 563 601
Carreg felin	420721	6	0	Glaslyn	SH 538 397
Cook and Ddol	400674	67	0	Nantperis	SH 560 605
Corwen	420722	1	0	Dyffryn Dyfrdwy	SJ 080 432
Crafnant	420726	5	0	Nantconwy	SH 746 603
Cwm Dylluan	420716	13	0	Nantdulas	SH 733 086
Cwmrhys	420733	3	0	De-orllewin Cymru	SN 584 487
Chwarel Fawr	400668	Wedi gweithio fel rhan o Gefn Du	0	Nantperis	SH 551 600
Era (Fronfelen)	420717	6	0	Nantdulas	SH 760 064

Foel Gron	420735	7	4	Ffestiniog	SH 744 428
Ffynon y Gog	420725	3	0	Dyffryn Dyfrdwy	SJ 208 476
Gelli Bach	420737	3	0	Nantlle	SH 464 513
Glandyfi (Cwmere)	308083	10	0	De-orllewin Cymru	SN 698 961
Gorddinan (Chwarel Gethin)	420727	2	0	Nantconwy	SH 696 494
Groes y Ddwy Afon	420736	25	5	Ffestiniog	SH 751 423
Hafod y Wern	400658	49	0	Cwm Gwyrfai	SH 529 570
Plas y Nant (Plas Isa, Garmon Vale)	420720	0	9	Cwm Gwyrfai	SH 552 561
Porth-gain	420734	4	0	De-orllewin Cymru	SM 812 324
Rhiwgoch (Moel Morfydd)	420723	29	6	Dyffryn Dyfrdwy	SH 169 453
South Dorothea (Cornwall)	40569	101	0	Nantlle	SH 496 531
Tan'rallt	400631	28	11	Nantlle	SH 491 523
Tyddyn Agnes	420738	30	0	Nantlle	SH 482 517
Twrch	412706	20	19	De-orllewin Cymru	SM 156 296
Craig Lem (Westminster)	411961	2	0	Dyffryn Dyfrdwy	SH 171 478
West Llangynog	40615	4	0	Dyffryn Tanat	SJ 049 259

Mae Richards 1991 yn rhestr gynhwysfawr o safleoedd ledled Cymru.

Melinau oddi ar safle chwarel

Enw	*NPRN*	*Ardal*	*Cyfeirnod Grid*
Crawia	40534	Nantperis	SH 536 643
Cyfyng	420117	Nantconwy	SH 735 570
Deeside	309751	Dyffryn Dyfrdwy	SJ 148 417
Felin Fawr	570	Dyffryn Ogwen	SH 615 663
Glandinorwig	406825	Nantperis	SH 572 632
Glanmorfa	420116	Nantlle/Nantperis	SH 484 614
Hen Felin	411144	Nantlle	SH 471 525
Inigo Jones	308071	Nantlle	SH 470 551
Pant yr Ynn	28620	Ffestiniog	SH 709 454
Pentrefelin	405854	Dyffryn Dyfrdwy	SJ 218 436
Pontrhyddallt	420118	Nantperis	SH 540 641
Rhyd y Sarn	420666	Ffestiniog	SH 690 422
Ynys y Pandy	40572	Glaslyn	SH 550 433

Trafnidiaeth

Enw	*NPRN*	*Ardal*	*Cyfeirnod Grid*
Abercegin	306314	Dyffryn Ogwen	SH 592 727
Aberogwen	420652	Dyffryn Ogwen	SH 610 721
Beddgelert Siding	420655	Ffestiniog/Croesor/Glaslyn	SH 572 393
Cei Aberteifi	404842	De-orllewin Cymru	SN 176 459
Cei Arthog	420661	De Gwynedd	SH 651 160
Cei Blackpool	420658	De-orllewin Cymru	SN 059 144
Cei Bryn Mawr	409347	Ffestiniog	SH 647 401
Cei Cemlyn	91425	Ffestiniog	SH 660 401
Cei Cilgerran	420659	De-orllewin Cymru	SN 208 430
Cei Conwy	420651	Nantconwy	SH 783 775
Cei Cwm Machno	420648	Nantconwy	SH 788 718
Cei Deganwy	420650	Nantconwy	SH 782 787
Cei Froncysyllte	406706	Dyffryn Dyfrdwy	SJ 270 414
Cei Gelli Grin	34291	Ffestiniog	SH 640 396
Cei Gledrid	420636	Dyffryn Dyfrdwy	SJ 297 364
Cei llechi a harbwr Caernarfon	418461	Nantlle/Nantperis	SH 479 626
Cei Llyn Bwtri	420642	Nantdulas	SN 703 995
Cei London	416326	Ffestiniog	SH 696 469

Cei Newydd	409348	Ffestiniog	SH 627 387
Cei Pant yr Afon	415759	Ffestiniog	SH 697 468
Cei Parry	420654	Ffestiniog	SH 662 402
Cei Penarth	309748	Dyffryn Dyfrdwy	SJ 106 431
Cei Pentrefelin	420637	Dyffryn Dyfrdwy	SJ 206 436
Cei Pen Trwyn Garnedd	409346	Ffestiniog	SH 645 400
Cei Pryce	420640	Nantdulas	SN 717 993
Cei Tafarn Isa	420773	Nantdulas	SN 717 994
Cei Tal y Cafn	420632	Nantconwy	SH 786 719
Cei Tyddyn Isa	95498	Ffestiniog	SH 629 394
Cei Tramffordd Corris, Machynlleth ac Afon Dyfi	420641	Nantdulas	SN 720 992
Cei Ward (Morben quay)	409331	Nantdulas	SN 710 994
Cei'r Ynys/Cei Goed	420633	Nantconwy	SH 775 680
Glanfa Parc Du	405986	Dyffryn Dyfrdwy	SJ 285 389
Glynrhonwy sidings	420653	Nantperis	SH 572 609
Gorsaf Aberangell	420644	De Gwynedd	SH 846 099
Gorsaf Betws y Coed	41466	Nantconwy	SH 795 566
Gorsaf Blaenau Ffestiniog (Great Western Railway)	41298	Ffestiniog	SH 700 459
Gorsaf Blaenau Ffestiniog (London and North Western Railway)	420657	Ffestiniog	SH 696 460
Gorsaf Dinas	91421	Moel Tryfan/Cwm Gwyrfai	SH 476 586
Gorsaf Dinas Mawddwy	41308	De Gwynedd	SH 858 137
Gorsaf Dolwyddelen	41457	Nantconwy	SH 739 522
Gorsaf Glogue	410175	De-orllewin Cymru	SN 214 325
Gorsaf Glyndyfrdwy	41317	Dyffryn Dyfrdwy	SJ 150 428
Gorsaf Llan Ffestiniog (Great Western Railway)	41443	Ffestiniog	SH 704 419
Gorsaf Llangynog	420639	Dyffryn Tanat	SJ 053 262
Gorsaf Llanrwst	96158	Nantconwy	SH 795 623
Gorsaf Machynlleth	43029	Nantdulas	SH 745 014
Gorsaf Manod	34934	Ffestiniog	SH 702 459
Gorsaf Nantlle (Tal y Sarn)	41448	Nantlle	SH 487 529
Gorsaf Narberth	420660	De-orllewin Cymru	SN 120 147
Gorsaf Tywyn King's	41339	De Gwynedd	SH 586 005
Harbwr Aberdyfi	414073	Nantdulas	SN 614 959
Harbwr Porth-gain	34343	De-orllewin Cymru	SM 814 326
Harbwr Porthmadog	306317	Ffestiniog/Croesor/Glaslyn	SH 570 384
Iard Minffordd	420656	Ffestiniog	SH 598 386
Iard Tyddyn y Bengam	420669	Nantlle	SH 470 543
y Felinheli	96228	Nantperis	SH 526 678

Nodiadau

1 Gan gynnwys Fron.
2 Gan gynnwys Fron.
3 Gan gynnwys Chwarel Fawr.
4 Rhannwyd y gweithlu rhwng Cors y Bryniau, Cilgwyn a 'Crown New Quarry' h.y. Moel Tryfan.
5 Mae rhestrau'r Swyddfa Gartref ar gyfer y flwyddyn hon yn cyfeirio at 48 o ddynion yn gweithio ym 'Mwlch-y-slater', naw ym Manod a dau ym Manod Fawr.

MYNEGAI

Mae rhifau tudalennau mewn llythrennau italaidd yn cyfeirio at ddarluniau a'u penawdau

Aberdyfi, ceiau llechi 222, 230-31
Abereiddi, chwarel 238; rheilffordd gul 234; chwimsi a yrrwyd â stêm 148
Abergynolwyn 184, *184*, 185, 189, 190
Aberllefenni Quarrymaid 247
Aberllefenni, chwarel (Nantdulas) 11, 44, 62-4, *63*, 73; llif ffrâm Anderson Grice 114; craen niwmatig Butters Bros 155, *155;* pympiau aer cywasgedig/stêm 99; llifiau dimwnt 118, 125; generaduron a yrrwyd gan ddiesel 92; wagenni fforch godi 131; rheilffordd fewnol 131; siafftiau llinell 122; peirianwaith modern *125*; adeilad swyddfa *168*, 170; cartrefi chwarelwyr 185, 190; cronfeydd dŵr 80; inclên balans dŵr 141, *142*; melin ddŵr 110, 121, 122; llifiau gwifren 70
Abermagwr (Ceredigion), fila Rufeinig 30, 31, *31*, 35
Aberteifi, masnach lechi 222
Aberystwyth, ffowndri 164
Adamson, Daniel, locomotifau stêm 146
adeilad Llywodraeth Cymru (Caerdydd) 14
adeiladu cychod, Caernarfon 243; Conwy 244; stemars 248
adeiladu llongau, Porthmadog 245-7
aer cywasgedig, dosbarthu pŵer 90, *91*, 99
afonydd, trafnidiaeth forydol 13, 221-2, 243
Ainger, Thomas Edward 156
alcohol, agweddau tirfeddianwyr 185; a dirwestiaeth 199
Almaen, yr, llechi teils sment enamlog 31; masnach gyda Phorthmadog 46
Amgueddfa Chwareli Llechi Gogledd Cymru (Dinorwig) 12
Amgueddfa Genedlaethol Cymru (Caerdydd) 12
Amgueddfa Lechi Cymru (Dinorwig/ Llanberis) *19*, *70*, 74, 84, 89, *89*, 90, 116, 117, 122, *134*, 138, 151, 163, *163*, 233, 243
Amgueddfa Llandudno 44
Andrews, Edward 92
anheddau 178-205; cyfraith a threfn 198-9; seilwaith cymdeithasol 197-9, 254; trefi a phentrefi 184-92; *gweler hefyd* barics a thai gweithwyr
anifeiliaid pwn 216-17
Anjou, *cités ouvrières* 178; chwareli llechi 9, 26, 44, 54, *57*, 82, 91, 149, 250, *250*
archaeoleg ddiwydiannol 12-14, 17-27; craeniau a winshis 155-6; ffowndrïau 164; llifiau ffrâm 114-15; byrddau llifio Hunter 117; rheilffyrdd mewnol 131; adeiladau melinau 110-12, 119-20; gorsafoedd pŵer 92; pympiau a systemau pwmpio 100; cynhyrchion llechi 28-47; Prosiect Archaeolegol Sound of Mull 246; locomotifau stêm 146; siafftiau injans stêm 154-5; gweithfeydd tanddaearol 59; gwelyau olwyn ddŵr 122
archaeoleg *gweler* archaeoleg ddiwydiannol
Ardal y Llynnoedd, chwareli 29, 59, 130, 216
Ardennes, chwareli, pŵer stêm 81
arolygwyr, gwirio allbwn 167-9
Arthog, chwarel 54, 113, 222
arysgrifau, ar slabiau llechi 40-41
Assheton Smith, y teulu *gweler* Smith
Awstralia 9, 40
awyru 100
Ayres, Thomas Ayres Ltd 227

bandiau pres 200, *200*, *201*
Bangor 184; to llechi *28*, 29; Prifysgol 10, 254
barddoniaeth, yn y caban 171
bargeinion 9, 52-3, 56, 121, 190
Bargoed coal road (rheilffordd) 233
barics a thai gweithwyr 26, 178-85, 190; pensaernïaeth 187-92, *187*, *188*, *189*, *190*, *191*, *192*, *193*, *194*, *195*; a bargeinion 190; deunyddiau adeiladu 192-4; cymdeithasau adeiladu 190-92; bythynnod a thyddynnod 180, 181-4, *182*, *183*, 187-8, *187*, *188*; gwedd fewnol a safonau byw 194-5, *194*, *195*, *196*; tai rheolwyr o'r 'math fila' 192-3, *194*; darllenfeydd 194, 195, *195*; hamddena 195; mewn trefi 180
barics Melynllyn 180
Beamish Open Air Museum 12
Beaumont, Capten Frederick PB (1833–99) 68
Bell, Richard, AS 53
berfâu a throliau 130, 217-18
Bermo, cei llechi 222
Berwyn, chwarel y (dyffryn Dyfrdwy) 11
Bethesda, capel Annibynwyr Bethania 194, 195; Glanogwen (eglwys) 197; iaith a diwylliant 204; chwarel *gweler* chwarel y Penrhyn; tref 9, 20, *21*, 184, 185-6, *185; y Deryn Nos 199*
Bidder, George Parker 53, 60, 156
Biwmares 184
Black Country Museum 12
Blackpool (Sir Benfro), cei llechi *223 map*, 230, *231*
Blaen y Cae (Nantlle), chwarel, system blondin 151; systemau aer cywasgedig ac injans nwy 90; winshis wedi'u pweru â stêm 84, *86*
Blaen y Cwm, chwarel, barics 190; inclên stêm 143
Blaenau Ffestiniog, chwareli, *gweler* chwarel Holland; Llechwedd; Maenofferen; Oakeley
Blaenau Ffestiniog, nodweddion pensaernïol 187, *187;* tai barics 180; capeli 197; Ysbyty Coffa Clough Williams-Ellis 176; twf 9, 22, 178, *179*, 184, 185, 186; llyfrgell *253;* neuadd

farchnad a siopau 198, *198;* paentiad *[Ty]'R uncorn* (Hildred) 187, *187*, 192; eglwys Dewi Sant (Anglicanaidd) 197; tai teras trefol 190, *193;* cyfnodolyn Cymraeg 204
Blavier, Aimé 60, 149
boeleri, driliau a bwerwyd â stêm 69, *69*
Borth y Gêst 227
Boston Lodge, gweithdai 164-5, *165*
Bowydd, chwarel, *gweler* Votty and Bowydd, chwareli
Braich Goch, chwarel (Nantdulas) 11, 44
Braich Rhydd, pympiau a bwerwyd gan wynt 97
Braich, chwarel (Nantlle) 67-8
brics, gwaith gwneud brics 124, *124;* adeiladau melinau 112; tai chwarelwyr 194
Bridge Cottage (Porthmadog), cladin llechi 36, *36*
Bridges, William, gwaith llechi ar lan llyn 221
Brinckman, William Henry (1860–1920) 11
Britannia, ffowndri 164
britho, ar lechi 42-4
Brothen, Ioan, caledi yn y barics 180
Brunel, Isambard Kingdom 156
Brunel, Marc, llif gron 115
Brunlees, Syr James 10, 113, 156, 160
Brunton, John 10, 131, 156, 160
Bryn Hafod y Wern, chwarel (dyffryn Ogwen) 67, 80, 140-41, 142
Bryneglwys, chwarel (Meirionnydd) 22-3, 26, 141, 149, *149*, 198, 222, *232*
bryniau'r Preseli (Sir Benfro), chwareli Rhufeinig-Brydeinig 17
Bryste, toeon llechi *37*
Burleigh, Charles 69, 89
Burlington, chwarel (Ardal y Llynnoedd yn Lloegr) 29, 110
Bwlch Cynnud, chwarel (Nantconwy), ffôs dŵr 80
Bwlch Oernant (dyffryn Dyfrdwy) 24, 109, 110, 134, 210, *212 map*, 222
Bwlch y Ddwy Elor, chwarel (Prince of Wales) 112-13, 120
Byddin yr Unol Daleithiau, locomotifau 238, *252*
byrddau biliards 42, 103
byrddau plaen 118-19, *119*; Kellow 109-110

caban 171-2, *171;* trafodaethau yn 10; arwyddion o ddirywiad moesol 124
Cadw, tirweddau o bwysigrwydd hanesyddol 13
Cae Abaty, chwarel (ardal Dyfi) 78, 140
Caer a Chaergybi, rheilffordd 238
caer Rufeinig Caerhun 41, 44
Caerdydd, adeilad Llywodraeth Cymru 14
Caernarfon 184; adeiladu cychod 243; cynhyrchion brics a seramig 194; harbwr 227, *227 map; tal mawr* 199; tloty 176
cafnau 42, 103
Cambrian Railways (CR) *215 map*, *219 map*, 230-31, *232*
Cambrian, chwarel (Nantperis) 69, 89; locomotif stêm Bagnall 146; toiled 172
camlesi 24, 156; camlas Cemlyn 223, *224 map;* camlas Ellesmere 212, 222; camlas Llangollen *224*, 243
Canolfan Astudiaethau Amgylcheddol Parc Cenedlaethol Eryri (Plas Tan y Bwlch) 12, *12*
cantîns 172
capeli 10, 53, 185-6, *186*, 195-7; pensaernïaeth 196-7, *197;* gwrthwynebiad i rai mathau o hamddena 200; a dirwestiaeth 199, *199*
car gwyllt 137, *137*
Carmel (Moel Tryfan) 181, 184
Carrara, chwareli marmor 70
Cedryn, chwarel (Nantconwy) 10, 26, 114, 119, 122, 230, 234
cei llechi Caernarfon, gweithdy 165
ceiau a glanfeydd, camlesi a phorthladdoedd 223-9; glanfeydd ar lannau llynnoedd ac afonydd 229-31; ceiau cwmnïau rheilffordd 230-31
cerrig bedd 39, *39*, 41-2, 108, 115
cerrig cannan (cerrig priodas) 200
cerrig hogi 42
Cestyll, llechi 35
Channel Tunnel Company (19eg ganrif) 156
Cilgerran, chwareli llechi 24, 54, *54*, 156, *223 map*
Cilgwyn, chwarel (Dyffryn Nantlle) 18, 29, 52, 69, 96, 97, 130; inclên tsaen wedi'i bweru gan beiriant Chevrolet 150; powdwr du 70; hogiau domen 74; masnach Wyddelig 30; trac rheilffordd 134; chwimsi a yrrwyd â stêm 148; system drafnidiaeth (allanol) 210, *211 map*, 218; inclên balans dŵr 140
cladin, waliau 36, *36*
Cleddau, afon, masnach lechi 222, 230, *231*
cledrau *gweler* rheilffyrdd, trac
clefyd yr ysgyfaint, silicosis 9, 69, 108, 174
clefydau 9, 69, 108, 172-4
Cloddfa'r Coed (Nantlle) 14, 58, 82, *82*, 96, 97-8; defnydd o'r gamlas 156; inclên tsaen 150; systemau trosglwyddo pŵer 85-6; incleiniau a bwerwyd â stêm 142; chwimsi siafft fertigol 148; rheiliau haearn gyr 134
Cloddfa'r Lôn (Nantlle) 130, 134
cloddio *gweler* cloddio lechi
cloddio llechi 51-2, 53-73; trawslifio plygiau 103; chwareli ponciog 54-6, *55*, *56-7 map*; pileru plygiau 71-2, *71*, 103; tyllau a gweithio mewn tyllau 56-8; llifio plygiau, gyda llaw 103; chwareli ag un wyneb 54, *54*; goleuadau tanddaearol 65; gweithfeydd tanddaearol 59-65, *59*, *60*, *62;* dulliau gweithio 65-73, *65*; *gweler hefyd* cloddio rwbel; prosesu llechi; tomennydd
cloddio rwbel 71-2, *72*
Clogwyn y Fuwch, chwarel (Nantconwy) 59, 134
clostiroedd, chwarelwyr a 181-2
cludo deunydd gan ddefnyddio ceffylau 78, *78*, 144-5, *145*, 215-18; cychod culion ar gamlesi 243
Clwt y Bont (Nantperis), melin ac olwyn ddŵr 113, 121-2; twf trefol 184
codi waliau 40
cofeb Pennant (Llandygái) *34*, 107
cofeb *Saturnbiu* 41
cofebion, slabiau llechi 40-41
cofnodion y cyfrifiad 179
Cofrestr o Dirweddau o Ddiddordeb Hanesyddol Arbennig yng Nghymru (2001) 24
Cofrestr o Dirweddau o Ddiddordeb Hanesyddol Eithriadol yng Nghymru (1998) 23-4
coleg gweithwyr Harlech *gweler* Coleg Harlech
Coleg Harlech, cyrsiau archaeoleg ddiwydiannol 12
Coleg Prifysgol Gogledd Cymru 10; to llechi *28*, 29, 34
Comisiwn Brenhinol Henebion Cymru (CBHC), rhestr o safleoedd diwydiannol 13
contractwyr, allanol 53
Conwy, afon, cludo llechi 221, *222*
Conwy, adeiladu cychod 244; cei llechi 230
Cooke, Sir William 10, 69, 160
Cooke's, gwaith ffrwydron 72
Cooke's Explosive Works (Penrhyndeudraeth) 72
corau 200
Corris, llefydd tân wedi'u cerfio a'u henamlo 42, *44;* injans tanio mewnol

122; rheilffordd gul 237; wagenni rheilffordd 136
craeniau 141, 155-6, *155*, 161, 227, 231; wedi'u gweithredu â llaw *222*, *223*, 224, 230, 239
craig Cambrian, Llanberis 51
Crampton, Thomas, patentau locomotifau 234
crawiau 40, *41*, 182
Crefydd, eglwysi Anglicanaidd 186, *186*, 196, 197; a bargeinion 53; Methodistiaid Calfinaidd 10, 167, 169, 198-9, *199*; dylanwad capeli 10, 185-6, *186*, 195-7, *197*; Catholig 197; iaith addoli 197
creigiau Ordofigaidd, Ffestiniog 21, 51
creigiau Silwraidd 51
cronfeydd dŵr, pŵer dŵr 79-80
Curtis a Harvey, wagenni powdwr du 73, *73*
Cwm Dyli, gorsaf bŵer trydan dŵr 92, 151
Cwm Eigiau, chwarel (Nantconwy) 26, 54, 56, 114, 119, 123, 230; barics 187-8
Cwm Gwyrfai, barics Glanrafon 188; rheilffordd gul 237; cartrefi Rhyd Ddu 185
Cwm Machno, chwarel (Nantconwy)14, 108, 120, 230; inclên wedi'i wrthbwyso 141, *141;* rheolwyr 10; cartrefi chwarelwyr 189, 190; systemau trafnidiaeth 208, *214 map*, 218
Cwm Taf, rheilffordd 233
Cwmbrwyn (Caerfyrddin) 30, 31, 35
Cwmmaengwynedd, chwarel (dyffryn Tanat) 219
cwmni Forest, glanfa llechi afon Teifi 230
Cwmorthin, chwarel (Ffestiniog) *23*, 80, 99, 109, 115, *176*, 228; darllenfa Bryn Awel 194, 195, *195*
Cwt y Bugail, chwarel (Ffestiniog), barics 180, 190; rhaffordd awyr blondin 152; injan dracsiwn 85, 144, 220
Cwymp Wall Street (1929) 254
cychod, rhwyfo ac a dynnwyd ar hyd llwybrau halio 243; *gweler hefyd* llongau
cyfleusterau lles 171-7
cyfleusterau toiledau 172
cyflogau a thâl 53
Cyfyng (Nantconwy), melin anghysbell 108-9
cyllell fach *34*, 106-7, *106*
Cymdeithas Addysg y Gweithwyr 10
cymdeithasau adeiladu 190-92
Cyngor Henebion a Safleoedd Rhyngwladol (ICOMOS-UK) 23-4
cynhyrchion llechi, blociau adeiladu 40, *40*, 46, 193; gwaith cerfio ac addurnol 42-4, *43*, *44*, 194, *194*; gwyntyllau 42, *42*; o'r tu allan i Gymru 29; marchnata 46; slabiau 26, *27*, 38-42, *72*, 103, 108, 110, 114, 119-20, 129-50, *129*, 193, 234; llechi ar gyfer ysgrifennu a seiffro 44-6, *45*; eitemau bach 46; defnyddio mewn ffyrdd 46; *gweler hefyd* toeon; prosesu llechi; llechi
cynhyrchu dur 23
Cynllun Cloddfeydd Gadawedig (1953), chwarel Rhiwbach 155
cynnal a chadw teclynnau ac offer 160-62; *gweler hefyd* gweithdai
cyrsiau lleithder 38, 74

Chwarel Ddu (Nantconwy), ffordd drol i'r A470 134, 208
chwareli llechi, crefftwyr 9, 10; dirywiad a chwareli'n cau 11, 20, 254-5; peirianwyr 10-11; cyfarpar *gweler* cyfarpar; seilwaith allforio 9; etifeddiaeth chwareli'n cau 9; lleoliadau ac ardaloedd 14-15, *16 map*; peiriannau 9, 13, 26, 39-40, 42, 114-19; rheolwyr 10, 11; moderneiddio (*diwedd* 1960au) 11, 255, *255*; perchenogion 8; drwgdeimlad oherwydd cyflog 53; twristiaeth 11-12, 19-20; gweithlu 9, 11, 12; dulliau gweithio 8-9, 11, 65-73, *65*
chwarelwyr 18-19, *18*; dillad 200-204, *202*, *203*, *204*; diwylliant 252-6; gweithwyr o Lithwania (safle Oakeley) 180; disgwyliadau o ran marwolaethau 174-6; gwrthwynebiad i 'gau tiroedd' 181; tlodi 176; deunydd darllen 195, *253;* sgiliau 254; chwaraeon a hamdden 195, 200; safon addysg 167; safon byw 194-5, *194*, *195*; *gweler hefyd* barics a thai gweithwyr
chwilio 52
chwimsis, rhaffyrdd awyr 148-9, *148*; chwimsis ceffyl 148, 152; inclên a yrrwyd gan chwimsi (Dorothea) 140

Darbishire, William Arthur 10, 162, 185
Darjeeling Himalayan Railway 234, 251
Davies, D.C., cynllun o felin a chyngor 110
Davies, Ifor E. 180
Davies, Richard (pensaer o Fangor) 197
De Affrica, chwareli llechi 9
De Winton (Caernarfon), ffowndri, boeler (Pen y Bryn) 84; bwrdd plaen (Pen yr Orsedd) 118, *119;* adeiladau sy'n weddill 165; driliau cylchdro 68; byrddau llifio 117; injan stêm un silindr yng Nglynllifon 84, *86*; locomotifau stêm 145, *145*, *154*, 164; injan bwmpio stêm (Ffestiniog) 98-9; olwyn ddŵr grog (Gilfach Ddu) 162, *163*; pwmp tri silindr a bwerwyd gan ddŵr 97, *98;* injans stêm 100 marchnerth dau silindr 84; a Gwaith Haearn Union 164, 227; balansau dŵr (*tanciau*) 153; injan pwysedd dŵr 97, *98*
Decauville, Paul (peiriannydd rheilffordd) 236
Deganwy, tai arddull Celf a Chrefft 29, *29*; cei rheilffordd 230
Deiniolen *gweler* Llanddeiniolen
Delabole, chwarel (Cernyw) 29, 117
Dennis, Henry 156
deunydd lloriau 103
Deva Victrix (Caer), chwareli Rhufeinig-Brydeinig 17
Dibnah, Fred 84
Diffwys, chwarel (Ffestiniog) *22*, 59, 70, 83, 104, 110, *111*, 134, 157, 167, 218, 228
dillad 200-204, *202*, *203*, *204;* ffustion 201-02; hetiau 202-4
Dinas Mawddwy 155, 185
Dinorwig (DQR), rheilffordd *210*, 233-4, 237, 238, *239*
Dinorwig a Rhiwbach, injan fawr *88*, 98, *99*
Dinorwig, chwarel 9, 10, 14, 19-20, *20*, 29, 52, 182, 221, 243; damweiniau a marwolaethau 66, 174; agweddau tuag at ddynion cynnal a chadw 162; Melin Awstralia *116*, 120, 122; barics 180, 189, *189*; ponciau 54, *55;* gwaith gwneud brics 124; caban 171; gwaith peirianneg sifil 132, *132;* 'drag' ar gyfer traffig y chwarel 208, 211; trydan 92; *Ffeiar Injan* 110; Gilfach Ddu – 'tramway' melinau Hafod Owen 133; gweithdai Gilfach Ddu 19, *19*, 89, *89*, 93, 162, *163;* gwaliau 104, 120; naddu â llaw 107; ysbyty *174*, 175, *175;* rhaffyrdd awyr hybrid 152; incleiniau 138, *138*, 141; moderneiddio (1960au) 110; swyddfa 169-70; dyfrlliwiau Pocock *209*, 210, 217, *230;* trac rheilffordd 134, 156; wagenni rheilffordd 137; rheilffordd 231-2, 233; systemau trafnidiaeth ffordd 131, 211, 213-15, 217; melinau llechi 108, 110, 114; cynhyrchu llechi 8, *8*, 9; tyddynnod 182; locomotifau stêm 145, 233, 233-4; pŵer stêm 82,

98, 110; olwyn ddŵr grog (Gilfach Ddu) 162, *163;* twristiaeth 12, 19-20, *19;* lifftiau fertigol 138, *139;* rhaffordd awyr hybrid adran Vivian 152; inclên Vivian 133, *139;* gweithdai 162; *gweler hefyd* Nantperis
Dirwasgiad Mawr, y (1930au) 11, 254-5
diwydiant glo 23; siafftiau balans dŵr 153
diwydiant llechi, dirywiad a chwareli'n cau 11, 20, 254-5; materion iechyd a diogelwch 171-7; moderneiddio (*diwedd* 1960au) 11, *255*; swyddfeydd *168*, 169-70, *169*; gwaith gweinyddu chwarel 166-70; cadw cofnodion 167; dulliau signalu *169*, 170, *170*; gwrthdaro cymdeithasol 13; iardiau pentyrru 167-8, *167*, *168*; dylanwadau ledled y byd 250-56
Dixon, Edwyn (rheolwr chwarel) 67-8, 115
Dodd, A. H., anheddau 178-9; *The Industrial Revolution in North Wales* 12, 253
Dodson, Arthur (peiriannydd chwarel o Fangor) 156
Dodson, bwrdd llifio 115
Dolbadarn, castell 19
Dorothea, chwarel (Nantlle) 10, 11, 73, 142-3, *143*, 255; rhaffordd awyr blondin 152; defnydd o'r gamlas gan 156; rhaffyrdd inclên tsaen 142-3, *143;* injan drawst (bwmpio) Gernywaidd 13, 82-3, *83*, 84, 98, 100; llifiau dimwnt 118; generaduron a bwerwyd gan ddiesel 92; llifogydd 74; rhaffyrdd awyr hybrid 152; rhafforddd inclên 149; injans tanio mewnol 90; John Kones a 185; systemau trosglwyddo mecanyddol 99; adeilad swyddfa 170; incleiniau wedi'u pweru 142, *143;* chwarelwyr (ffotograff) *202;* damweiniau rheilffordd 173; melin lechi 110, 121; stablau 145, *145;* cyflenwad dŵr (paentiad) 80, *80;* inclên a bwerwyd gan chwimsi 140
Douglas-Pennant, Arglwydd Penrhyn *11*, 162, 203
Douglas-Pennant, y teulu (Arglwyddi Penrhyn), chwarel y Penrhyn 8
Dowlais, ffowndri, stablau 163
draeniad 96-100
dril tarawol 69, 89
Dunlop, Alexander (Rheolwr Gyfarwyddwr – chwarel Oakeley) 156
dŵr, system gyflenwi 26, 80
Dwyryd, afon, cludo llechi 13, 221-2, 229-30
dyffryn Croesor, barics 180; melin Croesor 69; locomotif drydan 147, *147;* archaeoleg ddiwydiannol 12, 59; rheilffordd gul 234; chwareli 59, 64-5, *64*, 68; craen balans dŵr wyneb 141; trydan AC tri cham 92, 143; systemau trafnidiaeth *219 map; gweler hefyd* chwareli Parc a Chroesor a chwarel Rhosydd
dyffryn Dyfrdwy, archaeoleg ddiwydiannol 12; melin lechi 109, 110, *111*, 119; chwareli llechi 11, 14, 138; systemau trafnidiaeth *212 map*, 234-5, *235*
dyffryn Dysynni, llechi 24
Dyffryn Ogwen, llefydd tân wedi'u cerfio 42, *43;* llechi wedi'u cerfio 194, *194;* system weithredu gydweithredol 53; tai 190; archaeoleg ddiwydiannol 12; technolegau a dulliau newydd *255;* chwareli *gweler* chwareli unigol; pŵer stêm 82; systemau trafnidiaeth 210, *213 mapiau*, 217
Dyffryn Tanat, llechi 23, *24*
Dyffryn Teifi, llechi 24, *24*
Dyfi, afon, cludo llechi 222, 229
dyfrbont Pontcysyllte *224*

Ebeneser 178, 181-2, 186, *186*, 190, 197, *197*
Edwards, Ifan ab Owen, *Y Chwarelwr* 171-2, *171*
Edwards, John (1782–1834) 10, 96-7, 164
Eglwyseg, chwareli 24
eglwysi Anglicanaidd 186, *186*, 196, 197
Elis-Williams, Myrvin 243
Ellis, Edward (Ffestiniog) 137
Ellis, George, reidio car gwyllt *137*
Ellis, Griffith 10, 182, 221
Ellis, Hugh 221
elor-welyau a stretsieri 175, *175*, *176*
enamlo 124, *125*
Evans, David (Dafydd Kate Evans) *114*
Evans, John 45
Evans, John twrne', tenant y goron yng Nghilgwyn 130, 181
Evans, Thomas (meddyg esgyrn yn y Penrhyn) 175
Ewrop, lleoliadau chwareli llechi 9
Exposition Universelle (Paris 1867) 68

Fawcett a Littledale (Cloddfa'r Coed), injan 82, *82*, 98
Felinheli/Port Dinorwic 225-7, *226 map*, *227*
Festiniog, rheilffordd 22, 23, *23*, 140, 164, *219 map*, 228, 233, *233*; cerbydau'r chwarelwyr 173, *173*
Fletcher and Dixon (o Fangor), pensiliau llechi 45-6, *46*
Foster, Clement Le Neve (Arolygydd Mwyngloddiau) 66, 70, 174; adroddiad ar farics chwarelwyr 180
Four Crosses (Ffestiniog) 184
Francis, Thomas (rheolwr y Penrhyn) 113
Fron (dyffryn Nantlle) 181
Froncysyllte, cei llechi 212, 222, *224*
Frongoch (Ceredigion), gwaith plwm 92
Fuller, George Leedham (1822–1906) 156
Fyfe, John, peirianydd yn Swydd Aberdeen 150

Ffarwel Roc (ffilm deledu) (Gareth Wynn Jones) 8, *8*, 9, 14
ffensys, llechi 40, *41*
Ffestiniog, damweiniau a marwolaethau 174; barics 180, 189; lefelau gwagio dŵr 96; cludo deunydd ar incleiniau wedi'u pweru gan drydan 143-4, *144;* powdwr du yn Llan Ffestiniog 70; archaeoleg ddiwydiannol 12, 59; rheilffyrdd mewnol chwareli 131; tirwedd *22;* Llyn Fflags 79; rheilffordd gul 234, 236, 237, 251-2; creigiau Ordofigaidd 21, 51; cyflenwadau ceffylau pwn 197; patrwm anheddu 185; chwarel *61 cynllun;* ysbyty chwarel 175; melinau llechi 108; pŵer stêm 83- 4, 98; systemau trafnidiaeth 212, *219 map;* tai 'math fila' 192, *194;* traphont bren 73-4; *gweler hefyd* Blaenau Ffestiniog; chwareli Oakeley
fflatiau, cludo llechi 244
Fforwm Plas Tan y Bwlch 12-13, 124
Ffoulkes, Edward (bardd a stiward chwarel) 171
ffowndrïau 117, 146, 163, 164
Ffrainc, diwydiant llechi 9, 26, 44, 54, *57*, 82, 91, 149, 178, 236, 250, *250*
ffrwydron, cocau trydanol 67; powdwr du 70-71; cytiau powdwr 72-3, *72;* nitroglycerine 72; gweithio ar wyneb y graig 66, 67
ffyrdd, defnydd o gynhyrchion llechi 46; ffordd dyrpeg Wem a Bronygarth 212

Gaewern (Nantdulas) 134
Gallt y Fedw, chwarel 90
Gallt y Llan, chwarel 29
Ganz vállalatok (Bwdapest) 92
Garn Dolbenmaen 181
generaduron Thomson a Phillips (Llechwedd) 89-90
General Electric Company 147
Gerlan (dyffryn Ogwen), tai 190

Gilbert Gilkes, tyrbinau math Francis 89-90
Gilfach Ddu (Dinorwig), dyfrlliw Pocock *209*, 210, 217; gweithdai 19, *19*, 89, *89*, 93, 162, *163*
Gilfach, chwarel (Sir Benfro) *28*, 29, 34
Gisborne, y Parch. Thomas *221*
Gladstone House (Groeslon) 194
Glandinorwig (Clwt y Bont, Nantperis), melin aml-lawr 113, 121-2; olwyn ddŵr 122
glanfeydd *gweler* ceiau a glanfeydd
Glaslyn, barics 189-90, *190 cynllun;* Rheilffordd Ffestiniog 23; ffowndri 164; archaeoleg ddiwydiannol 12; trafnidiaeth ffordd *219 map;* slabiau llechi 38; *gweler hefyd* chwarel Gorsedda; Treforys; Ynys y Pandy
Gledrid (Swydd Amwythig) 222
Gloddfa Ganol, chwarel llechi (Blaenau Ffestiniog), trafnidiaeth ffordd 131
Glogue, chwarel (Sir Benfro) 184, 185, *223 map*, 230
glowyr Cernyweg 23
Glyn Ceiriog, chwareli 212, 222
Glyndŵr, Owain (Sycharth) 30
Glynllifon 19, 84, *86*, 185; llif gron 115, *115*
Glynrhonwy, chwarel (Nantperis), cantîn 172; allforio 227; agerbeiriant 82; rhaffyrdd inclên *148*, 149; adeilad swyddfa *169;* trac rheilffordd 134; injans stêm ar y ffordd 219; locomotifau stêm 145; system drafnidiaeth (allanol) *210 mapiau*, 238
gofaint 160-61
Gogerddan Stores (Tal y Sarn, Nantlle) 198
Goleuwern, chwarel (Meirionnydd) 138
Gooch, Syr Daniel 10, 117, 160
Gorsedda, chwarel (Glaslyn) 26, *27*, 56, 67-8, 113, 182, *183;* gwaith peirianneg sifil 131-2; rheilffordd gul 234, 237; 'baria Thomas Hughes' 135; *gweler hefyd* Glaslyn
Graig Ddu, chwarel (Ffestiniog) 137
Gray, J.C. (Undeb Cydweithredol) 53
Great Western Railway *219 map*, *223 map*
Greaves, J.W., cei ym Mhorthmadog 228, *228;* peiriannau naddu cylchdro 118, *118;* byrddau llifio *109*, 116-17, *116*, 118
Greenfield, James 54
Greville, Daisy, Iarlles Warwick 53
Griffith, David (adeiladwr tai o Gaernarfon) 190
Griffith, John (*Sylwedydd*) 26, 154, 217-18; cyfwelwyd 130
Griffiths, Griffith (ffitiwr chwarel) 140
growtio 123-4
grwpiau gwaith *gweler* bargeinion
grym symudol, systemau 144-8; locomotifau trydan 147, *147;* injans tanio mewnol (petrol a ddiesel) 146-7, *147*, 219-20, 238; grym cyhyrau (dyn a cheffyl) 144-5, 148, *148*; locomotifau stêm 83, 145-6, *145*, *146*, *147*, 233-4, *234*, 237-8
gwaliau (cytiau manhollti llechi) 104-6, *104*, *105*, *107*, 110, 120
gwastraff 52; defnydd masnachol ar gyfer 123, *123*
Gwaun Gynfi, tai gweithwyr 19-20
gweithdai 160-65; gweithdai a ffowndrïau annibynnol 163-5; *gweler hefyd* cynnal a chadw teclynnau a chyfarpar
gweithfeydd copr 23; dylanwad y Saesneg ar derminoleg 148
gweithfeydd plwm, Frongoch (Ceredigion) 92; Nantconwy 23
gweithwyr dan gontract *gweler* bargeinion
gweithwyr llechi gwael 53, 54
gwelyau bocs 195, *196*
gwenithfaen, chwareli, Penmaenmawr 23, 56
Gwernor, chwarel (Nantlle), inclên tsaen 149
gwleidyddiaeth, radicaliaeth ac anghydffurfiaeth 10, 186
gwrthdaro cymdeithasol, y diwydiant llechi a 13
gwyntyllau 100, *101*
Gymdeithas Ysgol Brydeinig a Thramor, Y 45
Gymraeg a diwylliant Cymru, yr iaith 9-10, 204-5, 254-6

haearn gwrymiog, adeiladau melinau 113-14
Hafod y Llan, chwarel (Glaslyn) *25*, 26, 122, 190
Hafodlas, chwarel (Nantconwy) 14, *72*, 92, *111*, 113, 117, *121 cynllun*, 122; gwaith crwsio 123, *123*; odynau enamlo 124, *125*; incleiniau 138, *139*, 141; cwt pwyso 167, *167*
Hafodlas, chwarel (Nantlle) *gweler* Cloddfa'r Coed (Nantlle)
Hall, Edmund Hyde 181, 194, 195
Hare, Henry Thomas (pensaer) *28*, 29
Harry Shôn, cofnodi wagenni 167
Hawkins, Henry, *The Penrhyn Quarry in 1832* (paentiad) 201, *202*, 204
hawliau mwynau, tirfeddiannaeth 52
Hen Felin (Nantlle), melin anghysbell 108
Hendre Ddu, chwarel (Meirionnydd) 234; barics 188; ysbyty 176
Hendre, chwarel (Nantconwy) 99, 140
Hildred, Falcon, *[Ty]'R uncorn* – Blaenau Ffestiniog (paentiad) *187; Uwchlaw'r Ffynnon ym Methania – Blaenau Ffestiniog* (dyfrlliw) *193*
hogiau domen 74, 104-6
Holland, chwarel (Blaenau Ffestiniog) 14, 60, *60*, 65, 97; melin gyntaf 119; gwaith pileru 60, *60*
Holland, Samuel 10, 185; ceiau Porthmadog 228; cydberthynas â chyflogeion 199, 202; cychod cludo llechi 245; ffowndri Tan y Grisiau 164
Holman's of Camborne, injan drawst 82, 84; cefnogaeth i Kellow 68
Holme, Randle 35
Horlock and Company, locomotifau 234
Hughes, Hugh Derfel *hanesydd* 44, 107, 216-17
Hughes, John (rheolwr chwarel Lord) *187*
Hughes, John Llanllyfni, John y gôf (1766/7–1845) 10, 60, 82, 96, 97, *148*, 149, 161, 164, 213, 251, 252
Hughes, T. Rowland, nofelau 199
Humphris, Henry (rheolwr yn Rhiwbach) 70
Hunslet Engine Company (Leeds), locomotifau stêm 145, 164
Hunter, George (mab James G.), peiriannau tyllu twneli 69, *69*
Hunter, James George, llifiau crwn 117, *117*
Huws, William Pari (1853-1936), Gweinidog Annibynwyr (Ffestiniog) 186

iardiau cyfnewid, rheilffordd gul-rheilffordd safonol 222, 230, 239
incleiniau 20, 22, *23*, *25*, 26; car gwyllt 137, *137;* incleiniau tsaen 77-8, 84; winshis aer cywasgedig 144; incleiniau wedi'u gwrthbwyso 137-40, *138*, *139*; cludo deunydd gan ddefnyddio trydan 143, 144; Llechwedd 83, *84*, 144; incleiniau 'Maclane' 74, 133; inclên Rhosydd 235; cludo deunydd gan ddefnyddio rhaffau 137-44; pŵer stêm 142-3, *143*; inclên Vivian (Dinorwig) 133, *139;* pwerwyd gan olwyn ddŵr 140-41; mecanwaith balans dŵr 141-2, *142*
inclên Marchogion (Penrhyn), tŷ drym 231, *232*
Ingersoll Rand, cywasgydd 90; driliau craig 68, 69
Ingersoll Sergeant, cywasgydd 90, *91*

Inigo Jones (melin lechi yn y Groeslon) 109, 124, 238
Injan naddu Francis, naddwr patent 107, *107*, 118
injans naddu, injan naddu Francis 107, *107*, 118; injan naddu cylchdro Greaves 118, *118;* naddwr guillotine *118*;
injans nwy 90
injans tanio mewnol 90, 122, 144, 146-7, 238
Ioan Madog (bardd a dyfeisiwr) 164
Iolo Goch (bardd) 30
Ironbridge Gorge Museum 12
Iwerddon, y diwydiant llechi 26, 251, *251;* allforion o Gymru 30, 31

Jenny Linds (llethryddion) 118-19
John Preston (sgwner) 246
Jones, David Lloyd (mab John Jones Talysarn) 186
Jones, Dr R., adroddiad ar farics chwarelwyr 180
Jones, Emyr, y broses saethu yn Ninorwig 70-71; Dre' Newydd 180, 195
Jones, Evan (Garn Dolbenmaen) 113
Jones, Gareth Wynn, *Ffarwel Roc* 8, *8*
Jones, Griff 12, 124
Jones, Gwynfor Pierce 12
Jones, Merfyn, golwg fewnol bwthyn 194-5; calendr ffermwyr 181; *The North Wales Quarrymen 1874–1922* 12, 18, 255
Jones, Methusalem 21, 167
Jones, Richard a Grace, lle tân *43*
Jones, Robert Thomas, llyfrgell 195
Jones, Rowland (pensaer) 197
Jones, Syr Henry Haydn (Tywyn) 198
Jones, Thomas a William 42
Jones, William a Lewis, teclynnau 67
Jones Talysarn, John *80*, 130, 170, 173, 185, 186, 196, 197
Jordan, Thomas B., Cwm Eigiau 119

Kandó, Kálmán (peiriannydd) 92
Kellow, Moses (peiriannydd) 10, 92, 252; trydaneiddio yng Nghroesor 143, 252; siop saer yng Nghroesor 161; dril craig Kellow 68-9, *68*, 81; arddangosfa bwrdd plaen 109-110; teils crib 36, *36*
Kennaway, Syr John, systemau trosglwyddo 87-9
Killaloe, chwarel llechi (Swydd Tipperary) 149, 150
Kolben, Emil 92, 122; locomotifau trydanol 147, *147*

Labassère, chwarel (Pyrenees), llifiau gwifren 70
Lancaster, Joseph 45
Leishman, James (contractwr) 53, 60
Lewis, Michael, cyrsiau archaeoleg ddiwydiannol 12
Lindsay, Jean, *A History of the North Wales Slate Industry* 12
Loading Slates, Llanberis (dyfrlliw, 1795) *209*
Locke, Joseph 156
locomotifau 83, 145-6, *145*, *146*, *147*, *252*; gwneuthurwyr a mathau 237-8; *gweler hefyd* rheilffyrdd cul
London and North Western Railway (LNWR) *210 map*, *211 map*, *213 map*, *214 map*, *219 map*, 230, 238, 240
London Marble and Stone Working Company 115
lorïau 219-20

Llan Ffestiniog *gweler* Ffestiniog
Llanberis 51, 152; anheddiad 178; *gweler hefyd* Amgueddfa Lechi Cymru (Dinorwig/Llanberis)
Llanberis Lake from the foot of Cwm Glo (dyfrlliw, 1798) *230*
Llanddeiniolen 19, 178, 181-2, 186, *186*, 211
Llandwrog 178
Llanfair, chwarel (Meirionnydd), twristiaeth 11
Llangollen, Dyffryn, llechi 24
llathryddion ('Jenny Linds') 118-9
Llechan, chwarel (Nantconwy) 66
llechi (creigiau), ffurfiant 51; *gweler hefyd* llechi
llechi 14; enwau dosbarthiadau 32-3; coloidaidd 37, 123; lliwiau 29, 51; dosbarthu 30-31; enamlog 31, 103, 124, *125*; deunydd ffensio (crawiau) 40, *41*, 182; cyfnod Canoloesol 30, 32, 35; llechi patrymog a llechi lliw 36-7, *37*, *38*; llechi cymysg (llechi tunnell) 32-3, *32*, *33;* llechi garw *28*, 29, *29*, 34; maint, siâp ac ansawdd 31-4; teclynnau chwarelwyr 34, *34*, 35, *104*, 106-7, *106*; hollti a naddu 103, *105*, 106-7, *106*, 118, *118*; llechi carreg 30; *gweler hefyd* toeon; cynhyrchion llechi; llechi (creigiau)
llechi to 30-37, *37*; allforion byd-eang 46-7, *47*; dulliau 34-5; melinau 117-18, 120; llechi patent 44; teclynnau chwarelwyr 34, *34*, 35; hollti a naddu *105*, 106-7, *106*, 118, *118*, 120; *gweler hefyd* cynhyrchion llechi; llechi
llechi, prosesu mecanyddol 108-9

llechi, traddodiadau Ewrop Gyfandirol o osod llechi 36-7, *37*
Llechwedd, chwarel (Blaenau Ffestiniog) 11, *22*; rhaffordd awyr blondin 152; gwaith gwneud brics 124, *124;* caban (Sinc y Mynydd) 171; blociau adeiladu concrid 46; locomotif trydan 147, *147*; trydan 91-2, 143, 144, 252; melin Llawr 5 *109*; Gilbert Gilkes, tyrbin math Francis 89; Gilbert Gilkes, tyrbinau Pelton 89-90, 99; trydan dŵr 83, 92, *92*; goleuo 65; incleiniau 83, *84*, 141, 143, 144; glanfa gyfnewid 239; diwrnod y tâl mawr *166*; Quarry Tours 12, 117, 118; injan stêm Robey 83; driliau craig 69; llechi to 117; cloddio slabiau a rwbel *72*; melin 'tin can' 114; cyflenwad dŵr 80; olwynion dŵr 83, *84*; llifiau gwifren 70
llefydd tân 42-4, *43*, *44*, 103
Llifiau, llifiau tsaen (dimwnt Korfmann) 70, *70*; llifiau crwn 115-18, *115*, *116*, *117*; dimwnt 70, *70*, 118, 124-5; llifiau ffrâm (aml-lafn) 78, 114-15; byrddau llifio Hunter 117-18, *117*; llif ffrâm *114*; llifiau tywod 107-8, *108*, 114, 119; byrddau llifio 81, *109*, 115-18, *116*, *117*; llif 'shot' 114; *virginie* (Llechwedd) 118; llifiau gwifren 69-70
llochesi tanio ('cytiau mochel ffeiar') 70-71, *71*
llongau 243-7; llongau stêm ategol 247, *247;* stemars 248, *248*; *gweler hefyd* cychod
llongau drylliedig ac ysgerbydau, Appledore (Dyfnaint) 246; afon Conwy 244; Dwyryd (Traeth Bach) 244-5, *245*; aber afon Dyfi 244, *245*; Llyn Padarn 243, *244*; afon Menai 243; Port Stanley (Ynysoedd y Falklands) 245
Lloyd George, David, AS 53, 254
Lloyd, David (powdwr du a bwydydd) 70, 197
Llyfrgell Genedlaethol Cymru (Aberystwyth) 254
llynnoedd, trafnidiaeth yn Nantperis 220-21, *221*, 229, *230*, 243

M.A. James (sgwner brig-hwyl) 246, *246*
Madocks, William, adfer tir ym Mhorthmadog 227-8
Maël-Carhaix, chwareli (Ffrainc) 236
Maenofferen, chwarel (Blaenau Ffestiniog) 11, *13*, *22*, 59-60, *59*, *66*, 240; gwyntyll alwminiwm 100, *101*; llifiau dimwnt 125; trydan 92, 93,

143; olwyn pelton Gilkes 90; cei Porthmadog 228; trefniadau toiledau 172; melin lechi 108, *111*, *112*, 120; cludo deunydd ar incleiniau wedi'u pweru â stêm a thrydan 143, 144, *144*; pŵer stêm 83; cyflenwad dŵr 80, 83; llifiau gwifren 70; gweithdai *160 cynllun*, 161
Magnus, George Eugene 42-4
Manod, chwarel (Ffestiniog) 11, 130, 134, 185
marchnadoedd a siopau 197-8
Margaret ferch Ifan (1702–93) 220, *221*
Marvin-Sandycroft, dril trydanol yn Llechwedd 69
masnach allforio 9, 46-7, *47*, 227; gydag Iwerddon 30, 31; Canoloesol 30
masnach fanwerthu 197-8
Mather (Pen y Bryn), injan wal un silindr 84, *85*
Mathew, chwarel (Blaenau Ffestiniog) 14, 83-4, 228
Mathew, Nathaniel, naddwr guillotine 118, *118*; inclên a bwerwyd â stêm 143
Maudsley, Henry (gwneuthurwr peiriannau) 115
Mawddach, afon, cludo llechi 222
McAlpine's, gwrthdaro â gweithwyr rheilffordd 131; gweithwyr o Lithwania (safle Oakeley) 180; North Wales Narrow Gauge Railway 238; chwarel y Penrhyn 11, 131
McConnel, William, Abergynolwyn a 185
McKie, Hugh Unsworth (1822–1907) 156
Melbourne, Royal Exhibition Building 47, *47*
Melin Cambergi (Nantdulas) 122
Melin Crawia-Pont Rhyddallt 238
Melin lechi Coedmadog, mynediad rheilffordd safonol 238; injan bwmpio stêm 98
Melin Pompren Fedw *111*
Melin Rhiwgoch (Nantconwy), llif 'shot' 114
Melin Seiont (ger Caernarfon) 238
melinau 108-125; nodweddion pensaernïol 112-14; adeiladau 110-14; cost adeiladu 110; dirywiad a diffyg defnydd 124-5, *124*; fel ffatrïoedd 108-110, *108*; cynlluniau lloriau 120, *120*; peryglon i iechyd 9, 69, 108; melinau annibynnol 109, 110, *111*, 119, 124, 238; melinau integredig 110-112, *111*; trefniadaeth fewnol 119-20; prosesu mecanyddol 108, 114-19; llechi a phatentau melinau 44; aml-lawr 113; systemau pŵer *gweler* systemau pweru melinau; mynediad drwy'r rheilffordd 120; llechi to 117-18, 120; melinau slabiau 26, *27*, 108, 110, 114, 119, 221; manylion strwythurol 110-14
merched, a rhesi o fulod 216
Merioneth Slate Quarry at Llanberis (dyfrlliw, 1795) *209*
Mérour, y Tad Peter (Blaenau Ffestiniog) 197
Methodistiaeth *gweler* Methodistiaid Calfinaidd
Methodistiaid Calfinaidd 10, 167, 169; a moesoldeb cymdeithasol 198-9, *199*
Minffordd (rheilffyrdd Ffestiniog a Chambrian), seidins cyfnewid 239, *239 map*
Mining Journal 109
Minllyn, chwarel (ardal Dyfi) 78, 110, *111*, 122, 140
mithraeum (Caernarfon) 30, 32, 108
Moel Fferna (dyffryn Dyfrdwy), llifiau dimwnt 118; inclên 138
Moel Siabod, chwarel (Nantconwy), gwaliau *104*, 234
Moel Tryfan, chwareli (Dyffryn Nantlle) 11, 18-19, *18*, 92, 122; system rhaffbont a rheilffordd 131; hogiau domen 74; adeilad swyddfa 170; cartrefi chwarelwyr 189; systemau trafnidiaeth (1776-1963) *211 mapiau*, 237
Moel y Faen, chwarel 219, 222
Moelwyn, chwarel (Ffestiniog), Ffordd yr Iuddew Mawr 212, *217*; dosbarthiadau llythrennedd 195; tyrbin dŵr 122
Monson (Maine, UDA), rheilffordd 236
Montrieux a Larivière (peirianwyr Ffrengig) 110, 149
Morris, William, a llechi to 46
motos trydan, gweithgynhyrchwyr a lleoliadau 122
mudiad Celf a Chrefft, gorsafoedd pŵer 92; llechi garw *28*, 29, *29*
mulod, pynfeirch 216-17
Mynydd Llandygái, tyddynnod 182, *182*
Mynydd Parys (Ynys Môn), copr 23

Nantconwy, archaeoleg ddiwydiannol 12; gweithfeydd plwm 23; chwareli *gweler* chwareli yn ôl eu henwau; cartrefi chwarelwyr 189; slabiau llechi 38; systemau trafnidiaeth 213-15, *214 map*
Nantconwy, gweithfeydd plwm 23
Nantdulas, damweiniau a marwolaethau 174; capeli 195-6; winshis a weithiwyd â llaw 155; archaeoleg ddiwydiannol 12, 59; chwareli 11, 44, 62-4, *63;* slabiau llechi 38; system drafnidiaeth (allanol) 211-12, *215 map*, *232;* systemau codi fertigol â winsh llaw 148
Nantglyn (Sir Ddinbych), chwareli 38
Nantlle, damweiniau a marwolaethau 174; golygfa o'r awyr *17;* band *201;* barics 180, *181;* rhaffyrdd awyr blondin 152; defnydd o'r gamlas 156; copr 23; trydan 91; injans tanio nwy ac injans tanio mewnol 90; rhaffyrdd inclên 148, 149, 150; archaeoleg ddiwydiannol 12; injans tanio mewnol 122; map (1889) *58*; pentref a adeiladwyd o'r newydd 185; incleiniau wedi'u pweru 140, 142-3; chwareli *gweler* chwareli yn ôl eu henwau; rheilffyrdd chwareli 133; trac rheilffordd 134, 137, 156; wagenni rheilffordd 137; rheilffyrdd (allanol) 232-3; melinau llechi 108; pŵer stêm 81-3, *82*, *83*, 84, 93, 97-8, 142-3; gweithfeydd contractwyr tomennydd *75;* systemau trafnidiaeth 210, *211 mapiau*, 217-18; pympiau a bwerwyd gan ddŵr 96; pympiau a bwerwyd gan wynt 97
Nantlle, rheilffordd *211 mapiau*
Nantperis, barics 180, 189 copr 23; clostiroedd 181; trafnidiaeth ar lyn 220-21, *221*, 229, *230;* chwareli *gweler* chwareli yn ôl eu henwau; systemau trafnidiaeth (1770s–1961) 208-210, *210 mapiau*, 213, 229, *230*; *gweler hefyd* chwarel Dinorwig
National Welsh Slate Company 36, 228
Neele, Ernest (peiriannydd yn Ninorwig) 131
Newcomen, injan atmosfferaidd, Ardennes 81
North Wales Narrow Gauge Railway 237, *237*, 238
North Wales Power and Traction Company 92, 144, 151
North, Herbert Luck (pensaer) 29, *29*

Oakeley, chwareli (Ffestiniog) 11, 14-15, 21-2, *22*, 52, 60, *62 cynllun*, 83-4, 240; traphont bont goch 132, *132;* aer cywasgedig 90; llifiau dimwnt 125; locomotifau ddiesel 146, *147;* pŵer trydan 92, 144; gwaliau 120; ysbyty 175; Lithwaniaid 180; toiledau 172; trac rheilffordd 134, 157; wagenni rheilffordd 136, *136;* craeniau stêm wedi'u gosod ar gledrau 155; ffyrdd a llwybrau 129-31, *129*, 212; locomotif Ruston Hornsby 238, *238;* locomotifau stêm 146, 147;

pŵer stêm 83-4, 98-9; incleiniau a bwerwyd â stêm 143; llifiau gwifren 70; *Y Chwarelwr* (ffilm) 171-2, *171*
Oakeley, y teulu 8, 9, 14, 185
offer, peiriannau plaenio 39-40, 42; byrddau llifio 81; llifiau 39, *39*, 69-70, *70*, 107-8, *108; gweler hefyd* teclynnau
Owen, Bob Croesor (clerc chwarel a chasglwr llyfrau) 195
Owen, Daniel, nofelau 195
Owen, George, *Description of Pembrokeshire* 66
Owen, Humphrey, a'i Fab, byrddau llifio 116, 117
Owen, Michael (dyffryn Nantlle) 148
Owen, Richard (pensaer o Lerpwl) 197

Palmerston, Arglwydd (Henry John Temple 1784-1865) 195
Palmerston, chwarel (Blaenau Ffestiniog) 14-15, 60-62, *62 cynllun*, 185; traphont bont goch 132, *132*; boeler o fath locomotif 69, *69*; siafft balans dŵr 154
Pant Dreiniog (dyffryn Ogwen), inclên a bwerwyd â stêm 142, 150
Pant yr Ynn (Ffestiniog), melinau anghysbell 108, 110, 122
Parc a Chroesor, chwareli 36, 63-5, *64*, 68, 110, 122
Parc Gwledig Padarn (Llanberis) 152
Parry, William John (arweinydd undeb) *11*, 12, 53, 56, *150*, 203; cytiau ffrwydron 72
Parry-Williams, Syr Thomas Herbert 24, 75
peiriannau pelydr-X, tiwbiau 'focus' Jackson 175
peiriant crwsio, chwarel Hafodlas (Nantconwy) 123, *123*
peirianwaith cloddio, cloddwyr stêm 'American Devil' 71, *72;* peiriannau symud pridd 130-31; cloddiwr Thomas Smith and Sons 74
peirianwaith sifil 131-3, *132*, *133*
peirianwyr 10-11
peirianwyr chwareli, a phrofiad y rheilffordd 156
pêl-droed 200
Pen y Bryn, chwarel (Nantlle) 84, *85*, 86-9, *87 map*; barics 180, 190, *191*; systemau aer cywasgedig 90; systemau trosglwyddo mecanyddol 86-9, *87 map*, 99; injan stêm 122; rhaffordd inclên a bwerwyd â stêm 149; inclên balans dŵr 141, *142*
Pen y Ffridd, chwarel (Nantconwy) 59, 130
Pen y Groes (Nantlle), hysbyseb ar do adeilad swyddfa 170; cartrefi chwarelwyr 190; twf trefol 184; gweithdai a gefail 164
Pen yr Orsedd, chwarel (Nantlle) 10, 11, 71, 81, 86, 90, *91*, 240; barics 180, 192-3; systemau blondin 151, *151*, *152*; bwrdd plaen De Winton 118-19, *119*; llifiau dimwnt yn cael eu defnyddio 125; lefelau draenio 96; trydan 92; toiled y gellir ei fflysio 172, *172*; ysbyty/man cymorth cyntaf 176; gwaith codi wedi'i bweru gan ddŵr 151, *152*; rhaffordd inclên 149; trac rheilffordd 134; trafnidiaeth ffordd 131; byrddau llifio (De Winton) 117; locomotifau stêm 145, *145*, 146; olwyn ddŵr 122; siafft balans dŵr 154; tai drym *152*; gweithdai 162
Penarth (dyffryn Dyfrdwy), inclên 138
Penmaenmawr, chwareli gwenithfaen 23, 56
Pennal, rheilffordd gul 234
Penrhyn, castell 20, *21*; Amgueddfa Rheilffordd Ddiwydiannol 233-4, *234*
Penrhyn, chwarel y, 8, 9, 11, 19, 20, 29, 52; damweiniau a marwolaethau 174; ponciau 54-5, *56-7 map*; rhaffyrdd awyr blondin 152; gwaith peirianneg sifil 131; llechi cladin 36; lefelau draenio 96, *97*; trydan 92; inclên Felin Fawr 138; melin Felin Fawr 44, 110, 112, 114, 115, 119, 121, 122, 162, *162;* locomotif rheilffordd gul Felin Hen *252*; cywasgydd Fullerton Hodgart a Barclay 90; Gilbert Gilkes, tyrbin math Francis 89; powdwr du 70; gwaliau 104-5, *107*; naddu â llaw 107; ffyrdd cludo 130, 131; hogiau domen 74, 106; ceffylau 144; ysbyty 175; rhaffyrdd awyr hybrid 152, *153*; incleiniau 140, 141-2; anghydfodau llafur (1900 a 1903) 11, 31; lorïau 220; incleiniau 'Maclane' 74, 133; asiantau marchnata 46; gwaith teils Ogwen 123; systemau trosglwyddo pŵer 85; cartrefi chwarelwyr 178; wagenni rheilffordd 136, 137; rheilffordd 173, 231, 233, *252*; trac rheilffordd 134, *135*, 156-7; cronfeydd dŵr 79; systemau trafnidiaeth ffordd 210, *213 mapiau*, 218; gwaith rhaff 65, *65;* cloddio rwbel 71; rheolau ar gyfer 'gosod bargeinion' 52-3; systemau signals *169*, 170, *170*; melinau llechi 108; iardiau pentyrru llechi 167-8, *167*, *168*; tyddynnod 182; locomotifau stêm 146, *146*, *147*; pŵer stêm 82, 99; tŷ trawsnewidydd 93, *93;* pympiau a bwerwyd gan ddŵr 96, *98;* olwynion dŵr *77*, 78, 122; siafftiau balans dŵr 153-4, *154*; injan pwysedd dŵr 97, *98*; pont bwyso 167; llifiau gwifren 69-70; gweithdy 162, *162*; llechi ysgrifennu 45; *The Slate Quarries at Bron Llwyd* (paentiad (1792)) *130*
Penrhyn, rheilffordd chwarel y *213 map*, 237
Penrhyndeudraeth, gweithdy 176
Penrhyngwyn (Meirionnydd), olwyn ddŵr 122
pensaerniaeth, capeli 196-7, *197*; tai 187-92, *187*, *188*, *189*, *190*, *191*, *192*, *193*, *194*, *195*; melinau 112-14; cynhenid Cymreig 188-200
pensiliau 45-6, *45*, *46*
Pentrefelin (dyffryn Dyfrdwy), melin anghysbell 109, 110, *111*, 119
Pevsner, Syr Nikolaus, cyfres *The Buildings of Wales,* cyfrol 19 *Gwynedd*
pileru, Nantdulas 62-4, *63*; chwareli Maenofferen a Holland (Ffestiniog) 59-64, *59*, *60*
Plas Tan y Bwlch (Maentwrog) 12-13, *12*, 124
Pocock, Nicholas
Pont Penllyn 213, *220*
pontydd pwyso 167, *167*
pontydd, ffyrdd chwareli 213; tanddaearol 133, *133 cynllun*
Port Dinorwic *gweler* Felinheli / Port Dinorwic
Porth Penrhyn 110, *168*, 169, 225, *225 map*, *226*, 243, *248*
porthladdoedd, porthladdoedd yr Ymddiriedolaethau Harbwr – Caernarfon a Phorthmadog 227-9, *227 map*, *228 map*, *229 map*
Porthmadog 46, 184, 227-9, *228*, *228 map*, *229*, *229 map*; Rheilffordd Ffestiniog 22, *23*, 131, 164, 233, *233*, 235-6, *236*, 238, *238*, *239*, *251*; adeiladu llongau 245-7; 'cob' 164, 227, 233; ffowndrïau 164; siopau 198; Amgueddfa Rheilffordd Dreftadaeth Ucheldir Cymru 69
Portreuddyn, chwarel (Glaslyn) 110, 122
Price, Dafydd (1921–2000) 12
Prichard, Caradog, *Un Nos Ola Leuad* (nofel 1961) 176, 177, 199
prif ysgogwyr 77-86, 120-22
Prifysgol Hull, cyrsiau archaeoleg ddiwydiannol 12
Pritchard, Dylan 12
problemau iechyd ac atebion 9, 69, 108, 172-7, *173*, *174*, *175*, *176*; *Peryglon i Iechyd y Chwarelwr* 175

prosesu llechi 103-26; prosesu â llaw 104-8; prosesu mecanyddol 108, 114-19; llechi wedi'u malu 103; slabiau wedi'u siapio 103; hollti plygiau 103; *gweler hefyd* cloddio llechi; cynhyrchion llechi
prosesu, llechi a chwarelwyd *gweler* prosesu llechi
Provis, William 230
pŵer dŵr 79-81, 89, 93; systemau pwmpio 96-7, *98*; systemau tyrbin 89-90, *89*, 122; olwynion dŵr 26, 77-8, *77*, 80-81, 83, *84*, 96, 120-22
pŵer dynol 78
pŵer gwynt 81, *81*, 97, 122
pŵer hydrolig, systemau *gweler* pŵer dŵr
pŵer stêm, driliau 68, 69; gwneuthurwyr injans a mathau o injans 122; cludo deunydd ar incleiniau 142-3, 144; injans ffordd ac injans tracsiwn 218-9, 220; injans stêm *77*, 81-9, 93, 122; systemau trosglwyddo 85-9, *87 map*, *88*, 99; injans pwmpio dŵr 97-9; *gweler hefyd* stêm, locomotifau
pŵer trydan dŵr 83, 92, *92*, 93
pŵer, systemau 77-94
pwerdy Pant yr Afon (Llechwedd) 89-90, 92-3, *92*
pweru melinau, systemau, prif ysgogwyr 120-22; trosglwyddo 122-3
pwmpio, systemau, trosglwyddo mecanyddol 99; pwerwyd â stêm 97-9; pwerwyd gan ddŵr 96-7; injan pwysedd dŵr 97, *98*
pympiau 97, 100, *100*
pympiau Tangye a Dean, Cwmorthin 99

Quarry Manager's Journal 12
Quarry Tours (Llechwedd) 12, 117, 118

Radcliffe and Sons (Bolton), boeleri 82
Rand Drill Company, driliau craig 69
Ratgoed, chwarel (Nantdulas) 122, 185
Réseau Bréton, rheilffordd metr o led (Maël-Carhaix, Ffrainc) 236
Richards, Alun John 12-13
Roberts, Charles Warren (Llechwedd) 91, 156
Roberts, Dr Mills (Dinorwig) 175, 202
Roberts, Kate (1891-1985) 177, 203; golwg fewnol Cae'r Gors 188-9, *188*; moesoldeb y capel 199; atgofion saethu 71; amodau byw chwarelwyr 181; safon byw 195, 197; *Traed Mewn Cyffion* 18-19
Roberts, Owen Morris (pensaer) 197
Roberts, Robert (meddyg esgyrn yn Ninorwig) 175
Roberts, Thomas (1837-1900) 156
Roberts, Warren (peiriannydd) 10
Robey, injans codi stêm 83, 84
Rogers, John (Wrecsam) 212
Rosebush, chwarel (Sir Benfro) 12, 54, 81, 113, 122, 184, 185; *Y Tafarn Sinc* 199
Rothschild, Nathan Meyer 212, *217*
Rowlands, William (chwarel Cedryn) 10
Royal Cambrian Company 212
rybelwyr 53

rhaffyrdd awyr 148-52, *148*; rhaffyrdd blondin 150-52; systemau hybrid 152, *153*; rhaffyrdd inclên 148-50, *148*; systemau nenlinell 149-150; rhaffyrdd fertigol 148
rhaffyrdd blondin 150-52, *151*, *152*; injan codi dau silindr gan Henderson's 84, *86*, 150, 151
Rheilffordd Caer a Chaergybi 238
Rheilffordd Chwarel Dinorwig (DQR) *210*, 233-4, 237, 238, *239*
Rheilffordd Chwarel y Penrhyn *213 map*, 237
Rheilffordd Cwm Taf 233
Rheilffordd Dreftadaeth Ucheldir Cymru 69, 238, 251
Rheilffordd Ffestiniog 22, 23, *23*, 140, 164, *219 map*, 228, 233, *233*, 235-6, *236*, 238, *238*, *239*, *251*; cerbydau'r chwarelwyr 173, *173*
Rheilffordd Monson (Maine, UDA) 236
Rheilffordd Nantlle *211 mapiau*
Rheilffordd Sir Gaernarfon 239-40
Rheilffordd Talyllyn 22-3, 184, 198, *215 map*, 237, 240
rheilffyrdd 10-11, 26; toriadau Beeching 240; Blaenau Ffestiniog – Porthmadog 13, 22, *23*, 131, 164; peryglon a marwolaethau 173; dirywiad mewn defnydd 240; anfanteision 148; rheilffyrdd cynnar (1800-1848) 231-4; gwrthdaro ag adeiladwyr ffyrdd 131; lledau 156-7; iardiau cyfnewid 222, 231, 239-40; mewnol 131-48, 156; platffyrdd 134; peirianwyr chwareli a 156; wagenni 135-7, *136*; systemau rhaffyrdd 137; sliperi 42; seilwaith cymdeithasol a 197-8; 'baria Thomas Hughes' 134-5; tomennydd a 73; trac 133-5, *133 cynllun*, *134*, *135*; gwisg a dillad 204; Faenol i Nantperis 19; *gweler hefyd* rheilffyrdd cul, rheilffyrdd safonol
rheilffyrdd cul 233, 234-8, *236*, *237*, *238*; dylanwad rhyngwladol 235-6, 251-2, *252*; *gweler hefyd* locomotifau; rheilffyrdd
rheilffyrdd lled safonol – 238-40; *gweler hefyd* rheilffyrdd
Rhes Fawr (Ebeneser/Deiniolen), tai 190
Rhiw Gwreiddyn (Nantdulas), adeilad melin 112
Rhiwabon, cynhyrchion brics a seramig 194
Rhiwbach, chwarel (Ffestiniog) 14, 70, 113, 208, 234, 240; barics 190, *192*; system trosglwyddo pŵer stêm *88*, 89; inclên a bwerwyd â stêm 143; siafft injan stêm 155
Rhiwddolion (Nantconwy) 184
Rhos, chwarel (Nantconwy), barics 190; inclên tsaen 77-8, 150; melin *111*, 119-20, 121
Rhosgadfan (dyffryn Nantlle) 181, 184, 187, 188, *188*, 189
Rhostryfan (dyffryn Nantlle) 181, 184
Rhosydd, chwarel (dyffryn Croesor) 12, 64-5, *64*, 79, 99, 120, 133, *133*; barics 180, 190; gof 161; inclên 235; incleiniau tanddaearol wedi'u gwrthbwyso 138-40, *140*; siafft balans dŵr 154; halio â rhaff wedi'i bweru gan ddŵr 144; *gweler hefyd* dyffryn Croesor
Rhufeinig-Brydeinig, y cyfnod 17, 30, 31-2, *31*, 35, 38, 108
Rhyd y Sarn (Ffestiniog), melin anghysbell 108, 114
Rhyddfrydiaeth 171
Rhyfel Ffrainc, allforio llechi o Gymru 30-31
rhys 8, 103, 106, *109*

salwch meddwl 176-7
Searell, Alan 109, 115
sebonfaen, pensiliau 45-6, *45*, *46*
Segontium 30, 41, 108
Seilam Gogledd Cymru (Dinbych) 176
seiri, gweithdai *160*, 161
Shropshire Union Canal 235
siafftiau 152-5; siafftiau chwimsïau ceffyl 152; siafftiau llinell (Aberllefenni) 122; siafftiau injans stêm 154-5; chwimsi siafft fertigol (Cloddfa'r Coed) 148; siafftiau balans dŵr 153-5, *154*
Siartwyr, ffystion 202
silicosis 9, 69, 108, 174
Sinc Bach (Penrhyn), pwmp stêm 99
Singrig, chwarel llechi (Llanllyfni) 150
siop Kerfoots (Porthmadog) 198
siopau a marchnadoedd 197-8
Sior V 254
Sir Benfro, chwareli'r Preseli 17; chwareli ar glogwyni *223 map*
Sir Gaernarfon, Rheilffordd 239-40

slabiau pensaernïol a strwythurol 42, 103
Slate Quarries at Bron Llwyd (paentiad) (Smith 1792) *130*
slediau 215-16, 217
slŵps, cludo llechi 243-4
Smith, Benjamin (peiriannydd chwarel) 144, 153
Smith, John Warwick, chwarel Glynrhonwy *148*; *The Slate Quarries at Bron Llwyd* (chwarel y Penrhyn (1792)) *130*
Smith, Richard, pont bwyso 167
Smith, Thomas Assheton (1752–1828) 10, 162
Smith, Thomas, and Sons, cloddiwr 74
Smith, Tom II (1776–1858) 10
Smith, y teulu Assheton Smith (o'r Faenol), chwarel Dinorwig 8, 19, 182; *gweler hefyd* ystad y Faenol
Société Anonyme Minière (Gwlad Belg), peiriannau AC 92
Spooner, Charles Easton (Rheilffordd Ffestiniog) 131, 233, 235, 236, 237, 239, 251-2
Stephenson, George, Robert a Robert (peirianwyr rheilffyrdd) 141, 156, 233
stretsieri ac elor-welyau 175, *175*, *176*
switsfyrddau, trydanol 44, 103
Swydd Gaerlŷr, chwareli 29
Syr W. Campbell (stemar arfordirol) *248*
systemau grym symudol 144-8; locomotifau trydan 147, *147;* injans tanio mewnol (petrol a ddiesel) 146-7, *147*, 219-20, 238; grym cyhyrau (dyn a cheffyl) 144-5, 148, *148*; locomotifau stêm 83, 145-6, *145*, *146*, *147*, 233-4, *234*, 237-8
systemau pŵer 77-94
systemau pŵer hydrolig *gweler* pŵer dŵr
systemau pweru melinau, prif ysgogwyr 120-22; trosglwyddo 122-3
systemau pwmpio, trosglwyddo mecanyddol 99; pwerwyd â stêm 97-9; pwerwyd gan ddŵr 96-7; injan pwysedd dŵr 97, *98*
systemau talu 166-7, *166*
systemau trafnidiaeth, dros y tir 208-40; trafnidiaeth rheilffordd 231-40; ffyrdd a llwybrau 208-215; slediau, troliau a cherbydau eraill ar y ffordd 215-20; ar ddŵr 220-31
systemau trafnidiaeth, mewnol 129-57; grym symudol ar gyfer symud 144-8; estyll 130, *130*; cludo deunydd ar incleiniau wedi'u pweru 137-44; rheilffyrdd 131-4; ffyrdd a llwybrau 129-31, *129*
systemau ynni adnewyddadwy, storio dŵr wedi'i bwmpio 20

tai *gweler* barics a thai gweithwyr
tai parod 36, 40
Tai Penamnen (Dolwyddelan, Nantconwy) 32, *32*
Tal y Fan, chwarel (Nantconwy) 29, 104
Tal y Sarn (Nantlle), band pres 200, *200*; capel 196; 'Chicago bach' 199; siop 197, 198; twf trefol 9, 184, 185, 186
Tal y Sarn, chwarel (Nantlle) 99, 144, 153, 167, 219
talu, systemau 166-7, *166*
Talyllyn, rheilffordd 22-3, 184, 198, *215 map*, 237, 240
Talysarn (John Jones, gwenidog) gweler *80*, 130, 170, 173, 185, 186, 196, 197
Tan y Bwlch, chwarel (dyffryn Ogwen) 154
Tan y Grisiau, darllenfa Bryn Awel 194, 195, *195*; ffowndri Holland 164; cartrefi chwarelwyr 178, 184, 185, 189; siop 198
tanciau dŵr 42, 103
teclynnau 8; a weithiwyd â llaw (creigwyr) 66-7, *67*; mecanyddol 67-73; driliau craig 67-9, *68*; teclynnau chwarelwyr 34, *34*, 35, *104*, 106-7, *106*; *gweler hefyd* cyfarpar
Tegfelyn (bardd), barics Rhosydd 180
Teifi, afon, cludo llechi 222, *223 map*, 230, 243
teils crib 44; Kellow 36, *36*
Teils Ogwen 123
Telford, Thomas, camlesi a thraphontydd dŵr 24, 222; lôn bost (Bethesda) *21*
terminoleg 148
tirfeddianwyr, twf trefi a 184-5; hawliau mwynau 52
tirweddau 13; chwareli Gwynedd 17-23, *17-22*; y Mabinogi 18
tirweddau'r Mabinogi 18
tlotai 176
toiledau 172
Tomen y Mur, arysgrifau ar lechi 41
tomennydd 52, 73-5, *73*, *74*; defnyddiwyd fel chwareli 74-5, *75*
trafnidiaeth forol 243-8
trafnidiaeth, systemau, dros y tir 208-40; trafnidiaeth rheilffordd 231-40; ffyrdd a llwybrau 208-215; slediau, troliau a cherbydau eraill ar y ffordd 215-20; ar ddŵr 220-31
trafnidiaeth, systemau, mewnol 129-57; grym symudol ar gyfer symud 144-8; estyll 130, *130*; cludo deunydd ar incleiniau wedi'u pweru 137-44; rheilffyrdd 131-4; ffyrdd a llwybrau 129-31, *129*
Trafodion Cymdeithas Hanes Sir Gaernarfon 12
Tram Glynceiriog 133, *212 map*, *216*, *222*, 237
Tramffordd Corris, Machynlleth ac Afon Dyfi (CMRDT) *215 map*, 234
traphont Bont goch *132*
Treforys (Glaslyn), cartrefi chwarelwyr 178, 182-4, *183*, 189, 195; *gweler hefyd* Glaslyn
Trefriw, glanfa llechi 221, *222*, 230, 244
Tremadog, ystad 228; *mansio* Rhufeinig 30, 31
troellau â gwerthydau 46
troethfeydd 42, 103
troliau (a dynnwyd gan geffylau) 217-18
tryciau dadlwytho 131
trydan 10, 91-3; cerrynt uniongyrchol (DC) a cherrynt eiledol (AC) 92, 94, 143-4; pŵer trydan dŵr 83, 92, *92*, 93; cludo deunydd ar incleiniau 143-4; pŵer ar gyfer systemau blondin Pen yr Orsedd 151, *152;* pŵer ar gyfer pympiau 100; tai trawsnewidyddion ac is-orsafoedd 93, *93;* dŵr a 77
Tsieina, chwareli llechi 9
tuffite, cerrig hogi 42
Tulloch, James, llif gron 115
Turner, William (Diffwys) 59, 115
Turner's of Newtown, peiriannau prosesu llechi 116, 164
Twll Coed, chwarel (Nantlle) 116
Twll Llwyd, chwarel (Nantlle) 107
twristiaeth 11-12, 19-20, 22-3
Tŷ Mawr East, chwarel (Nantlle) 154-5
Tŷ Mawr West, chwarel (Nantlle) 134
Ty'n Ddol (Nantconwy), pympiau wedi'u pweru â stêm 99
Ty'n y Bryn (Nantconwy) 114
Tyddyn y Bengam, iard gyfnewid 239-40
tyrbinau 122; math Francis 89-90; tyrbinau Gilkes Pelton 89-90, 99; tyrbin dŵr pelton Gunther 89, *89*; tyrbin adweithiol Thompson Vortex 149
Tywyn (Meirionnydd) 184, 198; Amgueddfa Rheilffordd Gul 233, *239*

Thomas, Dr Hugh Owen 175
Thomas, John (ffotograffydd) *104*
Thomas, John William 'Arfonwyson' 42, *43*
Thomas, Owen, bywgraffiad o John Jones (Talysarn) 130
Thomas, Owen, perchennog yr Union Ironworks (1848) 164

Thomas, Thomas (Glandŵr, pensaer o Abertawe) 197, *197*
Thompson, Mary Elizabeth, braslun o domennydd llechi *74*

Undeb Chwarelwyr Gogledd Cymru 120
Undeb Cydweithredol 53
Union Ironworks, yng nghei yr Arglwydd Newborough 164
Unity (slŵp), o Bermo 244
Unol Daleithiau, yr, patrymau lliw mewn llechi 37; rhaffyrdd nenlinell 149-50; chwarelwyr o Gymru 9, 26, 250-51

Viollet-le-Duc, Eugène 37, *37*
Votty and Bowydd, chwareli (Ffestiniog) *22*, *79*, 80, 83, 92, 118; llifiau dimwnt yn Votty 118; cludo deunydd ar incleiniau wedi'u trydaneiddio 143-4; darparu bwyd 172; melin llawr C Votty 110-12
Vulcan (Newton-le-Willows), ffowndri'r 164; byrddau llifio 117; locomotifau stêm 146, *237*

wagenni fforch godi 131
Waun, y 222
Western Ocean Yachts (sgwneri brig-hwyl Porthmadog) 246, 248
Westmacott, Richard, Cofeb Pennant *34*, 107
William, Dr John (ysbyty chwarel y Penrhyn) 175, 177
Williams, Bertie (Dinorwig) 8, *8*, 10, 14
Williams, Griffith J. (Ffestiniog) 70
Williams, John, Rhyd y Gro (Cwm Machno) *105*
Williams, Merfyn 12
Williams, Michael (rheolwr chwarel) 154
Williams, R.H. (pensaer) 197
Williams, Richard Hughes 'Dic Tryfan' 18
Williams, Robert (chwarelwr) 134, 148-9
Williams, Robert (tirfesurydd rheilffordd) 197
Williams, Robert 'Cae'r Engan' (chwarelwr a rheolwr chwarel) 53
Williams, Robin (Dinorwig) 8, *8*, 10, 14
Williams, Roose, erthygl William John Parry 12
Williams, Thomas (chwarel Palmerston) *132*
Williams, Thomas George (pensaer o Lerpwl) 197
Williams, William (Dinorwig) 8, *8*, 14
Williams, William 'Llandygái' (1738–1817) (Penrhyn) 10
Williams-Ellis, Capten Martyn (peiriannydd) 114, 147
Williams-Ellis, Syr Bertram Clough 36; Ysbyty Coffa Blaenau Ffestiniog 176
Wright, Thomas, gwaith llechi ar lan y llyn 221
Wrysgan, chwarel *23*, 60, 85; inclên cul 235, *236*
Wyatt, Benjamin (asiant tir) 44, 54
Wyatt, James (pensaer) 44
Wynn, y teulu (Arglwyddi Newborough) 19, 185

Yale Electric Power Company 92, 122
Ymddiriedolaeth Archaeolegol Gwynedd 13
Ymddiriedolaeth Genedlaethol, Yr, Castell Penrhyn 20, *21*
Ynys Cyngar 222, 227
Ynys Dewi, cofeb *Saturnbiu* 41
ynys Valentia (Swydd Kerry), bwrdd llifio Hunter 117; melin wedi'i phweru â stêm 110
Ynys y Pandy (Glaslyn), melin slabiau 26, *27*, 108, *111*, 113, *113*, 115, 120, 122, 234; *gweler hefyd* Glaslyn
Young, Emilius Alexander (1860–1910) (rheolwr chwarel y Penrhyn) 11
ysbytai *174*, 175-6, *175*
ysgerbydau *gweler* llongau drylliedig ac ysgerbydau
ystad Gwydir 208, 210, *214 map*
ystad Newborough (Glynllifon) 185, 187, *227*
Ystad y Faenol 181, 185, 188, 225-7; *gweler hefyd* Smith, y teulu Assheton Smith (o'r Faenol)
Ystrad Fflur (Ceredigion), llechi ysgrifennu 44